Charles Darwin

# Über die Enstehung der Arten durch natürliche Zuchtwahl

Dritte Auflage

Charles Darwin

**Über die Enstehung der Arten durch natürliche Zuchtwahl**
*Dritte Auflage*

ISBN/EAN: 9783742837790

Manufactured in Europe, USA, Canada, Australia, Japa

Cover: Foto ©berggeist007 / pixelio.de

Manufactured and distributed by brebook publishing software
(www.brebook.com)

Charles Darwin

**Über die Enstehung der Arten durch natürliche Zuchtwahl**

Charles Darwin,

über die

# ENTSTEHUNG DER ARTEN

durch

## natürliche Zuchtwahl.

Dritte Auflage.

# H. G. Bronn.

Nach der vierten englischen sehr vermehrten Ausgabe durchgesehen und berichtigt

von

## J. Victor Carus.

**Dritte Auflage.**

Mit DARWIN'S Portrait.

. . .......

## Stuttgart.

E. Schweizerbart'sche Verlagshandlung und Druckerei.

## 1867.

# Charles Darwin,

über die

# ENTSTEHUNG DER ARTEN

durch

## natürliche Zuchtwahl

oder die

### Erhaltung der begünstigten Rassen im Kampfe um's Dasein.

# Vorrede des Herausgebers.

Als die Aufforderung an mich kam, von der Übersetzung des Darwin'schen Buches eine neue Auflage zu besorgen, musste ich zunächst beklagen, dass es Bronn nicht mehr selbst thun konnte. Es war nun nicht bloss die Pietät, die wir Verstorbenen schuldig sind, welche mir die Revision der Bronn'schen Arbeit als Pflicht nahe legte, es war vor Allem das Gefühl der dankbaren Verpflichtung, in welcher die deutsche Wissenschaft zum seligen Bronn stand und steht und welche durch Einführung des Buchs über den Ursprung der Arten in weitere Kreise nur erhöht werden konnte, das mich mit Freuden die Gelegenheit ergreifen liess, etwas von ihm Begonnenes fortzuführen. Meine Aufgabe konnte dabei zunächst nur die sein, die hier und da stehen gebliebenen Unrichtigkeiten und Missverständnisse zu verbessern, vor Allem aber die mancherlei wichtigen Zusätze des Verfassers, die sich in der neuen englischen Ausgabe finden, dieser deutschen einzuverleiben. Von diesen erwähne ich besonders die ausführlichen Mittheilungen über dimorphe und trimorphe Thiere und Pflanzen, über nachahmende (mimetische) Schmetterlinge, über Bastardbildung und das Verhältniss der Fruchtbarkeit und Unfruchtbarkeit der Bastarde und Blendlinge, über Transportmittel der Pflanzen und Thiere u. s. w.

Eine eigenthümliche Schwierigkeit erwuchs mir aber daraus, dass der Herr Verleger meinen Namen auf dem Titel genannt zu sehen wünschte. So freudig und rückhaltslos ich Bronn's Verdienste anerkenne, so konnte doch hier nur sein Verhältniss zum Inhalte des von ihm herausgegebenen Buches maassgebend sein. Seine Stellung zur Darwin'schen Theorie ist aber von der meinen wesentlich verschieden. Bronn erklärte in seinem Schlusswort, welches er sogar als 15. Capitel dem Texte des Werkes

anfügte, dass er „nicht vermöchte, die (in den vorhergehenden
14 Capiteln entwickelte) Theorie anzunehmen," und hält es „für
consequenter, auf dem alten naturwissenschaftlich haltlosen Standpunkte (der Annahme von Wundern) zu verharren." In demselben Sinne sind auch seine am Fusse der Seiten beigegebenen
Anmerkungen meist nur bekämpfender Art. So wenig ich es
aber nun für geziemend halten würde, BRONN's oppositionelle
Bemerkungen durch polemisirende Zusätze wiederum zu bekäm-
pfen (was ich auch ohne Nennung meines Namens nicht gethan
haben würde), so wenig rathsam scheint es mir zu sein, das
durch Reichthum an Thatsachen wie Scharfsinn der Combinationen
gleich ausgezeichnete Buch mit Erläuterungen oder Zweifel ver-
rathenden Noten zu versehen, um so weniger, als ja die Entwickelung der Wissenschaft der organischen Natur in den letzten
Jahrzehnten immer dringender auf eine Auffassung hinführte, wie
sie jetzt von DARWIN eine so meisterhafte Aussprache gefunden
hat. Ich habe mich daher nach Besprechung mit dem Herrn
Verfasser entschlossen, die BRONN'schen Zusätze wegzulassen.
Ebenso habe ich der Versuchung widerstanden, eigene Bemerkungen hinzuzufügen, wozu mich zunächst Einzelnes, wie die
Werthschätzung zoologischer Merkmale, die ursächliche Begründung der Variabilität, vor Allem aber die methodologisch gefor-
derte Annahme einer Urzeugung hätte auffordern können. Ich
gebe daher DARWIN's Buch so wie es in der vierten englischen
Auflage Ende vorigen Jahres erschienen ist mit einigen mir vom
Verfasser freundlichst mitgetheilten Verbesserungen, wofür ich
demselben wie für zahlreiche mir gewährte Aufschlüsse über
zweifelhafte Punkte zu grossem Danke verpflichtet bin.

J. Victor Carus.

# Inhalt.

# Vorrede des Verfassers.

————

Ich will hier eine kurze, jedoch nur unvollkommene Skizze von der Entwickelung der Ansichten über die Entstehung der Arten zu geben versuchen. Die grosse Mehrzahl der Naturforscher glaubt, Arten seien unveränderliche Erzeugnisse und jede einzelne sei für sich erschaffen: diese Ansicht ist von vielen Schriftstellern mit Geschick vertheidigt worden. Nur einige wenige Naturforscher nehmen dagegen an, dass Arten einer Veränderung unterliegen, und dass die jetzigen Lebensformen durch wirkliche Zeugung aus andern früher vorhandenen Formen hervorgegangen sind. Abgesehen von einigen, auf unsern Gegenstand zu beziehenden Andeutungen in den Schriftstellern des classischen Alterthums *), war BUFFON der erste Schriftsteller, welcher in neuerer

————

*) ARISTOTELES bemerkt in den *Physicae auscultationes* (Buch 2, Cap. 8), dass der Regen nicht niederfalle, um das Korn wachsen zu machen, ebensowenig wie er falle um das Korn in der Scheune zu verderben, und wendet nun dieselbe Argumentation auf die Organismen an. Er fügt hinzu (Herr CLAIR GRECE hat mich auf diese Stelle aufmerksam gemacht): »Was demnach steht dem im Wege, dass auch die Theile in der Natur sich ebenso verhalten, dass z. B. die Zähne durch Nothwendigkeit hervorkommen, nämlich die vordern schneidig und tauglich zum Zertheilen, hingegen die Backenzähne breit und brauchbar zum Zermalmen der Nahrung, da sie ja nicht um dessen willen so würden, sondern dies eben nebenbei erfolge; und ebenso auch bei den übrigen Theilen, bei welchen das um eines Zweckes willen Wirkende vorhanden zu sein scheint; und die Dinge dann nun, bei welchen alles Einzelne gerade so sich ergab, als wenn es um eines Zweckes willen entstünde, diese hätten sich, nachdem sie grundlos in tauglicher Weise sich gebildet hätten, auch erhalten; bei welchen aber dies nicht der Fall war, diese seien zu Grunde gegangen und giengen noch zu Grunde.« [Acht Bücher Physik. Übersetzt von PRANTL. S. 89.] Wir finden hier zwar eine dunkle Ahnung des Princips der natürlichen

Zeit denselben in einem wissenschaftlichen Geiste behandelt hat. LAMARCK war der erste, dessen Ansichten über diesen Punkt grosses Aufsehen erregten. Dieser mit Recht gefeierte Naturforscher veröffentlichte dieselben zuerst 1801 und dann bedeutend erweitert 1809 in seiner *Zoologie philosophique,* sowie 1815 in seiner Einleitung in die Naturgeschichte der wirbellosen Thiere, in welchen Schriften er die Lehre aufstellte, dass alle Arten, den Menschen eingeschlossen, von andern Arten abstammen. Er hat das grosse Verdienst, die Aufmerksamkeit zuerst auf die Wahrscheinlichkeit gelenkt zu haben, dass alle Veränderungen in der organischen wie in der unorganischen Welt die Folgen von Naturgesetzen und nicht von wunderbaren Zwischenfällen sind. LAMARCK scheint hauptsächlich durch die Schwierigkeit Arten und Varietaten von einander zu unterscheiden, durch die fast ununterbrochene Stufenreihe der Formen in manchen Organismen-Gruppen und durch die Analogie mit unsren Züchtungserzeugnissen zu der Annahme einer gradweisen Veränderung der Arten geführt worden zu sein. Was die Mittel betrifft, wodurch die Umwandlung der Arten in einander bewirkt werde, so schreibt er Einiges auf Rechnung der äusseren Lebensbedingungen, Einiges auf die einer Kreuzung der bereits bestehenden Formen und leitet das Meiste von dem Gebrauche und Nichtgebrauche der Organe, also von der Wirkung der Gewohnheit ab. Dieser letzten Kraft scheint er alle die schönen Anpassungen in der Natur zuzuschreiben, wie z. B. den langen Hals der Giraffe, der sie in den Stand setzt, die Zweige grosser Bäume abzuweiden. Doch nahm er zugleich ein Gesetz fortschreitender Entwickelung an, und da hiernach alle Lebensformen fortzuschreiten streben, so nahm er, um von dem Dasein sehr einfacher Naturerzeugnisse auch in unsren Tagen Rechenschaft zu geben, für derartige Formen noch eine Generatio spontanea an *.

------------

Zuchtwahl; wie weit aber ARISTOTELES davon entfernt war, es völlig zu erfassen, zeigen seine Bemerkungen über die Bildung der Zähne.

  \* Ich habe die obige Angabe der ersten Veröffentlichung LAMARCK's aus ISID. GEOFFROY ST.-HILAIRE's vortrefflicher Geschichte der Meinungen über diesen Gegenstand (*Histoire naturelle générale* T. II, p. 405, 1859) ent-

ETIENNE GEOFFROY SAINT-HILAIRE vermuthete, wie sein Sohn in dessen Lebensbeschreibung berichtet, schon ums Jahr 1795, dass unsre sogenannten Species nur Ausartungen eines und des nämlichen Typus seien. Doch erst im Jahre 1828 veröffentlichte er seine Ueberzeugung, dass sich dieselben Formen nicht unverändert seit dem Anfang der Dinge erhalten haben. GEOFFROY scheint die Ursache der Veränderungen hauptsächlich in den Lebensbedingungen oder dem „Monde ambiant" gesucht zu haben. Doch war er vorsichtig im Ziehen von Schlüssen und glaubte nicht, dass jetzt bestehende Arten einer Veränderung unterlägen; sein Sohn sagt: »C'est donc un problème à réserver entièrement à l'avenir, supposé même, que l'avenir doive avoir prise sur lui.«

1813 las Dr. W. C. WELLS vor der Royal Society eine „Nachricht über eine Frau der weissen Rasse, deren Haut zum Theil der eines Negers gleicht"; der Aufsatz wurde aber nicht eher veröffentlicht, bis seine zwei berühmten Essays „über Thau und Einfach-Sehn" 1818 erschienen waren. In diesem Aufsatz erkennt er deutlich das Princip der natürlichen Zuchtwahl an und ist dies die erste nachgewiesene Anerkennung. Er wendete es aber nur auf die Menschenrassen und nur auf besondere Charactere an. Nachdem er anführt, dass Neger und Mulatten Immunität gegen gewisse tropische Krankheiten besitzen, bemerkt er erstens, dass alle Thiere in einem gewissen Grade abzuändern streben, und

---

nommen, wo auch ein vollständiger Bericht von BUFFON's Urtheilen über denselben Gegenstand zu finden ist. Es ist merkwürdig, wie weitgehend mein Grossvater, Dr. ERASMUS DARWIN, die Ansichten LAMARCK's und deren irrige Begründung in seiner 1794 erschienenen Zoonomia (1. Bd. S. 500—510) anticipirte. Nach ISID. GEOFFROY SAINT-HILAIRE war ohne Zweifel auch GOETHE einer der eifrigsten Parteigänger für solche Ansichten, wie aus seiner Einleitung zu einem 1794—1795 geschriebenen, aber erst viel später veröffentlichten Werke hervorgehe. Er hat sich nämlich ganz bestimmt dahin ausgesprochen, dass für den Naturforscher in Zukunft die Frage beispielsweise nicht mehr die sei, wozu das Rind seine Hörner habe, sondern wie es zu seinen Hörnern gekommen sei (K. MEDING über GOETHE als Naturforscher S. 34). — Es ist ein eigenthümliches Zusammentreffen, dass GOETHE in Deutschland, Dr. DARWIN in England und ET. GEOFFROY ST.-HILAIRE in Frankreich fast gleichzeitig, in den Jahren 1794—95, zu gleichen Ansichten über die Entstehung der Arten gelangt sind.

zweitens, dass Landwirthe ihre Hausthiere durch Zuchtwahl verbessern. Nun fügt er hinzu: was aber im letzten Falle „durch
Kunst geschieht, scheint mit gleicher Wirksamkeit, wenn auch
langsamer, bei der Bildung der Varietäten des Menschengeschlechts,
die für die von ihnen bewohnten Gegenden eingerichtet sind,
durch die Natur zu geschehen. Unter den zufälligen Varietäten
von Menschen, die unter den wenigen und zerstreuten Einwoh-
nern der mittleren Gegenden von Africa auftreten, werden einige
besser als andre im Stande sein, die Krankheiten des Landes zu
überstehen. In Folge hievon wird sich diese Rasse vermehren,
während die andern abnehmen, und zwar nicht bloss weil sie unfähig sind, die Erkrankungen zu überstehen, sondern weil sie
nicht im Stande sind, mit ihren kräftigen Nachbarn zu concurriren. Nach dem, was bereits gesagt wurde, nehme ich es als
ausgemacht an, dass die Farbe dieser kräftigen Rasse dunkel
sein wird. Da aber die Neigung Varietäten zu bilden noch besteht, so wird sich eine immer dunklere und dunklere Rasse im
Laufe der Zeit bilden; und da die dunkelste am besten für das
Klima passt, so wird diese zuletzt in dem Lande, in dem sie entstand, wenn nicht die einzige, doch die vorherrschende werden.“
Er dehnt dann dieselben Betrachtungen auf die weissen Bewohner
kälterer Klimate aus. Ich bin dem Rev. Mr. BRUCE, aus den vereinigten Staaten, für den Hinweis auf die angezogene Stelle in Dr.
WELL's Aufsatz verbunden.

Im vierten Bande der *Horticultural Transactions.* 1822, und
in seinem Werke über die Amaryllidaceae (1837, S. 19, 339)
erklärte W. HERBERT, nachheriger Dechant von Manchester, „es
sei durch Horticulturversuche unwiderlegbar, dargethan, dass Pflanzenarten nur eine höhere und beständigere Stufe von Varietäten
seien.“ Er dehnt die nämliche Ansicht auch auf die Thiere aus
und glaubt, dass ursprünglich einzelne Arten jeder Gattung in einem
Zustande hoher Bildsamkeit geschaffen worden seien, und dass
diese sodann hauptsächlich durch Kreuzung, aber auch durch Abänderung alle unsre jetzigen Arten erzeugt haben.

Im Jahre 1826 erklärte Professor GRANT im Schlussparagra-
phen seiner bekannten Abhandlung über Spongilla (*Edinburgh*

*Philos. Journ. XIV, p.* 283) seine Meinung ganz klar dahin, dass Arten von andern Arten entstanden sind und durch fortdauernde Veränderungen verbessert werden. Die nämliche Ansicht hat er auch 1834 im *»Lancet«* in seiner 55. Vorlesung wiederholt.

Dann entwickelte Patrick Matthew 1831 in seinem Buche: *»Naval Timber and Arboriculture«*, seine Überzeugung über die Entstehung der Arten ganz übereinstimmend mit der von Wallace und mir selbst im *»Linnean Journal«*, und erweitert in dem vorliegenden Bande, gegebenen Darstellung. Unglücklicher Weise jedoch schrieb Matthew seine Ansicht nur in zerstreuten Sätzen in einem Werke über einen ganz anderen Gegenstand nieder, so dass sie völlig unbeachtet blieb, bis er selbst 1860 im *Gardeners Chronicle* vom 7. April die Aufmerksamkeit darauf lenkte. Die Abweichungen seiner Ansicht von der meinigen sind nicht von wesentlicher Bedeutung. Er scheint anzunehmen, dass die Welt in aufeinanderfolgenden Zeiträumen beinahe ausgestorben und dann wieder neu bevölkert worden sei, und gibt als eine Alternative, dass neue Formen erzeugt werden könnten, „ohne die Anwesenheit eines Models oder Keimes von früheren Aggregaten". Ich bin nicht sicher, ob ich alle Stellen richtig verstehe; doch scheint er grossen Werth auf die unmittelbare Wirkung der äussern Lebensbedingungen zu legen. Er erkannte jedoch deutlich die volle Bedeutung des Princips der natürlichen Zuchtwahl.

Der berühmte Geolog Leopold von Buch drückt sich in seiner vortrefflichen *Description physique des Iles Canaries* (1836 S. 147) deutlich dahin aus, wie er glaube, dass Varietäten langsam zu beständigen Arten würden, welche dann nicht mehr im Stande wären, sich zu kreuzen.

Rafinesque schreibt 1836 in seiner *New Flora of North America p.* 6: „alle Arten mögen einmal blosse Varietäten ge„wesen sein und viele Varietäten werden dadurch allmählich zu „Species, dass sie constante und eigenthümliche Charactere erhal„ten", fügt aber später, p. 18, hinzu: „mit Ausnahme jedoch des Originaltypus oder Stammvaters jeder Gattung.

Im Jahre 1843—44 hat Professor Haldeman die Gründe für und wider die Hypothese der Entwickelung und Umgestaltung der

Arten in angemessener Weise zusammengestellt (im *Boston Journal of Natural History vol.* IV, *p.* 468) und scheint sich mehr zur Ansicht für die Veränderlichkeit zu neigen.

Die *Vestiges of Creation* sind zuerst 1844 erschienen. In der zehnten sehr verbesserten Ausgabe (1853, p. 155) sagt der ungenannte Verfasser: „das auf reifliche Erwägung gestützte Ergebniss ist, dass die verschiedenen Reihen beseelter Wesen von den einfachsten und ältesten an bis zu den höchsten und jüngsten die unter Gottes Vorsehung gebildeten Erzeugnisse sind 1) eines den Lebensformen ertheilten Impulses, der sie in bestimmten Zeiten auf dem Wege der Generation von einer zur anderen Organisationsstufe bis zu den höchsten Dicotyledonen und Wirbelthieren erhebt, — welche Stufen nur wenige an Zahl und gewöhnlich durch Lücken in der organischen Reihenfolge von einander geschieden sind, die eine praktische Schwierigkeit bei Ermittelung der Verwandtschaften abgeben; — 2) eines andren Impulses, welcher mit den Lebenskräften zusammenhängt und im Laufe der Generationen die organischen Gebilde in Übereinstimmung mit den äusseren Bedingungen, wie Nahrung, Wohnort und meteorische Kräfte sind, abzuändern strebt; dies sind die „Anpassungen" des Natural-Theologen". Der Verfasser ist offenbar der Meinung, dass die Organisation sich durch plötzliche Sprünge vervollkommne, die Wirkungen der äusseren Lebensbedingungen aber stufenweise seien. Er folgert mit grossem Nachdruck aus allgemeinen Gründen, dass Arten keine unveränderlichen Producte seien. Ich vermag jedoch nicht zu ersehen, wie die angenommenen zwei „Impulse" in einem wissenschaftlichen Sinne Rechenschaft geben können von den zahlreichen und schönen Zusammenpassungen, welche wir allerwärts in der ganzen Natur erblicken; ich vermag nicht zu erkennen, dass wir dadurch zur Einsicht gelangen, wie z. B. ein Specht seiner besondern Lebensweise angepasst worden ist. Das Buch hat sich durch seinen glänzenden und hinreissenden Styl sofort eine sehr weite Verbreitung errungen, obwohl es in seinen früheren Auflagen wenig genaue Kenntnisse und einen grossen Mangel an wissenschaftlicher Vorsicht verrieth. Nach meiner Meinung hat es vortreffliche Dienste dadurch geleistet, dass es in unsrem Lande die Aufmerksamkeit auf den Gegenstand lenkte, Vorurtheile beseitigte, und so den Boden zur Aufnahme analoger Ansichten vorbereitete.

Im Jahre 1846 veröffentlichte der Veteran unter den Geologen, D'OMALIUS D'HALLOY, in einem vortrefflichen kurzen Aufsatze (im *Bulletin de l'Académie Roy. de Bruxelles Tome XIII, p.* 581) seine Meinung, dass es wahrscheinlicher sei, dass neue Arten durch Descendenz mit Abänderung des alten Characters hervorgebracht, als einzeln geschaffen worden seien; er hatte diese Ansicht zuerst im Jahre 1831 aufgestellt.

In Professor R. OWEN's *Nature of Limbs*, 1849, p. 86 kommt folgende Stelle vor: „Die Idee des Grundtypus war in der Thier-„welt unseres Planeten in verschiedenen Modificationen bereits „offenbart worden lange vor dem Dasein der sie jetzt erläutern-„den Thierarten. Von welchen Naturgesetzen oder secundären „Ursachen aber das regelmässige Aufeinanderfolgen und Fort-„schreiten solcher organischen Erscheinungen abhängig gewesen „ist, das wissen wir bis jetzt nicht." In seiner Ansprache an die Britische Gelehrtenversammlung im Jahre 1855 spricht er (S. li) vom „Axiom der fortwährenden Thätigkeit der Schöpfungs-kraft oder des geordneten Werdens lebender Wesen", — und fügt später (S. xc) mit Bezugnahme auf die geographische Verbreitung bei: „Diese Erscheinungen erschüttern unser Vertrauen „in die Annahme, dass der Apteryx in Neuseeland und das rothe „Waldhuhn in England verschiedene Schöpfungen in und für die „genannten Inseln allein seien. Auch darf man nicht vergessen, „dass das Wort Schöpfung für den Zoologen nur einen unbekann-„ten Process bedeutet." OWEN führt diese Vorstellung dann weiter aus, indem er sagt, „wenn der Zoolog solche Fälle, wie den vom „rothen Waldhuhn als eine besondere Schöpfung des Vogels auf „und für eine einzelne Insel aufzählt, so will er damit eben nur „ausdrücken, dass er nicht begreife, wie derselbe dahin und eben „nur dahin gekommen sei und dass er durch diese Art seine „Unwissenheit auszudrücken gleichzeitig seinen Glauben ausspreche, „Insel wie Vogel verdanken ihre Entstehung einer grossen ersten „Schöpfungskraft." Wenn wir die in derselben Rede enthaltenen

Sätze einen durch den anderen erklären, so scheint im Jahre 1858 der ausgezeichnete Forscher in dem Vertrauen erschüttert worden zu sein, dass der Apteryx und das rothe Waldhuhn in ihren Heimathsländern zuerst auf eine unbekannte Weise oder in Folge eines unbekannten Processes erschienen seien. Seit dem Erscheinen meines Buchs „über die Entstehung der Arten" 1859, aber ob in Folge davon ist zweifelhaft, hat Professor OWEN seine Ansicht deutlich dahin ausgesprochen, dass er die Arten nicht für einzeln erschaffen und nicht für unveränderliche Erzeugnisse halte; noch immer aber (*Anatomie der Wirbelthiere* 1866) bestreitet er, dass wir die Naturgesetze oder die secundären Ursachen der aufeinanderfolgenden Erscheinung von Arten kennen, giebt aber gleichwohl zu, dass natürliche Zuchtwahl wohl etwas in dieser Beziehung habe ausrichten können. Es überrascht, dass Professor OWEN mit dieser Annahme nicht früher hervorgetreten ist, da er jezt glaubt, die Theorie der natürlichen Zuchtwahl bereits in einer Stelle eines vor der Zoological Society gelesenen Aufsatzes 1850 ausgesprochen zu haben (*Transactions IV*, 15). In einem Briefe an die London Review (*May* 5, 1866, p. 516), in dem er einige Bemerkungen des Referenten bespricht, sagt er: „Kein Naturforscher wird die Wahrheit Ihrer Auffassung von der wesentlichen Identität der citirten Stelle mit der Grundlage der (sogenannten DARWIN'schen) Theorie verkennen können, nämlich dem Vermögen der Arten sich zu accomodiren oder den Einflüssen umgebender Momente nachzugeben." Weiterhin spricht er in demselben Briefe von sich selbst als „dem Urheber derselben Theorie bereits im Jahr 1850". Die Meinung Professor OWEN's, dass er damals mit der Theorie der natürlichen Zuchtwahl vor die Welt getreten sei, wird alle die überraschen, welche mit den verschiedenen, nach dem Erscheinen meines Buchs „über die Entstehung der Arten" von ihm in Büchern, Berichten und Vorlesungen veröffentlichten Stellen bekannt sind, worin er der Theorie ernstliche Opposition macht. Allen, welche auf meiner Seite sind, wird es angenehm zu hören sein, dass seine Opposition nun vermuthlich aufhört. Es muss indess constatirt werden, dass sich die oben erwähnte Stelle in den *Zoological transactions*, wie ich auf Nachschlagen finde, auf das Aussterben und Erhalten von Thieren, in keiner Weise auf die allmähliche Umgestaltung, Entstehung oder natürliche Zuchtwahl bezieht. Professor Owen ist hievon so weit entfernt, dass er den ersten der beiden Sätze (Bd. IV, S. 15) factisch mit folgenden Worten beginnt: „Wir haben keine Spur eines Beweises, dass irgend eine Art Vogel oder Säugethier, die während die pliocenen Periode lebte, in ihren Characteren in irgend welcher Hinsicht durch den Einfluss der Zeit oder des Wechsels äusserer Verhältnisse modificirt worden wäre."

Isidore Geoffroy St.-Hilaire spricht in seinen im Jahre 1850 gehaltenen Vorlesungen (von welchen ein Auszug in *Revue et Magazin de Zoologie 1851, Jan.* erschien) seine Meinung über Artencharactere kurz dahin auss, dass sie für jede Art feststehen, so lange als sich dieselbe inmitten der nämlichen Verhältnisse fortpflanze, dass sie aber abändern, sobald die äusseren Lebensbedingungen wechseln". Im Ganzen „zeigt die B e o bachtung der wilden Thiere schon die b e s c h r ä n k t e Veränderlichkeit der Arten. Die V e r s u c h e mit gezähmten wilden Thieren und mit verwilderten Hausthieren zeigen dies noch deutlicher. Dieselben Versuche beweisen auch, dass die hervorgebrachten Verschiedenheiten vom Werthe derjenigen sein können, durch welche wir Gattungen unterscheiden". In seiner *Histoire naturelle générale (1859, T. II, p.* 430) führt er ähnliche Folgerungen noch weiter aus.

Aus einer unlängst erschienenen Veröffentlichung scheint hervorzugehen, dass Dr. Freke schon im Jahre 1851 (*Dublin Medical Press p.* 322) die Lehre aufgestellt hat, dass alle organischen Wesen von e i n e r Urform abstammen. Seine Gründe und Behandlung des Gegenstandes sind aber von den meinigen gänzlich verschieden, und da sein *»Origin of Species by means of organic affinity, 1861«* jetzt erschienen ist, so dürfte mir der schwierige Versuch, eine Darstellung seiner Ansicht zu geben, wohl erlassen werden.

Herbert Spencer hat in einem Essay, welcher zuerst im *Leader* vom März 1852 und später in Spencer's *Essays 1858*

erschien, die Theorie der Schöpfung und die der Entwickelung
organischer Wesen mit viel Geschick und grosser Überzeugungs-
kraft einander gegenüber gestellt. Er folgert aus der Analogie
mit den Züchtungserzeugnissen, aus den Veränderungen, welchen
die Embryonen vieler Arten unterliegen, aus der Schwierigkeit
Arten und Varietäten zu unterscheiden, sowie endlich aus dem
Princip einer allgemeinen Stufenfolge in der Natur, dass Arten
abgeändert worden sind, und schreibt diese Abänderung dem
Wechsel der Umstände zu. Derselbe Verfasser hat 1855 die
Psychologie nach dem Princip einer nothwendig stufenweisen Er-
werbung jeder geistigen Kraft und Fähigkeit bearbeitet.

Im Jahre 1852 hat Naudin, ein ausgezeichneter Botaniker,
in einem vorzüglichen Aufsatz über die Entstehung der Arten
(*Revue horticole p.* 102, später zum Theil wieder abgedruckt
in den »*Nouvelles Archives du Muséum T. I, p.* 171) ausdrücklich erklärt, dass nach seiner Ansicht Arten in analoger Weise
von der Natur, wie Varietäten durch die Cultur, gebildet worden
seien; den letzten Vorgang schreibt er dem Wahlvermögen des
Menschen zu. Er zeigt aber nicht, wie diese Wahl in der Natur
vor sich geht. Er nimmt wie Dechant Herbert an, dass die Arten anfangs bildsamer waren als jezt, legt Gewicht auf sein sogenanntes Princip der Finalität, „eine unbestimmte geheimniss-
volle Kraft, gleichbedeutend mit blinder Vorbestimmung für die
Einen, mit providentiellem Willen für die Andern, durch dessen
unausgesetzten Einfluss auf die lebenden Wesen in allen Welt-
altern die Form, der Umfang und die Dauer eines jeden derselben je nach seiner Bestimmung in der Ordnung der Dinge, wozu
es gehört, bedingt wird. Es ist diese Kraft, welche jedes Glied
mit dem Ganzen in Harmonie bringt, indem sie dasselbe der Verrichtung anpasst, die es im Gesammtorganismus der Natur zu
übernehmen hat, einer Verrichtung, welche für dasselbe Grund
des Daseins ist"*.

---

* Nach einigen Citaten in Bronn's »Untersuchungen über die Ent-
wickelungsgesetze« (S. 79 u. a.) scheint es, dass der berühmte Botaniker
und Paläontolog Unger im Jahre 1852 die Meinung ausgesprochen habe,
dass Arten sich entwickeln und abändern. Ebenso D'Alton 1821 in Pan-

Im Jahre 1853 hat ein berühmter Geolog, Graf KEYSERLING (im *Bulletin de la Société géologique, tome X, p.* 357) die Meinung vorgebracht, dass wie zu verschiedenen Zeiten neue Krankheiten durch irgend welches Miasma entstanden sind und sich über die Erde verbreitet haben, so auch zu gewissen Zeiten die Keime der bereits vorhandenen Arten durch Molecüle von besonderer Natur in ihrer Umgebung chemisch afficirt worden sein könnten, so dass nun neue Formen aus ihnen entstanden wären.

Im nämlichen Jahre 1853 lieferte auch Dr. SCHAAFFHAUSEN einen Aufsatz in die Verhandlungen des naturhistorischen Vereins der Preuss. Rheinlande, worin er die fortschreitende Entwickelung organischer Formen auf der Erde behauptet. Er nimmt an, dass viele Arten sich lange Zeiträume hindurch unverändert erhalten haben, während wenig andere Abänderungen erlitten. Das Auseinanderweichen der Arten ist nach ihm durch die Zerstörung der Zwischenstufen zu erklären. „Lebende Pflanzen und Thiere sind daher von den untergegangenen nicht als neue Schöpfungen geschieden, sondern vielmehr als deren Nachkommen in Folge ununterbrochener Fortpflanzung zu betrachten.

Ein bekannter französischer Botaniker, LECOQ, schreibt 1854 in seinen *Études sur la géographie botanique T. I, p.* 250: „man sieht, dass unsre Untersuchungen über die Stetigkeit und Veränderlichkeit der Arten uns geradezu auf die von GEOFFROY ST.-HILAIRE und GOETHE ausgesprochenen Vorstellungen führen". Einige andere in dem genannten Werke zerstreute Stellen lassen uns jedoch darüber im Zweifel, wie weit LECOQ selbst diesen Vorstellungen zugethan ist.

Die „Philosophie der Schöpfung" ist 1855 in meisterhafter

DER und D'ALTON's Werk über das fossile Riesenfaulthier; — und ähnliche Ansichten entwickelte OKEN in seiner mystischen »Naturphilosophie«. Nach andern Citaten in GORDON's Werk „*sur l'espèce*" scheint es, dass BORY ST.-VINCENT, BURDACH, POIRET und FRIES alle eine fortwährende Erzeugung neuer Arten angenommen haben. — Ich will noch hinzufügen, dass von den 34 Autoren, welche in dieser historischen Skizze als solche aufgezählt werden, die an eine Abänderung der Arten oder wenigstens nicht an getrennte Schöpfungsacte glauben, 27 über specielle Zweige der Naturgeschichte oder Geologie geschrieben haben.

Weise durch Baden-Powell (in seinen *Essays on the Unity of Worlds*) behandelt worden. Er zeigt auf's treffendste, dass die Einführung neuer Arten „eine regelmässige und nicht eine zufällige Erscheinung" oder, wie Sir John Herschel es ausdrückt, „eine Natur- im Gegensatze einer Wundererscheinung" ist.

Der dritte Band des *Journal of the Linnean Society* enthält zwei von Herrn Wallace und mir am 1. Juli 1858 gelesne Aufsätze, worin, wie in der Einleitung zu vorliegendem Bande erwähnt ist, Wallace die Theorie der natürlichen Zuchtwahl mit ausserordentlicher Kraft und Klarheit entwickelt.

C. E. von Baer, der bei allen Zoologen in höchster Achtung steht, drückte um das Jahr 1859 seine hauptsächlich auf die Gesetze der geographischen Verbreitung gegründete Überzeugung dahin aus, dass jetzt vollständig verschiedene Formen Nachkommen einer einzelnen Stammform sind. (Rud. Wagner zoolog.-anthropolog. Untersuchungen 1861, S. 51).

Im Juni 1859 hielt Professor Huxley einen Vortrag vor der Royal Institution über die bleibenden Typen des Thierlebens. In Bezug auf derartige Fälle bemerkt er: „Es ist schwierig die Bedeutung solcher Thatsachen zu begreifen, wenn wir voraussetzen, dass jede Pflanzen- und Thierart oder jeder grosse Organisationstypus nach langen Zwischenzeiten durch je einen besondern Act der Schöpfungskraft gebildet und auf die Erdoberfläche versetzt worden sei; und man muss nicht vergessen, dass eine solche Annahme weder in der Tradition noch in der Offenbarung eine Stütze findet, wie sie denn auch der allgemeinen Analogie in der Natur zuwider ist. Betrachten wir andrerseits die „persistenten Typen" in Bezug auf die Hypothese, wonach die zu irgend einer Zeit lebenden Arten das Ergebniss allmählicher Abänderung schon früher existirender Arten sind — eine Hypothese, welche, wenn auch unerwiesen und auf klägliche Weise von einigen ihrer Anhänger verkümmert, doch die einzige ist, der die Physiologie einigen Halt verleiht —, so scheint das Dasein dieser Typen zu zeigen, dass das Maass der Abänderung, welche lebende Wesen während der geologischen Zeit erfahren haben, sehr gering ist im Vergleich zu der ganzen Reihe von Veränderungen, welchen sie ausgesetzt gewesen sind."

Im Dezember 1859 veröffentlichte Dr. HOOKER seine Einleitung in die Tasmanische Flora, in deren erstem Theile er die Entstehung der Arten durch Abkommenschaft und Umänderung von andern zugesteht und diese Lehre durch viele Originalbeobachtungen unterstützt.

Im November 1859 erschien die erste Ausgabe dieses Werkes, im Januar 1860 die zweite, im April 1861 die dritte, im Juni 1866 die vierte.

ermitteln lassen durch ein geduldiges Sammeln und Erwägen aller Arten von Thatsachen, welche möglicher Weise in irgend einer Beziehung zu ihr stehen konnten. Nachdem ich dies fünf Jahre lang gethan, getraute ich mich erst eingehender über die Sache nachzusinnen und schrieb nun einige kurze Bemerkungen darüber nieder; diese führte ich im Jahre 1844 weiter aus und fügte der Skizze die Schlussfolgerungen hinzu, welche sich mir als wahrscheinlich ergaben. Von dieser Zeit an his jetzt bin ich mit beharrlicher Verfolgung des Gegenstandes beschäftigt gewesen. Ich hoffe, dass man die Anführung dieser auf meine Person bezüglichen Einzelnheiten entschuldigen wird: sie sollen zeigen, dass ich nicht übereilt zu einem Abschlusse gelangt bin.

Mein Werk ist nun nahezu vollendet; da es aber noch zwei oder drei weitere Jahre bedürfen wird, um es zu ergänzen, und meine Gesundheit keineswegs fest ist, so hat man mich zur Veröffentlichung dieses Auszugs gedrängt. Ich sah mich noch um so mehr dazu veranlasst, als Herr WALLACE beim Studium

# Einleitung.

Als ich an Bord des „*Beagle*" als Naturforscher Südamerica erreichte, überraschten mich gewisse Thatsachen in hohem Grade, die sich mir in Bezug auf die Vertheilung der Bewohner und die geologischen Beziehungen der jetzigen zu der früheren Bevölkerung dieses Welttheils darboten. Diese Thatsachen schienen mir, wie sich aus dem letzten Capitel dieses Bandes ergeben wird, einiges Licht über die Entstehung der Arten zu verbreiten, dies Geheimniss der Geheimnisse, wie es einer unsrer grössten Philosophen genannt hat. Nach meiner Heimkehr im Jahre 1837 kam

der Naturgeschichte der Malayischen Inselwelt zu fast genau denselben allgemeinen Schlussfolgerungen über die Artenbildung gelangt ist. Im Jahre 1858 sandte er mir eine Abhandlung darüber
mit der Bitte zu, sie Sir CHARLES LYELL zuzustellen, welcher sie
der LINNÉischen Gesellschaft übersandte, in deren Journal sie nun
im dritten Bande abgedruckt worden ist. Sir CH. LYELL sowohl
als Dr. HOOKER, welche beide meine Arbeit kannten (der letzte
hatte meinen Entwurf von 1844 gelesen), hielten es in ehrender
Rücksicht auf mich für rathsam, einen kurzen Auszug aus meinen
Niederschriften zugleich mit WALLACE's Abhandlung zu veröffent-
lichen.

Dieser Auszug, welchen ich hiemit der Lesewelt vorlege,
muss nothwendig unvollkommen sein. Er kann keine Belege und
Autoritäten für meine verschiedenen Angaben beibringen, und ich
muss den Leser bitten, einiges Vertrauen in meine Genauigkeit
zu setzen. Zweifelsohne mögen Irrthümer mit untergelaufen sein;
doch glaube ich mich überall nur auf verlässige Autoritäten berufen zu haben. Ich kann hier überall nur die allgemeinen Schlussfolgerungen anführen, zu welchen ich gelangt bin, unter Mittheilung von nur wenigen erläuternden Thatsachen, die aber, wie ich
hoffe, in den meisten Fällen genügen werden. Niemand kann mehr
als ich selbst die Nothwendigkeit fühlen, alle Thatsachen, auf
welche meine Schlussfolgerungen sich stützen, mit ihren Einzelnheiten bekannt zu machen, und ich hoffe dies in einem künftigen
Werke zu thun. Denn ich weiss wohl, dass kaum ein Punkt in
diesem Buche zur Sprache kommt, zu welchem man nicht Thatsachen anführen könnte, die oft zu gerade entgegengesetzten Folgerungen zu führen scheinen. Ein richtiges Ergebniss lässt sich
aber nur dadurch erlangen, dass man alle Thatsachen und Gründe,
welche für und gegen jede einzelne Frage sprechen, zusammen-
stellt, und sorgfältig gegen einander abwägt, und dies kann nicht
wohl hier geschehen.

Ich muss bedauern, aus Mangel an Raum so vielen Naturforschern nicht meine Erkenntlichkeit für die Unterstützung ausdrücken zu können, die sie mir, mitunter ihnen persönlich ganz
unbekannt, in uneigennütziger Weise zu Theil werden liessen.

Doch kann ich diese Gelegenheit nicht vorübergehen lassen, ohne wenigstens die grosse Verbindlichkeit anzuerkennen, welche ich Dr. Hooker dafür schulde, dass er mich in den letzten zwanzig Jahren in jeder möglichen Weise durch seine reichen Kenntnisse und sein ausgezeichnetes Urtheil unterstützt hat. Wenn ein Naturforscher über die Entstehung der Arten nachdenkt, so ist es wohl begreiflich, dass er in Erwägung der gegenseitigen Verwandtschaftsverhältnisse der Organismen, ihrer embryonalen Beziehungen, ihrer geographischen Verbreitung, ihrer geologischen Aufeinanderfolge und andrer solcher Thatsachen zu dem Schlusse gelangt, die Arten seien nicht unabhängig von andern erschaffen, sondern stammen nach der Weise der Varietäten von andern Arten ab. Demungeachtet dürfte eine solche Schlussfolgerung, selbst wenn sie wohlbegründet wäre, kein Genüge leisten, so lange nicht nachgewiesen werden könnte, auf welche Weise die zahllosen Arten, welche jetzt unsre Erde bewohnen, so abgeändert worden seien, dass sie die jetzige Vollkommenheit des Baues und der Anpassung für ihre jedesmalligen Lebensverhältnisse erlangten, welche mit Recht unsre Bewunderung erregen. Die Naturforscher verweisen beständig auf die äusseren Bedingungen, wie Klima, Nahrung u. s. w. als die einzigen möglichen Ursachen ihrer Abänderung. In einem sehr beschränkten Sinne mag, wie wir später sehen werden, dies wahr sein. Aber es wäre verkehrt, lediglich äusseren Ursachen z. B. die Organisation des Spechtes, die Bildung seines Fusses, seines Schwanzes, seines Schnabels und seiner Zunge zuschreiben zu wollen, welche ihn so vorzüglich befähigen, Insecten unter der Rinde der Bäume hervorzuholen. Ebenso wäre es verkehrt, bei der Mistelpflanze, die ihre Nahrung aus gewissen Bäumen zieht, und deren Saamen von gewissen Vögeln ausgestreut werden müssen, und ihren Blüthen, welche getrennten Geschlechtes sind und die Thätigkeit gewisser Insecten zur Übertragung des Pollens von der männlichen auf die weibliche Blüthe voraussetzen, — es wäre verkehrt, die organische Einrichtung dieses Parasiten mit seinen Beziehungen zu jenen verschiedenerlei organischen Wesen als eine Wirkung äussrer Ursachen oder der Gewohnheit oder des Willens der Pflanze selbst anzusehen.

Es ist daher von der grössten Wichtigkeit eine klare Einsicht in die Mittel zu gewinnen, durch welche solche Umänderungen und Anpassungen bewirkt werden. Beim Beginne meiner Beobachtungen schien es mir wahrscheinlich, dass ein sorgfältiges Studium der Hausthiere und Culturpflanzen die beste Aussicht auf Lösung dieser schwierigen Aufgabe gewähren würde. Und ich habe mich nicht getäuscht, sondern habe in diesem wie in allen andern verwickelten Fällen immer gefunden, dass unsre Erfahrungen über die im gezähmten und angebauten Zustande erfolgenden Veränderungen der Lebensformen immer den besten und sichersten Aufschluss gewähren. Ich stehe nicht an, meine Überzeugung von dem hohen Werthe solcher von den Naturforschern gewöhnlich sehr vernachlässigten Studien auszudrücken.

Aus diesem Grunde widme ich denn auch das erste Capitel dieses Auszugs der Abänderung im Culturzustande. Wir werden daraus ersehen, dass erbliche Abänderungen in grosser Ausdehnung wenigstens möglich sind, und, was nicht minder wichtig, dass das Vermögen des Menschen, geringe Abänderungen durch deren ausschliessliche Auswahl zur Nachzucht, d. h. durch Zuchtwahl zu häufen, sehr beträchtlich ist. Ich werde dann zur Veränderlichkeit der Arten im Naturzustande übergehen; doch bin ich unglücklicher Weise genöthigt diesen Gegenstand viel zu kurz abzuthun, da er eingehend eigentlich nur durch Mittheilung langer Listen von Thatsachen behandelt werden kann. Wir werden dem ungeachtet im Stande sein zu erörtern, was für Umstände die Abänderung am meisten begünstigen. Im nächsten Abschnitte soll der Kampf um's Dasein unter den organischen Wesen der ganzen Welt abgehandelt werden, welcher unvermeidlich aus dem hoch geometrischen Verhältniss ihrer Vermehrung hervorgeht. Es ist dies die Lehre von MALTHUS auf das ganze Thier- und Pflanzenreich angewendet. Da viel mehr Individuen jeder Art geboren werden, als fortleben können, und demzufolge das Ringen um Existenz beständig wiederkehren muss, so folgt daraus, dass ein Wesen, welches in irgend einer für dasselbe vortheilhafteren Weise

von den übrigen, so wenig es auch sei, abweicht, unter den mannichfachen und oft veränderlichen Lebensbedingungen mehr Aussicht auf Fortdauer hat und demnach von der Natur zur Nachzucht gewählt werden wird. Eine solche zur Nachzucht ausgewählte Varietät strebt dann nach dem strengen Erblichkeitsgesetze
jedesmal seine neue und abgeänderte Form fortzupflanzen.
Diese natürliche Zuchtwahl ist ein Hauptgegenstand, welcher
im vierten Capitel ausführlicher abgehandelt werden soll; und
wir werden dann finden, wie die natürliche Zuchtwahl gewöhnlich die unvermeidliche Veranlassung zum Erlöschen minder geeigneter Lebensformen wird und das herbeiführt, was ich Divergenz
des Characters genannt habe. Im nächsten Abschnitte werden die zusammengesetzten und wenig bekannten Gesetze der Abänderung und der Correlation des Wachsthums besprochen. In
den vier folgenden Capiteln sollen die auffälligsten und bedeu-
tendsten Schwierigkeiten unsrer Theorie angegeben werden, und
zwar erstens die Schwierigkeiten der Übergänge, oder wie es zu
begreifen ist, dass ein einfaches Wesen oder Organ verwandelt
und in ein höher entwickeltes Wesen oder ein höher ausge-
bildetes Organ umgestaltet werden kann; zweitens der Instinct
oder die geistigen Fähigkeiten der Thiere; drittens die Bastardbildung oder die Unfruchtbarkeit der gekreuzten Species und die
Fruchtbarkeit der gekreuzten Varietäten; und viertens die Unvollkommenheit der geologischen Urkunde. Im nächsten Capitel werde
ich die geologische Aufeinanderfolge der Organismen in der Zeit
betrachten; im eilften und zwölften deren geographische Verbreitung im Raume; im dreizehnten ihre Classification oder gegenseitigen Verwandtschaften im reifen wie im Embryonalzustande.
Im letzten Abschnitte endlich werde ich eine kurze Zusammenfassung des Inhaltes des ganzen Werkes mit einigen Schlussbemerkungen geben.
Darüber, dass noch so Vieles über die Entstehung der Arten
und Varietäten unerklärt bleibe, wird sich niemand wundern, wenn
er unsre tiefe Unwissenheit hinsichtlich der Wechselbeziehungen
all' der um uns her lebenden Wesen in Betracht zieht. Wer kann
erklären, warum eine Art in grosser Anzahl und weiter Verbrei-

2 *

tung vorkömmt, während eine andre ihr nahe verwandte Art selten und auf engen Raum beschränkt ist? Und doch sind diese
Beziehungen von der höchsten Wichtigkeit, insofern sie die gegenwärtige Wohlfahrt und, wie ich glaube, das künftige Gedeihen
und die Modificationen eines jeden Bewohners der Welt bedingen.
Aber noch viel weniger Kenntniss haben wir von den Wechselbeziehungen der unzähligen Bewohner dieser Erde während der
zahlreichen Perioden ihrer einstigen Bildungsgeschichte. Wenn
daher auch noch Vieles dunkel ist und noch lange dunkel bleiben
wird, so zweifle ich nach den sorgfältigsten Studien und dem
unbefangensten Urtheile, dessen ich fähig bin, doch nicht daran,
dass die Meinung, welche die meisten Naturforscher hegen und
auch ich lange gehegt habe, als wäre nämlich jede Species unabhängig von den übrigen erschaffen worden, eine irrthümliche
ist. Ich bin vollkommen überzeugt, dass die Arten nicht unver·
änderlich sind; dass die zu einer sogenannten Gattung zusammen-
gehörigen Arten in directer Linie von einer anderen gewöhnlich
erloschenen Art abstammen in der nämlichen Weise, wie die anerkannten Varietäten einer Art Abkömmlinge derselben sind. Endlich bin ich überzeugt, dass natürliche Zuchtwahl das hauptsächlichste wenn auch nicht einzige Mittel zu Abänderung der Lebensformen gewesen ist.

# Erstes Capitel.

## Abänderung im Zustande der Domestication.

Ursachen der Veränderlichkeit. Wirkungen der Gewohnheit. Correlation des Wachsthums. Vererbung. Charactere cultivirter Varietäten. Schwierigkeit der Unterscheidung zwischen Varietäten und Arten. Entstehung cultivirter Varietäten von einer oder mehreren Arten. Zahme Tauben, ihre Verschiedenheiten und Entstehung. Früher befolgte Grundsätze bei der Züchtung und deren Folgen. Planmässige und unbewusste Züchtung. Unbekannter Ursprung unsrer cultivirten Rassen. Günstige Umstände für das Züchtungsvermögen des Menschen.

### Ursachen der Veränderlichkeit.

Wenn wir die Individuen einer Varietät oder Untervarietät unsrer alten Culturpflanzen und -Thiere betrachten, so ist einer der Punkte, die uns zuerst auffallen, dass sie im Allgemeinen mehr von einander abweichen, als die Individuen irgend einer Art oder Varietät im Naturzustande. Erwägen wir nun die grosse Mannichfaltigkeit der Culturpflanzen und -Thiere, welche zu allen Zeiten unter den verschiedensten Klimaten und Behandlungsweisen abgeändert haben, so werden wir, glaube ich, zum Schlusse gedrängt, dass diese grosse Veränderlichkeit unsrer Culturerzeugnisse die Wirkung minder einförmiger und von den natürlichen Stammarten etwas abweichender Lebensbedingungen ist. Auch hat, wie mir scheint, ANDREW KNIGHT's Meinung, dass diese Veränderlichkeit zum Theil mit Überfluss an Nahrung zusammenhänge, einige Wahrscheinlichkeit für sich. Es scheint ferner ganz klar zu sein, dass die organischen Wesen einige Generationen hindurch den neuen Lebensbedingungen ausgesetzt sein müssen, ehe ein merkliches Maass von Veränderung in ihnen hervortreten kann, und dass, wenn ihre Organisation einmal abzuändern begonnen hat, sie gewöhnlich durch viele Generationen abzuändern fortfahrt. Man kennt keinen Fall, dass ein veränderliches Wesen im Culturzustande aufgehört hätte veränderlich zu sein. Unsre ältesten Culturpflanzen, wie der Weizen z. B., geben oft noch neue Varietäten, und unsre ältesten Hausthiere sind noch immer rascher Umänderung oder Veredelung fähig.

Man hat darüber gestritten, in welchem Lebensalter die Ursachen der Abänderungen, worin sie immer bestehen mögen, wirksam zu sein pflegen, ob in der ersten, oder in der letzten Zeit der Entwickelung des Embryos, oder im Augenblicke der Empfängniss. Geoffroy Sr. -Hilaire's Versuche ergeben, dass eine unnatürliche Behandlung des Embryos Monstrositäten erzeuge, und Monstrositäten können durch keinerlei scharfe Grenzlinie von Varietäten unterschieden werden. Doch bin ich sehr zu vermuthen geneigt, dass die häufigste Ursache zur Abänderung in Einflüssen zu suchen sei, welche das männliche oder weibliche reproductive Element schon vor dem Acte der Befruchtung erfahren hat. Ich habe verschiedene Gründe für diese Meinung; doch liegt der Hauptgrund in den merkwürdigen Folgen, welche Einsperrung oder Anbau auf die Verrichtungen des reproductiven Systemes äussern, indem nämlich dieses System viel empfänglicher für die Wirkung irgend eines Wechsels in den Lebensbedingungen als jeder andere Theil der Organisation zu sein scheint. Nichts ist leichter, als ein Thier zu zähmen, und wenige Dinge sind schwieriger, als es in der Gefangenschaft zu einer freiwilligen Fortpflanzung zu veranlassen, selbst in den zahlreichen Fällen, wo man Männchen und Weibchen bis zur Paarung bringt. Wie viele Thiere wollen sich nicht fortpflanzen, obwohl sie schon lange in nicht sehr enger Gefangenschaft in ihrer Heimathgegend leben! Man schreibt dies gewöhnlich einem entarteten Instinct zu; allein wie viele Culturpflanzen gedeihen in der äussersten Kraftfülle, und setzen doch nur sehr selten oder auch nie Samen an! In einigen wenigen solchen Fällen hat man entdeckt, dass sehr unbedeutende Verhältnisse, wie etwas mehr oder weniger Wasser zu einer gewissen Zeit des Wachsthums für oder gegen die Samenbildung entscheidend wird. Ich kann hier nicht in die zahlreichen

Einzelheiten eingehen, die ich über diese merkwürdige Frage gesammelt habe; um aber zu zeigen, wie eigenthümlich die Gesetze sind, welche die Fortpflanzung der Thiere in Gefangenschaft bedingen, will ich nur anführen, dass Raubthiere selbst aus den Tropengegenden sich bei uns auch in Gefangenschaft ziemlich gern fortpflanzen, mit Ausnahme jedoch der Sohlengänger oder der Familie der bärenartigen Säugethiere, welche nur selten Junge erzeugen; wogegen fleischfressende Vögel nur in den seltensten Fällen oder fast niemals fruchtbare Eier legen. Viele ausländische Pflanzen haben ganz werthlosen Pollen genau in demselben Zustande, wie die meist unfruchtbaren Bastardpflanzen. Wenn wir auf der einen Seite Hausthiere und Culturpflanzen oft selbst in schwachem und krankem Zustande sich in der Gefangenschaft ganz ordentlich fortpflanzen sehen, während auf der andern Seite jung eingefangene Individuen, vollkommen gezähmt, geschlechtsreif und kräftig (wovon ich viele Beispiele anführen kann), in ihrem Reproductivsysteme durch nicht wahrnehmbare Ursachen so tief afficirt erscheinen, dass dasselbe nicht fungirt, so dürfen wir uns nicht darüber wundern, dass dieses System, wenn es wirklich in der Gefangenschaft in Function tritt, dann in nicht ganz regelmässiger Weise wirkt und eine Nachkommenschaft erzeugt, welche den Eltern nicht vollkommen ähnlich ist.

Man hat Unfruchtbarkeit das Verderben des Gartenbaues genannt; aber Variabilität entsteht nach der oben entwickelten Ansicht aus derselben Ursache wie Sterilität, und Variabilität ist die Quelle all der ausgesuchtesten Erzeugnisse unsrer Gärten. Ich möchte hinzufügen, dass, wie einige Organismen (wie die in Kästen gehaltenen Kaninchen und Frettchen) sich unter den unnatürlichsten Verhältnissen fortpflanzen, was nur beweist, dass ihr Reproductionssystem dadurch nicht angegriffen worden ist, so auch einige Thiere und Pflanzen der Zähmung oder Cultur widerstehen und nur sehr gering, vielleicht kaum stärker als im Naturzustande, variiren.

Man könnte eine lange Liste von Spielpflanzen (Sporting plants) aufstellen, mit welchem Namen die Gärtner einzelne Knospen oder Sprossen bezeichnen, welche plötzlich einen neuen und von der übrigen Pflanze oft sehr abweichenden Character annehmen. Solche Pflanzen kann man durch Pfropfen u. s. w., zuweilen auch mittelst Samen fortpflanzen. Diese Spielpflanzen sind in der Natur ausserordentlich selten, im Culturzustande aber nichts Ungewöhnliches, und wir seben in diesem Falle, dass die abweichende Behandlung der Mutterpflanze die Knospe oder den Sprossen, nicht aber das Eichen oder den Pollen berührt hat. Die meisten Physiologen sind aber der Meinung, dass zwischen einer Knospe und einem Eichen auf ihrer ersten Bildungsstufe kein wesentlicher Unterschied besteht, so dass die Spielpflanzen in der That der Ansicht zur Stütze gereichen, dass die Veränderlichkeit grossentheils von Einflüssen herzuleiten sei, welche die Behandlung der Mutterpflanze auf das Eichen oder den Pollen oder auf beide schon vor dem Befruchtungsacte ausgeübt hat. Unter allen Umständen zeigen diese Fälle, dass Abänderung nicht, wie einige Autoren angenommen haben, notbwendig mit dem Generationsacte zusammenhängt.

Sämlinge von derselben Frucht erzogen oder Junge von einem Wurfe weichen oft weit von einander ab, obwohl die Jungen und die Alten, wie Müllea bemerkt, allem Anschein nach genau denselben Lebensbedingungen ausgesetzt gewesen sind; und es ergibt sich daraus, wie unerheblich die unmittelbaren Wirkungen der Lebensbedingungen im Vergleiche zu den Gesetzen der Reproduction, des Wachsthums und der Vererbung sind; denn wäre die Wirkung der Lebensbedingungen in dem Falle, wo nur ein Junges abändert, eine unmittelbare gewesen, so würden zweifelsohne alle Jungen dieselben Abänderungen zeigen. Es ist sehr schwer zu beurtheilen, wie viel bei einer solchen Abänderung dem unmittelbaren Einflusse der Wärme, der Feuchtigkeit, des Lichtes und der Nahrung im Einzelnen zuzuschreiben sei; ich möchte der Ansicht sein, dass solche Agentien bei Thieren nur sehr wenig unmittelbaren Erfolg gehabt haben, während derselbe bei Pflanzen offenbar grösser ist. Wenn alle oder fast alle Individuen, welche den nämlichen Einflüssen ausgesetzt gewesen sind, auch auf dieselbe Weise afficirt werden, so scheint die Abänderung zunächst jenen Einflüssen unmittelbar zugeschrieben werden zu müssen; es lässt sich aber in einigen Fällen nachweisen, dass ganz entgegengesetzte Bedingungen ähnliche Veränderungen des Baues bewirken können. Demungeachtet glaube ich, dass ein kleiner Betrag der stattfindenden Umänderung der unmittelbaren Einwirkung der Lebensbedingungen zugeschrieben werden kann, wie in einigen Fällen die beträchtlichere Grösse von der Nahrungsmenge, die Färbung von besonderen Arten der Nahrung und vom Lichte, und vielleicht die Dichte des Pelzes vom Klima ableitbar ist.

### Wirkungen der Gewöhnung; Correlation des Wachsthums; Vererbung.

Auch Gewöhnung hat einen entschiedenen Einfluss, wie die Versetzung von Pflanzen aus einem Klima ins andere deren Blüthezeit ändert. Bei Thieren ist er noch bemerkbarer; ich habe bei der Hausente gefunden, dass die Flügelknochen leichter und die Beinknochen schwerer im Verhältniss zum ganzen Skelette sind als bei der wilden Ente; und ich glaube, dass man diese Veränderung getrost dem Umstande zuschreiben kann, dass die zahme Ente weniger fliegt und mehr geht, als es bei dieser Entenart im wilden Zustande der Fall ist. Die erbliche stärkere Entwickelung der Euter bei Kühen und Geisen in solchen Gegenden, wo sie regelmässig gemelkt werden, im Verhältnisse zu andern, wo es nicht der Fall, ist ein anderer Beleg für die Wirkungen des Gebrauchs. Es gibt keine Art von Haus-Säugethieren, welche nicht in dieser oder jener Gegend hängende Ohren hätte; es ist daher die zu dessen Erklärung vorgebrachte Ansicht, dass dieses Hängendwerden der Ohren vom Nichtgebrauch der Ohrmuskeln herrühre, weil das Thier nur selten durch drohende Gefahren beunruhigt werde, ganz wahrscheinlich.

Es gibt nun viele Gesetze, welche die Abänderung regeln, von welchen einige wenige sich dunkel erkennen lassen, und die nachher noch kurz erwähnt werden sollen. Hier will ich nur auf das hinweisen, was man Correlation des Wachsthums nennen kann. Irgend eine Veränderung in Embryo oder Larve wird wahrscheinlich auch Veränderungen im reifen Thiere nach sich ziehen. Bei Monstrositäten sind die Wechselbeziehungen zwischen ganz verschiedenen Theilen des Körpers sehr sonderbar, und Isidore Geoffroy St.-Hilaire führt davon viele Belege in seinem grossen Werke an. Viehzüchter glauben, dass lange Beine gewöhnlich auch von einem verlängerten Kopfe begleitet werden. Einige Fälle von Correlation erscheinen ganz wunderlicher Art; so, dass ganz weisse Katzen mit blauen Augen gewöhnlich taub sind. Farbe und Eigenthümlicbkeiten der Constitution stehen mit einander in Verbindung, wovon sich viele merkwürdige Fälle bei Pflanzen und Thieren anführen lassen. Aus den von Heusinger gesammelten Thatsachen geht hervor, dass auf weisse Schafe und Schweine gewisse Pflanzen schädlich einwirken, während dunkelfarbige nicht afficirt werden. Professor Wyman hat mir kürzlich einen sehr belehrenden Fall dieser Art mitgetheilt. Auf seine an einige Farmer in Florida gerichtete Frage, woher es komme, dass alle ihre Schweine schwarz seien, erhielt er zur Antwort, dass die Schweine die Farbwurzel (Lachnantes) frässen, und diese färbe ihre Knochen rosa und mache, ausser bei den schwarzen Varietäten derselben, die Hufe abfallen; einer der Crackers (d. h. der Florida-Ansiedler) fügte hiezu: wir wählen die schwarzen Glieder eines Wurfes zum Aufziehen aus, weil sie allein Aussicht auf Gedeihen geben. Unbehaarte Hunde haben unvollständiges Gebiss; von lang- oder grob-haarigen Wiederkäuern behauptet man, dass sie gern lange oder viele Hörner bekommen; Tauben mit Federfüssen haben eine Haut zwischen ihren äusseren Zehen; kurz-schnäbelige Tauben haben kleine Füsse, und die mit langen Schnäbeln grosse Füsse. Wenn man daher durch Auswahl geeigneter Individuen von Pflanzen und Thieren für die Nachzucht irgend eine Eigenthümlichkeit derselben steigert, so wird man fast sicher, ohne es zu wollen, diesen geheimnissvollen Gesetzen der Correlation des Wachsthums gemäss noch andre Theile der Structur mit abhändern.

Das Ergebniss der mancherlei entweder ganz unbekannten oder nur dunkel sichtbaren Gesetze der Variation ist ausserordentlich zusammengesetzt und vielfältig. Es ist wohl der Mühe werth die verschiedenen Abhandlungen über unsre alten Culturpflanzen, wie Hyacinthen, Kartoffeln, selbst Dahlien u. s. w. sorgfältig zu stu-

diren, und es ist wirklich überraschend zu sehen, wie endlos die
Menge von Verschiedenheiten in Bau und Lebensäusserung ist,
durch welche alle diese Varietäten und Subvarietäten leicht von
einander abweichen. Ihre ganze Organisation scheint plastisch
geworden zu sein, um bald in dieser und bald in jener Richtung
sich etwas von dem elterlichen Typus zu entfernen.

Nicht-erbliche Abänderungen sind für uns ohne Bedeutung.
Aber schon die Zahl und Mannichfaltigkeit der erblichen Abweichungen in dem Bau des Körpers, sei es von geringerer oder
von beträchtlicher physiologischer Wichtigkeit, ist endlos. Dr.
Prosper Lucas' Abhandlung in zwei starken Bänden ist das Beste
und Vollständigste, was man darüber hat. Kein Viehzüchter ist
darüber in Zweifel, dass die Neigung zur Vererbung sehr gross
ist; „Gleiches erzeugt Gleiches" ist sein Grundglaube, und nur
theoretische Schriftsteller haben dagegen Zweifel erhoben. Wenn
irgend eine Abweichung öfters zum Vorschein kommt und wir
sie in Vater und Kind sehen, so können wir nicht sagen, ob sie
nicht etwa von einerlei Grundursache herrühre, die auf beide gewirkt habe. Wenn aber unter Individuen einer Art, welche augenscheinlich denselben Bedingungen ausgesetzt sind, irgend eine
seltene Abänderung in Folge eines ausserordentlichen Zusammentreffens von Umständen an einem Individuum zum Vorschein kommt
— an einem unter mehren Millionen — und dann am Kinde wieder erscheint, so nöthigt uns schon die Wahrscheinlichkeitslehre
diese Wiederkehr aus Vererbung zu erklären. Jedermann wird
ja schon von Fällen gehört haben, wo so seltene Erscheinungen,
wie Albinismus, Stachelhaut, ganz behaarter Körper u. dgl. bei
mehren Gliedern einer und der nämlichen Familie vorgekommen
sind. Wenn aber so seltene und fremdartige Abweichungen der
Körperbildung sich wirklich vererben, so werden minder fremdartige und ungewöhnliche Abänderungen um so mehr als erbliche
zugestanden werden müssen. Ja vielleicht wäre die richtigste
Art die Sache anzusehen die, dass man jedweden Character als
erblich und die Nichterblichkeit als Ausnahme betrachtete.

Die Gesetze, welche die Vererbung der Charactere regeln,
sind gänzlich unbekannt, und niemand vermag zu sagen, wie es

komme, dass dieselbe Eigenthümlichkeit in verschiedenen Individuen einer Art und in Individuen verschiedener Arten zuweilen erblich ist und zuweilen nicht; wie es komme, dass das Kind zuweilen zu gewissen Characteren des Grossvaters oder der Grossmutter oder noch früherer Vorfahren zurückkehre; wie es komme, dass eine Eigenthümlichkeit sich oft von einem Geschlechte auf beide Geschlechter übertrage, oder sich auf eines und zwar dasselbe Geschlecht beschränke. Es ist eine Thatsache von einiger Wichtigkeit für uns, dass Eigenthümlichkeiten, welche an den Männchen unsrer Hausthiere zum Vorschein kommen, entweder ausschliesslich oder doch vorzugsweise wieder nur auf männliche Nachkommen übergehen. Eine noch wichtigere und wie ich glaube verlässige Regel ist die, dass, in welcher Periode des Lebens sich eine Eigenthümlichkeit auch zeigen möge, sie in der Nachkommenschaft auch immer in dem entsprechenden Alter, oder zuweilen wohl früher, zum Vorschein kommt. In vielen Fällen ist dies nicht anders möglich, weil die erblichen Eigentbümlichkeiten z. B. in den Hörnern des Rindviehs an den Nachkommen sich erst im nahezu reifen Alter zeigen können; und ebenso gibt es bekanntlich Eigenthümlichkeiten des Seidenwurms, die nur den Raupen- oder den Puppenzustand betreffen. Aber erbliche Krankheiten und einige andere Thatsachen veranlassen mich zu glauben, dass die Regel eine weitere Ausdehnung hat, und dass da, wo kein offenbarer Grund für das Erscheinen einer Abänderung in einem bestimmten Alter vorliegt, doch das Streben vorhanden ist, auch am Nachkommen in dem gleichen Lebensabschnitte sich zu zeigen, wo sie an dem Erzeuger zuerst eingetreten ist. Ich glaube, dass diese Regel von der grössten Wichtigkeit für die Erklärung der Gesetze der Embryologie ist. Diese Bemerkungen beziehen sich übrigens auf das erste Sichtbarwerden der Eigenthümlichkeit, und nicht auf ihre erste Veranlassung, die vielleicht schon in dem männlichen oder weiblichen Zeugungsstoff liegen kann, in derselben Weise etwa, wie der aus der Kreuzung einer kurzhörnigen Kuh und eines langhörnigen Bullen hervorgegangene Sprössling die grössere Länge seiner

Hörner erst spät im Leben zeigen kann, obwohl die erste Ursache dazu schon im Zeugungsstoff des Vaters liegt. Da ich des Rückfalles zur grosselterlichen Bildung Erwähnung gethan habe, so will ich hier eine von Naturforschern oft gemachte Angabe anführen, dass nämlich unsre Hausthier-Rassen, wenn sie verwilderten, zwar nur allmählich, aber doch gewiss, wieder den Character ihrer wilden Stammeltern annähmen, woraus man dann geschlossen hat, dass man von zahmen Rassen auf die Arten in ihrem Naturzustande nicht folgern könne. Ich habe jedoch vergeblich auszumitteln gesucht, auf was für entscheidende Thatsachen sich jene so oft und so bestimmt wiederholte Behauptung stütze. Es möchte sehr schwer sein, ihre Richtigkeit nachzuweisen; denn wir können mit Sicherheit sagen, dass sehr viele der ausgeprägtesten zahmen Varietäten im wildeu Zustande gar nicht leben könnten. In vielen Fällen kennen wir nicht einmal den Urstamm und vermögen uns daher noch weniger zu vergewissern, ob eine vollständige Rückkehr eingetreten ist oder nicht. Jedenfalls würde, um die Folgen der Kreuzung zu vermeiden, nöthig sein, dass nur eine einzelne Varietät in die Freiheit zurückversetzt werde. Ungeachtet aber unsre Varietäten gewiss in einzelnen Merkmalen zuweilen zu ihren Urformen zurückkehren, so scheint es mir doch nicht unwahrscheinlich, dass, wenn man die verschiedenen Abarten des Kohls z. B. einige Generationen hindurch in einem ganz armen Boden zu cultiviren fortführe (in welchem Falle dann allerdings ein Theil des Erfolges der unmittelbaren Wirkung des Bodens zuzuschreiben wäre), dieselben ganz oder fast ganz wieder in ihre wilde Urform rückfallen würden. Ob der Versuch nun gelinge oder nicht, ist für unsere Folgerungen ohne grosse Bedeutung, weil durch den Versuch selber die Lebensbedingungen geändert werden. Liesse sich beweisen, dass unsre cultivirten Rassen eine starke Neigung zum Rückfall, d. h. zur Ablegung der angenommenen Merkmale an den Tag legten, so lange sie unter unveränderten Bedingungen und in beträchtlichen Massen beisammen gehalten würden, so dass die hier mögliche freie Kreuzung etwaige geringe Abweichungen der Structur, die dann eben verschmölzen, verhütete, — in diesem

Falle wollte ich zugeben, dass sich aus den zahmen Varietäten
nichts in Bezug auf die Arten folgern lasse. Aber es ist nicht
ein Schatten von Beweis zu Gunsten dieser Meinung vorhanden.
Die Behauptung, dass sich unsre Wagen- und Renn-Pferde, unsre
lang- und kurz-hörnigen Rinder, unsre mannichfaltigen Federvieh-
sorten und Nahrungsgewächse nicht eine fast endlose Zahl von
Generationen hindurch fortpflanzen lassen, wäre aller Erfahrung
entgegen. Ich will noch hinzufügen, dass, wenn im Naturzustande
die Lebensbedingungen wechseln, Abänderungen und Rückkehr
des Characters wahrscheinlich eintreten werden; aber die natürliche Zuchtwahl bestimmt, wie nachher gezeigt werden soll, wie
weit die hieraus hervorgehenden neuen Charactere erhalten
bleiben.

Charactere cultivirter Varietäten; Schwierigkeiten der Unterscheidung zwischen Varietäten und Arten; Entstehung der Cultur-
varietäten von einer oder mehreren Arten.

Wenn wir die erblichen Varietäten oder Rassen unsrer Hausthiere und Culturgewächse betrachten und dieselben mit nahe verwandten Arten vergleichen, so finden wir meist, wie schon bemerkt wurde, in jeder solchen Rasse, eine geringere Übereinstimmung des Characters, als bei ächten Arten. Auch haben
zahme Rassen oft einen etwas monströsen Character, womit ich
sagen will, dass, wenn sie sich auch von einander und von den
übrigen Arten derselben Gattung in mehren unwichtigen Punkten
unterscheiden, sie doch oft im äussersten Grade in irgend einem
einzelnen Theile sowohl von den andern Varietäten als insbesondere von den übrigen nächstverwandten Arten im Naturzustande
abweichen. Diese Fälle (und die der vollkommenen Fruchtbarkeit
gekreuzter Varietäten, wovon nachher die Rede sein soll) ausgenommen, weichen die cultivirten Rassen einer und derselben Species in gleicher Weise, nur in den meisten Fällen in geringerem
Grade, von einander ab, wie die einander nächst verwandten Arten derselben Gattung im Naturzustande. Ich glaube, man muss
dies zugeben, wenn man findet, dass es kaum irgendwelche gepflegte Rassen unter den Thieren wie unter den Pflanzen gibt,

die nicht schon von competenten Richtern als wirkliche Varietäten, von andern ebenfalls competenten Beurtheilern als Abkömmlinge ursprünglich verschiedener Arten erklärt worden wären.
Gäbe es irgend einen bestimmten Unterschied zwischen cultivirten Rassen und Arten, so könnten dergleichen Zweifel nicht so
oft wiederkehren. Oft hat man versichert, dass gepflegte Rassen
nicht in Gattungscharacteren von einander abweichen. Ich glaube
zwar, dass sich diese Behauptung als irrig erweisen lässt; doch
gehen die Meinungen der Naturforscher weit auseinander, wenn
sie sagen sollen, worin Gattungscharactere bestehen, da alle solche
Schätzungen nur empirisch sind. Überdies werden wir nach der
Ansicht von der Entstehung der Gattungen, die ich sofort geben
werde, kein Recht haben zur Erwartung, bei unseren Cultur-
Erzeugnissen oft auf Gattungsverschiedenheiten zu stossen.

Wenn wir die Grösse der Structurverschiedenheiten zwischen
den gepflegten Rassen einer und derselben Art zu schätzen versuchen, so werden wir bald dadurch in Zweifel versetzt, dass
wir nicht wissen, ob dieselben von einer oder von mehren Stammarten abstammen. Es wäre von Interesse, wenn sich diese Frage
aufklären, wenn sich z. B. nachweisen liesse, dass das Windspiel,
der Schweisshund, der Pinscher, der Jagdhund und der Bullenbeisser, welche ihre Form so streng fortpflanzen, Abkömmlinge
von nur einer Stammart seien. Dann würden solche Thatsachen
sehr geeignet sein, uns an der Unveränderlichkeit der vielen
einander sehr nahe-stehenden natürlichen Arten, der Füchse z. B.,
die so ganz verschiedene Weltgegenden bewohnen, zweifeln zu
lassen. Ich glaube nicht, wie wir gleich sehen werden, dass die
ganze Verschiedenheit zwischen den verschiedenen Hunderassen
durch Domestication entstanden ist; ich glaube, dass ein gewisser
kleiner Theil ihrer Verschiedenheit auf ihre Abkunft von besondern Arten zu beziehen ist. Bei andern zu Hausthieren gewordenen Arten ist es anzunehmen oder entschieden zu beweisen,
dass alle Rassen von einer einzigen wilden Stammform abstammen.

Es ist oft angenommen worden, der Mensch habe sich solche
Pflanzen- und Thierarten zur Zähmung ausgewählt, welche ein
angeborenes ausserordentlich starkes Vermögen abzuändern und

in verschiedenen Klimaten auszudauern besässen. Ich will nicht
bestreiten, dass diese Fähigkeiten den Werth unsrer meisten Culturerzeugnisse beträchtlich erhöht haben. Aber wie vermochte
ein Wilder zu wissen, als er ein Thier zu zähmen begann, ob
dasselbe in folgenden Generationen zu variiren geneigt und in
anderen Klimaten auszudauern vermögend sein werde? Oder hat
die geringe Variabilität des Esels und der Gans, das geringe Aus-
dauerungsvermögen des Rennthiers in der Wärme und des Ka-
meels in der Kälte es verhindert, dass sie Hausthiere wurden?
Daran kann ich nicht zweifeln, dass, wenn man andre Pflanzen-
und Thierarten in gleicher Anzahl wie unsre gepflegten Rassen
und aus eben so verschiedenen Classen und Gegenden ihrem Naturzustande entnähme und eine gleich lange Reihe von Generationen hindurch im zahmen Zustande sich fortpflanzen lassen
könnte, sie durchschnittlich in gleichem Umfange variiren würden,
wie es die Stammarten unsrer jetzt existirenden cultivirten Rassen
gethan haben.

In Bezug auf die meisten unsrer von Alters her gepflegten
Pflanzen- und Thier-Rassen ist es nicht möglich zu einem bestimmten Ergebniss darüber zu gelangen, ob sie von einer oder
von mehren Arten abstammen. Die Anhänger der Lehre von
einem mehrfältigen Ursprung unsrer Hausrassen berufen sich hauptsächlich darauf, dass wir schon in den ältesten Zeiten, auf den
ägyptischen Monumenten und in den Pfahlbauten der Schweiz
eine grosse Mannichfaltigkeit der gezüchteten Thiere finden; und
dass einige dieser alten Rassen den jetzt noch existirenden ausserordentlich ähnlich, oder gar mit ihnen identisch sind. Dies drängt
aber nur die Geschichte der Civilisation weiter zurück und lehrt,
dass Thiere in einer viel frühern Zeit, als bis jetzt angenommen
wurde, zu Hausthieren gemacht wurden. Die Pfahlbautenbewohner
der Schweiz cultivirten mehrere Sorten Weizen und Gerste, die
Erbse, den Mohn wegen des Oels und Flachs; sie standen auch
in Verkehr mit andern Nationen. Alles dies zeigt deutlich, wie
Heer bemerkt hat, dass sie in jener frühen Zeit beträchtliche
Fortschritte in der Cultur gemacht hatten; und dies setzt wieder
eine noch frühere, lange dauernde Periode einer weniger fort-

geschrittenen Civilisation voraus, während welcher die von den verschiedenen Stämmen und in den verschiedenen Districten als Hausthiere gehaltenen Arten variirt und getrennte Rassen haben entstehen lassen können. Seit der Entdeckung von Feuerstein-Geräthen in den oberen Bodenschichten Englands und Frankreichs glauben alle Geologen, dass der Mensch in einem völlig uncivilisirten Zustande in einer unendlich entfernt liegenden Zeit existirt hat; — und bekanntlich gibt es heutzutage kaum noch einen so wilden Volksstamm, der sich nicht wenigstens den Hund gezähmt hätte.

Über den Ursprung der meisten unsrer Hausthiere wird man wohl immer ungewiss bleiben. Doch will ich hier bemerken, dass ich nach einem mühsamen Sammeln aller bekannten Thatsachen über die Haushunde in allen Theilen der Erde zu dem Schlusse gelangt bin, dass mehre wilde Arten von Caniden gezähmt worden sind und dass deren Blut jetzt mehr und weniger gemischt in den Adern unsrer so zahlreichen Hunderassen fliesst. — In Bezug auf Schaf und Ziege vermag ich mir keine Meinung zu bilden. Nach den mir von Blyth über die Lebensweise, Stimme, Constitution und Bau des Indischen Höckerochsen mitgetheilten Thatsachen ist es wahrscheinlich, dass er von einer anderen Stammform als unser Europäisches Rind herstammen müsse; und dieses letztere glauben einige competente Richter von mehreren wilden Vorfahren ableiten zu müssen, mögen diese nun den Namen Art oder Rasse verdienen. Diesen Schluss kann man ebenso wie die specifische Trennung des Höckerochsen vom gemeinen Rind allerdings als durch die neuen ausgezeichneten Untersuchungen Rütimeyer's fast als sicher erwiesen ansehen. — Hinsichtlich des Pferdes bin ich mit einigen Zweifeln aus Gründen, die ich hier nicht entwickeln kann, gegen die Meinung mehrerer Schriftsteller anzunehmen geneigt, dass alle seine Rassen nur von einem wilden Stamme herrühren. Blyth, dessen Meinung ich seiner reichen und mannichfaltigen Kenntnisse wegen in dieser Beziehung höher als die fast eines jeden Andern anschlagen muss, glaubt dass alle unsre Hühner-Varietäten vom gemeinen Indischen Huhn (Gallus Bankiva) herkommen. Nachdem ich mir fast alle Englischen Rassen lebend gehalten, sie gekreuzt und ihre Skelette untersucht habe, bin auch ich zu einem ähnlichen Schlusse gelangt, wofür ich meine Gründe in einem späteren Werke auseinandersetzen will. — In Bezug auf Enten und Kaninchen, deren Rassen in ihrem Körperbau beträchtlich von einander abweichen, sprechen alle Anzeigen zu Gunsten der Annahme, dass sie alle von der gemeinen Wildente und dem wilden Kaninchen stammen.

Die Lehre von der Abstammung unsrer verschiedenen Haus-thier-Rassen von verschiedenen wilden Stammformen ist von einigen Schriftstellern bis zu einem abgeschmackten Extrem getrieben worden. Sie glauben nämlich, dass jede wenn auch noch so wenig verschiedene Rasse, welche ihren unterscheidenden Character durch Inzucht bewahrt, auch ihre wilde Stammform gehabt habe. Dann müsste es eine ganze Menge wilder Rinder-, viele Schaf- und einige Ziegen-Arten allein in Europa und mehre selbst schon innerhalb Grossbritannien's gegeben haben. Ein Autor meint, es hatten in letzterem Lande ehedem elf wilde und ihm eigenthümliche Schafarten gelebt. Wenn wir nun erwägen, dass Grossbritannien jetzt kaum eine ihm eigenthümliche Säugethierart, Frankreich nur sehr wenige nicht auch in Deutschland vorkommende, und umgekehrt, besitzt, dass es sich eben so mit Ungarn, Spanien u. s. w. verhält, dass aber jedes dieser Länder mehre ihm eigene Rassen von Rind, Schaf u. s. w. hat, so müssen wir zugeben, dass in Europa viele Hausthierstämme entstanden sind; denn von woher sollen alle gekommen sein, da keines dieser Länder eine Anzahl eigenthümlicher, als besondere Stammformen zu betrachtender Arten besitzt? Und so ist es auch in Ostindien. Selbst in Bezug auf die Haushunde der ganzen Welt kann ich, obwohl ich ihre Abstammung von mehreren verschiedenen Arten annehme, nicht in Zweifel ziehen, dass hier ausserordentlich viel von vererbter Abweichung ins Spiel gekommen ist. Denn wer kann glauben, dass Thiere nahezu übereinstimmend mit dem Italienischen Windspiel, mit dem Schweisshund, mit dem Bullenbeisser, mit dem Mopse, mit dem Blenheimer Jagdhund u. s. w., so abweichend von allen wilden Caniden, jemals frei im Naturzustande gelebt hätten. Es ist oft hingeworfen worden, alle unsre Hunde-

rassen seien durch Kreuzung einiger weniger Stammarten mit
einander entstanden; aber durch Kreuzung können wir nur solche
Formen erhalten, welche mehr oder weniger das Mittel zwischen
ihren Eltern halten, und giengen wir von dieser Annahme bei
unsern zahmen Rassen aus, so müssten wir annehmen, dass einstens die äussersten Formen, wie das Windspiel, der Schweisshund, der Bullenbeisser u. s. w. im wilden Zustande gelebt hätten.
Überdies ist die Möglichkeit, durch Kreuzung verschiedene Rassen
zu bilden, sehr übertrieben worden. Man kennt viele Fälle, welche
beweisen, dass eine Rasse durch gelegentliche Kreuzung mittelst
sorgfältiger Auswahl der Individuen, welche irgend einen be-
zweckten Character darbieten, sich modificiren lässt; es wird aber
sehr schwer sein, eine nahezu das Mittel zwischen zwei weit verschiedenen Rassen oder Arten haltende neue Rasse zu züchten.
Sir J. SEBRIGHT hat ausdrückliche Versuche in dieser Beziehung
angestellt und keinen Erfolg erlangt. Die Nachkommenschaft aus
der ersten Kreuzung zwischen zwei reinen Rassen ist erträglich
und zuweilen, wie ich bei Tauben gefunden, ausserordentlich übereinstimmend und Alles scheint einfach genug. Werden aber diese
Blendlinge einige Generationen hindurch unter einander gepaart
so werden kaum zwei ihrer Nachkommen einander ähnlich aus-
fallen, und dann wird die äusserste Schwierigkeit oder vielmehr
gänzliche Hoffnungslosigkeit des Erfolges klar. Gewiss kann eine
Mittelrasse zwischen zwei sehr verschiedenen Rassen nicht
ohne die äusserste Sorgfalt und eine lang fortgesetzte Wahl der
Zuchtthiere gebildet werden, und ich finde nicht einen Fall ver-
zeichnet, wo dadurch eine bleibende Rasse erzielt worden wäre.

### Züchtung der Haustauben, ihre Verschiedenheiten und Ursprung.

Von der Ansicht ausgehend, dass es am zweckmässigsten
ist, irgend eine besondere Thiergruppe zum Gegenstande der For-
schung zu machen, habe ich mir nach einiger Erwägung die Haustauben dazu ausersehen. Ich habe alle Rassen gehalten, die ich
mir kaufen oder sonst verschaffen konnte, und bin auf die freund-
lichste Weise mit Exemplaren aus verschiedenen Weltgegenden
bedacht worden, insbesondere durch W. ELLIOT aus Ostindien und

3 *

C. Murray aus Persien. Es sind viele Abhandlungen in verschiedenen Sprachen veröffentlicht worden und einige darunter haben durch ihr hohes Alter eine besondere Wichtigkeit. Ich habe mich mit einigen ausgezeicbneten Taubenliebhabern verbunden nnd mich in zwei Londoner Tauben-Clubs aufnehmen lassen. Die Verschiedenheit der Rassen ist erstaunlich gross. Man vergleiche z. B. die Englische Botentaube und den kurzstirnigen Purzler und betrachte die wunderbare Verschiedenheit in ihren Schnäbeln, welche entsprechende Verschiedenheiten in ihren Schädeln bedingt. Die Englische Botentaube (Carrier) und insbesondere das Männchen ist noch merkwürdig durch die wundervolle Entwickelung von Fleischlappen an der Kopfhaut, die mächtig verlängerten Augenlider, sehr weite äussere Nasenlöcher und einen weitklaffenden Mund. Der kurzstirnige Purzler hat einen Schnabel, im Profil fast wie beim Finken; und die gemeine Purzeltaube hat die eigenthümliche und streng erbliche Gewohnheit, sich in dichten Gruppen zu ansehnlicher Höhe in die Luft zu erheben und dann kopfüber herabzupurzeln. Die Runttaube ist von beträchtlicher Grösse mit langem massigem Schnabel und grossen Füssen; einige Unterrassen derselben haben einen sehr langen Hals, andre sehr lange Schwingen und Schwanz, noch andre einen ganz eigenthümlich kurzen Schwanz. Der „Barb" ist mit der Botentaube verwandt, hat aber, statt des sehr langen, einen sehr kurzen und breiten Schnabel. Der Kröpfer hat Körper, Flügel und Beine sehr verlängert, und sein ungeheuer entwickelter Kropf, den er sich aufzublähen gefällt, mag wohl Verwunderung und selbst Lachen erregen. Die Möventaube (Turbit) besitzt einen sehr kurzen kegelförmigen Schnabel, mit einer Reihe umgewendeter Federn auf der Brust, und hat die Sitte, den oberen Theil des Oesophagus beständig etwas aufzutreiben. Der Jakobiner oder die Perückentaube hat die Nackenfedern so weit umgewendet, dass sie eine Perücke bilden, und im Verhältniss zur Körpergrösse lange Schwung- und Schwanzfedern. Der Trompeter und die Lachtaube * rucksen, wie ihre Namen ausdrücken, auf eine ganz

---

* „The laugher" ist nach brieflicher Mittheilung des Verfassers nicht

andre Weise als die andern Rassen. Die Pfauentaube hat 30—40
statt der in der ganzen grossen Familie der Tauben normalen
12—14 Schwanzfedern und trägt diese Federn in der Weise ausgebreitet und aufgerichtet, dass bei guten Vögeln sich Kopf und
Schwanz berühren; die Öldrüse ist gänzlich verkümmert. Noch
könnten einige minder ausgezeichnete Rassen aufgezählt werden.

Im Skelette der verschiedenen Rassen weicht die Entwickelung der Gesichtsknochen in Länge, Breite und Krümmung ausserordentlich ab. Die Form sowohl als die Breite und Länge des
Unterkieferastes ändern in sehr merkwürdiger Weise. Die Zahl
der Heiligenbein- und Schwanzwirbel und der Rippen, die verhältnissmässige Breite der letzteren und Anwesenheit ihrer Quer-
fortsätze variiren ebenfalls. Sehr veränderlich sind ferner die
Grösse und Form der Lücken im Brustbein, sowie der Öffnungs-
winkel und die relative Grösse der zwei Schenkel des Gabel-
beins. Die verhältnissmässige Weite der Mundspalte, die verhältnissmässige Länge der Augenlider, der äusseren Nasenlöcher
und der Zunge, welche sich nicht immer nach der des Schnabels
richtet, die Grösse des Kropfes und des obern Theils der Speiseröhre, die Entwickelung oder Verkümmerung der Öldrüse, die
Zahl der ersten Schwung- und der Schwanzfedern, die relative
Länge von Flügeln und Schwanz gegen einander und gegen die
des Körpers, die des Beins und des Fusses, die Zahl der Horn-
schuppen in der Zehenbekleidung sind Alles abänderungsfähige
Punkte im Körperbau. Auch die Periode, wo sich das vollkommene Gefieder einstellt, ist ebenso veränderlich als die Beschaffenheit des Flaums, womit die Nestlinge beim Ausschlüpfen aus dem
Eie bekleidet sind. Form und Grösse der Eier sind der Abänderung unterworfen. Die Art des Flugs ist eben so merkwürdig
verschieden, wie es bei manchen Rassen mit Stimme und Gemüthsart der Fall ist. Endlich weichen bei gewissen Rassen die
Männchen etwas von den Weibchen ab.

So könnte man wenigstens zwanzig Tauben auswählen, die

---

C. risoria, sondern eine andre, in Deutschland wie es scheint unbekannte
östliche Varietät der C. livia.                                      C.

ein Ornitholog, wenn man ihm sagte, es seien wilde Vögel, unbedenklich für wohlumschriebene Arten erklären würde. Ich glaube nicht einmal, dass irgend ein Ornitholog die Englische Botentaube, den kurzstirnigen Purzler, den Runt, den Barb, die Kropf- und die Pfauentaube in dieselbe Gattung zusammenstellen würde, zumal ihm von einer jeden dieser Rassen wieder mehre erbliche Unterrassen vorgelegt werden könnten, die er Arten nennen würde.

Wie gross nun aber auch die Verschiedenheit zwischen den Taubenrassen sein mag, so bin ich doch überzeugt, dass die gewöhnliche Meinung der Naturforscher, dass alle von der Felstaube (Columba livia) abstammen, richtig ist, wenn man unter diesem Namen nämlich verschiedene geographische Rassen oder Unterarten mit begreift, welche nur in den untergeordnetsten Merkmalen von einander abweichen. Da einige der Gründe, welche mich zu dieser Ansicht bestimmt haben, mehr und weniger auch auf andre Fälle anwendbar sind, so will ich sie kurz angeben. Wären jene verschiedenen Rassen nicht Varietäten und nicht von der Felstaube entsprossen, so müssten sie von wenigstens 7—8 Stammarten herrühren; denn es wäre unmöglich alle unsere zahmen Rassen durch Kreuzung einer geringeren Artenzahl miteinander zu erlangen. Wie wollte man z. B. die Kropftaube durch Paarung zweier Arten miteinander erzielen, wovon nicht wenigstens eine den ungeheuern Kropf besässe? Die angenommenen wilden Stammarten müssten sämmtlich Felstauben gewesen sein, die nämlich nicht freiwillig auf Bäumen brüten oder sich auch nur darauf setzen. Doch ausser der C. livia und ihren geographischen Unterarten kennt man nur noch 2—3 Arten Felstauben, welche aber nicht einen der Charactere unsrer zahmen Rassen besitzen. Daher müssten dann die angeblichen Urstämme entweder noch in den Gegenden ihrer ersten Zähmung vorhanden und den Ornithologen unbekannt geblieben sein, was wegen ihrer Grösse, Lebensweise und merkwürdigen Eigenschaften sehr unwahrscheinlich erscheint; oder sie müssten in wildem Zustande ausgestorben sein. Aber Vögel, welche an Felsabhängen nisten und gut fliegen, sind nicht leicht auszurotten, und unsre gemeine Felstaube, welche mit unsren zahmen Rassen gleiche Lebensweise besitzt, hat noch nicht einmal auf einigen der kleineren Britischen Inseln oder an den Küsten des Mittelmeeres ausgerottet werden können. Daher scheint mir die angebliche Ausrottung so vieler Arten, die mit der Felstaube gleiche Lebensweise besitzen, eine sehr übereilte Annahme zu sein. Überdies sind die obengenannten so abweichenden Rassen nach allen Weltgegenden verpflanzt worden und müssten daher wohl einige derselben in ihre Heimath zurückgelangt sein. Und doch ist nicht eine derselben verwildert, obwohl die Feldtaube, d. i. die Felstaube in ihrer nur sehr wenig veränderten Form, in einigen Gegenden wieder wild geworden ist. Da nun alle neueren Versuche zeigen, dass es sehr schwer ist ein wildes Thier zur Fortpflanzung im Zustande der Zähmung zu bringen, so wäre man durch die Hypothese eines mehrfältigen Ursprungs unsrer Haustauben zur Annahme genöthigt, es seien schon in alten Zeiten und von halbcivilisirten Menschen wenigstens 7—8 Arten so vollkommen gezähmt worden, dass sie selbst in der Gefangenschaft fruchtbar geworden wären.

Ein Beweisgrund, wie mir scheint, von grossem Gewichte und auch anderweitiger Anwendbarkeit ist der, dass die oben aufgezählten Rassen, obwohl sie im Allgemeinen in Constitution, Lebensweise, Stimme, Färbung und den meisten Theilen ihres Körperbaues mit der Felstaube übereinkommen, doch in anderen Theilen dieses letzteren gewiss sehr abnorm sind; wir würden uns in der ganzen grossen Familie der Columbiden vergeblich nach einem Schnabel, wie ihn die Englische Botentaube oder der kurzstirnige Purzler oder der Barb besitzen, — oder nach ungedrehten Federn, wie sie die Perückentaube hat, — oder nach einem Kropf wie beim Kröpfer, — oder nach einem Schwanz, wie bei der Pfauentaube umsehen. Man müsste daher annehmen, dass der halb-civilisirte Mensch nicht allein bereits mehre Arten vollständig gezähmt, sondern auch absichtlich oder zufällig ausserordentlich abnorme Arten dazu erkoren habe, und dass diese Arten seitdem alle erloschen oder verschollen seien. Das Zusammentreffen so vieler seltsamer Zufälligkeiten scheint mir im höchsten Grade unwahrscheinlich.

Noch möchten hier einige Thatsachen in Bezug auf die Färbung des Gefieders Berücksichtigung verdienen. Die Felstaube
ist schieferblau mit weissem (bei der Ostindischen Subspecies,
C. intermedia Strickl., blaulichem) Hinterrücken, hat am Schwanze
eine schwarze Endbinde und an den äusseren Federn desselben
einen weissen äusseren Rand, und die Flügel haben zwei schwarze
Binden; einige halb und andere anscheinend ganz wilde Unterrassen haben auch noch schwarze Würfelflecken auf den Flügeln. Diese verschiedenen Merkmale kommen bei keiner andern
Art der ganzen Familie vereinigt vor. Nun treffen aber auch bei
jeder unsrer zahmen Rassen zuweilen und selbst bei gut gezüchteten Vögeln alle jene Merkmale gut entwickelt zusammen, selbst
bis auf die weissen Ränder der äusseren Schwanzfedern. Ja sogar, wenn man zwei oder mehr Vögel von verschiedenen Rassen,
von welchen keine blau ist oder eines der erwähnten Merkmale
besitzt, mit einander paart, sind die dadurch erzielten Blendlinge
sehr geneigt, diese Charactere plötzlich anzunehmen. So kreuzte
ich z. B. einfarbig weisse Pfauentauben, die sehr constant bleiben,
mit einfarbig schwarzen Barbtauben, von deren zufällig äusserst
selten blauen Varietäten mir kein Fall in England bekannt ist,
und erhielt eine braune, schwarze und gefleckte Nachkommenschaft. Ich kreuzte nun auch eine Barb- mit einer Blässtaube,
einem weissen Vogel mit rothem Schwanz und rothem Bläss von
sehr beständiger Rasse, und die Blendlinge waren dunkelfarbig
und fleckig. Als ich ferner einen der von Pfauen- und von Barbtauben erzielten Blendlinge mit einem der Blendlinge von Barb-
und von Blässtauben paarte, kam ein Enkel mit schön blauem
Gefieder, weissem Unterrücken, doppelter schwarzer Flügelbinde,
schwarzer Schwanzbinde und weissen Seitenrändern der Steuer-
federn, Alles wie bei der wilden Felstaube, zum Vorschein. Man
kann diese Thatsachen aus dem bekannten Princip des Rückfalls
zu vorelterlichen Charakteren begreifen, wenn alle zahmen Rassen
von der Felstaube abstammen. Wollten wir aber dies läugnen,
so müssten wir eine von den zwei folgenden sehr unwahrschein-
lichen Voraussetzungen machen. Entweder: dass all' die verschiedenen angenommenen Stammarten wie die Felstaube gefärbt

und gezeichnet gewesen seien (obwohl keine andre lebende Art mehr so gefärbt und gezeichnet ist), so dass in dessen Folge noch bei allen Rassen eine Neigung zu dieser anfänglichen Färbung und Zeichnung zurückzukehren vorhanden wäre. Oder: dass jede und auch die reinste Rasse seit etwa den letzten zwölf oder höchstens zwanzig Generationen einmal mit der Felstaube gekreuzt worden sei; ich sage: zwölf oder zwanzig, denn wir kennen keine Thatsache, welche den Glauben unterstützen könnte, dass ein Abkömmling nach einer noch längeren Reihe von Generationen zu den Characteren seiner Vorfahren zurückkehren könne. Wenn in einer Rasse nur einmal eine Kreuzung mit einer andern stattgefunden hat, so wird die Neigung zu einem Character dieser letzten zurückzukehren natürlich um so kleiner und kleiner werden, je weniger fremdes Blut noch in jeder späteren Generation übrig ist. Hat aber keine Kreuzung mit fremder Rasse stattgefunden und ist gleichwohl in beiden Eltern die Neigung der Rückkehr zu einem Character vorhanden, der schon seit mehren Generationen verloren gegangen war, so ist trotz Allem, was man Gegentheiliges sehen mag, die Annahme geboten, dass sich diese Neigung in ungeschwächtem Grade durch eine unbestimmte Reihe von Generationen forterhalten könne. Diese zwei ganz verschiedenen Fälle sind in Schriften über Erblichkeit oft mit einander verwechselt worden.

Endlich sind die Bastarde oder Blendlinge, welche durch die Kreuzung der verschiedenen Taubenrassen erzielt werden, alle vollkommen fruchtbar. Ich kann dies nach meinen eigenen Versuchen bestätigen, die ich absichtlich zwischen den aller-verschiedensten Rassen angestellt habe. Dagegen wird es aber schwer und vielleicht unmöglich sein, einen Fall anzuführen, wo ein Bastard von zwei bestimmt verschiedenen Arten vollkommen fruchtbar gewesen wäre. Einige Schriftsteller nehmen an, langdauernde Domestication beseitige allmählich diese Neigung zur Unfruchtbarkeit. Aus der Geschichte des Hundes und einiger andern Hausthiere zu schliessen scheint mir diese Hypothese grosse Wahrscheinlichkeit zu haben, wenn sie auf einander sehr nahe verwandte Arten angewendet wird; doch ist sie noch durch keinen

einzigen Versuch bestätigt worden. Aber eine Ausdehnung der
Hypothese bis zu der Behauptung, dass Arten, die ursprünglich
von einander eben so verschieden gewesen, wie es Botentaube,
Purzler, Kröpfer und Pfauenschwanz jetzt sind, unter einander
eine vollkommen fruchtbare Nachkommenschaft liefern, scheint mir
ausserst voreilig zu sein.

Diese verschiedenen Gründe und zwar: die Unwahrscheinlichkeit, dass der Mensch schon in früher Zeit sieben bis acht
wilde Taubenarten zur Fortpflanzung im gezähmten Zustande vermocht habe, die wir weder im wilden noch im verwilderten Zustande kennen, ihre in manchen Beziehungen von der Bildung
aller Columbiden mit Ausnahme der Felstaube ganz abweichenden
Charactere, das gelegentliche Wiedererscheinen der blauen Farbe
und den verschiedenen schwarzen Zeichnungen in allen Rassen
sowohl im Falle der Inzucht als der Kreuzung, die vollkommene
Fruchtbarkeit der Blendlinge: alle diese Gründe zusammengenommen lassen mich schliessen, dass alle unsre zahmen Taubenrassen von Columbia livia und deren geographischen Unterarten
abstammen.

Zu Gunsten dieser Ansicht will ich noch ferner anführen:
1) dass die Felstaube, C. livia, in Europa wie in Indien zur
Zähmung geeignet gefunden worden ist, und dass sie in ihren
Gewohnheiten wie in vielen Punkten ihrer Structur mit allen unsern zahmen Rassen übereinkommt. 2) Obwohl eine englische
Botentaube oder ein kurzstimiger Purzler sich in gewissen Characteren weit von der Felstaube entfernen, so ist es doch dadurch, dass man die verschiedenen Unterformen dieser Rassen,
und besonders die aus entfernten Gegenden abstammenden, mit
einander vergleicht, möglich, in diesen beiden und einigen jedoch
nicht allen andern Fällen eine fast ununterbrochene Reihe zwischen den am weitesten auseinander-liegenden Bildungen herzustellen. 3) Diejenigen Charactere, welche die verschiedenen Rassen hauptsächlich von einander unterscheiden, wie die Fleischwarzen und der lange Schnabel der englischen Botentaube, der
kurze Schnabel des Purzlers und die zahlreichen Schwanzfedern
der Pfauentaube, sind in jeder Rasse doch äusserst veränderlich;

die Erklärung dieser Erscheinung wird sich uns darbieten, wenn von der Zuchtwahl die Rede sein wird. 4) Tauben sind bei vielen Völkern beobachtet und mit äusserster Sorgfalt und Liebhaberei gepflegt worden. Man hat sie schon vor Tausenden von Jahren in mehren Weltgegenden gezähmt; die älteste Nachricht von ihnen stammt aus der Zeit der fünften Ägyptischen Dynastie, etwa 3000 Jahre v. Chr., wie mir Professor Lepsius mitgetheilt hat; aber Birch sagt mir, dass Tauben schon auf einem Küchenzettel der vorangehenden Dynastie vorkommen. Von Plinius vernehmen wir, dass zur Zeit der Römer ungeheure Summen für Tauben ausgegeben worden sind; „ja es ist dahin gekommen, dass man ihren Stammbaum und Rasse nachrechnete." Gegen das Jahr 1600 schätzte sie Akber Khan in Indien so sehr, dass ihrer nicht weniger als 20,000 zur Hofhaltung gehörten. „Die Monarchen von Iran und Turan sandten ihm einige sehr seltene Vögel und", berichtet der höfliche Historiker weiter, „Ihre Majestät haben durch Kreuzung der Rassen, welche Methode früher nie angewendet worden war, dieselbe in erstaunlicher Weise verbessert". Um diese nämliche Zeit waren die Holländer eben so sehr, wie früher die Römer, auf die Tauben erpicht. Die äusserste Wichtigkeit dieser Betrachtungen für die Erklärung der ausserordentlichen Veränderungen, welche die Tauben erfahren haben, wird uns erst bei den späteren Erörterungen über die Zuchtwahl deutlich werden. Wir werden dann auch sehen woher es kommt, dass die Rassen so oft ein etwas monströses Aussehen haben. Endlich ist es ein sehr günstiger Umstand für die Erzeugung verschiedener Rassen, dass bei den Tauben ein Männchen mit einem Weibchen leicht lebenslänglich zusammengepaart, und dass verschiedene Rassen in einem und dem nämlichen Vogelhause beisammen gehalten werden können.

Ich habe den wahrscheinlichen Ursprung der zahmen Taubenrassen mit einiger, wenn auch noch ganz ungenügender Ausführlichkeit besprochen, weil ich selbst zur Zeit, wo ich anfieng Tauben zu halten, ihre verschiedenen Formen zu beobachten, und dabei wohl wusste, wie rein sich die Rassen halten, es für ganz eben so schwer hielt zu glauben, dass alle ihre Rassen, seit sie

zu Hausthieren wurden, einem gemeinsamen Stammvater entsprossen sein könnten, als es einem Naturforscher schwer fallen
würde, an die gemeinsame Abstammung aller Finken oder irgend
einer andern grossen Vogelfamilie im Naturzustande zu glauben.
Insbesondere machte mich ein Umstand sehr betroffen, dass nämlich fast alle Züchter von Hausthieren und Culturpflanzen, mit
welchen ich je gesprochen oder deren Schriften ich gelesen hatte,
vollkommen überzeugt waren, dass die verschiedenen Rassen,
welche ein Jeder von ihnen erzogen, von eben so vielen ursprünglich verschiedenen Arten herstammten. Fragt man, wie ich ge-
fragt habe, irgend einen berühmten Züchter der Hereford-Rind-
viehrasse, ob dieselbe nicht etwa von der lang-hörnigen Rasse oder
beide von einer gemeinsamen Stammform abstammen könnten, so
wird er spöttisch lächeln. Ich habe nie einen Tauben-, Hühner-,
Enten- oder Kaninchen-Liebhaber gefunden, der nicht vollkommen
überzeugt gewesen wäre, dass jede Hauptrasse von einer andern
Stammart herkomme. Van Mons zeigt in seinem Werke über die
Äpfel und Birnen, wie völlig ungläubig er darin ist, dass die verschiedenen Sorten, wie z. B. der Ribston-pippin oder der Codlin-
apfel von Samen des nämlichen Baumes je entsprungen sein könnten. Und so könnte ich unzählige andere Beispiele anführen.
Dies lässt sich, wie ich glaube, einfach erklären. In Folge lang-
jähriger Studien haben diese Leute eine grosse Empfindlichkeit
für die Unterschiede zwischen den verschiedenen Rassen erhalten; und obgleich sie wohl wissen, dass jede Rasse etwas variire,
da sie eben durch die Zuchtwahl solcher geringen Abänderungen
ihre Preise gewinnen, so gehen sie doch nicht von allgemeineren
Schlüssen aus und rechnen nicht den ganzen Betrag zusammen,
der sich durch Häufung kleiner Abänderungen während vieler
aufeinander-folgender Generationen ergeben muss. Werden nicht
jene Naturforscher, welche, obschon viel weniger als diese Züchter
mit den Gesetzen der Vererbung bekannt und nicht besser als
sie über die Zwischenglieder in der langen Reihe der Abkommenschaft unterrichtet, doch annehmen, dass viele von unseren Hausthierrassen von gleichen Eltern abstammen, — werden sie nicht
vorsichtig sein lernen, wenn sie über den Gedanken lachen, dass

eine Art im Naturzustand in gerader Linie von einer andern
abstammen könne?

**Früher befolgte Grundsätze bei der Zuchtwahl und deren Folgen.**
Wir wollen nun kurz untersuchen, wie die domesticirten
Rassen schrittweise von einer oder von mehreren einander nahe
verwandten Arten erzeugt worden sind. Eine geringe Wirkung
mag dabei dem unmittelbaren Einflusse äusserer Lebensbedingungen und ebenso der Gewöhnung zuzuschreiben sein; es wäre
aber kühn, solchen Kräften die Verschiedenheiten zwischen einem
Karrengaul und einem Renndferd, zwischen einem Windspiele
und einem Schweisshund, einer Boten- und einer Purzeltaube
zuschreiben zu wollen. Eine der merkwürdigsten Eigenthümlichkeiten, die wir an unseren cultivirten Rassen wahrnehmen, ist
ihre Anpassung nicht zu Gunsten des eigenen Vortheils der
Pflanze oder des Thieres, sondern zu Gunsten des Nutzens und
der Liebhaberei des Menschen. Einige ihm nützliche Abänderungen sind zweifelsohne plötzlich oder auf ein Mal entstanden,
wie z. B. manche Botaniker glauben, dass die Weberkarde mit
ihren Haken, welcher keine mechanische Vorrichtung an Brauch-
barkeit gleichkommt, nur eine Varietät des wilden Dipsacus sei,
und diese ganze Abänderung mag wohl plötzlich in irgend einem
Sämlinge dieses letzten zum Vorschein gekommen sein. So ist
es wahrscheinlich auch mit den Dachshunden der Fall, und es
ist bekannt, dass ebenso das Amerikanische Anconschaf entstanden ist. Wenn wir aber das Rennpferd mit dem Karrengaul,
den Dromedar mit dem Kameel, die für Culturland tauglichen
mit den für Bergweide passenden Schafrassen, deren Wollen sich
zu ganz verschiedenen Zwecken eignen, wenn wir die mannichfaltigen Hunderassen vergleichen, deren jede dem Menschen in
einer anderen Weise dient, — wenn wir den im Kampfe so aus-
dauernden Streithahn mit andern friedfertigen und trägen Rassen,
welche „immer legen und niemals zu brüten verlangen", oder
mit dem so kleinen und zierlichen Bantamhuhne vergleichen, —
wenn wir endlich das Heer der Acker-, Obst-, Küchen- und
Zierpflanzenrassen in's Auge fassen, welche dem Menschen jede

zu anderem Zwecke und in anderer Jahreszeit so nützlich oder
für seine Augen so angenehm sind, so müssen wir doch wohl
an mehr denken, als an blosse Veränderlichkeit. Wir können
nicht annehmen, dass alle diese Varietäten auf einmal so vollkommen und so nutzbar entstanden seien, wie wir sie jetzt vor
uns sehen, und kennen in der That von manchen ihre Geschichte
genau genug, um zu wissen, dass dies nicht der Fall gewesen
ist. Der Schlüssel liegt in dem accumulativen Wahlvermögen des Menschen, d. h. in seinem Vermögen, durch jedes-
malige Auswahl derjenigen Individuen zur Nachzucht, welche die
ihm erwünschten Eigenschaften besitzen, diese Eigenschaften bei
jeder Generation um einen wenn auch noch so unscheinbaren
Betrag zu steigern. Die Natur liefert allmählich mancherlei Abänderungen; der Mensch summirt sie in gewissen ihm nützlichen
Richtungen. In diesem Sinne kann man von ihm sagen, er habe
sich nützliche Rassen geschaffen.

Die grosse Wirksamkeit dieses Princips der Zuchtwahl ist
nicht hypothetisch; denn es ist gewiss, dass einige unserer ausgezeichnetsten Viehzüchter selbst binnen einem Menschenalter
mehre Rind- und Schafrassen in beträchtlichem Umfange modificirt haben. Um das, was sie geleistet haben, in seinem ganzen
Umfange zu würdigen, muss man einige von den vielen diesem
Zwecke gewidmeten Schriften lesen und die Thiere selber sehen.
— Züchter sprechen gewöhnlich von der Organisation eines
Thieres, wie von etwas völlig Plastischem, das sie fast ganz
nach ihrem Gefallen modeln könnten. Wenn es der Raum gestattete, so könnte ich viele Stellen von den sachkundigsten Gewährsmännern als Belege anführen. Youatt, der wahrscheinlich
besser als fast irgend ein Anderer mit den landwirthschaftlichen
Werken bekannt und selbst ein sehr guter Beurtheiler eines
Thieres war, sagt von diesem Princip der Zuchtwahl, es sei das,
„was den Landwirth befähige, den Character seiner Heerde nicht
allein zu modificiren, sondern gänzlich zu ändern. Es ist der
Zauberstab, mit dessen Hülfe er jede Form in's Leben ruft, die
ihm gefällt." Lord Somenville sagt in Bezug auf das, was die
Züchter hinsichtlich der Schafrassen geleistet: „Es ist, als hätten

sie eine in sich vollkommene Form an die Wand gezeichnet und dann belebt". Der so äusserst erfahrene Züchter, Sir JOHN SEARIGHT, pflegte in Bezug auf die Tauben zu sagen: „er wolle eine ihm aufgegebene Feder in drei Jahren hervorbringen, bedürfe aber sechs Jahre um Kopf und Schnabel zu erlangen." In Sachsen ist die Wichtigkeit jenes Princips für die Merinozucht so anerkannt, dass die Leute es gewerbsmässig verfolgen. Die Schafe werden auf einen Tisch gelegt und studirt, wie der Kenner ein Gemälde studirt. Dieses wird je nach Monatsfrist dreimal wiederholt, und die Schafe werden jedesmal gezeichnet und classificirt, so dass nur die allerbesten zuletzt zur Nachzucht genommen werden.

Was englische Züchter bis jetzt schon geleistet haben, geht aus den ungeheuren Preisen hervor, die man für Thiere bezahlt, die einen guten Stammbaum aufzuweisen haben, und diese hat man jetzt nach fast allen Weltgegenden ausgeführt. Die Veredlung rührt im Allgemeinen keineswegs davon her, dass man verschiedene Rassen miteinander kreuzt. All' die besten Züchter sprechen sich streng gegen dieses Verfahren aus, es sei denn zuweilen zwischen einander nahe verwandten Unterrassen. Und hat eine solche Kreuzung stattgefunden, so ist die sorgfältigste Auswahl weit nothwendiger, als selbst in gewöhnlichen Fällen. Handelte es sich bei der Wahl nur darum, irgend welche sehr auffallende Varietät auszusondern und zur Nachzucht zu verwenden, so wäre das Princip so handgreiflich, dass es sich kaum der Mühe lohnte, davon zu sprechen. Aber seine Wichtigkeit besteht in dem grossen Erfolg einer durch Generationen fortgesetzten Häufung dem ungeübten Auge ganz unkenntlicher Abänderungen in einer Richtung hin: Abänderungen, die ich z. B. vergebens herauszufinden versucht habe. Nicht ein Mensch unter tausend hat ein hinreichend scharfes Auge und Urtheil, um ein ausgezeichneter Züchter zu werden. Ist er mit diesen Eigenschaften versehen, studirt seinen Gegenstand Jahre lang und widmet ihm seine ganze Lebenszeit mit unbeugsamer Beharrlichkeit, so wird er Erfolg haben und grosse Verbesserungen bewirken. Ermangelt er aber einer jener Eigenschaften, so wird er sicher nichts ausrichten. Es haben wohl nur wenige davon eine Vorstellung, was für ein Grad von natürlicher Befähigung und wie viele Jahre Übung dazu gehören, nur ein geschickter Taubenzüchter zu werden.

Die nämlichen Grundsätze werden beim Gartenbau befolgt, aber die Abänderungen erfolgen oft plötzlicher. Doch glaubt niemand, dass unsere edelsten Gartenerzeugnisse durch eine einfache Abänderung unmittelbar aus der wilden Urform entstanden seien. In einigen Fällen können wir beweisen, dass dies nicht geschehen ist, indem genaue Protokolle darüber geführt worden sind; um aber ein sehr treffendes Beispiel anzuführen, können wir uns auf die stetig zunehmende Grösse der Stachelbeeren beziehen. Wir nehmen eine erstaunliche Veredlung in manchen Zierblumen wahr, wenn man die heutigen Blumen mit Abbildungen vergleicht, die vor 20 — 30 Jahren davon gemacht worden sind. Wenn eine Pflanzenrasse einmal wohl ausgebildet worden ist, so sucht sich der Samenzüchter nicht die besten Pflanzen aus, sondern entfernt nur diejenigen aus den Samenbeeten, welche am weitesten von ihrer eigenthümlichen Form abweichen. Bei Thieren findet diese Art von Auswahl ebenfalls statt; denn kaum dürfte Jemand so sorglos sein, seine schlechtesten Thiere zur Nachzucht zu verwenden.

Bei den Pflanzen gibt es noch ein anderes Mittel, die sich häufenden Wirkungen der Zuchtwahl zu beobachten, nämlich die Vergleichung der Verschiedenheit der Blüthen in den mancherlei Varietäten einer Art im Blumengarten; der Verschiedenheit der Blätter, Hülsen, Knollen oder was sonst für Theile in Betracht kommen, im Küchengarten, im Vergleiche zu den Blüthen der nämlichen Varietäten; und der Verschiedenheit der Früchte bei den Varietäten einer Art im Obstgarten, im Vergleich zu den Blättern und Blüthen derselben Varietätenreihe. Wie verschieden sind die Blätter der Kohlsorten und wie ähnlich einander ihre Blüthen! wie unähnlich die Blüthen der Pensées und wie ähnlich die Blätter! wie sehr weichen die Früchte der verschiedenen Stachelbeersorten in Grösse, Farbe, Gestalt und Behaarung von einander ab, während an den Blüthen nur ganz unbedeutende

Verschiedenheiten zu bemerken sind! Nicht als ob die Varietäten, die in einer Beziehung sehr bedeutend, in andern gar nicht verschieden wären: dies ist schwerlich je und (ich spreche nach sorgfältigen Beobachtungen) vielleicht niemals der Fall! Die Gesetze der Correlation des Wachsthums, deren Wichtigkeit nie übersehen werden sollte, werden immer einige Verschiedenheiten veranlassen; im Allgemeinen aber kann ich nicht zweifeln, dass die fortgesetzte Auswahl geringer Abänderungen in den Blättern, in den Blüthen oder in der Frucht solche Rassen erzeuge, welche hauptsächlich in diesen Theilen von einander abweichen.

Man könnte einwenden, das Princip der Zuchtwahl sei erst seit kaum drei Vierteln eines Jahrhunderts zu planmässiger Anwendung gebracht worden; gewiss ist es erst seit den letzten Jahren mehr in Übung und sind viele Schriften darüber erschienen; die Ergebnisse sind in einem entsprechenden Grade immer rascher und erheblicher geworden. Es ist aber nicht entfernt wahr, dass dieses Princip eine neue Entdeckung sei. Ick könnte mehrere Beweise anführen, aus welchen sich die volle Anerkennung seiner Wichtigkeit schon in sehr alten Schriften ergibt. Selbst in den rohen und barbarischen Zeiten der Englischen Geschichte sind ausgesuchte Zuchtthiere oft eingeführt und ist ihre Ausfuhr gesetzlich verboten worden; auch war die Entfernung der Pferde unter einer gewissen Grösse angeordnet, was sich mit dem oben erwähnten Ausjäten der Pflanzen vergleichen lässt. Das Princip der Zuchtwahl finde ich auch in einer alten Chinesischen Encyklopädie bestimmt angegeben. Bestimmte Regeln darüber sind bei einigen Römischen Classikern niedergelegt. Aus einigen Stellen in der Genesis erhellt, dass man schon in jener frühen Zeit der Farbe der Hausthiere seine Aufmerksamkeit zugewendet hat. Wilde kreuzen noch jetzt zuweilen ihre Hunde mit wilden Hundearten, um die Rasse zu verbessern, wie es nach PLINIUS' Zeugniss auch vormals geschehen ist. Die Wilden in Südafrika paaren ihre Zugochsen nach der Farbe zusammen, wie einige Esquimaux ihre Zughunde. LIVINGSTONE berichtet, wie hoch gute Hausthierrassen von den Negern im innern Afrika, welche nie mit Europäern in Berührung gewesen sind, geschätzt werden. Einige der angeführten Thatsachen sind zwar keine Belege für wirkliche Zuchtwahl; aber sie zeigen, dass die Zucht der Hausthiere schon in älteren Zeiten ein Gegenstand aufmerksamer Sorgfalt gewesen und es bei den rohesten Wilden jetzt ist. Es hätte aber in der That doch befremden müssen, wenn der Zuchtwahl keine Aufmerksamkeit geschenkt worden wäre, da die Erblichkeit der guten und schlechten Eigenschaften so auffällig ist.

### Unbewusste Zuchtwahl.

In jetziger Zeit versuchen es ausgezeichnete Züchter durch planmässige Wahl, mit einem bestimmten Ziel im Auge, neue Stämme oder Unterrassen zu bilden, die alles bis jetzt im Lande Vorhandene übertreffen sollen. Für unseren Zweck jedoch ist diejenige Art von Zuchtwahl wichtiger, welche man die unbewusste nennen kann und welche das Resultat des Umstandes ist, dass ein Jeder von den besten Thieren zu besitzen und nachzuziehen sucht. So wird Jemand, der Hühnerhunde halten will, zuerst möglichst gute Hunde zu bekommen suchen und nachher die besten seiner eigenen Hunde zur Nachzucht bestimmen; dabei hat er nicht die Absicht oder die Erwartung, die Rasse hiedurch bleibend zu ändern. Demungeachtet lässt sich annehmen, dass dieses Verfahren einige Jahrhunderte lang fortgesetzt, seine Rasse ändern und veredeln wird, wie Bakewell, Collins u. A. durch ein gleiches und nur mehr planmässiges Verfahren schon während ihrer eigenen Lebenszeit die Formen und Eigenschaften ihrer Rinderheerden wesentlich verändert haben. Langsame und unmerkliche Veränderungen dieser Art könnten nicht erkannt werden, wenn nicht wirkliche Messungen oder sorgfältige Zeichnungen der fraglichen Rassen seit langer Zeit gemacht worden wären, welche zur Vergleichung dienen können; zuweilen kann man jedoch noch unveredelte oder wenig veränderte Individuen derselben Rasse in solchen weniger civilisirten Gegenden auffinden, wo die Veredlung derselben weniger fortgeschritten ist. So hat man Grund zu glauben, dass König Karl's Jagdhundrasse *

* Herr Darwin ertheilt mir über die hier genannten Englischen Hunderassen folgende Auskunft:

seit der Zeit dieses Monarchen unbewusster Weise beträchtlich
verändert worden ist. Einige völlig sachkundige Gewährsmänner
hegen die Überzeugung, dass der Spürhund in gerader Linie
vom Jagdhund abstammt und wahrscheinlich durch langsame
Veränderung aus demselben hervorgegangen ist. Es ist bekannt,
dass der Vorstehehund im letzten Jahrhundert grosse Umänderung
erfahren hat, und hier glaubt man, sei die Umänderung hauptsächlich durch Kreuzung mit dem Fuchshunde bewirkt worden;
aber was uns angeht, ist, dass diese Umänderung unbewusster
und langsamer Weise geschehen und dennoch so beträchtlich ist,
dass, obwohl der alte Vorstehehund gewiss aus Spanien gekommen,
Herr Borrow mich doch versichert hat, in ganz Spanien keine
einheimische Hunderasse gesehen zu haben, die unserem Vorstehehund gliche.

Durch ein gleiches Wahlverfahren und sorgfältige Aufzucht
ist die ganze Masse der Englischen Rennpferde dahin gelangt,
in Schnelligkeit und Grösse ihren Arabischen Urstamm zu übertreffen, so dass dieser letzte bei den Bestimmungen über die
Goodwoodrassen hinsichtlich des zu tragenden Gewichtes begünstigt werden musste. Lord Spencer u. A. haben gezeigt, dass
in England das Rindvieh an Schwere und früher Reife gegen früher zugenommen hat. Vergleicht man die Nachrichten, welche
in alten Taubenbüchern über die Boten- und Purzeltauben enthalten sind, mit diesen Rassen, wie sie jetzt in England, Indien
und Persien vorkommen, so kann man, scheint mir, deutlich die
Stufen verfolgen, welche sie allmählich zu durchlaufen hatten, um
endlich so weit von der Felstaube abzuweichen.

Youatt gibt ein vortreffliches Beispiel von den Wirkungen
einer fortdauernden Zuchtwahl, welche man insofern als unbewusste betrachten kann, als die Züchter nie das von ihnen er-

---

der Jagdhund (Spaniel) ist klein, rauhhaarig, mit hängenden Ohren und
gibt auf der Fährte des Wildes Laut;

der Spürhund (Setter) ist ebenfalls rauhhaarig, aber gross, und drückt
sich, wenn er Wind vom Wilde hat, ohne Laut zu geben, lange Zeit regungs-
los auf den Boden;

der Vorstehehund (Pointer) endlich entspricht dem deutschen Hühnerhunde und ist in England gross und glatthaarig.        Bronn.

langte Ergebniss selbst erwartet oder gewünscht haben können,
nämlich die Erzielung zweier ganz verschiedener Stämme. Die
beiden Heerden von Leicester-Schafen, welche Mr. BUCKLEY und
Mr. BURGESS halten, sind, wie YOUATT bemerkt, „seit länger als
50 Jahren rein aus der ursprünglichen Stammform BAKEWELL's
gezüchtet worden. Unter Allen, welche mit der Sache bekannt
sind, glaubt Niemand von fern daran, dass die beiden Eigner
dieser Heerden dem reinen BAKEWELL'schen Stamme jemals fremdes Blut beigemischt hätten, und doch ist jetzt die Verschiedenheit zwischen deren Heerden so gross, dass man glaubt, ganz
verschiedene Rassen zu sehen."

Gäbe es Wilde, die so barbarisch wären, dass sie keine
Vermuthung von der Erblichkeit des Characters ihrer Hausthiere
hätten, so würden sie doch jedes ihnen zu einem besondern
Zwecke vorzugsweise nützliche Thier während Hungersnoth und
anderen Unglücksfällen, denen Wilde so leicht ausgesetzt sind,
sorgfältig zu erhalten bedacht sein, und ein derartig auserwähltes
Thier würde mithin mehr Nachkommenschaft als ein anderes von
geringerem Werthe hinterlassen, so dass schon auf diese Weise
eine unbewusste Auswahl zur Züchtung stattfände. Welchen
Werth selbst die Barbaren des Feuerlandes auf ihre Thiere legen,
sehen wir, wenn sie in Zeiten der Noth lieber ihre alten Weiber
als ihre Hunde tödten und verzehren, weil ihnen diese nützlicher
sind als jene.

Bei den Pflanzen kann man dasselbe stufenweise Veredlungs-
verfahren in der gelegentlichen Erhaltung der besten Individuen
wahrnehmen, mögen sie nun hinreichend oder nicht genügend
verschieden sein, um bei ihrem ersten Erscheinen schon als
eine eigene Varietät zu gelten, und mögen sie aus der Kreuzung
von zwei oder mehr Rassen oder Arten hervorgegangen sein.
Wir erkennen dies klar aus der zunehmenden Grösse und Schönheit der Blumen von Pensées, Dahlien, Pelargonien, Rosen u. a.
Pflanzen im Vergleich mit den älteren Varietäten derselben Arten
oder mit ihren Stammformen. Niemand wird erwarten, ein Stiefmütterchen (Pensée) oder eine Dahlie erster Qualität aus dem
Samen einer wilden Pflanze zu erhalten, oder eine Schmelzbirne

erster Sorte aus dem Samen einer wilden Birne zu erziehen
ohwohl es von einem wildgewachsenen Sämlinge der Fall sein
könnte, welcher von einer im Garten gebildeten Varietät herrührt. Die schon in der classischen Zeit cultivirte Birne scheint
nach Plinius' Bericht eine Frucht von sehr untergeordneter Qualität gewesen zu sein. Ich habe in Gartenbauschriften den Ausdruck grossen Erstaunens über die wunderbare Geschicklichkeit
von Gärtnern gelesen, die aus so dürftigem Material so glänzende
Erfolge erzielt hätten; aber ihre Kunst war ohne Zweifel einfach
und, wenigstens in Bezug auf das Endergebniss, eine unbewusste.
Sie bestand nur darin, dass sie die jederzeit beste Varietät wieder aussäeten und, wenn dann zufällig eine neue, etwas bessere
Abänderung zum Vorschein kam, nun diese zur Nachzucht wähl-
ten u. s. w. Aber die Gärtner der classischen Zeit, welche die
beste Birne, die sie erhalten konnten, nachzogen, hatten keine
Idee davon, was für eine herrliche Frucht wir einst essen würden; und doch verdanken wir dieses treffliche Obst in geringem
Grade wenigstens dem Umstande, dass schon sie begonnen haben,
die besten Varietäten auszuwählen und zu erhalten.

Der grosse Umfang von Veränderungen, die sich in unsern
Culturpflanzen langsamer und unbewusster Weise angehäuft haben,
erklärt, glaube ich, die bekannte Thatsache, dass wir in den
meisten Fällen die wilde Mutterpflanze nicht wieder erkennen
und daher nicht anzugeben vermögen, woher die am längsten
in unseren Blumen- und Küchengärten angebauten Pflanzen abstammen. Wenn es aber hunderte und tausende von Jahren bedurft hat, um unsre Culturpflanzen bis auf deren jetzige, dem
Menschen so nützliche Stufe zu veredeln, so wird es uns auch
begreiflich, warum weder Australien, noch das Cap der guten
Hoffnung oder irgend ein andres von ganz uncivilisirten Menschen
bewohntes Land uns eine der Cultur werthe Pflanze geboten hat.
Nicht als ob diese an Pflanzen so reichen Länder in Folge eines
eigenen Zufalles gar nicht mit Urformen nützlicher Pflanzen von
der Natur versehen worden wären; sondern ihre einheimischen
Pflanzen sind nur nicht durch unausgesetzte Zuchtwahl bis zu

einem Grade veredelt worden, welcher mit dem der Pflanzen in den schon längst cultivirten Ländern vergleichbar ware. Was die Hausthiere nicht civilisirter Völker betrifft, so darf man nicht übersehen, dass diese in der Regel, zu gewissen Jahreszeiten wenigstens, ihre eigene Nahrung sich zu erkämpfen haben. In zwei sehr verschieden beschaffenen Gegenden können Individuen einer und derselben Art, aber von etwas verschiedener Bildung und Constitution oft die einen in der ersten und die andern in der zweiten Gegend besser fortkommen; und hier können sich durch eine Art natürlicher Zuchtwahl, wie nachher weiter erklärt werden soll, zwei Unterrassen bilden. Dies erklärt vielleicht zum Theile, was einige Schriftsteller anführen, dass die Thierrassen der Wilden mehr die Charactere besonderer Species an sich tragen, als die bei civilisirten Völkern gehaltenen Varietäten.

Nach der hier aufgestellten Ansicht von der äusserst wichtigen Rolle, welche die Zuchtwahl des Menschen gespielt hat, erklärt es sich auch, wie es komme, dass unsre domesticirten Rassen sich in Structur und Lebensweise den Bedürfnissen und Launen des Menschen anpassen. Es lassen sich daraus ferner, wie ich glaube, der so oft abnorme Character unsrer Hausrassen und die gewöhnlich in äusseren Merkmalen so grossen, in innern Theilen oder Organen aber verhältnissmässig so unbedeutenden Verschiedenheiten derselben begreifen. Der Mensch kann kaum oder uur sehr schwer andre als äusserlich sichtbare Abweichungen der Structur bei seiner Auswahl beachten, und er kümmert sich in der That nur selten um das Innere. Er kann durch Wahl nur auf solche Abänderungen verfallen, welche ihm von der Natur selbst in anfänglich schwachem Grade dargeboten werden. So würde nie Jemand versuchen, eine Pfauentaube zu machen, wenn er nicht zuvor schon eine Taube mit einem in etwas ungewöhnlicher Weise entwickelten Schwanz gesehen hätte, oder einen Kröpfer, ehe er eine Taube gefunden hätte mit einem ungewöhnlich grossen Kropfe. Je abnormer und ungewöhnlicher ein Character bei seinem ersten Erscheinen war, desto mehr wird derselbe die Aufmerksamkeit in Anspruch genommen haben.

Doch ist ein derartiger Ausdruck, wie „Versuchen eine Pfauentaube zu machen", in den meisten Fällen äusserst incorrect. Denn der, welcher zuerst eine Taube mit einem etwas stärkeren Schwanz zur Nachzucht auswählte, hat sich gewiss nicht träumen lassen, was aus den Nachkommen dieser Taube durch theils unbewusste und theils planmässige Zuchtwahl werden würde. Vielleicht hat der Stammvater aller Pfauentauben nur vierzehn etwas ausgebreitete Schwanzfedern gehabt, wie die jetzige Javanesische Pfauentaube oder wie Individuen von verschiedenen anderen Rassen, an welchen man bis zu 17 Schwanzfedern gezählt hat. Vielleicht hat die erste Kropftaube ihren Kropf nicht stärker aufgebläht, als es jetzt die Möventaube mit dem oberen Theile der Speiseröhre zu thun pflegt, eine Gewohnheit, welche bei allen Taubenliebhabern unbeachtet bleibt, weil sie keinen Gesichtspunkt für ihre Zuchtwahl abgibt.

Man darf aber nicht annehmen, dass es erst einer grossen Abweichung in der Structur bedürfe, um den Blick des Liebhabers auf sich zu ziehen; er nimmt äusserst kleine Verschiedenheiten wahr, und es ist in des Menschen Art begründet, auf eine wenn auch geringe Neuigkeit in seinem eigenen Besitze Werth zu legen. Auch ist der anfangs auf geringe individuelle Abweichungen bei Individuen einer und derselben Art gelegte Werth nicht mit demjenigen zu vergleichen, welcher denselben Verschiedenheiten beigelegt wird, wenn einmal mehre reine Rassen dieser Art hergestellt sind. Manche geringe Abänderungen mögen unter solchen Tauben vorgekommen sein und kommen noch vor, welche als fehlerhafte Abweichungen vom vollkommenen Typus einer jeden Rasse verworfen werden. Die gemeine Gans hat keine auffallende Varietät geliefert, daher wurden die Toulouse- und die gewöhnliche Rasse, welche nur in der Farbe, dem biegsamsten aller Charactere, verschieden sind, bei unseren Geflügelausstellungen für verschieden ausgegeben.

Diese Ansichten erklären ferner, wie ich meine, eine zuweilen gemachte Bemerkung, dass wir nämlich nichts über den Ursprung oder Geschichte irgend einer unserer Hausrassen wissen. Man kann indessen von einer Rasse, wie von einem Sprachdialecte, in Wirklichkeit schwerlich sagen, dass sie einen bestimmten Ursprung gehabt habe. Es pflegt jemand und gebraucht irgend ein Individuum mit geringen Abweichungen des Körperbaues zur Zuchtwahl, oder er verwendet mehr Sorgfalt als gewöhnlich darauf, seine besten Thiere mit einander zu paaren, und verbessert dadurch seine Zucht; und die verbesserten Thiere verbreiten sich langsam in die unmittelbare Nachbarschaft. Da sie aber bis jetzt noch schwerlich einen besonderen Namen haben und sie noch nicht sonderlich geschätzt sind, so achtet niemand auf ihre Geschichte. Wenn sie dann durch dasselbe langsame und stufenweise Verfahren noch weiter veredelt worden sind, breiten sie sich immer weiter aus und werden jetzt als etwas Besonderes und Werthvolles anerkannt und erhalten wahrscheinlich nun erst einen Provincialnamen. In halb-civilisirten Gegenden mit wenig freiem Verkehr mag die Ausbreitung und Anerkennung einer neuen Unterrasse ein langsamer Vorgang sein. Sobald aber die einzelnen wertbvolleren Eigenschaften der neuen Unterrasse einmal vollständig anerkannt sind, wird stets das von mir sogenannte Princip der unbewussten Zuchtwahl — vielleicht zu einer Zeit mehr als zur andern, je nachdem eine Rasse in der Mode steigt oder fällt, und vielleicht mehr in einer Gegend als in der andern, je nach der Civilisationsstufe ihrer Bewohner — langsam auf die Häufung der characteristischen Züge der Rasse hinwirken, welcher Art sie auch sein mögen. Aber es ist unendlich wenig Aussicht vorhanden, einen Bericht über derartige langsame, wechselnde und unmerkliche Veränderungen zu erhalten.

### Günstige Umstände für das Wahlvermögen des Menschen.

Ich habe nun einige Worte über die dem Wahlvermögen des Menschen günstigen oder ungünstigen Umstände zu sagen. Ein hoher Grad von Veränderlichkeit ist insofern offenbar günstig, als er ein reicheres Material zur Auswahl für die Züchtung liefert. Nicht als ob bloss individuelle Verschiedenheiten nicht vollkommen genügten, um mit äusserster Sorgfalt durch Häufung endlich eine bedeutende Umänderung in fast jeder gewünschten Richtung zu erwirken. Da aber solche dem Menschen offenbar nützliche oder gefällige Variationen nur zufällig vorkommen, so muss die Aussicht auf deren Erscheinen mit der Anzahl der gepflegten Individuen zunehmen, und daher wird dies von höchster Wichtigkeit für den Erfolg. Mit Rücksicht auf dieses Princip hat früher MARSHALL über die Schafe in einigen Theilen von Yorkshire gesagt, dass, „weil sie gewöhnlich nur armen Leuten gehören und meistens in kleine Loose vertheilt sind, sie nie veredelt werden können." Auf der andern Seite haben Handelsgärtner, welche dieselben Pflanzen in grossen Massen erziehen, gewöhnlich mehr Erfolg als die blossen Liebhaber in Bildung neuer und werthvoller Varietäten. Das Halten einer grossen Anzahl von Individuen einer Art in einer Gegend verlangt, dass man diese Species in günstige Lebensbedingungen versetze, so dass sie sich in dieser Gegend ordentlich fortpflanze. Sind nur wenig Individuen einer Art vorhanden, so werden sie gewöhnlich alle, wie auch ihre Beschaffenheit sein mag, zur Nachzucht zugelassen, und dies hindert ihre Auswahl. Aber wahrscheinlich der wichtigste Punkt von allen ist, dass das Thier oder die Pflanze für den Besitzer so nützlich oder so werthvoll sei, dass er die genaueste Aufmerksamkeit auf jede, auch die geringste Abänderung in den Eigenschaften und dem Körperbaue eines jeden Individuums verwendet. Ist dies nicht der Fall, so ist auch nichts zu erwirken. Ich habe es mit Nachdruck hervorheben sehen, es sei ein sehr glücklicher Zufall gewesen, dass die Erdbeere gerade zu variiren begann, als Gärtner diese Pflanze näher zu beobachten anfiengen. Zweifelsohne hatte die Erdbeere immer variirt, seitdem sie angepflanzt worden war, aber man hatte die geringen Abänderungen vernachlässigt. Als jedoch Gärtner später die Pflanzen mit etwas grösseren, früheren oder besseren Früchten heraushoben, Sämlinge davon erzogen und dann wieder die besten Sämlinge und deren Abkommen zur Nachzucht verwendeten, da lieferten diese, unterstützt durch die Kreuzung mit besondern Arten, die vielen bewundernswerthen Varietäten, welche in den letzten 30—40 Jahren erzielt worden sind.

Was Thiere getrennten Geschlechtes betrifft, so hat die Leichtigkeit, womit ihre Kreuzung gehindert werden kann, einen wichtigen Antheil an dem Erfolge in Bildung neuer Rassen, in einer Gegend wenigstens, welche bereits mit anderen Rassen besetzt ist. Hier spielt auch die Einzäunung der Ländereien eine Rolle. Wandernde Wilde oder die Bewohner offener Ebenen besitzen selten mehr als eine Rasse derselben Art. Man kann zwei Tauben lebenslänglich zusammenpaaren, und dies ist eine grosse Bequemlichkeit für den Liebhaber, weil er viele Rassen im nämlichen Vogelhause veredeln und rein erhalten kann. Dieser Umstand hat gewiss die Bildung und Veredlung neuer Rassen sehr befördert. Ich will noch hinzufügen, dass man die Tauben sehr rasch und in grosser Anzahl vermehren und die schlechten Vögel leicht beseitigen kann, weil sie getödtet zur Speise dienen. Auf der andern Seite lassen sich Katzen ihrer nächtlichen Wanderungen wegen nicht zusammenpaaren, daher man auch, trotzdem dass Frauen und Kinder sie gern haben, selten eine neue Rasse aufkommen sieht; solche Rassen, wie wir dergleichen zuweilen sehen, sind immer aus anderen Gegenden und zumal aus Inseln eingeführt. Obwohl ich nicht bezweifle, dass einige Hausthiere weniger als andre variiren, so wird doch die Seltenheit oder der gänzliche Mangel verschiedener Rassen bei Katze, Esel, Pfau, Gans u. s. w. hauptsächlich davon herrühren, dass keine Zuchtwahl bei ihnen in Anwendung gekommen ist: bei Katzen, wegen der Schwierigkeit sie zu paaren; bei Eseln, weil sie bei uns nur in geringer Anzahl von armen Leuten gehalten werden, welche auf ihre Zuchtwahl wenig achten; wogegen dieses Thier in einigen Theilen von Spanien und den Vereinigten Staaten durch sorgfältige Zuchtwahl in erstaunlicher Weise abgeändert und veredelt worden ist; — bei Pfauen, weil sie nicht leicht aufzuziehen sind und eine grosse Zahl nicht beisammen gehalten wird; bei Gänsen, weil sie nur aus zwei Gründen verwerthbar sind, wegen ihrer Federn und ihres Fleisches, und besonders weil sie noch nicht zur Züchtung neuer Rassen gereizt haben; doch scheint die Gans auch eine eigenthümlich unbiegsame Organisation zu besitzen.

Versuchen wir nun, das über die Entstehung unserer Hausthier- und Culturpflanzenrassen Gesagte zusammenzufassen. Ich glaube, dass die äusseren Lebensbedingungen wegen ihrer Ein-

wirkung auf das Reproductivsystem von der höchsten Wichtigkeit
sind, da sie hierdurch Variabilität verursachen. Es ist nicht wahrscheinlich, dass Veränderlichkeit als eine inhärente und nothwendige Eigenschaft allen organischen Wesen unter allen Umständen zukomme, wie einige Schriftsteller angenommen haben. Die
Wirkungen der Variabilität werden in verschiedenem Grade modificirt durch Vererbung und Rückfall. Sie wird durch viele unbekannte Gesetze geleitet, insbesondere aber durch das der Correlation des Wachsthums. Etwas mag der directen Einwirkung
der äusseren Lebensbedingungen, Manches dem Gebrauche und
Nichtgebrauche der Organe zugeschrieben werden. Dadurch wird
das Endergebniss ausserordentlich verwickelt. In einigen Fällen
hat wahrscheinlich die Kreuzung ursprünglich verschiedener Arten
einen wesentlichen Antheil an der Bildung unserer veredelten
Rassen gehabt. Wenn in einer Gegend einmal mehrere veredelte
Rassen entstanden sind, so hat ihre gelegentliche Kreuzung mit
gleichzeitiger Wahl zweifelsohne mächtig zur Bildung neuer Rassen
mitwirken können; aber die Wichtigkeit der Varietätenmischung
ist, wie ich glaube, sehr übertrieben worden sowohl in Bezug
auf die Thiere, wie auf die Pflanzen, die aus Samen weiter gezogen werden. Bei solchen Pflanzen dagegen, welche zeitweise
durch Stecklinge, Knospen u. s. w. fortgepflanzt werden, ist die
Wichtigkeit der Kreuzung zwischen Arten wie Varietäten unermesslich, weil der Pflanzenzüchter hier die ausserordentliche Veränderlichkeit sowohl der Bastarde als der Blendlinge und die
häufige Unfruchtbarkeit der Bastarde ganz ausser Acht lässt; doch
haben die Fälle, wo Pflanzen nicht aus Samen fortgepflanzt werden, wenig Bedeutung für uns, weil ihre Dauer nur vorübergehend
ist. Aber die über alle diese Änderungsursachen bei weitem
vorherrschende Kraft ist nach meiner Überzeugung die fortdauernd
anhäufende Zuchtwahl, mag sie nun planmässig und schneller,
oder unbewusst und allmählicher, aber wirksamer in Anwendung
kommen.

# Zweites Capitel.

## Abänderung im Naturzustande.

Variabilität. Individuelle Verschiedenheiten. Zweifelhafte Arten. Weit und sehr verbreitete und gemeine Arten variiren am meisten. Arten der grösseren Gattungen jeden Landes variiren häufiger, als die der kleineren Genera. Viele Arten der grossen Gattungen gleichen den Varietäten darin, dass sie sehr nahe aber ungleich mit einander verwandt sind und beschränkte Verbreitungsbezirke haben.

Ehe wir von den Principien, zu welchen wir im vorigen Capitel gelangten, Anwendung auf die organischen Wesen im Naturzustande machen, müssen wir kurz untersuchen, in wiefern diese letzten veränderlich sind oder nicht. Um diesen Gegenstand nur einigermassen eingehend zu behandeln, müsste ich ein langes Verzeichniss trockner Thatsachen geben; doch will ich diese für mein künftiges Werk versparen. Auch will ich nicht die verschiedenen Definitionen erörtern, welche man von dem Worte „Species" gegeben hat. Keine derselben hat bis jetzt alle Naturforscher befriedigt. Gewöhnlich schliesst die Definition ein unbekanntes Element von einem besondren Schöpfungsacte ein. Der Ausdruck „Varietät" ist eben so schwer zu definiren; gemeinschaftliche Abstammung ist indess meistens mit einbedungen, obwohl selten erweislich. Auch hat man von Monstrositäten gesprochen; sie gehen aber stufenweise in Varietäten über. Unter einer „Monstrosität" versteht man nach meiner Meinung irgend eine beträchtliche Abweichung der Structur, welche der Art entweder nachtheilig oder doch nicht nützlich ist. Einige Schriftsteller gebrauchen noch den Ausdruck „Variation" in einem technischen Sinne, um Abänderungen zu bezeichnen, welche durch die unmittelbare Einwirkung äusserer Lebensbedingungen hervorgehe, und die „Variationen" dieser Art gelten nicht für erblich. Doch, wer kann behaupten, dass die zwerghafte Beschaffenheit der Conchylien im Brackwasser des Baltischen Meeres, oder die Zwergpflanzen auf den Höhen der Alpen, oder der dichtere Pelz eines Thieres in höheren Breiten nicht in einigen Fällen auf we-

nigstens einige Generationen vererblich sei? und in diesem Falle
würde man, glaube ich, die Form eine „Varietät" nennen.

Es mag wohl zweifelhaft sein, ob plötzliche und grosse Abweichungen der Structur, wie wir sie gelegentlich in unseren gezähmten Rassen, zumal unter den Pflanzen auftauchen sehen, sich
im Naturzustande je stetig fortpflanzen können. Fast jeder Theil
jedes organischen Wesens steht in einer so schönen Beziehung
zu den complicirten Lebensbedingungen, dass es eben so unwahrscheinlich scheint, dass irgend ein Theil auf einmal in seiner
ganzen Vollkommenheit erschienen sei, als dass ein Mensch irgend eine zusammengesetzte Maschine sogleich in vollkommenem
Zustande erfunden habe. Im domesticirten Zustande kommen oft
Monstrositäten vor, welche mit normalen Bildungen vergleichbar
sind. So sind oft Schweine mit einer Art Rüssel wie der des
Tapir oder Elephanten geboren worden. Wenn nun irgend eine
wilde Art der Gattung Schwein von Natur einen Rüssel besessen
hätte, so hätte man schliessen können, dass derselbe plötzlich
als Monstrosität erschienen sei. Es ist mir aber bis jetzt nach
eifrigem Suchen nicht gelungen, bei nahe verwandten Formen
Fälle zu finden, wo Monstrositäten und normale Bildungen einander ähnlich wären. Treten monströse Formen dieser Art je im
Naturzustande auf und pflanzen sie sich fort (was nicht immer der
Fall ist), so müssen sie, da sie nur selten und einzeln vorkommen, mit der gewöhnlichen Form gekreuzt werden; ihre Charactere werden daher in einem modificirten Zustande weitergeführt.
Bleiben sie nach solchen Kreuzungen beständig, so wird ihre Erhaltung beinahe mit Nothwendigkeit auf Rechnung des Umstandes
zu schreiben sein, dass die Modification in irgend welcher Weise
für das Thier unter den gerade vorhandenen Lebensbedingungen
wohlthätig ist, so dass selbst in diesem Falle natürliche Zuchtwahl ins Spiel kommt.

### Individuelle Verschiedenheiten.

Die vielen geringen Verschiedenheiten, welche oft unter den
Abkömmlingen von einerlei Eltern vorkommen, oder unter solchen,
von denen man einen derartigen Ursprung annehmen kann, kann

man individuelle Verschiedenheiten nennen, weil sie oft bei Individuen der nämlichen Art, die auf begrenztem Raume nahe beisammen wohnen, vorkommen. Niemand glaubt, dass alle Individuen einer Art genau nach demselben Modell gebildet seien. Diese individuellen Verschiedenheiten sind nun gerade sehr wichtig für uns, weil sie oft vererbt werden, wie wohl Jedermann schon zu beobachten Gelegenheit hatte; hiedurch liefern sie der natürlichen Zuchtwahl Stoff zur Häufung, in gleicher Weise wie der Mensch in seinen cultivirten Rassen individuelle Verschiedenheiten in irgend einer gegebenen Richtung häuft. Diese individuellen Verschiedenheiten betreffen in der Regel nur die in den Augen des Naturforschers unwesentlichen Theile; ich könnte jedoch aus einer langen Liste von Thatsachen nachweisen, dass auch Theile, die man aus dem physiologischen wie aus dem classificatorischen Gesichtspunkte als wesentliche bezeichnen muss, zuweilen bei den Individuen von einerlei Art variiren. Ich bin überzeugt, dass die erfahrensten Naturforscher erstaunt sein würden über die Menge von Fällen möglicher Abänderungen sogar in wichtigen Theilen des Körpers, die sie zusammenbringen könnten, wie ich sie im Laufe der Jahre nach guten Gewährsmännern zusammengetragen habe. Man muss sich aber auch dabei noch erinnern, dass Systematiker nicht erfreut sind Veränderlichkeit in wichtigen Characteren zu entdecken, und dass es nicht viele gibt, die ein Vergnügen daran finden, innere wichtige Organe sorgfältig zu untersuchen und in vielen Exemplaren einer und der nämlichen Art mit einander zu vergleichen. So hätte ich nimmer erwartet, dass die Verzweigungen der Hauptnerven dicht am grossen Centralnervenknoten eines Insectes in der nämlichen Species abändern können, sondern hätte vielmehr gedacht, Veränderungen dieser Art könnten nur langsam und stufenweise eintreten. Und doch hat Sir John Lubbock kürzlich bei Coccus einen Grad von Veränderlichkeit an diesen Hauptnerven nachgewiesen, welcher beinahe an die unregelmässige Verzweigung eines Baumstamms erinnert. Ebenso hat dieser ausgezeichnete Naturforscher ganz kürzlich gezeigt, dass die Muskeln in den Larven gewisser Insecten von Gleichförmigkeit weit entfernt sind. Die Schriftsteller bewegen

sich oft in einem Cirkelschluss, wenn sie behaupten, dass wichtige
Organe niemals variiren; denn dieselben Schriftsteller zählen in
der Praxis diejenigen Organe zu den wichtigen (wie einige wenige ehrlich genug sind zu gestehen), welche nicht variiren, und
unter dieser Voraussetzung kann dann allerdings niemals ein Beispiel von einem variirenden wichtigen Organe angeführt werden;
aber von einem andern Gesichtspunkte aus lassen sich deren viele
aufzählen.

Mit den individuellen Verschiedenheiten steht noch ein andrer
Punkt in Verbindung, der mir sehr verwirrend zu sein scheint:
ich meine die Gattungen, die man zuweilen „protëische" oder
„polymorphe" genannt hat, weil deren Arten ein colossales Maass
von Veränderlichkeit zeigen, so dass kaum zwei Naturforscher
darüber einig werden können, welche Formen als Arten und
welche als Varietäten zu betrachten seien. Ich will Rubus, Rosa,
Hieracium unter den Pflanzen, mehre Insecten- und Brachiopoden-
genera und den Kampfhahn (Machetes pugnax) unter den Vögeln
als Beispiele anführen. In den meisten dieser polymorphen Gattungen haben einige Arten feste und bestimmte Charactere. Gattungen, welche in einer Gegend polymorph sind, scheinen es mit
einigen wenigen Ausnahmen auch in andern Gegenden zu sein,
auch nach den Brachiopoden zu urtheilen, in früheren Zeiten gewesen zu sein. Diese Thatsachen nun sind insofern geeignet
Verwirrung zu erregen, als sie zu zeigen scheinen, dass diese
Art von Veränderlichkeit unabhängig von den Lebensbedingungen
ist. Ich bin zu vermuthen geneigt, dass wir bei diesen polymorphen Gattungen Abänderungen nur in solchen Punkten ihres Baues
begegnen, welche der Art weder nützlich noch schädlich sind
und daher bei der natürlichen Zuchtwahl nicht berücksichtigt
und befestigt worden sind, wie nachher erläutert werden soll.

Individuen einer und derselben Art bieten oft grosse Verschiedenheiten der Structur dar, welche nicht direct mit der Variabilität zusammenhängen, wie die beiden Geschlechter, wie die
zwei oder drei Formen steriler Weibchen oder Arbeiter bei Insecten, wie in den unreifen oder Larvenständen aller Thiere. Es
giebt indessen andre Fälle, nämlich des Dimorphismus und Tri-

morphismus, welche leicht mit Variabilität verwechselt werden
können und oft damit verwechselt worden sind, doch davon völlig
verschieden sind. Ich verweise auf die zwei oder drei verschiedenen Formen, welche gewisse Thiere in beiden Geschlechtern
und gewisse hermaphrodite Pflanzen gewöhnlich darbieten. So
hat WALLACE, der vor Kurzem die Aufmerksamkeit besonders auf
diesen Gegenstand gelenkt hat, gezeigt, dass die Weibchen gewisser Schmetterlingsarten im Malayischen Archipel regelmässig
unter zwei oder selbst drei auffallend verschiedenen Formen auftreten, welche nicht durch intermediäre Varietäten verbunden werden. Die geflügelten und häufig ungeflügelten Formen so vieler
Hemipteren sind wahrscheinlich zum Dimorphismus zu rechnen,
nicht zu den Varietäten. Auch hat neuerlich FRITZ MÜLLER analoge
aber noch ausserordentlichere Fälle von den Männchen gewisser
Brasilianischer Crustaceen beschrieben: so kommt das Männchen
einer Tanais regelmässig unter zwei weit von einander verschiedenen, durch keine Übergänge vermittelten Formen vor, das eine
hat viel stärkere und verschieden geformte Scheeren zum Ergreifen des Weibchens, das andre gewissermassen als Compensation viel reichlicher entwickelte Riechhaare, um mehr Aussicht
zu haben das Weibchen zu finden. Ferner kommen die Männchen noch eines andern Krusters, einer Orchestia, unter zwei verschiedenen Formen vor, deren Scheeren im Bau viel mehr von
einander abweichen, als die Scheeren der meisten Arten derselben Gattung. In Bezug auf Pflanzen habe ich vor Kurzem gezeigt, dass Arten in mehreren weit von einander getrennten Ordnungen zwei oder selbst drei Formen darbieten, welche in mehr-
reren wichtigen Punkten, wie Grösse und Farbe der Pollenkörner
auffallend von einander verschieden sind; und obschon alle diese
Formen Zwitter sind, weichen sie in ihrem Zeugungsvermögen
so von einander ab, dass, um volle Fruchtbarkeit, ja in einigen
Fällen um überhaupt Fruchtbarkeit zu erzielen, sie sich gegenseitig befruchten müssen. Obgleich nun aber die wenigen dimorphen und trimorphen Thier- und Pflanzenformen, die bis jetzt
untersucht sind, jetzt durch keine Zwischenglieder zusammenhängen, so ist dies doch wahrscheinlich in andern Fällen zu

finden. WALLACE beobachtete einen Schmetterling, der auf einer
und derselben Insel eine lange Reihe durch Zwischenglieder ver-
bundener Varietäten darbot; und die äussersten Glieder dieser
Reihe glichen den beiden Formen einer verwandten dimorphen
Art, welche auf einem andern Theil des Malayischen Archipels
vorkam. Dasselbe gilt für Ameisen; die verschiedenen Arbeiter-
formen sind gewöhnlich völlig verschieden; in manchen Fällen
aber, wie wir später sehen werden, werden die verschiedenen
Formen durch gradweise Varietäten verbunden. Es erscheint allerdings zuerst als eine höchst merkwürdige Thatsache, dass derselbe weibliche Schmetterling das Vermögen haben sollte, gleichzeitig drei weibliche und eine männliche Form zu erzeugen; dass
ein männlicher Kruster zwei männliche und eine weibliche Form,
alle weit von einander verschieden, erzeugen sollte und eine
Zwitterpflanze aus derselben Samenkapsel drei verschiedene Zwitterformen, welche drei verschiedene Formen Weibchen und drei
oder selbst sechs verschiedene Formen Männchen enthalten. Und
doch sind diese Fälle nur die auffallendsten Belege für jene allgemeine Thatsache, dass jedes weibliche Thier Männchen und
Weibchen hervorbringt, die in einigen Fällen in so wunderbarer
Weise von einander verschieden sind.

### Zweifelhafte Arten.

Diejenigen Formen, welche zwar in einem beträchtlichen Grade
den Character einer Art besitzen, aber anderen Formen so ähnlich oder durch Mittelstufen so enge verkettet sind, dass die Naturforscher sie nicht als besondere Arten aufführen wollen, sind
in mehreren Beziehungen die wichtigsten für uns. Wir haben allen
Grund zu glauben, dass viele von diesen zweifelhaften und eng-
verwandten Formen ihre Charactere in ihrem Heimathlande lange
Zeit beharrlich behauptet haben, lang genug um sie für gute und
echte Species zu halten. Practisch genommen pflegt ein Naturforscher, welcher zwei Formen durch Zwischenglieder mit einander verbinden kann, die eine als eine Varietät der anderen ge-
wöhnlichern oder zuerst beschriebenen zu behandeln. Zuweilen
treten aber sehr schwierige Fälle, die ich hier nicht aufzählen

will, bei Entscheidung der Frage ein, ob eine Form als Varietät der anderen anzusehen sei oder nicht, sogar wenn beide durch Zwischenglieder eng mit einander verbunden sind; auch will die gewöhnliche Annahme, dass diese Zwischenglieder Bastarde seien, nicht immer genügen um die Schwierigkeit zu beseitigen. In sehr vielen Fällen jedoch wird eine Form als eine Varietät der andern erklärt, nicht weil die Zwischenglieder wirklich gefunden worden sind, sondern weil Analogie den Beobachter verleitet anzunehmen, entweder dass sie noch irgendwo vorhanden sind, oder dass sie früher vorhanden gewesen sind; und damit ist dann Zweifeln und Vermuthungen die Thüre weit geöffnet.

Wenn es sich daher um die Frage handelt, ob eine Form als Art oder als Varietät zu bestimmen sei, scheint die Meinung der Naturforscher von gesundem Urtheil und reicher Erfahrung der einziga Führer zu bleiben. Gleichwohl können wir in vielen Fällen uns nur auf eine Majorität der Meinungen berufen; denn es lassen sich nur wenige ausgezeichnete und gutgekannte Varietäten namhaft machen, dia nicht schon bei wenigstens einem oder dem anderen sachkundigen Richter als Species·gegolten hätte.

Dass Varietäten von so zweifelhafter Natur keineswegs selten sind, kann nicht in Abrede gestellt werden. Man vergleiche die von verschiedenen Botanikern geschriebenen Floren von Grossbritannien, Frankreich oder den Vereinigten Staaten mit einander und sehe, was für eine erstaunliche Anzahl von Formen von dem einen Botaniker als gute Arten und von dem andern als blosse Varietäten angesehen werden. Herr H. C. WATSON, welchem ich zur innigsten Erkenntlichkeit für Unterstützung aller Art verbunden bin, hat mir 182 Britische Pflanzen bezeichnet, welche gewöhnlich als Varietäten betrachtet werden, aber auch schon alle von Botanikern für Arten erklärt worden sind; dabei hat er noch manche unbedeutendere aber auch schon von einem oder dem anderen Botaniker als Art aufgenommene Varietät übergangen und einige sehr polymorphe Sippen gänzlich ausser Acht gelassen. Unter Gattungen, mit Einschluss der am meisten polymorphen, führt BABINGTON 251, BENTHAM dagegen nur 112 Arten auf, ein Unterschied von 139 zweifelhaften Formen! Unter den Thieren, welche sich zu jeder Paarung vereinigen und sehr ortswechselnd sind, können dergleichen zweifelhafte, von verschiedenen Zoologen bald als Art bald als Varietät angesehene Formen nicht so leicht in einer Gegend beisammen vorkommen, sind aber in getrennten Gebieten nicht selten. Wie viele jener Nordamerikanischen und Europäischen Insecten und Vögel, die nur sehr wenig von einander abweichen, sind von dem einen ausgezeichneten Naturforscher als unzweifelhafte Art und von dem anderen als Varietät oder sogenannte klimatische Rasse bezeichnet worden! In mehreren werthvollen Aufsätzen, die WALLACE neuerdings über verschiedene Thiere, besonders über die Lepidopteren des grossen Malayischen Archipels veröffentlicht hat, weist er nach, dass man sie in variable und Localformen, in geographische Rassen oder Subspecies und in echte repräsentirende Arten eintheilen kann. Die variablen Formen variiren bedeutend innerhalb des Umkreises derselben Insel. Die localen Formen sind auf jeder besondern Insel mässig constant und bestimmt; vergleicht man aber alle derartige Formen von den verschiedenen Inseln, so werden die Unterschiede so gering, so zahlreich und graduirt, dass es unmöglich wird, viele dieser Formen zu bestimmen oder zu beschreiben, obschon die extremen Formen hinreichend scharf bestimmt sind. Die geographischen Rassen oder Subspecies sind vollständig fixirte und isolirte Landformen; da sie aber nicht durch stark markirte und wichtige Charactere von einander abweichen, „so kann kein etwa möglicher Beweis, sondern nur individuelle Meinung bestimmen, welche man als Art und welche als Varietät betrachten soll." Repräsentirende Arten endlich nehmen im Naturhaushalt jeder Insel dieselbe Stelle ein, wie die localen Formen und die Subspecies; da sie aber ein grösseres, wenn auch nicht bestimmtes Maass von Verschiedenheit, als die localen Formen und Subspecies, von einander trennt, so werden sie allgemein von den Naturforschern für gute Arten genommen. Nichtsdestoweniger lässt sich kein bestimmtes Kriterium angeben, nach welchem man variable Formen, locale Formen, Subspecies und repräsentirende Arten als solche erkennen kann.

Als ich vor vielen Jahren die Vögel von den einzelnen Inseln der Galopagos-Gruppe mit einander und mit denen des Amerikanischen Festlands verglich und Andre sie vergleichen sah, war ich sehr darüber erstaunt, wie gänzlich schwankend und willkührlich der Unterschied zwischen Art und Varietät ist. Auf den Inselchen der kleinen Madeiragruppe kommen viele Insecten vor, welche in Wollaston's bewundernswürdigem Werke als Varietäten characterisirt sind, die aber gewiss von vielen Entomologen als besondre Arten aufgestellt werden würden. Selbst Irland besitzt einige wenige jetzt allgemein als Varietäten angesehene Thiere, die aber von einigen Zoologen für Arten erklärt worden sind. Einige sehr erfahrene Ornithologen betrachten unser Britisches Rothhuhn (Lagopus) nur als eine scharf bezeichnete Rasse der Norwegischen Art, während die meisten solche für eine unzweifelhaft eigenthümliche Art Grossbritanniens erklären. Eine weite Entfernung zwischen der Heimath zweier zweifelhaften Formen bestimmt viele Naturforscher dieselben für zwei Arten zu erklären; aber nun fragt es sich, welche Entfernung dazu genüge? Wenn man die zwischen Europa und Amerika gross nennt, wird dann auch jene zwischen Europa und den Azoren oder Madeira oder den Canarischen Inseln oder zwischen den verschiedenen Inseln dieses kleinen Archipels genügen?

B. D. Walsh, ein ausgezeichneter Entomolog der vereinigten Staaten, hat neuerdings die Aufmerksamkeit auf einige, mit jenen Localformen und geographischen Rassen analoge, aber doch von ihnen sehr verschiedene Fälle gelenkt. Er beschreibt diese Fälle ausführlich unter dem Namen phytophager Varietäten und phytophager Arten. Die meisten pflanzenfressenden Insecten leben von einer Art oder von einer Gruppe von Pflanzen; einige aber leben ohne Unterschied von vielen weitauseinanderstehenden Arten, ohne dadurch verändert zu werden. Walsh hat indessen andere derartige Fälle betrachtet, wo dies entweder bei der Larve oder dem reifen Insect, oder bei beiden Ständen, geringe aber constante Verschiedenheiten in Farbe, Grösse oder Art der Absonderungen hervorrief. In einem Falle giengen Hand in Hand mit einer Verschiedenheit der Nahrung mehrere geringe aber constante Structurverschiedenheiten, doch allein beim reifen Männchen. In anderen Fällen wurden Männchen und Weibchen leicht davon afficirt. Endlich verursachen Verschiedenheiten der Nahrung allem Anschein nach mehr ausgeprägte und constante Verschiedenheit in der Färbung und Structur, oder in beiden, und zwar bei der Larve und beim reifen Insect. Bis zu diesem Grade modificirte Formen werden von allen Entomologen für getrennte, wenn auch verwandte Arten derselben Gattung gehalten. Die geringeren Verschiedenheiten, wie der Farbe allein, oder der Larve oder des entwickelten Insects allein, werden fast ohne Ausnahme für blosse Varietäten angesehen. Niemand kann hier Andern eine Grenze angeben, selbst wenn er es für sich kann, und mit Sicherheit bestimmen, welche der phytophagen Formen Varietäten, welche Arten zu nennen sind. WALSH vertheidigt nachdrücklich die Ansicht, dass die verschiedenen Zustände in einander übergegangen sind, ist aber doch zu der Annahme gezwungen, dass diejenigen Formen, von denen man voraussetzen kann, dass sie sich ungezwungen kreuzen, als Varietäten zu bezeichnen seien, während diejenigen, welche diese Fähigkeit zu kreuzen verloren haben, Arten genannt werden sollten. Da die Verschiedenheit in allen diesen Fällen davon abhängt, dass sich die Insecten lange von völlig verschiedenen Pflanzen ernährt haben, so kann man nicht erwarten, Zwischenglieder zwischen den so entstandenen Formen zu finden; doch müssen früher dergleichen bestanden und die jetzt divergirenden Formen mit ihrem gemeinsamen Erzeuger verbunden haben. Der Naturforscher verliert dadurch den besten Führer zu der Bestimmung, ob solche Formen für Varietäten oder Species zu halten sind. Dies kommt in gleicher Weise bei nahe verwandten Organismen von zweifelhaftem Range vor, welche verschiedene Continente oder entfernte Inseln bewohnen. Hat aber ein Thier oder eine Pflanze eine weite Verbreitung über einen und denselben Continent, oder bewohnt es viele Inseln desselben Archipels, und bietet es in den verschiedenen Gebieten verschiedene Formen dar, so hat man immer Aussicht, und es gelingt auch zuweilen, Zwischenglieder zu finden, welche die extremen Formen mit einander verbinden; diese sinken dann auf den Rang von Varietäten herab.

Einige wenige Naturforscher läugnen alle Varietätenbildung
bei den Thieren; dann legen sie aber den geringsten Verschiedenheiten specifischen Werth bei; und wenn selbst dieselbe Form
identisch in zwei verschiedenen Gegenden oder in zwei verschiedenen geologischen Formationen gefunden wird, gehen sie so
weit anzunehmen, dass zwei Arten im nämlichen Gewande
stecken. Der Ausdruck Art wird dadurch zu einer nutzlosen Ab-
straction, unter der man einen besondern Schöpfungsact versteht
und annimmt. Man kann indess nicht bestreiten, dass viele von
competenten Richtern für Varietäten angesehene Formen so vollständig den Character von Arten haben, dass sie von anderen
ebenso competenten Männern für gute und ächte Arten gehalten
worden sind. Aber es ist vergebene Arbeit die Frage zu erörtern, ob es Arten oder Varietäten seien, so lange noch keine
Definition dieser zwei Ausdrücke allgemein angenommen ist.

Viele dieser stark ausgeprägten Varietäten oder zweifelhaften
Arten verdienten wohl eine nähere Beachtung, weil man vielerlei
interessante Beweismittel aus ihrer geographischen Verbreitung,
analogen Variation, Bastardbildung u. s. w. herbeigeholt hat,
um die ihnen gebührende Rangstufe festzustellen. Doch erlaubt
mir der Raum nicht, sie hier zu erörtern. Sorgfältige Untersuchung wird in den meisten Fällen die Naturforscher zur Ver-
ständigung darüber bringen, wofür die zweifelhaften Formen zu
halten sind. Doch müssen wir bekennen, dass es gerade in den
am besten bekannten Ländern die meisten zweifelhaften Formen
gibt. Ich war über die Thatsache erstaunt, dass von solchen
Thieren und Pflanzen, welche dem Menschen in ihrem Naturzustande sehr nützlich sind oder aus irgend einer anderen Ursache seine besondre Aufmerksamkeit erregen, fast überall Varietäten angeführt werden. Diese Varietäten werden überdies
oft von einem oder dem andern Autor als Arten bezeichnet. Wie
sorgfältig ist die gemeine Eiche studirt worden! Nun macht aber
ein Deutscher Autor über ein Dutzend Arten aus den Formen,
welche bis jetzt stets als Varietäten angesehen wurden; und in
England können die höchsten botanischen Gewährsmänner und
vorzüglichsten Practiker angeführt werden, welche nachweisen, die

einen, dass die Trauben- und die Stieleiche gut unterschiedene
Arten, die andern, dass sie blosse Varietäten sind.

Ich will hier auf eine neuerdings erschienene merkwürdige
Arbeit A. DeCandolle's, über die Eichen der ganzen Erde verweisen. Nie hat Jemand grösseres Material zur Unterscheidung
der Arten gehabt oder hätte dasselbe mit mehr Eifer und Scharfsinn verarbeiten können. Er gibt zuerst im Detail alle die vielen
Punkte, in denen der Bau der Arten variirt, und schätzt nume-
risch die Häufigkeit der Abänderungen. Er führt speciell über
ein Duzend Merkmale auf, von denen man findet, dass sie selbst
an einem und demselben Zweige, zuweilen je nach dem Alter
und der Entwicklung, zuweilen ohne nachweisbaren Grund variiren. Derartige Merkmale haben natürlich keinen specifischen
Werth, sie sind aber, wie Asa Grav in seinem Bericht über diese
Abhandlung bemerkt, von der Art, wie sie gewöhnlich in Art-
bestimmungen aufgenommen werden. DeCandolle sagt dann weiter,
dass er die Formen als Arten betrachtet, welche in Merkmalen
von einander abweichen, die nie auf einem und demselben Baume
variiren und nie durch Zwischenzustände zusammenhängen. Nach
dieser Erörterung, dem Resultate so vieler Arbeit, bemerkt er
ausdrücklich: „Diejenigen sind im Irrthum, welche immer wiederholen, dass die Mehrzahl unsrer Arten deutlich begrenzt und dass
die zweifelhaften Arten in einer geringen Minorität sind. Dies
schien so lange wahr zu sein, als man eine Gattung unvollkommen kannte, und ihre Arten auf wenig Exemplare gegründet wurden, d. b. provisorisch waren. So bald wir dazu kommen, sie
besser zu kennen, strömen die Zwischenformen herbei und die
Zweifel über die Grenze der Arten erheben sich." Er fügt auch
noch hinzu, dass es gerade die bestbekannten Arten sind, welche
die grösste Anzahl selbständiger Varietäten und Subvarietäten darbieten. So hat Quercus robur acht und zwanzig Varietäten, welche
mit Ausnahme von sechs sich um drei Subspecies gruppiren, nämlich Q. pedunculata, sessiliflora und pubescens. Die Formen,
welche diese drei Subspecies mit einander verbinden, sind verhältnissmässig selten; und wenn, wie Asa Gray bemerkt, diese
jetzt seltenen Übergangsformen aussterben sollten, so würden sich

die drei Subspecies genau ebenso zu einander verhalten, wie die
vier oder fünf provisorisch angenommenen Arten, welche sich
eng um die typische Quercus robur gruppiren. Endlich gibt DE
CANDOLLE noch zu, dass von den 300 Arten, welche im Prodro-
mus als zur Familie der Eichen gehörig werden aufgezählt werden, wenigstens zwei Drittel provisorisch sind, d. h. nicht genau
genug gekannt, um der oben gegebenen Definition der Species
zu genügen. Ich muss hinzufügen, dass DECANDOLLE die Arten
nicht mehr für unveränderliche Schöpfungen hält, sondern zu
dem Schluss gelangt, dass die Ableitungstheorie von der Aufeinanderfolge der Formen die natürlichste ist, ebenso wie „die am
besten mit den bekannten Thatsachen der Paläontologie, Pflanzengeographie und Thiergeographie, des anatomischen Baues und
der Classification übereinstimmende." Doch, fügt er hinzu, ein
directer Beweis fehlt noch.

Wenn ein junger Naturforscher eine ihm ganz unbekannte
Gruppe von Organismen zu studiren beginnt, so macht ihn anfangs die Frage verwirrt, was für Unterschiede die Arten bezeichnen, und welche von ihnen nur Varietäten angehören; denn
er weiss noch nichts von der Art und der Grösse der Abänderungen, deren die Gruppe fähig ist; und dies beweist eben wieder, wie allgemein wenigstens einige Variation ist. Wenn er
aber seine Aufmerksamkeit auf eine Classe in einer Gegend beschränkt, so wird er bald darüber im klaren sein, wofür er diese
zweifelhaften Formen anzuschlagen habe. Er wird im Allgemeinen geneigt sein, viele Arten zu machen, weil ihm, so wie
den vorhin erwähnten Tauben- oder Hühnerfreunden, die Verschiedenheiten der beständig von ihm studirten Formen sehr beträchtlich scheint und weil er noch wenig allgemeine Kenntniss
von analogen Verschiedenheiten in andern Gruppen und andern
Ländern zur Berichtigung jener zuerst empfangenen Eindrücke
besitzt. Dehnt er nun den Kreis seiner Beobachtung weiter aus,
so wird er auf mehr Schwierigkeiten stossen; er wird einer
grossen Anzahl nahe verwandter Formen begegnen. Erweitern
sich seine Erfahrungen aber noch mehr, so wird er endlich in
seinem eignen Kopfe darüber einig werden, was Varietät und

was Species zu nennen sei; doch wird er zu diesem Ziele nur
gelangen, wenn er viel Veränderlichkeit zugibt, und er wird die
Richtigkeit seiner Annahme von andern Naturforschern oft in
Zweifel gezogen sehen. Wenn er nun überdies verwandte Formen aus andern nicht unmittelbar angrenzenden Ländern zu studiren Gelegenheit erhält, in welchem Falle er kaum hoffen darf,
die Mittelglieder zwischen seinen zweifelhaften Formen zu finden,
so wird er sich fast ganz auf Analogie verlassen müssen, und
seine Schwierigkeiten kommen auf den Höhepunkt.

Eine bestimmte Grenzlinie ist bis jetzt sicherlich nicht gezogen worden, weder zwischen Arten und Unterarten, d. h. solchen Formen, welche nach der Meinung einiger Naturforscher
den Rang einer Species nahezu, aber doch nicht ganz erreichen,
noch zwischen Unterarten und ausgezeichneten Varietäten, noch
endlich zwischen den geringeren Varietäten und individuellen
Verschiedenheiten. Diese Verschiedenheiten greifen, in eine Reihe
geordnet, unmerklich in einander, und die Reihe erweckt die
Vorstellung von einem wirklichen Uebergang.

Ich betrachte daher die individuellen Abweichungen, welche
für den Systematiker nur wenig Werth haben, als für uns von
grosser Bedeutung, weil sie den ersten Schritt zu solchen unbedeutenden Varietäten bilden, welche man in naturgeschichtlichen
Werken der Erwähnung eben werth zu halten pflegt. Ich sehe
ferner diejenigen Varietäten, welche etwas erheblicher und beständiger sind, als die uns zu den mehr auffälligen und bleiben-
deren Varietäten führende Stufe an, wie uns diese zu den Subspecies und endlich Species leiten. Der Übergang von einer
dieser Stufen in die andre nächst-höhere mag in einigen Fällen
lediglich von der langwährenden Einwirkung verschiedener äusserer Bedingungen in zwei verschiedenen Ländern herrühren; doch
habe ich nicht viel Vertrauen zu dieser Ansicht und schreibe den
Übergang einer Varietät von einer nur sehr unbedeutend von
der Mutterform abweichenden zu einer Form, welche stärker
differirt, der Wirkung der natürlichen Zuchtwahl mittelst Anhäufung individueller Abweichungen der Structur in gewisser steter
Richtung zu, wie nachher näher auseinandergesetzt werden soll.

Ich glaube daher, dass man eine gut ausgeprägte Varietät mit
Recht eine beginnende Species nennen kann; ob sich aber dieser
Glaube rechtfertigen lasse, muss aus der allgemeinen Bedeutung
der in diesem Werke beigebrachten Thatsachen und Ansichten
ermessen werden.

Man hat nicht nöthig, anzunehmen, dass alle Varietäten oder
beginnenden Species sich wirklich zum Range einer Art erheben.
Sie können in diesem beginnenden Zustande wieder erlöschen;
oder sie können als Varietäten lange Zeiträume durchlaufen, wie
WOLLASTON von den Varietäten gewisser fossiler Landschnecken-
arten auf Madeira gezeigt hat. Gediehe eine Varietät derartig,
dass sie die elterliche Species an Zahl überträfe, so würde man
sie für die Art und die Art für die Varietät einordnen; oder sie
könnte die elterliche Art verdrängen und ausmerzen; oder endlich beide könnten als unabhängige Arten neben einander fortbestehen. Doch, wir werden nachher auf diesen Gegenstand
zurückkommen.

Aus diesen Bemerkungen geht hervor, dass ich den Kunst-
ausdruck „Species" als einen arbiträren und der Bequemlichkeit
halber auf eine Reihe von einander sehr ähnlichen Individuen
angewendeten betrachte, und dass er von dem Kunstausdrucke
„Varietät" nicht wesentlich, sondern nur insofern verschieden ist,
als dieser auf minder abweichende und noch mehr schwankende
Formen Anwendung findet. Eben so ist die Unterscheidung zwischen „Varietät" und „individueller Abänderung" nur eine Sache
der Willkür und Bequemlichkeit.

### Weit und sehr verbreitete und gemeine Arten variiren am meisten.

Durch theoretische Betrachtungen geleitet, glaubte ich, dass
sich einige interessante Ergebnisse in Bezug auf die Natur und
die Beziehungen der am meisten variirenden Arten darbieten
würden, wenn ich alle Varietäten aus verschiedenen wohlbearbei-
teten Floren tabellarisch zusammenstellte. Anfangs schien mir
dies eine einfache Sache zu sein. Aber Herr H. C. WATSON, dem
ich für seine werthvollen Dienste und Hilfe in dieser Beziehung

sehr dankbar bin, überzeugte mich bald, dass dies mit vielen
Schwierigkeiten verknüpft sei, was späterhin Dr. Hooker in noch
bestimmterer Weise bestätigte. Ich behalte mir daher für mein
künftiges Werk die Erörterung dieser Schwierigkeiten und die
Tabellen über die Zahlenverhältnisse der variirenden Species vor.
Dr. Hooker erlaubt mir noch hinzuzufügen, dass, nachdem er
meine handschriftlichen Aufzeichnungen und Tabellen sorgfältig
durchgelesen, er die folgenden Sätze für vollkommen wohl begründet halte. Der ganze Gegenstand aber, welcher hier nothwendig nur sehr kurz abgehandelt werden muss, ist ziemlich verwickelt, zumal Bezugnahmen auf den „Kampf um's Dasein" auf
die „Divergenz des Characters" und andre erst später zu erör-
ternde Fragen nicht vermieden werden können.

Alphons DeCandolle u. a. Botaniker haben gezeigt, dass
solche Pflanzen, die sehr weit ausgedehnte Verbreitungsbezirke
besitzen, gewöhnlich auch Varietäten darbieten, wie sich ohnedies schon erwarten lässt, weil sie verschiedenen physikalischen
Einflüssen ausgesetzt sind und mit anderen Gruppen von Organismen in Concurrenz kommen, was, wie sich nachher ergeben
soll, von noch viel grösserer Wichtigkeit ist. Meine Tabellen
zeigen aber ferner, dass auch in einem bestimmt begrenzten Gebiete die gemeinsten, d. h. die in den zahlreichsten Individuen
vorkommenden Arten und jene, welche innerhalb ihrer eignen
Gegend am meisten verbreitet sind (was von „weiter Verbreitung" und in gewisser Weise von „Gemeinsein" wohl zu unterscheiden ist), oft zur Entstehung von hinreichend bezeichneten
Varietäten Veranlassung geben, um sie in botanischen Werken
aufgezählt zu finden. Es sind mithin die am üppigsten gedeihenden oder, wie man sie nennen kann, dominirenden Arten, —
nämlich die am weitesten über die Erdoberfläche und in ihrer
eignen Gegend am allgemeinst verbreiteten, und die an Individuen
reichsten Arten, — welche am öftesten wohl ausgeprägte Varietäten oder, wie man sie nennen möchte, beginnende Species
liefern. Und dies ist vielleicht vorauszusehen gewesen; denn so
wie Varietäten, um einigermassen stet zu werden, nothwendig
mit andern Bewohnern der Gegend zu kämpfen haben, so werden

auch die bereits herrschend gewordenen Arten am meisten ge-
eignet sein, Nachkommen zu liefern, welche, mit einigen leichten
Veränderungen, diejenigen Vorzüge noch weiter zu vererben im
Stande sind, wodurch ihre Eltern über ihre Landesgenossen das
Übergewicht errungen haben. Bei diesen Bemerkungen über das
Übergewicht ist jedoch zu berücksichtigen, dass sie sich nur auf
diejenigen Formen beziehen, welche zu einander und namentlich
zu Gliedern derselben Gattung oder Classe mit ganz ähnlicher
Lebensweise im Verhältnisse der Concurrenz stehen. Hinsichtlich der Gemeinheit oder der Individuenzahl einer Art erstreckt
sich daher die Vergleichung nur auf Glieder der nämlichen Gruppe.
Man kann eine Pflanze eine herrschende nennen, wenn sie an
Individuen reicher und weiter verbreitet als die andern unter
nahezu ähnlichen Verhältnissen lebenden Pflanzen der nämlichen
Gegend ist. Eine solche Pflanze wird darum nicht weniger in
dem hier gebrauchten Sinne eine herrschende sein, weil etwa
eine Conferve des Wassers oder ein schmarotzender Pilz unendlich viel zahlreicher an Individuen und noch weiter verbreitet
ist als sie. Wenn aber eine Conferve oder ein Schmarotzerpilz
seine Verwandten in den oben genannten Beziehungen übertrifft,
dann sind es herrschende Formen unter den Pflanzen ihrer eigenen
Classe.

**Arten der grösseren Gattungen in jedem Lande variiren häufiger
als die Arten der kleineren Genera.**

Wenn man die, ein Land bewohnenden und in einer Flora
desselben beschriebenen Pflanzen in zwei gleiche Mengen theilt,
wovon die eine alle Arten aus grossen, und die andre alle aus
kleinen Gattungen enthält, so wird man eine etwas grössere Anzahl sehr gemeiner und sehr verbreiteter oder herrschender
Arten auf Seiten der grossen Cenera finden. Auch dies hat
vorausgesehen werden können; denn schon die einfache Thatsache, dass viele Arten einer und der nämlichen Gattung ein
Land bewohnen, zeigt, dass die organischen oder unorganischen
Verhältnisse des Landes etwas für die Gattung Günstiges enthalten, daher man erwarten durfte, in den grösseren oder viele

Arten enthaltenden Gattungen auch eine verhältnissmässig grosse
Anzahl herrschender Arten zu finden. Aber es gibt so viele
Ursachen, welche dieses Ergebniss zu verhüllen streben, dass ich
erstaunt bin, in meinen Tabellen doch noch eine kleine Majorität
auf Seiten der grossen Gattungen zu finden. Ich will hier nur
zwei Ursachen dieser Verhüllung anführen. Süsswasser- und
Salzpflanzen haben gewöbnlich weit ausgedehnte Bezirke und eine
grosse Verbreitung; dies scbeint aber mit der Natur ihrer Standorte zusammenzuhängen und hat wenig oder gar keine Beziehung
zu der Grösse der Gattungen, wozu sie gehören. Ebenso sind
Pflanzen von unvollkommenen Organisationsstufen gewöhnlich viel
weiter als die hoch organisirten verbreitet, und auch hier besteht
keine nahe Beziehung zur Grösse der Gattungen. Die Ursache
dieser letzten Erscheinung soll in den Capiteln über die geographische Verbreitung erörtert werden.

Dass ich die Arten nur als stark ausgeprägte und wohl
umschriebene Varietäten betrachtete, führte mich zu der Voraussetzung, dass die Arten der grösseren Gattungen eines Landes
öfter als die der kleineren Varietäten darbieten würden; denn
wo immer sich viele einander nahe verwandte Arten (d. h. Arten
derselben Gattungen) gebildet haben, werden sich im Allgemeinen
auch viele Varietäten derselben oder beginnende Arten zu hilden
geneigt sein, — wie da, wo viele grosse Bäume wachsen, man
viele junge Bäumchen aufkommen zu sehen erwarten darf. Wo
viele Arten einer Gattung durch Variation entstanden sind, da
sind die Umstände günstig für Variation gewesen und möchte
man mithin auch erwarten, sie noch jetzt günstig zu finden.
Wenn wir dagegen jede Art als einen besonderen Act der
Schöpfung betrachten, so ist kein Grund einzusehen, weshalh
verhältnissmässig mehr Varietäten in einer artenreichen Gruppe
als in einer solchen mit wenigen Arten vorkommen sollten.

Um die Ricbtigkeit dieser Voraussetzung zu prüfen, habe
ich die Pflanzenarten von zwölf verscbiedenen Ländern und die
Käferarten von zwei verschiedenen Gebieten in je zwei einander
fast gleiche Mengen getheilt, die Arten der grossen Gattungen
auf die eine und die der kleinen auf die andere Seite, und es

hat sich unwandelbar überall dasselbe Ergebniss gezeigt, dass
eine verhältnissmässig grössre Anzahl von Arten bei den grossen
Gattungen Varietäten haben als bei den kleinen. Überdies bieten
die Arten der grossen Genera, welche überhaupt Varietäten haben,
eine verhältnissmässig grössre Varietätenzahl dar, als die der
kleineren. Zu diesen beiden Ergebnissen gelangt man auch,
wenn man die Eintheilung anders macht und alle Gattungen mit
nur 1—4 Arten ganz aus den Tabellen ausschliesst. Diese Thatsachen haben einen völlig klaren Sinn, wenn man von der Ansicht ausgeht, dass Arten nur streng ausgeprägte und bleibende
Varietäten sind; denn wo immer viele Arten in einerlei Gattung
gebildet worden sind oder wo, wenn der Ausdruck erlaubt ist,
die Artenfabrication thätig betrieben worden ist, müssen wir gewöhnlich diese Fabrication noch in Thätigkeit finden, zumal wir
alle Ursache haben zu glauben, dass das Fabricationsverfahren
ein sehr langsames sei. Und dies ist sicherlich der Fall, wenn
man Varietäten als beginnende Arten betrachtet; denn meine
Tabellen zeigen deutlich die allgemeine Regel, dass, wo immer
viele Arten einer Gattung gebildet worden sind, diese Arten eine
den Durchschnitt übersteigende Anzahl von Varietäten oder beginnenden neuen Arten enthalten. Damit soll nicht gesagt werden, dass alle grossen Gattungen jetzt sehr variiren und in Vermehrung ihrer Artenzahl begriffen sind, oder dass kein kleines
Genus jetzt Varietäten bilde und wachse; denn dieser Fall wäre
sehr verderblich für meine Theorie, zumal uns die Geologie klar
beweiset, dass kleine Genera im Laufe der Zeit oft sehr gross
geworden, und dass grosse Gattungen, nachdem sie ihr Maximum
erreicht, wieder zurückgesunken und endlich verschwunden sind.
Alles, was wir hier beweisen wollen, ist, dass da, wo viele Arten
in einer Gattung gebildet worden, auch noch jetzt durchschnittlich viele in Bildung begriffen sind; und dies ist gewiss
richtig.

Viele Arten der kleineren Gattungen gleichen Varietäten darin, dass sie sehr nahe, aber ungleich mit einander verwandt sind und beschränkte Verbreitungsbezirke haben.

Es gibt noch andere beachtenswerthe Beziehungen zwischen den Arten grosser Gattungen und ihren aufgeführten Varietäten. Wir haben gesehen, dass es kein untrügliches Unterscheidungsmerkmal zwischen Arten und stark ausgeprägten Varietäten gibt; und in jenen Fällen, wo Mittelglieder zwischen zweifelhaften Formen noch nicht gefunden worden, sind die Naturforscher genöthigt, ihre Bestimmung von der Grösse der Verschiedenheiten zwischen zwei Formen abhängig zu machen, indem sie nach Analogie urtheilen, ob deren Betrag genüge, um nur eine oder alle beide zum Range von Arten zu erheben. Der Betrag der Verschiedenheit ist mithin ein sehr wichtiges Kriterium bei der Bestimmung, ob zwei Formen für Arten oder für Varietäten gelten sollen. Nun haben Fries in Bezug auf die Pflanzen und Westwood hinsichtlich der Insecten die Bemerkung gemacht, dass in grossen Gattungen der Grad der Verschiedenheit zwischen den Arten oft ausserordentlich klein ist. Ich habe dies in Zahlendurchschnitten zu prüfen gesucht und, so weit meine noch unvollkommenen Ergebnisse reichen, bestätigt gefunden. Ich habe mich deshalb auch bei einigen genauen und erfahrenen Beobachtern befragt und nach Auseinandersetzung der Sache gefunden, dass wir übereinstimmten. In dieser Hinsicht gleichen demnach die Arten der grossen Gattungen den Varietäten mehr, als die Arten der kleinen. Nun kann man die Sache aber auch anders ausdrücken und sagen, dass in den grösseren Gattungen, wo eine den Durchschnitt übersteigende Anzahl von Varietäten oder beginnenden Species noch jetzt fabricirt wird, viele der bereits fertigen Arten doch bis zu einem gewissen Grade Varietäten gleichen, insofern sie durch ein weniger als gewöhnlich grosses Maass von Verschiedenheit von einander getrennt werden.

Überdies sind die Arten grosser Gattungen mit einander verwandt, in derselben Weise, wie die Varietäten einer Art mit einander verwandt sind. Kein Naturforscher behauptet, dass alle Arten einer Gattung in gleichem Grade von einander verschieden sind; sie werden daher gewöhnlich noch in Subgenera, in Sectionen oder noch untergeordnetere Gruppen getheilt. Wie FRIES richtig bemerkt, sind diese kleinen Artengruppen gewöhnlich wie Satelliten um gewisse andere Arten geschaart. Und was sind Varietäten anders als Formengruppen von ungleicher gegenseitiger Verwandtschaft um gewisse Formen versammelt, um die Stammarten nämlich? Unzweifelhaft besteht ein äusserst wichtiger Differenzpunkt zwischen Varietäten und Arten; dass nämlich der Betrag der Verschiedenheit zwischen Varietäten, wenn man sie mit einander oder mit ihren Stammarten vergleicht, weit kleiner ist, als der zwischen den Arten derselben Gattung. Wenn wir aber zur Erörterung des Princips, wie ich es nenne, der „Divergenz des Characters" kommen, so werden wir sehen, wie dies zu erklären ist, und wie die geringeren Verschiedenheiten zwischen Varietäten zu den grösseren Verschiedenheiten zwischen Arten anzuwachsen streben.

Es gibt da noch einen andern Punkt, welcher der Beachtung werth ist. Varietäten haben gewöhnlich eine sehr beschränkte Verbreitung, was sich eigentlich schon von selbst versteht; denn wäre eine Varietät weiter verbreitet, als ihre angebliche Stammart, so müssten ihre Bezeichnungen umgekehrt werden. Es ist aber auch Grund zur Annahme vorhanden, dass diejenigen Arten, welche sehr nahe mit anderen Arten verwandt sind und insofern Varietäten gleichen, oft sehr enge Verbreitungsgrenzen haben. So hat mir z. B. Herr H. C. WATSON in dem wohlgesichteten Londoner Pflanzencatalog (vierte Ausgabe) 63 Pflanzen bezeichnet, welche darin als Arten aufgeführt sind, die er aber für so nahe mit anderen Arten verwandt hält, dass ihr Rang zweifelhaft wird. Diese 63 geringwerthigen Arten verbreiten sich im Mittel über 6,9 der Provinzen, in welche WATSON Grossbritannien eingetheilt hat. Nun sind im nämlichen Cataloge auch 53 anerkannte Varietäten aufgezählt, und diese erstrecken sich über 7,7 Provinzen, während die Arten, wozu diese Varietäten gehören, sich über 14,3 Provinzen ausdehnen. Daher denn die anerkannten Varietäten eine beinahe eben so beschränkte mittlere Verbreitung besitzen, als jene nahe verwandten Formen, welche WATSON als

zweifelhafte Arten bezeichnet hat, die aber von englischen Botanikern gewöhnlich für gute und ächte Arten genommen werden.

Es können denn endlich Varietäten von Arten nicht unterschieden werden, ausser: erstens durch die Entdeckung von
Mittelgliedern, und das Vorkommen solcher Glieder kann den
Character der Formen, welche sie verketten, nicht berühren, —
und ausser: zweitens durch ein gewisses Maass von Verschiedenheit; denn zwei Formen, welche nur sehr wenig von einander
abweichen, werden allgemein nur als Varietäten angesehen, wenn
auch verbindende Mittelglieder noch nicht entdeckt worden sind;
aber der Betrag von Verschiedenheit, welcher zur Erhebung
zweier Formen zum Artenrang für nöthig gehalten wird, ist ganz
unbestimmt. In Gattungen, welche mehr als die mittlere Artenzahl
in einer Gegend haben, zeigen die Arten auch mehr als die
Mittelzahl von Varietäten. In grossen Gattungen sind sich die
Arten nahe, aber in ungleichem Grade verwandt und bilden
kleine um gewisse Arten sich ordnende Gruppen. Mit andern
sehr nahe verwandte Arten sind allem Anschein nach von beschränkter Verbreitung. In all' diesen verschiedenen Beziehungen
zeigen die Arten grosser Gattungen eine starke Analogie mit
Varietäten. Und man kann diese Analogieen ganz gut verstehen,
wenn Arten einstens nur Varietäten gewesen und aus diesen
hervorgegangen sind; wogegen diese Analogieen ganz unverständlich sein würden, wenn jede Species unabhängig erschaffen
worden wäre.

Wir haben nun auch gesehen, dass es die am besten gedeihenden und herrschenden Species der grösseren Gattungen
in jeder Classe sind, die im Durchschnitte genommen die grösste
Zahl von Varietäten liefern; und Varietäten haben, wie wir hernach sehen werden, Neigung in neue und bestimmte Arten überzugehen. Dadurch neigen auch die grossen Gattungen zur Vergrösserung, und in der ganzen Natur streben die Lebensformen,
welche jetzt herrschend sind, noch immer mehr herrschend zu
werden durch Hinterlassung vieler abgeänderter und herrschender

Abkömmlinge. Aber auf nachher zu erläuternden Wegen streben auch die grösseren Gattungen immer mehr sich in kleine aufzulösen. Und so werden die Lebensformen auf der ganzen Erde in immer untergeordnetere Gruppen abgetheilt.

---

# Drittes Capitel.

## Der Kampf um's Dasein.

Seine Beziehung zur natürlichen Zuchtwahl. Der Ausdruck im weitern Sinne gebraucht. Geometrisches Verhältniss der Zunahme. Rasche Vermehrung naturalisirter Pflanzen und Thiere. Natur der Hindernisse der Zunahme. Allgemeine Concurrenz. Wirkungen des Klima. Schutz durch die Zahl der Individuen. Verwickelte Beziehungen aller Thiere und Pflanzen in der ganzen Natur. Kampf um's Dasein am heftigsten zwischen Individuen und Varietäten einer Art, oft auch zwischen Arten einer Gattung. Beziehung von Organismus zu Organismus die wichtigste aller Beziehungen.

Ehe wir auf den Gegenstand dieses Capitels eingehen, muss ich einige Bemerkungen voraussenden, um zu zeigen, wie der Kampf um's Dasein sich auf die natürliche Zuchtwahl bezieht. Es ist im letzten Capitel nachgewiesen worden, dass die Organismen im Naturzustande eine individuelle Variabilität besitzen, und ich wüsste in der That nicht, dass dies je bestritten worden wäre. Es ist für uns unwesentlich, ob eine Menge von zweifelhaften Formen Art, Unterart oder Varietät genannt werde; welchen Rang z. B. die 200—300 zweifelhaften Formen Britischer Pflanzen einzunehmen berechtigt sind, wenn die Existenz ausgeprägter Varietäten zulässig ist. Aber das blosse Dasein einer individuellen Veränderlichkeit und einiger wohlausgeprägter Varietäten, wenn auch nothwendig als Grundlage für unser Werk, hilft uns nicht viel, um zu begreifen, wie Arten in der Natur entstehen. Wie sind alle jene vortrefflichen Anpassungen von einem Theile der Organisation an den andern und an die äusseren Lebensbedingungen und von einem organischen Wesen an ein anderes bewirkt worden? Wir sehen diese schöne Anpassung ausserordentlich deutlich bei dem Specht und der Mistelpflanze und nur wenig minder deutlich am niedersten Parasiten, welcher sich an das Haar eines Säugethieres oder die Federn eines Vogels anklammert; am Bau des Käfers, welcher in's Wasser untertaucht; am befiederten Samen, der vom leichtesten Lüftchen getragen wird; kurz wir sehen schöne Anpassungen überall und in jedem Theile der organischen Welt.

Dagegen kann man fragen, wie kommt es, dass die Varietäten, die ich beginnende Arten genannt habe, sich zuletzt in gute und abweichende Species verwandeln, welche in den meisten Fällen offenbar unter sich viel mehr, als die Varietäten der nämlichen Art verschieden sind? Wie entstehen diese Gruppen von Arten, welche als verschiedene Genera bezeichnet werden und mehr als die Arten dieser Genera von einander abweichen? Alle diese Wirkungen erfolgen, wie wir im nächsten Abschnitte sehen werden, aus dem Ringen um's Dasein. In diesem Wettkampfe wird jede Abänderung, wie gering und auf welche Weise immer sie entstanden sein mag, wenn sie nur einigermassen vortheilhaft für das Individuum einer Species ist, in dessen unendlich verwickelten Beziehungen zu anderen Wesen und zur äusseren Natur mehr die Erhaltung dieses Individuums unterstützen und sich gewöhnlich auf dessen Nachkommen übertragen. Ebenso wird der Nachkömmling mehr Aussicht haben, die vielen anderen Individuen dieser Art, welche von Zeit zu Zeit geboren werden, von denen aber nur eine kleine Zahl am Leben bleiben kann, zu überdauern. Ich habe dieses Princip, wodurch jede solche geringe, wenn nur nützliche Abänderung erhalten wird, mit dem Namen „natürliche Zuchtwahl" belegt, um dessen Beziehung zur Zuchtwahl des Menschen zu bezeichnen. Wir haben gesehen, dass der Mensch durch Auswahl zum Zwecke der Nachzucht, durch die Häufung kleiner, aber nützlicher Abweichungen, die ihm durch die Hand der Natur dargeboten werden, grosse Erfolge sicher zu erzielen und organische Wesen seinen eigenen Bedürfnissen anzupassen im Stande ist. Aber die natürliche Zuchtwahl ist, wie wir nachher sehen werden, unaufhörlich thätig und des

Menschen schwachen Bemühungen so unermesslich überlegen, wie es die Werke der Natur überhaupt denen der Kunst sind.

Wir wollen nun den Kampf um's Dasein etwas mehr ins Einzelne erörtern. In meinem späteren Werke über diesen Gegenstand soll er, wie er es verdient, in grösserem Umfang besprochen werden. Der ältere DeCandolle und Lyell haben ausführlich und in philosophischer Weise nachgewiesen, dass alle organischen Wesen im Verhältnisse einer harten Concurrenz zu einander stehen. In Bezug auf die Pflanzen hat Niemand diesen Gegenstand mit mehr Geist und Geschick behandelt als W. Herbert, der Dechant von Manchester, offenbar in Folge seiner ausgezeichneten Gartenbaukenntnisse. Nichts ist leichter, als in Worten die Wahrheit des allgemeinen Wettkampfes um's Dasein zuzugestehen, und nichts schwerer, als — wie ich wenigstens gefunden habe — dieselbe beständig im Sinne zu behalten. Bevor wir aber solche dem Geiste nicht fest eingeprägt haben, bin ich überzeugt, dass wir den ganzen Haushalt der Natur, die Vertheilungsweise, die Seltenheit und den Reichthum, das Erlöschen und Abändern in derselben nur dunkel oder ganz unrichtig begreifen werden. Wir sehen die Natur äusserlich in Heiterkeit strahlen, wir sehen oft Überfluss an Nahrung; aber wir sehen nicht oder vergessen, dass die Vögel, welche um uns her sorglos ihren Gesang erschallen lassen, meistens von Insecten oder Samen leben und mithin beständig Leben vertilgen; oder wir vergessen, wie viele dieser Sänger oder ihrer Eier oder ihrer Nestlinge unaufhörlich von Rauhvögeln u. a. Feinden zerstört werden; wir behalten nicht immer im Sinne, dass, wenn auch das Futter jetzt im Überfluss vorhanden, dies doch nicht zu allen Zeiten jedes umlaufenden Jahres der Fall ist.

**Der Ausdruck, Kampf um's Dasein, im weitern Sinne gebraucht.**

Ich will vorausschicken, dass ich diesen Ausdruck in einem weiten und metaphorischen Sinne gebrauche, unter dem sowohl die Abhängigkeit der Wesen von einander, als auch, was wichtiger ist, nicht allein das Leben des Individuums, sondern auch die Sicherung seiner Nachkommenschaft einbegriffen wird. Man kann mit Recht sagen, dass zwei hundeartige Raubthiere in Zeiten des Mangels um Nahrung und Leben miteinander kämpfen. Aber man kann auch sagen, eine Pflanze kämpfe am Rande der Wüste um ihr Dasein gegen die Trockniss, obwohl es angemessener wäre zu sagen, sie hänge von der Feuchtigkeit ab. Von einer Pflanze, welche alljährlich tausend Samen erzeugt, unter welchen im Durchschnitte nur einer zur Entwicklung kommt, kann man noch richtiger sagen, sie kämpfe um's Dasein mit andern Pflanzen derselben oder anderer Arten, welche bereits den Boden bekleiden. Die Mistel ist abhängig vom Apfelbaum und einigen anderen Baumarten; doch kann man nur in einem weit hergeholten Sinne sagen, sie kämpfe mit diesen Bäumen; denn wenn zu viele dieser Schmarotzer auf demselben Baume wachsen, so wird er verkümmern und sterben. Wachsen aber mehre Sämlinge derselben dicht auf einem Aste beisammen, so kann man in Wahrheit sagen, sie kämpfen miteinander. Da die Samen der Mistel von Vögeln ausgestreut werden, so hängt ihr Dasein mit von dem der Vögel ab und man kann metaphorisch sagen, sie kämpfen mit andern beerentragenden Pflanzen, damit die Vögel eher ihre Früchte verzehren und ihre Samen ausstreuen, als die der andern. In diesen mancherlei Bedeutungen, welche ineinander übergehen, gebrauche ich der Bequemlichkeit halber den allgemeinen Ausdruck „Kampf um's Dasein".

### Geometrisches Verhältniss der Zunahme.

Ein Kampf um's Dasein folgt unvermeidlich aus dem starken Verhältnisse, in welchem sich alle Organismen zu vermehren streben. Jedes Wesen, das während seiner natürlichen Lebenszeit mehrere Eier oder Samen hervorbringt, muss während einer Periode seines Lebens oder zu einer gewissen Jahreszeit oder in einem zufälligen Jahre eine Zerstörung erfahren, sonst würde seine Zahl in geometrischer Progression rasch zu so ausserordentlicher Grösse anwachsen, dass keine Gegend das Erzeugte zu ernähren im Stande wäre. Wenn daher mehr Individuen erzeugt werden, als möglicher Weise fortbestehen können, so muss jedenfalls ein Kampf um das Dasein entstehen, entweder zwischen den Individuen einer Art oder zwischen denen verschiedener Arten, oder zwischen ihnen und den äusseren Lebensbedingungen. Es ist die Lehre von MALTHUS, in verstärkter Kraft auf das gesammte Thier- und Pflanzenreich übertragen; denn in diesem Falle ist keine künstliche Vermehrung der Nahrungsmittel und keine vorsichtige Enthaltung vom Heirathen möglich. Obwohl daher einige Arten jetzt in mehr oder weniger rascher Zunahme begriffen sein mögen: alle können es nicht zugleich, denn die Welt würde sie nicht fassen.

Es gibt keine Ausnahme von der Regel, dass jedes organische Wesen sich auf natürliche Weise in dem Grade vermehrt, dass, wenn nicht Zerstörung einträte, die Erde bald von der Nachkommenschaft eines einzigen Paares bedeckt sein würde. Selbst der Mensch, welcher sich doch nur langsam vermehrt, verdoppelt seine Anzahl in fünfundzwanzig Jahren, und bei so fortschreitender Vervielfältigung würde die Welt schon nach einigen tausend Jahren buchstäblich keinen Raum mehr für seine Nachkommenschaft haben. LINNÉ hat schon berechnet, dass, wenn eine einjährige Pflanze nur zwei Samen erzeugte (und es gibt keine Pflanze, die so wenig productiv wäre) und ihre Sämlinge im nächsten Jahre wieder zwei gäben u. s. w., sie in zwanzig Jahren schon eine Million Pflanzen liefern würde. Man sieht den Elephanten als das sich am langsamsten vermehrende von allen bekannten Thieren an. Ich habe das wahrscheinliche Minimum seiner natürlichen Vermehrung zu berechnen gesucht, unter der wohl noch zu niedrig gegriffenen Voraussetzung, dass seine Fortpflanzung erst mit dem dreissigsten Jahre beginne und bis zum neunzigsten Jahre währe, und dass er in dieser Zeit nur drei Paar Junge zur Welt bringe. In diesem Falle würden nach fünfhundert Jahren schon fünfzehn Millionen Elephanten, Nachkömmlinge des ersten Paares, vorhanden sein.

Doch wir haben bessere Belege für diese Sache, als bloss theoretische Berechnungen, nämlich die zahlreich aufgeführten Fälle von erstaunlich rascher Vermehrung verschiedener Thierarten im Naturzustande, wenn die natürlichen Bedingungen zwei oder drei Jahre lang dafür günstig gewesen sind. Noch schlagender sind die von unseren in verschiedenen Weltgegenden verwilderten Hausthierarten hergenommenen Beweise, so dass, wenn die Behauptungen von der Zunahme der sich doch nur langsam vermehrenden Rinder und Pferde in Südamerika und neuerlich in Australien nicht sicher bestätigt wären, sie ganz unglaublich erscheinen müssten. Eben so ist es mit den Pflanzen. Es lassen sich Fälle von eingeführten Pflanzen aufzählen, welche auf ganzen Inseln in weniger als zehn Jahren gemein geworden sind. Einige der Pflanzen, welche jetzt in solcher Zahl über die weiten Ebenen des la Platagebietes verbreitet sind, dass sie beinahe alle anderen Pflanzen daselbst ausschliessen, sind aus Europa eingebracht worden; und eben so gibt es, wie ich von Dr. FALCONER gehört, in Ostindien Pflanzen, welche jetzt vom Cap Comorin bis zum Himalaya verbreitet und doch erst seit der Entdeckung von Amerika von dorther eingeführt worden sind. In Fällen dieser Art, von welchen zahllose Beispiele angeführt werden könnten, wird Niemand annehmen, dass die Fruchtbarkeit solcher Pflanzen und Thiere plötzlich und zeitweise in einem bemerklichen Grade zugenommen habe. Die handgreifliche Erklärung ist, dass die äusseren Lebensbedingungen sehr günstig, dass in dessen Folge die Zerstörung von Jung und Alt geringer und mithin fast alle Abkömmlinge im Stande gewesen sind, sich fortzupflanzen. In solchen Fällen genügt schon das geometrische Verhältniss der Zahlenvermehrung, dessen Resultat stets in Erstaunen versetzt, um einfach die ausserordentlich schnelle Zunahme und die weite Verbreitung eingeführter Naturproducte in ihrer neuen Heimath zu erklären.

Im Naturzustande bringen fast alle Pflanzen jährlich Samen hervor, und unter den Thieren sind nur sehr wenige, die sich nicht jährlich paarten. Wir können daher mit Zuversicht behaupten, dass alle Pflanzen und Thiere sich in geometrischem Verhältnisse vermehren, dass sie jede zu ihrer Ansiedelung geeignete Gegend sehr rasch zu bevölkern im Stande sind, und dass das Streben zur geometrischen Vermehrung zu irgend einer Zeit ihres Lebens durch zerstörende Eingriffe beschränkt werden muss. Unsere genauere Bekanntschaft mit den grösseren Hausthieren könnte zwar unsere Meinung in dieser Beziehung irre leiten, da wir keine grosse Zerstörung sie treffen sehen; aber wir vergessen, dass Tausende jährlich zu unserer Nahrung geschlachtet werden, und dass im Naturzustande wohl eben so viele irgendwie beseitigt werden müssten.

Der einzige Unterschied zwischen den Organismen, welche jährlich Tausende von Eiern oder Samen hervorbringen, und jenen, welche deren nur sehr wenige liefern, besteht darin, dass diese letzteren ein paar Jahre länger brauchen, um unter günstigen Verhältnissen einen Bezirk zu bevölkern, sei derselbe auch noch so gross. Der Condor legt zwei Eier und der Strauss deren zwanzig, und doch dürfte in einer und derselben Gegend der Condor leicht der häufigere von beiden werden. Der Eissturmvogel (Procellaria glacialis) legt nur ein Ei, und doch glaubt man, dass er der zahlreichste Vogel in der Welt ist. Die eine Fliege legt hundert Eier und die andere, wie z. B. Hippobosca, deren nur eines; dies bedingt aber nicht die Menge der Individuen, die in einem Bezirk ihren Unterhalt finden können. Eine grosse Anzahl von Eiern ist von Wichtigkeit für eine Art, deren Nahrungsvorräthe raschen Schwankungen unterworfen sind; denn diese gestatten eine Vermehrung in kurzer Frist. Aber wesentliche Wichtigkeit einer grossen Zahl von Eiern oder Samen liegt darin, dass sie eine stärkere Zerstörung, welche zu irgend einer Lebenszeit erfolgt, ausgleicht; und diese Zeit des Lebens ist in der grossen Mehrheit der Fälle eine sehr frühe. Kann ein Thier in irgend einer Weise seine eigenen Eier und Jungen schützen, so wird es deren eine geringere Anzahl erzeugen und diese ganze durchschnittliche Anzahl aufbringen; werden aber viele Eier oder Junge zerstört, so müssen deren viele erzeugt werden, wenn die Art nicht untergehen soll. Wird eine Baumart durchschnittlich tausend Jahre alt, so würde es zur Erhaltung ihrer vollen Anzahl genügen, wenn sie in tausend Jahren nur einen Samen hervorbrächte, vorausgesetzt, dass dieser eine nie zerstört würde und auf einen sicheren, für die Keimung geeigneten Platz gelangte. So hängt in allen Fällen die mittlere Anzahl von Individuen einer Pflanzen-

oder Thierart nur indirect von der Zahl der Samen oder Eier ab, die sie liefert.

Bei Betrachtung der Natur ist es nöthig, diese Ergebnisse fortwährend im Auge zu behalten und nie zu vergessen, dass man von jedem einzelnen Organismus unserer Umgebung sagen kann, er strebe nach der äussersten Vermehrung seiner Anzahl, dass aber jeder in irgend einem Zeitabschnitte seines Lebens in einem Kampfe mit feindlichen Bedingungen begriffen sei, und dass eine grosse Zerstörung unvermeidlich in jeder Generation oder in wiederkehrenden Perioden die jungen oder alten Individuen befalle. Wird irgend ein Hinderniss beseitigt oder die Zerstörung noch so wenig gemindert, so wird in der Regel augenblicklich die Zahl der Individuen stärker anwachsen.

## Natur der Hindernisse der Zunahme.

Was für Hindernisse es sind, welche das natürliche Streben jeder Art nach Vermehrung ihrer Individuenzahl beschränken, ist sehr dunkel. Betrachtet man die am kräftigsten gedeihenden Arten, so wird man finden, dass, je grösser ihre Zahl wird, desto mehr ihr Streben nach weiterer Vermehrung zunimmt. Wir wissen nicht einmal in einem einzelnen Falle genau, welches die Hindernisse der Vermehrung sind. Dies wird jedoch niemanden überraschen, der sich erinnert, wie unwissend wir in dieser Beziehung selbst bei dem Menschen sind, welcher doch ohne Vergleich besser bekannt ist als irgend eine andere Thierart. Dieser Gegenstand ist bereits von mehreren Schriftstellern ganz gut behandelt worden, und werde ich in meinem späteren Werke über mehrere der Hindernisse mit einiger Ausführlichkeit handeln, insbesondere auf die wildlebenden Thiere Südamerika's etwas näher eingehen. Hier mögen nur einige wenige Bemerkungen Raum finden, nur um dem Leser einige Hauptpunkte ins Gedächtniss zu rufen. Eier und ganz junge Thiere scheinen am meisten zu leiden, doch ist dies nicht ganz ohne Ausnahme der Fall. Bei Pflanzen wird zwar eine gewaltige Menge von Samen zerstört; aber nach mehreren von mir angestellten Beobachtungen glaube ich, dass die Sämlinge am meisten leiden, und zwar dadurch, dass sie auf einem schon mit andern Pflanzen dicht bestockten Boden wachsen. Auch werden die Sämlinge noch in grosser Menge durch verschiedene Feinde vernichtet. So notirte ich mir auf einer umgegrabenen und rein gemachten Fläche Landes von 3' Länge und 2' Breite, wo keine Erstickung durch andere Pflanzen drohte, alle Sämlinge unserer einheimischen Kräuter, wie sie aufgiengen, und von den 357 wurden nicht weniger als 295 hauptsächlich durch Schnecken und Insecten zerstört. Wenn man Rasen, der lange Zeit immer gemähet wurde (und der Fall wird der nämliche bleiben, wenn er durch Säugethiere kurz abgeweidet wird), wachsen lässt, so werden die kräftigeren Pflanzen allmählich die minder kräftigen, wenn auch voll ausgewachsenen tödten; und in einem solchen Falle giengen von zwanzig auf einem nur 3' auf 4' grossen Fleck beisammen wachsenden Arten neun zwischen den anderen nun üppiger aufwachsenden zu Grunde.

Die für eine jede Art vorhandene Nahrungsmenge bestimmt natürlich die äusserste Grenze, bis zu welcher sie sich vermehren kann; aber in vielen Fällen hängt die Bestimmung der Durchschnittszahlen einer Thierart nicht davon ab, dass sie Nahrung findet, sondern dass sie selbst wieder einer andern zur Beute wird. Es scheint daher wenig Zweifel unterworfen zu sein, dass der Bestand an Feld- und Haselhühnern, Hasen u. s. w. auf grossen Gütern hauptsächlich von der Zerstörung der kleinen Raubthiere abhängig ist. Wenn in England in den nächsten zwanzig Jahren kein Stück Wildpret geschossen, aber auch keine solchen Raubthiere zerstört würden, so würde nach aller Wahrscheinlichkeit der Wildstand nachher geringer sein als jetzt, obwohl jetzt hundert Tausende von Stücken Wildes erlegt werden. Andererseits gibt es aber auch manche Fälle, wo, wie bei Elephant und Nashorn, eine Zerstörung durch Raubthiere gar nicht stattfindet; denn selbst der Indische Tiger wagt es nur sehr selten, einen jungen, von seiner Mutter geschützten Elephanten anzugreifen.

Das Klima hat ferner einen wesentlichen Antheil an Bestimmung der durchschnittlichen Individuenzahl einer Art, und ich glaube, dass ein periodischer Eintritt von äusserster Kälte oder Trockenheit zu den wirksamsten aller Hemmnisse gehört. Ich schätze, hauptsächlich nach der geringen Anzahl von Nestern im nachfolgenden Frühling, dass der Winter 1854—55 auf meinem eigenen Grundstück vier Fünftheile aller Vögel zerstört hat; und dies ist eine furchtbare Zerstörung, wenn wir denken, dass bei dem Menschen eine Sterblichkeit von 10 Procent bei Epidemien schon ganz ausserordentlich stark ist. Die Wirkung des Klima scheint beim ersten Anblick ganz unabhängig von dem Kampfe um's Dasein zu sein; insofern aber das Klima hauptsächlich die Nahrung vermindert, veranlasst es den heftigsten Kampf zwischen den Individuen, welche von derselben Nahrung leben, mögen sie nun einer oder verschiedenen Arten angehören. Selbst wenn das Klima, z. B. äusserst strenge Kälte, unmittelbar wirkt, so werden die mindest kräftigen oder diejenigen Individuen, die beim vorrückenden Winter am wenigsten Futter bekommen haben, am meisten leiden. Wenn wir von Süden nach Norden oder aus einer feuchten in eine trockene Gegend wandern, werden wir stets einige Arten immer seltener und seltener werden und zuletzt gänzlich verschwinden sehen; und da der Wechsel des Klima zu Tage liegt, so werden wir am ehesten versucht sein, den ganzen Erfolg seiner directen Einwirkung zuzuschreiben. Und doch ist dies eine falsche Ansicht; wir vergessen dabei, dass jede Art selbst da, wo sie am häufigsten ist, in irgend einer Zeit ihres Lebens durch Feinde oder durch Concurrenten um Nahrung oder denselben Wohnort ungeheure Zerstörung erfährt; und wenn diese Feinde oder Concurrenten nur im Mindesten durch irgend einen Wechsel des Klima begünstigt werden, so wachsen sie an Zahl, und da jedes Gebiet bereits vollständig mit Bewohnern besetzt ist, so muss die andre Art zurückweichen. Wenn wir auf dem Wege nach Süden eine Art in Abnahme begriffen sehen, so können wir sicher sein, dass die Ursache ebensosehr in anderen begünstigten Arten liegt, als in dieser einen benachtheiligten: ebenso, wenn wir nordwärts gehen, obgleich in einem etwas geringeren Grade, weil die Zahl aller Arten und somit aller Mitbewerber gegen Norden hin abnimmt. Daher kommt es, dass, wenn wir nach Norden gehen oder einen Berg besteigen, wir weit öfter verkümmerten Formen begegnen, welche von unmittelbar schädlichen Einflüssen des Klima herrühren, als wenn wir nach Süden oder bergab gehen. Erreichen wir endlich die arktischen Regionen oder die schneebedeckten Bergspitzen oder vollkommene Wüsten, so findet das Ringen um's Dasein hauptsächlich gegen die Elemente statt.

Dass die Wirkung des Klima vorzugsweise eine indirecte und durch Begünstigung anderer Arten vermittelte sei, ergibt sich klar aus der fabelhaften Menge solcher Pflanzen in unseren Garten, welche zwar vollkommen im Stande sind unser Klima zu ertragen, aber niemals naturalisirt werden können, weil sie weder den Wettkampf mit anderen Pflanzen aushalten noch der Zerstörung durch unsere einheimischen Thiere widerstehen können.

Wenn sich eine Art durch sehr günstige Umstände auf einem kleinen Raume zu übermässiger Anzahl vermehrt, so sind Epidemien (so ist es wenigstens bei unseren Hausthieren gewöhnlich der Fall) oft die Folge davon, und hier haben wir ein vom Kampfe um's Dasein unabhängiges Hemmniss. Doch scheint selbst ein Theil dieser sogenannten Epidemien von parasitischen Würmern herzurühren, welche durch irgend eine Ursache, vielleicht durch die Leichtigkeit der Verbreitung auf den gedrängt zusammenlebenden Thieren unverhältnissmässig begünstigt worden sind, und so fände hier gewissermassen ein Kampf zwischen den Würmern und ihren Nährthieren statt.

Andererseits ist in vielen Fällen ein grosser Bestand von Individuen derselben Art im Verhältniss zur Anzahl ihrer Feinde unumgänglich für ihre Erhaltung nöthig. Man kann daher leicht Getreide, Repssaat u. s. w. in Masse auf unseren Feldern erziehen, weil hier deren Samen im Vergleich zu den Vögeln, welche davon leben, in grossem Übermasse vorhanden sind; und doch können diese Vögel, wenn sie auch mehr als nöthig Futter in der einen Jahreszeit haben, nicht im Verhältniss zur Menge dieses Futters zunehmen, weil die ganze Anzahl im Winter nicht ihr Fortkommen fände. Dagegen weiss jeder, der es versucht hat, wie mühsam es ist, Samen aus Weizen oder andern solchen Pflanzen im Garten zu erziehen. Ich habe in solchen Fällen jedes einzelne Samenkorn verloren. Diese Anschauungsweise von der

Nothwendigkeit eines grossen Bestandes einer Art für ihre Erhaltung erklärt, wie mir scheint, einige eigenthümliche Fälle in der Natur, wie z. B. dass sehr seltene Pflanzen zuweilen auf den wenigen Flecken, wo sie vorkommen, ausserordentlich zahlreich auftreten, und dass manche gesellige Pflanzen selbst auf der äussersten Grenze ihres Verbreitungsbezirkes gesellig oder in grosser Zahl beisammen gefunden werden. In solchen Fällen kann man glauben, eine Pflanzenart vermöge nur da zu bestehen, wo die Lebensbedingungen so günstig sind, dass ihrer viele beisammen leben und so die Art vor äusserster Zerstörung bewahren können. Ich muss hinzufügen, dass die guten Folgen einer häufigen Kreuzung und die schlimmen einer reinen Inzucht wahrscheinlich in einigen dieser Fälle mit in Betracht kommen; doch will ich mich über diesen verwickelten Gegenstand hier nicht weiter verbreiten.

### Complicirte Beziehungen aller Pflanzen und Thiere zu einander im Kampfe um's Dasein.

Man führt viele Beispiele auf, aus denen sich ergibt, wie zusammengesetzt und wie unerwartet die gegenseitigen Beschränkungen und Beziehungen zwischen organischen Wesen sind, die in einerlei Gegend mit einander zu kämpfen haben. Ich will nur ein solches Beispiel anführen, das mich, wenn auch einfach, interessirt hat. In Staffordshire auf dem Gute eines Verwandten, wo ich reichliche Gelegenheit zur Untersuchung hatte, befand sich eine grosse äusserst unfruchtbare Haide, die nie von eines Menschen Hand berührt worden war. Doch waren einige hundert Acker derselben von genau gleicher Beschaffenheit mit den übrigen fünfundzwanzig Jahre zuvor eingezäunt und mit Kiefern bepflanzt worden. Die Veränderung in der ursprünglichen Vegetation des bepflanzten Theiles war äusserst merkwürdig, mehr als man gewöhnlich wahrnimmt, wenn man auf einen ganz verschiedenen Boden übergeht. Nicht allein erschienen die Zahlenverhältnisse zwischen den Haidepflanzen gänzlich verändert, sondern es gediehen auch in der Pflanzung noch zwölf solche Arten, Ried u. a. Gräser ungerechnet, von welchen auf der Haide nichts zu finden war. Die Wirkung auf die Insecten muss noch viel grösser gewesen sein, da in der Pflanzung sechs Species insectenfressender Vögel sehr gemein waren, von welchen in der Haide nichts zu sehen war, welche dagegen von zwei bis drei andern Arten solcher besucht wurde. Wir bemerken hier, wie mächtig die Folgen der Einführung einer einzelnen Baumart gewesen, indem durchaus nichts sonst geschehen war, ausser der Abhaltung des Viehs durch die Einfriedigung. Was für ein wichtiges Element aber die Einfriedigung sei, habe ich deutlich in der Nähe von Farnham in Surrey gesehen. Hier waren ausgedehnte Haiden mit ein paar Gruppen alter Kiefern auf den Rücken der entfernteren Hügel; in den letzten 10 Jahren waren ansehnliche Strecken eingefriedigt worden, und innerhalb dieser Einfriedigungen schoss in Folge von Selbstbesamung eine Menge junger Kiefern auf, so dicht beisammen, dass nicht alle fortleben konnten. Nachdem ich mich vergewissert hatte, dass diese jungen Stämmchen nicht gesäet oder gepflanzt worden, war ich so erstaunt über deren Anzahl, dass ich mich sofort nach mehreren Seiten wandte, um Hunderte von Ackern der nicht eingefriedigten Haide zu untersuchen, wo ich jedoch ausser den gepflanzten alten Gruppen buchstäblich genommen auch nicht eine Kiefer zu finden vermochte. Als ich mich jedoch genauer zwischen den Pflanzen der freien Haide umsah, fand ich eine Menge Sämlinge und kleiner Bäumchen, welche aber fortwährend von den Heerden abgeweidet worden waren. Auf einem ein Yard im Quadrat messenden Fleck mehre hundert Yards von den alten Baumgruppen entfernt zählte ich 32 solcher abgeweideten Bäumchen, wovon eines mit 26 Jahresringen Jahre lang versucht hatte, sich über die Haidepflanzen zu erheben, aber vergebens. Kein Wunder also, dass, sobald das Land eingefriedigt worden, es dicht von kräftigen jungen Kiefern überzogen wurde. Und doch war die Haide so äusserst unfruchtbar und so ausgedehnt, dass niemand geglaubt hätte, dass das Vieh hier so dicht und so erfolgreich nach Futter gesucht habe.

Wir sehen hier das Vorkommen der Kiefer in absoluter Abhängigkeit vom Vieh; in andern Weltgegenden ist dieses von gewissen Insecten abhängig. Vielleicht bildet Paraguay das merkwürdigste Beispiel dar; denn hier sind niemals Rinder, Pferde oder Hunde verwildert, obwohl sie im Süden und Norden davon in verwildertem Zustande umherschwärmen. AZARA und RENGGER haben gezeigt, dass die Ursache dieser Erscheinung in Paraguay in dem häufigeren Vorkommen einer gewissen Fliege zu finden ist, welche ihre Eier in den Nabel der neugeborenen Jungen dieser Thierarten legt. Die Vermehrung dieser so zahlreich auftretenden Fliegen muss regelmässig durch irgend ein Gegengewicht und vermutblich durch andere parasitische Insecten gehindert werden. Wenn daher gewisse insectenfressende Vögel in Paraguay abnähmen, so würden die parasitischen Insecten wahrscheinlich zunehmen, und dies würde die Zahl der den Nabel aufsuchenden Fliege vermindern; dann würden Rind und Pferd verwildern, was dann wieder (wie ich in einigen Theilen Südamerika's wirklich beobachtet habe) eine bedeutende Veränderung in der Pflanzenwelt veranlassen würde. Dies müsste nun in hohem Grade auf die Insecten und hierdurch, wie wir in Staffordshire gesehen, auf die insectenfressenden Vögel wirken, und so fort in immer verwickelteren Kreisen. Wir haben diese Reihe mit insectenfressenden Vögeln begonnen und endigen damit. Doch sind in der Natur die Verhältnisse nicht immer so einfach, wie hier. Kampf um Kampf mit veränderlichem Erfolge muss immer wiederkehren; aber auf die Länge halten auch die Kräfte einander so genau das Gleichgewicht, dass die Natur auf weite Perioden hinaus immer ein gleiches Aussehen behält, obwohl gewiss oft die unbedeutendste Kleinigkeit genügen würde, einem organischen Wesen den Sieg über das andre zu verleihen. Demungeachtet ist unsre Unwissenheit so gross, dass wir uns verwundern, wenn wir von dem Erlöschen eines organischen Wesens vernehmen; und da wir die Ursache nicht sehen, so rufen wir Umwälzungen zu Hilfe um die Welt zu verwüsten, oder erfinden Gesetze über die Dauer der Lebensformen.

Ich werde versucht durch ein weiteres Beispiel nachzuweisen, wie solche Pflanzen und Thiere, welche auf der Stufenleiter der Natur am weitesten von einander entfernt stehen, durch ein Gewebe von verwickelten Beziehungen mit einander verkettet werden. Ich werde nachher Gelegenheit haben zu zeigen, dass die

ausländische Lobelia fulgens in diesem Theile von England niemals von Insecten besucht wird und daher nach ihrem eigenthümlichen Blütbenbau nie eine Frucht ansetzen kann. Beinahe alle
unsere Orchideen müssen unbedingt von Insecten besucht werden, um ihre Pollenmassen wegzunehmen und sie zu befruchten.
Ich habe durch Versuche ermittelt, dass Hummeln zur Befruchtung
des Stiefmütterchens oder Pensée's (Viola tricolor) unentbehrlich
sind, indem andre Bienen sich nie auf dieser Blume einlinden.
Ebenso habe ich gefunden, dass der Besuch der Bienen zur Befruchtung von mehreren unserer Kleearten nothwendig ist. So
lieferten mir hundert Stöcke weissen Klee's (Trifolium repens)
2290 Samen, während 20 andere Pflanzen dieser Art, welche den
Bienen unzugänglich gemacht waren, nicht einen Samen zur Entwicklung brachten. Und ebenso ergaben hundert Stöcke rothen
Klee's (Trifolium pratense) 2700 Samen, und die gleiche Anzahl
gegen Hummeln geschützter Stöcke nicht einen! Hummeln allein
besuchen diesen rothen Klee, indem andere Bienenarten den Nectar
dieser Blume nicht erreichen können. Auch von Motten hat man
vermuthet, dass sie zur Befruchtung des Klee's beitragen; ich
zweifle aber wenigstens daran, dass dies mit dem rothen Klee
der Fall ist, indem sie nicht schwer genug sind, die Seitenblätter
der Blumenkrone niederzudrücken, man darf daher wohl annehmen,
dass wenn die ganze Gattung der Hummeln in England sehr selten oder ganz vertilgt würde, auch Stiefmütterchen und rother
Klee sehr selten werden oder ganz verschwinden müssten. Die
Zahl der Hummeln in einem Districte steht grossentheils in einem
entgegengesetzten Verhältnisse zu der der Feldmäuse, welche
deren Nester und Waben zerstören. Oberst NEWMAN, welcher
die Lebensweise der Hummeln lange beobachtet hat, glaubt, dass
über zwei Drittel derselben durch ganz England zerstört werden.
Nun hängt aber, wie Jedermann weiss, die Zahl der Mäuse in grossem Maasse von der der Katzen ab, so dass NEWMAN sagt, in der
Nähe von Dörfern und Flecken habe er die Zahl der Hummel-
nester am grössten gefunden, was er der reichlicheren Zerstörung der Mäuse durch die Katzen zuschreibe. Daher ist es denn
wohl glaublich, dass die reichliche Anwesenbeit eines katzenartigen

Thieres in irgend einem Bezirke durch Vermittelung von Mäusen und Bienen auf die Menge gewisser Pflanzen daselbst von Einfluss sein kann!

Bei jeder Species thun wahrscheinlich verschiedene Momente der Vermehrung Einhalt, solche die in verschiedenen Perioden des Lebens, und solche die während verschiedener Jahreszeiten wirken. Eines oder einige derselben mögen mächtiger als die anderen sein; aber alle zusammen bedingen die Durchschnittszahl der Individuen oder selbst die Existenz der Art. In manchen Fällen lässt sich nachweisen, dass sehr verschiedene Ursachen in verschiedenen Gegenden auf die Häufigkeit einer und derselben Species einwirken. Wenn wir Büsche und Pflanzen betrachten, welche ein dicht bewachsenes Ufer überziehen, so sind wir geneigt, ihre Arten und deren Zahlenverhältnisse dem Zufalle zuzuschreiben. Doch wie falsch ist diese Ansicht! Jedermann hat gehört, dass, wenn in Amerika ein Wald niedergehauen wird, eine ganz verschiedene Pflanzenwelt zum Vorschein kommt, und doch ist beobachtet worden, dass die Bäume, welche jetzt auf den alten Indianerwällen im Süden der Vereinigten Staaten wachsen, deren früherer Baumbestand abgetrieben worden sein musste, jetzt wieder eben dieselbe bunte Mannichfaltigkeit und dasselbe Artenverhältniss wie die umgebenden unberührten Wälder darbieten. Welch ein Kampf muss hier Jahrhunderte lang zwischen den verschiedenen Baumarten stattgefunden haben, deren jede ihre Samen jährlich zu Tausenden abwirft! Was für ein Krieg zwischen Insecten und Insecten u. a. Gewürm mit Vögeln und Raubthieren, welche alle sich zu vermehren strebten, alle sich von einander oder von den Bäumen und ihren Samen und Sämlingen, oder von jenen andern Pflanzen nährten, welche anfänglich den Grund überzogen und hiedurch das Aufkommen der Bäume gehindert hatten. Wirft man eine Hand voll Federn in die Luft, so müssen alle nach bestimmten Gesetzen zu Boden fallen; aber wie einfach ist das Problem, wohin eine jede fallen wird, im Vergleich zu der Wirkung und Rückwirkung der zahllosen Pflanzen und Thiere, die im Laufe von Jahrhunderten Arten und Zahlenverhältniss der Bäume bestimmt haben, welche jetzt auf den alten indianischeu Ruinen wachsen!

Abhängigkeit eines organischen Wesens von einem andern, wie die des Parasiten von seinem Ernährer, findet in der Regel zwischen solchen Wesen statt, welche auf der Stufenleiter der Natur weit auseinander stehen. Dies ist oft bei solchen der Fall, von denen man auch ganz richtig sagen kann, sie kämpfen mit einander um ihr Dasein, wie grasfressende Säugethiere und Heuschrecken. Aber der Kampf wird fast ohne Ausnahme der heftigste sein, der zwischen den Individuen einer Art stattfindet, welche dieselben Bezirke bewohnen, dasselbe Futter verlangen und denselben Gefahren ausgesetzt sind. Bei Varietäten der nämlichen Art wird der Kampf meistens eben so heftig sein, und zuweilen sehen wir den Streit schon in kurzer Zeit entschieden. So werden z. B., wenn wir verschiedene Weizenvarietäten durch einander säen, und ihren gemischten Samenertrag wieder säen, einige Varietäten, welche dem Klima und Boden am besten entsprechen oder von Natur die fruchtbarsten sind, die andern besiegen und, indem sie mehr Samen liefern, schon nach wenigen Jahren gänzlich ersetzen. Um einen gemischten Vorrath von so äusserst nahe verwandten Varietäten aufzubringen, wie die verschiedenfarbigen Lathyrus ordoratus sind, muss man sie jedes Jahr gesondert ernten und dann die Samen im erforderlichen Verhältnisse jedesmal auf's Neue mengen, wenn nicht die schwächeren Sorten von Jahr zu Jahr abnehmen und endlich ganz ausgehen sollen. So verhält es sich auch mit den Schafrassen. Man hat versichert, dass gewisse Gebirgsvarietäten derselben andere Gebirgsvarietäten zum Aussterben bringen, so dass sie nicht zusammen gehalten werden können. Dasselbe Resultat hat sich ergeben, wenn man verschiedene Varietäten des medicinischen Blutegels zusammen hielt. Man kann selbst bezweifeln, ob die Varietäten von irgend einer unserer Culturpflanzen oder Hausthierarten so genau dieselbe Stärke, Gewohnheiten und Constitution besitzen, dass sich die ursprünglichen Zahlenverhältnisse eines gemischten Bestandes derselben auch nur ein halbes Dutzend Generationen hindurch zu erhalten vermöchten, wenn man sie wie die organischen Wesen im Naturzustande mit einander kämpfen liesse und der Samen oder die Jungen nicht alljährlich sortirt würden.

## Kampf um's Dasein am heftigsten zwischen Individuen und Varietäten derselben Art.

Da die Arten einer Gattung gewöhnlich, doch keineswegs immer, viel Ähnlichkeit mit einander in Gewohnheiten und Constitution und immer in der Structur besitzen, so wird der Kampf zwischen Arten einer Gattung, wenn sie in Concurrenz mit einander gerathen, gewöhnlich ein härterer sein, als zwischen Arten verschiedener Genera. Wir sehen dies an der neuerlichen Ausbreitung einer Schwalbenart über einen Theil der Vereinigten Staaten, wo sie die Abnahme einer andern Art veranlasste. Die Vermehrung der Misteldrossel in einigen Theilen von Schottland hat daselbst die Abnahme der Singdrossel zur Folge gehabt. Wie oft hören wir, dass eine Rattenart in den verschiedensten Klimaten den Platz einer andern eingenommen hat. In Russland bat die kleine asiatische Schabe (Blatta) ihren grösseren Verwandten überall vor sich hergetrieben. In Australien ist die eingeführte Stockbiene im Begriff die kleine einheimische Biene ohne Stachel rasch zu vertilgen. Man weiss, dass eine Art Feldsenf eine andere verdrängt hat; und so noch in anderen Fällen. Wir können dunkel erkennen, warum die Concurrenz zwischen den verwandtesten Formen am heftigsten ist, welche nahezu denselben Platz im Haushalte der Natur ausfüllen; aber wahrscheinlich werden wir in keinem einzigen Falle genauer anzugeben im Stande sein, wie es zugegangen ist, dass in dem grossen Wettringen um das Dasein die eine den Sieg über die andere davongetragen hat.

Aus den vorangehenden Bemerkungen lässt sich als Folgesatz von grösster Wichtigkeit ableiten, dass die Structur eines jeden organischen Wesens auf die innigste aber oft verborgene Weise mit der aller andern organischen Wesen zusammenhängt, mit welchen es in Concurrenz um Nahrung oder Wohnung steht, vor welchen es zu fliehen hat, und von welchen es lebt. — Dies erhellt eben so deutlich aus dem Baue der Zähne und der Klauen des Tigers, wie aus der Bildung der Beine und Krallen des Parasiten, welcher an des Tigers Haaren hängt. Zwar an dem zierlich gefiederten Samen des Löwenzahns wie an den abgeplatteten und gewimperten Beinen des Wasserkäfers scheint anfänglich die Beziehung nur auf das Luft- und Wasserelement beschränkt. Aber der Vortheil des gefiederten Löwenzahnsamens steht ohne Zweifel in der engsten Beziehung zu dem durch andre Pflanzen bereits dicht besetzten Lande, so dass er in der Luft erst weit umhertreiben muss, um auf einen noch freien Boden fallen zu können. Den Wasserkäfer dagegen befähigt die Bildung seiner Beine vortrefflich zum Untertauchen, wodurch er in den Stand gesetzt wird, mit anderen Wasserinsecten in Concurrenz zu treten, indem er nach seiner eigenen Beute jagt, und anderen Thieren zu entgehen, welche ihn zu ihrer Ernährung verfolgen.

Der Vorrath von Nahrungsstoff, welcher in den Samen vieler Pflanzen niedergelegt ist, scheint anfänglich keine Art von Beziehung zu anderen Pflanzen zu haben. Aber aus dem lebhaften Wachsthum der jungen Pflanzen, welche aus solchen Samen (wie Erbsen, Bohnen u. s. w.) hervorgehen, wenn sie mitten in hohes Gras gesäet worden sind, vermuthe ich, dass jener Nahrungsvorrath hauptsächlich dazu bestimmt ist, das Wachsthum des jungen Sämlings zu beschleunigen, während er mit andern Pflanzen von kräftigem Gedeihen rund um ihn her zu kämpfen hat.

Warum verdoppelt oder vervierfacht eine Pflanze in der Mitte ihres Verbreitungsbezirkes nicht ihre Zahl? Wir wissen, dass sie recht gut etwas mehr oder weniger Hitze und Kälte, Trockene und Feuchtigkeit aushalten kann; denn anderwärts verbreitet sie sich in etwas wärmere oder kältere, feuchtere oder trockenere Bezirke. In diesem Falle sehen wir wohl ein, dass, wenn wir in Gedanken der Pflanze das Vermögen noch weiterer Zunahme zu verleihen wünschten, wir ihr irgend einen Vortheil über die andern mit ihr concurrirenden Pflanzen oder über die sich von ihr nährenden Thiere gewähren müssten. An den Grenzen ihrer geographischen Verbreitung würde eine Veränderung ihrer Constitution in Bezug auf das Klima offenbar von wesentlichem Vortheil für unsere Pflanzen sein. Wir haben jedoch

Grund zu glauben, dass nur wenige Pflanzen- oder Thierarten sich so weit verbreiten, dass sie durch die Strenge des Klima allein zerstört werden. Nur wo wir die äussersten Grenzen des Lebens überhaupt erreichen, in den arktischen Regionen oder am Rande der dürresten Wüste, da hört auch die Concurrenz auf. Mag das Land noch so kalt oder trocken sein, immer werden sich noch einige Arten oder die Individuen derselben Art um das wärmste oder feuchteste Fleckchen streiten.

Daher sehen wir auch, dass, wenn eine Pflanzen- oder eine Thierart in eine neue Gegend zwischen neue Concurrenten versetzt wird, die äusseren Lebensbedingungen meistens wesentlich verändert werden, wenn auch das Klima genau dasselbe wie in der alten Heimath bliebe. Wünschten wir das durchschnittliche Zahlenverhältniss dieser Art in ihrer neuen Heimath zu steigern, so müssten wir ihre Natur in einer andern Weise modificiren, als es in ihrer alten Heimath hätte geschehen müssen; denn sie bedarf eines Vortheils über eine andre Reihe von Concurrenten oder Feinden, als sie dort gehabt hat.

Wenn es auch möglich ist, in Gedanken dieser oder jener Form einen Vortheil über eine andre zu geben, so wüssten wir wahrscheinlich in keinem einzigen Falle, was zu thun wäre, um zu diesem Ziele zu gelangen. Wir werden die Überzeugung von unserer Unwissenheit über die Wechselbeziehungen zwischen allen organischen Wesen gewinnen: eine Überzeugung, welche eben so nothwendig ist, als sie schwer zu erlangen scheint. Alles was wir thun können, ist: stets im Sinne zu behalten, dass jedes organische Wesen nach Zunahme in einem geometrischen Verhältnisse strebt; dass jedes zu irgend einer Zeit seines Lebens oder zu einer gewissen Jahreszeit, in jeder Generation oder nach unregelmässigen Zwischenräumen um's Dasein kämpfen muss und grosser Vernichtung ausgesetzt ist. Wenn wir über diesen Kampf um's Dasein nachdenken, so mögen wir uns mit dem vollen Glauben trösten, dass der Krieg der Natur nicht ununterbrochen ist, dass keine Furcht gefühlt wird, dass der Tod im Allgemeinen schnell ist, und dass der Kräftigere, der Gesundere und Geschicktere überlebt und sich vermehrt.

# Viertes Capitel.
## Natürliche Zuchtwahl.

Natürliche Zuchtwahl: — ihre Wirksamkeit im Vergleich zu der des Menschen: — ihre Wirkung auf Eigenschaften von geringer Wichtigkeit; — ihre Wirksamkeit in jedem Alter und auf beide Geschlechter; — Sexuelle Zuchtwahl. — Über die Allgemeinheit der Kreuzung zwischen Individuen der nämlichen Art. — Günstige und ungünstige Umstände für die natürliche Zuchtwahl, insbesondere Kreuzung, Isolation und Individuenzahl. — Langsame Wirkung. Aussterben durch natürliche Zuchtwahl verursacht. — Divergenz der Charactere in Bezug auf die Verschiedenheit der Bewohner einer kleinen Fläche und auf Naturalisation. — Wirkung der natürlichen Zuchtwahl auf die Abkömmlinge gemeinsamer Eltern durch Divergenz der Charactere und durch Aussterben. — Erklärt die Gruppirung aller organischen Wesen. — Fortschritt in der Organisation. — Erhaltung unvollkommener Formen. — Betrachtung der Einwände. — Unbeschränkte Vermehrung der Arten. — Zusammenfassung.

Wie mag wohl der Kampf um das Dasein, welcher im lezten Capitel allzukurz abgehandelt worden, in Bezug auf Variation wirken? Kann das Princip der Auswahl für die Nachzucht, welche in der Hand des Menschen so viel leistet, in der Natur angewendet werden? Ich glaube, wir werden sehen, dass ihre Thätigkeit eine äusserst wirksame ist. Wir müssen im Auge behalten, in welch' endloser Anzahl neuer Eigenthümlichkeiten die Erzeugnisse unserer Züchtung und in minderem Grade die der Natur variiren, und wie stark die Neigung zur Vererbung ist. Durch Zähmung und Cultivirung, kann man wohl sagen, wird die ganze Organisation in gewissem Grade plastisch. Aber die Veränderlichkeit, welche wir an unseren Culturerzeugnissen fast allgemein antreffen, ist, wie HOOKER und ASA GRAY richtig bemerkt haben, nicht direct durch den Menschen herbeigeführt worden; er kann weder Varietäten entstehen machen, noch ihr Entstehen hindern; er kann nur die vorkommenden erhalten und vermehren. Absichtslos setzt er organische Wesen neuen verändernden Lebensbedingungen aus und die Abänderungen beginnen. Aber ähnliche Wechsel der Lebensbedingungen können auch in der Natur vorkommen und kommen wirklich vor. Wir müssen auch dessen

eingedenk sein, wie unendlich verwickelt und wie zusammen-
passend die gegenseitigen Beziehungen aller organischen Wesen
zu einander und zu den natürlichen Lebensbedingungen sind und
wie unendlich vielfaltige Abänderungen der Structur mithin einem
jeden Wesen unter wechselnden Lebensbedingungen nützlich sein
können. Kann man es denn, wenn man sieht, wie viele für den
Menschen nützliche Abänderungen unzweifelhaft vorkommen, für
unwahrscheinlich halten, dass auch andere mehr und weniger
einem jeden Wesen selbst in dem grossen und zusammengesetzten Kampfe um's Leben vortheilhafte Abänderungen im Laufe von
tausenden von Generationen zuweilen vorkommen werden? Wenn
solche aber vorkommen, bleibt dann noch zu bezweifeln, dass
(da offenbar viel mehr Individuen geboren werden, als möglicher
Weise fortleben können) diejenigen Individuen, welche irgend
einen, wenn auch geringen Vortheil vor andern voraus besitzen,
die meiste Wahrscheinlichkeit haben, die andern zu überdauern
und wieder ihresgleichen hervorzubringen? Andererseits können
wir sicher sein, dass eine im geringsten Grade nachtheilige Abänderung unnachsichtlich der Zerstörung anheim fällt. Diese
Erhaltung günstiger und Verwerfung nachtheiliger Abänderungen
ist es, was ich natürliche Zuchtwahl nenne. Abänderungen, welche
weder vortheilhaft noch nachtheilig sind, werden von der natürlichen Zuchtwahl nicht berührt, und bleiben ein schwankendes
Element, wie wir es vielleicht in den sogenannten polymorphen
Arten sehen.

Einige Schriftsteller haben den Ausdruck natürliche Zuchtwahl misverstanden oder unpassend gefunden. Die einen haben
selbst gemeint, natürliche Zuchtwahl führe zur Veränderlichkeit,
während sie doch nur die Erhaltung solcher Varietäten vermittelt,
welche dem Organismus in seinen eigenthümlichen Lebensbeziehungen von Nutzen sind. Niemand macht dem Landwirth einen
Vorwurf daraus, dass er von den grossen Wirkungen der Zuchtwahl des Menschen spricht, und in diesem Falle müssen die individuellen Eigenthümlichkeiten, welche der Mensch in bestimmter
Absicht zur Nachzucht wählt, nothwendig zuerst in der Natur
vorkommen. Andere haben eingewendet, dass der Ausdruck

Wahl ein bewusstes Wählen in den Thieren voraussetze, welche
verändert werden: ja man hat selbst eingeworfen, die Pflanzen
hätten keinen Willen und sei der Ausdruck daher auf sie nicht
anwendbar. Es unterliegt allerdings keinem Zweifel, dass buchstäblich genommen natürliche Zuchtwahl ein falscher Ausdruck
ist; wer hat aber je den Chemiker getadelt, wenn er von den
Wahlverwandtschaften seiner chemischen Elemente gesprochen?
und doch kann man nicht sagen, dass eine Säure sich die Basis
auswähle, mit der sie sich vorzugsweise verbinden wolle. Man
hat gesagt, ich spreche von der natürlichen Zuchtwahl wie von
einer thätigen Macht oder Gottheit; wer wirft aber einem Schriftsteller vor, wenn er von der Anziehung redet, welche die Bewegung der Planeten regelt? Jedermann weiss, was damit gemeint
und was unter solchen bildlichen Ausdrücken verstanden wird:
sie sind ihrer Kürze wegen fast nothwendig.  Eben so schwer
ist es, eine Personificirung des Wortes Natur zu vermeiden: und
doch verstehe ich unter Natur blos die vereinte Thätigkeit und
Leistung der mancherlei Naturgesetze und unter Gesetzen die
nachgewiesene Aufeinanderfolge der Erscheinungen. Bei ein wenig Bekanntschaft mit der Sache sind solche oberflächliche Einwände bald vergessen.

Wir werden den wahrscheinlichen Hergang bei der natürlichen Zuchtwahl am besten verstehen, wenn wir den Fall annehmen, eine Gegend erfahre irgend eine geringe physikalische
Veränderung, z. B. im Klima.  Das Zahlenverhältniss seiner Bewohner wird fast unmittelbar ein anderes werden, und eine oder
die andere Art wird gänzlich erloschen.  Wir dürfen ferner aus
dem innigen und verwickelten Abhängigkeitsverhältnisse der Bewohner einer Gegend von einander schliessen, dass, ausser dem
Klimawechsel an sich, die Änderung im Zahlenverhältnisse eines
Theiles ihrer Bewohner auch sehr wesentlich auf die andern
wirke.  Hat diese Gegend offene Grenzen, so werden gewiss
neue Formen einwandern; und auch dies wird oft die Verhältnisse eines Theiles der alten Bewohner ernstlich stören; denn
erinnern wir uns, wie folgenreich die Einführung einer einzigen
Baum- oder Säugethierart in den früher mitgetheilten Beispielen

gewesen ist. Handelte es sich dagegen um eine Insel oder um
ein zum Theil eng eingeschlossenes Land, so dass neue und
besser angepasste Formen nicht reichlich eindringen können, so
werden sich Punkte im Hausstande der Natur ergeben, welche
sicherlich besser dadurch ausgefüllt werden, dass einige der ursprünglichen Bewohner irgend eine Abänderung erfahren; denn,
wäre das Land der Einwanderung geöffnet gewesen, so würden
sich wohl Eindringlinge dieser Stellen bemächtigt haben. In diesem Falle würde daher jede geringe Abänderung, die sich im
Laufe der Zeit entwickelt und irgendwie die Individuen einer oder
der andern Species durch bessere Anpassung an die geänderten
Lebensbedingungen begünstigt hat, ihre Erhaltung zu gewärtigen
haben und die natürliche Zuchtwahl wird freien Spielraum finden,
in ihrer Verbesserung thätig zu sein.

Wie in dem ersten Capitel gezeigt wurde, ist Grund zur
Annahme vorhanden, dass eine Änderung in den Lebensbedingungen dadurch, dass sie insbesondere auf das Reproductivsystem
wirkt, Variabilität verursacht, oder sie erhöht. In dem vorangehenden Falle ist eine Änderung der Lebensbedingungen angenommen worden, und diese wird gewiss für die natürliche Zuchtwahl insofern günstig gewesen sein, als mit ihr die Aussicht auf
das Vorkommen nützlicher Abänderungen verbunden war; kommen nützliche Abänderungen nicht vor, so kann die Natur keine
Auswahl zur Züchtung treffen. Nicht als ob dazu ein äusserstes
Maass von Veränderlichkeit nöthig wäre; denn wie der Mensch
grosse Erfolge durch Häufung bloss individueller Verschiedenheiten
in einer und derselben Richtung erzielen kann, so vermag es die
natürliche Zuchtwahl, aber noch viel leichter, da ihr unvergleichlich längere Zeiträume für ihre Wirkungen zu Gebot stehen.
Auch glaube ich nicht, dass irgend eine grosse physikalische
Veränderung, z. B. des Klima, oder ein ungewöhnlicher Grad
von Isolirung gegen die Einwanderung wirklich nöthig ist, um
neue und noch unausgefüllte Stellen zu schaffen, welche die
natürliche Zuchtwahl durch Abänderung und Verbesserung einiger
variirender Bewohner der Gegend ausfüllen könne. Denn da alle
Bewohner einer jeden Gegend mit gegenseitig genau abgewogenen

Kräften in beständigem Kampfe mit einander liegen, so genügen oft schon äussert geringe Modificationen in der Bildung oder Lebensweise eines Bewohners, um ihm einen Vortheil über andere zu geben, und weitere Abänderungen in gleicher Richtung werden sein Uebergewicht noch vergrössern, so lange als das Wesen unter den nämlichen Lebensbedingungen fortbesteht und aus ähnlichen Subsistenz- und Vertheidigungsmitteln Nutzen zieht. Es lässt sich keine Gegend bezeichnen, in welcher alle natürlichen Bewohner bereits so vollkommen aneinander und an die äusseren Bedingungen, unter denen sie leben, angepasst waren, dass keiner unter ihnen mehr einer Veredelung fähig wäre: denn in allen Gegenden sind die eingeborenen Arten so weit von naturalisirten Erzeugnissen besiegt worden, dass diese Fremdlinge im Stande gewesen sind, festen Besitz vom Lande zu nehmen. Und da die Fremdlinge überall einige der Eingeborenen geschlagen haben, so darf man wohl daraus schliessen, dass, wenn diese mit mehr Vortheil modificirt worden wären, sie solchen Eindringlingen mehr Widerstand geleistet haben würden.

Da nun der Mensch durch methodisch oder unbewusst ausgeführte Wahl zum Zwecke der Nachzucht so grosse Erfolge erzielen kann und gewiss erzielt hat, was mag nicht die natürliche Zuchtwahl leisten können? Der Mensch kann nur auf äusserliche und sichtbare Charactere wirken; die Natur (wenn es gestattet ist, so die natürliche Erhaltung veränderlicher und begünstigter Individuen während des Kampfes um's Dasein zu personificiren) fragt nicht nach dem Aussehen, ausser wo es zu irgend einem Zwecke nützlich sein kann. Sie kann auf jedes innere Organ, auf den geringsten Unterschied in der organischen Thätigkeit, auf die ganze Maschinerie des Lebens wirken. Der Mensch wählt nur zu seinem eigenen Nutzen; die Natur nur zum Nutzen des Wesens, das sie pflegt. Jeder von ihr ausgewählte Character wird daher in voller Thätigkeit erhalten und das Wesen in günstige Lebensbedingungen versetzt. Der Mensch dagegen hält die Eingeborenen aus vielerlei Klimaten in derselben Gegend beisammen und lässt selten irgend einen Character in einer besonderen und ihm entsprechenden Weise thätig werden. Er

futtert eine lang- und eine kurzschnähelige Taube mit demselben
Futter; er beschäftigt ein langrückiges oder ein langbeiniges
Säugethier nicht in einer besondern Art; er setzt das lang- und
das kurzwollige Schaf demselben Klima aus. Er lässt die kräftigeren Männchen nicht um ihre Weibchen kämpfen. Er zerstört
nicht mit Beharrlichkeit alle unvollkommeneren Thiere, sondern
schützt vielmehr alle seine Erzeugnisse, so viel in seiner Macht
liegt, in jeder verschiedenen Jahreszeit. Oft beginnt er seine
Auswahl mit einer halbmonströsen Form oder mindestens mit
einer schon vorragenden Abänderung, hinreichend sein Auge
zu fesseln oder ihm offenbaren Nutzen zu versprechen. In der
Natur dagegen kann schon die geringste Abweichung in Bau
und organischer Thätigkeit das bisherige genaue Gleichgewicht
zwischen den ringenden Formen aufheben und hierdurch ihre Erhaltung bewirken. Wie flüchtig sind die Wünsche und die Anstrengungen des Menschen! wie kurz ist seine Zeit! wie dürftig
werden mithin seine Erzeugnisse denjenigen gegenüber sein,
welche die Natur im Verlaufe ganzer geologischer Perioden an-
häuft! Dürfen wir uns daher wundern, wenn die Naturproducte
einen weit „echteren" Character als die des Menschen haben,
wenn sie den verwickeltesten Lebensbedingungen weit besser
angepasst sind und das Gepräge einer weit höheren Meisterschaft
an sich tragen?

Man kann figürlich sagen, die natürliche Zuchtwahl sei täglich und stündlich durch die ganze Welt beschäftigt, eine jede,
auch die geringste Abänderung zu prüfen, sie zurückzuwerfen,
wenn sie schlecht, und sie zu erhalten und zu verbessern, wenn
sie gut ist. Still und unmerkbar ist sie überall und allezeit,
wo sich die Gelegenheit darbietet, mit der Vervollkommnung eines
jeden organischen Wesens in Bezug auf dessen organische und
unorganische Lebensbedingungen beschäftigt. Wir sehen nichts
von diesen langsam fortschreitenden Veränderungen, bis die Hand
der Zeit auf eine abgelaufene Weltperiode hindeutet, und dann
ist unsere Einsicht in die längst verflossenen geologischen Zeiten
so unvollkommen, dass wir nur noch das Eine wahrnehmen, dass
die Lebensformen jetzt andere sind, als sie früher gewesen.

Um irgend eine beträchtliche Modification mit der Länge der Zeit hervorzubringen, muss man nothwendig annehmen, dass eine einmal aufgetauchte Varietät, wenn auch vielleicht erst nach einem langen Zeitraum von Neuem variire und ihre Varietäten, wenn sie vortheilhaft, erhalten werden — u. s. f. Nicht leicht wird jemand läugnen wollen, dass zuweilen Varietäten vorkommen, die mehr oder weniger von der elterlichen Stammform abweichen; — dass aber dieser Abänderungsprocess in's Unendliche fortdauern könne, das ist eine Annahme, deren Richtigkeit nach dem Grad der Übereinstimmung der Hypothese mit den allgemeinen Naturerscheinuugen und nach der Fähigkeit, diese zu erklären, beurtheilt werden muss. Eben so beruht aber auch die gewöhnlichere Meinung, dass die Abänderung eine scharf bestimmte Grenze nicht überschreiten könne, auf einer blossen Voraussetzung.

Obwohl die natürliche Zuchtwahl nur durch und für das Gute eines jeden Wesens wirken kann, so werden doch wohl auch Eigenschaften und Bildungen dadurch herührt, denen wir nur eine untergeordnete Wichtigkeit beilegen möchten. Wenn hlattfressende Insecten grün, rindenfressende graugefleckt, das Alpen-Schneehuhn im Winter weiss, die Schottische Art haidenfarbig, der Birkhahn mit der Farbe der Moorerde erscheinen, so haben wir zu vermuthen Grund, dass solche Farben den genannten Vögeln und Insecten nützlich sind und sie vor Gefahren schützen. Wald- und Schneehühner würden sich, wenn sie nicht in irgend einer Zeit ihres Lebens der Zerstörung ausgesetzt wären, in endloser Anzahl vermehren. Man weiss, dass sie sehr von Raubvögeln leiden, welche ihre Beute mit dem Auge entdecken; daher man in manchen Gegenden von Europa vor dem Halten von weissen Tauben warnt, weil diese der Zerstörung am meisten ausgesetzt sind. Ich finde daher keinen Grund zu zweifeln, dass es hauptsächlich die natürliche Zuchtwahl ist, welche jeder Art von Wald- und Schneehühnern die ihr eigenthümliche Farbe verleiht und, wenn solche einmal hergestellt ist, dieselbe echt und beständig erhält. Auch dürfen wir nicht glauben, dass die zufällige Zerstörung eines Thieres von irgend einer besondern

Färbung nur wenig Wirkung habe; wir sollten uns daran erinnern, wie wesentlich es ist, aus einer weissen Schafheerde
jedes Lämmchen zu beseitigen, das die geringste Spur von
Schwarz an sich hat. Wir haben oben gesehen, wie in Florida
die Farbe der Schweine, welche sich von der Farbwurzel nähren,
über deren Leben und Tod entscheidet. Bei den Pflanzen rechnen
die Botaniker den flaumigen Überzug der Früchte und die Farbe
ihres Fleisches mit zu den mindest wichtigen Merkmalen; und
doch hören wir von einem ausgezeichneten Gärtner, Downing,
dass in den Vereinigten Staaten nackthäutige Früchte viel mehr
durch einen Rüsselkäfer leiden, als die flaumigen, und dass die
purpurfarbenen Pflaumen von einer gewissen Krankheit viel mehr
leiden, als die gelben, während eine andere Krankheit die gelb-
fleischigen Pfirsiche viel mehr angreift, als die andersfarbigen.
Wenn bei aller Hilfe der Kunst diese geringen Verschiedenheiten
schon einen grossen Unterschied im Anbau der verschiedenen
Varietäten bedingen, so werden gewiss im Zustande der Natur,
wo die Bäume mit andern Bäumen und mit einer Menge von
Feinden zu kämpfen haben, derartige Verschiedenheiten äusserst
wirksam entscheiden, welche Varietäten erhalten bleiben, ob die
glatten oder flaumigen, ob die gelb- oder rothfleischigen Früchte.

Was eine Menge kleiner Verschiedenheiten zwischen Species
betrifft, welche, so weit unsere Unkenntniss zu urtheilen gestattet,
ganz unwesentlich zu sein scheinen, so dürfen wir nicht vergessen,
dass auch Klima, Nahrung u. s. w. wohl einigen unmittelbaren
Einfluss haben mögen. Weit nöthiger ist es aber, uns daran zu
erinnern, dass es viele noch unbekannte Gesetze der Correlation
des Wachsthums gibt, welche, wenn ein Theil der Organisation
durch Variation modificirt und wenn diese Modificationen durch
natürliche Zuchtwahl zum Besten des organischen Wesens gehäuft
werden, dann wieder andere Modificationen oft der unerwartetsten
Art veranlassen.

Wie die Abänderungen, welche im Culturzustande zu irgend
einer bestimmten Zeit des Lebens hervortreten, auch beim Nachkömmling in der gleichen Lebensperiode wieder zu erscheinen
geneigt sind, — z. B. in Form, Grösse und Geschmack der Sa-

men vieler Küchen- und Ackergewächse, in den Raupen und Coccons der Seidenwurmvarietäten, in den Eiern des Hofgeflügels und in der Färbung des Dunenkleides seiner Jungen, in den Hörnern unserer Schafe und Rinder, wenn sie fast ausgewachsen, — so wird auch die natürliche Zuchtwahl im Naturzustande fähig sein, dadurch in einem besondern Alter auf die organischen Wesen zu wirken, dass sie für diese Lebenszeit nützliche Abänderungen häuft und sie in einem entsprechenden Alter vererbt. Wenn es für eine Pflanze von Nutzen ist, ihre Samen immer weiter und weiter mit dem Winde umherzustreuen, so ist meiner Ansicht nach für die Natur die Schwierigkeit, dies Vermögen durch Zuchtwahl zu bewirken, nicht grösser, als die des Baumwollenpflanzers, durch Züchtung die Baumwolle in den Fruchtkapseln seiner Pflanzen zu vermehren und zu verbessern. Natürliche Zuchtwahl kann die Larve eines Insectes modificiren und zu zwanzigerlei Bedürfnissen geeignet anpassen, welche ganz verschieden sind von jenen, die das reife Thier betreffen. Diese Abänderungen in der Larve werden wahrscheinlich nach den Gesetzen der Correlation auf die Structur des reifen Insectes wirken, und vielleicht ist bei solchen Insecten, welche im reifen Zustande nur wenige Stunden leben und keine Nahrung zu sich nehmen, ein grosser Theil ihres Baues nur als ein correlatives Ergebniss allmählicher Veränderungen in der Structur ihrer Larven zu betrachten. So können aber wahrscheinlich auch umgekehrt gewisse Veränderungen im reifen Insecte oft die Structur der Larve berühren, in allen Fällen wird aber die natürliche Zuchtwahl das Thier dagegen sicher stellen, dass die Modificationen, welche bloss die Folge anderer Modificationen auf einer verschiedenen Lebensstufe sind, durchaus nicht nachtheiliger Art sind, weil sie dann das Erlöschen der Species zur Folge haben müssten.

Natürliche Zuchtwahl kann auch die Structur der Jungen im Verhältniss zu den Eltern und der Eltern im Verhältniss zu den Jungen modificiren. Bei gesellig lebenden Thieren passt sie die Structur eines jeden Individuum den Zwecken der Gemeinde an, vorausgesetzt, dass auch ein jedes Einzelne bei dem so bewirkten

Wechsel gewinne. Was die natürliche Zuchtwahl nicht bewirken kann, das ist: Umanderung der Structur einer Species ohne Vortheil für sie, zu Gunsten einer anderen Species; und obwohl in naturhistorischen Werken Beispiele dafür angeführt werden, so ist doch keines darunter, das eine Prüfung aushielte. Selbst ein organisches Gebilde, das nur einmal im Leben eines Thieres gebraucht wird, kann, wenn es ihm von grosser Wichtigkeit ist, durch die natürliche Zuchtwahl bis zu jedem Betrage modificirt werden, wie die grossen Kinnladen einiger Insecten, welche nur zum Oeffnen ihrer Cocrons dienen, oder das zarte Spitzchen auf dem Ende des Schnabels junger Vögel, womit sie beim Ausschlüpfen die Eischale aufbrechen. Man hat versichert, dass von den besten kurzschnäbeligen Purzeltauben mehr im Eie zu Grunde gehen, als auszuschlüpfen im Stande sind, was Liebhaber mitunter veranlasst, beim Durchbrechen der Schale mitzuhelfen. Wenn nun die Natur den Schnabel einer Taube zu deren eigenem Nutzen im ausgewachsenen Zustande sehr zu verkürzen hätte, so würde dieser Process sehr langsam vor sich gehen, und es müsste dabei zugleich eine sehr strenge Auswahl derjenigen jungen Vögel im Eie stattfinden, welche den stärksten und härtesten Schnabel besitzen, weil alle mit weichem Schnabel unvermeidlich zu Grunde gehen würden; oder aber es müsste eine Auswahl der dünnsten und zerbrechlichsten Eischalen erfolgen, deren Dicke bekanntlich so wie jedes andere Gebilde variirt.

### Sexuelle Zuchtwahl.

Wie im Culturzustande Eigenthümlichkeiten oft an einem Geschlechte zum Vorschein kommen und sich erblich an dieses Geschlecht heften, so wird es wohl auch in der Natur geschehen, und, wenn dies der Fall, so muss die natürliche Zuchtwahl fähig sein, ein Geschlecht in seinen functionellen Beziehungen zum andern oder im Verhältniss zu völlig verschiedenen Gewohnheiten des Lebens in beiden Geschlechtern zu modificiren, wie es bei Insecten zuweilen der Fall ist, — und dies veranlasst mich, einige Worte über das zu sagen, was ich sexuelle Zuchtwahl nennen will. Sie hängt ab nicht von einem Kampfe um's Dasein, sondern

von einem Kampfe zwischen den Männchen um den Besitz der
Weibchen, dessen Folgen nicht im Tode des erfolglosen Concurrenten, sondern in einer spärlicheren oder ganz ausfallenden
Nachkommenschaft bestehen. Diese geschlechtliche Auswahl
ist daher minder rigorös, als die natürliche. Im Allgemeinen
werden die kräftigsten, die ihre Stelle in der Natur am besten
ausfüllenden Männchen die meiste Nachkommenschaft hinterlassen. In manchen Fällen jedoch wird der Sieg nicht von
der Stärke im Allgemeinen, sondern von besondern nur dem
Männchen verliehenen Waffen abhängen. Ein geweihloser Hirsch
und spornloser Hahn haben wenig Aussicht, Erben zu hinterlassen.
Eine sexuelle Zuchtwahl, welche stets dem Sieger die Fortpflanzung ermöglichen sollte, müsste ihm unzählmbaren Muth, lange
Spornen und starke Flügel verleihen, um mit dem gespornten
Laufe kämpfen zu können; wie denn ein brutaler Kampfhahn-
züchter seine Zucht durch sorgfältige Auswahl in dieser Beziehung
sehr zu veredeln versteht. Wie weit hinab in der Stufenleiter
der Natur dergleichen Kämpfe noch vorkommen, weiss ich nicht.
Man hat männliche Alligatoren beschrieben, wie sie um den Besitz eines Weibchens kämpfen, brüllen und sich wie Indianer in
einem kriegerischen Tanze im Kreise drehen; männliche Salmen
hat man den ganzen Tag lang miteinander streiten sehen; männliche Hirschkäfer haben zuweilen Wunden von den mächtigen
Kiefern anderer; und die Männchen gewisser Hymenopteren sah
der als Beobachter unerreichbare FABRE um ein besonderes Weibchen kämpfen, das wie ein scheinbar unbetheiligter Zuschauer
des Kampfes daneben sass und sich dann mit dem Sieger zurück-
zog. Übrigens ist der Kampf vielleicht am heftigsten zwischen
den Männchen polygamer Thiere, und diese scheinen auch am
gewöhnlichsten mit besondern Waffen dazu versehen zu sein.
Die Männchen der Raubsäugethiere sind schon an sich wohl be-
wehrt; doch pflegen ihnen und andern durch sexuelle Zuchtwahl
noch besondere Waffen verliehen zu werden, wie dem Löwen
seine Mähne, dem Eber seine Schulterwülste, dem männlichen
Salmen die hakenförmige Verlängerung seiner Unterkinnlade; und

der Schild mag für den Sieg eben so wichtig sein, als das Schwert
oder der Speer.

Unter den Vögeln hat der Bewerbungskampf oft einen fried-
licheren Character. Alle, welche diesen Gegenstand behandelt
haben, glauben, die eifrigste Rivalität finde unter den Männchen
der Singvögel statt, welche die Weibchen durch Gesang anzu-
ziehen suchen. Die Steindrossel in Guiana, die Paradiesvögel
u. e. a. schaaren sich zusammen, und ein Männchen um das andere entfaltet sein prächtiges Gefieder, um in theatralischen Stel-
lungen vor den Weibchen zu paradiren, welche als Zuschauer
dastehen und sich zuletzt den anziehendsten Bewerber erkiesen.
Sorgfältige Beobachter der in Gefangenschaft gehaltenen Vögel
wissen sehr wohl, dass oft individuelle Bevorzugungen und Ab-
neigungen stattfinden; so hat Sir R. Heron beschrieben, wie ein
scheckiger Pfauhahn ausserordentlich anziehend für alle seine
Hennen gewesen. Es mag kindisch erscheinen, solchen anscheinend schwachen Mitteln irgend eine Wirkung zuzuschreiben. Ich
kann hier nicht in die zur Unterstützung dieser Ansicht nothwendigen Einzelheiten eingehen; wenn jedoch der Mensch im
Stande ist, seinen Bantamhühnern in kurzer Zeit eine elegante
Haltung und Schönheit je nach seinen Begriffen von Schönheit
zu geben, so kann ich keinen genügenden Grund zum Zweifel
finden, dass weibliche Vögel, indem sie tausende von Generationen hindurch den melodiereichsten oder schönsten Männchen, je
nach ihren Begriffen von Schönheit, bei der Wahl den Vorzug
geben, nicht ebenfalls einen merklichen Effect bewirken können.
Ich habe starke Vermuthung, dass einige wohlbekannte Gesetze
in Betreff des Gefieders männlicher und weiblicher Vögel im
Vergleich zu dem der jungen sich nach der Ansicht erklären
lassen, das Gefieder sei hauptsächlich durch die geschlechtliche
Zuchtwahl modificirt worden, welche im geschlechtsreifen Alter
oder während der Jahreszeit wirkte, welche der Fortpflanzung
gewidmet ist. Die dadurch erfolgten Abänderungen sind dann
auf entsprechende Alter und Jahreszeiten wieder vererbt worden
entweder von den Männchen allein, oder von Männchen und

Weibchen; icb habe aber bier keinen Raum, weiter auf diesen Gegenstand einzugeben.

Wenn daher Männchen und Weibchen einer Thierart die nämliche allgemeine Lebensweise haben, aber in Bau, Farbe uder Schmuck von einander abweichen, so sind nach meiner Meinung diese Verschiedenheiten hauptsächlich durch die geschlechtliche Zuchtwahl bedingt; d. h. männliche Individuen haben in aufeinanderfolgenden Generationen einige kleine Vortheile über andere Männcben gehabt in Waffen, Vertheidigungsmitteln uder Reizen und haben diese Vortheile auf ihre männlichen Nachkommen übertragen. Docb möchte ich nicht alle solche Geschlechtsverscbiedenheiten aus dieser Quelle ableiten; denn wir sehen Eigenthümlichkeiten entsteben und beim männlicben Geschlechte unserer Hausthiere erblich werden, wie die Hautlappen bei den englischen Botentauben, die hornartigen Auswüchse bei den Männcben einiger Hühnervügel u. s. w., von welchen wir nicht annehmen können, dass sie den Männchen im Kampfe nützlich sind oder eine Anziebungskraft auf die Weibchen ausüben. Analoge Fälle sehen wir auch in der Natur, wo z. B. der Haarbüschel auf der Brust des Puterhahns weder nützlich im Kampfe noch eine Zierde für den Brautwerber sein kann; — und wirklich, hätte sich dieser Büscbel erst im Zustande der Zähmung gebildet, wir würden ihn eine Monstrosität nennen.

### Beleuchtung der Wirkungsweise der natürlichen Zuchtwahl.

Um klar zu machen, wie nach meiner Meinung die natürliche Zucbtwahl wirke, muss ich um die Erlaubniss bitten, ein oder zwei erdachte Beispiele zur Erläuterung zu geben. Denken wir uns zunäcbst einen Wolf, der von verschiedenen Thieren lebt, die er sich theils durcb List, theils durcb Stärke und theils durch Scbnelligkeit verscbafft, und nehmen wir an, seine schnellste Beute, der Hirsch z. B., hätte sich aus irgend einer Ursache in einer Gegend sebr vervielfältigt, oder andere zu seiner Nahrung dienende Thiere bätten sich in der Jahreszeit, wo sich der Wolf seine Beute am achwersten verscbaffen kann, sehr vermindert. Unter solchen Umständen kann ich keinen Grund zu zweifeln finden, dass die schlanksten und schnellsten Wölfe am meisten Aussicht auf Fortkommen und somit auf Erhaltung und Verwendung zur Nachzucht hätten, immerhin vorausgesetzt, dass sie dabei Stärke genug behielten, um sich ihrer Beute auch zu einer andern Jahreszeit zu bemeistern, wo sie veranlasst sein könnten, auf andere Thiere auszugehen. Ich finde um so weniger Ursache daran zu zweifeln, da ja der Mensch auch die Schnelligkeit seines Windhundes durch sorgfältige und planmässige Auswahl oder durch jene unbewusste Zuchtwahl zu erhöhen im Stande ist, welche schon stattfindet, wenn nur Jedermann die besten Hunde zu halten strebt, ohne einen Gedanken an Veredelung der Rasse.

So konnte selbst ohne eine Veränderung in den Verhältnisszahlen der Thiere, die dem Wolfe zur Beute dienen, ein junger Wolf zur Welt kommen mit angeborener Neigung, gewisse Arten von Beutethieren zu verfolgen. Auch dies darf man nicht für sehr unwahrscheinlich halten; denn oft nehmen wir grosse Unterschiede in den natürlichen Neigungen unserer Hausthiere wahr. Eine Katze z. B. ist geneigt Ratten, eine andere Mäuse zu fangen. Eine Katze bringt nach St. John geflügelte Beute nach Hause, die andere Hasen und Kaninchen, und die dritte jagt auf Marschland und meistens nächtlicher Weile nach Waldhühnern und Schnepfen. Man weiss, dass die Neigung Ratten statt Mäuse zu fangen, vererbt wird. Wenn nun eine angeborene schwache Veränderung in Gewohnheit und Körperbau einen einzelnen Wolf begünstigt, so hat er am meisten Aussicht auszudauern und Nachkommen zu hinterlassen. Einige seiner Jungen werden dann vermuthlich dieselbe Gewohnheit oder denselben Köperbau erben, und so kann durch oftmalige Wiederholung dieses Vorgangs eine neue Varietät entstehen, welche die alte Stammform des Wolfes ersetzt oder zugleich mit ihr fortbesteht. Nun werden ferner Wölfe, welche Gebirgsgegenden bewohnen, und solche, die sich im Tieflande aufhalten, von Natur genöthigt, auf verschiedene Beute auszugehen, und mithin bei fortdauernder Erhaltung der für jede der zwei Landstriche geeignetsten Individuen allmählich zwei Abänderungen bilden. Diese Varietäten werden da, wo ihre Verbreitungsbezirke zusammenstossen, sich vermischen und kreuzen; doch werden wir auf die Frage von der Kreuzung später zurückkommen. Hier will ich noch hinzufügen, dass nach PIERCE im Catskillgebirge in den Vereinigten Staaten zwei Varietäten des Wolfes hausen, eine leichtere von Windspielform, welche Hirsche verfolgt, und eine andere schwerfälligere und mit kurzen Beinen, welche häufiger die Schafheerden angreift.

Nehmen wir nun einen zusammengesetzteren Fall an. Gewisse Pflanzen scheiden eine süsse Flüssigkeit aus, wie es scheint, um irgend etwas Nachtheiliges aus ihrem Safte zu entfernen. Dies wird bei manchen Leguminosen durch Drüsen am Grunde der Stipulae und beim gemeinen Lorbeer auf dem Rücken seiner Blätter bewirkt. Diese Flüssigkeit, wenn auch nur in geringer Menge vorhanden, wird von Insecten begierig aufgesucht. Nehmen wir nun an, es werde ein wenig solchen süssen Saftes oder Nectars an der inneren Basis der Kronenblätter einer Blume ausgesondert. In diesem Falle werden die Insecten, welche den Nectar aufsuchen, mit Pollen bestäubt werden und denselben gewiss oft von einer Blume auf das Stigma der andern übertragen. Die Blumen zweier verschiedener Individuen einer Art werden dadurch gekreuzt, und die Kreuzung liefert (wie wir guten Grund zu glauben haben und wie nachher ausführlicher gezeigt werden soll) vorzugsweise kräftige Sämlinge, welche mithin die beste Aussicht haben auszudauern und sich fortzupflanzen. Einige dieser Sämlinge werden beinahe sicher das Necterabsonderungsvermögen erben, und diejenigen nectarabsondernden Blüthen, welche die stärksten Drüsen besitzen und den meisten Nectar liefern, werden am öftesten von Insecten besucht und am öftesten mit andern gekreuzt werden und so mit der Länge der Zeit allmählich die Oberhand gewinnen. Ebenso werden diejenigen Blüthen, deren Staubfaden und Staubwege so gestellt sind, dass sie je nach Grösse und sonstigen Eigenthümlichkeiten der sie besuchenden Insecten einigermassen die Übertragung ihres Samenstaubs von Blüthe zu Blüthe erleichtern, gleicherweise begünstigt und zur Nachzucht gewählt. Nehmen wir den Fall an, die zu den Blumen kommenden Insecten wollten Pollen statt Nectar einsammeln, so wäre zwar die Entführung des Pollens, der allein zur

Befruchtung der Pflanze erzeugt wird, ein Verlust für dieselbe; wenn jedoch anfangs gelegentlich und nachher gewöhnlich ein wenig Pollen von den ihn einsammelnden Insecten entführt und von Blume zu Blume getragen wird, so wird die hiedurch bewirkte Kreuzung zum grossen Vortheil der Pflanzen sein, mögen ihnen auch neun Zehntel der ganzen Pollenmasse zerstört werden: und diejenigen Individuen, welche mehr und mehr Pollen erzeugen und immer grössere Antheren bekommen, werden zur Nachzucht gewählt werden.

Wenn nun unsere Pflanze durch diesen Process der beständigen Erhaltung oder der natürlichen Auswahl immer gesuchterer Blüthen für die Insecten sehr anziehend geworden ist, so werden diese, ihrerseits ganz unabsichtlich, regelmässig Pollen von Blüthe zu Blüthe bringen: und dass sie dies sehr wirksam zu thun vermögen, könnte ich durch viele auffallende Beispiele belegen. Ich will nur einen nicht einmal sehr auffallenden Fall als Beleg dafür anführen, welcher jedoch geeignet ist, zugleich als Beispiel eines ersten Schrittes zur Trennung der Geschlechter bei Pflanzen zu dienen, von welcher noch weiter die Rede sein wird. Einige Stechpalmenstämme bringen nur männliche Blüthen hervor, welche vier nur wenig Pollen erzeugende Staubgefässe und ein verkümmertes Pistill enthalten; andere Stämme liefern nur weibliche Blüthen, die ein vollständig entwickeltes Pistill und vier Staubfäden mit verschrumpften Antheren einschliessen, in welchen nicht ein Pollenkörnchen zu entdecken ist. Nachdem ich einen weiblichen Stamm genau 60 Yards von einem männlichen entfernt gefunden hatte, nahm ich die Stigmata aus zwanzig Blüthen von verschiedenen Zweigen unter das Mikroskop und entdeckte an allen ohne Ausnahme einige Pollenkörner und an einigen sogar eine ungeheure Menge derselben. Da der Wind schon einige Tage lang vom weiblichen gegen den männlichen Stamm hin gewehet hatte, so kann er nicht den Pollen dahin geführt haben. Das Wetter war schon einige Tage lang kalt und stürmisch und daher nicht günstig für die Bienen gewesen, und demungeachtet war jede von mir untersuchte weibliche Blüthe durch den Pollen befruchtet worden, welchen die Bienen von

Blüthe zu Blüthe nach Nectar suchend an ihren Haaren vom männlichen Stamme mit herüber gebracht hatten. Doch kehren wir nun zu unserem ersonnenen Falle zurück. Sobald jene Pflanze in solchem Grade anziehend für die Insecten geworden ist, dass sie den Pollen regelmässig von einer Blüthe zur andern tragen, wird ein anderer Process beginnen. Kein Naturforscher zweifelt an dem Vortheil der sogenannten „physiologischen Theilung der Arbeit"; daher darf man glauben, es sei nützlich für eine Pflanzenart, in einer Blüthe oder an einem ganzen Stocke nur Staubgefässe und in der andern Blüthe oder auf dem andern Stocke nur Pistille hervorzubringen. Bei cultivirten oder in neue Existenzbedingungen versetzten Pflanzen schlagen manchmal die männlichen und zuweilen die weiblichen Organe mehr oder weniger fehl. Nehmen wir aber an, dies geschehe in einem wenn auch noch so geringen Grade im Naturzustande derselben, so würden, da der Pollen schon regelmässig von einer Blume zur andern geführt wird und eine vollständige Trennung der Geschlechter unserer Pflanze ihr nach dem Principe der Arbeitstheilung vortheilhaft ist, Individuen mit einer mehr und mehr entwickelten Tendenz dazu fortwährend begünstigt und zur Nachzucht ausgewählt werden, bis endlich die Trennung der Geschlechter vollständig wäre. Es würde zu viel Raum erfordern, die verschiedenen Wege, durch Dimorphismus und andere Mittel, nachzuweisen, auf welchen die Trennung der Geschlechter bei Pflanzen verschiedener Arten offenbar jetzt fortschreitet. Indess will ich noch anführen, dass sich nach Asa Gray einige Arten von Stechpalmen in Nord-Amerika in einem intermediären Zustande befinden, deren Blüthen, wie der genannte Botaniker sich ausdrückt, mehr oder weniger diöcisch-polygam sind.

Kehren wir nun zu den von Nectar lebenden Insecten in unserem ersonnenen Falle zurück; nehmen wir an, die Pflanze, deren Nectarbildung wir durch fortdauernde Zuchtwahl langsam vergrössert haben, sei eine gemeine Art und gewisse Insecten seien hauptsächlich auf deren Nectar als ihre Nahrung angewiesen. Ich könnte durch manche Beispiele nachweisen, wie sehr die Bienen bestrebt sind, Zeit zu ersparen. Ich will mich nur

auf ihre Gewohnheit berufen, in den Grund gewisser Blumen
Öffnungen zu schneiden, um durch diese den Nectar zu saugen,
welchen sie mit ein wenig mehr Mühe durch die Mündung heraus holen könnten. Dieser Thatsachen eingedenk, glaube ich annehmen zu dürfen, dass eine zufällige Abweichung in der Grösse
und Form ihres Körpers oder in der Länge und Krümmung ihres
Rüssels, wenn auch viel zu undedeutend für unsere Wahrnehmung, von solchem Nutzen für eine Biene oder ein anderes Insect sein könne, dass ein so ausgerüstetes Individuum im Stande
wäre, sein Futter schneller zu erlangen, und hierdurch mehr
Aussicht hätte, zu leben und Nachkommen zu hinterlassen. Seine
Nachkommen würden wahrscheinlich eine Neigung zu einer ähnlichen leichten Abweichung des Organes erben. Die Röhren der
Blumenkronen des rothen und des Incarnatklees (Trifolium pratense und Tr. incarnatum) scheinen bei flüchtiger Betrachtung
nicht sehr an Länge von einander abzuweichen; demungeachtet
kann die Honig- oder Korbbiene (Apis mellifica) den Nectar leicht
aus dem Incarnatklee, aber nicht aus dem rothen saugen, welcher
daher nur von Hummeln besucht wird; ganze Felder rothen Klees
bieten daher der Korbbiene vergebens einen Überfluss von
köstlichem Nectar dar. Dass die Korbbiene diesen Nectar
ausserordentlich liebt, ist gewiss; denn ich habe wiederholt, obschon bloss im Herbst, viele dieser Bienen den Nectar durch
Löcher an der Basis der Blüthenröhre aussaugen sehen, welche
die Hummeln in die Basis der Corolle gebissen hatten. Es würde
daher für die Korbbiene von grösstem Vortheil sein, einen etwas
längeren oder abweichend gestalteten Rüssel zu haben. Auf der
andern Seite habe ich (wie schon oben erwähnt) durch Versuche
gefunden, dass die Fruchtbarkeit des rothen Klees grossentheils
durch den Besuch der honigsuchenden Bienen bedingt ist, welche
bei diesem Geschäfte die Theile der Blumenkrone verschieben
und dabei den Pollen auf die Oberfläche der Narbe wischen. Die
Verschiedenheit in der Länge der Corolle bei beiden Kleearten,
von welchen der Besuch der Honigbiene abhängt, muss sehr unbedeutend sein; denn mir ist versichert worden, dass, wenn
rother Klee gemäht worden ist, die Blüthen des zweiten Triebs

etwas kleiner sind und ausserordentlich zahlreich von Bienen besucht werden. Ich weiss nicht, ob diese Angabe richtig, ebenso ob die andere Mittheilung zuverlässig ist, dass nämlich die Ligurische Biene, welche allgemein nur als Varietät angesehen wird und sich reichlich mit der gemeinen Honigbiene kreuzt, im Stande sei, den Nectar des gewöhnlichen rothen Klees zu erreichen und zu saugen. In einer Gegend, wo diese Kleeart reichlich vorkommt, kann es daher für die Honigbiene von grossem Vortheil sein, einen wenig längeren uder verschieden gebauten Rüssel zu besitzen. Da auf der andern Seite die Fruchtbarkeit dieses Klees absolut davon abhängt, dass Bienen die Blüthenblätter bewegen, so würde, wenn die Hummeln in einer Gegend selten werden sollten, eine kürzere uder tiefer getheilte Blumenkrone von grösstem Nutzen für den rothen Klee werden, damit die Honigbienen seine Blüthen besuchen können. Auf diese Weise begreife ich, wie eine Blüthe und eine Biene nach und nach, sei es gleichzeitig oder eine nach der andern, abgeändert und auf die vollkommenste Weise einander angepasst werden könnten, und zwar durch furtwährende Erhaltung von Individuen mit heiderseits nur ein wenig einander günstigeren Abweichungen der Structur.

Ich weiss wohl, dass die durch die vorangehenden ersonnenen Beispiele erläuterte Lehre von der natürlichen Zuchtwahl denselben Einwendungen ausgesetzt ist, welche man anfangs gegen CH. LYELL's grossartige Ansichten in »the Modern Changes of the Earth, as illustrative of Geology« vorgebracht hat; indessen hört man jetzt die Wirkung der Brandung z. B. in ihrer Anwendung auf die Aushöhlung riesiger Thäler oder auf die Bildung der längsten binnenländischen Klippenlinien selten mehr als eine unwichtige und unbedeutende Ursache bezeichnen. Die natürliche Zuchtwahl kann nur durch Häufung unendlich kleiner vererbter Modificationen wirken, deren jede dem erhaltenen Wesen von Vortheil ist; und wie die neuere Geologie solche Ansichten, wie die Aushöhlung grosser Thäler durch eine einzige Diluvialwoge meistens verbannt hat, so wird auch die natürliche Zuchtwahl, wenn sie ein richtiges Princip ist, den Glauben an alle Insecten und noch einige andere grosse Thiergruppen paaren sich für jede Geburt. Neuere Untersuchungen haben die Anzahl früher angenommener Hermaphroditen sehr vermindert, und von den wirklichen Hermaphroditen paaren sich viele, d. h. zwei Individuen vereinigen sich regelmässig zur Reproduction; dies ist alles, was uns hier angeht. Doch gibt es auch viele andere hermaphrodite Thiere, welche sich gewiss nicht gewöhnlich paaren. Auch bei weitem die grösste Anzahl der Pflanzen sind Hermaphroditen. Man kann nun fragen, was ist in diesen Fällen für ein Grund zur Annahme vorhanden, dass jedesmal zwei Individuen zur Reproduction zusammenwirken? Da es hier nicht möglich ist, in Einzelheiten einzugehen, so muss ich mich auf einige allgemeine Betrachtungen beschränken.

Für's Erste habe ich eine grosse Masse von Thatsachen gesammelt, welche übereinstimmend mit der fast allgemeinen Überzeugung der Viehzüchter beweisen, dass bei Thieren wie bei Pflanzen eine Kreuzung zwischen Thieren verschiedener Varietäten, oder zwischen solchen verschiedener Stämme einer Varietät der Nachkommenschaft Stärke und Fruchtbarkeit verleiht, während eine fortgesetzte Schöpfung neuer Organismen oder an grosse und plötzliche Modificationen ihrer Organisation verbannen.

## Über die Kreuzung der Individuen.

Ich muss hier eine kleine Digression einschalten. Es liegt vor Augen, dass bei Pflanzen und Thieren getrennten Geschlechtes jedesmal (mit Ausnahme der merkwürdigen und noch nicht aufgeklärten Fälle von Parthenogenesis) zwei Individuen sich vereinigen müssen, um eine Geburt zu Stande zu bringen. Bei Hermaphroditen aber ist dies keineswegs einleuchtend. Demungeachtet bin ich stark geneigt zu glauben, dass bei allen Hermaphroditen zwei Individuen gewöhnlich oder nur gelegentlich zur Fortpflanzung ihrer Art zusammenwirken. Diese Ansicht hat zuerst Andrew Knight aufgestellt. Wir werden gleich jetzt ihre Wichtigkeit erkennen. Zwar kann ich diese Frage nur in äusserster Kürze abhandeln; jedoch habe ich die Materialien für andrerseits enge Inzucht, Kraft und Fruchtbarkeit vermindert. Diese Thatsachen sind so zahlreich, dass schon sie mich glauben machen, dass es ein allgemeines Naturgesetz ist (wie unwissend wir auch über die Bedeutung des Gesetzes sein mögen), dass kein organisches Wesen sich selbst für eine Ewigkeit von Generationen befruchten könne, dass vielmehr eine Kreuzung mit einem andern Individuum von Zeit zu Zeit, vielleicht nach langen Zwischenräumen, unentbehrlich ist.

Von dem Glauben ausgehend, dass dies ein Naturgesetz sei, werden wir verschiedene grosse Classen von Thatsachen, wie z. B. die folgende, verstehen, welche auf andre Weise unerklärlich sind. Jeder Blendlingszüchter weiss, wie nachtheilig für die Befruchtung einer Blüthe es ist, wenn sie der Feuchtigkeit ausgesetzt wird. Und doch, was für eine Menge von Blumen haben Staubbeutel und Narben vollständig dem Wetter ausgesetzt! Ist aber eine Kreuzung von Zeit zn Zeit unerlässlich, so erklärt sich dieses Ausgesetztsein aus der Nothwendigkeit, dass die Blumen für den Eintritt fremden Pollens offen sein, und zwar um so mehr, als die eignen Staubgefässe und Pistille einer Blume gewöhnlich so nahe beisammen stehen, dass Selbstbefruchtung unvermeidlich scheint. Andrerseits aber haben viele Blumen ihre Befruchtungswerkzeuge sehr enge eingeschlossen, wie die Papilionaceen z. B.; aber bei den meisten solchen Blumen findet sich eine sehr merkwürdige Anpassung zwischen dem Bau der Blume und der Art und Weise, wie die Bienen den Nectar daraus saugen; hierbei wischen sie nämlich entweder den eignen Pollen der Blume über ihre Narbe oder bringen fremden Pollen von einer andern Blüthe mit. Zur Befruchtung der Schmetterlingsblüthen ist der Besuch der Bienen so nothwendig, dass, wie ich durch anderwärts veröffentlichte Versuche gefunden habe, ihre Fruchtbarkeit sehr abnimmt, wenn dieser Besuch verhindert wird. Nun ist es aber kaum möglich, dass Bienen von Blüthe zu Blüthe fliegen, ohne den Pollen der einen zur andern zu bringen, wie ich überzeugt bin, zum grossen Vortheil der Pflanze. Die Bienen wirken dabei wie ein Kameelhaarpinsel, und es ist ja vollkommen zur Befruchtung genügend, wenn man mit einem und demselben

Pinselchen zuerst das Staubgefäss der einen Blume und dann die Narbe der andern berührt. Dabei ist aber nicht zu fürchten, dass die Bienen viele Bastarde zwischen verschiedenen Arten erzeugen; denn, wenn man den eignen Pollen und den einer andern Pflanzenart zugleich mit demselben Pinsel auf die Narbe streicht, so hat der erste eine so überwiegende Wirkung, dass er, wie schon Gärtner gezeigt hat, jeden Einfluss des andern ausnahmslos und gänzlich zerstört.

Wenn die Staubgefässe einer Blume sich plötzlich gegen das Pistill schnellen oder sich eines nach dem andern langsam gegen dasselbe neigen, so scheint diese Einrichtung nur auf Sicherung der Selbstbefruchtung berechnet, und ohne Zweifel ist sie auch dafür nützlich. Aber die Thätigkeit der Insecten ist oft nothwendig, um die Staubfäden vorschnellen zu machen, wie Kölreuter beim Sauerdorn insbesondere gezeigt hat; und sonderbarer Weise hat man gerade bei dieser Gattung (Berberis), welche so vorzüglich zur Selbstbefruchtung eingerichtet zu sein scheint, die Beobachtung gemacht, dass, wenn man nahe verwandte Formen oder Varietäten dicht neben einander pflanzt, es in Folge der reichlichen Kreuzung kaum möglich ist, noch eine reine Rasse zu erhalten. In vielen andern Fällen aber findet man, wie C. C. Sprengel's Schriften und meine eignen Erfahrungen lehren, statt der Einrichtungen zur Begünstigung der Selbstbefruchtung vielmehr solche, welche sehr wirksam verhindern, dass das Stigma den Samenstaub der nämlichen Blüthe erhalte. So ist z. B. bei Lobelia fulgens eine wirklich schöne und sehr künstliche Einrichtung vorhanden, wodurch jedes der unendlich zahlreichen Pollenkörnchen aus den verwachsenen Antheren einer jeden Blüthe fortgeführt wird, ehe das Stigma derselben Blüthe bereit ist, dieselben aufzunehmen. Da nun, wenigstens in meinem Garten, diese Blumen niemals von Insecten besucht werden, so haben sie auch niemals Samen angesetzt, his ich auf künstlichem Wege den Pollen einer Blüthe auf die Narbe der andern übertrug und mich hiedurch auch in den Besitz zahlreicher Sämlinge zu setzen vermochte. Eine andere daneben stehende Lobelia-Art, die von Bienen besucht wird, bildet reichlich Samen. In sehr vielen anderen Fällen, wo zwar keine besondere mechanische Einrichtnng vorhanden ist, um das Stigma einer Blume an der Aufnahme des eignen Samenstaubs zu hindern, platzen aber doch entweder, wie sowohl C. C. Sprengel als ich selbst gefunden, die Staubbeutel schon bevor die Narbe zur Befruchtung reif ist, oder das Stigma ist vor dem Pollen derselben Blüthe reif, so dass diese Pflanzen in der That getrennte Geschlechter haben und sich fortwährend kreuzen müssen. So verhält es sich mit den früher erwähnten dimorphen und trimorphen Pflanzen. Wie wundersam erscheinen diese Thatsachen! Wie wundersam, dass der Pollen und die Oberfläche des Stigmas einer und derselben Blüthe, die doch so nahe zusammengerückt sind, als sollte dadurch die Selbstbefruchtung unvermeidlich werden, in so vielen Fällen völlig unnütz für einander sind. Wie einfach sind dagegen diese Thatsachen aus der Ansicht zu erklären, dass von Zeit zu Zeit eine Kreuzung mit einem anderen Individuum vortheilhaft oder sogar unentbehrlich sei.

Wenn man verschiedene Varietäten von Kohl, Rettig, Lauch u. e. a. Pflanzen sich dicht nebeneinander besamen lässt, so liefern ihre Samen, wie ich gefunden, grossentheils Blendlinge. So z. B. erzog ich 233 Kohlsämlinge aus dem Samen einiger Stöcke von verschiedenen Varietäten, die nahe bei einander gewachsen, und von diesen entsprachen nur 78 der Varietät des Stocks, von dem sie eingesammelt worden, und selbst diese nicht alle genau. Nun ist aber das Pistill einer jeden Kohlblüthe nicht allein von deren eignen sechs Staubgefässen, sondern auch von denen aller übrigen Blüthen derselben Pflanze nahe umgeben und der Pollen jeder Blüthe gelangt ohne Insectenhilfe leicht auf deren eignes Stigma; denn ich habe gefunden, dass eine sorgfältig geschützte Pflanze die volle Zahl von Schoten entwickelte. Wie kommt es nun aber, dass sich eine so grosse Anzahl von Sämlingen als Blendlinge erwiesen? Ich muss vermuthen, dass es davon herrührt, dass der Pollen einer entschiednen Varietät einen überwiegenden Einfluss auf das eigne Stigma habe, und zwar eben in Folge des Naturgesetzes, dass die Kreuzung zwischen verschiedenen Individuen derselben Species für diese nützlich ist. Werden dagegen verschiedene Arten mit einander gekreuzt, so ist der Erfolg ge-

rade umgekehrt, indem der Pollen einer Art einen über den der
andern überwiegenden Einfluss hat. Doch auf diesen Gegenstand
werde ich in einem späteren Capitel zurückkommen.

Handelt es sich um mächtige mit zahllosen Blüthen bedeckte
Bäume, so kann man einwenden, dass deren Pollen nur selten
von einem Stamme auf den andern übertragen werden und höchstens nur von einer Blüthe auf eine andre Blüthe desselben Stam-
mes gelangen kann, dass aber verschiedene Blüthen eines Baumes
nur in einem beschränkten Sinne als Individuen angesehen werden
können. Ich halte diese Einrede für triftig; doch hat die Natur
in dieser Hinsicht vorgesorgt, indem sie den Bäumen ein Streben
zur Bildung von Blüthen getrennten Geschlechtes gegeben hat.
Sind die Geschlechter getrennt, wenn gleich männliche und weibliche Blüthen auf einem Stamme vereinigt sind, so muss der
Pollen regelmässig von einer Blüthe zur andern geführt werden,
was denn auch mehr Aussicht gewährt, dass er gelegentlich von
einem Stamm zum andern komme. Ich finde, dass in unseren
Gegenden die Bäume aller Ordnungen öfter als andre Pflanzen
getrennte Geschlechter haben, und tabellarische Zusammenstellungen
der Neuseeländischen Bäume, welche Dr. Hooker, und der Vereinigten Staaten, welche Asa Gray mir auf meine Bitte geliefert,
haben zum vorausbestimmten Ergebnisse geführt. Doch andrerseits hat mir Dr. Hooker neuerlich mitgetheilt, dass diese Regel
nicht für Australien gelte; ich habe daher diese wenigen Bemerkungen über die Geschlechtsverhältnisse der Bäume nur
machen wollen, um die Aufmerksamkeit darauf zu lenken.

Was die Thiere betrifft, so gibt es unter den Landbewohnern einige Zwitterformen, wie Schnecken und Regenwürmer;
aber diese paaren sich alle. Ich habe noch kein Beispiel kennen
gelernt, wo ein Landthier sich selbst befruchtete. Man kann diese
merkwürdige Thatsache, welche einen so schroffen Gegensatz zu
den Landpflanzen bildet, nach der Ansicht, dass eine Kreuzung
von Zeit zu Zeit nöthig sei, erklären, indem man das Medium,
worin die Landthiere leben, und die Beschaffenheit des befruchtenden Elementes berücksichtigt; denn wir kennen keinen Weg,
auf welchem, wie durch Insecten und Wind bei den Pflanzen,

eine gelegentliche Kreuzung zwischen Landthieren anders bewirkt werden könnte, als durch die unmittelbare Zusammenwirkung der beiderlei Individuen. Bei den Wasserthieren dagegen gibt es viele sich selbst befruchtende Hermaphroditen; hier liefern aber die Strömungen des Wassers ein handgreifliches Mittel für gelegentliche Kreuzungen. Und, wie bei den Pflanzen, so habe ich auch bei den Thieren, sogar nach Besprechung mit einer der ersten Autoritäten, mit Professor Huxley, vergebens gesucht, auch nur eine hermaphroditische Thierart zu finden, deren Geschlechtsorgane so vollständig im Körper eingeschlossen wären, dass dadurch der gelegentliche Einfluss eines andern Individuum physisch unmöglich gemacht würde. Die Cirripeden schienen mir zwar langezeit einen in dieser Beziehung sehr schwierigen Fall darzubieten; ich bin aber durch einen glücklichen Umstand in die Lage gesetzt gewesen, schon anderwärts zeigen zu können, dass zwei Individuen, wenn auch in der Regel sich selbst befruchtende Zwitter, sich doch zuweilen kreuzen.

Es muss den meisten Naturforschern als eine sonderbare Ausnahme schon aufgefallen sein, dass sowohl bei Pflanzen als Thieren Arten in einer Familie und oft in einer Gattung beisammen stehen, welche, obwohl im grösseren Theile ihrer übrigen Organisation unter sich nahe übereinstimmend, doch zum Theile Zwitter und zum Theile eingeschlechtig sind. Wenn aber auch alle Hermaphroditen sich von Zeit zu Zeit mit andern Individuen kreuzen, so wird der Unterschied zwischen hermaphroditischen und eingeschlechtigen Arten, was ihre Geschlechtsfunctionen betrifft, ein sehr kleiner.

Nach diesen mancherlei Betrachtungen und den vielen einzelnen Fällen, die ich gesammelt habe, jedoch hier nicht mittheilen kann, bin ich sehr zur Vermuthung geneigt, dass im Pflanzenwie im Thierreiche die von Zeit zu Zeit erfolgende Kreuzung mit einem andern Individuum ein Naturgesetz ist. Ich weiss wohl, dass es in dieser Beziehung viele schwierige Fälle gibt, von denen ich einige genauer zu verfolgen suche. Als Endergebniss können wir folgern, dass in vielen organischen Wesen die Kreuzung zweier Individuen eine offenbare Nothwendigkeit für jede Fortpflanzung ist; bei vielen andern genügt es, wenn sie von Zeit zu Zeit wiederkehrt; dagegen vermuthe ich, dass Selbstbefruchtung allein nirgends für immer ausreichend sei.

### Der natürlichen Zuchtwahl günstige Verhältnisse.

Dies ist ein äusserst verwickelter Gegenstand. Eine grosse Summe von Veränderlichkeit wird offenbar der Thätigkeit der natürlichen Zuchtwahl günstig sein; aber wahrscheinlich genügen schon individuelle Verschiedenheiten. Eine grosse Anzahl von Individuen gleicht dadurch, dass sie mehr Aussicht auf das Hervortreten nutzbarer Abänderungen in einem gegebenen Zeitraum darbietet, einen geringeren Betrag von Veränderlichkeit in jedem einzelnen Individuum aus und ist, wie ich glaube, eine äusserst wichtige Bedingung des Erfolges. Obwohl die Natur lange Zeiträume für die Wirksamkeit der natürlichen Zuchtwahl gewährt, so gestattet sie doch keine von unendlicher Länge; denn da alle organischen Wesen eine Stelle im Haushalte der Natur einzunehmen streben, so muss eine Art, welche nicht gleichen Schrittes mit ihren Concurrenten verändert und verbessert wird, bald erlöschen. Wenn vortheilhafte Abänderungen sich nicht wenigstens auf einige Nachkommen vererben, so vermag die natürliche Zuchtwahl nichts auszurichten. Nichtvererbung des neuen Characters ist in der That nichts anderes als Rückkehr zum Character der Grosseltern oder noch früherer Vorgänger. Ohne Zweifel mag diese Neigung zur Rückkehr die Thätigkeit der natürlichen Zuchtwahl oft vereitelt haben: aber ihre Bedeutung ist von einigen Schriftstellern weit überschätzt worden. Denn wenn diese Neigung nicht an der Ausbildung so vieler erblichen Rassen im Thier- wie im Pflanzenreich gehindert hat, wie sollte sie die Vorgänge der natürlichen Zuchtwahl verhindert haben?

Bei planmässiger Züchtung wählt der Züchter nach einem bestimmten Zwecke, und freie Kreuzung würde sein Werk gänzlich hemmen. Haben aber viele Menschen, ohne die Absicht ihre Rasse zu veredeln, ungefähr gleiche Ansichten von Vollkommenheit, und sind alle bestrebt, nur die besten und vollkommensten Thiere zu erhalten und zur Nachzucht zu verwenden, so wird, wenn auch langsam, aus dieser unbewussten Züchtung gewiss schon eine beträchtliche Umänderung und Veredlung hervorgehen, wenn auch viele Kreuzung mit schlechteren Thieren zwischendurchläuft. So ist es auch in der Natur. Findet sich ein beschränktes Gebiet mit einer nicht so vollkommen ausgefüllten Stelle wie es wohl sein könnte in ihrer geselligen Zusammensetzung, so wird die natürliche Zuchtwahl bestrebt sein, alle Individuen zu erhalten, die, wenn auch in verschiedenem Grade, doch in der angemessenen Richtung so variiren, dass sie die Stelle allmählich besser auszufüllen im Stande sind. Ist jenes Gebiet aber gross, so werden seine verschiedenen Bezirke fast sicher ungleiche Lebensbedingungen darbieten; und wenn dann durch den Einfluss der natürlichen Zuchtwahl eine Species in den verschiedenen Bezirken abgeändert und verbessert wird, so wird an den Grenzen dieser Bezirke eine Kreuzung mit den andern Individuen derselben Species eintreten. In diesem Falle kann die Wirkung der Kreuzung durch die natürliche Zuchtwahl, welche bestrebt ist alle Individuen eines jeden Bezirks genau in derselben Weise den Lebensbedingungen eines jeden anzupassen, kaum aufgewogen werden, weil in einer zusammenhängenden Fläche die Lebensbedingungen des einen in die des anderen Bezirkes allmählich übergehen. Die Kreuzung wird hauptsächlich diejenigen Thiere berühren, welche sich zu jeder Fortpflanzung paaren, viel wandern und sich nicht rasch vervielfältigen. Daher bei Thieren dieser Art, Vögeln z. B., Varietäten gewöhnlich auf getrennte Gegenden beschränkt sein werden, wie es auch wie ich finde der Fall ist. Bei Zwitterorganismen, welche sich nur von Zeit zu Zeit mit anderen kreuzen, sowie bei solchen Thieren, die zu jeder Verjüngung ihrer Art sich paaren, aber wenig wandern und sich sehr rasch vervielfältigen können, dürfte sich eine neue und verbesserte Varietät an irgend einer Stelle rasch bilden und sich dort in Masse zusammenhalten, so dass jedwede Kreuzung nur zwischen Individuen derselben neuen Varietät erfolgt. Ist eine örtliche Varietät auf solche Weise einmal gebildet, so wird sie sich nachher langsam über andere Bezirke verbreiten. Nach dem obigen Princip ziehen Pflanzschulenbesitzer es immer vor, Samen von einer grossen Pflanzenmasse gleicher Varietät zu ziehen, weil hierdurch die Möglichkeit einer Kreuzung mit anderen Varietäten gemindert wird.

Selbst bei Thieren mit langsamer Vermehrung, die sich zu jeder Fortpflanzung paaren, dürfen wir die Wirkungen der Kreuzung auf Verzögerung der natürlichen Zuchtwahl nicht überschätzen; denn ich kann eine lange Liste von Thatsachen beibringen, woraus sich ergibt, dass innerhalb eines und desselben Gebietes Varietäten der nämlichen Thierart lange unterschieden bleiben können, weil sie verschiedene Stationen innehaben, in etwas verschiedener Jahreszeit sich fortpflanzen, oder nur einerlei Varietäten sich unter einander zu paaren vorziehen.

Kreuzung spielt in der Natur insoferne eine grosse Rolle, als sie die Individuen einer Art oder einer Varietät rein und einförmig in ihrem Character erhält. Sie wird dies offenbar weit wirksamer zu thun vermögen bei solchen Thieren, die sich für jede Fortpflanzung paaren; aber ich habe schon vorher zu zeigen gesucht, wie wir zu vermuthen Ursache haben, dass bei allen Pflanzen und bei allen Thieren von Zeit zu Zeit Kreuzungen erfolgen; — und wenn dies auch nur nach langen Zwischenräumen wieder einmal erfolgt, so werden die hierbei erzielten Abkömmlinge die durch lange Selbstbefruchtung erzielte Nachkommenschaft an Stärke und Fruchtbarkeit so sehr übertreffen, dass sie mehr Aussicht haben dieselben zu überleben und sich fortzupflanzen; und so wird auf die Länge der Einfluss der wenn auch nur seltenen Kreuzungen doch gross sein. Gibt es Organismen, die sich niemals kreuzen, so kann eine Gleichförmigkeit des Characters so lange währen, als ihre äusseren Lebensbedingungen die nämlichen bleiben, nur in Folge der Vererbung und in Folge der natürlichen Zuchtwahl, welche jede zufällige Abweichung von dem eigenen Typus immer wieder zerstört; wenn aber die Lebensbedingungen sich ändern und jene Wesen dem entsprechende Abänderungen erleiden, so kann ihre hiernach abgeänderte Nachkommenschaft nur dadurch Einförmigkeit des Characters behaupten, dass natürliche Zuchtwahl dieselbe vortheilhafte Varietät erhält.

DARWIN, Entstehung der Arten. 3. Aufl.

Isolirung ist eine wichtige Bedingung im Processe der natürlichen Zuchtwahl. In einem umgrenzten oder isolirten Gebiete werden, wenn es nicht sehr gross ist, die unorganischen wie die organischen Lebensbedingungen gewöhnlich in hohem Grade einförmig sein; daher die natürliche Zuchtwahl streben wird, alle Individuen einer veränderlichen Art in gleicher Weise mit Hinsicht auf die gleichen Lebensbedingungen zu modificiren. Auch Kreuzungen mit solchen Individuen derselben Art, welche die den Bezirk umgrenzenden und anders beschaffenen Gegenden bewohnen mögen, können da nicht vorkommen. Isolirung wirkt aber wahrscheinlich dadurch noch kräftiger, dass sie nach irgend einem physikalischen Wechsel im Klima, in der Höhe des Landes u. s. w. die Einwanderung besser passender Organismen hindert; und so bleiben die neuen Stellen im Naturhaushalte der Gegend offen für die Bewerbung der alten Bewohner, bis diese sich durch geeignete Veränderungen in organischer Bildung und Thätigkeit denselben angepasst haben. Isolirung wird endlich dadurch, dass sie Einwanderung und daher Mitbewerbung hemmt, Zeit geben zur langsamen Verbesserung neuer Varietäten und dies kann mitunter von Wichtigkeit sein für die Hervorbringung neuer Arten. Wenn dagegen ein isolirtes Gebiet sehr klein ist, entweder der es umgebenden Schranken halber oder in Folge seiner ganz eigenthümlichen physikalischen Verhältnisse, so wird nothwendig auch die Gesammtzahl der darin vorhandenen Individuen sehr klein sein; und geringe Individuenzahl verzögert sehr die Bildung neuer Arten durch natürliche Zuchtwahl, weil sie die Möglichkeit des Auftretens neuer angemessener Abänderungen vermindert.

Der blosse Verlauf der Zeit an und für sich thut nichts für und nichts gegen die natürliche Zuchtwahl. Ich bemerke dies ausdrücklich, weil man irrig behauptet hat, dass ich dem Zeitelement einen allmächtigen Antheil zugestehe, als ob alle Species mit der Zeit nothwendig eine allmähliche Veränderung erfahren müssten. Zeit ist aber nur insoferne von Bedeutung, als sie überhaupt mehr Aussicht darbietet, dass wohlthätige Abänderungen auftreten, zur Zucht gewählt, gehäuft und in Bezug auf die langsam wechselnden organischen und unorganischen Lebensbedingungen fixirt werden. Auch begünstigt sie die directe Wirkung neuer oder veränderter physischer Lebensbedingungen.

Wenden wir uns zur Prüfung der Wahrheit dieser Bemerkungen an die Natur und betrachten wir irgend ein kleines abgeschlossenes Gebiet, eine oceanische Insel z. B., so werden wir finden dass, obwohl die Gesammtzahl der dieselbe bewohnenden Arten nur klein ist, wie sich in dem Capitel über geographische Verbreitung ergeben wird, doch eine verhältnissmässig grosse Zahl dieser Arten endemisch ist, d. h. hier an Ort und Stelle und nirgends anderwärts erzeugt worden ist. Auf den ersten Anblick scheint es demnach, als müsse eine oceanische Insel sehr geeignet zur Hervorbringung neuer Arten gewesen sein; wir dürften uns aber hierin sehr täuschen; denn um thatsächlich zu ermitteln, ob ein kleines abgeschlossenes Gebiet oder eine weite offene Fläche wie ein Continent für die Erzeugung neuer organischer Formen mehr geeignet gewesen sei, müssten wir auch gleich-lange Zeiträume dabei vergleichen können, und dies sind wir nicht im Stande zu thun.

Obwohl nun Isolirung bei Erzeugung neuer Arten ein sehr wichtiger Umstand ist, so möchte ich doch im Ganzen genommen glauben, dass grosse Ausdehnung des Gebietes noch wichtiger insbesondere für die Hervorbringung solcher Arten ist, die sich einer langen Dauer und weiten Verbreitung fähig zeigen. Auf einer grossen und offenen Fläche wird nicht nur die Aussicht für das Auftreten vortheilhafter Abänderungen wegen der grösseren Anzahl von Individuen einer Art günstiger, es werden auch die Lebensbedingungen wegen der grossen Anzahl schon vorhandener Arten unendlich zusammengesetzter sein; und wenn einige von diesen zahlreichen Arten verändert oder verbessert werden, so müssen auch andere in entsprechendem Grade verbessert werden oder untergehen. Eben so wird jede neue Form, sobald sie sich stark verbessert hat, fähig sein, sich über die offene und zusammenhängende Fläche auszubreiten, und wird hiedurch in Concurrenz mit vielen andern treten. Ausserdem aber mögen grosse Flächen, wenn sie auch jetzt zusammenhängend

sind, in Folge der Schwankungen ihrer Oberfläche, oft noch unlängst von unterbrochener Beschaffenheit gewesen sein, so dass
sie an den guten Wirkungen der Isolirung wenigstens bis zu
einem gewissen Grade mit theilgenommen haben. Ich komme
demnach zum Schlusse, dass, wenn kleine abgeschlossene Gebiete
auch in manchen Beziehungen wahrscheinlich sehr günstig für
die Erzeugung neuer Arten gewesen sind, doch auf grossen
Flächen die Abänderungen im Allgemeinen rascher erfolgt sind
und, was noch wichtiger ist, die auf den grossen Flächen entstandenen neuen Formen, welche bereits den Sieg über viele Mitbewerber davon getragen haben, solche sein werden, die sich am
weitesten verbreiten und die zahlreichsten neuen Varietäten und
Arten liefern, mithin den wesentlichsten Antheil an den geschicht-
lichen Veränderungen der organischen Welt nehmen.

Wir können von diesen Gesichtspunkten aus vielleicht einige
Thatsachen verstehen, welche in unserem Capitel über die geographische Verbreitung erörtert werden sollen; z. B. dass die Erzeugnisse des kleineren Australischen Continentes früher vor denen
der grösseren Europäisch-Asiatischen Fläche gewichen und anscheinend noch jetzt im Weichen begriffen sind. Daher kommt
es ferner, dass festländische Erzeugnisse allenthalben so reichlich auf Inseln naturalisirt worden sind. Auf einer kleinen Insel
wird der Wettkampf um's Dasein viel weniger heftig, Modificationen werden weniger und Aussterben geringer gewesen sein.
Daher rührt es vielleicht auch, dass die Flora von Madeira nach
Oswald Heer der erloschenen Tertiärflora Europas gleicht. Alle
Süsswasserbecken zusammengenommen nehmen dem Meere wie
dem trockenen Lande gegenüber nur eine kleine Fläche ein, und
demgemäss wird die Concurrenz zwischen den Süsswassererzeug-
nissen minder heftig gewesen sein als anderwärts; neue Formen
sind langsamer entstanden und alte langsamer erloschen. Im
süssen Wasser finden wir sieben Gattungen ganoider Fische als
übriggebliebene Vertreter einer einst vorherrschenden Ordnung
dieser Classe; und im süssen Wasser finden wir auch einige der
anomalsten Wesen, welche auf der Erde bekannt sind, den Orni-

bis zu gewissem Grade solche Ordnungen miteinander verbinden, welche jetzt auf der natürlichen Stufenleiter weit von einander entfernt sind. Man kann daher diese anomalen Formen immerhin „lebende Fossile" nennen. Sie haben ausgedauert bis auf den heutigen Tag, weil sie eine beschränkte Fläche bewohnt haben und in dessen Folgen einer minder heftigen Concurrenz ausgesetzt gewesen sind.

Fassen wir die der natürlichen Zuchtwahl günstigen und ungünstigen Umstände schliesslich zusammen, so weit die äusserst verwickelte Beschaffenheit solches gestattet. Ich gelange zum Schlusse: dass für Landerzeugnisse eine weite Festlandfläche, welche vielfältige Höhenwechsel erfahren hat und sich daher lange Zeiträume hindurch in einem unterbrochenen Zustande befunden hat, für Hervorbringung vieler neuen zu langer Dauer und weiter Verbreitung geeigneten Lebensformen die günstigsten Bedingungen dargeboten hat. Eine solche Fläche war zuerst ein Festland, dessen Bewohner in jener Zeit zahlreich an Arten und Individuen sehr lebhafter Concurrenz ausgesetzt gewesen sind. Ist sodann der Continent durch Senkungen in grosse Inseln geschieden worden, so werden noch viele Individuen derselben Art auf jeder Insel übrig geblieben sein, welche sich an den Grenzen ihrer Verbreitungsbezirke mit einander zu kreuzen gehindert sind. Nach irgend welchen physikalischen Veränderungen konnten keine Einwanderungen mehr stattfinden, daher die neu entstehenden Stellen in dem Naturhaushalt jeder Insel durch Abänderungen ihrer alten Bewohner ausgefüllt werden mussten. Um die Varietäten eines jeden gehörig umzugestalten und zu vervollkommnen, wird Zeit gelassen worden sein. Wurden durch eine neue Hebung die Inseln wieder in ein Festland verwandelt, so wird wieder eine heftige Concurrenz eingetreten sein. Die am meisten begünstigten oder verbesserten Varietäten waren im Stande sich auszubreiten, viele minder vollkommene Formen werden erloschen sein und die Verhältnisszahlen der verschiedenen Bewohner des erneuerten Continents werden sich wieder bedeutend geändert haben. Es wird daher wiederum der natürlichen Zuchtwahl ein reiches Feld zur ferneren Verbesserung der Bewohner und zur Hervorbringung neuer Arten geboten sein.

Ich gebe vollkommen zu, dass die natürliche Zuchtwahl immer mit äusserster Langsamkeit wirkt. Ihre Thätigkeit hängt davon ab, dass in dem Haushalte der Natur Stellen vorhanden sind, welche dadurch besser besetzt werden können, dass einige Bewohner der Gegend irgend welche Abänderung erfahren. Das Vorhandensein solcher Stellen wird oft von gewöhnlich sehr langsamen physikalischen Veränderungen und davon abhängen, dass die Einwanderung besser anpassender Formen gehindert ist. Aber die Thätigkeit der natürlichen Zuchtwahl wird wahrscheinlich noch öfter davon bedingt sein, dass einige der Bewohner langsame Abänderungen erleiden, indem hiedurch die Wechselbeziehungen vieler andern Bewohner zu einander gestört werden. Nichts kann erreicht werden, bevor nicht vortheilhafte Abänderungen vorkommen, und Abänderung selbst ist offenbar stets ein sehr langsamer Vorgang. Durch häufige Kreuzung wird der Process oft sehr verlangsamt werden. Viele werden der Meinung sein, dass diese verschiedenen Ursachen ganz genügend seien, um die Thätigkeit der natürlichen Zuchtwahl vollständig zu hindern; ich bin jedoch nicht dieser Ansicht. Auf der andern Seite glaube ich aber, dass natürliche Zuchtwahl immer sehr langsam wirkt, im Allgemeinen nur in langen Zwischenräumen und gewöhnlich nur bei sehr wenigen Bewohnern einer Gegend zugleich. Ich glaube ferner, dass diese sehr langsame und aussetzende Thätigkeit der natürlichen Zuchtwahl ganz gut dem entspricht, was uns die Geologie in Bezug auf die Ordnung und Art der Veränderung lehrt, welche die Bewohner der Erde allmäblich erfahren haben.

Wie langsam aber auch der Process der Zuchtwahl sein mag, wenn der schwache Mensch in kurzer Zeit schon so viel durch seine künstliche Zuchtwahl thun kann, so vermag ich keine Grenze für den Umfang der Veränderungen, für die Schönheit und endlose Verflechtung der Anpassungen aller organischen Wesen an einander und an ihre natürlichen Lebensbedingungen zu erkennen, welche die natürliche Zuchtwahl im Verlaufe langer Zeiträume zu bewirken im Stande ist.

Aussterben durch natürliche Zuchtwahl verursacht.

Dieser Gegenstand wird in unserem Abschnitte über Geologie vollständiger abgehandelt werden; wir müssen ihn aber hier berühren, weil er mit der natürlichen Zuchtwahl eng zusammenhängt. Natürliche Zuchtwahl wirkt nur durch Erhaltung irgendwie vortheilhafter Abänderungen, welche folglich die andern überdauern. Da jedoch in Folge des geometrischen Vervielfältigungsvermögens aller organischen Wesen jeder Bezirk schon mit der vollen Zahl seiner lebenden Bewohner und da die meisten Bezirke bereits mit einer grossen Mannichfaltigkeit der Formen versorgt sind, so folgt daraus, dass, wie jede ausgewählte und begünstigte Form an Menge zunimmt, die minder begünstigten Formen allmählich abnehmen und seltener werden. Seltenwerden ist, wie die Geologie uns lehrt, Anfang des Aussterbens. Man sieht auch, dass eine nur durch wenige Individuën vertretene Form durch Schwankungen in den Jahreszeiten oder durch die Zahl ihrer Feinde grosse Gefahr gänzlicher Vertilgung läuft. Doch können wir noch weiter gehen; denn wie neue Formen langsam aber beständig erzeugt werden, so müssen andere unvermeidlich erlöschen, wenn nicht die Zahl der specifischen Formen beständig und fast unendlich anwachsen soll. Die Geologie zeigt uns klar, dass die Zahl der Arten nicht in's Unbegrenzte gewachsen ist, und wir wollen gleich zu zeigen versuchen, woher es komme, dass die Artenzahl auf der Erdoberfläche nicht unermesslich gross geworden ist.

Wir haben gesehen, dass diejenigen Arten, welche die zahlreichsten an Individuen sind, die meiste Wahrscheinlichkeit für sich haben, innerhalb einer gegebenen Zeit vortheilhafte Abänderungen hervorzubringen. Die im zweiten Capitel mitgetheilten Thatsachen können zum Beweise dafür dienen, indem sie zeigen, dass gerade die gemeinsten Arten die grösste Anzahl ausgezeichneter Varietäten oder anfangender Species liefern. Daher werden denn auch die selteneren Arten in einer gegebenen Periode weniger rasch umgeändert oder verbessert werden und demzufolge in dem Kampfe um's Dasein mit den umgeänderten Abkömmlingen der gemeineren Arten unterliegen.

Aus diesen verschiedenen Betrachtungen scheint nun unvermeidlich zu folgen, dass, wie im Laufe der Zeit neue Arten durch natürliche Zuchtwahl entstehen, andere seltener und seltener werden und endlich erlöschen werden. Diejenigen Formen werden natürlich am meisten leiden, welche in engster Concurrenz mit denen stehen, welche einer Veränderung und Verbesserung unterliegen. Und wir haben in dem Capitel über den Kampf um's Dasein gesehen, dass es die mit einander am nächsten verwandten Formen — Varietäten der nämlichen Art und Arten der nämlichen oder einander zunächst verwandten Gattungen — sind, die, weil sie nahezu gleichen Bau, Constitution und Lebensweise haben, meistens auch in die heftigste Concurrenz miteinander gerathen. Jede neue Varietät oder Art wird folglich während des Verlaufes ihrer Bildung im Allgemeinen am stärksten ihre nächst verwandte Form bedrängen und sie zum Aussterben zu bringen suchen. Wir sehen den nämlichen Process der Austilgung unter unseren Culturerzeugnissen vor sich gehen, in Folge der Züchtung verbesserter Formen durch den Menschen. Ich könnte mit vielen merkwürdigen Belegen zeigen, wie schnell neue Rassen von Rindern, Schafen und andern Thieren oder neue Varietäten von Blumen die Stelle der früheren und unvollkommeneren einnehmen. In Yorkshire ist es geschichtlich bekannt, dass das alte schwarze Rindvieh durch die Langhornrasse verdrängt und dass diese nach dem Ausdruck eines landwirthschaftlichen Schriftstellers, „wie durch eine mörderische Seuche von den Kurzhörnern weggefegt worden ist."

### Divergenz des Characters.

Das Princip, welches ich mit diesem Ausdruck bezeichne, ist von hoher Wichtigkeit für meine Theorie und erklärt nach meiner Meinung verschiedene wichtige Thatsachen. Erstens gibt es manche sehr ausgeprägte Varietäten, die, obwohl sie etwas vom Character der Species an sich haben, wie in vielen Fällen aus den hoffnungslosen Zweifeln über ihren Rang erhellet, doch gewiss viel weniger als gute und echte Arten von einander abweichen. Demungeachtet sind nach meiner Anschauungsweise Varietäten eben anfangende Species. Auf welche Weise wächst nun jene kleinere Verschiedenheit zur grösseren specifischen Verschiedenheit an? Dass dies allgemein geschehe, müssen wir aus den fast unzähligen in der ganzen Natur vorhandenen Arten mit wohl ausgeprägten Varietäten schliessen, während Varietäten, die von uns angenommenen Prototype und Eltern künftiger wohl unterschiedener Arten, nur geringe und schlechtausgeprägte Unterschiede darbieten. Der blosse Zufall, wie man es nennen könnte, möchte wohl die Abweichung einer Varietät von ihren Eltern in einigen Beziehungen und dann die noch stärkere Abweichung des Nachkömmlings dieser Varietät von seinen Eltern in gleicher Richtung veranlassen können: doch würde dies nicht allein genügen, ein so gewöhnliches und grosses Maass von Verschiedenheit zu erklären, als zwischen Varietäten einer Art und zwischen Arten einer Gattung vorhanden ist.

Wir wollen daher, wie ich es bis jetzt zu thun gewöhnt war, auch diesen Gegenstand mit Hilfe unserer Culturerzeugnisse zu erläutern suchen. Wir werden dabei etwas Analoges finden. Man wird zugeben, dass die Bildung so weit auseinander laufender Rassen wie die des Kurzhorn- und des Herefordrindes, des Renn- und des Karrenpferdes, der verschiedenen Taubenrassen u. s. w. durch bloss zufällige Häufung der Abänderungen ähnlicher Art während vieler aufeinander folgender Generationen nicht hätte zu Stande kommen können. Wenn nun aber in der Wirklichkeit ein Liebhaber seine Freude an einer Taube mit merklich kürzerem und ein anderer die seinige an einer solchen mit viel längerem Schnabel hätte, so würden sich beide bestreben (wie es mit Purzeltauben wirklich der Fall gewesen), da „Liebhaber Mittelformen nicht bewundern, sondern Extreme lieben", zur Nachzucht Vögel mit immer kürzeren und kürzeren oder immer längeren und längeren Schnäbeln zu wählen. Ebenso können wir annehmen, es habe Jemand in früherer Zeit schlankere und ein anderer stärkere und schwerere Pferde vorgezogen. Die ersten Unterschiede werden nur sehr gering gewesen sein; wenn nun aber im Laufe der Zeit einige Züchter fortwährend die schlankeren, und andere ebenso die schwereren Pferde zur Nachzucht erkieaen, so werden die Verschiedenheiten immer grösser werden und

Veranlassung geben zwei Unterrassen zu unterscheiden, und nach
Verlauf von Jahrhunderten können diese Unterrassen sich endlich
zu zwei wohlbegründeten verschiedenen Rassen ausbilden. Da
die Verschiedenheiten langsam zunehmen, so werden die unvollkommeneren Thiere von mittlerem Character, die weder sehr leicht
noch sehr schwer sind, vernachlässigt werden und sich zum Erlöschen neigen. Daher sehen wir denn in diesen künstlichen
Erzeugnissen des Menschen, dass in Folge des Princips der Divergenz, wie man es nennen könnte, die anfangs kaum bemerk-
baren Verschiedenheiten immer zunehmen und die Rassen immer
weiter unter sich wie von ihren gemeinsamen Stammeltern abweichen.

Aber wie, kann man fragen, lässt sich ein solches Princip
auf die Natur anwenden? Ich glaube, dass es schon durch den
einfachen Umstand eine erfolgreiche Anwendung finden kann und
auch findet (obwohl ich selbst dies lange Zeit nicht erkannt habe),
dass, je weiter die Abkömmlinge einer Species im Bau, Constitution und Lebensweise auseinandergehen, um so besser sie geeignet sein werden, viele und sehr verschiedene Stellen im Haushalte der Natur einzunehmen und somit an Zahl zuzunehmen.

Dies zeigt sich deutlich bei Thieren mit einfacher Lebensweise. Nehmen wir ein vierfüssiges Raubthier zum Beispiel, dessen Zahl in einer Gegend schon längst zu dem vollen Betrage
angestiegen ist, welchen die Gegend zu ernähren vermag. Hat
sein natürliches Vervielfältigungsvermögen freies Spiel, so kann
dieselbe Thierart (vorausgesetzt dass die Gegend keine Veränderung ihrer natürlichen Verhältnisse erfahre) nur dann noch weiter
zunehmen, wenn ihre Nachkommen in der Weise abändern, dass
sie allmählich solche Stellen einnehmen können, welche jetzt andere
Thiere schon innehaben, wenn z. B. einige derselben geschickt
werden auf neue Arten von lebender oder todter Beute auszugehen, wenn sie neue Standorte bewohnen, Bäume erklimmen,
in's Wasser gehen oder auch einen Theil ihrer Raubthiernatur
aufgeben. Je mehr nun diese Nachkommen unseres Raubthieres
in Organisation und Lebensweise auseinandergehen, desto mehr
Stellen werden sie fähig sein in der Natur einzunehmen. Und

was von einem Thiere gilt, das gilt durch alle Zeiten von allen
Thieren, vorausgesetzt, dass sie variiren; denn ausserdem kann
natürliche Zuchtwahl nichts ausrichten. Und dasselbe gilt von
den Pflanzen. Es ist durch Versuche dargethan worden, dass
wenn man eine Strecke Landes mit Gräsern verschiedener Gattungen besäet, man eine grössere Anzahl von Pflanzen erzielen
und ein grösseres Gewicht von Heu einbringen kann, als wenn
man eine gleiche Strecke nur mit einer Grasart ansäet. Zum nämlichen Ergebniss ist man gelangt, wenn man zuerst eine Varietät
und dann verschiedene gemischte Varietäten von Weizen auf zwei
gleich grosse Grundstücke säete. Wenn daher eine Grasart in
Varietäten auseinandergeht und diese Varietäten, welche unter
sich in derselben Weise wie die Arten und Gattungen der Gräser
verschieden sind, immer wieder zur Nachzucht gewählt werden,
so wird eine grössere Anzahl einzelner Stöcke dieser Grasart
mit Einschluss ihrer Varietäten auf gleicher Fläche wachsen können, als zuvor. Bekanntlich streut jede Grasart und Varietät
jährlich eine fast zahllose Menge von Samen aus, so dass man
fast sagen könnte, ihr hauptsächlichstes Streben sei Vermehrung
der Individuenzahl. Daher werden im Verlaufe von vielen tausend Generationen gerade die am weitesten auseinander gehenden
Varietäten einer Grasart immer am meisten Aussicht auf Erfolg
und auf Vermehrung ihrer Anzahl und dadurch auf Verdrängung
der geringeren Abweichungen für sich haben; und sind diese Varietäten nun weit von einander verschieden, so nehmen sie den
Character der Arten an.

Die Wahrheit des Princips, dass die grösste Summe von
Leben durch die grösste Differenzirung der Structur vermittelt
werden kann, lässt sich unter vielerlei natürlichen Verhältnissen
erkennen. Wir sehen auf ganz kleinen Räumen, zumal wenn
sie der Einwanderung offen sind und mithin das Ringen der Arten mit einander heftig ist, stets eine grosse Mannichfaltigkeit
von Bewohnern. So fand ich z. B. auf einem 3' langen und 4'
breiten Stück Rasen, welches viele Jahre lang genau denselben
Bedingungen ausgesetzt gewesen, zwanzig Arten von Pflanzen
aus achtzehn Gattungen und acht Ordnungen beisammen, woraus

sich ergibt, wie verschieden von einander eben diese Pflanzen
sind. So ist es auch mit den Pflanzen und Insecten auf kleinen
einförmigen Inseln; und ebenso in kleinen Süsswasserbehältern.
Die Landwirthe wissen, dass sie bei einer Fruchtfolge mit Pflanzenarten aus den verschiedensten Ordnungen am meisten Futter
erziehen können, und die Natur bietet, was man eine simultane
Fruchtfolge nennen könnte. Die meisten Pflanzen und Thiere,
welche rings um ein kleines Grundstück wohnen, würden auch
auf diesem Grundstücke (wenn es nicht in irgend einer Beziehung von sehr abweichender Beschaffenheit ist) leben können
und streben so zu sagen in hohem Grade darnach da zu leben;
wo sie aber in nächste Concurrenz mit einander kommen, da
sehen wir, dass ihre aus der Differenzirung ihrer Organisation,
Lebensweise und Constitution sich ergebenden wechselseitigen
Vorzüge bedingen, dass die am unmittelbarsten mit einander ringenden Bewohner im Allgemeinen verschiedenen Gattungen und
Ordnungen angehören.

Dasselbe Princip erkennt man, wo der Mensch Pflanzen in
fremdem Lande zu naturalisiren strebt. Man hätte erwarten dürfen, dass diejenigen Pflanzen, die mit Erfolg in einem Lande
naturalisirt werden können, im Allgemeinen nahe verwandt mit
den eingeborenen seien; denn diese betrachtet man gewöhnlich
als besonders für ihre Heimath geschaffen und angepasst. Eben
so hätte man vielleicht erwartet, dass die naturalisirten Pflanzen
zu einigen wenigen Gruppen gehörten, welche nur etwa gewissen Stationen ihrer neuen Heimath entsprachen. Aber die Sache
verhält sich ganz anders, und ALPHONS DeCANDOLLE hat in seinem
grossen und vortrefflichen Werke ganz wohl gezeigt, dass die Floren
durch Naturalisirung, im Verhältniss zu der Anzahl der eingeborenen
Gattungen und Arten, weit mehr an neuen Gattungen als an neuen
Arten gewinnen. Um nur ein Beispiel zu geben, so sind in der
letzten Ausgabe von Dr. ASA GRAY's „Manual of the Flora of
the northern United States" 260 naturalisirte Pflanzenarten aus
162 Gattungen aufgezählt. Wir sehen ferner, dass diese naturalisirten Pflanzen von sehr verschiedener Natur sind und auch
von den eingeborenen insofern abweichen, als aus jenen 162

Gattungen nicht weniger ala 100 ganz fremdländisch sind; die
in den Vereinigten Staaten wachsenden Gattungen baben hierdurch also eine verhältnissmässig bedeutende Vermehrung erfahren.

Berücksichtigt man die Natur der Pflanzen und Thiere,
welche erfolgreich mit den eingeborenen einer Gegend gerungen
haben und in dessen Folge naturalisirt worden sind, so kann
man eine rohe Vorstellung davon gewinnen, wie etwa einige
der eingeborenen hätten modificirt werden müssen, um einen
Vortheil über die andern eingeborenen zu erlangen; wir können,
wie ich glaube, wenigstens ohne Gefahr schliessen, dass eine
Differenzirung ihrer Structur bis zu einem zur Bildung neuer
Gattungen genügenden Betrage für sie erspriesslich gewesen wäre.

Der Vortheil einer Differenzirung der eingeborenen Formen
einer Gegend ist in der That derselbe, wie er für einen individuellen Organismus aus der physiologischen Theilung der Arbeit
unter seine Organe entspringt, ein von MILNE EDWARDS so treff-
lich erläuterter Gegenstand. Kein Physiolog zweifelt daran, dass
ein Magen, welcher nur zur Verdauung von vegetabilischen oder
von animalischen Substanzen geeignet ist, die meiste Nahrung aus
diesen Stoffen zieht. So werden auch in dem grossen Haushalte
eines Landes um so mehr Individuen von Pflanzen und Thieren
ihren Unterhalt zu finden im Stande sein, je weiter und vollkommener dieselben für verschiedene Lebensweisen differenzirt
sind. Eine Anzahl von Thieren mit nur wenig differenzirter Organisation kann schwerlich mit einer andern von vollständiger
differenzirtem Baue concurriren. So wird man z. B. bezweifeln
müssen, ob die Australischen Beutelthiere, welche nach WATER-
HOUSE's u. A. Bemerkung in nur wenig von einander abweichende
Gruppen getheilt sind und unsere Raubthiere, Wiederkäuer und
Nager nur unvollkommen vertreten, im Stande sein würden, mit
diesen wohl ausgesprochenen Ordnungen zu concurriren. In den
Australischen Säugethieren erblicken wir den Process der Differenzirung auf einer noch frühen und unvollkommenen Entwick-
lungsstufe.

**Wahrscheinliche Wirkung der natürlichen Zuchtwahl auf die
Abkömmlinge gemeinsamer Eltern durch Divergenz der
Charactere und durch Austerben.**

Nach dieser vorangehenden Erörterung, die einer grösseren
Ausdehnung bedürfte, können wir wohl annehmen, dass die abgeänderten Nachkommen irgend einer Species um so mehr Erfolg haben werden, je mehr sie in ihrer Organisation differenzirt
und hierdurch geeignet sein werden, sich auf die bereits von
andern Wesen eingenommenen Stellen einzudrängen. Wir wollen
nun zusehen, wie dieses Princip von der Herleitung eines Nutzens
aus der Divergenz des Characters in Verbindung mit den Principien der natürlichen Zuchtwahl und des Aussterbens zusammen-
wirke.

Das beigefügte Schema wird uns diese sehr verwickelte
Frage leichter verstehen helfen. Gesetzt, es bezeichnen die
Buchstaben A bis L die Arten einer in ihrem Vaterlande grossen
Gattung; diese Arten sind einander in ungleichen Graden ähnlich, wie es eben in der Natur der Fall zu sein pflegt und was
durch verschiedene Entfernung jener Buchstaben von einander
ausgedrückt werden soll. Wir wählen eine grosse Gattung, weil
wir schon im zweiten Capitel gesehen haben, dass verhältnissmässig mehr Arten grosser Gattungen als kleiner variiren, und
dass dieselben eine grössere Anzahl von Varietäten darbieten.
Wir haben ferner gesehen, dass die gemeinsten und am weitesten verbreiteten Arten mehr als die seltenen mit kleinen Wohn-
bezirken abändern. Es sei nun A eine gemeine weit verbreitete
und abändernde Art einer in ihrem Vaterlande grossen Gattung;
der kleine Fächer divergirender Punktlinien von ungleicher Länge,
welche von A ausgehen, möge ihre variirende Nachkommenschaft
darstellen. Es wird ferner angenommen, die Abänderungen seien
ausserordentlich gering, aber von der mannichfaltigsten Beschaffenheit, nicht von gleichzeitiger, sondern oft durch lange Zwischenzeiten getrennter Erscheinung, und endlich von ungleich langer
Dauer. Nur jene Abänderungen, welche in irgend einer Beziehung nützlich sind, werden erhalten oder zur natürlichen
Zuchtwahl verwendet. Und hier tritt die Bedeutung des Princips

hervor, dass der Nutzen von der Divergenz des Characters herzuleiten ist; denn dies wird allgemein zu den verschiedensten
und am weitesten auseinandergehenden Abänderungen führen
(welche durch unsere punktirten Linien dargestellt sind), wie sie
durch natürliche Zuchtwahl erhalten und gehäuft werden. Wenn
nun in unserem Schema eine der punktirten Linien eine der
wagrechten Linien erreicht und dort mit einem kleinen numerirten Buchstaben bezeichnet erscheint, so ist angenommen, dass
darin eine Summe von Abänderung gehäuft sei, genügend zur
Bildung einer ganz wohl bezeichneten Varietät, wie wir sie der
Aufnahme in ein systematisches Werk werth achten.

Die Zwischenräume zwischen je zwei wagrechten Linien
des Bildes mögen je 1000 (besser wären 10,000) Generationen
entsprechen. Nach 1000 Generationen hätte die Art A zwei
ganz wohl ausgeprägte Varietäten $a^1$ und $m^1$ hervorgebracht.
Diese zwei Varietäten werden fortwährend denselben Bedingungen
ausgesetzt sein, welche ihre Stammeltern zur Abänderung veranlassten, und das Streben nach Abänderung ist in ihnen erblich.
Sie werden daher nach weiterer Abänderung und gewöhnlich in
derselben Art und Richtung streben wie ihre Stammeltern. Überdies werden diese zwei Varietäten, als nur erst wenig modificirte
Formen, diejenigen Vorzüge wieder zu vererben geneigt sein,
welche ihren gemeinsamen Eltern A das numerische Übergewicht
über die meisten andern Bewohner derselben Gegend verschafft
hatten; sie werden gleicherweise an denjenigen allgemeineren
Vortheilen theilnehmen, welche die Gattung, wozu ihre Stammeltern
gehörten, zu einer grossen Gattung ihres Vaterlandes erhoben.
Und wir wissen, dass alle diese Umstände zur Hervorbringung
neuer Varietäten günstig sind.

Wenn nun diese zwei Varietäten ebenfalls veränderlich sind,
so werden die divergentesten ihrer Abänderungen gewöhnlich
in den nächsten 1000 Generationen fortbestehen. Nach dieser
Zeit, ist in unserem Bilde angenommen, habe Varietät $a^1$ die
Varietät $a^2$ hervorgebracht, die nach dem Differenzirungsprincipe
weiter als $a^1$ von A verschieden ist. Varietät $m^1$ hat zwei andere Varietäten $m^2$ und $s^2$ ergeben, welche unter sich und noch

mehr von ihrer gemeinsamen Stammform A abweichen. So können wir den Vorgang für eine beliebig lange Zeit von Stufe zu Stufe fortführen; einige der Varietäten werden von je 1000 zu 1000 Generationen bald nur eine Abänderung von mehr und weniger abweichender Beschaffenheit, bald auch 2—3 derselben hervorbringen, während andere keine neuen Formen darbieten. Auf diese Weise werden gewöhnlich die Varietäten oder abgeänderten Nachkommen einer gemeinsamen Stammform A im Ganzen immer zahlreicher werden und immer weiter auseinander laufen. In dem Schema ist der Vorgang bis zur zehntausendsten Generation, — und in einer gedrängteren und vereinfachten Weise bis zur vierzehntausendsten Generation dargestellt.

Doch muss ich hier bemerken, dass ich nicht der Meinung bin, dass der Process jemals so regelmässig und beständig vor sich gehe, als er im Schema dargestellt ist, obwohl er auch da schon etwas unregelmässig erscheint; es ist viel wahrscheinlicher, dass eine jede Form lange Zeiten hindurch unverändert bleibt und dann wieder einer Modificirung unterliegt. Eben so bin ich nicht der Ansicht, dass die am weitesten differirenden Varietäten unabänderlich erhalten werden. Oft mag auch eine Mittelform von langer Dauer sein und entweder eine oder mehr als eine in ungleichem Grade abgeänderte Varietät hervorbringen; denn die natürliche Zuchtwahl wird sich immer nach der Beschaffenheit der noch gar nicht oder nur unvollständig von anderen Wesen eingenommenen Stellen richten; und dies wird von unendlich verwickelten Beziehungen abhängen. Doch werden der allgemeinen Regel zufolge die Abkömmlinge einer Art um so besser geeignet sein, mehr Stellen einzunehmen und ihre abgeänderte Nachkommenschaft zu vermehren, je weiter sie in ihrer Organisation differenzirt sind. In unserem Schema ist die Successionslinie in regelmässigen Zwischenräumen durch kleine numerirte Buchstaben unterbrochen, zur Bezeichnung der successiven Formen, welche genügend unterschieden sind, um als Varietäten aufgeführt zu werden. Aber diese Unterbrechungen sind nur imaginär und hätten anderwärts eingeschoben werden können, nach hinlänglich langen Zwischenräumen für die Häufung eines ansehnlichen Betrags divergenter Abänderung.

Da alle diese verschiedenartigen Abkömmlinge einer gemeinsamen und weit verbreiteten Art einer grossen Gattung an den gemeinsamen Verbesserungen theilzunehmen streben, welche den Erfolg ihrer Stammeltern im Leben bedingt haben, so werden sie im Allgemeinen sowohl an Zahl als an Divergenz des Characters zunehmen, und dies ist im Schema durch die verschiedenen von A ausgehenden Verzweigungen ausgedrückt. Die abgeänderten Nachkommen der späteren und am meisten verbesserten Zweige der Successionslinien werden wahrscheinlich oft die Stelle der ältern und minder vervollkommneten einnehmen und sie verdrängen, und dies ist im Schema dadurch ausgedrückt, dass einige der untern Zweige nicht bis zu den obern Horizontallinien hinauf reichen. In einigen Fällen zweifle ich nicht, dass der Process der Abänderung auf eine einzelne Linie der Descendenz beschränkt bleiben und die Zahl der Nachkommen sich nicht vermehren wird, wenn auch das Maass divergenter Modification in den aufeinanderfolgenden Generationen zugenommen hat. Dieser Fall würde in dem Schema dargestellt werden, wenn alle von A ausgehenden Linien bis auf die von $a^1$ bis $a^{10}$ beseitigt würden. Auf diese Weise sind z. B. die englischen Rennpferde und englischen Vorstehehunde langsam vom Character ihrer Stammform abgewichen, ohne je eine neue Abzweigung oder Nebenrasse abgegeben zu haben.

Es wird der Fall gesetzt, dass die Art A nach 10,000 Generationen drei Formen $a^{10}$, $f^{10}$ und $m^{10}$ hervorgebracht habe, welche in Folge ihrer Characterdivergenz in den aufeinanderfolgenden Generationen weit, doch in ungleichem Grade unter sich und von ihren Stammeltern verschieden sind. Nehmen wir nur einen äusserst kleinen Betrag von Veränderung zwischen je zwei Horizontalen unseres Schemas an, so werden unsere drei Formen nur bis zur Stufe wohl ausgeprägter Varietäten oder etwa zweifelhafter Unterarten gelangt sein; wir haben aber nur nöthig, uns die Abstufungen in diesem Processe der Modification etwas grösser oder zahlreicher zu denken, um diese Formen in gute

Arten zu verwandeln; alsdann drückt das Schema die Stufen aus, auf welchen die kleinen nur Varietäten characterisirenden Verschiedenheiten in grössere schon Arten unterscheidende Unterschiede übergehen. Denkt man sich denselben Process in einer noch grösseren Anzahl von Generationen fortgesetzt (wie es oben im Schema in gedrängter und vereinfachter Weise geschehen), so erhalten wir acht von A abstammende Arten mit $a^{14}$ bis $m^{14}$ bezeichnet. So werden, wie ich glaube, Arten vervielfältigt und Gattungen gebildet.

In einer grossen Gattung variirt wahrscheinlich mehr als eine Art. Im Schema habe ich angenommen, dass eine zweite Art I in analogen Abstufungen nach 10,000 Generationen entweder zwei wohlbezeichnete Varietäten $w^{10}$ und $x^{10}$, oder zwei Arten hervorgebracht habe, je nachdem man sich den Betrag der Veränderung, welcher zwischen zwei wagrechten Linien liegt, kleiner oder grösser denkt. Nach 14,000 Generationen werden nach unserer Annahme sechs neue durch die Buchstaben $n^{14}$ bis $z^{14}$ bezeichnete Arten entstanden sein. In jeder Gattung werden die bereits am weitesten in ihrem Character auseinander gegangenen Arten die grösste Anzahl modificirter Nachkommen hervorzubringen streben, indem diese die beste Aussicht haben, neue und weit von einander verschiedene Stellen im Naturhaushalte einzunehmen; daher ich im Schema die extreme Art A und die fast gleich extreme Art I als bedeutend variirende und zur Bildung neuer Varietäten und Arten Veranlassung gebende gewählt habe. Die anderen neun mit grossen Buchstaben (B—H, K, L) bezeichneten Arten unserer ursprünglichen Gattung mögen sich noch lange Zeit ohne Veränderung fortpflanzen, was im Bilde durch die punktirten Linien ausgedrückt ist, welche wegen mangelnden Raumes nicht weiter aufwärts verlängert sind.

Inzwischen dürfte in dem auf unserem Schema dargestellten Umänderungsprocess noch ein anderes unserer Principien, das des Aussterbens, eine wichtige Rolle gespielt haben. Da in jeder vollständig bevölkerten Gegend natürliche Zuchtwahl nothwendig dadurch wirkt, dass die gewählte Form in dem Kampfe um's Dasein irgend einen Vortheil vor den übrigen Formen voraus hat, so wird in den verbesserten Abkömmlingen einer Art ein bestandiges Streben vorhanden sein, auf jeder ferneren Generationsstufe ihre Vorgänger und ihren Urstamm zu ersetzen und zu vertilgen. Denn man muss sich erinnern, dass der Kampf gewöhnlich am heftigsten zwischen solchen Formen ist, welche einander in Organisation, Constitution und Lebensweise am nächsten stehen. Daher werden alle Zwischenformen zwischen den früheren und späteren, das ist zwischen den unvollkommeneren und vollkommeneren Stufen einer Art, sowie die Stammart selbst gewöhnlich zum Erlöschen geneigt sein. Eben so wird es sich wahrscheinlich mit vielen ganzen Seitenlinien verhalten, welche durch spätere und vollkommenere Linien besiegt werden. Wenn dagegen die abgeänderte Nachkommenschaft einer Art in eine besondere Gegend kommt oder sich irgend einem ganz neuen Standorte rasch anpasst, wo Vater und Kind nicht in Concurrenz gerathen, dann mögen beide fortbestehen.

Nimmt man daher in unserem Schema an, dass es ein grosses Maass von Abänderung darstelle, so werden die Art A und alle früheren Abänderungen derselben erloschen und durch acht neue Arten $a^{14}$—$m^{14}$ ersetzt sein, und an der Stelle von I werden sich sechs neue Arten $n^{14}$—$z^{14}$ befinden.

Wir können aber noch weiter gehen. Wir haben angenommen, dass die ursprünglichen Arten unserer Gattung einander in ungleichem Grade ähnlich seien, wie das in der Natur gewöhnlich der Fall ist; dass die Art A näher mit B, C, D als mit den andern verwandt sei und I mehr Beziehungen zu G, H, K, L als zu den übrigen besitze; dass ferner diese zwei Arten A und I sehr gemein und weit verbreitet seien, so dass sie schon anfangs einige Vorzüge vor den andern Arten derselben Gattung voraus gehabt haben müssen. Ihre modificirten Nachkommen, vierzehn an Zahl nach 14,000 Generationen, werden wahrscheinlich einige derselben Vorzüge geerbt haben; auch sind sie auf jeder weiteren Stufe der Fortpflanzung in einer divergenten Weise abgeändert und verbessert worden, so dass sie sich zur Besetzung vieler passenden Stellen im Naturhaushalte ihres Vaterlandes geeignet haben. Es scheint mir daher äusserst wahrscheinlich, dass sie nicht allein ihre Eltern A und I ersetzt und vertilgt haben, sondern auch einige andere diesen zunächst verwandte ursprünglichen Species. Es werden daher nur sehr wenige der ursprünglichen Arten sich bis in die vierzehntausendste Generation fortgepflanzt haben. Wir nehmen an, dass nur eine von den zwei mit den übrigen neun am wenigsten nahe verwandten Arten, nämlich F, ihre Nachkommen bis zu dieser späten Generation erstrecke.

Der neuen von den elf ursprünglichen Arten unseres Schema abgeleiteten Species sind nun fünfzehn. Dem divergenten Streben der natürlichen Zuchtwahl gemäss, wird der äusserste Betrag von Character-Verschiedenheit zwischen den Arten $a^{14}$ und $z^{14}$ viel grösser als zwischen den unter sich verschiedensten der ursprünglichen elf Arten sein. Überdies werden die neuen Arten in sehr ungleichem Grade mit einander verwandt sein. Unter den acht Nachkommen von A werden die drei $a^{14}$, $q^{14}$ und $p^{14}$ näher beisammen stehen, weil sie sich erst spät von $a^{10}$ abgezweigt haben, wogegen $b^{14}$ und $f^{14}$ als alte Abzweigungen von $a^5$ in einem gewissen Grade von jenen drei verschieden sind; und endlich werden $o^{14}$, $e^{14}$ und $m^{14}$ zwar unter sich nahe verwandt sein, aber als Seitenzweige seit dem ersten Beginne des Abänderungs-Processes weit von den anderen fünf Arten abstehen und eine besondere Untergattung oder sogar eine eigene Gattung bilden.

Die sechs Nachkommen von I werden zwei Subgenera oder selbst Genera bilden. Da aber die Stammart I weit von A entfernt, fast am andern Ende der Artenreihe der ursprünglichen Gattung steht, so werden diese sechs Nachkommen durch Vererbung beträchtlich von den acht Nachkommen von A abweichen, indem überdies angenommen wurde, dass diese zwei Gruppen sich in auseinander gehenden Richtungen verändert haben. Auch sind die mittleren Arten, welche A mit I verbanden (was sehr wichtig ist zu beachten), mit Ausnahme von F erloschen, ohne Nachkommenschaft zu hinterlassen. Daher die sechs neuen von I entsprossenen und die acht von A abgeleiteten Species sich zu zwei sehr verschiedenen Gattungen oder sogar Unterfamilien erhoben haben dürften.

So kommt es, wie ich meine, dass zwei oder mehr Gattungen durch Abänderung der Nachkommen aus zwei oder mehr
Arten eines Genus entspringen können. Und von den zwei oder
mehr Stammarten ist angenommen worden, dass sie von einer
Art einer früheren Gattung herrühren. In unserem Bilde ist dies
durch die unterbrochenen Linien unter den grossen Buchstaben
A—L angedeutet, welche abwärts gegen je einen Punkt convergiren. Dieser Punkt stellt eine einzelne Species, die angenom-
mene Stammart aller unserer neuen Subgenera und Genera vor.
   Es ist der Mühe werth, einen Augenblick bei dem Character
der neuen Art $F^{14}$ zu verweilen, von welcher angenommen wird,
dass sie ohne grosse Divergenz des Characters zu erfahren, die
Form von F unverändert oder mit nur geringer Abänderung ererbt habe. In diesem Falle werden ihre verwandtschaftlichen
Beziehungen zu den andern vierzehn neuen Arten eigenthümlicher
und weiter Art sein. Von einer zwischen den zwei Stammarten
A und I stehenden Species abstammend, welche aber jetzt erloschen und unbekannt sind, wird sie einigermassen das Mittel
zwischen den zwei davon abgeleiteten Artengruppen halten. Da
aber beide Gruppen in ihren Characteren vom Typus ihrer Stammeltern auseinandergelaufen sind, so wird die neue Art $F^{14}$ das
Mittel nicht unmittelbar zwischen ihnen, sondern vielmehr zwischen den Typen beider Gruppen halten; und jeder Naturforscher
dürfte im Stande sein, sich ein Beispiel dieser Art in's Gedächtniss zu rufen.
   In dem Schema entspricht nach unserer bisherigen Annahme
jeder Abstand zwischen zwei Horizontalen tausend Generationen;
lassen wir ihn jedoch für eine Million oder hundert Millionen
von Generationen und zugleich für einen entsprechenden Theil
der aufeinander folgenden Schichten unserer Erdrinde mit organischen Resten gelten! In unserem Capitel über Geologie werden wir wieder auf diesen Gegenstand zurückkommen und werden dann, denke ich, finden, dass unser Bild geeignet ist, Licht
zu verbreiten über die Verwandtschaft erloschener Wesen, die,
wenn auch im Allgemeinen zu denselben Ordnungen, Familien
oder Gattungen wie ein Theil der jetzt lebenden gehörig, doch

in ihrem Character oft in gewissem Grade das Mittel zwischen jetzigen Gruppen halten; und man wird diese Thatsache begreiflich finden, da die erloschenen Arten in sehr frühen Zeiten gelebt haben, wo die Verzweigungen der Nachkommenschaft noch wenig auseinander gegangen waren.

Ich finde keinen Grund, den Verlauf der Abänderung, wie er bisher auseinander gesetzt worden, bloss auf die Bildung der Gattungen zu beschränken. Nehmen wir in unserem Schema den von jeder successiven Gruppe auseinander-strahlender punktirter Linien dargestellten Betrag von Abänderung sehr gross an, so werden die mit a$^{14}$ bis p$^{14}$, mit b$^{14}$ bis f$^{14}$ und mit n$^{14}$ bis m$^{14}$ bezeichneten Formen drei sehr verschiedene Genera darstellen. Wir werden dann auch zwei von I abgeleitete sehr verschiedene Gattungen haben, und da diese zwei Gattungen, in Folge sowohl einer fortdauernden Divergenz des Characters als der Beerbung zweier verschiedener Stammväter, sehr weit von den von A hergeleiteten drei Gattungen abweichen, so werden die zwei kleinen Gruppen von Gattungen je nach dem Maasse der vom Schema dargestellten divergenten Abänderung zwei verschiedene Familien oder selbst Ordnungen bilden. Und diese zwei neuen Familien oder Ordnungen leiten sich von zwei Arten einer Stammgattung her, die selbst wieder einer Species eines viel älteren und noch unbekannten Genus entsprossen sein dürfte.

Wir haben gesehen, dass es in jeder Gegend die Arten der grösseren Gattungen sind, welche am öftesten Varietäten oder anfangende Arten bilden. Dies war in der That zu erwarten; denn, wenn die natürliche Zuchtwahl durch eine im Rassenkampf vor den anderen bevorzugte Form wirkt, so wird sie hauptsächlich auf diejenigen wirken, welche bereits einige Vortheile voraus haben; und die Grösse einer Gruppe zeigt, dass ihre Arten von einem gemeinsamen Vorgänger einige Vorzüge gemeinschaftlich ererbt haben. Daher der Wettkampf in Erzeugung neuer und abgeänderter Sprösslinge hauptsächlich zwischen den grösseren Gruppen stattfinden wird, welche sich alle an Zahl zu vergrössern streben. Eine grosse Gruppe wird nur langsam eine andere grosse Gruppe überwinden, deren Zahl verringern und so deren

Aussicht auf künftige Abänderung und Verbesserung vermindern. Innerhalb einer und derselben grossen Gruppe werden die späteren und höher vervollkommneten Untergruppen immer bestrebt sein, durch Verzweigung und durch Besetzung von möglichst vielen Stellen im Staate der Natur die früheren und minder vervollkommneten Untergruppen allmählich zu verdrängen. Kleine und unterbrochene Gruppen und Untergruppen werden endlich verschwinden. In Bezug auf die Zukunft kann man vorhersagen, dass diejenigen Gruppen organischer Wesen, welche jetzt gross und siegreich und am wenigsten durchbrochen sind, d. h. bis jetzt am wenigsten durch Erlöschung gelitten haben, noch auf lange Zeit hinaus zunehmen werden. Welche Gruppen aber zuletzt vorwalten werden, kann niemand vorhersagen; denn wir wissen, dass viele Gruppen von ehedem sehr ausgedehnter Entwickelung heutzutage erloschen sind. Blicken wir noch weiter in die Zukunft hinaus, so lässt sich voraussehen, dass in Folge der fortdauernden und steten Zunahme der grossen Gruppen eine Menge kleiner gänzlich erlöschen wird ohne abgeänderte Nachkommen zu hinterlassen, und dass demgemäss von den zu irgend einer Zeit lebenden Arten nur äusserst wenige ihre Nachkommenschaft bis in eine ferne Zukunft erstrecken werden. Ich werde in dem Capitel über Classification auf diesen Gegenstand zurückzukommen haben und will hier nur noch bemerken, dass nach der Ansicht, dass nur äusserst wenige der ältesten Species uns Abkömmlinge hinterlassen haben und die Abkömmlinge von einer und derselben Species heutzutage eine Classe bilden, uns begreiflich werden muss, warum es in jeder Hauptabtheilung des Pflanzen- und Thierreiches nur sehr wenige Classen gebe. Obwohl indessen nur äusserst wenige der ältesten Arten noch jetzt lebende und abgeänderte Nachkommen hinterlassen haben, so mag doch die Erde in den ältesten geologischen Zeitabschnitten eben so bevölkert gewesen sein mit zahlreichen Arten aus mannichfaltigen Gattungen, Familien, Ordnungen und Classen, wie heutigen Tages.

**Über die Stufe, bis zu welcher die Organisation sich zu erheben strebt.**

Natürliche Zuchtwahl wirkt, wie wir gesehen haben, ausschliesslich durch Erhaltung und Häufung solcher Abweichungen, welche dem Geschöpfe, das sie betreffen, unter den organischen und unorganischen Bedingungen des Lebens, von welchen es in aufeinanderfolgenden Perioden abhängig ist, nützlich sind. Das Endergebniss wird sein, dass jedes Geschöpf einer immer grösseren Verbesserung im Verhältniss zu seinen Lebensbedingungen entgegenstrebt. Diese Verbesserung dürfte unvermeidlich zu der stufenweisen Vervollkommnung der Organisation der Mehrzahl der über die ganze Erdoberfläche verbreiteten Wesen führen. Doch kommen wir hier auf einen sehr schwierigen Gegenstand, indem noch kein Naturforscher eine allgemein befriedigende Definition davon gegeben hat, was unter Vervollkommnung der Organisation zu verstehen sei. Bei den Wirbelthieren kommt deren geistige Befähigung und Annäherung an den Körperbau des Menschen offenbar mit in Betracht. Man könnte glauben, dass die Grösse der Veränderungen, welche die verschiedenen Theile und Organe während ihrer Entwickelung vom Embryozustande an bis zum reifen Alter zu durchlaufen haben, als ein Anhalt bei der Vergleichung dienen könne; doch kommen Fälle vor, wie bei gewissen parasitischen Krustern, wo mehrere Theile des Körperbaues unvollkommener werden, so dass man das reife Thier nicht vollkommener als seine Larve nennen kann. Von BAER's Maasstab scheint noch der beste und allgemeinst anwendbare zu sein, nämlich das Maass der Differenzirung der verschiedenen Theile („im reifen Alter" dürfte wohl beizusetzen sein) und ihre Specialisation für verschiedene Verrichtungen, oder die Vollständigkeit der Theilung der physiologischen Arbeit, wie MILNE EDWARDS sagen würde. Was für ein dunkler Gegenstand dies aber ist sehen wir, wenn wir z. B. die Fische betrachten, unter denen manche Naturforscher diejenigen am höchsten stellen, welche, wie die Haie, sich den Reptilien am meisten nähern, während andere den gewöhnlichen Knochenfischen (Teleostei) die erste Stelle anweisen, weil sie die ausgebildetste Fischform haben und am meisten von allen andern Vertebraten abweichen. Noch deutlicher erkennen wir die Schwierigkeit, wenn wir uns zu den Pflanzen wenden, wo der von geistiger Befähigung hergenommene Maasstab ganz wegfällt; und hier stellen einige Botaniker diejenigen Pflanzen am höchsten, welche sämmtliche Organe, wie Kelch- und Kronenblätter, Staubfäden und Staubwege in jeder Blüthe vollständig entwickelt besitzen, während Andere wohl mit mehr Recht jene für die vollkommensten erachten, deren verschiedene Organe stärker metamorphosirt und auf geringere Zahlen zurückgeführt sind.

Nehmen wir die Differenzirung und Specialisirung der einzelnen Organe als den besten Maasstab für die Höhe der Organisation der Formen im erwachsenen Zustande an (was mithin auch die fortschreitende Entwickelung des Gehirnes für die geistigen Zwecke mit in sich begreift), so muss die natürliche Zuchtwahl offenbar zur Vervollkommnung führen; denn alle Physiologen geben zu, dass die Specialisirung seiner Organe, insofern sie in diesem Zustande ihre Aufgaben besser erfüllen, für jeden Organismus von Vortheil ist; und daher liegt Häufung der zur Specialisirung führenden Abänderungen im Zwecke der natürlichen Zuchtwahl. Auf der andern Seite ist es aber auch, unter Berücksichtigung des Umstandes, dass alle organischen Wesen sich in raschem Verhältniss zu vervielfältigen und jeden schlecht besetzten Platz im Haushalte der Natur einzunehmen streben, der natürlichen Zuchtwahl wohl möglich, ein organisches Wesen solchen Verhältnissen anzupassen, wo ihm manche Organe nutzlos oder überflüssig sind, und dann findet ein Rückschritt auf der Stufenleiter der Organisation statt. Ob die Organisation im Ganzen seit den frühesten geologischen Zeiten bis jetzt fortgeschritten sei, wird zweckmässiger in unserem Capitel über die geologische Aufeinanderfolge der Wesen zu erörtern sein.

Dagegen kann man einwenden, wie es denn komme, dass, wenn alle organischen Wesen von Anfang her fortwährend bestrebt gewesen sind, höher auf der Stufenleiter emporzusteigen, auf der ganzen Erdoberfläche noch eine Menge der unvollkommensten Wesen vorhanden sind, und dass in jeder grossen Classe einige Formen viel höher als die andern entwickelt sind? Und warum haben diese viel höher ausgebildeten Formen nicht schon überall die minder vollkommenen ersetzt und vertilgt? LAMARCK, der an eine angeborene und unvermeidliche Neigung zur Vervollkommnung in allen Organismen glaubte, scheint diese Schwierigkeit so sehr gefühlt zu haben, dass er sich zur Annahme veranlasst sah, einfache Formen würden fortwährend durch Generatio spontanea neu erzeugt. Ich habe kaum nöthig zu sagen, dass die Wissenschaft auf ihrer jetzigen Stufe die Annahme, dass lebende Geschöpfe jetzt irgendwo aus unorganischer Materie erzeugt werden, nicht unterstützt. Nach meiner Theorie dagegen bietet das gegenwärtige Vorhandensein niedrig organisirter Thiere keine Schwierigkeit dar; denn die natürliche Zuchtwahl schliesst denn doch kein nothwendiges und allgemeines Gesetz fortschreitender Entwickelung ein; sie benützt nur solche Abänderungen, die für jedes Wesen in seinen verwickelten Lebensbeziehungen vortheilhaft sind. Und nun kann man fragen, welchen Vortheil (so weit wir urtheilen können) ein Infusorium, ein Eingeweidewurm, oder selbst ein Regenwurm davon haben könne, hoch organisirt zu sein? Haben sie keinen Vortheil davon, so werden sie auch durch natürliche Zuchtwahl wenig oder gar nicht vervollkommnet werden und mithin für unendliche Zeiten auf ihrer tiefen Organisationsstufe stehen bleiben. In der That lehrt uns die Geologie, dass einige der tiefsten Formen von Infusorien und Rhizopoden schon seit unermesslichen Zeiten nahezu auf ihrer jetzigen Stufe stehen. Demungeachtet möchte es voreilig sein anzunehmen, dass die meisten der vielen jetzt vorhandenen niedrigen Formen seit den ersten Zeiten ihres Daseins keinerlei Vervollkommnung erfahren hätten; denn jeder Naturforscher, der je solche Organismen zergliedert hat, welche jetzt als die niedrigsten auf der Stufenleiter der Natur gelten, muss oft über deren wunderbare und herrliche Organisation erstaunt gewesen sein.

Nahezu dieselben Bemerkungen lassen sich hinsichtlich der grossen Verschiedenheit zwischen den Graden der Organisationshöhe innerhalb fast jeder grossen Gruppe machen; so hinsicht-

lich des gleichzeitigen Vorkommens von Säugethieren und Fischen
bei den Wirbelthieren oder von Mensch und Ornithorhynchus bei
den Säugethieren, von Hai und Amphioxus bei den Fischen, indem
dieser letzte Fisch sich in der äussersten Einfachheit seiner Organisation den wirbellosen Thieren nähert. Aber Säugethiere und
Fische gerathen kaum in Concurrenz miteinander; die hohe Stellung gewisser Säugethiere oder auch der ganzen Classe auf der
obersten Stufe der Organisation wird sie nicht dahin führen, die
Stelle der Fische einzunehmen und so diese zu unterdrücken.
Die Physiologen glauben, das Gehirn müsse mit warmem Blute
versorgt werden, um seine höchste Thätigkeit zu entfalten, und
dazu ist Luftrespiration nothwendig, so dass warmblütige Säugethiere, wenn sie das Wasser bewohnen, den Fischen gegenüber
sogar in gewissem Nachtheile sind. Eben so werden in dieser
letztern Classe Glieder der Familie der Haie wahrscheinlich nicht
geneigt sein, den Amphioxus zu ersetzen; und dieser wird allem
Anscheine nach seinen Kampf um's Dasein mit Gliedern der wirbellosen Thierclassen auszumachen haben. Die drei untersten
Säugethierordnungen, die Beutelthiere, die Zahnlosen und die Nager
existiren in Südamerika in einerlei Gegend gleichzeitig mit zahlreichen Affen, und stören wahrscheinlich einander wenig. Obwohl die Organisation im Ganzen auf der ganzen Erde im Fort-
schreiten begriffen sein kann, so wird die Stufenleiter der Vollkommenheit doch noch alle Abstufungen darbieten; denn die hohe
Organisationsstufe gewisser ganzer Classen oder einzelner Glieder
einer jeden derselben führen in keiner Weise nothwendig zum
Erlöschen derjenigen Gruppen, mit welchen sie nicht in nahe
Concurrenz treten. In einigen Fällen scheinen tief organisirte
Formen, wie wir hernach sehen werden, sich bis auf den heutigen Tag erhalten zu haben, weil sie eigenthümliche oder abgesonderte Wohnorte haben, wo sie keiner heftigen Concurrenz
ausgesetzt und nur in geringer Anzahl vorhanden waren, was,
wie auseinander gesetzt wurde, die Aussicht auf das Auftreten
begünstigender Abänderungen schmälert.

Endlich glaube ich, dass das Vorkommen zahlreicher niedrig
organisirter Formen aus beinahe allen Classen über die ganze

Erdoberfläche von verschiedenen Ursachen herrühre. In einigen
Fällen mag es an vortheilhaften Abänderungen gefehlt haben,
mit deren Hilfe die natürliche Zuchtwahl zu wirken und welche
sie zu häufen vermocht hätte. Wahrscheinlich in keinem Falle
ist die Zeit ausreichend gewesen, um den höchst möglichen Grad
der Entwickelung zu erreichen. In einigen wenigen Fällen kann
auch ein sogenannter „Rückschritt der Organisation" eingetreten sein.
Aber die Hauptursache liegt in dem Umstande, dass unter sehr
einfachen Lebensbedingungen eine hohe Organisation ohne Nutzen,
vielleicht sogar nachtheilig sein kann, weil sie zarter, empfind-
licher und leichter zu stören und zu beschädigen ist.

Eine weitere Schwierigkeit, welche der so eben besprochenen
gerade entgegengesetzt ist, hat man noch vorgebracht, indem man
frug, wenn wir auf das erste Erwachen des Lebens zurückblicken,
wo alle organischen Wesen, wie wir uns wohl vorstellen können,
noch die einfachste Structur besassen: wie konnten da die ersten
Fortschritte in der Vervollkommnung, in der Differenzirung und
Specialisirung der Organe beginnen? Herbert Spencer würde
wahrscheinlich antworten, dass, sobald die einfachsten einzelligen
Organismen durch Wachsthum oder Theilung zu mehrzelligen
Gebilden geworden oder auf eine sie tragende Fläche geheftet
worden wären, sein Gesetz in Wirksamkeit getreten sei, dass
nämlich „homologe Einheiten irgend welcher Ordnung in dem
Verhältniss differenzirt werden, als ihre Beziehungen zu den auf
sie wirkenden Kräften verschieden werden." Da uns aber keine
Thatsachen leiten können, so ist alle Speculation über diesen
Punkt nutzlos. Es wäre jedoch ein Irrthum, anzunehmen, dass
kein Kampf um's Dasein und mithin keine natürliche Zuchtwahl
stattgefunden, bis es erst vielerlei Formen gegeben habe. Abänderungen einer einzelnen Art auf einem abgesonderten Standorte mögen vortheilhaft gewesen sein und durch ihre Erhaltung
entweder die ganze Masse von Individuen umgestaltet oder die
Entstehung zweier verschiedenen Formen vermittelt haben. Doch
ich muss auf dasjenige zurückkommen, was ich schon am Ende
der Einleitung ausgesprochen habe, dass sich Niemand wundern
darf, wenn jetzt noch vieles in der Entstehung der Arten uner-

klärt bleiben muss, da wir in gänzlicber Unwissenheit über die Wechselbeziehungen der Erdenbewobner während so vieler verflossenen Perioden ihrer Geschicbte sind.

### Betrachtung verschiedener Einwände.

Ich will bier einiger verschiedenartiger Einwendnngen gedenken, die man gegen meine Anscbauungsweise erhoben bat, da einige der früheren Erörterungen hierdurch wohl klarer werden; alle Einwände zu erörtern ist aber nutzlos, da solche von Schriftstellern ausgegangen sind, die sich nicht die Mübe genommen haben, meine Ansichten richtig zu versteben. So hat ein ausgezeichneter deutscher Naturforscher neuerlich behauptet, die schwachste Seite meiner Theorie liege darin, dass icb alle organischen Wesen für unvollkommen halte. Ich habe aber wirklich nur gesagt, dass sie alle im Verhältniss zu den Bedingungen, unter welchen sie leben, nicht so vollkommen sind, als sie sein könnten; und dass dies der Fall ist, beweisen die vielen eingebornen Formen, welche ihre Stellen in vielen Theilen der Erde fremden naturalisirten Eindringlingen abtreten. Auch können alle urganischen Wesen, selbst wenn sie zu irgend einer Zeit ihren Lebensbedingungen vollkommen angepasst sind, nicht so bleiben, wenn diese Bedingungen sich langsam ändern; Niemand wird aber bestreiten, dass die natürlicben Verhältnisse eines jeden Landes ebensu wie die Zahl und Art seiner Einwobner dem Wechsel unterliegen. Ebenso nimmt ein französischer Schriftsteller im Widerspruch mit der ganzen Haltung dieses Bandes an, die Species erlitten nach meiner Ansicht grosse und abrupte Veränderungen, und fragt dann triumphirend, wie dies möglich sei, da man ja sehe, dass derartige modificirte Formen mit den vielen unverändert gebliebenen gekreuzt würden. Ohne Zweifel werden die kleinen Veränderungen oder Abweichungen durch die Kreuzungen beständig gestürt und verlangsamt; aber das häufige Vorkommen von Varietäten in demselben Lande mit der Stammart lehrt, dass das Kreuzen nicht nothwendig ihre Bildung verhindert; und bei den noch häufigeren localen Formen oder geographiscben Rassen kann eine Kreuzung gar nicht ins Spiel

kommen. Man muss sich auch daran erinnern, dass die Nachkommenschaft aus einer Kreuzung einer modificirten und nicht
modificirten Art theilweise die Charactere beider Eltern zu erben
strebt, und die natürliche Zuchtwahl wird ganz sicher selbst leise
Annäherungen an nützliche Structuränderungen bewahren. Da
überdies eine derartige gekreuzte Nachkommenschaft dieselbe
Constitution wie die modificirte Mutterform besitzt und denselben
Bedingungen ausgesetzt ist, so wird sie noch leichter als andre
Individuen derselben Art dem ausgesetzt sein, wieder zu variiren
oder in einer ähnlichen Weise modificirt zu werden.

Man hat hervorgehoben, dass, da keine der seit 3000 Jahren
irgend bekannten Pflanzen- und Thierarten Ägyptens in der Zwi-
schenzeit sich verändert habe, solche Veränderungen wahrscheinlich auch in anderen Welttheilen nicht erfolgt seien. Die vielen
Thierarten, welche seit dem Beginne der Eiszeit unverändert geblieben, bieten eine noch weit triftigere Einrede dar, indem dieselben einem grossen Klimawechsel ausgesetzt gewesen und über
grosse Erdstrecken zu wandern genöthigt waren, während in
Ägypten die Lebensbedingungen in den letzten 3000 Jahren
durchaus die nämlichen blieben. Diese von der Eiszeit entliehene
Thatsache kann denjenigen entgegengehalten werden, welche an
das Dasein eines den Organismen angeborenen Gesetzes nothwendiger Fortentwickelung glauben, vermag aber nichts gegen
die Lehre von der natürlichen Zuchtwahl zu beweisen, welche
nur annimmt, dass gelegentlich in einzelnen Species Abänderungen entstehen, und dass diese, wenn sie günstig sind, erhalten
werden. Dies wird indessen nur nach langen Zeiträumen und
nach Veränderungen in den Verhältnissen eines Landes eintreten.
Es fragt daher Fawcett ganz richtig, was man wohl von einem
Menschen denken würde, welcher behauptete, dass, weil der Mont-
blanc und die übrigen Alpengipfel seit 3000 Jahren genau dieselbe Höhe wie jetzt einnahmen, sie sich niemals langsam gehoben haben, und dass demnach auch die Höhe anderer Gebirge
in anderen Weltgegenden neuerlich keine Veränderung erfahren
haben können.

Man hat mir ferner eingewendet, wenn die natürliche Zuchtwahl so wirksam sei, wie es dann komme, dass nicht dieses oder jenes Organ in neuerer Zeit verändert oder verbessert worden sei? warum hat sich der Rüssel der Honigbiene nicht so weit verlängert, um auch den Nectar im Grunde der rothen Kleeblüthe zu erreichen? warum hat der Strauss nicht Flugvermögen erlangt? Aber angenommen, dass diese Organe in der gehörigen Richtung variirt haben, angenommen, dass trotz Zwischenpaarung und Neigung zum Rückfall die Zeit für das langsame Werk der natürlichen Zuchtwahl genügt habe, wer vermag denn zu behaupten, dass er die Naturgeschichte irgend eines organischen Wesens genügend kenne, um anzugeben, welche besondere Veränderung ihm zum Vortheil gereichen würde? Können wir z. B. mit Gewissheit sagen, dass ein langer Rüssel nicht der Honigbiene beim Aussaugen des Honigs aus so vielen andern von ihr besuchten Blüthen hinderlich werden würde? Können wir behaupten, dass nicht ein längerer Rüssel wegen der Correlation des Wachsthums auch eine Vergrösserung anderer Mundtheile erheischen würde, die mit ihrer zarten Arbeit des Zellenbaus im Widerspruch stände. Was den Strauss betrifft, so lässt sich alsbald einsehen, dass dieser Vogel der Wüste eine ausserordentliche Zulage zu seiner täglichen Futterration nöthig haben würde, um seinen grossen und schweren Körper durch die Luft zu tragen. Doch so wenig bedachte Einwände sind kaum einer Widerlegung werth.

Der ersten Auflage dieser Übersetzung meines Buches hat Professor BRONN theils Einreden, theils Bemerkungen zu Gunsten meiner Ansicht einverleibt. Unter den ersten sind einige nicht wesentlicher Art, andere beruhen auf Missverständniss, und noch andere sind nur da und dort in dem Buche eingestreut. In der irrthümlichen Voraussetzung, dass alle Arten einer Gegend einer gleichzeitigen Veränderung unterworfen sein sollen*, fragt er

---

* Diese Voraussetzung ist keineswegs von uns gemacht worden und ist für unsere Einrede auch durchaus nicht nöthig; wir haben uns vielmehr ausdrücklich auf einzelne Arten von Ratten und Kaninchen als Beispiele berufen, um an ihnen unsere Meinung zu erläutern. — Wir sehen auch noch jetzt nicht ein, wesshalb, wenn kleine Verschiedenheiten in den

mit Recht, wie es denn komme, dass nicht alle Lebensformen eine immer schwankende unentwirrbare Masse bilden? Uns genügt es aber schon, wenn nur einige wenige Formen zu irgend einer Zeit abändern, und es wird nicht Viele geben, die dies läugnen. Er fragt ferner, wie ist es möglich, dass eine Varietät in zahlreichen Individuen unmittelbar neben der elterlichen Art soll leben können; denn es wird ja angenommen, dass die Varietät auf dem Wege ihrer Bildung die Zwischenformen zwischen ihr selbst und der Mutterart verdränge, und doch hat sie nicht einmal die Mutterart verdrängt, denn beide leben nebeneinander? Wenn Varietät und Stammart zu einer etwas verschiedenen Lebensweise geschickt geworden sind, so mögen sie wohl miteinander leben können; bei Thieren aber, die sich häufig kreuzen und umher bewegen, scheinen die verschiedenen Varietäten fast immer auf verschiedene Örtlichkeiten beschränkt zu sein. Ist es aber der Fall, dass Varietäten von Pflanzen und niederen Thieren oft in Menge neben den elterlichen Formen fortleben? Lässt man die polymorphen Arten bei Seite, deren zahllose Abänderungen für die Art weder vortheilhaft noch nachtheilig zu sein scheinen und nie stet geworden sind, lässt man die zeitweisen Abänderungen wie Albinos u. s. w. bei Seite, so scheinen mir die Varietäten und die für Stammarten gehaltenen Formen gewöhnlich entweder verschiedene Standorte in Hoch- und Flachland, auf trockenem oder nassem Boden zu haben oder ganz verschiedene Regionen zu bewohnen.

Mit Recht bemerkt BRONN weiter, dass verschiedene Species nicht in einem einzelnen, sondern in mehreren Characteren zugleich von einander abweichen, und er fragt, wie es komme, dass die natürliche Zuchtwahl immer mehrere Theile des Organismus gleichzeitig ergriffen habe. Wahrscheinlich sind aber alle diese Abänderungen nicht gleichzeitig durchgeführt worden und die unbekannten Gesetze der Correlation dürften gewiss viele gleich-

---

äusseren Existenzbedingungen (A und C) dem Fortkommen kleiner Verschiedenheiten in der Organisation (A und C) günstig sind, nicht auch mittlere Verschiedenheiten der ersten (b), welche ja in der Regel nicht fehlen, nicht auch das Fortkommen von B gestatten sollten.     BRONN.

zeitige Abänderungen beeinflussen, aber nicht streng genommen erklären. Wie dem auch sei, wir sehen dieselbe Erscheinung auch bei unseren gezüchteten Rassen. Mögen sie auch nur in irgend einem einzelnen Organe von den übrigen Rassen derselben Art stark abweichen, immer werden doch andere Theile der Organisation ebenfalls etwas abändern. Bronn fragt ferner in nachdrücklicher Weise, wie es aus der natürlichen Zuchtwahl zu erklären sei, dass z. B. die verschiedenen (einem Stammvater von unbekanntem Character entsprossenen, wie ich bemerken muss) Arten von Ratten und Hasen längere oder kürzere Schwänze, längere oder kürzere Ohren, ein helleres oder dunkleres Fell u. s. w. besitzen, — oder dass eine Pflanzenart spitze und die andere stumpfe Blätter besitze?* Ich kann keine bestimmte Antwort auf solche Fragen geben, möchte aber wohl die Frage zurückgeben und sagen: sollten diese Verschiedenheiten nach der Lehre von der unabhängigen Schöpfung ohne irgend einen Zweck hergestellt worden sein? Sie sei vortheilhaft oder von der Correlation des Wachsthums abhängig, so könnten sie gewiss auch durch die natürliche Erhaltung solcher nützlichen oder in Correlation mit einander stehenden Abänderungen gebildet werden. Ich glaube an die Lehre der Descendenz mit Modificationen, wenn auch dieser oder jener eigenthümliche Structurwechsel unerklärlich bleibt, — weil diese Lehre, wie sich aus unserem letzten Capitel ergeben wird, viele allgemeine Naturerscheinungen mit einander in Zusammenhang setzt und erklärt.

Der treffliche Botaniker H. C. Watson glaubt, ich habe die Wichtigkeit des Princips der Divergenz der Charactere (an welches er jedoch offenbar selbst glaubt) überschätzt, und sagt, dass auch die „Convergenz der Charactere", wie man es nennen könne, mit in Betracht zu ziehen sei. Das ist jedoch eine zu verwickelte Frage, als dass wir hier darauf eingehen könnten. Ich will nur sagen, dass, wenn zwei Species von zwei nahe verwandten Gat-

---

* So lautete unsere Frage nicht, — sondern: wie es komme, dass so vielerlei an einer Species nebeneinanderbestehende Abänderungen der Grundform je in ihrer Weise beständig seien und sich nicht in mannichfachen Combinationen und Abstufungen zusammengesellten. Bronn.

tungen eine Anzahl neuer divergenter Arten hervorbringen, ich mir wohl vorstellen kann, dass auch einige darunter sich von beiden Seiten so sehr einander nähern, dass man sie der Bequemlichkeit wegen in eine neue mittlere Gattung zusammenstellen kann, in welcher also die zwei ersten Genera convergiren. In Folge der Strenge des Erblichkeitsprincips ist es aber kaum glaubbar, dass diese zwei Gruppen neuer Arten nicht wenigstens zwei Abtheilungen in der neuen einzigen Gattung bilden werden. Watson hat auch eingewendet, dass die fortwährende Thätigkeit der natürlichen Zuchtwahl mit Divergenz der Charactere zuletzt zu einer unbegrenzten Anzahl von Artenformen führen müsse. Was jedoch die bloss unorganischen äusseren Lebensbedingungen betrifft, so ist es wohl wahrscheinlich, dass sich bald eine genügende Anzahl von Species allen erheblicheren Verschiedenheiten der Wärme, der Feuchtigkeit u. s. w. angepasst haben würde; — doch gebe ich vollkommen zu, dass die Wechselbeziehungen zwischen den organischen Wesen erheblicher sind, und da die Arten der organisirten Bewohner einer Gegend sich beständig vermehren, auch die organischen Lebensbedingungen verwickelter werden. Demgemäss scheint es dann beim ersten Anblick keine Grenze für den Betrag nutzbarer Structurvervielfältigung und somit auch keine für die hervorzubringende Artenzahl zu geben. Wir wissen nicht, dass selbst das reichlichst bevölkerte Gebiet der Erdoberfläche vollständig mit Arten versorgt sei; am Cap der guten Hoffnung und in Australien, die eine so erstaunliche Menge von Arten darbieten, sind noch viele europäische Arten naturalisirt worden. Die Geologie jedoch lehrt uns, dass von der früheren Zeit der langen Tertiärperiode an die Zahl der Molluskenarten und von dem mittleren Theile derselben Periode die Zahl der Säugethiere nicht bedeutend oder gar nicht zugenommen hat. Was ist es nun, das die unendliche Zunahme der Artenzahl beeinträchtigt. Die Summe des Lebens (ich meine nicht die Zahl der Artenformen) auf einer gegebenen Fläche muss eine von den physikalischen Verhältnissen bedingte Grenze haben, so dass, wenn dieselbe von sehr vielen Arten bewohnt ist, jede oder nahezu jede Art nur durch wenige Individuen vertreten sein wird und sich mithin in Gefabr befindet, schon durch eine zufällige Schwankung in der Natur der Jahreszeiten oder in der Zahl ihrer Feinde zu Grunde zu gehen. Ein solcher Vertilgungsprocess kann rasch von Statten gehen, während die Neubildung der Arten nur langsam erfolgt. Nehmen wir den äussersten Fall an, dass es in England eben so viele Arten als Individuen gebe, so würde der erste strenge Winter oder trockene Sommer Tausende und Tausende von Arten zu Grunde richten. Seltene Arten (und jede Art wird selten werden, wenn die Artenzahl in einer Gegend ins Unendliche wächst) werden nach dem oft entwickelten Principe in einem gegebenen Zeitraume nur wenige vortheilhafte Abänderungen darbieten und mithin nur langsam irgend welche neue Artenformen entwickeln können. Wird eine Art sehr selten, so muss auch die Paarung unter naben Verwandten zu ihrer Vertilgung mitwirken; wenigstens haben einige Schriftsteller diesen Umstand als Grund für das allmähliche Aussterben des Auerochsen in Lithauen, des Hirsches in Schottland, des Bären in Norwegen u. s. w. angeführt. Unter den Thieren sind manche nur im Stande von einer anderen Organismenform zu leben; wird aber diese selten, so wäre es für das Thier nicht von Vortheil gewesen, in enger Beziehung zu seiner Beute erzeugt worden zu sein; es konnte daher nicht durch natürliche Zuchtwahl entstanden sein. Endlich (und dies scheint mir das Wichtigste zu sein) wird eine herrschende Species, die bereits viele Concurrenten in ihrer eigenen Heimath überwunden hat, sich immer weiter auszubreiten und andere zu ersetzen streben. ALPHONS DeCANDOLLE hat gezeigt, dass diejenigen Arten, welche sich weit ausbreiten, gewöhnlich nach sehr weiter Ausbreitung streben und daher in die Lage kommen in verschiedenen Flächengebieten verschiedene Mitbewerber zu vertilgen und somit die übermässige Zunahme specifischer Formen in der Welt zu hemmen. Dr. HOOKER hat kürzlich nachgewiesen, dass auf der Südostspitze Australiens, wo offenbar viele Eindringlinge aus mancherlei Weltgegenden vorkommen, die endemischen Australischen Arten sehr an Zahl abgenommen haben. Ich masse mir nicht an zu fragen, welches Gewicht allen diesen Betrachtungen beizulegen sei;

doch müssen sie im Vereine miteinander jedenfalls der Neigung
zu einer unendlichen Vermehrung der Artenformen in jeder Gegend eine Grenze setzen.

### Zusammenfassung des Capitels.

Wenn während der langen Reihe von Zeitperioden und unter
veränderten äusseren Lebensbedingungen die organischen Wesen
in allen Theilen ihrer Organisation abändern, was, wie ich glaube,
nicht bestritten werden kann; wenn ferner wegen des geometrischen Verhältnisses ihrer Vermehrung alle Arten in irgend einem
Alter, zu irgend einer Jahreszeit und in irgend einem Jahr einen
ernsten Kampf um ihr Dasein zu kämpfen haben, was sicher nicht
zu läugnen ist; dann meine ich im Hinblick auf die unendliche
Verwickelung der Beziehungen aller organischen Wesen zu einander und zu den äusseren Lebensbedingungen, welche eine endlose Verschiedenheit angemessener und vortheilhafter Organisationen, Constitutionen und Lebensweisen erheischen, dass es eine
ganz ausserordentliche Thatsache sein würde, wenn nicht jeweils
auch eine zu eines jeden Wesens eigener Wohlfahrt dienende
Abänderung vorgekommen wäre, wie deren so viele vorgekommen, die dem Menschen vortheilhaft waren.  Wenn aber solche
für ein organisches Wesen nützliche Abänderungen wirklich vorkommen, so werden sicherlich die dadurch ausgezeichneten Individuen die meiste Aussicht haben, den Kampf um's Dasein siegreich zu bestehen, und nach dem mächtigen Princip der Erblichkeit in ähnlicher Weise ausgezeichnete Nachkommen zu bilden streben.  Dies Princip der Erhaltung habe ich der Kürze
wegen natürliche Zuchtwahl genannt; es führt zur Vervollkommnung eines jeden Geschöpfes seinen organischen und unorganischen Lebensbedingungen gegenüber und mithin auch in den
meisten Fällen zu dem, was man wohl als eine Vervollkommnung
der Organisation ansehen muss.  Demungeachtet können tiefer
stehende und einfachere Formen lange ausdauern, wenn sie ihren
einfacheren Lebensbedingungen gut angepasst sind.

Die natürliche Zuchtwahl kann nach dem Princip der Vererbung einer Eigenschaft in entsprechenden Altern eben sowohl

das Ei und den Samen oder das Junge wie das Erwachsene modificiren. Bei vielen Thieren unterstützt geschlechtliche Auswahl noch die gewöhnliche Zuchtwahl, indem sie den kräftigsten und geeignetsten Männchen die zahlreichste Nachkommenschaft sichert. Geschlechtliche Auswahl vermag auch solche Charactere zu verleihen, welche den Männchen allein in ihren Kämpfen mit andern Männchen nützlich sind.

Ob nun aber die natürliche Zuchtwahl zur Abänderung und Anpassung der verschiedenen Lebensformen an die mancherlei äusseren Bedingungen und Stationen wirklich mitgewirkt habe, muss nach dem allgemeinen Sinn und dem Werthe der in den folgenden Capiteln zu liefernden Beweise beurtheilt werden. Doch erkennen wir bereits. dass dieselbe auch Austilgung verursache, und die Geologie zeigt uns klar, in welch' ausgedehntem Grade Austilgung bereits in die Geschichte der organischen Welt eingegriffen habe. Auch führt natürliche Zuchtwahl zur Divergenz des Characters; denn je mehr die Wesen in Structur Lebensweise und Constitution abändern, desto mehr derselben können auf einer gegebenen Fläche neben einander bestehen, — wovon man die Beweise bei Betrachtung der Bewohner eines kleinen Landflecks oder der naturalisirten Erzeugnisse finden kann. Je mehr daher während der Umänderung der Nachkommen einer Art und während des beständigen Kampfes aller Arten um Vermehrung ihrer Individuen jene Nachkommen differenzirt werden, desto besser ist ihre Aussicht auf Erfolg im Ringen um's Dasein. Auf diese Weise streben die kleinen Verschiedenheiten zwischen den Varietäten einer Species stets grösser zu werden, bis sie den grösseren Verschiedenheiten zwischen den Arten einer Gattung oder selbst zwischen verschiedenen Gattungen gleich kommen.

Wir haben gesehen, dass es die gemeinen, die weit verbreiteten und allerwärts zerstreuten Arten grosser Gattungen in jeder Classe sind, die am meisten abändern, und diese streben auf ihre abgeänderten Nachkommen dieselbe Überlegenheit zu vererben, welche sie jetzt in ihrem Vaterlande zur herrschenden machen. Natürliche Zuchtwahl führt, wie so eben bemerkt worden, zur Divergenz des Characters und zu starker Austilgung der minder vollkommenen und der mittleren Lebensformen. Aus diesen Principien lassen sich die Natur der Verwandtschaften und die im Allgemeinen deutliche Verschiedenheit der organischen Wesen aus jeder Classe auf der ganzen Erdoberfläche erklären. Es ist eine wirklich wunderbare Thatsache, obwohl wir das Wunder aus Vertrautheit damit zu übersehen pflegen, dass Thiere und Pflanzen zu allen Zeiten und überall so miteinander verwandt sind, dass sie Gruppen bilden, die andern subordinirt sind, so dass nämlich, wie wir allerwärts erkennen, Varietäten einer Art einander am nächsten stehen, dass Arten einer Gattung weniger und ungleiche Verwandtschaft zeigen und Untergattungen und Sectionen bilden, dass Arten verschiedener Gattungen einander noch weniger nahe stehen, und dass Gattungen mit verschiedenen Verwandtschaftsgraden zu einander Unterfamilien, Familien, Ordnungen, Unterclassen und Classen zusammensetzen. Die verschiedenen einer Classe untergeordneten Gruppen können nicht in einer Linie aneinander gereihet werden, sondern scheinen vielmehr um gewisse Punkte und diese wieder um andere Mittelpunkte gesammelt zu sein, und so weiter in fast endlosen Kreisen. Aus der Ansicht, dass jede Art unabhängig von der andern geschaffen worden sei, kann ich keine Erklärung dieser wichtigen Thatsache in der Classification aller organischen Wesen entnehmen; sie ist aber nach meiner vollkommensten Überzeugung erklärlich aus der Erblichkeit und aus der zusammengesetzten Wirkungsweise der natürlichen Zuchtwahl, welche Austilgung der Formen und Divergenz der Charactere verursacht, wie mit Hilfe der schematischen Darstellung gezeigt worden ist.

Die Verwandtschaften aller Wesen einer Classe zu einander sind manchmal in Form eines grossen Baumes dargestellt worden. Ich glaube, dieses Bild entspricht sehr der Wahrheit. Die grünen und knospenden Zweige stellen die jetzigen Arten, und die in jedem vorangehenden Jahre entstandenen die lange Aufeinanderfolge erloschener Arten vor. In jeder Wachsthumsperiode haben alle wachsenden Zweige nach allen Seiten hinaus zu treiben und die umgebenden Zweige und Äste zu überwachsen und zu unterdrücken gestrebt, ganz so wie Arten und Artengruppen andere Arten in dem grossen Kampfe um's Dasein zu überwältigen suchen. Die grossen in Zweige getheilten und unterabgetheilten Äste waren zur Zeit, wo der Stamm noch jung, selbst knospende Zweige gewesen: und diese Verbindung der früheren mit den jetzigen Knospen durch unterabgetheilte Zweige mag ganz wohl die Classification aller erloschenen und lebenden Arten in andern Gruppen subordinirter Gruppen darstellen. Von den vielen Zweigen, die sich entwickelten, als der Baum noch ein Busch gewesen, leben nur noch zwei oder drei, die jetzt als mächtige Äste alle anderen Verzweigungen abgeben; und so haben von den Arten, welche in längst vergangenen geologischen Zeiten gelebt, nur sehr wenige noch lebende und abgeänderte Nachkommen. Von der ersten Entwickelung eines Baumes an ist mancher Ast und mancher Zweig verdürrt und verschwunden, und diese verlorenen Äste von verschiedener Grösse mögen jene ganzen Ordnungen, Familien und Gattungen vorstellen, welche, uns nur im fossilen Zustande bekannt, keine lebenden Vertreter mehr haben. Wie wir hier und da einen vereinzelten dünnen Zweig aus einer Gabeltheilung tief unten am Stamme hervorkommen sehen, welcher durch Zufall begünstigt an seiner Spitze noch fortlebt, so sehen wir zuweilen ein Thier, wie Ornithorhynchus oder Lepidosiren, das durch seine Verwandtschaften gewissermassen zwei grosse Zweige der belebten Welt, zwischen denen es in der Mitte steht, mit einander verbindet und vor einer verderblichen Concurrenz offenbar dadurch gerettet worden ist, dass es irgend eine geschützte Station bewohnte. Wie Knospen durch Wachsthum neue Knospen hervorbringen und, wie auch diese wieder, wenn sie kräftig sind, nach allen Seiten ausragen und viele schwächere Zweige überwachsen, so ist es, wie ich glaube, durch Zeugung mit dem grossen Baume des Lebens ergangen, der mit seinen todten und heruntergebrochenen Ästen die Erdrinde erfüllt, und mit seinen herrlichen und sich noch immer weiter theilenden Verzweigungen ihre Oberfläche bekleidet.

# Fünftes Capitel.

## Gesetze der Abänderung.

Wirkungen äusserer Bedingungen. — Gebrauch und Nichtgebrauch der Organe in Verbindung mit natürlicher Zuchtwahl: — Flieg- und Sehorgane. — Acclimatisirung. — Correlation des Wachsthums. — Compensation und Öconomie des Wachsthums. — Falsche Wechselbeziehungen. — Vielfache, rudimentäre und niedrig organisirte Bildungen sind veränderlich. — In ungewöhnlicher Weise entwickelte Theile sind sehr veränderlich; — specifische mehr als Gattungscharactere. — Secundäre Geschlechtscharactere veränderlich. — Zu einer Gattung gehörige Arten variiren auf analoge Weise. — Rückfall zu längst verlorenen Characteren. — Summarium.

Ich habe bisher von den Abänderungen — die so gemein und mannichfaltig im Culturstande der Organismen und in etwas minderem Grade häufig in der freien Natur sind — zuweilen so gesprochen, als ob dieselben vom Zufall veranlasst wären. Dies ist natürlich eine ganz incorrecte Ausdrucksweise, welche nur geeignet ist unsere gänzliche Unwissenheit über die Ursache jeder besonderen Abweichung zu beurkunden. Einige Schriftsteller sehen es ebensosehr für die Aufgabe des Reproductivsystemes an, individuelle Verschiedenheiten oder ganz leichte Abweichungen des Baues hervorzubringen, als das Kind den Eltern gleich zu machen. Aber die viel grössere Veränderlichkeit sowohl als die viel häufigeren Monstrositäten der der Domestication oder Cultur unterworfenen Organismen leiten mich zur Annahme, dass Abweichungen der Structur in irgend einer Weise von der Beschaffenheit der äusseren Lebensbedingungen, welchen die Eltern und deren Vorfahren mehrere Generationen lang ausgesetzt gewesen sind, abhängen. Ich habe im ersten Capitel die Bemerkung gemacht — doch würde ein langes Verzeichniss von Thatsachen, welches hier nicht gegeben werden kann, dazu nöthig sein, die Wahrheit dieser Bemerkung zu beweisen —, dass das Reproductivsystem für Veränderungen in den äussern Lebensbedingungen äusserst empfindlich ist; daher ich dessen functionellen Störungen in den Eltern hauptsächlich die veränderliche oder bildsame Beschaffenheit ihrer Nachkommenschaft zuschreibe. Die

männlichen und weiblichen sexuellen Elemente scheinen davon
schon vor deren Vereinigung zur Bildung eines neuen Wesens
berührt zu sein. Was die Varietäten der Knospen oder die sogenannten Spielpflanzen anbelangt, so wird die Knospe allein betroffen, die auf ihrer ersten Entwickelungsstufe von einem Eichen
nicht wesentlich verschieden ist. Dagegen sind wir in gänzlicher
Unwissenheit darüber, wie es komme, dass in Folge einer Störung des Reproductivsystems dieser oder jener Theil mehr oder
weniger variire. Demungeachtet gelingt es uns hier und da einen
schwachen Lichtstrahl aufzufangen, und wir halten uns überzeugt,
dass es für jede Abänderung irgend eine, wenn auch geringe
Ursache geben müsse.

Wie viel unmittelbaren Einfluss Verschiedenheiten in Klima,
Nahrung u. s. w. auf irgend ein Wesen auszuüben vermöge, ist
äusserst zweifelhaft. Meiner Idee nach ist bei Thieren die Wirkung gering, bei Pflanzen etwas grösser. Man kann wenigstens
mit Sicherheit sagen, dass diese Einflüsse nicht die vielen auffallenden und zusammengesetzten Anpassungen der Organisation
eines Wesens ans andere hervorgebracht haben können, welche
wir in der Natur überall erblicken. Einige kleine Wirkungen
mag man dem Klima, der Nahrung u. s. w. zuschreiben, wie z. B.
Edward Forbes sich mit Bestimmtheit dahin ausspricht, dass eine
Conchylienart an der südlichen Grenze ihres Verbreitungsbezirks
und in seichtem Wasser variirt und glänzendere Farben annimmt,
als in ihren kälteren Verbreitungsbezirken oder in grösseren
Tiefen. Gould glaubt, dass Vögel derselben Art in einer stets
heiteren Atmosphäre glänzender gefärbt sind, als auf einer Insel
oder an der Küste. So glaubt auch Wollaston, dass der Auf-
enthalt in der Nähe des Meeres Einfluss auf die Farben der Insecten habe. Moquin-Tandon gibt eine Liste von Pflanzen, welche
an der Seeküste mehr und weniger fleischige Blätter bekommen,
wenn sie auch landeinwärts nicht fleischig sind. Und so liessen
sich noch manche ähnliche Beispiele anführen.

Die Thatsache, dass Varietäten einer Art, wenn sie in die
Verbreitungszone einer andern Art hinüberreichen, in geringem
Grade etwas von deren Characteren annehmen, stimmt mit unserer

Ansicht überein, dass Species aller Art nur ausgeprägtere bleibende Varietäten sind. So haben die Conchylienarten seichter und tropischer Meeresgegenden gewöhnlich glanzendere Farben als die in tiefen und kalten Gewässern wohnenden. So sind die Vögelarten der Binnenländer nach GOULD lebhafter als die der Inseln gefärbt. So sind die Insectenarten, welche auf die Küsten beschränkt sind, oft broncefarbig oder düster, wie jeder Sammler weiss. Pflanzenarten, welche nur längs dem Meere fortkommen, sind sehr oft mit fleischigen Blättern versehen. Wer an die besondere Erschaffung einer jeden einzelnen Species glaubt, wird daher sagen müssen, dass z. B. diese Conchylien für ein wärmeres Meer mit glänzenderen Farben geschaffen worden sind, während jene anderen die lebhaftere Färbung erst durch Abänderung angenommen haben, als sie in die seichteren und wärmeren Gewässer übersiedelten.

Wenn eine Abänderung für ein Wesen von geringstem Nutzen ist, so vermögen wir nicht zu sagen, wie viel davon von der häufenden Thätigkeit der natürlichen Zuchtwahl und wie viel von dem Einfluss äusserer Lebensbedingungen herzuleiten ist. So ist es den Pelzhändlern wohl bekannt, dass Thiere einer Art um so dichtere und bessere Pelze besitzen, in je kälterem Klima sie gelebt haben. Aber wer vermöchte zu sagen, wie viel von diesem Unterschied davon herrühre, dass die am wärmsten gekleideten Individuen durch natürliche Zuchtwahl viele Generationen hindurch begünstigt und erhalten worden sind, und wie viel von dem directen Einflusse des strengen Klimas? Denn es scheint wohl, dass das Klima einige unmittelbare Wirkung auf die Beschaffenheit des Haares unserer Hausthiere ausübe.

Man kann Beispiele dafür anführen, dass dieselbe Varietät unter den allerverschiedensten Lebensbedingungen entstanden ist, während andererseits verschiedene Varietäten einer Species unter gleichen Bedingungen zum Vorschein kommen. Diese Thatsachen zeigen, wie indirect die Lebensbedingungen wirken. So sind jedem Naturforscher auch zahllose Beispiele von sich echt erhaltenden Arten ohne alle Varietäten bekannt, obwohl dieselben in den entgegengesetztesten Klimaten leben. Derartige Betrachtungen veranlassen mich, nur ein sehr geringes Gewicht auf den directen Einfluss der Lebensbedingungen zu legen. Indirect scheinen sie, wie schon gesagt worden, einen wichtigen Antheil an der Störung des Reproductivsystemes zu nehmen und hiedurch Veränderlichkeit herbeizuführen, und natürliche Zuchtwahl häuft dann alle nützlichen, wenn auch geringen Abänderungen an, bis snlche vollständig entwickelt und für uns wahrnehmbar werden.

In einem weiter hergeholten Sinne kann man sagen, dass die Lebensbedingungen nicht allein Veränderlichkeit verursachen, sondern auch natürliche Zuchtwahl einschliessen; denn es hängt von der Natur der Lebensbedingungen ab, ob diese oder jene Varietät erhalten werden soll. Wir ersehen aber aus dem Züchtungsverfahren des Menschen, dass diese zwei Elemente der Veränderung wesentlich von einander verschieden sind; die Lebensbedingungen im Zustande der Domesticität verursachen Veranderlichkeit und der Wille des Menschen häuft bewusst oder unbewusst wirkend die Abänderung in diesen oder jenen bestimmten Richtungen an.

### Wirkungen von Gebrauch und Nichtgebrauch.

Die im ersten Capitel angeführten Thatsachen lassen wenig Zweifel übrig, dass bei unseren Hausthieren Gebrauch gewisse Theile stärke und ausdehne und Nichtgebrauch sie schwäche, und dass solche Abänderungen vererblich sind. In der freien Natur hat man keinen Maassstab zur Vergleichung der Wirkungen lang fortgesetzten Gebrauches oder Nichtgebrauches, weil wir die elterlichen Formen nicht kennen; doch tragen manche Thiere Bildungen an sich, die sich als Folge des Nichtgebrauchs erklären lassen. Professor R. Owen hat bemerkt, dass es keine grössere Anomalie in der Natur gibt, als dass ein Vogel nicht fliegen könne, und doch sind mehrere in dieser Lage. Die Südamerikanische Dickkopfente kann nur über der Oberfläche des Wassers hinflattern und hat Flügel von fast der nämlichen Beschaffenheit wie die Aylesburyer Hausenten-Rasse. Da die grossen am Boden weidenden Vögel selten zu andren Zwecken fliegen, als um einer

Gefahr zu entgeben, so glaube ich, dass die fast ungeflügelte Beschaffenheit verscbiedener Vögelarten, welche einige Inseln des Grossen Oceans jetzt bewohnen oder einst bewohnt haben, wo sie keine Verfolgung von Raubthieren zu gewärtigen haben, vom Nichtgebrauche ihrer Flügel herrührt. Der Strausa bewohnt zwar Continente und ist von Gefahren bedroht, denen er nicht durch Flug entgehen kann; aber er kann sich selbst durch Stossen mit den Füssen gegen seine Feinde so gut vertheidigen wie einige der kleineren Vierfüsser. Man kann sich vorstellen, dass der Urvater des Strausses eine Lebensweiae etwa wie der Trappe gehabt habe, und dass er in Folge natürlicher Züchtung in einer langen Generationenreihe immer grösser und schwerer geworden sei, seine Beine mehr und seine Flügel weniger gebraucht habe, bis er endlich ganz unfähig geworden sei zu fliegen.

KIRBY hat bemerkt (und ich habe dieselhe Tbatsache beohachtet), dass die Vordertarsen vieler männlicher Kothkäfer oft abgebrochen sind; er untersuchte aiebenzehn Exemplare seiner Sammlung, und fand in keinem eine Spur mehr davon. Onitis Apelles hat seine Tarsen so gewöhnlich verloren, dass man dies Insect beschrieben bat, als fehlten sie ihm gänzlich. In einigen anderen Gattungen sind sie nur in verkümmertem Zustande vorhanden. Dem Ateuchus oder heiligen Käfer der Ägyptier fehlen sie gänzlich. Der Nachweis, dass zufällige Verstümmelungen erblich seien, ist für jetzt nicht ganz entscheidend; aber der von BROWN-SEQUARD beobachtete merkwürdige Fall von der Vererhung der an einem Meerschweinchen durch Beschädigung des Rückenmarks verursachten Epilepsie auf dessen Nachkommen sollte uns vorsichtig machen, wenn wir es läugnen wollten. Daher erscheint es vielleicht am gerathensten, den gänzlichen Mangel der Vordertarsen des Ateuchus und ihren verkümmerten Zustand in einigen anderen Gattungen lieber der langfortgesetzten Wirkung ihres Nichtgebrauches hei deren Stammvätern zuzuschreiben; denn da die Tarsen vieler Kothkäfer fast immer verloren gehn, so müssen aie es achon früh im Leben und können daher bei diesen Insecten weder von wesentlichem Nutzen aein noch viel gebraucht werden.

In einigen Fällen können wir leicht dem Nichtgebrauche gewisse Abänderungen der Organisation zuschreiben, welche jedoch gänzlich oder hauptsächlich von natürlicher Zuchtwahl herrühren. WOLLASTON hat die merkwürdige Thatsache entdeckt, dass von den 550 Käferarten, welche Madeira bewohnen (man kennt aber jetzt mehr), 200 so unvollkommene Flügel haben, dass sie nicht fliegen können, und dass von den 29 endemischen Gattungen nicht weniger als 23 lauter solche Arten enthalten. Mehrere Thatsachen, dass nämlich in vielen Theilen der Welt fliegende Käfer häufig ins Meer geweht werden und zu Grunde gehen, dass die Käfer auf Madeira nach WOLLASTON's Beobachtung meistens verborgen liegen, bis der Wind ruht und die Sonne scheint, dass die Zahl der flügellosen Käfer an den ausgesetzten kahlen Desertas verhältnissmässig grösser als in Madeira selbst ist, und zumal die ausserordentliche Thatsache, worauf WOLLASTON so nachdrücklich aufmerksam macht, dass gewisse grosse, anderwärts äusserst zahlreiche Käfergruppen, welche durch ihre Lebensweise viel zu fliegen beinahe genöthigt sind, auf Madeira gänzlich fehlen, — diese mancherlei Gründe machen mich glauben, dass die ungeflügelte Beschaffenheit so vieler Käfer dieser Insel hauptsächlich von natürlicher Zuchtwahl, doch wahrscheinlich in Verbindung mit Nichtgebrauch herrühre. Denn während vieler aufeinanderfolgender Generationen wird jeder individuelle Käfer, der am wenigsten flog, entweder weil seine Flügel am wenigsten entwickelt waren oder weil er der indolenteste war, die meiste Aussicht gehabt haben, alle andern zu überleben, weil er nicht ins Meer gewehet wurde; und auf der andern Seite werden diejenigen Käfer, welche am liebsten flogen, am öftesten in die See getrieben und vernichtet worden sein.

Diejenigen Insecten auf Madeira dagegen, welche sich nicht am Boden aufhalten und, wie die an Blumen lebenden Käfer und Schmetterlinge, von ihren Flügeln gewöhnlich Gebrauch machen müssen, um ihren Unterhalt zu gewinnen, haben nach WOLLASTON's Vermutbung keineswegs verkümmerte, sondern vielmehr stärker entwickelte Flügel. Dies ist mit der Thätigkeit der natürlichen Zuchtwahl völlig verträglich. Denn, wenn ein neues Insect zuerst

auf die Insel kommt, wird das Streben der natürlichen Zuchtwahl,
die Flügel zu verkleinern oder zu vergrössern, davon abhängen,
ob eine grössere Anzahl von Individuen durch erfolgreiches An-
kämpfen gegen die Winde, oder durch mehr und weniger häufigen Verzicht auf diesen Versuch sich rettet. Es ist derselbe
Fall, wie bei den Matrosen eines in der Nähe der Küste gestrandeten Schiffes; für diejenigen, welche gut schwimmen, wäre es
besser gewesen, wenn sie noch weiter hätten schwimmen können,
während es für die schlechten Schwimmer besser gewesen wäre,
wenn sie gar nicht hätten schwimmen können und sich an das
Wrack gehalten hätten.

Die Augen der Maulwürfe und einiger wühlenden Nager sind
an Grösse verkümmert und in manchen Fällen ganz von Haut
und Pelz bedeckt. Dieser Zustand der Augen rührt wahrscheinlich von fortwährendem Nichtgebrauche her, dessen Wirkung vielleicht durch natürliche Zuchtwahl unterstützt wird. Ein Südame-
rikanischer Nager, der Tuco-tuco oder Ctenomys, hat eine noch
mehr unterirdische Lebensweise als der Maulwurf, und ein Spa-
nier, welcher oft dergleichen gefangen hat, versicherte mir, dass
derselbe oft ganz blind sei; einer, den ich lebend bekommen,
war es gewiss und zwar, wie die Section ergab, in Folge einer
Entzündung der Nickhaut. Da häufige Augenentzündungen einem
jeden Thiere nachtheilig werden müssen, und da für unterirdische
Thiere die Augen gewiss nicht unentbehrlich sind, so wird eine
Verminderung ihrer Grösse, die Adhäsion der Augenlider und
die Überziehung derselben mit dem Felle für sie von Nutzen sein;
und wenn dies der Fall, so wird natürliche Zuchtwahl die Wirkung des Nichtgebrauches beständig unterstützen.

Es ist wohl bekannt, dass mehrere Thiere aus den verschiedensten Classen, welche die Höhlen in Kärnthen und Kentucky
bewohnen, blind sind. In einigen Krabben ist der Augenstiel
noch vorhanden, obwohl das Auge verloren ist: das Teleskopengestell
ist geblieben, obwohl das Teleskop mit seinen Gläsern fehlt. Da
nicht wohl anzunehmen ist, dass Augen, wenn auch unnütz, den
in Dunkelheit lebenden Thieren schädlich werden sollten, so schreibe
ich ihren Verlust gänzlich auf Rechnung des Nichtgebrauchs. Bei

einer der blinden Thierarten insbesondere, bei der Höhlenratte (Neotoma), wovon Professor Silliman eine halbe englische Meile weit einwärts vom Eingange und mithin noch nicht gänzlich im Hintergrunde zwei gefangen hatte, waren die Augen gross und glänzend und erlangten, wie mir Silliman mitgetheilt, nachdem sie einen Monat lang allmählich verstärktem Lichte ausgesetzt worden, ein unklares Wahrnehmungsvermögen für die ihnen vorgehaltenen Gegenstände und begannen zu blinzeln.

Es ist schwer sich ähnlichere Lebensbedingungen vorzustellen, als tiefe Kalksteinhöhlen in nahezu ähnlichem Klima, so dass, wenn man von der gewöhnlichen Ansicht ausgeht, dass die blinden Thiere für die Amerikanischen und für die Europäischen Höhlen besonders erschaffen worden seien, auch eine grosse Ähnlichkeit derselben in Organisation und Verwandtschaft zu erwarten stände. Dies ist aber zwischen den beiderseitigen Faunen im Ganzen genommen keineswegs vorhanden und Schiödte bemerkt nur in Bezug auf die Insecten, dass die ganze Erscheinung nur als eine rein örtliche betrachtet werden dürfe, indem die Ähnlichkeit, die sich zwischen einigen Bewohnern der Mammuthhöhle in Kentucky und den Kärntner Höhlen herausstellte, nur ein ganz einfacher Ausdruck der Analogie sei, die zwischen den Faunen Nordamerikas und Europas überhaupt bestehe. Nach meiner Meinung muss man annehmen, dass Amerikanische Thiere mit gewöhnlichem Sehevermögen in nacheinanderfolgenden Generationen immer tiefer und tiefer in die entferntesten Schlupfwinkel der Kentuckyer Höhle eingedrungen sind, wie es Europäische in den Höhlen von Kärnthen gethan. Und wir haben einigen Anhalt für diese stufenweise Veränderung der Lebensweise; denn Schiödte bemerkt: „Wir betrachten demnach diese unterirdischen Faunen als kleine in die Erde eingedrungene Abzweigungen der geographisch-begrenzten Faunen der nächsten Umgegenden, welche in dem Grade, als sie sich weiter in die Dunkelheit hineinerstreckten, sich den sie umgebenden Verhältnissen anpassten; Thiere, von gewöhnlichen Formen nicht sehr entfernt, bereiten den Übergang vom Tage zur Dunkelheit vor; dann folgen die fürs Zwielicht gebildeten und endlich die fürs gänzliche Dunkel bestimmten, deren Bildung ganz eigenthümlich ist." Diese Bemerkungen Schiödte's beziehen sich aber, was zu beachten ist, nicht auf einerlei, sondern auf ganz verschiedene Species. Während der Zeit, in welcher ein Thier nach zahllosen Generationen die hintersten Theile der Höhle erreicht hat, wird hiernach Nichtgebrauch die Augen mehr oder weniger vollständig unterdrückt und natürliche Zuchtwahl oft andere Veränderungen erwirkt haben, die, wie verlängerte Fühler oder Fressspitzen, einigermassen das Gesicht ersetzen. Ungeachtet dieser Modificationen werden wir erwarten, noch Verwandtschaften der Höhlenthiere Amerikas mit den anderen Bewohnern dieses Continents, und der Höhlenbewohner Europas mit den übrigen Europäischen Thieren zu sehen. Und dies ist bei einigen Amerikanischen Höhlenthieren der Fall, wie ich von Professor Dana höre; und einige Europäische Höhleninsecten stehen manchen in der Umgegend der Höhle wohnenden Arten ganz nahe. Es dürfte sehr schwer sein, eine vernünftige Erklärung von der Verwandtschaft der blinden Höhlenthiere mit den andern Bewohnern der beiden Continente aus dem gewöhnlichen Gesichtspunkte einer unabhängigen Erschaffung zu geben. Dass einige von den Höhlenbewohnern der Alten und der Neuen Welt in naher Beziehung zu einander stehen, lässt sich aus den wohlbekannten Verwandtschaftsverhältnissen ihrer meisten übrigen Erzeugnisse zu einander erwarten. Da eine blinde Bathysciaart an schattigen Felsen ausserhalb der Höhlen in grosser Anzahl gefunden wird, so hat der Verlust des Gesichtes bei der die Höhle bewohnenden Art dieser einen Gattung wahrscheinlich in keiner Beziehung zum Dunkel ihrer Wohnstätte gestanden; und es ist ganz begreiflich, dass ein bereits blindes Insect sich an die Bewohnung einer dunklen Höhle leicht accomodiren wird. Eine andere blinde Gattung, Anophthalmus, bietet die merkwürdige Eigenthümlichkeit dar, dass, wie Murray bemerkte, ihre verschiedenen Arten in verschiedenen Höhlen Europas sowohl als in der von Kentucky wohnen, und dass die Gattung überhaupt nur in Höhlen vorkommt. Es ist jedoch möglich, dass der Stammvater oder die Stammväter dieser verschiedenen Species vordem noch mit Augen versehen, in beiden

Continenten weit verbreitet gewesen und (gleich den Elephanten
beider Festländer) ausgestorben sind, mit Ausnahme der auf ihre
jetzigen engen Wohnstätten eingeschränkten. Weit entfernt mich
darüber zu wundern, dass einige der Höhlenthiere von sehr ano-
maler Beschaffenheit sind, wie Agassiz von dem blinden Fische,
Amblyopsis, bemerkt, und wie es mit dem blinden Reptile Pro-
teus in Europa der Fall ist, bin ich vielmehr erstaunt, dass sich
darin nicht mehr Trümmer alten Lebens erhalten haben, da die
Bewohner solcher dunkler Wohnungen einer minder strengen
Concurrenz ausgesetzt gewesen sein müssen.

### Acclimatisirung.

Gewohnheit ist bei Pflanzen erblich, so in Bezug auf Blüthezeit, nöthige Regenmenge für den Keimungsprocess, die Zeit des
Schlafes u. s. w., und dies veranlasst mich hier noch Einiges über
Acclimatisirung zu sagen. Da es sehr gewöhnlich ist, dass Arten einer und derselben Gattung sehr heisse sowie sehr kalte
Gegenden bewohnen, und da alle Arten einer Gattung, wie ich
glaube, von einem gemeinsamen Urvater abstammen, so muss,
wenn dies richtig ist, Acclimatisirung während einer langen con-
tinuirlichen Descendenz leicht bewirkt werden können. Es ist
notorisch, dass jede Art dem Klima ihrer eigenen Heimath angepasst ist; Arten einer arctischen oder auch nur einer gemässigten Gegend können in einem tropischen Klima nicht ausdauern,
und umgekehrt. So können auch manche Fettpflanzen nicht in
feuchtem Klima fortkommen. Doch ist der Grad der Anpassung
der Arten an das Klima, worin sie leben, oft überschätzt worden.
Wir können dies schon aus unserer oftmaligen Unfähigkeit, vor-
auszusagen, ob eine eingeführte Pflanze unser Klima ausdauern
werde oder nicht, sowie aus der grossen Anzahl von Pflanzen
und Thieren entnehmen, welche aus wärmerem Klima zu uns
verpflanzt hier ganz wohl gedeihen. Wir haben Grund anzunehmen, dass im Naturzustande Arten durch die Concurrenz anderer
organischer Wesen eben so sehr oder noch stärker in ihrer Verbreitung beschränkt werden, als durch ihre Anpassung an besondere Klimate. Mag aber die Anpassung im Allgemeinen eine

sehr genaue sein oder nicht: wir haben bei einigen wenigen Pflanzenarten Beweise, dass dieselben schon von der Natur in gewissem Grade an ungleiche Temperaturen gewöhnt oder acclimatisirt werden. So zeigen die von Dr. Hooker aus Samen von verschiedenen Höhen des Himalaya in England erzogenen Pinus- und Rhododendronarten auch ein verschiedenes Vermögen der Kälte zu widerstehen. Herr Thwaites theilt mir mit, dass er ähnliche Thatsachen auf Ceylon beobachtet habe, und H. C. Watson hat ähnliche Erfahrungen mit europäischen Arten von Pflanzen gemacht, die von den Azoren nach England gebracht worden sind; und ich könnte noch weitere Fälle anführen. In Bezug auf Thiere liessen sich manche wohl beglaubigte Fälle anführen, dass Arten binnen geschichtlicher Zeit ihre Verbreitung weit aus wärmeren nach kälteren Zonen oder umgekehrt ausgedehnt haben; jedoch wissen wir nicht mit Bestimmtheit, ob diese Thiere einst ihrem heimathlichen Klima enge angepasst gewesen sind, obwohl wir dies in allen gewöhnlichen Fällen voraussetzen, — und ob sie demzufolge erst einer speciellen Acclimatisirung an ihre neue Heimath bedurft haben, so dass sie besser angepasst wurden, als sie es erst waren.

Da wir annehmen können, dass unsere Hausthiere ursprünglich von noch uncivilisirten Menschen gewählt worden sind, weil sie ihnen nützlich und in der Gefangenschaft leicht fortzupflanzen waren, und nicht wegen ihrer erst später befundenen Tauglichkeit zu weit ausgedehnter Verpflanzung, so kann nach meiner Meinung das gewöhnlich ausserordentliche Vermögen unserer Hausthiere die verschiedensten Klimate auszuhalten und sich darin (ein viel gewichtigeres Zeugniss) fortzupflanzen, zur Schlussfolgerung dienen, dass auch eine verhältnissmässig grosse Anzahl anderer Thiere, die sich jetzt noch im Naturzustande befinden, leicht dazu gebracht werden könnte, sehr verschiedene Klimate zu ertragen. Wir dürfen jedoch die vorangehende Folgerung nicht zu weit treiben, weil einige unserer Hausthiere wahrscheinlich von verschiedenen wilden Stämmen herrühren, wie z. B. in unseren Haushundrassen das Blut eines tropischen und eines arctischen Wolfes oder wilden Hundes gemischt sein könnte. Ratten und

Mäuse dürfen nicht als Hausthiere angeseben werden; und doch
sind sie vom Menschen in viele Theile der Welt übergeführt worden und besitzen jetzt eine weitere Verbreitung als irgend ein
anderes Nagethier, indem sie frei unter dem kalten Himmel der
Faröer im Norden und der Falklandsinseln im Süden, wie auf
vielen Inseln der Tropenzone leben. Daher bin ich geneigt, die
Anpassung an ein besonderes Klima als eine, leicht auf eine angeborene, den meisten Thieren eigene, weite Biegsamkeit der Constitution gepfropfte Eigenschaft zu betrachten. Dieser Ansicht
zu Folge hat man die Fähigkeit des Menschen selbst und seiner
meisten Hausthiere, die verschiedensten Klimate zu ertragen, und
solche Thatsachen, wie das Vorkommen einstiger Elephanten und
Rhinocerosarten in einem Eisklima, während deren jetzt lebende
Arten alle eine tropische oder subtropische Heimath haben, nicht
als Gesetzwidrigkeiten zu betrachten, sondern lediglich als Beispiele einer sehr gewöhnlichen Biegsamkeit der Constitution anzusehen, welche nur unter besondern Umständen mehr zur Geltung gelangt ist.

Wie viel von der Acclimatisirung der Arten an ein besonderes Klima blos Gewohnheitssache sei, wie viel von der natürlichen Zuchtwahl von Varietäten mit verschiedenen Körperverfassungen abhänge, oder wie weit beide Ursachen zusammenwirken, ist eine sehr schwierige Frage. Dass Gewohnbeit und
Übung einigen Einfluss habe, will ich sowohl nach der Analogie
als nach den immer wiederkehrenden Warnungen wohl glauben,
welche in landwirthschaftlichen Werken, selbst in alten Chinesischen Encyclopädien, enthalten sind, recht vorsichtig bei Versetzung von Thieren aus einer Gegend in die andere zu sein.
Denn es ist nicht wahrscheinlich, dass man durch Zuchtwahl so
viele Rassen und Unterrassen gebildet habe, welche eben so vielen verschiedenen Gegenden angepasste Constitutionen gehabt hätten; das Ergebniss rührt vielmehr von Gewöhnung her. Andererseits sehe ich auch keinen Grund zu zweifeln, dass natürliche
Zuchtwahl beständig diejenigen Individuen zu erhalten strebe,
welche mit den für ihre Heimathgegenden am besten geeigneten
Körperverfassungen geboren sind. In Schriften über verschiedene

Sorten cultivirter Pflanzen heisst es von gewissen Varietäten, dass sie dieses oder jenes Klima besser als andere vertragen. Dies ergibt sich sehr schlagend aus den in den Vereinigten Staaten erschienenen Werken über Obstbaumzucht, worin gewöhnlich diese Varietäten für die nördlichen und jene für die südlichen Staaten empfohlen werden; und da die meisten dieser Abarten noch neuen Ursprungs sind, so kann man die Verschiedenheit ihrer Constitutionen in dieser Beziehung nicht der Gewöhnung zuschreiben. Man hat selbst die Jerusalemartischoke, welche sich in England nie aus Samen fortgepflanzt und daher niemals neue Varietäten geliefert hat (denn sie ist jetzt noch so empfindlich wie je), als Beweis angeführt, dass es nicht möglich sei eine Acclimatisirung zu bewirken: zu gleichem Zwecke hat man sich auch oft auf die Schminkbohne, und zwar mit viel grösserem Nachdrucke berufen. So lange aber nicht jemand einige Dutzend Generationen hindurch seine Schminkbohnen so frühzeitig aussäet, dass ein sehr grosser Theil derselben durch Frost zerstört wird, und dann mit der gebörigen Vorsicht zur Vermeidung von Kreuzungen seine Samen von den wenigen überlebenden Stöcken nimmt und von deren Sämlingen mit gleicher Vorsicht abermals seine Samen erzieht, so lange wird man nicht sagen können, dass auch nur der Versuch angestellt worden sei. Auch darf man nicht annehmen, dass nicht zuweilen Verschiedenheiten in der Constitution dieser verschiedenen Bohnensämlinge zum Vorschein kämen; denn es ist bereits ein Bericht darüber erschienen, wie einige dieser Sämlinge so viel härter sind, als andere; auch habe ich selbst ein sehr auffallendes Beispiel dieser Thatsache beobachtet.

Im Ganzen kann man, glaube ich, schliessen, dass Gewöhnung, Gebrauch und Nichtgebrauch in manchen Fällen einen beträchtlichen Einfluss auf die Abänderung der Constitution und des Baues verschiedener Organe ausgeübt haben; dass jedoch diese Wirkungen des Gebrauchs und Nichtgebrauchs oft in ansehnlichem Grade mit der natürlichen Zuchtwahl angeborner Varietäten combinirt, zuweilen von ihr überboten worden ist.

### Correlation des Wachsthums.

Ich will mit diesem Ausdrucke sagen, dass die ganze Organisation während ihrer Entwickelung und ihres Wachsthums so unter sich verkettet ist, dass, wenn in irgend einem Theile eine geringe Abänderung erfolgt und von der natürlichen Zuchtwahl gehäuft wird, auch andere Theile geändert werden müssen. Dies ist ein sehr wichtiger Punkt, aber noch wenig begriffen; auch können hier leicht völlig verschiedene Classen von Thatsachen mit einander verwechselt werden. Wir werden gleich sehen, dass einfache Vererbung oft fälschlich den Schein einer Correlation darbietet. Das augenfälligste Beispiel wirklicher Correlation ist, dass Abänderungen im Baue der Larve oder des Jungen auch die Organisation des Erwachsenen zu berühren streben; eben so wie bekanntlich eine Missbildung, welche den frühesten Embryo betrifft, auch die ganze Organisation des Erwachsenen ernstlich berührt. Die mehrzähligen homologen und in der frühsten Embryozeit im Bau mit einander identischen Theile des Körpers, welche auch nothwendig ähnlichen Bedingungen ausgesetzt sind, scheinen in verwandter Weise zu variiren geneigt; daher die rechte und linke Seite des Körpers in gleicher Weise abzuändern pflegen, die vorderen Gliedmaassen in gleicher Weise wie die hinteren, und sogar die Kinnladen in gleicher Weise wie die Gliedmaassen, da ja einige den Unterkiefer für ein Homologon der Gliedmaassen halten. Diese Neigungen können, wie ich nicht bezweifle, durch natürliche Zuchtwahl mehr und weniger vollständig beherrscht werden; so hat es einmal eine Hirschfamilie mit nur einem Gehörne gegeben, und wäre diese Eigenheit von irgend einem grösseren Nutzen gewesen, so würde sie durch natürliche Zuchtwahl vermuthlich bleibend geworden sein.

Homologe Theile streben, wie einige Autoren bemerkt haben, zu verwachsen, wie man es oft in monströsen Pflanzen sieht; und nichts ist gewöhnlicher als die Vereinigung homologer Theile zu normalen Bildungen, wie z. B. die Vereinigung der Kronenblätter zu einer Röhre. Harte Theile scheinen auf die Form anliegender weicher einzuwirken; wie denn einige Schriftsteller glauben, dass die Verschiedenheit in der Form des Beckens der Vögel die merkwürdige Verschiedenheit in der Form ihrer Nieren verursache. Andere glauben, dass beim Menschen die Gestalt des Beckens der Mutter durch Druck auf die Schädelform des Kindes wirke. Bei Schlangen bedingen nach Schlegel die Form des Körpers und die Art des Schlingens die Lage einiger der wichtigsten Eingeweide.

Die Natur des correlativen Bandes ist sehr oft ganz dunkel. Isidore Geoffroy Saint-Hilaire hat auf nachdrückliche Weise hervorgehoben, dass gewisse Missbildungen sehr häufig und andere sehr selten zusammen vorkommen, ohne dass wir irgend einen Grund anzugeben vermöchten. Was kann eigenthümlicher sein, als bei Katzen die Beziehung zwischen völliger Weisse einer- und blauen Augen und Taubheit andererseits, oder zwischen einem gelb, schwarz und weiss gefleckten Pelze und dem weiblichen Geschlechte: die Beziehung zwischen den gefiederten Füssen und der Spannhaut zwischen den äusseren Zehen der Tauben, oder die zwischen der Anwesenheit von mehr oder weniger Flaum an den eben ausschlüpfenden Vögeln mit der künftigen Farbe ihres Gefieders; oder endlich zwischen Behaarung und Zahnbildung des nackten Türkischen Hundes, obschon hier zweifellos Homologie mit ins Spiel kommt. Mit Bezug auf diesen letzten Fall von Correlation scheint es mir kaum zufällig zu sein, dass diejenigen zwei Säugethierordnungen, welche am abnormsten in ihrer Bekleidung, auch am abweichendsten in der Zahnbildung sind; nämlich die Cetaceen (Wale) und die Edentaten (Schuppenthiere, Gürtelthiere u. s. w.).

Ich kenne keinen Fall, der besser geeignet wäre, die grosse Bedeutung der Gesetze der Correlation als zu Abänderungen wichtiger Gebilde unabhängig von deren Nützlichkeit und somit auch von der natürlichen Zuchtwahl führend darzuthun, als es die Verschiedenheit der äussern und innern Blüthen im Blüthenstande einiger Compositen und Umbelliferen ist. Jedermann kennt den Unterschied zwischen den mittleren und den Randblüthen z. B. des Gänseblümchens (Bellis), und diese Verschiedenheit ist oft verbunden mit der Verkümmerung einzelner Blumentheile. Aber in einigen Compositen unterscheiden sich auch die Früchte der bei-

derlei Blüthen in Grösse und Sculptur, und selbst die Ovarien
mit einigen Nebentheilen weichen ab, wie Cassini nachgewiesen.
Diese Verschiedenheiten sind von einigen Botanikern dem Druck
zugeschrieben worden, und die Fruchtformen in den Strahlenblu-
men der Compositen unterstützen diese Ansicht; keineswegs ist
es aber, wie mir Dr. Hooker mittheilt, bei den Umbelliferen der
Fall, dass die Arten mit den dichtesten Umbellen am häufigsten
eine Verschiedenheit zwischen den inneren und äusseren Blüthen
wahrnehmen liessen. Man hätte denken können, dass die stärkere
Entwickelung der im Rande des Blüthenstandes befindlichen Kronenblätter die Verkümmerung anderer Blüthentheile veranlasst
habe, indem sie ihnen Nahrung entzogen; aber bei einigen Compositen zeigt sich ein Unterschied in der Grösse der Früchte der
innern und der Strahlenblüthen, ohne irgend eine Verschiedenheit
der Krone. Möglich, dass diese mancherlei Unterschiede mit
irgend einem Unterschiede in dem Zufluss der Säfte zu den mittel-
und den randständigen Blüthen zusammenhängt; wir wissen wenigstens, dass bei unregelmässig geformten Blüthen die der Achse
zunächst stehenden am öftesten der Peloriabildung unterworfen
sind und regelmässig werden. Ich will als Beispiel hiervon und
zugleich als auffallenden Fall von Correlation anführen, wie ich
kürzlich in einigen Gartenpelargonien beobachtet habe, dass die
mittleren Blüthen der Dolde oft die dunkleren Flecken an den
zwei oberen Kronenblättern verlieren und dass, wenn dies der
Fall ist, das anhängende Nectarium gänzlich verkümmert; fehlt
der Fleck nur an einem der zwei oberen Kronenblätter, so wird
das Nectarium nur stark verkürzt.

Hinsichtlich der Verschiedenheiten der Blumenkronen der
mittleren und randlichen Blumen einer Dolde oder eines Blüthen-
köpfchens, so halte ich C. C. Sprengel's Idee, dass die Strahlen-
blumen zur Anziehung der Insecten bestimmt seien, deren Wirksamkeit die Befruchtung der Pflanzen jener zwei Ordnungen be-
fördere, nicht für so weit hergeholt, als sie beim ersten Blick
scheinen mag; und wenn es wirklich von Nutzen ist, so kann
natürliche Zuchtwahl mit in Betracht kommen. Dagegen scheint
es kaum möglich, dass die Verschiedenheit zwischen dem Bau

der äusseren und der inneren Früchte, welche nicht immer in Correlation mit irgend einer verschiedenen Bildung der Blüthen steht, irgend wie den Pflanzen von Nutzen sein kann. Jedoch erscheinen bei den Doldenpflanzen die Unterschiede von so auffallender Wichtigkeit (da in mehreren Fällen nach Tausch die Früchte der äusseren Blüthen orthosperm und die der mittelständigen coelosperm sind), dass der ältere DeCandolle seine Hauptabtheilungen in dieser Pflanzenordnung auf analoge Verschiedenheiten gründete. Wir sehen daher, dass Abänderungen der Structur, welche von Systematikern als sehr werthvoll betrachtet werden, von gänzlich unbekannten Gesetzen der Correlation des Wachsthums bedingt sein können, und zwar ohne selbst den geringsten erkennbaren Vortheil für die Species darzubieten.

Wir mögen irriger Weise der Correlation des Wachsthums oft solche Bildungen zuschreiben, welche ganzen Artengruppen gemein sind, aber in Wahrheit ganz einfach von Erblichkeit abhängen. Denn ein alter Urerzeuger z. B. kann durch natürliche Zuchtwahl irgend eine Eigenthümlichkeit seiner Structur und nach tausend Generationen irgend eine andere davon unabhängige Abänderung erlangt haben, und wenn dann beide Modificationen auf eine ganze Gruppe von Nachkommen mit verschiedener Lebensweise übertragen worden sind, so wird man natürlich glauben, sie stünden in einer nothwendigen Wechselbeziehung mit einander. So zweifle ich auch nicht daran, dass einige Correlationen, welche in ganzen Ordnungen vorkommen, offenbar nur von der Art und Weise bedingt sind, in welcher die natürliche Zuchtwahl ihre Thätigkeit äussern kann. Wenn z. B. Alphons De Candolle bemerkt, dass geflügelte Samen nie in Früchten vorkommen, die sich nicht öffnen, so möchte ich diese Regel durch die Thatsache erklären, dass Samen nicht durch natürliche Zuchtwahl allmählich beflügelt werden können, ausser in Früchten, die sich öffnen; so dass individuelle Pflanzen mit Samen, welche etwas besser zur weiten Fortführung geeignet sind, vor andern, weniger zu einer weiteren Verbreitung geeigneten im Vortheil sind, und dieser Vorgang kann nicht wohl mit solchen Früchten vorkommen, welche nicht aufspringen.

## Compensation und Oeconomie des Wachsthums.

Der ältere GEOFFROY und GOETHE haben ihr Gesetz von der Compensation oder dem Gleichgewicht des Wachsthums fast gleichzeitig aufgestellt; oder, wie GOETHE sich ausdrückt, „die Natur ist genöthigt, auf der einen Seite zu oeconomisiren, um auf der andern mehr geben zu können." Dies passt in gewisser Ausdehnung, wie mir scheint, ganz gut auf unsere Culturerzeugnisse: denn wenn einem Theile oder Organe Nahrung in Überfluss zuströmt, so kann sie nicht, oder wenigstens nicht in Überfluss, auch einem andern zu Theil werden; daher kann man eine Kuh z. B. nicht dahin bringen, viel Milch zu geben und zugleich fett zu werden. Ein und dieselbe Kohlvarietät kann nicht eine reichliche Menge nahrhafter Blätter und zugleich einen guten Ertrag von Ölsamen liefern. Wenn in unserem Obste die Samen verkümmern, gewinnt die Frucht selbst an Grösse und Güte. Bei unseren Hühnern ist eine grosse Federhaube auf dem Kopfe gewöhnlich mit einem kleineren Kamm und ein grosser Bart mit kleinen Fleischlappen verbunden. Dagegen ist kaum anzunehmen, dass dieses Gesetz auch auf Arten im Naturzustande allgemein anwendbar sei, obwohl viele gute Beobachter und namentlich Botaniker an seine Wahrheit glauben. Ich will jedoch hier keine Beispiele anführen; denn ich kann kaum ein Mittel finden, einerseits zwischen der durch natürliche Zuchtwahl bewirkten ansehnlichen Vergrösserung eines Theiles und der durch gleiche Ursache oder durch Nichtgebrauch veranlassten Verminderung eines anderen nahe dabei befindlichen Organes, und andererseits der Verkümmerung eines Organes durch Nahrungseinbusse in Folge excessiver Entwickelung eines anderen nahe dabei befindlichen Theiles zu unterscheiden.

Ich vermuthe auch, dass einige der Fälle, die man als Beweise der Compensation vorgebracht hat, sich mit einigen anderen Thatsachen unter ein allgemeineres Princip zusammenfassen lassen, das Princip nämlich, dass die natürliche Zuchtwahl fortwährend bestrebt ist, in jedem Theile der Organisation zu sparen. Wenn unter veränderten Lebensverhältnissen eine bisher nützliche Vorrichtung weniger nützlich wird, so dürfte wohl eine, wenn gleich nur unbedeutende Verminderung ihrer Grösse durch die natürliche Zuchtwahl sofort ergriffen werden, indem es ja für das Individuum vortheilhaft ist, wenn es seine Säfte nicht zur Ausbildung nutzloser Organe verschwendet. Nur auf diese Weise kann ich eine Thatsache begreiflich finden, welche mich, als ich mit der Untersuchung über die Cirripeden beschäftigt war, überraschte, nämlich dass, wenn ein Cirripede in einem andern als Schmarotzer lebt und daher geschützt ist, er mehr oder weniger seine eigene Kalkschale verliert. Dies ist mit dem Männchen von Ibla und in einer wahrhaft ausserordentlichen Weise mit Proteolepas der Fall; denn während der Panzer aller anderen Cirripeden aus den drei hochwichtigen Vordersegmenten des ungeheuer entwickelten Kopfes besteht und mit starken Nerven und Muskeln versehen ist, erscheint an dem parasitischen und geschützten Proteolepas der ganze Vordertheil des Kopfes als ein blosses an die Basen der Greifantennen befestigtes Rudiment. Nun dürfte die Ersparung eines grossen und zusammengesetzten Gebildes, wenn es, wie hier durch die parasitische Lebensweise des Proteolepas, überflüssig wird, obgleich nur stufenweise vorschreitend, ein entschiedener Vortheil für jedes spätere Individuum der Species sein, weil im Kampfe um's Dasein, welchen das Thier zu kämpfen hat, jeder einzelne Proteolepas um so mehr Aussicht sich zu behaupten erlangt, je weniger Nährstoff zur Entwickelung eines nutzlos gewordenen Organes verloren geht.

Darnach, glaube ich, wird es der natürlichen Zuchtwahl in die Länge immer gelingen, jeden Theil der Organisation zu reduciren und zu ersparen, sobald er durch eine veränderte Lebensweise überflüssig geworden ist, ohne desshalb zu verursachen, dass ein anderer Theil in entsprechendem Grade sich stärker entwickelt. Und eben so dürfte sie umgekehrt vollkommen im Stande sein ein Organ stärker auszubilden, ohne die Verminderung eines andern benachbarten Theiles als nothwendige Compensation zu verlangen.

**Vielfache, rudimentäre und niedrig organisirte Bildungen sind
veränderlich.**

Nach Isidore Geoffroy Saint-Hilaire's Bemerkung scheint
es bei Varietäten wie bei Arten Regel zu sein, dass, wenn irgend
ein Theil oder ein Organ sich oftmals im Baue eines Individuums
wiederholt, wie die Wirbel in den Schlangen und die Staubgefässe in den polyandrischen Blüthen, dessen Zahl veränderlich
wird, während die Zahl desselben Organes oder Theiles beständig bleibt, falls er sich weniger oft wiederholt. Derselbe Autor
sowie einige Botaniker haben ferner die Bemerkung gemacht,
dass vielzählige Theile nach Veränderungen im inneren Bau sehr
ausgesetzt sind. Insofern nun diese vegetativen Wiederholungen,
wie R. Owen sie nennt, ein Anzeigen niedriger Organisation
sind, so scheint die vorangehende Bemerkung mit der sehr allgemeinen Ansicht der Naturforscher zusammenzuhängen, dass
solche Wesen, welche tief auf der Stufenleiter der Natur stehen,
veränderlicher als die höheren sind. Ich verstehe unter tiefer
Organisation in diesem Falle eine nur geringe Differenzirung der
Organe für verschiedene besondere Verrichtungen; solange ein
und dasselbe Organ verschiedene Leistungen zu verrichten hat,
lässt sich ein Grund für seine Veränderlichkeit, das heisst dafür,
dass natürliche Zuchtwahl jede kleine Abweichung der Form
weniger sorgfältig erhält oder unterdrückt, als wenn dasselbe
Organ nur zu einem besondern Zweck allein bestimmt wäre, vielleicht wohl finden. So können Messer, welche allerlei Dinge zu
schneiden bestimmt sind, im Ganzen so ziemlich von beinahe
jeder beliebigen Form sein, während ein nur zu einerlei Gebrauch bestimmtes Werkzeug auch besser eine besondere
Form hat.

Auch unvollkommen ausgebildete, rudimentäre Organe sind
nach der Bemerkung einiger Schriftsteller, die mir richtig zu
sein scheint, sehr zur Veränderlichkeit geneigt. Ich muss auf
die Erörterung der rudimentären und abortiven Organe im Allgemeinen nochmals zurückkommen und will hier nur bemerken,
dass ihre Veränderlichkeit durch ihre Nutzlosigkeit bedingt zu
sein scheint, indem in diesem Falle natürliche Zuchtwahl nichts

vermag, um Abweichungen ihres Baues zu verhindern. Daher sind rudimentäre Theile dem freien Einfluss der verschiedenen Wachsthumsgesetze, den Wirkungen lange fortgesetzten Nichtgebrauchs und dem Streben zum Rückfall preisgegeben.

**Ein in ausserordentlicher Stärke oder Weise in irgend einer Species entwickelter Theil hat, in Vergleich mit demselben Theile in anderen Arten, eine grosse Neigung zur Veränderlichkeit.**

Vor mehreren Jahren wurde ich durch eine ähnliche von Waterhouse veröffentlichte Äusserung überrascht. Auch schliesse ich aus einer Bemerkung R. Owen's über die Länge der Arme des Orang-Utang, dass er zu einer nahezu ähnlichen Ansicht gelangt sei. Es ist keine Hoffnung vorhanden, jemanden von der Wahrheit dieser Behauptung zu überzeugen, ohne die lange Reihe von Thatsachen, die ich gesammelt habe, aber hier nicht mittheilen kann, aufzuzählen. Ich kann nur meine Überzeugung aussprechen, dass es eine sehr allgemeine Regel ist. Ich kenne zwar mehrere Fehlerquellen, hoffe aber sie genügend berücksichtigt zu haben. Vor Allem ist zu bemerken, dass diese Regel auf keinen wenn auch an sich noch so ungewöhnlich entwickelten Theil Anwendung finden soll, wofern er nicht auch im Vergleich zu demselben Theile bei nahe verwandten Arten ungewöhnlich ausgebildet ist. So ist die Flügelbildung der Fledermäuse in der Classe der Säugethiere äusserst abnorm: doch bezieht sich jene Regel nicht hierauf, weil diese Bildung einer ganzen Ordnung zukommt; sie würde nur anwendbar sein, wenn die Flügel einer Fledermausart in merkwürdigem Verhältnisse gegen die Flügel anderer Arten derselben Gattung vergrössert wären. Die Regel bezieht sich sehr scharf auf die ungewöhnlich entwickelten „secundären Sexualcharactere", mit welchem Ausdrucke Hunter diejenigen Merkmale bezeichnete, welche nur dem Männchen oder dem Weibchen allein zukommen, aber mit dem Fortpflanzungsacte nicht in unmittelbarem Zusammenhang stehen. Die Regel findet sowohl auf Männchen wie auf Weibchen Anwendung, doch mehr auf die ersten, weil auffallende Charactere dieser Art bei Weibchen überhaupt selten sind. Die vollkommene

Anwendbarkeit der Regel auf diese letzten Fälle dürfte mit der grossen und wie ich meine kaum zu bezweifelnden Veränderlichkeit dieser Charactere überhaupt, mögen sie viel oder wenig entwickelt sein, zusammenhängen. Dass sich aber unsere Regel in der That nicht auf die secundären Sexualcharactere allein bezieht, erhellt aus den hermaphroditischen Cirripeden; und ich will hier hinzufügen, dass ich bei der Untersuchung dieser Ordnung WATERHOUSE's Bemerkung besondere Beachtung zugewandt habe und vollkommen von der fast unveränderlichen Anwendbarkeit dieser Regel auf die Cirripeden überzeugt bin. In meinem späteren Werke werde ich eine Liste der merkwürdigeren Fälle geben; hier aber will ich nur einen anführen, welcher die Regel in ihrer ausgedehntesten Anwendbarkeit erläutert. Die Deckelklappen der sitzenden Cirripeden (Balaniden) sind in jedem Sinne des Wortes sehr wichtige Gebilde und sind selbst von einer Gattung zur andern nur wenig verschieden. Nur in den verschiedenen Arten von Pyrgoma bieten diese Klappen einen wundersamen Grad von Verschiedenheit dar. Die homologen Klappen sind in verschiedenen Arten zuweilen ganz unähnlich in Form und der Betrag möglicher Abweichung bei den Individuen einiger Arten ist so gross, dass man ohne Übertreibung behaupten darf, ihre Varietäten weichen in den Merkmalen dieser wichtigen Klappen weiter auseinander, als sonst Arten verschiedener Gattungen.

Da Vögel innerhalb einer und derselben Gegend ausserordentlich wenig variiren, so habe ich auch sie in dieser Hinsicht näher geprüft; und die Regel scheint auch in dieser Classe sich sehr gut zu bewähren. Ich kann nicht nachweisen, dass sie auch auf Pflanzen anwendbar ist, und mein Vertrauen auf ihre Allgemeinheit würde hierdurch sehr erschüttert worden sein, wenn nicht eben die grosse Veränderlichkeit der Pflanzen überhaupt es sehr schwierig machte, die relativen Veränderlichkeitsgrade zu vergleichen.

Wenn wir bei irgend einer Species einen Theil oder ein Organ in merkwürdiger Höhe oder Weise entwickelt sehen, so läge es am nächsten anzunehmen, dass dasselbe dieser Art von grosser Wichtigkeit sein müsse, und doch ist der Theil in diesem Falle ausserordentlich veränderlich. Woher kommt dies? Aus der Ansicht, dass jede Art mit allen ihren Theilen, wie wir sie jetzt sehen, unabhängig erschaffen worden sei, können wir keine Erklärung schöpfen. Dagegen verbreitet, wie ich glaube, die Annahme, dass Artengruppen eine gemeinsame Abstammung von andern Arten haben und nur durch natürliche Zuchtwahl modificirt worden sind, einiges Licht über die Frage. Wenn bei unseren Hausthieren ein einzelner Theil oder das ganze Thier vernachlässigt und ohne Zuchtwahl fortgepflanzt wird, so wird ein solcher Theil (wie z. B. der Kamm bei den Dorkinghühnern) oder die ganze Rasse aufhören einen einförmigen Character zu bewahren. Man wird dann sagen, sie sei ausgeartet. In rudimentären und solchen Organen, welche nur wenig für einen besondern Zweck differenzirt worden sind, sowie vielleicht in polymorphen Gruppen, sehen wir einen fast parallelen Fall in der Natur; denn hier kann die natürliche Zuchtwahl nicht oder nur wenig zur Geltung kommen und die Organisation bleibt in einem schwankenden Zustande. Was uns aber hier näher angeht, das ist, dass eben bei unseren Hausthieren diejenigen Charactere, welche in der Jetztzeit durch fortgesetzte Zuchtwahl so rascher Abänderung unterliegen, eben so sehr zu variiren geneigt sind. Man vergleiche einmal die Taubenrassen; was für ein wunderbar grosses Maass von Veränderung zeigt sich nur in den Schnäbeln der Purzeltauben, in den Schnäbeln und rothen Lappen der verschiedenen Botentauben, in Haltung und Schwanz der Pfauentaube u. s. w.; dies sind die Punkte, auf welche die Englischen Liebhaber hauptsächlich achten. Schon die Unterrassen wie die kurzstirnigen Purzler sind bekanntlich schwer vollkommen zu züchten, und oft kommen dabei einzelne Thiere zum Vorschein, welche weit von dem Musterbilde abweichen. Man kann daher mit Wahrheit sagen, es finde ein beständiger Kampf statt zwischen einerseits dem Streben zur Rückkehr in eine minder differenzirte Beschaffenheit und einer angeborenen Neigung zu weiterer Veränderung aller Art, und andererseits dem Einflusse fortwährender Zuchtwahl zur Reinerhaltung der Rasse. Auf die

Länge gewinnt Zuchtwahl den Sieg, und wir fürchten nicht mehr so weit vom Ziele abzuweichen, dass wir von einem guten kurzstirnigen Stamm nur einen gemeinen Purzler erhielten. So lange aber die Zuchtwahl noch in raschem Fortschritt begriffen ist, wird immer eine grosse Unbeständigkeit in dem der Veränderung unterliegenden Gebilde zu erwarten sein. Es verdient ferner bemerkt zu werden, dass diese durch künstliche Zuchtwahl erzeugten veränderlichen Charactere aus uns ganz unbekannten Ursachen sich zuweilen mehr an das eine als an das andere Geschlecht knüpfen, und zwar gewöhnlich an das männliche, wie die Fleischwarzen der Englischen Botentaube und der mächtige Kropf dea Kröpfers.

Doch kehren wir zur Natur zurück. Ist ein Theil in irgend einer Species im Vergleich mit den andern Arten derselben Gattung auf aussergewöhnliche Weise entwickelt, so können wir annehmen, derselbe habe seit ihrer Abzweigung von der gemeinsamen Stammform der Gattung einen ungewöhnlichen Betrag von Abänderung erfahren. Diese Zeit der Abzweigung wird selten in einem extremen Grade weit zurückliegen, da Arten sehr selten länger als eine geulogische Periode dauern. Ein ungewöhnlicher Betrag von Verschiedenheit setzt ein ungewöhnlich langes und ausgedehntes Mauss von Veränderlichkeit voraus, deren Product durch Zuchtwahl zum Besten der Species fortwährend gehäuft worden ist. Da aber die Veränderlichkeit des ausserordentlich entwickelten Theiles oder Organes in einer nicht sehr weit zurückreichenden Zeit so gross und andauernd gewesen ist, so möchten wir in der Regel auch jetzt noch mehr Veränderlichkeit in solchen als in andern Theilen der Organisation, welche eine viel längere Zeit hindurch beständig geblieben sind, anzutreffen erwarten. Und dies findet nach meiner Überzeugung statt. Dass aber der Kampf zwischen natürlicher Zuchtwahl einerseits und der Neigung zum Rückfall und zur weiteren Abänderung andererseits mit der Zeit aufhören werde und auch die am abnormsten gebildeten Organe beständig werden können, sehe ich keinen Grund zu bezweifeln. Wenn daher ein Organ, wie unregelmässig es auch sein mag, in ungefähr gleicher Beschaffenheit auf viele bereits abgeänderte Nachkommen übertragen wird, wie dies mit dem Flügel der Fledermaus der Fall ist, so muss es meiner Theorie zufolge schon eine unermessliche Zeit hindurch in dem gleichen Zustande vorhanden gewesen und in dessen Folge jetzt nicht mehr veränderlicher als irgend ein anderes Organ sein. Nur in denjenigen Fällen, wo die Modification noch verhältnissmässig jung und ausserordentlich gross ist, werden wir daher die „generative Veränderlichkeit", wie wir es nennen können, noch in hohem Grade vorhanden finden. Denn in diesem Falle wird die Veränderlichkeit nur selten schon durch fortgesetzte Zuchtwahl der in irgend einer geforderten Weise und Stufe variirenden und durch fortwährende Beseitigung der zum Rückfall neigenden Individuen zu einem festen Ziele gelangt sein.

**Specifische Charactere sind veränderlicher als Gattungscharactere.**

Das in diesen Bemerkungen enthaltene Princip ist noch einer Ausdehnung fähig. Es ist notorisch, dass die specifischen mehr als die Gattungscharactere abzuändern geneigt sind. Ich will mit einem einfachen Beispiele erklären, was ich meine. Wenn in einer grossen Pflanzengattung einige Arten blaue Blüthen und andere rothe haben, so wird die Farbe nur ein Artcharacter sein und daher auch niemand überrascht werden, wenn eine blaublühende Art zu Roth übergeht oder umgekehrt. Wenn aber alle Arten blaue Blumen haben, so wird die Farbe zum Gattungscharacter, und ihre Veränderung wird schon eine ungewöhnliche Erscheinung sein. Ich habe gerade dieses Beispiel gewählt, weil eine Erklärung, welche die meisten Naturforscher sonst beizubringen geneigt sein würden, darauf nicht anwendbar ist, dass nämlich specifische Charactere desshalb weniger als generische veränderlich erscheinen, weil sie von Theilen entlehnt sind, die eine mindere physiologische Wichtigkeit besitzen, als diejenigen, welche gewöhnlich zur Classification der Gattungen dienen. Ich glaube zwar, dass diese Erklärung theilweise, indessen nur indirect, richtig ist, kann jedoch erst in dem Abschnitt über Classification darauf zurückkommen. Es dürfte fast überflüssig sein, Beispiele zu Unterstützung der obigen Behauptung anzuführen, dass Artencharactere veränderlicher als Gattungscharactere sind; ich habe aber aus naturhistorischen Werken wiederholt entnommen, dass, wenn ein Schriftsteller durch die Wahrnehmung überrascht war, dass irgend ein wichtigeres Organ, welches sonst in ganzen grosaen Artengruppen beständig zu sein pflegt, in nahe verwandten Arten ansehnlich verschieden sei, dasselbe dann auch in den Individuen einiger der Arten variire. Diese Thatsache zeigt, dass ein Character, der gewöhnlich von generischem Werthe ist, wenn er zu specifischem Werthe herabsinkt, oft veränderlich wird, wenn auch seine physiologische Wichtigkeit die nämliche bleibt. Etwas Ähnliches findet auch auf Monstrositäten Anwendung; wenigstens scheint Isidore Geoffroy Saint-Hilaire keinen Zweifel darüber zu hegen, dass ein Organ um so mehr individuellen Anomalien unterliege, je mehr es in den verschiedenen Arten derselben Gruppen normal verschieden ist.

Wie wäre es nach der gewöhnlichen Meinung, welche jede Art unabhängig erschaffen worden sein lässt, zu erklären, dass derjenige Theil der Organisation, welcher von demselben Theile in anderen unabhängig erschaffenen Arten derselben Gattung verschieden ist, veränderlicher ist, als die Theile, welche in den verschiedenen Arten einer Gattung nahezu übereinstimmen. Ich sehe keine Möglichkeit ein, dies zu erklären. Wenn wir aber von der Ansicht ausgehen, dass Arten nur wohl unterschiedene und ständig gewordene Varietäten sind, so werden wir sicher auch zu finden erwarten dürfen, dass dieselben noch jetzt oft in den Theilen ihrer Organisation abzuändern fortfahren, welche erst in verhältnissmässig neuer Zeit variirt haben und dadurch verschieden geworden sind. Oder, um den Fall in einer andern Weise darzustellen: die Merkmale, worin alle Arten einer Gattung einander gleichen, und worin dieselben von allen Arten einer andern Gattung abweichen, heissen generische, und diese Merkmale zusammengenommen schreibe ich der Vererbung von einem gemeinschaftlichen Stammvater zu; denn nur selten kann es der Zufall gewollt haben, dass natürliche Zuchtwahl verschiedene, mehr oder weniger abweichenden Lebensweisen angepasste Arten genau auf dieselbe Weise modificirt hat; und da diese soge-

nanuten generischen Charactere schon von sehr frühe her, seit
der Zeit nämlich, wo sie sich von ihrer gemeinsamen Stammart
abgezweigt haben, vererbt worden sind, und sie später nicht mehr
variirt haben oder in einem nur irgend erheblichen Grade verschieden geworden sind, so ist es nicht wahrscheinlich, dass sie
noch heutigen Tages abändern. Andererseits nennt man die
Punkte, wodurch sich Arten von andern Arten derselben Gattung
unterscheiden, specifische Charactere, und da diese seit der Zeit
der Abzweigung der Arten von der gemeinsamen Stammart abgeändert haben und verschieden geworden sind, so ist es wahrscheinlich, dass dieselben noch jetzt oft einigermassen veränderlich sind, veränderlicher wenigstens, als diejenigen Theile der
Organisation, welche während einer sehr langen Zeitdauer beständig geblieben sind.

#### Secundäre Sexualcharactere sind veränderlich.

Im Zusammenhang mit diesem Gegenstande will ich nur noch
zwei andere Bemerkungen machen. — Ohne dass ich nöthig habe,
darüber auf Einzelnheiten einzugehen, wird man mir zugehen,
dass secundäre Sexualcharactere sehr veränderlich sind; man
wird mir wohl auch ferner zugeben, dass die zu einerlei Gruppe
gehörigen Arten hinsichtlich dieser Charactere weiter als in andern Theilen ihrer Organisation auseinander gehen. Vergleicht
man beispielsweise die Grösse der Verschiedenheit zwischen den
Männchen der hühnerartigen Vögel, bei welchen diese Art von
Characteren vorzugsweise stark entwickelt sind, mit der Grösse
der Verschiedenheit zwischen ihren Weibchen, so wird die Wahrheit dieser Behauptung eingeräumt werden. Die Ursache der
ursprünglichen Veränderlichkeit der secundären Sexualcharactere
ist nicht nachgewiesen; doch lässt sich begreifen, wie es komme,
dass dieselben nicht eben so einförmig und beständig geworden
sind als andere Theile der Organisation; denn die secundären
Sexualcharactere sind durch geschlechtliche Zuchtwahl gehäuft
worden, welche weniger streng in ihrer Thätigkeit als die gewöhnliche ist, indem sie die minder begünstigten Männchen nicht
zerstört, sondern bloss mit weniger Nachkommenschaft versieht.

Welches aber immer die Ursache der Veränderlichkeit dieser secundären Sexualcharactere sein mag: da sie nun einmal sehr veränderlich sind, so wird die geschlechtliche Zuchtwahl darin einen weiten Spielraum für ihre Thätigkeit gefunden haben und somit den Arten einer Gruppe leicht einen grösseren Betrag von Verschiedenheit in ihren Sexualcharacteren, als in andern Theilen ihrer Organisation haben verleiben können.

Es ist eine merkwürdige Thatsache, dass die secundären Sexualverschiedenheiten zwischen beiden Geschlechtern einer Art sich gewöhnlich in genau denselben Theilen der Organisation entfalten, in denen auch die verschiedenen Arten einer Gattung von einander abweichen. Um dies zu erläutern will ich nur zwei Beispiele anführen, welche zufällig als die ersten auf meiner Liste stehen; und da die Verschiedenheiten in diesen Fällen von sehr ungewöhnlicher Art sind, so kann die Beziehung kaum zufällig sein. Sehr grosse Gruppen von Käfern haben eine gleiche Anzahl von Tarsalgliedern mit einander gemein; nur in der Familie der Engidae ändert nach WESTWOOD's Beobachtung diese Zahl sehr ab, sogar in den zwei Geschlechtern einer Art. Ebenso ist bei den grabenden Hymenopteren der Verlauf der Flügeladern ein Character von höchster Wichtigkeit, weil er sich in grossen Gruppen gleich bleibt; in einigen Gattungen jedoch ändert er von Art zu Art und dann gleicher Weise auch oft in den zwei Geschlechtern der nämlichen Art ab. LUBBOCK hat kürzlich bemerkt, dass einige kleine Kruster vortreffliche Belege für dieses Gesetz darbieten. „In Pontella z. B. sind es hauptsächlich die vorderen Fühler und das fünfte Beinpaar, welche die Sexualcharactere liefern und dieselben Organe bieten auch hauptsächlich die Artenunterschiede dar." Diese Beziehung hat nach meiner Anschauungsweise einen deutlichen Sinn: ich betrachte nämlich alle Arten einer Gattung eben so gewiss als Abkömmlinge desselben Stammvaters, wie die zwei Geschlechter irgend einer dieser Arten. Folglich: was immer für ein Theil der Organisation des gemeinsamen Stammvaters oder seiner ersten Nachkommen veränderlich geworden sind, so werden höchst wahrscheinlich die natürliche und geschlechtliche Zuchtwahl aus Abänderungen dieser

Theile Vortheile gezogen haben, um die verschiedenen Arten verschiedenen Stellen im Haushalte der Natur und ebenso um die zwei Geschlechter einer nämlichen Species einander anzupassen, oder auch um Männchen und Weibchen zu verschiedenen Lebensweisen zu eignen, oder endlich die Männchen in den Stand zu setzen mit anderen Männchen um die Weibchen zu kämpfen.

Endlich gelange ich also zu dem Schlusse, dass die grössere Veränderlichkeit der specifischen Charactere, wodurch sich Art von Art unterscheidet, gegenüber den generischen Merkmalen, welche die Arten einer Gattung gemein haben, — dass die oft äusserste Veränderlichkeit des in irgend einer einzelnen Art ganz ungewöhnlich entwickelten Theiles im Vergleich mit demselben Theile bei den andern Gattungsverwandten, und die geringe Veränderlichkeit eines wenn auch ausserordentlich entwickelten, aber einer ganzen Gruppe von Arten gemeinsamen Theiles, — dass die grosse Variabilität secundärer Sexualcharactere und das grosse Maass von Verschiedenheit in diesen selben Merkmalen zwischen einander nahe verwandten Arten, — dass die so gewöhnliche Entwickelung secundärer Sexual- und gewöhnlicher Artcharactere in einerlei Theilen der Organisation — Alles eng unter einander verkettete Principien sind. Alles dies rührt hauptsächlich daher, dass die zu einer Gruppe gehörigen Arten von einem gemeinsamen Urerzeuger herrühren, von welchem sie Vieles gemeinsam ererbt haben; — dass Theile, welche erst neuerlich noch starke Umänderungen erlitten, leichter zu variiren geneigt sind als solche, welche schon seit langer Zeit vererbt sind und nicht variirt haben; — dass die natürliche Zuchtwahl je nach der Zeitdauer mehr oder weniger vollständig die Neigung zum Rückfall und zu weiterer Variabilität überwunden hat; — dass die sexuelle Zuchtwahl weniger streng als die gewöhnliche ist; — endlich, dass Abänderungen in einerlei Organen durch natürliche und durch sexuelle Zuchtwahl gehäuft und für secundäre Sexual- und gewöhnliche specifische Zwecke verwandt worden sind.

Verschiedene Arten zeigen analoge Abänderungen; und eine
Varietät einer Species nimmt oft einige von den Characteren
einer verwandten Species an, oder sie kehrt zu einigen von den
Merkmalen einer früheren Stammart zurück.

Diese Behauptungen versteht man am leichtesten durch Betrachtung der Hausthierrassen. Die verschiedensten Taubenrasen
bieten in weit auseinandergelegenen Gegenden Untervarietäten
mit umgewendeten Federn am Kopfe und mit Federn an den
Füssen dar. Merkmale, welche die ursprüngliche Felstaube nicht
besitzt; dies sind also analoge Abänderungen in zwei oder mehreren verschiedenen Rasaen. Die häufige Anwesenheit von vierzehn bis sechszehn Schwanzfedern im Kröpfer kann man als eine
die Normalbildung einer andern Abart, der Pfauentaube, vertretende
Abweichung betrachten. Ich setze voraus, dass Niemand daran
zweifeln wird, dass alle solche analoge Abänderungen davon herrühren, dass die verschiedenen Taubenrassen die gleiche Constitution und daher unter denselben unbekannten Einflüssen die
gleiche Neigung zu variiren geerbt haben. Im Pflanzenreiche
zeigt sich ein Fall von analoger Abänderung in dem verdickten
Strunke (gewöhnlich wird er die Wurzel genannt) der Schwedischen Rübe und der Ruta baga, Pflanzen, welche mehrere
Botaniker nur als durch die Cultur hervorgebrachte Varietäten
einer Art ansehen. Wäre dies aber nicht richtig, so hätten wir
einen Fall analoger Abänderung in zwei sogenannten Arten, und
diesen kann noch die gemeine Rübe als dritte beigezählt werden.
Nach der gewöhnlichen Ansicht, dass jede Art unabhängig geschaffen worden sei, würden wir diese Ähnlichkeit der drei
Pflanzen in ihrem verdickten Stengel nicht der wahren Ursache
ihrer gemeinsamen Abstammuug und einer daraus folgenden
Neigung in ähnlicher Weise zu variiren zuzuschreiben haben,
sondern drei verschiedenen aber enge unter sich verwandten
Schöpfungsacten. Viele ähnliche Fälle analoger Abänderung sind
von NAUDIN in der grossen Familie der Kürbisse, von andern
Schriftstellern bei unseren Cerealien beobachtet worden. Ähnliche
bei Insecten unter ihren natürlichen Verhältnissen vorkommende

Fälle hat kürzlich mit vielem Geschick Walsh erörtert, der sie unter sein Gesetz der „gleichförmigen Variabilität" gebracht hat.

Bei den Tauben indessen haben wir noch einen andern Fall, nämlich das in allen Rassen gelegentliche Zumvorscheinkommen von schieferblauen Vögeln mit zwei schwarzen Flügelbinden, einem weissen Steiss, einer Querbinde auf dem Ende des Schwanzes und einem weissen äusseren Rande am Grunde der äusseren Schwanzfedern. Da alle diese Merkmale für die Stammart bezeichnend sind, so glaube ich wird Niemand bezweifeln, dass es sich hier um einen Rückfall zum Urcharcter und nicht um eine analoge Abänderung in verschiedenen Rassen handle. Wir werden dieser Folgerung um so mehr vertrauen können, als, wie wir bereits gesehen, diese Farbencharactere sehr gern in den Blendlingen zweier ganz verschieden gefärbter Rassen zum Vorschein kommen; und in diesem Falle ist auch in den äusseren Lebensbedingungen nichts zu finden, was das Wiedererscheinen der schieferblauen Farbe mit den übrigen Farbenabzeichen erklären könnte, als der Einfluss des Kreuzungsactes auf die Gesetze der Vererbung.

Es ist in der That eine erstaunenerregende Thatsache, dass seit vielen und vielleicht hunderten von Generationen verlorene Merkmale wieder zum Vorschein kommen. Wenn jedoch eine Rasse nur einmal mit einer andern Rasse gekreuzt worden ist, so zeigt der Blendling die Neigung gelegentlich zum Character der fremden Rasse zurückzukehren noch einige, man sagt 12—20, Generationen lang. Nun ist zwar nach 12 Generationen, nach der gewöhnlichen Ausdrucksweise, das Blut des einen fremden Vorfahren nur noch 1 in 2048, und doch genügt nach der allgemeinen Annahme dieser äusserst geringe Bruchtheil fremden Blutes noch, um eine Neigung zum Rückfall in jenen Urstamm zu unterhalten. In einer Rasse, welche nicht gekreuzt worden ist, sondern worin be id e Ältern einige von den Characteren ihrer gemeinsamen Stammart eingebüsst, dürfte die stärkere oder schwächere Neigung den verlorenen Character wieder herzustellen, wie schon früher bemerkt worden, trotz Allem, was man Gegentheiliges sehen mag, sich noch eine Reihe von Generationen hin-

durch erhalten. Wenn ein Character, der in einer Raase verloren gegangen, nach einer grossen Anzahl von Generationen
wiederkehrt, so ist die wahrscheinlichste Hypothese nicht die,
dass der Abkömmling jetzt erst plötzlich nach einem mehrere hundert Generationen älteren Vorgänger zurückstrebt, sondern die,
dass in jeder der aufeinanderfolgenden Generationen noch ein
Streben zur Wiederherstellung des fraglichen Characters vorhanden gewesen ist, welches nun endlich unter unbekannten günstigen Verhältnissen zum Durchbruch gelangt. So ist es z. B.
wahrscheinlich, dass in jeder Generation der Barbtaube, welche
nur sehr selten einen blauen Vogel mit schwarzen Binden hervorbringt, das Streben diese Färbung anzunehmen vorhanden ist.
Diese Ansicht ist hypothetisch, kann jedoch durch einige Thatsachen unterstützt werden; und ich kann an und für sich keine
grössere Unwahrscheinlichkeit in der Annahme einer Neigung
sehen, einen durch eine endlose Zahl von Generationen fortgeerbt
gewesenen Character wieder anzunehmen, als in der thatsächlich
bekannten Vererbung eines ganz unnützen oder rudimentären
Organes. Und wir können allerdings zuweilen beobachten, dass
ein solches Streben ein Rudiment hervorzubringen vererbt wird.

Da nach meiner Theorie alle Arten einer Gattung gemeinsamer Abstammung sind, so ist zu erwarten, dass sie zuweilen
in analoger Weise variiren, so dass die Varietäten zweier oder
mehrerer Arten einander, oder die Varietät einer Art in einigen
ihrer Charactere einer andern verschiedenen Art gleicht, welche
ja nach meiner Meinung nur eine ausgebildete und bleibende
gewordene Abart ist. Doch dürften die hierdurch erlangten
Charactere nur unwesentlicher Art sein; denn die Anwesenheit
aller wesentlichen Charactere wird durch natürliche Zuchtwahl
in Übereinstimmung mit den verschiedenen Lebensweisen der
Arten geleitet und bleibt nicht der wechselseitigen Thätigkeit
der Lebensbedingungen und einer ähnlichen ererbten Constitution
überlassen. Es wird ferner zu erwarten sein, dass die Arten
einer nämlichen Gattung zuweilen eine Neigung zum Rückfall
zu den Characteren alter Vorfahren zeigen. Da wir jedoch
niemals den genauen Character der gemeinsamen Stammform

einer Gruppe kennen, so vermögen wir diese zwei Fälle nicht zu unterscheiden. Wenn wir z. B. nicht wüssten, dass die Felstaube nicht mit Federfüssen oder mit umgewendeten Federn versehen ist, so hätten wir nicht sagen können, ob diese Charactere in unseren Haustaubenrassen Erscheinungen des Rückfalls zur Stammform oder bloss analoge Abänderungen seien; wohl aber hätten wir annehmen dürfen, dass die blaue Färbung ein Beispiel von Rückfall sei, wegen der Zahl der andern Zeichnungen, welche mit der blauen Färbung in Correlation und wahrscheinlich doch nicht blos in Folge einfacher Abänderung damit zusammentreffen. Und noch mehr würden wir dies geschlossen haben, weil die blaue Farbe und anderen Zeichnungen so oft wiedererscheinen, wenn verschiedene Rassen von abweichender Färbung miteinander gekreuzt werden. Obwohl es daher in der Natur gewöhnlich zweifelhaft bleibt, welche Fälle als Rückfall zu alten Stammcharacteren und welche als neue aber analoge Abänderungen zu betrachten sind, so müssen wir doch nach meiner Theorie zuweilen finden, dass die abändernden Nachkommen einer Art (sei es nun durch Rückfall oder durch analoge Variation) Charactere annehmen, welche bereits in einigen andern Gliedern derselben Gruppe vorhanden sind. Und dies ist zweifelsohne in der Natur der Fall.

Ein grosser Theil der Schwierigkeit, eine veränderliche Art in unseren systematischen Werken wiederzuerkennen, rührt davon her, dass ihre Varietäten gleichsam einige der andern Arten der nämlichen Gattung nachahmen. Auch könnte man ein ansehnliches Verzeichniss von Formen geben, welche das Mittel zwischen zwei andern Formen halten, von welchen es zweifelhaft ist, ob sie als Arten oder als Varietäten anzusehen seien; und daraus ergibt sich, wenn man nicht alle diese Formen als unabhängig erschaffene Arten ansehen will, dass die eine durch Abänderung die Charactere der andern so weit angenommen hat, um hierdurch eine Mittelform zu bilden. Aber den besten Beweis bieten Theile oder Organe von wesentlicher und einförmiger Beschaffenheit dar, welche zuweilen so abändern, dass sie einigermassen den Character desselben Organes oder Theiles in einer verwandten Art annehmen. Ich habe ein langes Verzeichniss von solchen Fällen zusammengebracht, kann solches aber leider hier nicht mittheilen, sondern bloss wiederholen, dass solche Fälle vorkommen und mir sehr merkwürdig zu sein scheinen.

Ich will jedoch einen eigenthümlichen und complicirten Fall anführen, der zwar keinen wichtigen Character betrifft, aber in verschiedenen Arten einer Gattung theils im Natur- und theils im gezähmten Zustande vorkommt. Es ist fast gewiss ein Fall von Rückkehr. Der Esel hat manchmal sehr deutliche Querbinden auf seinen Beinen, wie das Zebra. Man hat versichert, dass diese beim Füllen am deutlichsten zu sehen sind, und meinen Nachforschungen zu Folge glaube ich, dass dies richtig ist. Der Streifen an der Schulter ist zuweilen doppelt und sehr veränderlich in Länge und Umriss. Man hat auch einen weissen Esel, der kein Albino ist, ohne Rücken- und Schulterstreifen beschrieben; und diese Streifen sind auch bei dunkelfarbigen Thieren zuweilen sehr undeutlich oder wirklich ganz verloren gegangen. Der Kulan von PALLAS soll mit einem doppelten Schulterstreifen gesehen worden sein. Der Hemionus hat keinen Schulterstreifen; doch kommen nach BLYTH's u. A. Versicherung zuweilen Spuren davon vor; und Colonel POOLE hat mir mitgetheilt, dass die Füllen dieser Art gewöhnlich an den Beinen und schwach an der Schulter gestreift sind. Das Quagga, obwohl am Körper eben so deutlich gestreift als das Zebra, ist ohne Binden an den Beinen; doch hat Dr. GRAY ein Individuum mit sehr deutlichen, zebraähnlichen Binden an den Beinen abgebildet.

Was das Pferd betrifft, so habe ich in England Fälle vom Vorkommen des Rückenstreifens bei den verschiedensten Rassen und allen Farben gesammelt. Querbinden auf den Beinen sind nicht selten bei Graubraunen, Mäusefarbenen und einmal bei einem Kastanienbraunen vorgekommen. Auch ein schwacher Schulterstreifen tritt zuweilen bei Graubraunen auf, und eine Spur davon habe ich an einem Braunen gefunden. Mein Sohn hat mir eine sorgfältige Untersuchung und Zeichnung eines graubraunen Belgischen Karrenpferdes mitgetheilt mit einem doppelten Streifen auf der Schulter und mit Streifen an den Beinen; ich selbst habe einen graubraunen Devonshirepony gesehen, und ein kleiner graubrauner Walliser Pony ist mir sorgfältig beschrieben worden, welche alle beide mit drei parallelen Streifen auf jeder Schulter verseben waren.

Im nordwestlichen Theile Ostindiens ist die Kattywar-Pferderasse so allgemein gestreift, dass, wie ich von Colonel Poole vernehme, welcher dieselbe im Auftrag der Regierung untersuchte, ein Pferd ohne Streifen nicht für Vollblut angesehen wird. Das Rückgrat ist immer gestreift; die Streifen auf den Beinen sind wie der Schulterstreifen, welcher zuweilen doppelt und selbst dreifach ist, gewöhnlich vorhanden; überdies sind die Seiten des Gesichts zuweilen gestreift. Die Streifen sind oft beim Füllen am deutlichsten und verschwinden zuweilen im Alter. Poole hat ganz junge sowohl graue als braune Füllen gestreift gefunden. Auch habe ich nach Mittheilungen, welche ich Herrn W. W. Edwards verdanke, Grund zu vermuthen, dass an Englischen Rennpferden der Rückenstreifen häufiger an Füllen als an alten Pferden vorkommt. Ich habe selbst kürzlich ein Fohlen von einer braunen Stute (der Tochter eines Turkomannischen Hengstes und einer Flämischen Stute) und einem braunen Englischen Rennpferd gezüchtet. Dieses Fohlen war, eine Woche alt, an der Gruppe sowie am Vorderkopfe mit zahlreichen sehr schmalen Zebrastreifen und an den Beinen mit schwachen solchen Streifen versehen; alle Streifen verschwanden bald vollständig. Ohne hier in Einzelnheiten noch weiter einzugehen, will ich anführen, dass ich Fälle von Bein- und Schulterstreifen bei Pferden von ganz verschiedenen Rassen in verschiedenen Gegenden, von England bis Ost-China und von Norwegen im Norden bis zum Malayischen Archipel im Süden, gesammelt habe. In allen Theilen der Welt kommen diese Streifen weitaus am öftesten an Graubraunen und Mäusefarbenen vor. Unter Graubraun schlechthin („dun") begreife ich hier Pferde mit einer langen Reihe von Farbenabstufungen von Schwarzbraun an bis fast zum Rahmfarbigen.

Ich weiss, dass Colonel Hamilton Smith, der über diesen Gegenstand geschrieben, annimmt, unsere verschiedenen Pferderassen rührten von verschiedenen Stammarten her, wovon eine,

die graubraune, gestreift gewesen sei, und alle oben beschriebenen Streifungen wären Folge früherer Kreuzungen mit dem
graubraunen Stamme. Jedoch fühle ich mich durch diese Theorie
durchaus nicht befriedigt und möchte sie nicht auf so verschiedene Rassen in Anwendung bringen, wie das Belgische Karren-
pferd, den Walliser Pony, den Renner, die schlanke Kattywar-
rasse u. a., die in den verschiedensten Theilen der Welt zerstreut sind.

Wenden wir uns nun zu den Wirkungen der Kreuzung zwischen den verschiedenen Arten der Pferdegattung. ROLLIN versichert, dass der gemeine Maulesel, von Esel und Pferd, sehr
oft Querstreifen auf den Beinen hat, und nach GOSSE kommt
dies in den Vereinigten Staaten in zehn Fällen neunmal vor.
Ich habe einmal einen Maulesel gesehen mit so stark gestreiften
Beinen, dass Jedermann zuerst geneigt gewesen sein würde ihn
vom Zebra abzuleiten; und W. C. MARTIN hat in seinem vorzüglichen Werke über das Pferd die Abbildung von einem ähnlichen
Maulesel mitgetheilt. In vier in Farben ausgeführten Bildern
von Bastarden des Esels mit dem Zebra, die ich gesehen habe,
fand ich die Beine viel deutlicher gestreift als den übrigen Körper, und in einem derselben war ein doppelter Schulterstreifen
vorhanden. An Lord MORTON's berühmtem Bastard von einem
Quaggahengst und einer kastanienbraunen Stute, sowie an einem
nachher erzielten reinen Füllen von derselben Stute mit einem
schwarzen Araber waren die Beine viel deutlicher quergestreift,
als selbst beim reinen Quagga. Kürzlich, und dies ist ein anderer
äusserst merkwürdiger Fall, hat Dr. GRAY (dem noch ein zweites
Beispiel dieser Art bekannt ist) einen Bastard von Esel und Hemionus abgebildet; und dieser Bastard hatte, obwohl der Esel
nur zuweilen und der Hemionus niemals Streifen auf den Beinen
und letzterer nicht einmal einen Schulterstreifen hat, nichts desto-
weniger alle vier Beine quer gestreift und auch die Schulter
mit drei kurzen Streifen wie die braunen Devonshire und Walliser
Pony versehen, auch waren sogar einige Streifen wie beim Zebra
an den Seiten des Gesichts vorhanden. Durch diese letzte Thatsache drängte sich mir die Überzeugung, dass auch nicht ein

Farbenstreifen durch sogenannten Zufall entstehe, so eindringlich
auf, dass ich allein durch dass Auftreten von Gesichtsstreifen bei
diesem Bastarde von Esel und Hemionus veranlasst wurde, Colonel Poole zu fragen, ob solche Gesichtsstreifen jemals bei der
stark gestreiften Kattywar-Pferderasse vorkommen, was er, wie
wir oben gesehen, bejahete.

Was haben wir nun zu diesen verschiedenen Thatsachen
zu sagen? Wir sehen mehrere wesentlich verschiedene Arten der
Gattung Equus durch einfache Abänderung Streifen an den Beinen
wie beim Zebra oder an der Schulter wie beim Esel erlangen.
Beim Pferde sehen wir diese Neigung stark hervortreten, so oft
eine graubräunliche Färbung zum Vorschein kommt. Das Auftreten der Streifen ist von keiner Veränderung der Form und
von keinem andern neuen Character begleitet. Wir sehen diese
Neigung streifig zu werden sich am meisten bei Bastarden zwischen mehreren der von einander verschiedensten Arten entwickeln. Vergleichen wir damit den vorhergehenden Fall von
den Tauben: sie rühren von einer Stammart (mit 2—3 geographischen Varietäten oder Unterarten) her, welche bläulich von
Farbe und mit einigen bestimmten Bändern und andern Zeichnungen versehen ist; und wenn eine ihrer Rassen in Folge einfacher Abänderung wieder einmal eine bläuliche Färbung annimmt,
so erscheinen unfehlbar auch jene Bänder der Stammform wieder,
doch ohne irgend eine andere Veränderung des Rassencharacters.
Wenn man die ältesten und echtesten Rassen von verschiedener
Färbung mit einander kreuzt, so tritt in den Blendlingen eine
starke Neigung hervor, die ursprüngliche schieferblaue Farbe mit
den schwarzen und weissen Binden und Streifen wieder anzunehmen. Ich habe behauptet, die wahrscheinlichste Hypothese
zur Erklärung des Wiedererscheinens sehr alter Charactere sei
die Annahme einer „Tendenz" in den Jungen einer jeden neuen
Generation den längst verlorenen Character wieder hervorzuholen,
welche Tendenz in Folge unbekannter Ursachen zuweilen zum
Durchbruch komme. Dann haben wir eben gesehen, dass in verschiedenen Arten der Pferdegattung die Streifen bei den Jungen
deutlicher oder gewöhnlicher als bei den Alten sind. Man nenne

nun die Taubenrassen, deren einige scbon Jabrhunderte lang sich
echt erbalten haben, Species, und die Erscheinung wäre genau dieselbe, wie bei den Arten der Pferdegattung. Ich für meinen Theil
wage getrost über tausende und tausende von Generationen rückwärts
zu schauen und sehe ein Thier, wie ein Zebra gestreift, aber
sonst vielleicht sehr abweichend davon gebaut, den gemeinsamen
Stammvater des Hauspferdes (rühre es nun von einem oder von
mehreren wilden Stämmen her), dea Esels, des Hemionus, des
Quaggaa, und des Zebras.

Wer an die unabhängige Erschaffung der einzelnen Pferde-
species glaubt, wird vermuthlich sagen, dasa einer jeden Art die
Neigung im freien wie im gezähmten Zustande auf so eigenthümliche Weise zu variiren anerschaffen worden sei, derzufolge sie
oft wie andere Arten derselben Gattung gestreift erscheine; und
dass einer jeden derselben eine starke Neigung anerscbaffen sei
bei einer Kreuzung mit Arten aus den entferntesten Weltgegenden Bastarde zu liefern, welche in der Streifung nicht ihren eigenen Eltern, sondern andern Arten derselben Gattung gleichen.
Sich zu dieser Ansicht bekennen heisst nach meiner Meinung eine
thatsächliche für eine nicht thatsächlicbe oder wenigstena unbekannte Ursache aufgeben. Sie macht aus den Werken Gottea nur
Täuschung und Nachäfferei; — und icb wollte fast eben so gern
mit den alten und unwissenden Kosmogoniaten annehmen, dass die
fossilen Muscheln nie einem lebenden Thiere angehört, sondern
im Gesteine erschaffen worden seien, um die jetzt an der Seeküste lebenden Schaaltbiere nachzuahmen.

### Zusammenfassung.

Wir aind in tiefer Unwissenheit über die Gesetze, wornacb
Abänderungen erfolgen. Nicht in einem von hundert Fällen dürfen
wir behaupten den Grund zu kennen, warum dieser oder jener
Theil eines Organismus von dem gleichen Theile bei seinen El-
tern mehr oder weniger abweiche. Doch, wo immer wir die
Mittel haben eine Vergleichung anzustellen, da scheinen bei Er-
zeugung geringerer Abweichungen zwiscben Varietäten derselben
Art wie in Hervorbringung grösserer Unterschiede zwiscben Ar-

ten derselben Gattung die nämlichen Gesetze gewirkt zu haben. Die äusseren Lebensbedingungen, wie Klima, Nahrung u. dgl. haben wohl nur einige geringe Abänderungen bedingt. Wesentlichere Folgen dürften Angewöhnung auf die Körperconstitution, Gebrauch der Organe auf ihre Verstärkung, Nichtgebrauch auf ihre Schwächung und Verkleinerung gehabt haben. Homologe Theile sind geneigt auf gleiche Weise abzuändern und streben unter sich zu verwachsen. Abänderungen in den harten und in den äusseren Theilen berühren zuweilen weichere und innere Organe. Wenn sich ein Theil stark entwickelt, strebt er vielleicht andern benachbarten Theilen Nahrung zu entziehen; — und jeder Theil des organischen Baues, welcher ohne Nachtheil für das Individuum erspart werden kann, wird erspart. Veränderungen der Structur in frühem Alter berühren oft die sich später entwickelnden Theile; dann gibt es aber noch viele Correlationen des Wachsthums, deren Natur wir durchaus nicht im Stande sind zu begreifen. Vielzählige Theile sind veränderlich in Zahl und Structur, vielleicht desshalb, weil dieselben durch natürliche Zuchtwahl für einzelne Verrichtungen nicht genug specialisirt sind, so dass ihre Modificationen durch natürliche Zuchtwahl nicht sehr beschränkt worden sind. Aus demselben Grunde werden wahrscheinlich auch die auf tiefer Organisationsstufe stehenden Organismen veränderlicher sein, als die höher entwickelten und in allen Beziehungen mehr differenzirten. Rudimentäre Organe bleiben ihrer Nutzlosigkeit wegen von der natürlichen Zuchtwahl unbeachtet und sind wahrscheinlich desshalb veränderlich. Specifische Charactere, solche nämlich, welche erst seit der Abzweigung der verschiedenen Arten einer Gattung von einem gemeinsamen Erzeuger auseinander gelaufen, sind veränderlicher als generische Merkmale, welche sich schon lange vererbt haben, ohne in dieser Zeit eine Abänderung zu erleiden. Wir haben in diesen Bemerkungen nur auf die einzelnen noch veränderlichen Theile und Organe Bezug genommen, weil sie erst neuerlich variirt haben und einander unähnlich geworden sind; wir haben jedoch schon im zweiten Capitel gesehen, dass das nämliche Princip auch auf das ganze Individuum anwendbar ist; denn in einem Bezirke, wo viele

Arten einer Gattung gefunden werden, d. h. wo früher viele Abänderung und Differenzirung stattgefunden hat und die Fabrication
neuer Artenformen lebhaft gewesen ist, in diesem Bezirke und
unter diesen Arten finden wir jetzt durchschnittlich auch die
meisten Varietäten. Secundäre Geschlechtscharactere sind sehr
veränderlich, und solche Charactere sind in den Arten einer nämlichen Gruppe sehr verschieden. Veränderlichkeit in denselben
Theilen der Organisation ist gewöhnlich dazu benutzt worden,
die secundären Sexualverschiedenheiten für die zwei Geschlechter
einer Species und die Artenverschiedenheiten für die mancherlei
Arten der nämlichen Gattung zu liefern. Ein in ausserordentlicher
Grösse oder Weise entwickeltes Glied oder Organ, im Vergleich
mit der Entwickelung desselben Gliedes oder Organes in den
nächstverwandten Arten, muss seit dem Auftreten der Gattung
ein ausserordentliches Maass von Abänderung durchlaufen haben,
woraus wir dann auch begreiflich finden, warum dasselbe noch
jetzt in höherem Grade als andere Theile Veränderungen unterliegt; denn Abänderung ist ein langsamer und langwährender
Process, und die natürliche Zuchtwahl wird in solchen Fällen noch
nicht die Zeit gehabt haben, das Streben nach fernerer Veränderung und nach dem Rückfall zu einem weniger modificirten Zustande zu überwinden. Wenn aber eine Art mit irgend einem
ausserordentlich entwickelten Organe Stamm vieler abgeänderter
Nachkommen geworden ist — was nach meiner Ansicht ein sehr
langsamer und daher viele Zeit erheischender Vorgang ist —,
dann mag auch die natürliche Zuchtwahl im Stande gewesen sein,
dem Organe, wie ausserordentlich es auch entwickelt sein mag,
schon ein festes Gepräge aufzudrücken. Haben Arten nahezu die
nämliche Constitution von einem gemeinsamen Erzeuger geerbt
und sind sie ähnlichen Einflüssen ausgesetzt gewesen, so werden
sie natürlich auch geneigt sein, analoge Abänderungen zu bilden
und werden zuweilen auf einige der Charactere ihrer frühesten
Ahnen zurückfallen. Obwohl neue und wichtige Modificationen
aus dieser Umkehr und jenen analogen Abänderungen nicht hervorgehen werden, so tragen solche Modificationen doch zur Schönheit und harmonischen Mannichfaltigkeit der Natur bei.

Was aber auch die Ursache des ersten kleinen Unterschiedes zwischen Eltern und Nachkommen sein mag, und eine Ursache muss dafür da sein, so ist es doch nur die stete Häufung solcher für das Individuum nützlichen Unterschiede durch die natürliche Zuchtwahl, welche alle wichtigeren Abänderungen der Structur hervorbringt, durch welche die zahllosen Wesen unserer Erdoberfläche in den Stand gesetzt werden mit einander um das Dasein zu kämpfen, und wodurch das am besten ausgestattete die andern überlebt.

---

## Sechstes Capitel.

## Schwierigkeiten der Theorie.

Schwierigkeiten der Theorie einer Descendenz mit Modificationen. — Übergänge. — Abwesenheit oder Seltenheit der Übergangsvarietäten. — Übergänge in der Lebensweise. — Differenzirte Gewohnheiten in einerlei Art — Arten mit Sitten weit abweichend von denen ihrer Verwandten. — Organe von äusser-ter Vollkommenheit. — Übergangsweisen. — Schwierige Fälle. — Natura non facit saltum. — Organe von geringer Wichtigkeit. — Organe nicht in allen Fällen absolut vollkommen. — Das Gesetz von der Einheit des Typus und von den Existenzbedingungen enthalten in der Theorie der natürlichen Zuchtwahl.

Schon lange bevor der Leser zu diesem Theile meines Buches gelangt ist, mag sich ihm eine Menge von Schwierigkeiten dargeboten haben. Einige derselben sind von solchem Gewichte, dass ich nicht an sie denken kann, ohne wankend zu werden; aber nach meinem besten Wissen sind die meisten von ihnen nur scheinbare, und diejenigen, welche in Wahrheit beruhen, dürften meiner Theorie nicht verderblich werden.

Diese Schwierigkeiten und Einwendungen lassen sich in folgende Rubriken zusammenfassen: Erstens: wenn Arten aus andern Arten durch unmerkbar kleine Abstufungen entstanden sind, warum sehen wir nicht überall unzählige Übergangsformen? Warum bietet nicht die ganze Natur ein Gewirr von Formen statt der wohl begrenzt scheinenden Arten dar?

Zweitens: Ist es möglich, dass ein Thier z. B. mit der

Organisation und Lebensweise einer Fledermaus durch Umbildung irgend eines anderen Thieres mit ganz verschiedener Lebensweise entstanden ist? Ist es glaublich, dass natürliche Zuchtwahl einerseits Organe von so unbedeutender Wesenheit, wie z. B. den Schwanz einer Giraffe, welcher als Fliegenwedel dient, und andrerseits Organe von so wundervoller Structur wie das Auge hervorbringe, dessen unnachahmliche Vollkommenheit wir noch kaum ganz begreifen.

Drittens: Können Instincte durch natürliche Zuchtwahl erlangt und abgeändert werden? Was sollen wir z. B. zu einem so wunderbaren Instincte sagen, wie der ist, welcher die Biene veranlasst Zellen zu bilden, durch welche die Entdeckungen tiefsinniger Mathematiker practisch anticipirt worden sind.

Viertens: Wie ist es zu begreifen, dass Species bei der Kreuzung mit einander unfruchtbar sind oder unfruchtbare Nachkommen geben, während die Fruchtbarkeit gekreuzter Varietäten ungeschwächt bleibt.

Die zwei ersten dieser Hauptfragen sollen hier und die letzten, Instinct und Bastardbildung, in besonderen Capiteln erörtert werden.

### Mangel oder Seltenheit vermittelnder Varietäten.

Da natürliche Zuchtwahl nur durch Erhaltung nützlicher Abänderungen wirkt, so wird jede neue Form in einer schon vollständig bevölkerten Gegend streben, ihre eigene minder vervollkommnete Stammform so wie alle andern minder vollkommenen Formen, mit welchen sie in Concurrenz kommt, zu ersetzen und endlich zu vertilgen. Natürliche Zuchtwahl geht, wie wir gesehen, mit dieser Vernichtung Hand in Hand. Wenn wir daher jede Species als Abkömmling von irgend einer andern unbekannten Form betrachten, so werden Urstamm und Übergangsformen gewöhnlich schon durch den Bildungs- und Vervollkommnungsprocess der neuen Form zum Aussterben gebracht sein.

Da nun aber dieser Theorie zufolge zahllose Übergangsformen existirt haben müssen, warum finden wir sie nicht in unendlicher Menge in den Schichten der Erdrinde eingebettet? Es wird an-

gemessener sein, diese Frage in dem Capitel von der Unvollständigkeit der geologischen Urkunden zu erörtern. Hier will
ich nur anführen, dass ich die Antwort hauptsächlich darin zu
finden glaube, dass jene Urkunden unvergleichlich minder vollständig sind, als man gewöhnlich annimmt, und dass diese Unvollständigkeit hauptsächlich davon herrührt, dass organische Wesen
keine sehr grossen Tiefen des Meeres bewohnen, daher ihre Reste
nur von solchen Sedimentmassen umschlossen und für künftige
Zeiten erhalten werden konnten, welche hinreichend dick und
ausgedehnt gewesen sind, um einem ungeheuren Maasse späterer
Zerstörung zu entgehen. Und solche Fossilien führende Massen
können sich nur da ansammeln, wo viele Niederschläge in seichten Meeren während langsamer Senkung des Bodens abgelagert
werden. Diese Zufälligkeiten werden nur selten und nur nach
ausserordentlich langen Zwischenzeiten zusammentreffen. Während der Meeresboden in Ruhe oder in Hebung begriffen ist oder
nur schwache Niederschläge stattfinden, bleiben die Blätter unserer
geologischen Geschichtsbücher unbeschrieben. Die Erdrinde ist
ein ungeheures Museum, dessen naturgeschichtliche Sammlungen
aber nur in einzelnen Zeitabschnitten eingebracht worden sind,
die unendlich weit auseinander liegen.

Man kann zwar einwenden, dass, wenn einige naheverwandte
Arten jetzt in einerlei Gegend beisammen wohnen, man gewiss
viele Zwischenformen finden müsse. Nehmen wir einen einfachen
Fall an. Wenn man einen Continent von Norden nach Süden
durchreist, so trifft man gewöhnlich von Zeit zu Zeit auf andere
einander nahe verwandte oder stellvertretende Arten, welche
offenbar ungefähr dieselbe Stelle in dem Naturhaushalte des Landes einnehmen. Diese stellvertretenden Arten grenzen oft an
einander oder greifen in ihr Gebiet gegenseitig ein, und wie die
einen seltener und seltener, so werden die andern immer häufiger,
bis sie einander ersetzen. Vergleichen wir diese Arten da, wo
sie sich mengen, miteinander, so sind sie in allen Theilen ihres
Baues gewöhnlich noch eben so vollkommen von einander unterschieden, als wie die aus der Mitte des Verbreitungsbezirks einer
jeden entnommenen Exemplare. Nun sind aber nach meiner Theorie

alle diese Arten von einer gemeinsamen Stammform ausgegangen;
jede derselben ist erst durch den Modificationsprocess den Lebensbedingungen ihrer Gegend angepasst worden und bat dort
ihren Urstamm sowohl als alle Mittelstufen zwischen ihrer ersten
und jetzigen Form ersetzt und verdrängt. Wir dürfen daher jetzt
nicht mehr erwarten, in jeder Gegend noch zahlreiche Übergangsformen zu finden, obwohl dieselben existirt haben müssen und
ihre Reste wohl auch in die Erdschichten aufgenommen worden
sein mögen. Aber warum finden wir in den Zwischengegenden,
wo doch die äusseren Lebensbedingungen einen Übergang von
denen des einen in die des andren Bezirkes bilden, nicht jetzt
noch nahe verwandte Übergangsvarietäten? Diese Schwierigkeit
bat mir lange Zeit viel Kopfzerbrechen verursacht; indessen glaube
ich jetzt, sie lasse sich grossentheils erklären.

Vor Allem sollten wir sehr vorsichtig mit der Annahme sein,
dass eine Gegend, weil sie jetzt zusammenhängend ist, auch schon
seit langer Zeit zusammenhängend gewesen sei. Die Geologie
veranlasst uns zu glauben, dass fast jeder Continent noch in der
letzten Tertiärzeit in viele Inseln getheilt gewesen ist; und auf
solchen Inseln getrennt können sich verschiedene Arten gebildet
haben, ohne die Möglichkeit Mittelformen in den Zwischengegenden
zu liefern. In Folge der Veränderungen der Landform und des
Klimas mögen auch die jetzt zusammenhängenden Meeresgebiete
noch in verhältnissmässig später Zeit weniger zusammenhängend
und einförmig gewesen sein. Doch will ich von diesem Mittel,
der Schwierigkeit zu entkommen, absehen; denn ich glaube, dass
viele vollkommen unterschiedene Arten auf ganz zusammenhängenden Gebieten entstanden sind, wenn ich auch nicht daran zweifle,
dass der früher unterbrochene Zustand jetzt zusammenhängender
Gebiete einen wesentlichen Antheil an der Bildung neuer Arten
zumal wandernder und sich häufig kreuzender Thiere gehabt habe.

Hinsichtlich der jetzigen Verbreitung der Arten über weite
Gebiete finden wir, dass sie gewöhnlich ziemlich zahlreich auf
einem grossen Theile derselben vorkommen, dann aber ziemlich
rasch gegen die Grenzen hin immer seltener werden und endlich ganz verschwinden; daher ist das neutrale Gebiet zwischen

zwei stellvertretenden Arten gewöhnlich nur schmal im Vergleich
zu dem einer jeden Art eignen. Wir begegnen derselben Thatsache, wenn wir an Gebirgen emporsteigen, und zuweilen ist es
sehr auffällig, wie plötzlich, nach Alphons deCandolle's Beobachtung, eine gemeine Art in den Alpen verschwindet. Edw. Forbes
bat dieselbe Wahrnehmung gemacht, als er die Tiefen des Meeres
mit dem Schleppnetze untersuchte. Diese Thatsache muss alle
diejenigen in Verlegenheit setzen, welche die äusseren Lebensbedingungen, wie Klima und Höhe, als die allmächtigen Ursachen
der Verbreitung der Organismenformen betrachten, indem der
Wechsel von Klima und Höhe oder Tiefe überall ein allmählicher
und unfühlbarer ist. Wenn wir uns aber erinnern, dass fast jede
Art, selbst im Mittelpunkt ihrer Heimath, zu unermesslicher Zahl
anwachsen würde, wenn sie nicht in Concurrenz mit andern Arten
stünde, — dass fast alle von andern Arten leben oder ihnen zur
Nahrung dienen, — kurz dass jedes organische Wesen mittelbar
oder unmittelbar auf die bedeutungsvollste Weise zu andern Organismen in Beziehung steht, so müssen wir erkennen, dass die
Verbreitung der Bewohner einer Gegend keineswegs ausschliesslich von der unmerklichen Veränderung physikalischer Bedingungen,
sondern grossentheils von der Anwesenheit oder Abwesenheit
anderer Arten abhängt, von welchen sie leben, durch welche sie
zerstört werden, oder mit welchen sie in Concurrenz stehen;
und da diese Arten bereits scharf bestimmt sind (auf welche
Weise sie auch geworden sein mögen) und nicht mehr unmerklich in einander übergeben, so muss die Verbreitung einer Species,
welche von der anderer abhängt, scharf umgrenzt zu werden
streben. Überdies wird jede Art an den Grenzen ihres Verbreitungsbezirkes, wo ihre Anzahl geringer wird, durch Schwankungen
in der Menge ihrer Feinde oder ihrer Beute oder in den Jahreszeiten einer gänzlichen Zerstörung im äussersten Grade ausgesetzt sein, und es mag auch hierdurch die schärfere Umschreibung
ihrer geographischen Verbreitung mit bedingt werden.

Wenn meine Meinung richtig ist, dass verwandte oder stellvertretende Arten, welche ein zusammenhängendes Gebiet bewohnen, gewöhnlich so vertheilt sind, dass jede von ihnen eine

weite Strecke einnimmt, und dass diese Strecken durcb verhältnissmässig enge neutrale Zwischenräume getrennt werden, in welchen jede Art beinahe plötzlich seltener und seltener wird, —
dann wird dieselbe Regel, da Varietäten nicht wesentlich von
Arten verschieden sind, wohl auf die einen wie auf die andern
Anwendung finden; und wenn wir in Gedanken eine veränderliche Species einem sehr grossen Gebiete anpassen, so werden
wir zwei Varietäten jenen zwei grossen Untergebieten und eine
dritte Varietät dem schmalen Zwischengebiete anzupassen haben.
Diese Zwischenvarietät wird, weil sie einen schmalen und kleineren Raum bewohnt, auch in geringerer Anzahl vorhanden sein;
und in Wirklichkeit genommen passt diese Regel, so viel icb ermitteln kann, ganz gut auf Varietäten im Naturzustande. Ich habe
auffallende Belege für diese Regel in Varietäten von Balanusarten
gefunden, welche zwischen ausgeprägteren Varietäten derselben
das Mittel halten. Und ebenso scheinen nach den Belehrungen,
die ich den Herren WATSON, ASA GRAY und WOLLASTON verdanke,
allgemein Mittelvarietäten, wo deren zwischen zwei anderen Formen vorkommen, der Zahl nach weit hinter jenen zurückzusteben,
die sie verbinden. Wenn wir nun diese Thatsachen und Belege
als richtig annehmen und daraus folgern, dass Varietäten, welche
zwei andere Varietäten mit einander verbinden, gewöhnlich in geringerer Anzahl als diese letzten vorhanden waren, so kann man
wie ich glaube daraus auch begreifen, warum Zwischenvarietäten
keine lange Dauer haben und einer allgemeinen Regel zufolge
früher vertilgt werden und verschwinden müssen, als diejenigen
Formen, welche sie ursprünglich mit einander verketten.

Denn eine in geringerer Anzahl vorhandene Form wird, wie
schon früher bemerkt worden, überhaupt mehr als die in reichlicher Menge verbreiteten in Gefabr sein zum Aussterben gebracht zu werden; und in diesem besonderen Falle dürfte die
Zwischenform vorzugsweise den Angriffen der zwei nahe verwandten Formen zu ihren beiden Seiten ausgesetzt sein. Aber
eine weit wichtigere Betrachtung scheint mir die zu sein, dass
während des Processes weiterer Umbildung, wodurcb nacb meiner
Theorie zwei Varietäten zu zwei ganz verscbiedenen Species er-

boben und ausgebildet werden, diese zwei Varietäten, da sie grössere Flächen bewohnen, auch in grösserer Anzahl vorhanden sind und daher in grossem Vortheile gegen die mittlere Varietät stehen, welche in kleinerer Anzahl nur einen schmalen dazwischen liegenden Raum bewohnt. Denn Formen, welche in grösserer Anzahl vorhanden sind, haben immer eine bessere Aussicht als die geringzähligen, innerhalb einer gegebenen Periode noch andre nützliche Abänderungen zur natürlichen Zuchtwahl darzubieten. Daher werden in dem Kampfe um's Dasein die gemeineren Formen streben, die selteneren zu verdrängen und zu ersetzen, welche sich nur langsam abzuändern und zu vervollkommnen vermögen. Es scheint mir dasselbe Princip zu sein, wornach, wie im zweiten Capitel gezeigt wurde, die gemeinen Arten einer Gegend durchschnittlich auch eine grössere Anzahl von Varietäten darbieten als die selteneren. Ich will nun, um meine Meinung besser zu erläutern, einmal annehmen, es handle sich um drei Schafvarietäten, von welchen eine für eine ausgedehnte Gebirgsgegend, die zweite nur für einen verhältnissmässig schmalen bügeligen Streifen und die dritte für weite Ebenen an deren Fusse geeignet sein soll; ich will ferner annehmen, die Bewohner seien alle mit gleichem Schick und Eifer bestrebt, ihre Rassen durch Zuchtwahl zu verbessern; in diesem Falle wird die Wahrscheinlichkeit des Erfolges ganz auf Seiten der grossen Heerdenbesitzer im Gebirge und in der Ebene sein, weil diese ihre Rassen schneller als die kleinen in der schmalen hügeligen Zwischenzone veredeln, so dass die verbesserte Rasse des Gebirges oder der Ebene bald die Stelle der minder verbesserten Hügellandrasse einnehmen wird; und so werden die zwei Rassen, welche ursprünglich schon in grösserer Anzahl existirt haben, in unmittelbare Berührung mit einander kommen ohne fernere Einschaltung der verdrängten Zwischenrasse.

In Summa glaube ich, dass Arten leidlich gut umschrieben sein können, ohne zu irgend einer Zeit ein unentwirrbares Chaos veränderlicher und vermittelnder Formen darzubieten. Erstens: weil sich neue Varietäten nur sehr langsam bilden, indem Abänderung ein äusserst träger Vorgang ist und natürliche Zuchtwahl so lange nichts auszurichten vermag, als nicht günstige Abweichungen vorkommen und nicht ein Platz im Naturhaushalte der Gegend durch Modification eines oder des andern ihrer Bewohner besser ausgefüllt werden kann. Und solche neue Stellen werden von langsamen Veränderungen des Klimas oder der zufälligen Einwanderung neuer Bewohner und, in wahrscheinlich viel höherem Grade, davon abhängen, dass einige von den alten Bewohnern langsam abgeändert werden, wobei dann die neuen Formen mit den alten in Wechselwirkung gerathen: daher sollten wir in jeder Gegend und zu jeder Zeit nur wenige Arten zu sehen bekommen, welche einigermassen bleibende geringe Modificationen der Structur darbieten. Und dies sehen wir auch sicherlich.

Zweitens: viele jetzt zusammenhängende Bezirke der Erdoberfläche müssen noch in der jetzigen Erdperiode in verschiedene Theile getrennt gewesen sein, in denen viele Formen, zumal solche, welche sich für jede Brut begatten und beträchtlich wandern, sich einzeln weit genug zu differenziren vermochten, um als Species gelten zu können. Zwischenvarietäten zwischen diesen verschiedenen stellvertretenden Species und ihrer gemeinsamen Stammform müssen in diesem Falle wohl vordem in jedem dieser Bruchtheile des Bezirkes existirt haben; sind aber später durch natürliche Zuchtwahl ersetzt und ausgetilgt worden, so dass sie lebend nicht mehr vorhanden sind.

Drittens: Wenn zwei oder mehrere Varietäten in den verschiedenen Theilen eines völlig zusammenhängenden Bezirkes gebildet worden sind, so werden wahrscheinlich Zwischenvarietäten zuerst in den schmalen Zwischenzonen entstanden sein, aber nicht lange gewährt haben. Denn diese Zwischenvarietäten werden aus schon entwickelten Gründen (was wir nämlich über die jetzige Verbreitung einander nahe verwandter Arten und anerkannter Varietäten wissen) in den Zwischenzonen in geringerer Anzahl, als die Hauptvarietäten, die sie verbinden, vorhanden sein. Schon aus diesem Grunde allein werden die Zwischenvarietäten gelegentlicher Vertilgung ausgesetzt sein, werden aber zuverlässig während des Processes weiterer Modification durch natürliche Zuchtwahl von den Formen, welche sie mit einander verketten, meistens desshalb verdrängt und ersetzt werden, weil diese ihrer grösseren Anzahl wegen unter ihrer Masse mehr Varietäten darbieten und daher durch natürliche Zuchtwahl weiter verbessert werden und weitere Vortheile erlangen.

Letztens müssen auch, nicht bloss zu einer sondern zu allen Zeiten, wenn meine Theorie richtig ist, zahllose Zwischenvarietäten zur Verbindung der Arten einer nämlichen Gruppe mit einander sicher existirt haben; aber gerade der Process der natürlichen Zuchtwahl strebt, wie so oft bemerkt worden ist, beständig darnach, sowohl die Stammformen als die Mittelglieder zu vertilgen. Daher könnte ein Beweis ihrer früheren Existenz höchstens noch unter den fossilen Resten der Erdrinde gefunden werden, welche aber, wie in einem späteren Abschnitte gezeigt werden soll, nur in äusserst unvollkommener und unzusammenhängender Weise aufbewahrt sind.

### Entstehung und Übergänge von Organismen mit eigenthümlicher Lebensweise und Structur.

Gegner meiner Ansichten haben mir die Frage vorgehalten, wie denn z. B. ein Landraubthier in ein Wasserraubthier habe verwandelt werden können, da ein Thier in einem Zwischenzustande nicht wohl zu bestehen vermocht hätte? Es würde leicht sein zu zeigen, dass innerhalb derselben Raubthiergruppe Thiere vorhanden sind, welche jede Mittelstufe zwischen wahren Land- und ächten Wassertieren einnehmen; und da ein Jedes durch einen Kampf um's Dasein existirt, so ist auch klar, dass jedes durch seine verschiedene Lebensweise wohl für seine Stelle geeignet ist. So hat z. B. die nordamerikanische Mustela vison eine Schwimmhaut zwischen den Zehen und gleicht der Fischotter in ihrem Pelz, ihren kurzen Beinen und der Form des Schwanzes. Den Sommer hindurch taucht dieses Thier ins Wasser und nährt sich von Fischen; während des langen Winters aber verlässt es die gefrorenen Gewässer und lebt gleich andern Iltiasen von Mäusen und Landtieren. Hätte man einen andern Fall gewählt und mir die Frage gestellt, auf welche Weise ein insectenfressender Vierfüsser in eine fliegende Fledermaus verwandelt worden sei, so wäre diese Frage weit schwieriger zu beantworten. Doch haben nach meiner Meinung solche Schwierigkeiten kein grosses Gewicht.

Hier wie in anderen Fällen befinde ich mich in dem grossen Nachtheil, aus den vielen treffenden Belegen, die ich gesammelt habe, nur ein oder zwei Beispiele von Übergangsformen der Lebensweise und Organisation bei nahe verwandten Arten derselben Gattung und von vorübergehend oder bleibend veränderten Gewohnheiten einer nämlichen Species anführen zu können. Und mir scheint, als sei nur ein langes Verzeichniss solcher Beispiele genügend, die Schwierigkeiten der Erklärung eines so eigenthümlichen Falles zu verringern, wie der der Fledermaus ist.

Sehen wir uns in der Familie der Eichhörnchen um, so finden wir hier die schönsten Abstufungen von Thieren mit nur unbedeutend abgeplattetem Schwanze und, nach J. Richardson's Bemerkung, von andern mit einem etwas verbreiterten Hinterleibe und vollerer Haut an den Seiten des Körpers bis zu den sogenannten fliegenden Eichhörnchen; und bei Flughörnchen sind die Hintergliedmaassen und selbst der Anfang des Schwanzes durch eine ansehnliche Ausbreitung der Haut mit einander verbunden, welche als Fallschirm dient und diese Thiere befähigt, auf erstaunliche Entfernungen von einem Baum zum andern durch die Luft zu gleiten. Es ist kein Zweifel, dass jeder Art von Eichhörnchen in deren Heimath jeder Theil dieser eigenthümlichen Organisation nützlich ist, indem er sie in den Stand setzt den Verfolgungen der Raubvögel oder anderer Raubthiere zu entgehen, oder reichlichere Nahrung einzusammeln oder wie wir anzunehmen Grund haben auch die Gefahr jeweiligen Fallens zu vermindern. Daraus folgt aber noch nicht, dass die Organisation eines jeden Eichhörnchens auch die bestmögliche für alle natürlichen Verhältnisse sei. Gesetzt, Klima und Vegetation veränderten sich, neue Nagethiere träten als Concurrenten auf, oder neue Raubthiere wanderten ein oder alte erführen eine Abänderung, so müssten wir aller Analogie nach auch vermuthen, dass wenigstens einige der Eichhörnchen sich an Zahl vermindern oder ganz aussterben würden, wenn ihre Organisation nicht ebenfalls in entsprechender

Weise abgeändert und verbessert würde. Daher finde ich, zumal bei einem Wechsel der äussern Lebensbedingungen, keine Schwierigkeit für die Annahme, dass Individuen mit immer vollerer Seitenhaut vorzugsweise erhalten werden, bis endlich, da jede Modification von Nutzen ist und auch fortgepflegt wird, durch Häufung aller einzelnen Effecte dieses Processes natürlicher Zuchtwahl aus dem Eichhörnchen endlich ein Flughörnchen geworden ist.

Betrachten wir nun den fliegenden Lemur oder den Galeopithecus, welcher vordem irriger Weise zu den Fledermäusen gesetzt wurde. Er hat eine sehr breite Seitenhaut, welche von den Winkeln der Kinnladen bis zum Schwanze reichend die Beine und verlängerten Finger einschliesst, auch mit einem Ausbreitermuskel versehen ist. Obwohl jetzt keine, das Gleiten durch die Luft ermöglichenden, abgestuften Zwischenformen den Galeopithecus mit den gewöhnlichen Lemuriden verbinden, so sehe ich doch keine Schwierigkeiten für die Annahme, dass solche Zwischenglieder einmal existirt und sich auf ähnliche Art von Stufe zu Stufe entwickelt haben, wie oben die zwischen den Eich- und Flughörnchen, und dass jeder Grad dieser Bildung für den Besitzer von Nutzen war. Auch kann ich keine unüberwindliche Schwierigkeit darin erblicken es ferner für möglich zu halten, dass die durch die Flughaut verbundenen Finger und der Vorderarm des Galeopithecus sich in Folge natürlicher Zuchtwahl allmählich verlängert haben; und dies würde genügen, denselben, was die Flugwerkzeuge betrifft, in eine Fledermaus zu verwandeln. Bei jenen Fledermäusen, deren Flughaut nur von der Schulterhöhe bis zum Schwanze geht, unter Einschluss der Hinterbeine, sehen wir vielleicht noch die Spuren einer Vorrichtung, welche ursprünglich mehr dazu gemacht war durch die Luft zu gleiten, als zu fliegen.

Wenn etwa ein Dutzend eigenthümlich gebildeter Vogelgattungen erloschen oder uns unbekannt geblieben wären, wer hätte nur die Vermutbung wagen dürfen, dass es jemals Vögel gegeben habe, welche wie die Dickkopfente (Micropterus brachypterus Eyton's) ihre Flügel nur als Klappen zum Flattern über dem Wasserspiegel hin, oder wie die Pinguine als Ruder im Wasser und als Vorderbeine auf dem Lande, oder wie der Strauss als Segel gebraucht, oder welche endlich wie der Aptéryx functionell zwecklose Flügel besessen hätten? Und doch ist die Organisation eines jeden dieser Vögel unter den Lebensbedingungen, worin er sich befindet und um sein Dasein zu kämpfen hat, für ihn vortheilhaft, wenn auch nicht nothwendig die beste unter allen möglichen Einrichtungen. Aus diesen Bemerkungen darf übrigens nicht gefolgert werden, dass irgend eine der eben angeführten Abstufungen der Flügelbildungen, die vielleicht alle nur Folge des Nichtgebrauches sind, einer natürlichen Stufenreihe angehöre, auf welcher emporsteigend die Vögel das vollkommene Flugvermögen erlangt haben; aber sie können wenigstens zu zeigen dienen, was für mancherlei Wege des Überganga möglich sind.

Wenn man sieht, dass eine kleine Anzahl Formen aus derartigen Classen wasserathmender Thiere wie Kruster und Mollusken zum Leben auf dem Lande geschickt sind, wenn man sieht, dass es fliegende Vögel, fliegende Säugethiere, fliegende Insecten von den verschiedenartigsten Typen gibt und vordem auch fliegende Reptilien gegeben hat, so wird es auch begreiflich, dass fliegende Fische, welche jetzt mit Hilfe ihrer flatternden Brustflossen sich leicht über den Seespiegel erheben werden, allmählich zu vollkommen beflügelten Thieren hätten umgewandelt werden können. Und wäre dies einmal bewirkt, wer würde sich dann je einbilden, dass sie in einer früheren Zeit Bewohner des offenen Meeres gewesen seien und ihre beginnenden Flugorgane, wie uns jetzt bekannt, bloss dazu gebraucht haben, dem Rachen anderer Fische zu entgehen?

Wenn wir ein Organ zu irgend einem besonderen Zwecke hoch ausgebildet sehen, wie eben die Flügel des Vogels zum Fluge, so müssen wir bedenken, dass Thiere, welche frühe Übergangsstufen solcher Bildungen zeigen, selten die Aussicht haben werden, sich bis auf unsere Tage zu erhalten, eben weil sie durch den Vervollkommnungsprocess der natürlichen Zuchtwahl selbst immer wieder verdrängt sein werden. Wir können ferner schliessen, dass Übergangsstufen zwischen zu ganz verschiedenen Lebensweisen dienenden Bildungen in früherer Zeit selten in grosser

Anzahl und mit mancherlei untergeordneten Formen ausgebildet
worden sein werden. Doch, um zu unserem fliegenden Fische
zurückzukehren, so scheint es nicht wahrscheinlich, dass zu wirk-
lichem Fluge befähigte Fische sich in vielerlei untergeordneten
Formen, zur Erhaschung von mancherlei Beute auf mancherlei
Wegen, zu Wasser und zu Land entwickelt haben würden, bis
ihre Flugwerkzeuge eine so hohe Stufe von Vollkommenheit erlangt hätten, dass sie im Kampf um's Dasein ein entschiedenes
Übergewicht über andere Thiere erlangten. Daher die Wahrscheinlichkeit, Arten auf Übergangsstufen der Organisation noch
im fossilen Zustande zu entdecken immer nur gering sein wird,
weil sie in geringerer Anzahl als die Arten mit völlig entwickelten Bildungen existirt haben.

Ich will nun zwei oder drei Beispiele verschiedenartig ge-
wordener und veränderter Lebensweise bei Individuen einer nämlichen Art anführen. Vorkommenden Falles wird es der natürlichen Zuchtwahl leicht sein, ein Thier durch irgend eine Abänderung seines Baues für seine veränderte Lebensweise oder
ausschliesslich für nur eine seiner verschiedenen Gewohnheiten
geschickt zu machen. Es ist aber schwer und für uns unwesentlich zu sagen, ob im Allgemeinen zuerst die Gewohnheiten und
dann die Organisation sich ändere, oder ob geringe Modificationen
des Baues zu einer Änderung der Gewohnheiten führen; wahrscheinlich ändern oft beide fast gleichzeitig ab. Was Änderung
der Gewohnheiten betrifft, so wird es genügen auf die Menge
Britischer Insectenarten zu verweisen, welche jetzt von auslän-
dischen Pflanzen oder ganz ausschliesslich von Kunsterzeugnissen
leben. Vom Verschiedenartigwerden der Gewohnheiten liessen
sich zahllose Beispiele anführen. Ich habe oft in Südamerika
eine Würgerart (Saurophagus sulphuratus) beobachtet, die das
eine Mal wie ein Thurmfalke über einem Fleck und dann wieder
über einem andern schwebte und ein andermal steif am Rande
des Wassers stand und dann plötzlich wie ein Eisvogel auf einen
Fisch hinabstürzte. Hier in England sieht man die Kohlmeise
(Parus major) bald fast wie einen Baumläufer an den Zweigen
herum klimmen, bald nach Art des Würgers kleine Vögel durch

Hiebe auf den Kopf tödten; und oft habe ich sie die Samen des Eibenbaumes auf einem Zweige aufbämmern und dann wieder sie wie ein Nusshacker aufbrechen sehen. In Nordamerika sah HEARNE den schwarzen Bär vier Stunden lang mit weit geöffnetem Munde im Wasser umherschwimmen, um fast nach Art der Wale Wasserinsecten zu fangen.

Da wir zuweilen Individuen Gewohnheiten befolgen sehen, welche von denen anderer Individuen ihrer Art und anderer Arten derselben Gattung weit abweichen, so hätten wir nach meiner Theorie zu erwarten, dass solche Individuen mitunter zur Entstehung neuer Arten mit abweichenden Sitten und einer mehr oder weniger weit vom eigenen Typus abweichenden Organisation Veranlassung geben. Und solche Fälle kommen in der Natur vor. Kann es ein auffallenderes Beispiel von Anpassung geben, als den Specht, welcher an Bäumen umherklettert, um Insecten in den Rissen der Rinde aufzusuchen? Und doch gibt es in Nordamerika Spechte, welche grossentheils von Früchten leben, und andere mit verlängerten Flügeln, welche Insecten im Fluge haschen. Auf den Ebenen von La Plata, wo nicht ein Baum wächst, gibt es einen Specht (Colaptes campestris), welcher zwei Zehen vorn und zwei hinten, eine lange spitze Zunge, steife Schwanzfedern und einen geraden kräftigen Schnabel besitzt. Doch sind die Schwanzfedern weniger steif als bei den typischeren Arten, und ich habe ihn seinen Schwanz benutzen sehen, wenn er sich senkrecht auf einen Pfahl niedersetzen will. Auch der Schnabel ist weniger gerade und stark, als bei den typischen Spechten, obwohl stark genug, um ins Holz zu bohren. Eine andere Erläuterung der verschiedenartigen Gewohnheiten dieser Vögelgruppe bietet ein Mexikanischer Colaptes dar, welcher nach DE SAUSSURE Löcher in hartes Holz bohrt, um einen Vorrath von Eicheln für künftigen Verbrauch darin unterzubringen. Demnach ist der Colaptes von La Plata in allen wesentlichen Theilen seiner Organisation ein echter Specht und ist auch bis vor kurzem in der typischen Gattung untergebracht worden. So unbedeutende Charactere sogar wie seine Färbung, der schrille Ton seiner Stimme und sein welliger Flug, Alles überzeugte mich von seiner nahen Blutsverwandtschaft mit unseren gewöhnlichen Spechten. Aber dieser Specht klettert, wie ich sowohl nach meinen eigenen wie nach den Beobachtungen des genauen AZARA versichern kann, niemals an Bäumen.

Sturmvögel sind unter allen Vögeln diejenigen, die am meisten in der Luft leben und am meisten oceanisch sind; und doch gibt es in den ruhigen stillen Meerengen des Feuerlandes eine Art, Puffinuria Berardi, die nach ihrer Lebensweise im Allgemeinen, nach ihrer erstaunlichen Fähigkeit zu tauchen, nach ihrer Art zu schwimmen und zu fliegen, wenn sie gegen ihren Willen zu fliegen genöthigt wird, von Jedem für einen Alk oder Lappentaucher (Podiceps) gehalten werden würde; sie ist aber ihrem Wesen nach ein Sturmvogel nur mit einigen tief eindringenden zu ihrer neuen Lebensweise in Beziehung stehenden Änderungen der Organisation; während am Spechte von La Plata der Körperbau nur unbedeutende Veränderungen erfahren hat. Bei der Wasseramsel (Cinclus) dagegen würde man auch bei der genauesten Untersuchung des Körpers nicht im mindesten eine halb und halb ans Wasser gebundene Lebensweise vermuthet haben. Und doch verschafft sich dieses so abweichende Glied der Drosselfamilie seinen ganzen Unterhalt nur durch Tauchen, durch Aufscharren des Gerölles mit seinen Füssen und durch Anwendung seiner Flügel unter Wasser. Alle Glieder der grossen Hymenopteren-Ordnung sind Landthiere, mit Ausnahme der Gattung Proctotrupes, welche, wie Sir JOHN LUBBOCK neuerdings gefunden hat, in ihrer Lebensweise ein Wasserthier ist. Sie geht oft in's Wasser, taucht unter, nicht mit Hilfe ihrer Beine, sondern ihrer Flügel und bleibt bis zu vier Stunden unter Wasser. Und doch kann in ihrem Bau nicht die geringste, mit so abnormer Lebensweise in Übereinstimmung zu bringende Modification nachgewiesen werden.

Wer glaubt, dass jedes Wesen so geschaffen worden sei, wie wir es jetzt erblicken, muss schon manchmal überrascht gewesen sein, ein Thier zu finden, dessen Organisation und Lebensweise durchaus nicht miteinander in Einklang standen. Was kann klarer sein, als dass die Füsse der Enten und Gänse mit der groasen Haut zwischen den Zehen zum Schwimmen gemacht sind? und doch gibt es Hochlandgänse mit solchen Schwimmfüsaen, welche selten oder nie ina Wasser gehen; — und ausser AUDUBON hat noch Niemand den Fregattenvogel, dessen vier Zehen durch eine Schwimmhaut verbunden sind, sich auf den Spiegel des Meeres niederlassen sehen. Andererseits sind Lappentaucher (Podiceps) und Wasserhühner (Fulica) ausgezeichnete Wasservögel, und doch sind ihre Zehen nur mit einer Schwimmhaut gesäumt. Waa acheint klarer zu sein, ala dass die langen, durch keine Haut verbundenen Zehen der Sumpfvögel ihnen dazu gegeben sind, damit sie über Sumpfboden und schwimmende Wasserpflanzen hinwegschreiten können? Rohrhuhn und Landralle sind Glieder dieser Ordnung: und doch ist das Rohrhuhn (Ortygometra) fast eben so sehr Wasservogel als das Wasserhuhn, und die Landralle (Crex) fast eben so sehr Landvogel als die Wachtel oder daa Feldhuhn. In solchen Fällen, und viele andere könnten noch angeführt werden, hat sich die Lebensweiae geändert ohne eine entsprechende Änderung des Baues. Man kann sagen, der Schwimmfuss der Hochlandgans sei verkümmert in seiner Verrichtung, aber nicht in aeiner Form. Beim Fregattenvogel dagegen zeigt der tiefe Ausschnitt der Schwimmhaut zwischen den Zehen, dass eine Veränderuug der Fussbildung begonnen hat.

Wer an zahllose getrennte Schöpfungsacte glaubt, wird sagen, dass es in diesen Fällen dem Schöpfer gefallen hat, ein Wesen von dem einen Typus für den Platz eines Wesens von dem andern Typus zu bestimmen. Dies scheint mir aber nur eine Umschreibung der Thatsache in einer würdevolleren Fassung zu sein. Wer an den Kampf uni's Dasein und an das Princip der natürlichen Zuchtwahl glaubt, der wird anerkennen, 'dass jedes organische Wesen beständig nach Vermehrung seiner Anzahl atrebt und dasa, wenn es in Organisation oder Gewohnheiten auch noch so wenig variirt, aber hierdurch einen Vortheil über irgend einen andern Bewohner der Gegend erlangt, es dessen Stelle einnehmen kann, wie verschieden dieselbe auch von seiner eigenen bisherigen Stelle sein mag. Er wird desshalb nicht darüber erstaunt

sein, Gänse und Fregattenvögel mit Schwimmfüssen zu sehen,
wovon die einen auf dem trockenen Lande leben und die andern
sich nur selten aufs Wasser niederlassen, oder langzehige Wiesenknarren (Crex) zu finden, welche auf Wiesen statt in Sümpfen
wohnen; oder dass es Spechte gibt, wo keine Bäume sind, dass
es Drosseln und Hymenopteren gibt, welche tauchen, und Sturmvögel, die wie Alke leben.

**Organe von äusserster Vollkommenheit und Zusammengesetztheit.**

Die Annahme, dass sogar das Auge mit allen seinen unnachahmlichen Vorrichtungen, um den Focus den mannichfaltigsten
Entfernungen anzupassen, verschiedene Lichtmengen zuzulassen
und die sphärische und chromatische Abweichnng zu verbessern,
nur durch natürliche Zuchtwahl zu dem geworden sei, was es
ist, scheint, ich will es offen gestehen, im höchsten möglichen
Grade absurd zu sein. Als es zum ersten Male ausgesprochen
wurde, dass die Sonne stille stehe und die Erde sich um ihre
Achse drehe, erklärte der gemeine Menschenverstand diese Lehre
für falsch; aber das alte Sprichwort „vox populi, vox dei" hat,
wie jeder Forscher weiss, in der Wissenschaft keine Geltung.
Und doch sagt mir die Vernunft, dass, wenn zahlreiche Abstufungen von einem vollkommenen und zusammengesetzten bis zu
einem ganz einfachen und unvollkommenen Auge, die alle nützlich für ihren Besitzer sind, nachgewiesen werden können, —
wenn ferner das Auge auch nur im geringsten Grade variirt und
seine Abänderungen erblich sind, was sicher der Fall ist, — und
wenn eine mehr und weniger beträchtliche Abänderung eines
Organes immer nützlich für ein Thier ist, dessen äussere Lebensbedingungen sich ändern: dann scheint der Annahme, dass ein
vollkommenes und zusammengesetztes Auge durch natürliche
Zuchtwahl gebildet werden könne, doch keine wesentliche Schwierigkeit mehr entgegenzustehen, wie schwierig auch die Vorstellung davon für unsere Einbildungskraft sein mag. Die Frage,
wie ein Nerv für Licht empfänglich werde, beunruhigt uns schwerlich mehr, als die, wie das Leben selbst ursprünglich entstehe;
doch will ich bemerken, dass es, wie manche der niedersten

Organismen, bei denen keine Nerven nachgewiesen werden können, als für das Licht empfindlich bekannt sind, nicht unmöglich erscheint, dass gewisse Elemente ihrer Gewebe oder ihrer Sarcode aggregirt und zu Nerven entwickelt worden sind, die mit einer specifischen Empfindlichkeit für die Einwirkung des Lichts begabt sind.

Suchen wir nach den Abstufungen, durch welche ein Organ in irgend einer Species vervollkommnet worden ist, so sollten wir ausschliesslich bei deren directen Vorgängern in gerader Linie nachsehen. Dies ist aber schwerlich jemals möglich, und wir sind in jedem dieser Fälle genöthigt uns unter den andern Arten und Gattungen derselben Gruppe, d. h. bei den Seitenabkömmlingen derselben ursprünglichen Stammform umzusehen, um zu finden, was für Abstufungen möglich sind, und ob es wahrscheinlich ist, dass irgend welche Abstufungen von den früheren Descendenzgraden ohne alle oder mit nur geringer Abänderung auf die jetzigen Nachkommen übertragen worden seien. Aber selbst der Zustand desselben Organs in den andern grossen Hauptabtheilungen der organischen Welt kann beiläufig Licht auf den Weg werfen, auf dem es vervollkommnet worden ist.

Das einfachste Organ, welches ein Auge genannt werden kann, besteht aus einem, von Pigmentzellen umgebenen und von durchscheinender Haut bedeckten Sehnerven, aber noch ohne Linse oder andere lichtbrechende Körper. Nach Jourdain können wir selbst noch einen Schritt weiter hinabgehen und finden Aggregate von Pigmentzellen, welche, ohne einen Sehnerven zu besitzen, einfach auf der Sarcodemasse aufliegen, als Sehorgane dienen. Augen der erwähnten einfachen Art gestatten kein deutliches Sehen, sondern dienen nur dazu, Licht von Dunkelheit zu unterscheiden. Bei manchen Seesternen sind kleine Vertiefungen in dem den Nerven umgebenden Pigmentlager, wie es der obengenannte Schriftsteller beschreibt, mit einer durchsichtigen gallertigen Masse erfüllt, welche mit einer gewölbten Oberfläche, wie die Hornhaut bei höheren Thieren, nach aussen vorragt. Er vermuthet, dass diese Einrichtung nicht dazu diene, ein Bild entstehen zu lassen, sondern nur die Lichtstrahlen zu concentriren und ihre Wahrnehmung deutlicher zu machen. In dieser Concentration der Strahlen erhalten wir den ersten und weitaus wichtigsten Schritt zur Bildung eines wahren, Bilder entwerfenden Auges; wir haben nun bloss die freie Endigung des Sehnerven, der in manchen niedern Thieren tief im Körper vergraben, bei andern der Oberfläche näher liegt, in die richtige Entfernung von dem concentrirenden Apparate zu bringen, und ein Bild muss dann auf ihm entstehen.

Sehen wir uns in der grossen Classe der Gliederthiere nach Abstufungen um, so können wir von einem einfach mit Pigment überzogenen Sehnerven ausgehen, welches erstere zwar zuweilen eine Art Pupille bildet, jedoch weder eine Linse noch eine andere optische Einrichtung darbietet. Von diesem Punkte aus müssen wir einen viel grösseren Sprung machen, als bei dem oben angeführten Seestern. Wir kommen auf gewisse Crustaceen, bei denen die Augen von einer doppelten Cornea bedeckt sind, einer äusseren glatten und einer inneren in Facetten getheilten, in deren Substanz, wie MILNE EDWARDS angibt, „renflemens lenticulaires paraissent d'être développés"; und zuweilen lassen sich diese Linsen als eine besondere Schicht von der Cornea ablösen. Bei Insecten weiss man jetzt, dass die grossen, von Pigment umgebenen Kegel, welche die grossen zusammengesetzten Augen bilden, von einer durchsichtigen lichtbrechenden Substanz erfüllt sind, und dass diese Kegel Bilder gehen. Ausserdem aber sind bei manchen Käfern die Hornhautfacetten nach aussen und innen leicht convex, d. h. sie sind linsenförmig. Alles zusammengenommen ist die Structur der Augen bei den Gliederthieren so mannichfaltig, dass MÜLLER drei Hauptclassen von zusammengesetzten Augen mit nicht weniger als sieben Unterabtheilungen annimmt, zu denen er noch eine vierte Hauptclasse fügt, die der aggregirten einfachen Augen.

Wenn wir diese hier nur allzukurz und unvollständig angedeuteten Thatsachen, welche zeigen, dass es schon unter den jetzt lebenden Gliederthieren so viele mannichfaltige stufenweise Verschiedenheiten der Augenbildung gibt, erwägen und ferner bedenken, wie klein die Anzahl aller lebenden Arten im Vergleich zu den bereits erloschenen ist, so kann ich (wie in vielen andern Bildungen) doch keine allzugrosse Schwierigkeit für die Annahme finden, dass der einfache Apparat eines von Pigment umgebenen und von durchsichtiger Haut bedeckten Sehnerven durch natürliche Zuchtwahl in ein so vollkommenes optisches Werkzeug umgewandelt worden sei, wie es bei irgend einer Form der Gliederthiere gefunden wird.

Wer nun so weit gehen will, braucht, wenn er beim Durchlesen dieses Buches findet, dass sich durch die Descendenztheorie eine grosse Menge von anderweitig unerklärbaren Thatsachen begreifen lässt, kein Bedenken gegen die weitere Annahme zu haben, dass durch natürliche Zuchtwahl auch ein so vollkommenes Gebilde, wie das Adlerauge ist, hergestellt werden könne, wenn ihm auch die Zwischenstufen in diesem Falle gänzlich unbekannt sind. Selbst bei den Wirbelthieren, die so offenbar die höchst organisirte Abtheilung des Thierreichs darstellen, können wir wie im früheren Falle von einem Auge ausgehen, wie es beim Amphioxus existirt, welches so einfach ist, dass es nur aus einer kleinen mit Pigment ausgekleideten und mit einem Nerven versehenen faltenartigen Einstülpung der Haut besteht, nur von durchscheinender Haut bedeckt, ohne irgend einen andern Apparat. In den beiden Classen der Fische und Reptilien ist, wie Owen bemerkt, „die Reihe von Abstufungen der dioptrischen Bildungen sehr gross." Es ist eine sehr bezeichnende Thatsache, dass selbst beim Menschen, nach Virchow's [und Früherer] Autorität, die Linse sich ursprünglich nur aus einer Anhäufung von Epidermiszellen in einer sackförmigen Falte der Haut entwickelt, während der Glaskörper sich aus dem embryonalen subcutanen Gewebe bildet. Es ist allerdings für einen Forscher, welcher den Ursprung und die Bildungsweise des Auges mit all seinen wunderbaren Behaftungen erwägt, unumgänglich, seine Phantasie von seiner Vernunft besiegen zu lassen. Ich habe selbst die Schwierigkeit viel zu lebhaft empfunden, um mich über irgend einen Zweifel zu wundern, den man einer so überraschend weiten Ausdehnung des Princips der natürlichen Zuchtwahl entgegenstellen möchte.

Man kann kaum vermeiden, das Auge mit einem Telescop zu vergleichen. Wir wissen, dass dieses Werkzeug durch lang-fortgesetzte Anstrengungen der höchsten menschlichen Intelligenz verbessert worden ist, und folgern natürlich daraus, dass das Auge seine Vollkommenheit durch einen ziemlich analogen Process erlangt habe. Sollte aber dieser Schluss nicht voreilig sein? Haben wir ein Recht anzunehmen, der Schöpfer wirke vermöge intellectueller Kräfte ähnlich denen des Menschen? Sollten wir das Auge einem optischen Instrumente vergleichen, so müssten wir in Gedanken eine dicke Schicht eines durchsichtigen Gewebes nehmen, mit von Flüssigkeit erfüllten Räumen und mit einem für Licht empfänglichen Nerven darunter, und dann annehmen, dass jeder Theil dieser Schicht langsam aber unausgesetzt seine Dichte verändere, so dass verschiedene Lagen von verschiedener Dichte und Dicke in ungleichen Entfernungen von einander entstehen, und dass auch die Oberfläche einer jeden Lage langsam ihre Form ändere. Wir müssten ferner annehmen, dass eine Kraft (die natürliche Zuchtwahl) vorhanden sei, welche aufmerksam auf jede geringe zufällige Veränderung in den durchsichtigen Lagen achte und jede Abänderung sorgfältig auswähle, die unter ver-änderten Umständen in irgend einer Weise oder in irgend einem Grade ein deutlicheres Bild hervorzubringen geschickt wäre. Wir müssten annehmen, jeder neue Zustand des Instrumentes werde millionenfach vervielfältigt, und jeder werde so lange er-halten, bis ein besserer hervorgebracht sei, dann aber zerstört. Bei lebenden Körpern bringt Variation jene geringen Verschieden-heiten hervor, Zeugung vervielfältigt sie in's Unendliche und natürliche Zuchtwahl findet mit nie irrendem Tacte jede Verbes-serung heraus. Denkt man sich nun diesen Process Millionen und Millionen Jahre lang und jedes Jahr an Millionen Individuen der mannichfaltigsten Art fortgesetzt: sollte man da nicht erwar-ten, dass das lebende optische Instrument endlich in demselben Grade vollkommener als das gläserne werden müsse, wie des Schöpfers Werke überhaupt vollkommener sind, als die des Menschen?

#### Uebergangsweisen.

Liesse sich irgend ein zusammengesetztes Organ nachweisen, dessen Vollendung nicht durch zahlreiche kleine aufeinander folgende Modificationen hätte erfolgen können, so müsste meine Theorie unbedingt zusammenbrechen. Ich vermag jedoch keinen solchen Fall aufzufinden. Zweifelsohne bestehen viele Organe, deren Vervollkommnungsstufen wir nicht kennen, insbesondere bei sehr vereinzelt stehenden Arten, deren verwandte Formen nach meiner Theorie in weitem Umkreise erloschen sind. So muss auch, wo es sich um ein allen Gliedern einer grossen Classe gemeinsames Organ handelt, dieses Organ schon in einer sehr frühen Vorzeit gebildet worden sein, seit welcher sich erst alle Glieder dieser Classe entwickelt haben; und wenn wir die frühesten Übergangsstufen entdecken wollten, welche das Organ durchlaufen hat, so müssen wir uns bei den frühesten Anfangsformen umsehen, welche jetzt schon längst wieder erloschen sind.

Wir sollten uns wohl bedenken zu behaupten, ein Organ habe nicht durch stufenweise Veränderungen irgend einer Art gebildet werden können. Man könnte zahlreiche Fälle anführen, wie bei den niederen Thieren ein und dasselbe Organ ganz verschiedene Verrichtungen besorgt: athmet doch und verdaut und excernirt der Nahrungscanal in der Larve der Libellen wie in dem Fische Cobitis. Wendet man die Hydra wie einen Handschuh um, das Innere nach aussen, so verdaut die äussere Oberfläche und die innere athmet. In solchen Fällen könnte die natürliche Zuchtwahl einen Theil oder Organ, welches bisher zweierlei Verrichtungen gehabt hat, ausschliesslich nur für einen der beiden Zwecke ausbilden und die ganze Natur des Thieres allmählich umändern, wenn dies für dasselbe irgendwie nützlich wäre. Es sind viele Fälle von Pflanzen bekannt, welche regelmässig an verschiedenen Stellen ihrer Infloreacenz, wie an der Spitze einer Ähre und weiter nach unten oder im Centrum und an der Peripherie einer Dolde oder einer Doldentraube u. s. w. oder zu verschiedenen Zeiten des Jahrs verschieden gebildete Blüthen tragen; sollte die Pflanze aufhören beide Formen zu tragen und trüge sie nur eine, so würde plötzlich ein grosser

Unterschied in ihrem specifischen Character eintreten. Es ist wieder eine besondere Frage, wie dieselbe Pflanze dazu gekommen ist, zwei Arten von Blüthen hervorzubringen: in manchen Fällen kann es aber als wahrscheinlich, in andern als beinahe gewiss nachgewiesen werden, dass dies durch fein graduirte Abstufungen geschehen ist. Ferner verrichten zuweilen zwei verschiedene Organe gleichzeitig einerlei Function in demselben Individuum, und dies ist ein sehr wichtiges Übergangsmittel. So gibt es, um ein Beispiel anzuführen, Fische mit Kiemen, womit sie die im Wasser vertheilte Luft einathmen, während sie zu gleicher Zeit atmosphärische Luft mit ihrer Schwimmblase athmen, welche zu dem Ende durch einen Luftgang mit dem Schlunde verbunden und innerlich von sehr gefässreichen Zwischenwänden durchzogen ist. Um noch ein anderes Beispiel aus dem Pflanzenreich zu geben: Pflanzen klettern durch drei verschiedene Mittel, durch eine spirale Windung, durch Ergreifen von Stützen mittelst ihrer empfindlichen Ranken und durch die Emission von Luftwurzeln; diese drei Mittel findet man gewöhnlich in besonderen Gattungen oder Familien; einige wenige Pflanzen bieten aber zwei oder selbst alle drei Mittel in demselben Individuum vereint dar. In allen solchen Fällen kann das eine der beiden dieselbe Function vollziehenden Organe verändert und so vervollkommnet werden, dass es immer mehr die ganze Arbeit allein übernimmt, wobei es während dieses Modificationsprocesses durch das andere Organ unterstützt wird; und dann kann das andere entweder zu einer neuen und ganz verschiedenen Bestimmung übergehen oder gänzlich verkümmern.

Das Beispiel von der Schwimmblase der Fische ist sehr belehrend, weil es uns die hochwichtige Thatsache zeigt, wie ein ursprünglich zu einem besonderen Zwecke, zum Flottiren, gebildetes Organ für eine ganz andere Verrichtung umgeändert werden kann, und zwar für die Athmung. Auch ist die Schwimmblase als ein Nebenbestandtheil für das Gehörorgan mancher Fische mit verarbeitet worden, oder es ist (ich weiss nicht, welche Deutungsweise jetzt am allgemeinsten angenommen wird) ein Theil des Gehörorganes zur Ergänzung der Schwimmblase

verwendet worden. Alle Physiologen geben zu, dass die Schwimmblase in Lage und Structur den Lungen höherer Wirbelthiere
„homolog" oder „ideell gleich" sei; daher die Annahme, natürliche Zuchtwahl habe eine Schwimmblase in eine Lunge oder ein
ausschliessliches Athemorgan verwandelt, keinem grossen Bedenken zu unterliegen scheint.

Nach dieser Ansicht kann man wohl schliessen, dass alle
Wirbelthiere mit echten Lungen auf dem gewöhnlichen Fort-
pflanzungswege von einer alten unbekannten Urform, von der wir
nichts wissen, mit einem Schwimmapparat oder einer Schwimmblase herstammen. So mag man sich, wie ich aus Professor
OWEN's interessanter Beschreibung dieser Theile entnehme, die
sonderbare Thatsache erklären, wie es komme, dass jedes Theil-
chen von Speise und Trank, die wir zu uns nehmen, über die
Mündung der Luftröhre weggleiten muss mit einiger Gefahr in
die Lungen zu fallen, der sinnreichen Einrichtung ungeachtet,
wodurch der Kehldeckel geschlossen wird. Bei den höheren
Wirbelthieren sind die Kiemen gänzlich verschwunden, aber die
Spalten an den Seiten des Halses und der schlingenförmige Verlauf der Arterien scheinen in dem Embryo noch ihre frühere
Stelle anzudeuten. Doch ist es begreiflich, dass die jetzt gänzlich verschwundenen Kiemen durch natürliche Zuchtwahl zu einem
ganz anderen Zwecke umgearbeitet worden sind; wie es nach
der Ansicht einiger Naturforscher, dass die Kiemen und Rücken-
schuppen gewisser Ringelwürmer mit den Flügeln und Flügeldecken der Insecten homolog sind, wahrscheinlich wäre, dass
Organe, die in sehr alter Zeit zur Athmung gedient, jetzt zu
Flugorganen umgewandelt wären.

Was den Übergang der Organe zu andern Functionen betrifft,
ist es so wichtig sich mit der Möglichkeit desselben vertraut zu
machen, dass ich noch ein weiteres Beispiel anführen will. Die
gestielten Cirripeden haben zwei kleine Hautfalten, von mir Eierzügel genannt, welche bestimmt sind, mittelst einer klebrigen
Absonderung die Eier festzuhalten, bis sie im Eierstock ausgebrütet sind. Diese Rankenfüsser haben keine Kiemen, indem die
ganze Oberfläche des Körpers und Sackes mit Einschluss der

kleinen Zügel zur Athmung dient. Die Balaniden oder sitzenden
Cirripeden dagegen haben keine solchen Zügel oder Frena, indem die Eier lose auf dem Grunde des Sackes in der wohl geschlossenen Schaale liegen; aber sie haben in derselben relativen
Lage wie die Frena grosse faltige Membranen, welche mit den
Kreislauflacunen des Sacks und des Körpers frei communiciren
und von R. Owen und allen anderen mit dem Gegenstand ver-
trauten Forschern für Kiemen erklärt worden sind. Nun denke
ich, wird Niemand bestreiten, dass die Eierzügel der einen Familie homolog mit den Kiemen der andern sind, wie sie denn
auch in der That stufenweise in einander übergehen. Daher darf
man nicht bezweifeln, dass die beiden kleinen Hautfalten, welche
ursprünglich als Eierzügel gedient und in geringem Grade schon
bei der Athmung mitgewirkt, durch natürliche Zuchtwahl stufenweise in Kiemen verwandelt worden sind bloss durch Zunahme
ihrer Grösse bei gleichzeitiger Verkümmerung ihrer adhäsiven
Drüsen. Wären alle gestielten Cirripeden erloschen (und sie
haben bereits mehr Vertilgung erfahren als die sitzenden): wer
hätte sich je denken können, dass die Athmungsorgane der Balaniden ursprünglich den Zweck gehabt hätten, die zu frühzeitige
Ausführung der Eier aus dem Eiersack zu verhindern?

**Fälle von besonderer Schwierigkeit in Bezug auf die Theorie der
natürlichen Zuchtwahl.**

Obwohl wir äusserst vorsichtig bei der Annahme sein müssen, dass ein Organ nicht möglicher Weise durch ganz allmähliche Übergänge gebildet worden sein könne, so kommen doch
unzweifelhaft sehr schwierige Fälle vor, deren einige ich in meinem grösseren Werke zu erörtern gedenke.

Einen der schwierigsten bilden die geschlechtslosen Insecten,
die oft sehr abweichend sowohl von den Männchen als den fruchtbaren Weibchen ihrer Species gebildet sind, auf welchen Fall
ich jedoch im nächsten Capitel zurückkommen werde. Die electrischen Organe der Fische bieten einen andern Fall von besonderer Schwierigkeit dar; es ist unbegreiflich, durch welche Abstufungen die Bildung dieser wundersamen Organe bewirkt worden

sein mag. Nach Owen's Bemerkung besteht eine grosse Analogie
zwischen ihnen und gewöhnlichen Muskeln, sowohl in der Weise
ihrer Thätigkeitsäusserung, in dem Einfluss des Nervensystems
und anderer Reize, wie Strychnin, auf sie, als auch, wie einige
glauben, in ihrem feineren Bau. Wir wissen nicht einmal in
allen Fällen, welchen Nutzen diese Organe haben; denn wenn
sie auch bei Gymnotus und Torpedo ohne Zweifel als kräftige
Vertheidigungswaffen und Mittel, Beute zu verschaffen, dienen,
so entwickelt doch ein analoges Organ im Schwanze der Rochen,
wie kürzlich Matteucci beobachtet hat, wenig Electricität, und zwar
so wenig, dass es kaum zu den genannten Zwecken dienen kann.
Überdies liegt, wie R. M'Donnell gezeigt hat, ausser dem eben
erwähnten Organ noch ein anderes in der Nähe des Kopfes, von
dem man nicht weiss, dass es electrisch wäre, welches aber
das wirkliche Homologon der electrischen Batterie bei Torpedo
ist. Und da wir endlich nichts von den, irgend einem dieser
Fische in gerader Linie vorausgehenden zeugenden Stammformen
wissen, so sind wir zu unwissend, um behaupten zu können, dass
keine Übergänge möglich wären, durch welche die electrischen
Organe sich hätten entwickeln können.

Dieselben Organe scheinen aber auf den ersten Blick noch
eine andere und weit ernstlichere Schwierigkeit darzubieten, denn
sie kommen in ungefähr einem Dutzend Fischarten vor, von
denen mehrere verwandtschaftlich sehr weit von einander entfernt sind. Wenn ein und dasselbe Organ in verschiedenen
Gliedern einer Classe und zumal mit sehr auseinandergehenden
Gewohnheiten auftritt, so können wir gewöhnlich seine Anwesenheit durch Erbschaft von einem gemeinsamen Vorfahren und
seine Abwesenheit bei andern Gliedern durch Verlust in Folge
von Nichtgebrauch oder natürlicher Zuchtwahl erklären. Hätte
sich das electrische Organ von einem alten damit versehen gewesenen Vorgänger vererbt, so hätten wir erwarten dürfen, dass
alle electrischen Fische auch sonst in näherer Weise mit einander verwandt seien; dies ist aber durchaus nicht der Fall.
Nun gibt auch die Geologie durchaus keine Veranlassung zu
glauben, dass vordem die meisten Fische mit electrischen Organen

verseben gewesen seien, welche ihre modificirten Nachkommen
eingebüsst hätten. Betrachten wir uns aber die Sache näher, so
finden wir, dass bei den verschiedenen mit electrischen Organen
versehenen Fischen diese Organe in verschiedenen Theilen des
Körpers liegen, dass sie im Bau, wie in der Anordnung der
Platten, und nach PACINI in dem Vorgang oder den Mitteln, durch
welche Electricität erregt wird, von einander abweichen, endlich
auch darin, dass die nöthige Nervenkraft (und dies ist vielleicht
unter allen der wichtigste Unterschied) durch Nerven von weit
verschiedenen Ursprüngen zugeführt wird. Es können daher bei
den verschiedenen, nur entfernt mit einander verwandten Fischen,
die mit electrischen Organen versehen sind, diese nicht als homolog, sondern nur als analog in der Function betrachtet werden.
Folglich haben wir auch keinen Grund anzunehmen, dass sie von
einer gemeinsamen Stammform vererbt wären; denn wäre dies
der Fall, so würden sie einander in allen Beziehungen gleichen.
Die grössere Schwierigkeit verschwindet, es bleibt nur die geringere, aber noch immer grosse, auf welchem Wege und durch
welche allmähliche Zwischenstufen diese Organe entstanden sind
und sich in jedem einzelnen Fisch entwickelt haben.

Die Anwesenheit leuchtender Organe in einigen wenigen
Insecten aus den verschiedensten Familien und Ordnungen, die
aber in verschiedenen Körpertheilen gelegen sind, bietet eine
fast genau parallele Schwierigkeit wie die electrischen Organe
dar. Man könnte deren noch mehr anführen, wie z. B. im Pflanzenreiche die ganz eigenthümliche Entwickelung einer Masse von
Pollenkörnern auf einem Fussgestelle mit einer klebrigen Drüse
an dessen Ende bei Orchis und bei Asclepias, zweien unter den
Blüthenpflanzen so weit als möglich auseinanderstehenden Gattungen, ganz die nämliche ist. Doch muss man beachten, dass
in solchen Fällen, wo zwei sehr verschiedene Arten mit anscheinend demselben anomalen Organe versehen sind, wenn auch
die allgemeine Erscheinung und Function des Organs identisch
ist, sich doch immer oder fast immer einige Grundverschieden-
heiten zwischen ihnen entdecken lassen. Ich möchte glauben,
dass in gleicher Weise, wie zwei Menschen zuweilen unabbängig

von einander auf genau die nämliche Erfindung verfallen sind,
auch die natürliche Zuchtwahl, die zum Besten eines jeden Wesens wirkt und aus allen analogen Abänderungen Vortheil zieht,
zuweilen zwei Theile auf fast ganz gleiche Weise in zwei organischen Wesen modificirt habe, welche ihrer Abstammung von
einem gemeinsamen Urerzeuger nur wenig Gemeinsames in ihrer
Organisation verdanken.

Fritz Müller hat kürzlich in einer beachtenswerthen Schrift
einen, dem der electrischen Organe, leuchtenden Insecten u. s. w.
nahezu parallelen Fall erörtert; er unternahm die mühsame Untersuchung dieses Falles, um die von mir in dieser Schrift vorgebrachten Ansichten zu prüfen. Mehrere Krusterfamilien um-
fassen einige wenige Glieder, welche im Stande sind, ausserhalb
des Wassers zu leben, und einen luftathmenden Apparat besitzen.
In zwei dieser Familien, welche Müller besonders untersuchte
und die mehr mit einander verwandt sind, stimmen die Arten in
allen wichtigen Characteren äusserst nahe mit einander überein:
nämlich im Bau ihrer Sinnesorgane, in ihrem Herzen und Circu-
lationssystem, in der Stellung jedes einzelnen Haarbüschels, mit
denen ihr in beiden Fällen gleich complicirter Magen ausgekleidet
ist, und endlich in den wasserathmenden Kiemen, selbst bis auf
die mikroskopischen Häkchen, durch welche dieselben gereinigt
werden. Nach blosser Analogie hätte sich daher erwarten lassen,
dass der gleich wichtige luftathmende Apparat in den wenig Arten beider Familien, welche damit versehen sind, derselbe sein
werde; und wer an die Erschaffung jeder einzelnen Species glaubt,
würde dies um so zuversichtlicher erwarten; denn warum sollte
dieser eine Apparat, der zu demselben speciellen Zwecke einigen
wenigen, in allen übrigen wichtigen Punkten äusserst ähnlichen
oder beinahe identischen Arten verliehen wurde, verschieden an-
gelegt sein? 

Fritz Müller sagte sich nun, dass diese grosse Ähnlichkeit
in so vielen Punkten des Baues in Übereinstimmung mit den von
mir vorgebrachten Ansichten durch Vererbung von einer gemeinsamen Stammform zu erklären sei. Da aber sowohl die grösste
Mehrzahl der Arten der beiden obigen Familien, als auch über-

haupt die grosse Masse Crustaceen aller Ordnungen ihrer Lebensweise nach Wasserthiere sind, so ist es im höchsten Grade unwahrscheinlich, dass ihre gemeinschaftliche Stammform zum Luft-
athmen bestimmt gewesen sei. MÜLLER wurde hierdurch darauf
geführt, den Apparat in den wenig luftathmenden Arten sorgfältig
zu untersuchen und zu beschreiben, und fand, dass er in jeder
derselben in mehreren wichtigen Punkten, wie in der Lage der
Öffnungen, in der Art wie sich diese öffnen und schliessen und
in mehreren accessorischen Details verschieden sei. Unter der
Annahme nun, dass verschiedenen Familien angehörige und bereits in mehreren Characteren differirende Arten, welche, wenn
sie überhaupt abänderten, wahrscheinlich auf verschiedene Weise
variirt haben werden, durch natürliche Zuchtwahl langsam immer
mehr und mehr einem Leben ausserhalb des Wassers und der
Luftathmung angepasst worden sind, ist es völlig verständlich,
konnte sogar zuversichtlich erwartet werden, dass dieselben Einrichtungen der Structur, wenn sie auch demselben Zwecke dienten, doch in jedem Falle beträchtlich differiren würden. Nach
der Hypothese verschiedener Schöpfungsacte muss der Fall unverständlich bleiben, und können wir dann nur sagen: so ist es.
Diese Anschauungsweise scheint den ausgezeichneten Forscher
nachdrücklich dahin geführt zu haben, die von mir in der vorliegenden Schrift aufgestellten Ansichten vollständig anzunehmen.

In den verschiedenen jetzt erörterten Fällen haben wir gesehen, dass in mehr oder weniger entfernt mit einander verwandten Wesen durch, dem Anscheine nach, aber nicht in Wahrheit nahezu ähnliche Organe derselbe Zweck erreicht und dieselbe
Function ausgeführt wird. Aber durch die ganze Natur herrscht
eine allgemeine Regel, dass selbst da, wo die einzelnen Wesen
nahe mit einander verwandt sind, derselbe Zweck durch die verschiedenartigsten Mittel erreicht wird. Wie verschieden im Bau
ist der befiederte Flügel eines Vogels und das von Haut überzo-
gene Flugorgan einer Fledermaus, welches alle Finger entwickelt
hat; noch verschiedener sind die vier Flügel eines Schmetterlings, die zwei Flügel einer Fliege und die beiden Flügel eines
Käfers mit ihren Flügeldecken. Zweischalige Muscheln brauchen

sicb nur zu öffnen und zu schliessen; aber auf eine wie vielfältige Weise ist das Schloss gebaut, von den zablreichen Formen gut in einander passender Zähne einer Nucula bis zu dem
einfacben Ligament eines Mytilus. Die Verbreitung der Samen-
körner beruht entweder auf ihrer ausserordentlicben Kleinheit
oder darauf, dass ihre Kapsel in eine leichte ballonartige Hülle
umgewandelt ist, oder, dass sie in eine mehr oder weniger con-
sistente fleischige Hülle eingebettet sind, welche, aus den verschiedenartigsten Theilen gebildet sowohl nahrhaft als durch ihre Färbung so ausgezeichnet sind, dass sie Vögel zum Fressen anlocken;
oder darauf, dass sie sich mit Häkchen und Klammern vielfacher
Art und mit rauhen Grannen an den Pelz der Säugethiere an-
hängen, oder endlich, dass sie mit Flügeln oder Fiedern, ebenso
verschiedenartig in Gestalt als zierlich im Bau versehen sind, so
dass sie von jedem Windbauch verweht werden. Ich will noch
ein anderes Beispiel anführen; denn der Gegenstand ist wohl des
Nacbdenkens werth, zumal für die, welche nicht glauben mögen,
dass die organischen Wesen nur der blossen Varietäten wegen,
wie Spielsachen, auf verscbiedene Weisen gebildet worden sind.
Bei getrennt geschlechtlicben Pflanzen und bei solchen, welche
zwar Hermaphroditen sind, wo aber doch der Pollen nicbt von
selbst auf die Narbe fällt, ist zur Befruchtung irgend eine Hülfe
nöthig. Bei mehreren Arten wird dies dadurch bewirkt, dass die
leichten und nicht zusammenhängenden Pollenkörner bloss zufällig
vom Wind auf die Narbe geweht werden; dies ist der einfachste
denkbare Plan. Ein fast ebenso einfacher aber sehr verscbiedener
Plan ist der, dass in vielen Fällen eine symmetrische Blüthe wenige Tropfen Nectar absondert und demzufolge von Insecten besucht wird; diese tragen dann den Pollen von den Antheren auf
die Narbe.

Von dieser einfachen Form an bietet sich eine unerschöpf-
liche Zahl verscbiedener demselben Zwecke dienender Einrichtungen dar, die wesentlich in derselben Weise ausgeführte Veränderungen in jedem Blütbentheile mit sich bringen: der Nectar
wird in verschiedenen Receptakeln angebäuft, die Staubfäden und
Pistille sind vielfacb modificirt und bilden zuweilen klappenartige

Einrichtungen, zuweilen sind sie in Folge von Irritabilität oder
Elasticität genau abgepasster Bewegungen fähig. Von solchen
Bildungen kommen wir dann zu einer solchen Höhe vollendeter
Anpassung, wie Crüger neuerdings bei Coryanthes beschrieben
hat. Bei dieser Orchidee ist das Labellum oder die Unterlippe
zu einem grossen eimerartigen Gefässe ausgehöhlt, in welches
fortwährend aus zwei über ihm stehenden absondernden Hörnern
Tropfen reinen Wassers, nicht Nectars, herabfallen; ist der Eimer
halb voll, so fliesst das Wasser durch einen Ausguss an der einen
Seite ab. Der Basaltheil des Labellum krümmt sich über den
Eimer und ist selbst kammerartig ausgehöhlt mit zwei seitlichen
Eingängen, inner- und ausserhalb deren einige merkwürdige fleischige
Leisten sich finden. Der genialste Mensch hätte sich, wenn er
nicht Zeuge dessen war, was hier vorgeht, nicht vorstellen können, welchem Zwecke alle diese Theile dienten. Crüger sah aber,
wie Mengen von Hummeln die riesigen Blüthen dieser Orchideen
am frühen Morgen besuchten, nicht um Nectar zu saugen, sondern um die fleischigen Leisten abzunagen. Dabei stiessen sie
einander häufig in den Eimer; dadurch wurden ihre Flügel nass,
so dass sie nicht fliegen konnten, sondern durch den vom Ausguss gebildeten Gang kriechen mussten. Crüger hat eine förm-
liche Procession von Hummeln aus ihrem unfreiwilligen Bade kriechen sehen. Der Gang ist eng und vom Säulchen bedeckt, so
dass eine Hummel, wenn sie sich durchzwängt, erst ihren Rücken
am klebrigen Stigma und dann an den Klebdrüsen der Pollenmassen reiht. Die Pollenmassen werden dadurch an den Rücken
der ersten Hummeln angeklebt, welche zufällig durch den Gang
einer kürzlich entfalteten Blüthe kriecht, und wird fortgetragen.
Crüger hat mir eine Blüthe in Spiritus geschickt mit einer Hummel, welche, getödtet ehe sie ganz durch den Gang gekrochen war,
eine Pollenmasse an ihrem Rücken befestigt hatte. Fliegt die so
ausgestattete Hummel nach einer andern Blüthe oder ein zweites
mal nach derselben, und wird von ihren Genossen in den Eimer
gestossen, so kommt nothwendig, wenn sie nun durch den Gang
kriecht, zuerst die Pollenmasse mit dem klebrigen Stigma in Con-
tact und die Blüthe wird befruchtet. Und jetzt erst sehen wir

den vollen Nutzen der wasserabsondernden Hörner, des Eimers mit seinem Ausguss und der Form eines jeden Blüthentheiles ein! Der Bau der Blüthe einer andern nahe verwandten Orchidee, Catasetum, ist davon weit verschieden, doch dient er demselben Ende und ist gleich merkwürdig. Wie bei Coryantbes besuchen auch diese Blüthen die Bienen um das Labellum zu benagen. Dabei berühren sie unvermeidlich einen langen spitz zulaufenden, sensitiven Fortsatz, den ich Antenne genannt habe. Die Berührung der Antenne macht eine gewisse Membran in Folge ihrer eigenen Irritabilität bersten und hierdurch wird eine Feder frei, welche die Pollenmasse wie einen Pfeil in der richtigen Direction vorschnellt und ihr klebriges Ende an den Rücken der Biene heftet. Die Pollenmasse wird nun auf eine andere Blüthe übertragen, wo sie mit der Narbe in Berührung gebracht wird. Diese ist hinreichend klebrig, um gewisse elastische Fäden zu zerreissen und die Pollenmasse zurückzuhalten, die nun das Geschäft der Befruchtung besorgt.

Man kann nun wohl fragen, wie können wir in den vorstehenden und in unzähligen andern ähnlichen Fällen die Ursache einer derartigen weiten Reihe von Complexität und so mannichfaltige Mittel zur Erreichung desselben Zweckes, sowohl bei verwandtschaftlich weit auseinander stehenden als so nahe verwandten Formen wie den beiden zuletzt beschriebenen Orchideen einsehen? Bei der Erörterung der luftathmenden Apparate gewisser Crustaceen wurde gezeigt, dass der Process der Adaptation zu irgend einem Zwecke von zwei oder mehreren bereits in einem beträchtlichen Grade von einander differirenden Formen ausgehen kann und dass fast in allen Fällen die Natur der Variabilität, durch welche die natürliche Zuchtwahl wirkt, verschieden sein wird; folglich wird auch die schliesslich durch natürliche Zuchtwahl erreichte Bildung, obschon sie gleichen Zwecken dient, verschieden sein. Wir müssen uns auch daran erinnern, dass jeder gut entwickelte Organismus bereits eine lange Reihe von Modificationen durchlaufen hat, und dass jede modificirte Bildung vererbt zu werden strebt; sie wird daher nicht leicht verloren gehen, sondern immer und immer wieder modificirt werden. Die Bildung jedes Theils jeder Species, welchom Zwecke er auch dient, wird daher die Summe der vielen vererbten Abänderungen sein, welcbe diese Art während ihrer successiven Anpassungen an veränderte Lebensweise und Lebensbedingungen durchlaufen hat.

Obwohl es endlich in vielen Fällen sehr schwer zu errathen ist, durch welche Übergänge Organe zu ihrer jetzigen Beschaffenheit gelangt seien, so bin ich doch, in Betracht der sehr geringen Anzahl noch lebender und bekannter im Vergleich mit den untergegangenen und unbekannten Formen sehr darüber erstaunt gewesen zu finden, wie selten ein Organ vorkommt, von welchem man keine hinleitenden Übergangsstufen kennt. Es ist gewiss richtig, dass neue Organe sehr selten oder nie plötzlich in einer Classe erscbeinen, als ob sie für irgend einen besonderen Zweck erscbaffen worden wären; — wie es aucb schon durch die alte obwohl etwas übertriebene naturgeschichtliche Regel „Natura non facit saltum" anerkannt wird. Wir finden dies in den Schriften faat aller erfahrenen Naturforscher angenommen; MILNE EDWARDS hat es treffend mit den Worten ausgedrückt: Die Natur ist verschwenderiscb in Abänderungen, aber geizig in Neuerungen. Wie sollte dies nach der Schöpfungstheorie zugeben? woher sollte es kommen, dass alle Theile und Organe so vieler unabhängiger Wesen, wenn jedes derselben für seinen eigenen Platz in der Natur erscbaffen wäre, docb durch ganz allmähliche Übergänge mit einander verkettet sind? Warum hätte die Natur nicht einen Sprung von der einen Organisation zur andern gemacht? Nach der Tbeorie der natürlicben Zuchtwahl können wir einsehen, warum aie diea nicht gethan hat; denn die natürliche Zuchtwahl wirkt nur dadurch, dass sie sich kleine allmähliche Abänderungen zu Nutze macht; aie kann nie einen plötzlichen Sprung machen, aondern musa mit kurzen und sicheren, aber langaamen Schritten vorachreiten.

### Organe von anscheinend geringer Wichtigkeit, von der natürlichen Zuchtwahl berührt.

Da natürliche Zuchtwahl mit Leben und Tod arbeitet, indem aie nämlicb Individuen mit vortheilhaften Abänderungen erhält

und solche mit ungünstigen Abweichungen der Organisation unterdrückt, so schien mir manchmal die Entstehung einfacher Theile
sehr schwer zu begreifen, deren Wichtigkeit nicht genügend erscheint, um die Erhaltung immer weiter abändernder Individuen
zu begründen. Diese Schwierigkeit, obwohl von ganz anderer
Art, schien mir manchmal eben so gross zu sein als die hinsichtlich so vollkommener und zusammengesetzter Organe, wie das
Auge.

Erstens wissen wir viel zu wenig von dem ganzen Haushalte irgend eines organischen Wesens, um sagen zu können,
welche geringe Modificationen für dasselbe wichtig sein können.
In einem früheren Capitel habe ich Beispiele von sehr geringfügigen Characteren, wie der Flaum der Früchte und die Farbe ihres
Fleisches, wie die Farbe der Haut und Haare einiger Vierfüsser
angeführt, welche, insofern, sie mit der Empfindlichkeit der Wesen
für äussere Einflüsse im Zusammenhang stehen oder auf die Angriffe der Insecten von Einfluss sind, bei der natürlichen Zuchtwahl gewiss mit in Betracht kommen. Der Schwanz der Giraffe
sieht wie ein künstlich gemachter Fliegenwedel aus, und es
scheint anfangs unglaublich, dass derselbe durch kleine aufeinanderfolgende Verbesserungen allmählich zur unbedeutenden Bestimmung eines solchen Instrumentes hergerichtet worden sein
solle. Doch hüten wir uns selbst in diesem Falle uns allzu bestimmt auszusprechen, indem wir ja wissen, dass das Dasein und
die Verbreitungsweise des Rindes und anderer Thiere in Südamerika unbedingt von deren Vermögen abhängt den Angriffen
der Insecten zu widerstehen; daher wären Individuen, welche
einigermassen mit Mitteln zur Vertheidigung gegen diese kleinen
Feinde versehen sind, geschickt, sich über neue Weideplätze zu
verbreiten und dadurch grosse Vortheile zu erlangen. Nicht als
ob grosse Säugethiere (einige seltene Fälle ausgenommen) jetzt
durch Fliegen vertilgt würden; aber sie werden von ihnen so
unausgesetzt ermüdet und geschwächt, dass sie Krankheiten, ge-
legentlichem Futtermangel und den Nachstellungen der Raubthiere
in weit grösserer Anzahl erliegen.

Organe von jetzt unwesentlicher Bedeutung sind wahrscheinlich in manchen Fällen frühen Vorfahren von hohem Werthe gewesen und nach früherer langsamer Vervollkommnung in ungefähr demselben Zustande auf deren Nachkommen vererbt worden, obwohl deren jetziger Nutzen nur noch sehr unbedeutend ist; dagegen werden wirklich schädliche Abweichungen in ihrem Baue durch natürliche Zuchtwahl immer gehindert worden sein. Wenn man beobachtet, was für ein wichtiges Organ des Ortswechsels der Schwanz für die meisten Wasserthiere ist, so lässt sich seine allgemeine Anwesenheit und Verwendung zu mancherlei Zwecken bei so vielen Landthieren, welche durch ihre modificirten Schwimmblasen oder Lungen ihre Abstammung von Wasserthieren verrathen, ganz wohl begreifen. Nachdem ein Wasserthier einmal mit einem wohl entwickelten Steuerschwanze ausgestattet ist, kann derselbe später zu den mannichfaltigsten Zwecken umgearbeitet werden, zu einem Fliegenwedel, zu einem Greifwerkzeug, oder zu einem Mittel schneller Wendung im Laufe, wie es beim Hunde der Fall ist, obwohl dieses Hilfsmittel nur schwach sein mag, indem ja der Hase, fast ganz ohne Schwanz, sich rasch genug zu wenden im Stande ist.

Zweitens dürften wir mitunter Characteren eine grosse Wichtigkeit beilegen, die ihnen in Wahrheit nicht zukommt, und welche von ganz secundären Ursachen, unabhängig von natürlicher Zuchtwahl, herrühren. Erinnern wir uns, dass Klima, Nahrung u. a. w. wahrscheinlich einigen kleinen directen Einfluss auf die Organisation haben; dass ältere Charactere nach dem Gesetze des Rückfalls wieder zum Vorschein kommen; dass Correlation des Wachsthums einen sehr bedeutenden Einfluss auf die Abänderung verschiedener Gebilde geäussert, und endlich dass sexuelle Zuchtwahl oft wesentlich solche äussere Charactere einer éinen Willen besitzenden Thierart modificirt haben wird, um dem mit anderen kämpfenden Männchen eine bessere Waffe oder einen besonderen Reiz in den Augen des Weibchens zu verleihen. Überdies kann eine aus den genannten oder unbekannten andern Ursachen hervorgegangene Abänderung der Structur anfangs oft ohne Vortheil für die Art gewesen sein, kann aber späterhin bei deren unter neue Lebensbedingungen versetzten und neue Gewohnheiten erlangenden Nachkommen mit Vortheil benutzt worden sein.

Ich will einige Beispiele zu Erläuterung dieser letzten Bemerkung anführen. Wenn es nur grüne Spechte gäbe und wir wüssten von schwarzen und bunten nichts, so würden wir sicher gemeint haben, dass die grüne Farbe eine schöne Anpassung sei, diese an den Bäumen herumkletternden Vögel vor den Augen ihrer Feinde zu verbergen, dass es mithin ein für die Species wichtiger und durch natürliche Zuchtwahl erlangter Character sei; so aber, wie sich die Sache verhält, rührt die Färbung zweifelsohne von einer ganz andern Ursache und wahrscheinlich von geschlechtlicher Zuchtwahl her. Eine kletternde Palmenart im Malayischen Archipel steigt bis zu den höchsten Baumgipfeln empor mit Hilfe ausgezeichnet gebildeter Haken, welche büschelweise an den Enden der Zweige befestigt sind, und diese Einrichtung ist zweifelsohne für die Pflanze von grösstem Nutzen. Da wir jedoch fast ähnliche Haken an violen Pflanzen sehen, welche nicht klettern, so mögen dieselben auch bei jener Palme von unbekannten Wachsthumsgesetzen herrühren und von der Pflanze erst später, als sie noch sonstige Abänderung erfuhr und ein Kletterer wurde, zu ihrem Vortheil benützt worden sein. Die nackte Haut am Kopfe des Geyers wird gewöhnlich als eine unmittelbare Anbequemung des oft in faulen Cadavern damit wühlenden Thieres betrachtet; dies kann der Fall sein, oder es ist auch möglicherweise der directen Wirkung faulender Stoffe zuzuschreiben; inzwischen müssen wir vorsichtig sein mit derartigen Deutungen, da ja auch die Kopfhaut des ganz säuberlich fressenden Truthahns nackt ist. Die Nähte an den Schädeln junger Säugthiere sind als eine schöne Anpassung zur Erleichterung der Geburt dargestellt worden, und ohne Zweifel begünstigen sie dieselbe oder sind sogar für diesen Act unentbehrlich; da aber auch solche Nähte an den Schädeln junger Vögel und Reptilien vorkommen, welche nur aus einem zerbrochenen Eie zu schlüpfen brauchen, so dürfen wir schliessen, dass diese Bildungsweise von den Wachsthumsgesetzen herrührt und dass bei der Geburt der höheren Wirbelthiere Vortheil daraus gezogen worden ist.

16 *

Wir wissen ganz und gar nichts über die Ursachen, welche
kleine und unwichtige Abänderungen veranlassen, und fühlen dies
am meisten, wenn wir über die Verschiedenheiten unserer Hausthierrassen in andern Gegenden und zumal bei minder civilisirten
Völkern nachdenken, welche sich nicht mit planmässiger Zuchtwahl befassen. Die in verschiedenen Gegenden von wilden Völkern gehaltenen Hausthiere haben oft um ihr eigenes Dasein zu
kämpfen; sie mögen bis zu einem gewissen Grade der natürlichen
Zuchtwahl unterliegen, und Individuen mit nur wenig abweichender Constitution gedeihen zuweilen am besten in verschiedenen
Klimaten. Ein guter Beobachter versichert, dass das Rind bei
gewisser Färbung den Angriffen der Fliegen mehr ausgesetzt,
wie es auch empfänglicher für Gifte sei, so dass auf diese Weise
die Farbe ein Gegenstand natürlicher Zuchtwahl werde. Andere
Beobachter sind der Überzeugung, dass ein feuchtes Klima den
Haarwuchs afficire und dass Hörner mit dem Haare in Correlation
stehen. Gebirgsrassen sind überall von Niederungsrassen verschieden, und Gebirgsgegenden werden wahrscheinlich auf die
Hinterbeine und möglicherweise auf das Becken wirken, sofern
diese daselbst mehr in Anspruch genommen werden; nach dem
Gesetze homologer Variation werden dann wahrscheinlich auch
die vorderen Gliedmaassen und der Kopf mit betroffen werden.
Auch dürfte die Form des Beckens der Mutter durch Druck auf
die Kopfform des Jungen in ihrem Leibe wirken. Wahrscheinlich vermehrt auch die schwierige Athmung in hohen Gebirgen
die Weite des Brustkastens, und wieder würde Correlation in's
Spiel kommen. Die Wirkung unterbleibender Bewegung auf die
Gesammtorganisation in Verbindung mit reichlichem Futter ist
wahrscheinlich von noch grösserer Wichtigkeit; und darin liegt,
wie H. von Nathusius kürzlich in seiner ausgezeichneten Abhandlung nachgewiesen hat, offenbar eine Hauptursache der grossen
Veränderungen, welche die verschiedenen Schweinerassen erlitten
haben. Wir haben aber viel zu wenig Erfahrung, um über die
vergleichsweise Wichtigkeit der verschiedenen bekannten und unbekannten Abänderungsgesetze Betrachtungen anzustellen, und ich
habe hier deren nur erwähnt um zu zeigen, dass, wenn wir nicht

im Stande sind, die characteristischen Verschiedenheiten unserer cultivirten Rassen zu erklären, welche doch allgemeiner Annahme zufolge durch gewöhnliche Fortpflanzung entstanden sind, wir auch unsere Unwissenheit über die genaue Ursache geringer analoger Verschiedenheiten zwischen Arten nicht zu hoch anschlagen dürfen. Ich möchte in dieser Beziehung die so scharf ausgeprägten Unterschiede zwischen den Menschenrassen anführen, über deren Entstehung sich vielleicht einiges Licht verbreiten liesse durch die Annahme einer sexuellen Zuchtwahl eigener Art; doch würde, ohne mich hier auf die zur Erläuterung nöthigen Einzelheiten einzulassen, mein Raisonnement leichtfertig erscheinen.

### Wie weit die Utilitätstheorie richtig ist; wie Schönheit erzielt wird.

Die voranstehenden Bemerkungen veranlassen mich auch einige Worte über die neuerlich von mehreren Naturforschern eingelegte Verwahrung gegen die Nützlichkeitslehre zu sagen, nach welcher nämlich alle Einzelheiten der Bildung zum Vortheil ihres Besitzers hervorgebracht sein sollen Dieselben sind der Meinung, dass sehr viele organische Gebilde nur der Schönheit wegen vorhanden seien, um die Augen des Menschen zu ergötzen, oder wie bereits erwähnt und erörtert, der blossen Abwechselung wegen. Wäre diese Lehre richtig, so müsste sie meiner Theorie unbedingt verderblich werden. Doch gebe ich vollkommen zu, dass manche Bildungen von keinem unmittelbaren Nutzen für deren Besitzer sind. Die natürlichen Lebensbedingungen haben wahrscheinlich einigen geringen Einfluss auf die Organisation gehabt, möge dies zu irgend etwas genützt haben oder nicht. Correlation des Wachsthums hat zweifelsohne ebenfalls einen sehr grossen Antheil, und die nützliche Abänderung eines Organes hat oft in andern Theilen nutzlose Veränderungen veranlasst. So können auch Charactere, welche vordem nützlich gewesen, oder welche früher durch Correlation des Wachsthums oder durch ganz unbekannte Ursachen entstanden waren, nach dem Gesetze des Rückfalls wieder zum Vorschein kommen, wenngleich sie keinen unmittelbaren Nutzen haben. Aber bei weitem die wichtigste Er-

wägung ist die, dass der Haupttheil der Organisation eines jeden
Wesens einfach durch Erbschaft erworben ist, daher denn auch,
obschon zweifelsohne jedes Wesen für seinen Platz im Haushalte
der Natur ganz wohl gemacht sein mag, viele Bildungen keine
unmittelbaren Beziehungen mehr zur Lebensweise jeder Species
haben. So können wir kaum glauben, dass der Schwimmfuss des
Fregattenvogels oder der Landgans (Chloephaga Maghellanica)
diesen Vögeln von speciellem Nutzen sei; und wir können nicht
annehmen, dass die nämlichen Knochen im Arme des Affen, im
Vorderfuss des Pferdes, im Flügel der Fledermaus und im Ruder
des Seehundes allen diesen Thieren einen speciellen Nutzen bringe.
Wir können diese Bildungen getrost als Erbschaft ansehen; aber
zweifelsohne sind Schwimmfüsse dem Urerzeuger jener Gans und
des Fregattenvogels eben so nützlich gewesen, als sie den meisten
jetzt lebenden Wasservögeln sind. So dürfen wir vermuthen,
dass der Stammvater des Seehunds nicht einen Ruderfuss, sondern einen fünfzehigen Geh- oder Greiffuss besessen habe, wir
dürfen ferner vermuthen, dass die einzelnen von einem Stammvater ererbten Knochen in den Beinen des Affen, des Pferdes,
der Fledermaus ihrer gemeinsamen Stammform oder ihren Stammformen vordem nützlicher gewesen sind, als sie jetzt diesen in
ihrer Lebensweise so weit auseinandergehenden Thieren sind.
Wir können daher schliessen, diese verschiedenen Knochen seien
durch natürliche Zuchtwahl entstanden, welche früher so wie jetzt
den Gesetzen der Erblichkeit, des Rückfalls, der Correlation des
Wachsthums u. s. w. unterlagen. Daher darf man jede Einzelheit
der Structur in jedem lebenden Geschöpfe (ausser einigen geringen Zugeständnissen an den Einfluss der natürlichen äusseren
Bedingungen) so ansehen, als sei sie einmal einem Vorfahren der
Species von besonderem Nutzen gewesen, oder als sei sie jetzt entweder direct oder durch verwickelte Wachsthumsgesetze indirect
ein besonderer Vortheil für die Abkömmlinge dieser Vorfahren.

In Bezug auf die Ansicht, dass die organischen Wesen zum
Entzücken des Menschen schön erschaffen worden seien, — eine
Ansicht, von der kürzlich versichert wurde, man könne sie ge-
trost als wahr und als verderblich für meine Theorie annehmen

— will ich zunächst bemerken, dass die Idee der Schönheit irgend eines besonderen Objectes offenbar von dem Geiste des Menschen ausgeht, ganz ohne Rücksicht auf irgend eine reale Qualität des bewunderten Gegenstandes. Wir sehen dies bei den Männern der verschiedenen Rassen, welche einen völlig verschiedenen Massstab für die Schönheit ihrer Frauen haben; weder der Neger noch der Chinese bewundert das schöne Ideal des Caucasiers. Auch die Idee der Schönheit in Naturscenen ist erst in neueren Zeiten aufgekommen. Nach der Ansicht, dass schöne Objecte zur Befriedigung des Menschen erschaffen worden seien, müsste gezeigt werden, dass es, ehe der Mensch auf der Bühne erschien, weniger Schönheit auf der Oberfläche der Erde gegeben habe. Wurden die schönen Veluta- und Conusschalen der eocenen Periode und die so graciös sculpturirten Ammoniten der Secundärzeit erschaffen, dass sie der Mensch nach Jahrtausenden in seinen Sammlungen bewundere? Wenig Objecte sind schöner als die minutiösen Kieselschalen der Diatomeen: wurden diese erschaffen, um unter stark vergrössernden Mikroskopen untersucht und bewundert zu werden? Im letztern Falle wie in vielen andern ist die Schönheit gänzlich eine Folge der Symmetrie des Wachsthums. Die Blüthen rechnet man zu den schönsten Erzeugnissen der Natur; durch natürliche Zuchtwahl sind sie schön oder vielmehr auffallend im Contrast zu den grünen Blättern geworden, damit sie leicht von den ihre Befruchtung begünstigenden Insecten bemerkt und besucht würden. Ich bin zu diesem Schlusse gelangt, weil ich fand, dass es eine unwandelbare Regel ist: wird eine Blüthe durch den Wind befruchtet, so hat sie nie eine lebhaft gefärbte Corolle. Ferner bringen mehrere Pflanzen gewöhnlich zwei Arten von Blüthen hervor: die eine Art offen und gefärbt, um Insecten anzulocken, die andere geschlossen, nicht gefärbt und ohne Nectar, die nie von Insecten besucht wird. Wir können ruhig schliessen, dass, wenn Insecten niemals an der Erdoberfläche existirt hätten, die Vegetation nicht mit schönen Blüthen geziert worden wäre, sondern nur solche armselige Blüthen erzeugt hätte, wie sie jetzt unsere Tannen, Eichen, Nussbäume, Äschen, Gräser, Spinat, Ampfer und Nesseln tragen. Ein

gleiches Raisonnement passt auch auf die verschiedenen Arten
schöner Früchte; dass eine reife Erdbeere oder Kirsche für das
Auge so angenehm ist wie für den Gaumen, dass die lebhaft
gefärbte Frucht des Spindelbaums und die scharlachrothen Beeren
der Stechpalme schön sind, wird Jedermann zugeben. Diese
Schönheit dient aber nur dazu, Vögel und andere Thiere dazu
zu bewegen, diese Früchte zu fressen und dadurch die Samen
zu verbreiten. Dass dies der Fall ist, schliesse ich, weil ich
bis jetzt in allen Fällen gefunden habe, dass die in Früchten irgend
welcher Art, in einer fleischigen oder breiigen Hülle eingeschlossenen Samen, wenn die Frucht irgend glänzend gefärbt oder nur
auffallend, weiss oder schwarz, ist, stets verbreitet werden, weil
sie zuerst gefressen werden.

Auf der andern Seite gebe ich gern zu, dass eine grosse
Anzahl männlicher Thiere, wie alle unsere prächtigsten Vögel,
sicher manche Fische, vielleicht einige Säugethiere und eine
Schaar prachtvoll gefärbter Schmetterlinge und einige andere
Insecten, der Schönheit wegen schön geworden sind; dies ist
aber nicht zum Vergnügen des Menschen bewirkt worden, sondern durch geschlechtliche Zuchtwahl, d. h. die schöneren Männchen sind immer von ihren weniger gezierten Weibchen vorgezogen worden. Dasselbe gilt auch von dem Gesang der Vögel.
Aus allem diesem können wir schliessen, dass ein ähnlicher Geschmack für schöne Farben und für musikalische Töne sich durch
einen grossen Theil des Thierreichs hindurchzieht. Wo das
Weibchen ebenso schön gefärbt ist, wie das Männchen, was bei
Vögeln und Schmetterlingen nicht selten der Fall ist, da liegt
die Ursache darin, dass die durch sexuelle Zuchtwahl erlangten
Farben auf beide Geschlechter, statt nur auf das Männchen, vererbt worden sind. Zuweilen können wir die nächste Ursache
der Vererbung von Zierrathen auf das Männchen allein deutlich
sehen; denn eine Pfauhenne mit dem langen Schwanze des
Männchens würde schlecht dazu passen, auf ihren Eiern zu sitzen,
und ein kohlschwarzes Weibchen vom Auerhahn würde auf ihrem
Neste viel mehr ins Auge fallen und desshalb viel mehr der

Gefahr ausgesetzt sein, als in ihrem jetzigen bescheidenen Gewande. Natürliche Zuchtwahl kann nicht wohl irgend eine Abänderung in einer Species bewirken, welche nur einer anderen Art zum ausschliesslichen Vortheil gereichte, obwohl in der ganzen Natur eine Species ohne Unterlass von der Organisation einer andern Nutzen zieht. Aber natürliche Zuchtwahl kann auch oft hervorbringen und bringt oft in Wirklichkeit solche Gebilde hervor, die einer andern Art zum unmittelbaren Nachtheil gereichen, wie wir im Giftzahne der Otter und in der Legeröhre des Ichneumon sehen, welcher mit deren Hülfe seine Eier in den Körper anderer lebenden Insecten einführt. Liesse sich beweisen, dass irgend ein Theil der Organisation einer Species zum ausschliesslichen Besten einer andern Species gebildet worden sei, so wäre meine Theorie vernichtet, weil eine solche Bildung nicht durch natürliche Zuchtwahl bewirkt werden kann. Obwohl in naturhistorischen Schriften vielerlei Behauptungen in dieser Hinsicht aufgestellt werden, so kann ich doch keine darunter von einigem Gewichte finden. So gesteht man zu, dass die Klapperschlange einen Giftzahn zu ihrer eigenen Vertheidigung und zur Tödtung ihrer Beute besitze; aber einige Autoren nehmen auch an, dass sie ihre Klapper zu ihrem eigenen Nachtheile erhalten habe, nämlich um ihre Beute zu warnen und zur Flucht zu veranlassen. Man könnte jedoch eben so gut behaupten, die Katze mache die Krümmungen mit dem Ende ihres Schwanzes, wenn sie im Begriffe einzuspringen ist, in der Absicht um die bereits zum Tode verurtheilte Maus zu warnen. Doch, ich habe hier nicht Raum auf diese und andere Fälle noch weiter einzugehen.

Natürliche Zuchtwahl kann in keiner Species irgend etwas für dieselbe Schädliches erzeugen, indem sie ausschliesslich nur durch und zu deren Vortheil wirkt. Kein Organ kann, wie PALEY bemerkt hat, gebildet werden um seinem Besitzer Qual und Schaden zu bringen. Eine genaue Abwägung zwischen dem Nutzen und Schaden, welchen ein jeder Theil verursacht, wird immer zeigen, dass er im Ganzen genommen vortheilhaft ist. Wird etwa in späterer Zeit bei wechselnden Lebensbedingungen ein Theil schädlich, so wird er entweder verändert, oder die Art geht zu Grunde, wie ihrer Myriaden zu Grunde gegangen sind.

Natürliche Zuchtwahl strebt jedes organische Wesen eben so vollkommen oder ein wenig vollkommener als die übrigen Bewohner derselben Gegend zu machen, mit welchen dieselbe um sein Dasein zu kämpfen hat. Und wir sehen, dass dies der Grad von Vollkommenheit ist, welcher im Naturzustand erreicht wird. Die Neuseeland eigenthümlichen Naturerzeugnisse sind vollkommen, eines mit dem andern verglichen, aber sie weichen jetzt rasch zurück vor den vordringenden Legionen aus Europa eingeführter Pflanzen und Thiere. Natürliche Zuchtwahl will keine absolute Vollkommenheit herstellen; auch begegnen wir, so viel sich beurtheilen lässt, einer so hohen Stufe nirgends im Naturzustand. Die Correction für die Abweichung des Lichtes ist, wie Joh. Müller erklärt, selbst in dem vollkommensten aller Organe, dem menschlichen Auge, noch nicht vollständig. Wenn uns unsere Vernunft zu begeisterter Bewunderung einer Menge unnachahmlicher Einrichtungen in der Natur auffordert, so lehrt uns auch diese nämliche Vernunft, dass wir leicht nach beiden Seiten irren können, indem andere Einrichtungen weniger vollkommen sind. Können wir den Stachel der Wespe oder Biene als vollkommen betrachten, der, wenn er einmal gegen die Angriffe von mancherlei Thieren angewandt worden, den unvermeidlichen Tod seines Besitzers bewirken muss, weil er seiner Widerhaken wegen nicht mehr aus der Wunde, die er gemacht hat, zurückgezogen werden kann, ohne die Eingeweide des Insects nach sich zu ziehen?

Nehmen wir an, der Stachel der Biene sei bei einer sehr frühen Stammform bereits als Bohr- und Sägewerkzeug vorhanden gewesen, wie es häufig bei andern Gliedern der Hymenopterenordnung vorkommt, und sei für seine gegenwärtige Bestimmung, mit dem ursprünglich zur Hervorbringung von Gallenauswüchsen oder andern Zwecken bestimmten Gifte, umgeändert aber nicht zugleich verbessert worden, so können wir vielleicht begreifen, warum der Gebrauch dieses Stachels so oft den eigenen Tod des Insects veranlasst; denn wenn das Vermögen zu stechen der ganzen Bienengemeinde nützlich ist, so mag er allen Anforderungen der natürlichen Zuchtwahl entsprechen, obwohl seine Beschaffenheit den Tod der einzelnen Individuen veranlasst, die ihn anwenden. Wenn wir über das wirklich wunderbar scharfe Witterungsvermögen erstaunen, mit dessen Hilfe manche Insectenmännchen ihre Weibchen ausfindig zu machen im Stande sind, können wir dann auch die für diesen einen Zweck bestimmte Erzeugung von Tausenden von Dronen bewundern, welche, der Gemeinde für jeden andern Zweck gänzlich nutzlos, bestimmt sind zuletzt von ihren arbeitenden aber unfruchtbaren Schwestern umgebracht zu werden? Es mag schwer sein, aber wir müssen den wilden instinctiven Hass der Bienenkönigin bewundern, welcher sie treibt, die jungen Königinnen, ihre Töchter, augenblicklich nach ihrer Geburt zu tödten oder selbst in dem Kampfe zu Grunde zu gehen; denn unzweifelhaft ist dies zum Besten der Gemeinde, und mütterliche Liebe oder mütterlicher Hass, obwohl dieser letzte glücklicher Weise viel seltener ist, gilt dem unerbittlichen Principe natürlicher Zuchtwahl völlig gleich. Wenn wir die verschiedenen sinnreichen Einrichtungen vergleichen, vermöge welcher die Blüthen der Orchideen und mancher anderen Pflanzen vermittelst Insectenthätigkeit befruchtet werden, wie können wir dann die Anordnung bei unseren Nadelhölzern als gleich vollkommene ansehen, vermöge welcher grosse und dichte Staubwolken von Pollen hervorgebracht werden müssen, damit einige Körnchen davon durch einen günstigen Lufthauch dem Eichen zugeführt werden?

**Zusammenfassung des Capitels: das Gesetz der Einheit des Typus und der Existenzbedingungen von der Theorie der natürlichen Zuchtwahl umfasst.**

Wir haben in diesem Capitel gewisse Schwierigkeiten und Einwendungen erörtert, welche meiner Theorie entgegengestellt werden könnten. Einige derselben sind sehr ernster Art; doch glaube ich, dass durch ihre Erörterung einiges Licht über mehrere Thatsachen verbreitet worden ist, welche dagegen nach der Theorie der unabhängigen Schöpfungsacte ganz dunkel bleiben

würden. Wir haben gesehen, dass Arten zu irgend welcher
Zeit nicht ins Endlose abändern können und nicht durch zahllose Übergangsformen unter einander zusammenhängen, theils
weil der Process der natürlichen Zuchtwahl immer sehr langsam
ist und jederzeit nur auf sehr wenige Formen wirkt, und theils
weil gerade derselbe Process der natürlichen Zuchtwahl auch
meistens die fortwährende Verdrängung und Erlöschung vorher-
gehender und mittlerer Abstufungen schon in sich schliesst. Nahe
verwandte Arten, welche jetzt auf einer zusammenhängenden
Fläche wohnen, mögen oft gebildet worden sein, als die Fläche
noch nicht zusammenhängend war und die Lebensbedingungen
nicht unmerkbar von einer Stelle zur andern abänderten. Wenn
zwei Varietäten an zwei Stellen eines zusammenhängenden Gebietes sich bildeten, so wird oft auch eine mittlere Varietät für
eine mittlere Zone entstanden sein; aber aus angegebenen Gründen wird die mittlere Varietät gewöhnlich in geringerer Anzahl
als die zwei durch sie verbundenen Abänderungen vorhanden
gewesen sein, welche mithin im Verlaufe weiterer Umbildung
sich durch ihre grössere Anzahl in entschiedenem Vortheil vor
den andern befanden und mithin gewöhnlich auch im Stande
waren sie zu ersetzen und zu vertilgen.

Wir haben in diesem Capitel gesehen, wie vorsichtig man
sein muss zu schliessen, dass die verschiedenartigsten Gewohnheiten des Lebens nicht in einander übergehen können, dass eine
Fledermaus z. B. nicht etwa auf dem Wege natürlicher Zuchtwahl
entstanden sein könne von einem Thiere, welches bloss durch
die Luft zu gleiten im Stande war.

Wir haben gesehen, dass eine Art unter veränderten Lebensbedingungen ihre Gewohnheiten ändern oder vermannichfaltigen
und manche Sitten annehmen könne, die von denen ihrer nächsten Verwandten abweichen. Daraus können wir begreifen, (wenn
wir uns zugleich erinnern, dass jedes organische Wesen zu leben
versucht, wo es immer leben kann,) wie es zugegangen ist,
dass es Landgänse mit Schwimmfüssen, am Boden lebende
Spechte, tauchende Drosseln und Sturmvögel mit den Sitten der
Alke gebe.

Obwohl die Meinung, dass ein so vollkommenes Organ, wie das Auge ist, durch natürliche Zuchtwahl hervorgebracht werden könne, mehr als genügt um jeden wankend zu machen, so ist doch keine logische Unmöglichkeit vorhanden, dass irgend ein Organ unter sich verändernden Lebensbedingungen durch eine lange Reihe von Abstufungen in seiner Zusammensetzung, deren jede dem Besitzer nützlich ist, endlich jeden begreiflichen Grad von Vollkommenheit auf dem Wege natürlicher Zuchtwahl erlange. In Fällen, wo wir keine Zwischenzustände kennen, müssen wir uns wohl zu schliessen hüten, dass solche niemals bestanden hätten, denn die Homologien vieler Organe und ihre Zwischenstufen zeigen, dass wunderbare Veränderungen in ihren Verrichtungen wenigstens möglich sind. So ist z. B. eine Schwimmblase offenbar in eine luftathmende Lunge verwandelt worden. Übergänge müssen namentlich oft in hohem Grade erleichtert worden sein da, wo ein und dasselbe Organ mehrere sehr verschiedene Verrichtungen gleichzeitig zu besorgen hatte und dann entweder zum Theil oder ganz für eine von beiden Verrichtungen specialisirt wurde, und da wo gleichzeitig zwei sehr verschiedene Organe dieselbe Function ausübten und das eine mit Unterstützung des andern sich weiter vervollkommnen konnte.

Wir haben bei zwei in der Stufenleiter der Natur sehr weit auseinanderstehenden Wesen gesehen, dass ein in beiden demselben Zwecke dienendes und sehr ähnlich erscheinendes Organ besonders und unabhängig sich gebildet haben konnte; werden aber derartige Organe näher untersucht, so können immer wesentliche Differenzen im Bau nachgewiesen werden, und dies folgt natürlich aus dem Princip der natürlichen Zuchtwahl. Auf der andern Seite ist eine unendliche Verschiedenheit der Structur zur Erreichung desselben Zweckes die allgemeine Regel in der ganzen Natur; und dies folgt wieder ebenso natürlich aus demselben grossen Principe.

Wir sind in Bezug auf fast alle Fälle viel zu unwissend, um behaupten zu können, dass ein Theil oder Organ für das Gedeihen einer Art so unwesentlich sei, dass Abänderungen seiner Bildung nicht durch natürliche Zuchtwahl mittelst langsamer Häufung hätten bewirkt werden können. Doch dürfen wir zuversichtlich annehmen, dass viele Abänderungen, gänzlich von den Wachsthumsgesetzen veranlasst und anfänglich ohne allen Nutzen für die Art, später zum Vortheil weiter umgeänderter Nachkommen dieser Art verwendet worden sind. Wir dürfen ferner glauben, dass ein für frühere Formen hochwichtiger Theil auch von späteren Formen (wie der Schwanz eines Wasserthieres von den davon abstammenden Landthieren) beibehalten worden ist, obwohl er für dieselben so unwichtig erscheint, dass er in seinem jetzigen Zustande nicht durch natürliche Zuchtwahl erworben sein könnte, indem diese Kraft nur auf die Erhaltung solcher Abänderungen gerichtet ist, welche im Kampfe um's Dasein nützlich sind.

Natürliche Zuchtwahl erzeugt bei keiner Species etwas, das zum ausschliesslichen Nutzen oder Schaden einer andern wäre; obwohl sie Theile, Organe und Excretionen herstellen kann, die, wenn auch für andere sehr nützlich und sogar unentbehrlich oder in hohem Grade verderblich, doch in allen Fällen zugleich nützlich für den Besitzer sind. Natürliche Zuchtwahl muss in jeder wohlbevölkerten Gegend in Folge hauptsächlich der Concurrenz der Bewohner unter einander nothwendig auf Verbesserung oder Kräftigung für den Kampf um's Dasein hinwirken, doch lediglich nach dem für diese Gegend giltigen Massstab. Daher müssen die Bewohner einer, und zwar gewöhnlich der kleineren Gegend oft vor denen einer andern und gemeiniglich grösseren zurückweichen. Denn in der grösseren Gegend werden mehr Individuen und mehr differenzirte Formen existirt haben, wird die Concurrenz stärker gewesen und mithin das Ziel der Vervollkommnung höher gesteckt gewesen sein. Natürliche Zuchtwahl wird nicht nothwendig absolute Vollkommenheit hervorbringen, und diese ist auch, so viel wir mit unsern beschränkten Fähigkeiten zu beurtheilen vermögen, nirgends zu finden.

Nach der Theorie der natürlichen Zuchtwahl lässt sich die ganze Bedeutung des alten Glaubenssatzes in der Naturgeschichte »Natura non facit saltum« verstehen. Dieser Satz ist, wenn wir nur die jetzigen Bewohner der Erde berücksichtigen, nicht ganz richtig, muss aber nach meiner Theorie vollkommen wahr sein, wenn wir alle, bekannten oder unbekannten, Wesen vergangener Zeiten mit einschliessen.

Es ist allgemein anerkannt, dass alle organischen Wesen nach zwei grossen Gesetzen gebildet worden sind: Einheit des Typus und Bedingungen der Existenz. Unter Einheit des Typus begreift man die Übereinstimmung im Grundplane des Baues, wie wir ihn bei den Wesen eines Unterreiches finden, und welcher ganz unabhängig von ihrer Lebensweise ist. Nach meiner Theorie erklärt sich die Einheit des Typus aus der Einheit der Abstammung. Der Ausdruck Existenzbedingungen, so oft von dem berühmten Cuvier betont, ist in meinem Principe der natürlichen Zuchtwahl vollständig mit inbegriffen. Denn die natürliche Zuchtwahl wirkt nur insofern, als sie die veränderlichen Theile eines jeden Wesens seinen organischen und unorganischen Lebensbedingungen entweder jetzt anpasst oder in längst vergangenen Zeiten angepasst hat. Diese Anpassungen können in manchen Fällen durch Gebrauch und Nichtgebrauch unterstützt, durch directe Einwirkung äusserer Lebensbedingungen leicht afficirt werden und sind in allen Fällen den verschiedenen Entwicklungsgesetzen unterworfen. Daher ist denn auch das Gesetz der Existenzbedingungen in der That das höhere, indem es vermöge der Erblichkeit früherer Anpassungen das der Einheit des Typus mit in sich begreift.

# Siebentes Capitel.

# Instinct.

Instincte vergleichbar mit Gewohnheiten, doch andern Ursprungs. — Abstufungen. — Blattläuse und Ameisen. — Instincte veränderlich. — Instincte gezähmter Thiere und deren Entstehung. — Natürliche Instincte des Kuckucks, des Strausses und der parasitischen Bienen. — Sclavenmachende Ameisen. — Honigbienen und ihr Zellenbau-Instinct. — Veränderung von Instinct und Structur nicht nothwendig gleichzeitig. — Schwierigkeiten der Theorie natürlicher Zuchtwahl der Instincte. — Geschlechtslose oder unfruchtbare Insecten. — Zusammenfassung.

Der Instinct hätte wohl noch in den vorigen Capiteln mit abgehandelt werden sollen; doch habe ich es für angemessener erachtet den Gegenstand abgesondert zu behandeln, zumal ein so wunderbarer Instinct, wie der der zellenbauenden Bienen ist, wohl manchem Leser eine genügende Schwierigkeit geschienen haben mag, um meine Theorie über den Haufen zu werfen. Ich muss vorausschicken, dass ich nichts mit dem Ursprung der geistigen Grundkräfte noch mit dem des Lebens selbst zu schaffen habe. Wir haben es nur mit der Verschiedenheit des Instinctes und der übrigen geistigen Fähigkeiten der Thiere in einer und der nämlichen Classe zu thun.

Ich will keine Definition des Wortes zu geben versuchen. Es würde leicht sein zu zeigen, dass gewöhnlich ganz verschiedene geistige Fähigkeiten unter diesem Namen begriffen werden. Doch weiss jeder, was damit gemeint ist, wenn ich sage, der Instinct veranlasse den Kuckuck zu wandern und seine Eier in fremde Nester zu legen. Wenn eine Handlung, zu deren Vollziehung selbst von unserer Seite Erfahrung vorausgesetzt wird, von Seiten eines Thieres und besonders eines sehr jungen Thieres noch ohne alle Erfahrung ausgeübt wird, und wenn sie auf gleiche Weise von vielen Thieren erfolgt, ohne dass diese ihren Zweck kennen, so wird sie gewöhnlich eine instinctive Handlung genannt. Ich könnte jedoch zeigen, dass keiner von diesen Characteren des Instincts allgemein ist. Eine kleine Dosis von Urtheil oder Verstand, wie Pierae Huber es ausdrückt, kommt oft mit in's

Spiel, selbst bei Thieren, welche sehr tief auf der Stufenleiter
der Natur stehen.

FRÉDÉRIC CUVIER und verschiedene ältere Metaphysiker haben
Instinct mit Gewohnheit verglichen. Diese Vergleichung gibt,
wie ich denke, einen wunderbar genauen Begriff von dem Zustande des Geistes, in dem eine instinctive Handlung vollzogen
wird, aber nicht von ihrem Ursprunge. Wie unbewusst werden
manche unserer habituellen Handlungen vollzogen, ja nicht selten
in geradem Gegensatz mit unserem bewussten Willen! Doch
können sie durch den Willen oder Verstand abgeändert werden.
Gewohnheiten verbinden sich leicht mit andern Gewohnheiten
oder mit gewissen Zeitabschnitten und Zuständen des Körpers.
Einmal angenommen erhalten sie sich oft lebenslänglich. Es
liessen sich noch manche andere Ähnlichkeiten zwischen Instincten und Gewohnheiten nachweisen. Wie bei Wiederholung eines
wohlbekannten Gesanges, so folgt auch beim Instincte eine Handlung auf die andere durch eine Art Rhythmus. Wenn Jemand
beim Gesange oder bei Hersagung auswendig gelernter Worte
unterbrochen wird, so ist er gewöhnlich genöthigt, wieder zu-
rückzugehen, um den Gedankengang wieder zu finden. So sah
es P. HUBER auch bei einer Raupenart, wenn sie beschäftigt war
ihr sehr zusammengesetztes Gewebe zu fertigen; nahm er sie
heraus, nachdem dieselbe ihr Gewebe, sagen wir bis zur sechsten
Stufe vollendet hatte, und setzte er sie in ein anderes nur bis
zur dritten vollendetes, so fertigte sie einfach die dritte, vierte
und fünfte Stufe nochmals mit der sechsten an. Nahm er sie
aber aus einem z. B. bis zur dritten Stufa vollendeten Gewebe
und setzte sie in ein bis zur sechsten fertiges, so dass sie ihre
Arbeit schon grösstentheils gethan fand, so sah sie bei weitem
diesen Vortheil nicht ein, sondern fieng in grosser Befangenheit
über diesen Stand der Sache die Arbeit nochmals vom dritten
Stadium an, da wo sie solche in ihrem eigenen Gewebe verlassen hatte, und suchte von da aus das schon fertige Werk zu
Ende zu führen.

Wenn sich nun, wie ich in einigen Fällen es zu können
glaube, nachweisen liesse, dass eine durch Gewohnheit angenom-

mene Handlungsweise auch auf die Nachkommen vererblich sei,
so würde das, was ursprünglich Gewohnheit war, von Instinct
nicht mehr unterscheidbar sein. Wenn Mozart statt in einem
Alter von drei Jahren das Pianoforte nach wunderbar wenig
Übung zu spielen, ohne alle vorgängige Übung eine Melodie gespielt hätte, so konnte man mit Wahrheit sagen, er habe dies
instinctiv gethan. Es würde aber ein sehr ernster Irrthum sein
anzunehmen, dass die Mehrzahl der Instincte durch Gewohnheit
schon während einer Generation erworben und dann auf die
nachfolgenden Generationen vererbt worden sei. Es lässt sich
genau nachweisen, dass die wunderbarsten Instincte, die wir kennen, wie die der Korbbienen und vieler Ameisen, unmöglich
durch Gewohnheit erworben sein können.

Man wird allgemein zugeben, dass für das Gedeihen einer
jeden Species in ihren jetzigen Existenzverhältnissen Instincte
eben so wichtig sind, als die Körperbildung. Ändern sich die
Lebensbedingungen einer Species, so ist es wenigstens möglich,
dass auch geringe Änderungen in ihrem Instincte für sie nützlich
sein werden. Wenn sich nun nachweisen lässt, dass Instincte,
wenn auch noch so wenig, variiren, dann kann ich keine Schwierigkeit für die Annahme sehen, dass natürliche Zuchtwahl auch
geringe Abänderungen des Instinctes erhalte und durch beständige
Häufung bis zu einem vortheilhaften Grade vermehre. So dürften, wie ich glaube, alle und auch die zusammengesetztesten und
wunderbarsten Instincte entstanden sein. Wie Abänderungen im
Körperbau durch Gebrauch und Gewohnheit veranlasst und verstärkt, dagegen durch Nichtgebrauch verringert und ganz eingebüsst werden können, so ist es zweifelsohne auch mit den Instincten. Ich glaube aber, dass die Wirkungen der Gewohnheit
von ganz untergeordneter Bedeutung sind gegenüber den Wirkungen natürlicher Zuchtwahl auf sogenannte zufällige Abänderungen des Instinctes, d. h. auf Abänderungen in Folge derselben
unbekannten Ursachen, welche geringe Abweichungen in der
Körperbildung veranlassen.

Kein zusammengesetzter Instinct kann durch natürliche Zuchtwahl anders als durch langsame und stufenweise Häufung vieler

geringen und nutzbsren Abänderungen hervorgebracht werden.
Hier müssten wir, wie bei der Körperbildung, in der Natur zwar
nicht die wirklichen Übergangsstufen, die der zusammengesetzte
Instinct bis zu seiner jetzigen Vollkommenbeit durchblaufen hat,
die ja bei jeder Art nur in ihren Vorgängern gerader Linie zu
entdecken scin würden, wohl aber einige Spuren solcher Abstufungen in den Seitenlinien von gleicher Abstammung finden,
oder wenigstens nachweisen können, dass irgend welche Abstufungen möglich sind; und dies sind wir gewiss im Stande. Obwohl indessen fast nur die Instincte von in Europa und Nordamerika lebenden Thieren näher beobachtet worden und die der
untergegangenen Thiere uns ganz unbekannt sind, so war ich
doch erstaunt zu finden, wie ganz allgemein sich Abstufungen bis
zu den Instincten der zusammengesetztesten Art entdecken lassen.
Instinctänderungen mögen zuweilen dadurch erleichtert werden,
dass eine und dieselbe Species verschiedene Instincte in verschiedenen Lebensperioden oder Jahreszeiten besitzt, oder dass sie
unter andere äussere Lebensbedingungen versetzt wird, in welchen Fällen dann wohl entweder nur der eine oder nur der andere durch natürliche Zuchtwahl erhalten werden wird. Beispiele
von solcher Verschiedenheit des Instinctes bei einer und derselben Art lassen sich in der Natur nachweisen.

Nun ist, wie bei der Körperbildung, auch meiner Theorie
gemäss der Instinct einer jeden Art nützlich für diese und so
viel wir wissen nicmals zum ausschliesslichen Nutzen snderer
Arten vorhanden. Eines der triftigsten Beispiele, die ich kenne,
von Thieren, welche anscheinend zum blossen Besten anderer
etwas thun, liefern die Blattläuse, indem sie, wie HUBER zuerst
bemerkte, freiwillig den Ameisen ihre süssen Excretionen überlassen. Dass sie dies freiwillig thun, geht aus folgenden Thatsachen hervor. Ich entfernte alle Ameiscn von einer Gruppe von
etwa zwölf Apbiden auf einer Ampferpflanze und hinderte ihr
Zusammenkommen mebrere Stunden lsng. Nach dieser Zeit nabm
ich wahr, dass die Blattläuse das Bedürfniss der Excretion hatten.
Ich beobachtete sie eine Zeit lang durch eine Lupe: aber nicht
eine gab eine Excretion von sich. Darauf streichelte und kitzelte

ich sie mit einem Haare auf dieselbe Weise, wie es die Ameisen mit ihren Fühlern machen, aber keine Excretion erfolgte. Nun liess ich eine Ameise zu, und aus ihrem eifrigen Hin- und Herrennen schien hervorzugehen, dass sie augenblicklich erkannt hatte, welch' ein reicher Genuss ihrer harre. Sie begann dann mit ihren Fühlern den Hinterleib erst einer und dann einer andren Blattlaus zu betasten, deren jede, sowie sie die Berührung des Fühlers empfand, sofort den Hinterleib in die Höhe richtete und einen klaren Tropfen süsser Flüssigkeit ausschied, der alsbald von der Ameise eingesogen wurde. Selbst ganz junge Blattläuse, auf diese Weise behandelt, zeigten, dass ihr Verhalten ein instinctives und nicht die Folge der Erfahrung war. Nach den Beobachtungen Huber's ist es sicher, dass die Blattläuse keine Abneigung gegen die Ameisen zeigen, und wenn diese fehlen, so sind sie zuletzt genöthigt ihre Excretionen auszustossen. Da nun die Aussonderung ausserordentlich klebrig ist, so ist es wahrscheinlich für die Aphiden von Nutzen, dass sie entfernt werde; und so ist es denn auch mit dieser Excretion wohl nicht auf den ausschliesslichen Vortheil der Ameisen abgesehen. Obwohl ich nicht glaube, dass irgend ein Thier in der Welt etwas zum ausschliesslichen Nutzen einer andern Art thue, so sucht doch jede Art Vortheil von den Instincten anderer zu ziehen und hat Vortheil von der schwächeren Körperbeschaffenheit anderer. So können dann auch in einigen wenigen Fällen gewisse Instincte nicht als absolut vollkommen betrachtet werden, was ich aber bis ins Einzelne auseinanderzusetzen hier unterlassen will, da ein derartiges Eingehen nicht unumgänglich ist.

Es sollten wohl so viel als möglich Beispiele angeführt werden, um zu zeigen, wie im Naturzustande ein gewisser Grad von Abänderung in den Instincten und die Erblichkeit solcher Abänderungen zur Thätigkeit der natürlichen Zuchtwahl unerlässlich ist; aber Mangel an Raum hindert mich es zu thun. Ich kann bloss versichern, dass Instincte gewiss variiren, wie z. B. der Wanderinstinct nach Ausdehnung und Richtung variiren oder auch ganz aufhören kann. So ist es mit den Nestern der Vögel, welche theils je nach der dafür gewählten Stelle, nach den Natur- und

Wärmeverhältnissen der bewohnten Gegend, aber auch oft aus
ganz unbekannten Ursachen abändern. So hat Audubon einige
sehr merkwürdige Fälle von Verschiedenheiten in den Nestern
derselben Vogelarten, je nachdem sie im Norden oder im Süden
der Vereinigten Staaten leben, mitgetheilt. Warum, hat man ge-
fragt, hat die Natur der Biene, wenn Instinct veränderlich ist,
nicht die Fähigkeit ertheilt, andere Materialien da zu benützen,
wo Wachs fehlt? Aber welche andere Materialien könnten die
Bienen benützen. Ich habe gesehen, dass sie mit Cochenille er-
härtetes und mit Fett erweichtes Wachs gebrauchen und verarbeiten. Andrew Knight sah seine Bienen, statt emsig Pollen
einzusammeln, ein Cement aus Wachs und Terpentin gebrauchen,
womit er entrindete Bäume überstrichen hatte. Endlich hat man
kürzlich Bienen beobachtet, die, statt Blüthen um ihres Samenstaubs willen aufzusuchen, gerne eine ganz verschiedene Substanz, nämlich Hafermehl verwendeten. — Furcht vor irgend
einem besonderen Feinde ist gewiss eine instinctive Eigenschaft,
wie man bei den noch im Neste sitzenden Vögeln zu erkennen
Gelegenheit hat, obwohl sie durch Erfahrung und durch die Wahrnehmung von Furcht vor demselben Feinde bei anderen Thieren
noch verstärkt wird. Aber Thiere auf abgelegenen kleinen Eilanden fürchten sich nicht vor den Menschen und lernen, wie ich
anderwärts gezeigt habe, ihn nur langsam fürchten; und so nehmen wir auch in England selbst wahr, dass die grossen Vögel
weil sie vom Menschen mehr verfolgt werden, sich viel mehr vor
ihm fürchten, als die kleinen. Wir können die stärkere Scheu-
heit grosser Vögel getrost dieser Ursache zuschreiben, denn auf
von Menschen unbewohnten Inseln sind die grossen nicht scheuer
als die kleinen; und die Elster, so furchtsam in England, ist in
Norwegen eben so zahm als die Krähe (Corvus cornix) in Ägypten.

Dass die Gemüthsart der Individuen einer Species im Allgemeinen, auch wenn sie in der freien Natur geboren sind, äusserst mannichfaltig sei, kann mit vielen Thatsachen belegt werden.
Auch liessen sich bei einigen Arten Beispiele von zufälligen und
fremdartigen Gewohnheiten anführen, die, wenn sie der Art nützlich wären, durch natürliche Zuchtwahl zu ganz neuen Instincten

Veranlassung werden könnten. Ich weiss wohl, dass diese allgemeinen Behauptungen, ohne einzelne Thatsachen zum Belege, nur einen schwachen Eindruck auf den Leser machen werden, kann jedoch nur meine Versicherung wiederholen, dass ich nicht ohne gute Beweise so spreche.

## Vererbte Veränderungen der Gewohnheit oder des Instinctes bei domesticirten Thieren.

Die Möglichkeit oder sogar Wahrscheinlichkeit Abänderungen des Instinctes im Naturzustande zu vererben wird durch Betrachtung einiger Fälle bei gezähmten Thieren noch stärker hervortreten. Wir werden dadurch auch zu sehen in den Stand gesetzt, welchen relativen Einfluss Gewöhnung und die Züchtung sogenannter zufälliger Abweichungen auf die Abänderung der Geistesfähigkeiten unserer Hausthiere ausgeübt haben. Es lässt sich eine Anzahl merkwürdiger und verbürgter Beispiele anführen von der Vererblichkeit aller Abschattungen der Gemüthsart, des Geschmacks oder der sonderbarsten Einfälle in Verbindung mit gewissen geistigen Zuständen oder mit gewissen periodischen Bedingungen. Bekannte Belege dafür liefern uns die verschiedenen Hunderassen. So unterliegt es keinem Zweifel (und ich habe selbst einen schlagenden Fall der Art gesehen), dass junge Vorstehehunde zuweilen stellen und selbst andere Hunde zum Stellen bringen, wenn sie das erstemal mit hinausgenommen werden. So ist das Apportiren gewiss oft bei Hunden ererbt, wie junge Schäferhunde geneigt sind die Heerde zu umkreisen statt auf sie los zu laufen. Ich kann nicht sehen, dass diese Handlungen wesentlich von denen des Instinctes verschieden wären; denn die jungen Hunde handeln ohne Erfahrung, ein Individuum fast wie das andere in derselben Rasse, mit demselben entzückten Eifer und ohne den Zweck zu kennen. Denn der junge Vorstehehund weiss noch eben so wenig, dass er durch sein Stellen den Absichten seines Herrn dient, als der Kohlschmetterling weiss, warum er seine Eier auf ein Kohlblatt legt. Wenn wir eine Art Wolf sähen, welcher noch jung und ohne Abrichtung bei Witterung seiner Beute bewegungslos wie eine Bildsäule stehen bliebe und dann mit eigenthümlicher Haltung langsam auf sie hinschliebe, oder eine andre Art Wolf, welche, statt auf ein Rudel Hirsche zuzuspringen, dasselbe umkreiste und so nach einem entfernten Punkte triebe, so würden wir dieses Verhalten gewiss dem Instincte zuschreiben. Zahme Instincte, wie man sie nennen könnte, sind gewiss viel weniger fest und unveränderlich als die natürlichen; sie sind aber auch durch viel minder strenge Zuchtwahl ausgeprägt und eine bei weitem kürzere Zeit hindurch unter minder steten Lebensbedingungen vererbt worden.

Wie streng diese „zahmen Instincte", Gewohnheiten und Neigungen vererbt werden und wie wundersam sie sich zuweilen mischen, zeigt sich ganz wohl, wenn verschiedene Hunderassen miteinander gekreuzt werden. So ist eine Kreuzung mit Bullenbeissern auf viele Generationen hinaus auf den Muth und die Beharrlichkeit des Windhundes von Einfluss gewesen, und eine Kreuzung mit dem Windhunde hat auf eine ganze Familie von Schäferhunden die Neigung übertragen Hasen zu verfolgen. Diese zahmen Instincte, auf solche Art durch Kreuzung erprobt, gleichen natürlichen Instincten, welche sich in ähnlicher Weise sonderbar mit einander verbinden, so dass sich auf lange Zeit hinaus Spuren des Instinctes beider Eltern erhalten. So beschreibt LE ROY einen Hund, dessen Grossvater ein Wolf war; dieser Hund verrieth die Spuren seiner wilden Abstammung nur auf eine Weise, indem er nämlich, wenn er von seinem Herrn gerufen wurde, nie in gerader Richtung auf ihn zukam.

Zahme Instincte werden zuweilen bezeichnet als Handlungen, welche bloss durch eine langfortgesetzte und erzwungene Gewohnheit erblich warden; ich glaube aber, dass dies nicht richtig ist. Gewiss hat niemals jemand daran gedacht oder versucht, der Purzeltaube das Purzeln zu lehren, was, wie ich selbst erlebt habe, auch schon junge Tauben thun, welche nie andere purzeln gesehen haben. Man kann sich denken, dass einmal eine einzelne Taube Neigung zu dieser sonderbaren Bewegungsweise gezeigt habe und dass dann in Folge sorgfältiger und langfortgesetzter Zuchtwahl aus ihr die Purzler allmählich das geworden sind, was sie jetzt sind; und wie ich von Herrn BRENT erfahre,

gibt es bei Glasgow Hauspurzler, welche nicht dreiviertel Ellen weit
fliegen können, ohne sich einmal kopfüber zu bewegen. Ebenso
ist es zu bezweifeln, ob jemals irgend jemand daran gedacht
habe, einen Hund zum Vorstehen abzurichten, hätte nicht etwa
ein Individuum von selbst eine Neigung verrathen es zu thun,
und man weiss, dass dies zuweilen vorkommt, wie ich selbst
einmal an einem Pinscher beobachtete; das „Stellen" ist wohl,
wie Manche gedacht haben, nur eine verstärkte Pause eines
Thieres, das sich in Bereitschaft setzt, auf seine Beute einzuspringen. Hatte sich ein erster Anfang des Stellens einmal gezeigt, so mögen methodische Zuchtwahl und die erbliche Wirkung zwangsweiser Abrichtung in jeder nachfolgenden Generation,
das Werk bald vollendet haben: und unbewusste Zuchtwahl ist
immer in Thätigkeit, da jedermann, wenn auch ohne die Absicht
eine verbesserte Rasse zu bilden, sich gern die Hunde verschafft,
welche am besten vorstehen und jagen. Andrerseits hat auch
Gewohnheit in einigen Fällen genügt. Kaum ist in der Regel
ein Thier schwerer zu zähmen als das Junge des wilden Kaninchens, und kaum ein Thier zahmer als das Junge des zahmen
Kaninchens; und doch kann ich kaum glauben, dass die Haus-
kaninchen nur der Zahmheit wegen gezüchtet worden sind, vielmehr haben wir die gesammte erbliche Veränderung von äusserster
Wildheit bis zur äussersten Zahmheit einzig der Gewohnheit und
lange fortgesetzten engen Gefangenschaft zuzuschreiben.

Natürliche Instincte gehen im domesticirten Zustande verloren; ein merkwürdiges Beispiel davon sieht man bei denjenigen
Geflügelrassen, welche selten oder nie brütig werden. Nur die
tägliche Gewöhnung verhindert uns zu sehen, in wie hohem Grade
und wie allgemein die geistigen Fähigkeiten unserer Hausthiere
durch Zähmung verändert worden sind. Man kann kaum daran
zweifeln, dass die Liebe zum Menschen beim Hund instinctiv geworden ist. Alle Wölfe, Füchse, Schakals und Katzenarten sind,
wenn man sie gezähmt hält, sehr begierig Geflügel, Schaafe und
Schweine anzugreifen, und dieselbe Neigung hat sich bei solchen
Hunden unheilbar gezeigt, welche man jung aus Gegenden zu
uns gebracht hat, wo wie im Feuerlande und in Australien die

Wilden jene Hausthiere nicht halten. Und wie selten ist es auf
der andern Seite nöthig, unseren civilisirten Hunden, selbst wenn
sie noch jung sind, die Angriffe auf jene Thiere abzugewöhnen.
Allerdings machen sie manchmal einen solchen Angriff und werden dann geschlagen und, wenn Das nicht hilft, endlich wegge-
schafft, — so dass Gewohnheit und wahrscheinlich einige Zuchtwahl zusammengewirkt haben, unseren Hunden ihre erbliche Civilisation beizubringen. Andrerseits haben junge Hühnchen, ganz
in Folge von Gewöhnung, die Furcht vor Hunden und Katzen
verloren, welche sie zweifelsohne nach ihrem ursprünglichen Instincte besessen; denn ich erfahre von Capt. Hutton, dass die
Jungen der Stammform, Gallus Bankiva, wenn sie auch von einer
gewöhnlichen Henne ausgehrütet worden, anfangs ausserordentlich wild sind. Und so ist es auch mit den jungen Phasanen
aus Eiern, die man in England von einem Haushuhn hat ausbrü-
ten lassen. Und doch haben die Hühnchen keineswegs alle Furcht
verloren, sondern nur die Furcht vor Hunden und Katzen; denn
sobald die Henne ihnen durch Glucken eine Gefahr anmeldet,
laufen alle (zumal junge Truthühner), unter ihr hervor, um sich
im Grase und Dickicht umher zu verbergen, offenbar in der instinctiven Absicht, wie wir bei wilden Bodenvögeln sehen, um
ihrer Mutter möglich zu machen davon zu fliegen. Freilich ist
dieser bei unseren jungen Hühnchen zurückgebliebene Instinct im
gezähmten Zustande ganz nutzlos, weil die Mutterhenne das Flugvermögen durch Nichtgebrauch gewöhnlich fast eingebüsst hat.

Daraus lässt sich schliessen, dass im Zustande der Domestication Instincte erworben worden und natürliche Instincte verloren gegangen sind, theils durch eigene Gewohnheit und theils
durch die Einwirkung des Menschen, welche viele aufeinanderfolgende Generationen bindurch eigenthümliche geistige Neigungen
und Fähigkeiten, die uns in unsrer Unwissenheit anfangs nur ein
sogenannter Zufall geschienen, durch Zuchtwahl gehäuft und ge-
steigert hat. In einigen Fällen hat erzwungene Gewöhnung genügt, um solche erbliche Veränderung geistiger Eigenschaften zu
bewirken; in andern ist durch Zwangszucht nichts ausgerichtet
und Alles nur durch unbewusste oder methodische Zuchtwahl be-

wirkt worden; in den meisten Fällen aber haben beide wahrscheinlich zusammengewirkt.

## Specielle Instincte.

Nähere Betrachtung einiger wenigen Beispiele wird vielleicht
am besten geeignet sein es begreiflich zu machen, wie Instincte
im Naturzustande durch Zuchtwahl modificirt worden sind. Ich
will aus der grossen Anzahl derjenigen, welche ich gesammelt
und in meinem späteren Werke zu erörtern haben werde, nur
drei Fälle hervorheben, nämlich den Instinct, welcher den Kuckuck
treibt seine Eier in fremde Nester zu legen, den Instinct der
Ameisen Sclaven zu machen, und den Zellenbautrieb der Honigbienen; die zwei zuletzt genannten sind von den Naturforschern
wohl mit Recht als die zwei wunderbarsten aller bekannten Instincte bezeichnet worden.

**Instincte des Kuckucks.** Man nimmt jetzt gewöhnlich
an, die unmittelbare und Grundursache für den Instinct des
Kuckucks seine Eier in fremde Nester zu legen beruhe darin, dass
dieselben der Reihe nach nicht täglich, sondern erst jeden zweiten oder dritten Tag zur Reife kommen, so dass, wenn der
Kuckuck sein eigenes Nest zu bauen und auf seinen eigenen Eiern
zu sitzen hätte, die ersten Eier entweder eine Zeitlang unbebrütet
bleiben oder Eier und junge Vögel von verschiedenem Alter im
nämlichen Neste zusammen kommen müssten. Wäre dies der
Fall, so müssten allerdings die Processe des Legens und Aus-
schlüpfens unzweckmässig lang währen, besonders da der Kuckuck
sehr früh seine Wanderung antritt, und die zuerst ausgeschlüpften
jungen Vögel würden wahrscheinlich vom Männchen allein auf-
gefüttert werden. Allein der Amerikanische Kuckuck findet sich
in dieser Lage; denn er baut sich sein eigenes Nest, legt seine
Eier hinein und bat gleichzeitig Eier und successiv ausgebrütete
Junge. Man hat zwar versichert, auch der Amerikanische Kuckuck
lege zuweilen seine Eier in fremde Nester, aber nach Dr.
Baewer's verlässiger Gewährschaft in diesen Dingen ist es ein
Irrthum. Demungeachtet könnte ich noch mehrere andere Beispiele von Vögeln anführen, von denen man weiss, dass sie ihre

Eier zuweilen in fremde Nester legen. Nehmen wir nun an, der Stammvater unsres Europäischen Kuckucks habe die Gewohnheiten des Amerikanischen gehabt, doch zuweilen ein Ei in das Nest eines andren Vogels gelegt. Wenn der alte Vogel von diesem gelegentlichen Brauche darin Vortheil hatte, dass er früher wandern konnte oder in irgend einer andern Weise, oder wenn der junge durch einen aus dem irrthümlich angenommenen Instinct einer andern Art fliessenden Vortheil kräftiger wurde, als er unter der Sorge seiner eigenen Mutter geworden sein würde, weil diese mit der gleichzeitigen Sorge für Eier und Junge von verschiedenem Alter überladen gewesen wäre und er selbst in sehr zartem Alter schon hätte wandern müssen; so gewann entweder der Alte oder das auf fremde Kosten gepflegte Junge dabei. Der Analogie nach möchte ich dann glauben, dass in Folge der Erblichkeit das so aufgeäzte Junge mehr geneigt sei, die zufällige und abweichende Handlungsweise seiner Mutter nachzuahmen, und auch seine Eier in fremde Nester zu legen und so erfolgreicher im Erziehen seiner Brut zu sein. Durch einen fortgesetzten Process dieser Art könnte und wird auch nach meiner Meinung der wunderliche Instinct des Kuckucks entstanden sein. Ich will jedoch noch beifügen, dass nach Dr. GRAY u. e. a. Beobachtern der Europäische Kuckuck doch keineswegs alle mütterliche Liebe und Sorge für seine eigenen Sprösslinge verloren hat.

Es ist mir von manchen Schriftstellern eingehalten worden, ich habe andre verwandte Instincte und Structureigenthümlichkeiten beim Kuckuck, von denen man irrigerweise als nothwendig coordinirt spricht, nicht erwähnt. In allen Fällen ist aber Speculation über irgend einen, nur in einer einzigen Species bekannten Instinct oder Character nutzlos, denn wir haben keine uns leitenden Thatsachen. Bis ganz vor Kurzem kannte man nur die Instincte des Europäischen und des nicht parasitischen Amerikanischen Kuckucks; Dank den Beobachtungen E. RAMSAY's wissen wir jetzt etwas über drei Australische Arten, die ihre Eier in fremde Nester legen. Drei Hauptpunkte kommen hier in Betracht: erstens legt der Kuckuck mit seltenen Ausnahmen nur ein Ei in ein Nest, so dass der junge gefrässige Vogel reichliche Nahrung erhält. Zweitens ist das Ei so merkwürdig klein, dass es nicht grösser als das Ei einer Lerche, eines viermal kleineren Vogels, ist; dass hier ein wirklicher Fall von Adaptation vorliegt, können wir aus der Thatsache entnehmen, dass der nicht parasitische Amerikanische Kuckuck seiner Grösse entsprechende Eier legt. Drittens und letztens hat der junge Kuckuck bald nach der Geburt schon den Instinct, die Kraft und einen passend geformten Schnabel, um seine Stiefgeschwister aus dem Neste zu werfen, die dann vor Kälte und Hunger umkommen. Man hat nun kühner Weise behauptet, dies sei wohlwollend eingerichtet, damit der junge Kuckuck hinreichende Nahrung erhalte und dass seine Stiefgeschwister umkommen, ehe sie, wie man angenommen hat, viel Gefühl erlangt haben.

Wenden wir uns nun zu den Australischen Arten: obgleich diese Vögel allgemein nur ein Ei in ein Nest legen, so findet man doch nicht selten zwei und selbst drei Eier derselben Kuckucksart in demselben Nest. Beim Bronzekuckuck variiren die Eier bedeutend in Grösse, von acht bis zehn Linien Länge. Wenn es nun für diese Art von irgend welchem Vortheil gewesen wäre, selbst noch kleinere Eier zu legen, als sie jetzt thut, so dass gewisse Stiefeltern leichter zu täuschen wären, oder, was noch wahrscheinlicher wäre, dass sie schneller ausgebrütet würden (denn man hat angegeben, dass zwischen der Grösse der Eier und der Incubationsdauer ein bestimmtes Verhältniss bestehe), dann ist es nicht schwer zu glauben, dass sich eine Rasse oder Art gebildet haben könne, welche immer kleinere und kleinere Eier legte; denn diese würden sicherer ausgebrütet und aufgezogen werden. Ramsay bemerkt von zwei der Australischen Kuckucke, dass, wenn sie ihre Eier in ein offenes und nicht gewölbtes Nest legen, sie einen entschiedenen Vorzug für Nester zu erkennen geben, welche den ihrigen ähnliche Eier enthalten. Die Europäische Art zeigte sicher Neigung zu einem ähnlichen Instinct, weicht aber nicht selten davon ab, wie zu sehen ist, wenn er sein matt und blass gefärbtes Ei in das Nest des Graukehlchens (Accentor) mit seinen hellen grünlich-blauen Eiern legt: hätte sie unveränderlich den oben genannten Instinct gezeigt, so müsste er ganz sicher denen beigezählt werden, welche, wie an-

zunehmen ist alle auf einmal erworben sein müssen. Die Eier
des Australischen Bronzekuckucks variiren nach RAMSAY ausserordentlich in der Farbe, so dass in Rücksicht hierauf wie auf die
Grösse natürliche Zuchtwahl sicher irgend eine vortheilhafte Abänderung gesichert und fixirt haben könnte.

In Beziehung auf den zuletzt betonten Umstand, dass nämlich der Europäische Kuckuck seine Stiefgeschwister aus dem
Neste werfe, muss zunächst bemerkt werden, dass GOULD, welcher der Sache besondere Aufmerksamkeit geschenkt hat, überzeugt ist, dass die Ansicht auf einem Irrthum beruhe. Er behauptet, dass die jungen Stiefgeschwister des Kuckucks gewöhnlich in den ersten drei Tagen hinausgeworfen werden, wo der
junge Kuckuck völlig kraftlos ist, und führt an, dass der junge
Kuckuck, sei es durch sein Hungergeschrei oder durch andere
Mittel einen solchen Zauber auf seine Stiefeltern ausübe, dass
nur er allein Nahrung erhalte, so dass die andern verhungern
und dann wie die Eierschalen oder die Excremente von den alten
Vögeln aus dem Neste geworfen werden. Er gibt indessen zu,
dass, wenn der junge Kuckuck älter und stärker geworden ist,
er wohl die Kraft, vielleicht sogar den Instinct habe, seine Stiefgeschwister hinauszuwerfen, wenn sie zufällig dem Verhungern
in den ersten wenig Tagen nach der Geburt entgangen sein sollten. In Bezug auf die australischen Arten, welche er besonders
beobachtet hat, ist RAMSAY zu einem ähnlichen Schlusse gekommen; er gibt an, dass der junge Kuckuck zuerst ein kleines hülf-
loses fettes Geschöpf ist; „da er aber schnell wächst, so füllt er
bald das ganze Nest aus und seine unglücklichen Genossen, die
entweder unter seiner Last erdrückt werden, oder in Folge seiner
Gefrässigkeit verhungern, werden von ihren Eltern herausgewor-
fen." Wäre es nun für den jungen Kuckuck von grosser Bedeutung gewesen, während der ersten Tage nach der Geburt so
viel Nahrung als möglich erhalten zu haben, so kann ich darin
keine Schwierigkeit finden, dass er durch aufeinanderfolgende
Generationen, wenn er genug Kraft besitzt, auch allmählich die
Gewohnheit (vielleicht zuerst in Folge einer unbeabsichtigten Un-
ruhe) und den geeignetsten Bau erlangt, seine Stiefgeschwister

hinauszuwerfen; denn diejenigen unter den jungen Kuckucken, welche diese Gewohnheit und diesen Bau besitzen, werden die best ernährten und am sichersten aufgebrachten gewesen sein. Ich sehe hierin keine grössere Schwierigkeit als darin, dass junge Vögel den Instinct und die vorübergehenden harten Spitzen am Schnabel erhalten, ihre eigene Eischale zu durchbrechen; oder dass die junge Schlange an dem Oberkiefer, wie Owen bemerkt hat, einen vorübergehenden scharfen Zahn zum Durchschneiden der zähen Eierschale hat. Denn wenn jeder Theil zu allen Zeiten der Variabilität unterliegen kann und die Abänderungen im entsprechenden Alter vererbt zu werden neigen — Annahmen, welche mit Recht, wie wir später sehen werden, nicht bestritten werden können —, dann kann sowohl der Instinct als der Bau des Jungen ebensowohl wie der des Erwachsenen langsam modificirt werden, und beide Fälle stehen und fallen mit der Theorie der natürlichen Zuchtwahl.

Der gelegentliche Brauch seine Eier in fremde Nester von derselben oder einer andern Species zu legen, ist unter den hühnerartigen Vögeln nicht ganz ungewöhnlich; und dies erklärt vielleicht die Entstehung eines eigenthümlichen Instinctes in der benachbarten Gruppe der straussartigen Vögel. Denn mehrere Strausshennen vereinigen sich, und legen zuerst einige Eier in ein Nest und dann in ein anderes; und diese werden von den Männchen ausgebrütet. Man wird zur Erklärung dieser Gewohnheit wahrscheinlich die Thatsache mit in Betracht ziehen können, dass diese Hennen eine grosse Anzahl von Eiern und zwar wie beim Kuckuck in Zwischenräumen von zwei bis drei Tagen legen. Jedoch ist dieser Instinct beim Amerikanischen Strausse noch nicht vollkommen entwickelt; denn es liegt dort auch noch eine so erstaunliche Menge von Eiern über die Ebene zerstreut, dass ich auf der Jagd an einem Tage nicht weniger als 20 verlassener und verdorbener Eier aufzunehmen im Stande war.

Manche Bienen schmarotzen und legen ihre Eier in Nester anderer Bienenarten. Dies ist noch merkwürdiger als beim Kuckuck; denn diese Bienen haben nicht allein ihren Instinct, sondern auch ihren Bau in Übereinstimmung mit ihrer parasitischen Le-

bensweise geändert; sie besitzen nämlich die Vorrichtung zur
Einsammlung des Pollens nicbt, deren sie bedürften, wenn sie
Nahrung für ihre eigene Brut vorrätbig aufhäufen müssten. Einige Arten von Spbegiden schmarotzen bei andern Arten, und
FABER hat kürzlich Gründe nachgewiesen, zu glauben, dass, obwohl Tachytes nigra gewöhnlicb ihre eigene Höhle macbt und
darin noch lebende aber gelähmte Beute zur Nahrung ihrer eigenen
Larve im Vorrath niederlegt, dieselbe doch, wenn sie eine schon
fertige und mit Vorräthcn versehene Höhle einer andern Sphex
findet, davon Besitz ergreift und für diesen Fall Parasit wird. In
diesem Falle, wie in dem angenommenen Beispiele von dem
Kuckuck, liegt kein Hinderniss, dass die natürliche Zuchtwahl aus
dem gelegentlichen Brauche einen beständigen machen könne,
wenn er für die Art nützlich ist, und wenn nicht in Folge dessen
die andere Insectenart, deren Nest und Futtervorräthe sie sich
räuberischer Weise aneignet, dadurcb vertilgt wird.

    Instinct Sclaven zu macben. Dieser merkwürdige
Instinct wurde zuerst bei Formica (Polyerges) rufescens von
PIERRE HUBER beobachtet, einem noch besseren Beobachter als
sein berühmter Vater gewesen. Diese Ameise ist unbedingt von
ihren Sclaven abhängig, obne deren Hülfe die Art schon in einem
Jahre gänzlich zu Grunde geben müsste. Die Männchen und
fruchtbaren Weibchen arbeiten durcbaus nicbt. Die arbeitenden
oder unfruchtbaren Weibchen dagegen, obgleich sehr muthig und
thatkräftig beim Sclavenfangen, thun nichts anderes. Sie sind
unfähig ihre eigenen Nester zu machen oder ihre eigenen Jungen
zu füttern. Wenn das alte Nest unpassend hefunden und eine
Auswanderung nöthig wird, entscheiden die Sclaven darüber und
schleppen dann ihre Meister zwischen den Kinnladen fort. Diese
letzten sind so äusserst hülfelos, dass, als HUBER deren dreissig
ohne Sclaven, aber mit einer reichlichen Menge des besten Futters und zugleich mit ihren Larven und Puppen, um sie zur
Tbätigkeit anzuspornen, zusammensperrte, sie nicbts thaten; sie
konnten nicht einmal sich selbst füttern und starben grossentheils Hungers. HUBER brachte dann einen einzigen Sclaven
(Formica fusca) dazu, der sicb unverzüglich ans Werk hegab

und die noch überlebenden fütterte und rettete, einige Zellen machte, die Larven pflegte und Alles in Ordnung brachte. Was kann es Ausserordentlicheres geben, als diese wohl verbürgten Thatsachen? Hätte man nicht noch von einigen andern sclaven-machenden Ameisen Kenntniss, so würde es ein hoffnungsloser Versuch gewesen sein sich eine Vorstellung davon zu machen, wie ein so wunderbarer Instinct zu solcher Vollkommenheit gedeihen könne.

Eine andere Ameisenart, Formica sanguinea, wurde gleichfalls zuerst von Huber als Sclavenmacherin erkannt. Sie kömmt im südlichen Theile von England vor, wo ihre Gewohnheiten von H. F. Smith vom Britischen Museum beobachtet worden sind, dem ich für seine Mittheilungen über diesen und andere Gegenstände sehr verbunden bin. Wenn auch volles Vertrauen in die Versicherungen der zwei genannten Naturforscher setzend, vermochte ich doch nicht ohne einigen Zweifel an die Sache zu gehen, und es mag wohl zu entschuldigen sein, wenn jemand an einen so ausserordentlichen und hässlichen Instinct, wie der ist Sclaven zu machen, nicht unmittelbar glauben kann. Ich will daher dasjenige, was ich selbst beobachtet habe, mit einigen Einzelnheiten erzählen. Ich öffnete vierzehn Nesthaufen der Formica sanguinea und fand in allen einige Sclaven. Männchen und fruchtbare Weibchen der Sclavenart (F. fusca) kommen nur in ihrer eigenen Gemeinde vor und sind nie in den Haufen der F. sanguinea gefunden worden. Die Sclaven sind schwarz und von nicht mehr als der halben Grösse ihrer rothen Herren, so dass der Gegensatz in ihrer Erscheinung sogleich auffällt. Wird der Haufe nur wenig gestört, so kommen die Sclaven zuweilen heraus und zeigen sich gleich ihren Meistern sehr beunruhigt und zur Vertheidigung bereit. Wird aber der Haufe so zerrüttet, dass Larven und Puppen frei zu liegen kommen, so sind die Sclaven mit ihren Meistern zugleich lebhaft bemüht, dieselben nach einem sicheren Platze zu schleppen. Daraus ist klar, dass sich die Sclaven ganz heimisch fühlen. Während der Monate Juni und Juli habe ich in drei aufeinanderfolgenden Jahren in den Grafschaften Surrey und Sussex mehrere solcher Ameisenhaufen stundenlang beobachtet und nie einen Sclaven aus- oder eingehen sehen. Da während dieser Monate der Sclaven nur wenige sind, so dachte ich, sie würden sich anders benehmen, wenn sie in grösserer Anzahl wären; aber auch Hr. Smith theilt mir mit, dass er die Nester zu verschiedenen Stunden während der Monate Mai, Juni und August in Surrey wie in Hampshire beobachtet und, obwohl die Sclaven im August zahlreich sind, nie einen derselben aus- oder eingehen gesehen hat. Er betrachtet sie daher lediglich als Haussclaven. Dagegen sieht man ihre Herren beständig Nestbaustoffe und Futter aller Art herbeischleppen. Im Jahre 1860 jedoch kam ich im Juli zu einer Gemeinde mit einem ungewöhnlich starken Sclavenstande und sah einige wenige Sclaven unter ihre Meister gemengt das Nest verlassen und mit ihnen den nämlichen Weg zu einer Kiefer, 25 Yards entfernt, einschlagen und am Stamme hinauflaufen, wahrscheinlich um nach Blatt- oder Schildläusen zu suchen. Nach Huber, welcher reichliche Gelegenheit zur Beobachtung gehabt hat, arbeiten in der Schweiz die Sclaven gewöhnlich mit ihren Herren zusammen an der Aufführung des Nestes, aber sie allein öffnen und schliessen die Thore in den Morgen- und Abendstunden; jedoch ist, wie Huber ausdrücklich versichert, ihr Hauptgeschäft nach Blattläusen zu suchen. Dieser Unterschied in den herrschenden Gewohnheiten von Herren und Sclaven in zweierlei Gegenden mag lediglich davon abhängen, dass in der Schweiz die Sclaven zahlreicher eingefangen werden als in England.

Eines Tages bemerkte ich glücklicher Weise eine Wanderung von F. sanguinea von einem Haufen zum andern, und es war ein sehr interessanter Anblick, wie die Herren ihre Sclaven sorgfältig zwischen ihren Kinnladen davon schleppten, anstatt selbst von ihnen getragen zu werden, wie es bei F. rufescens der Fall ist. Eines andern Tages wurde meine Aufmerksamkeit von etwa zwei Dutzend Ameisen der sclavenmachenden Art in Anspruch genommen, welche dieselbe Stelle durchstreiften, doch offenbar nicht des Futters wegen. Bei ihrer Annäherung wurden sie von einer unabhängigen Colonie der sclavengebenden Art, F. fusca, zurückgetrieben, so dass zuweilen bis drei dieser letzten an den Beinen einer F. sanguinea bingen. Diese letzte tödtete ibre kleineren Gegner ohne Erbarmen uud schleppte deren Leichen als Nabrung in ihr 29 Yards entferntes Nest; aber sie wurde verhindert Puppen wegzunehmen, um sie zu Sclaven aufzuziehen. Ich entnahm dann aus einem andern Haufen der F. fusca eine geringe Anzahl Puppen und legte sie auf eine kable Stelle nächst dem Kampfplatze nieder. Diese wurden begierig von den Tyrannen ergriffen und fortgetragen, die sich vielleicht einbildeten, doch endlich Sieger in dem letzten Kampfe gewesen zu sein.

Gleichzeitig legte ich an derselben Stelle eine Parthie Puppen der Formica flava mit einigen wenigen Ameisen dieser gelben Art nieder, welche noch an Bruchstücken ihres Nestes hiengen. Auch diese Art wird zuweilen, doch selten zu Sclaven gemacht, wie Smith beschrieben hat. Obwohl klein, so ist diese Art sehr muthig, und ich habe sie mit wildem Ungestüm andere Ameisen angreifen sehen. Einmal fand ich zu meinem Erstaunen unter einem Steine eine unabhängige Colonie der Formica flava nocb unterhalb eines Nestes der sclavenmachenden F. sanguinea; und da ich znfällig beide Nester gestört hatte, so griff die kleine Art ihre grosse Nachbarin mit erstaunlichem Muthe an. Ich war nun neugierig zu erfahren, ob F. sanguinea im Stande sei, die Puppen der F. fusca, welche sie gewohnlich zur Sclavenzucht verwendet, von denen der kleinen wüthenden F. flava zu unterscheiden, welche sie nur selten in Gefangenschaft führt, und es ergab sich bald, dass sie dies sofort unterscbied; denn ich sah sie begierig und augenblicklich über die Puppen der F. fusca herfallen, während sie sehr erscbrocken schienen, wenn sie auf die Puppen oder auch nur auf die Erde aus dem Neste der F. flava stiessen, und rasch davonrannten. Aber nacb einer Viertelstunde etwa, kurz nachdem alle kleinen gelben Ameisen fortgekrochen waren, bekamen sie Muth und führten auch diese Puppen fort.

Eines Ahends besucbte ich eine andere Gemeinde der F. sanguinea und fand eine Anzahl derselben auf dem Heimwege und heim Eingang in ihr Nest, Leichen und viele Puppen der F. fusca mit sich schleppend, also nicht auf einer Wanderung begriffen. Ich verfolgte eine ungefähr 40 Yards lange Reibe mit Beute beladener Ameisen bis zu einem dichten Haidegebüsch, wo ich das letzte Individuum der F. sanguinea mit einer Puppe belastet herauskommen sah; aber das verlassene Nest konnte ich in der dichten Haide nicht finden, obwohl es nicht mehr fern gewesen sein kann, indem zwei oder drei Individuen der F. fusca in der grössten Aufregung umherrannten und eines bewegungslos an der Spitze eines Haidezweiges hieng mit ihrer eigenen Puppe im Maul, ein Bild der Verzweiflung über ihre zerstörte Heimath.

Dies sind die Thatsachen, welche ich, obwohl sie meiner Bestätigung nicht erst bedurft hätten, über den wundersamen sclavenmachenden Instinct berichten kann. Zuerst ist der grosse Gegensatz zwischen den instinctiven Gewohnheiten der F. sanguinea und der continentalen F. rufescens zn bemerken. Diese letzte baut nicht selbst ihr Nest, bestimmt nicht ihre eigenen Wanderungen, sammelt nicht das Futter für sich und ihre Brut und kann nicht einmal allein fressen; sie ist absolut abhängig von ihren zahlreichen Sclaven. Die F. sanguinea dagegen hält viel weniger und zumal im ersten Theile des Sommers sehr wenige Sclaven; die Herren bestimmen, wann und wo ein neues Nest gebaut werden soll; und wenn sie wandern, schleppen die Herren die Sclaven. In der Schweiz wie in England scheinen die Sclaven ausschliesslich mit der Sorge für die Brut beauftragt zu sein, und die Herren allein gehen auf den Sclavenfang aus. In der Schweiz arbeiten Herren und Sclaven miteinander um Nestbaumaterialien herbeizuschaffen; beide, aber vorzugsweise die Sclaven besuchen und melken, wie man es nennen könnte, ihre Aphiden, und beide sammeln Nahrung für die Colonie ein. In England verlassen die Herren gewöhnlich allein das Nest, um Baustoffe und Futter für sich, ihre Larven und Sclaven einzusammeln, so dass dieselben hier von ihren Sclaven viel weniger Dienste empfangen als in der Schweiz.

Ich will mich nicht vermessen zn errathen, auf welchem Wege der Instinct der F. sanguinea sich entwickelt hat. Da jedoch Ameisen, welche keine Sclavenmacher sind, wie wir gesehen

haben, zufällig um ihr Nest zerstreute Puppen anderer Arten
heimschleppen, vielleicht um sie zur Nahrung zu verwenden, so
können sich solche Puppen dort auch noch zuweilen entwickeln,
und die auf solche Weise absichtslos im Haus erzogenen Fremdlinge mögen dann ihren eigenen Instincten folgen und das thun,
was sie können. Erweiset sich ihre Anwesenheit nützlich für
die Art, welche sie aufgenommen hat, und sagt es dieser letzten
mehr zu, Arbeiter zu fangen als zu erziehen, so kann der ursprünglich zufällige Brauch fremde Puppen zur Nahrung einzusammeln durch natürliche Zuchtwahl verstärkt und endlich zu
dem ganz verschiedenen Zwecke Sclaven zu erziehen bleibend
befestigt werden. Wenn dieser Instinct einmal vorhanden, aber
in einem noch viel minderen Grade als bei unserer F. sanguinea
entwickelt war, welche noch jetzt von ihren Sclaven weniger
Hülfe in England als in der Schweiz empfängt, so finde ich kein
Bedenken anzunehmen, natürliche Zuchtwahl habe dann diesen
Instinct verstärkt und, immer vorausgesetzt dass jede Abänderung der Species nützlich gewesen sei, allmählich so weit abgeändert, dass endlich eine Ameisenart in so verächtlicher Abhängigkeit von ihren eigenen Sclaven entstand, wie es F. rufescens ist.

Zellenbauinstinct der Korbbienen. Ich beabsichtige
nicht über diesen Gegenstand in kleine Einzelnheiten einzugehen,
sondern will mich darauf beschränken, eine Skizze von den Folgerungen zu geben, zu welchen ich gelangt bin. Es müsste ein
beschränkter Mensch sein, welcher bei Untersuchung des ausgezeichneten Baues einer Bienenwabe, die ihrem Zwecke so wundersam angepasst ist, nicht in begeisterte Verwunderung geriethe.
Wir hören von Mathematikern, dass die Bienen praktisch ein
schwieriges Problem gelöst und ihre Zellen in derjenigen Form,
welche die grösstmögliche Menge von Honig aufnehmen kann,
mit dem geringstmöglichen Aufwand des kostspieligen Baumate-
riales, des Wachses nämlich, hergestellt haben. Man hat bemerkt,
dass es einem geschickten Arbeiter mit passenden Maassen und
Werkzeugen sehr schwer fallen würde, regelmässig sechseckige
Wachszellen zu machen, obwohl dies eine wimmelnde Menge von

Bienen in dunklem Korbe mit grösster Genauigkeit vollführt.
Was für einen Instinct man auch annehmen mag, so scheint es
doch anfangs ganz unbegreiflich, wie derselbe solle alle nöthigen
Winkel und Flächen berechnen, oder auch nur beurtheilen können,
ob sie richtig gemacht sind. Inzwischen ist doch die Schwierigkeit nicht so gross, wie es anfangs scheint; denn all' dies schöne
Werk lässt sich, wie ich denke, von einigen wenigen sehr einfachen Instincten herleiten.

Ich war diesen Gegenstand zu verfolgen durch Herrn WATER-
HOUSE veranlasst worden, welcher gezeigt hat, dass die Form
der Zellen in enger Beziehung zur Anwesenheit von Nachbar-
zellen steht, und die folgende Ansicht ist vielleicht nur eine
Modification seiner Theorie. Wenden wir uns zu dem grossen
Abstufungsprincipe und sehen wir zu, ob uns die Natur nicht
ihre Methode zu wirken enthülle. Am einen Ende der kurzen
Stufenreihe sehen wir die Hummeln, welche ihre alten Cocons
zur Aufnahme von Honig verwenden, indem sie ihnen zuweilen
kurze Wachsröhren anfügen und ebenso auch einzeln abgesonderte und sehr unregelmässig abgerundete Zellen von Wachs
anfertigen. Am andern Ende der Reihe haben wir die Zellen
der Korbbiene, eine doppelte Schicht bildend: jede Zelle ist bekanntlich ein sechsseitiges Prisma, dessen Basalränder so zuge-
schrägt sind, dass sie an eine stumpfdreiseitige Pyramide aus
drei Rautenflächen passen. Diese Rhomben haben gewisse Winkel,
und die drei, welche die pyramidale Basis einer Zelle in der
einen Zellenschicht der Scheibe bilden, gehen auch in die Bildung der Basalenden von drei anstossenden Zellen der entgegengesetzten Schicht ein. Als Zwischenstufe zwischen der äussersten Vervollkommnung im Zellenbau der Korbbiene und der äussersten Einfachheit in dem der Hummel haben wir dann die
Zellen der Mexikauischen Melipona domestica, welche P. HUBER
gleichfalls sorgfältig beschrieben und abgebildet hat. Diese Biene
selbst steht in ihrer Körperbildung zwischen unserer Honigbiene
und der Hummel in der Mitte, doch der letztern näher; sie bildet
einen fast regelmässigen wächsernen Zellenkuchen mit cylindrischen Zellen, worin die Jungen gepflegt werden, und über-

dies mit einigen grossen Zellen zur Aufnahme von Honig. Diese
letzten sind fast kugelig, von nahezu gleicher Grösse und in
eine unregelmässige Masse zusammengefügt; am wichtigsten aber
ist daran zu bemerken, dass sie so nahe aneinander gerückt
sind, dass sie einander schneiden oder durchsetzen müssten,
wenn die Kugeln vollendet worden wären; dies wird aber nie
zugelassen, die Bienen bauen vollständig ebene Wachswände
zwischen die Kugeln, da wo sie sich kreuzen würden.  Jede
dieser Zellen hat mithin einen äusseren sphärischen Theil und
2—3 oder mehr vollkommen ebene Seitenflächen, je nachdem sie
an 2—3 oder mehr andere Zellen seitlich angrenzt.  Kommt
eine Zelle in Berührung mit drei andern Zellen, was, da alle
von fast gleicher Grösse sind, notbwendig sehr oft geschieht, so
vereinigen sich die drei ebenen Flächen zu einer dreiseitigen
Pyramide, welche, nach Huber's Bemerkung, offenbar der dreiseitigen Pyramide an der Basis der Zellen unserer Korbbiene zu
vergleichen ist.  Wie in den Zellen der Honigbiene, so nehmen
auch hier die drei ebenen Flächen einer Zelle an der Zusammensetzung dreier anderen anstossenden Zellen Theil.  Es ist offenbar, dass die Melipona bei dieser Art zu bauen Wachs erspart;
denn die ebenen Wände sind da, wo mehrere solche Zellen an-
einandergrenzen, nicht doppelt und nur von derselben Dicke wie
die kugelförmigen Theile, und jedes ebene Stück Zwischenwand
nimmt an der Zusammensetzung zweier aneinanderstossenden
Zellen Antheil.
   Indem ich mir diesen Fall überlegte, kam ich auf den Gedanken, dass, wenn die Melipona ihre kugeligen Zellen von gleicher Grösse in einer gegebenen gleichen Entfernung von einander
gefertigt und symmetrisch in eine doppelte Schicht geordnet
hätte, der dadurch erzielte Bau so vollkommen als der der Korbbiene geworden sein würde.  Demzufolge schrieb ich an Professor Miller in Cambridge, und dieser Geometer bezeichnet die
folgende, seiner Belehrung entnommene, Darstellung als richtig.
   „Wenn eine Anzahl unter sich gleicher Kugeln so beschrieben wird, dass ihre Mittelpunkte in zwei parallelen Ebenen liegen, und das Centrum einer jeden Kugel um Radius $\times \sqrt{2}$ oder

Radius $\times$ 1.41421 (oder weniger) von den Mittelpunkten der sechs nmgehenden Kugeln in derselben Schicht und eben so weit von den Centren der angrenzenden Kugeln in der anderen parallelen Schicht entfernt ist, und wenn alsdann Durchschneidungsflächen zwischen den verschiedenen Kreisen heider Schichten gehildet werden: — so muss sich eine doppelte Lage sechsseitiger Prismen ergehen, welche von aus drei Rauten gehildeten dreiseitig-pyramidalen Basen verhunden werden, und alle Winkel an diesen Rauten- sowie den Seitenflächen der sechsseitigen Prismen werden mit denen identisch sein, welche an den Wachszellen der Bienen nach den sorgfältigsten Messungen vorkommen. Ich höre aher von Professor WYMAN, der zahlreiche sorgfältige Messungen angestellt hat, dass die Genauigkeit in der Arheit der Bienen bedeutend ühertriehen worden ist, und zwar in einem Grade, dass er hinzufügt, was auch die typische Form der Zellen sein mag, sie werde nur selten, wenn überhaupt je, realisirt.

Wir können daher wohl sicher schliessen, dass, wenn wir die jetzigen noch nicht sehr ausgezeichneten Instincte der Melipona etwas zu verhessern im Stande wären, diese einen ehen so wunderhar vollkommenen Bau zu liefern vermöchte, als die Korhhiene. Wir müssen annehmen, die Melipona mache ihre Zellen wirklich sphärisch und gleichgross, was nicht zum Verwundern sein würde, da sie es schon jetzt in gewissem Grade thut und viele Insecten sich vollkommen cylindrische Gänge in Holz aushöhlen, indem sie anscheinend sich um einen festen Punkt drehen. Wir müssen ferner annehmen, die Melipona ordne ihre Zellen in ehenen Lagen, wie aie es hereits mit ihren cylindrischen Zellen thut; und müssen weiter annehmen (und dies ist die grösste Schwierigkeit), sie vermöge irgendwie genau zu heurtheilen, in welchem Ahstande von ihren gleichzeitig heschäftigten Mitarheiterinnen sie ihre sphärischen Zellen heginnen müsse; wir sahen sie aher ja hereits Entfernnngen hinreichend hemessen, um alle ihre Kugeln so zu heschreihen, dass sie einander stark schneiden, und sahen sie dann die Schneidungspnnkte durch vollkommen ehene Wände mit einander verhinden. Nehmen wir endlich an, was keiner Schwierigkeit unterliegt, dass wenn die sechsseitigen Prismen durch Schneidung in der nämlichen Schicht aneinanderliegender Kreise gebildet sind, sie deren Sechsecke his zu genügender Ausdehnnng verlängern könne, um den Honigvorrath aufznnehmen, wie die Hummel den runden Mündungen ihrer alten Cocons noch Wachscylinder ansetzt. Dies sind die nicht sehr wunderbaren Modificationen dieses Instinctes (wenigstens nicht wunderbarer als jene, die den Vogel bei seinem Nesthau leiten), durch welche, wie ich glaube, die Korbhiene auf dem Wege natürlicher Zuchtwahl zu ihrer unnachahmlichen architektonischen Geschicklichkeit gelangt ist.

Doch diese Theorie lässt sich durch Versuche hewähren. Nach Tegetmeia's Vorgange trennte ich zwei Bienenwahen und fügte einen langen dicken rechteckigen Streifen Wachs dazwischen. Die Bienen hegannen sogleich kleine kreisrunde Grübchen darin auszuhöhlen, die sie immer mehr erweiterten je tiefer sie wurden, his flache Becken daraus entstanden, die genau kreisrund und vom Durchmesser der gewöhnlichen Zellen waren. Es war mir sehr interessant zu heohachten, dass üherall, wo mehrere Bienen zugleich nehen einander solche Aushöhlungen zu machen hegannen, sie in solchen Entfernungen von einander hlieben, dass, als jene Becken die erwähnte Weite, d. h. die einer gewöhnlichen Zelle erlangt hatten, und nngefähr den sechsten Theil des Durchmessers des Kreises, wovon sie einen Theil hildeten, tief waren, sie sich mit ihren Rändern einander schneiden mussten. Sobald dies der Fall war, hielten die Bienen mit der weiteren Austiefung ein und hegannen auf den Schneidungslinien zwischen den Becken ehene Wände von Wachs senkrecht aufzuführen, so dass jedes sechsseitige Prisma auf den unehenen Rand eines glatten Beckens statt auf die geraden Ränder einer dreiseitigen Pyramide zu stehen kam, wie hei den gewöhnlichen Bienenzellen.

Ich hrachte dann statt eines dicken rechteckigen Stückes Wachs einen schmalen und nur messerrückendicken Wachsstreifen, mit Cochenille gefärbt, in den Korb. Die Bienen hegannen sogleich von zwei Seiten her kleine Becken nahe heieinander darin auszuhöhlen, wie zuvor; aber der Wachsstreifen

war so dünn, dass die Böden der Becken bei gleichtiefer Aushöhlung wie vorhin von zwei entgegengesetzten Seiten her hätten
ineinander brechen müssen. Dazu liessen es aber die Bienen
nicht kommen, sondern hörten bei Zeiten mit der Vertiefung
auf, so dass die Becken, so bald sie etwas vertieft waren, ebene
Böden bekamen; und diese ebenen Böden, aus dünnen Plättchen
des rothgefärbten Wachses bestehend, die nicht weiter ausgenagt
wurden, kamen, so weit das Auge unterscheiden konnte, genau
längs der imaginären Schneidungsebenen zwischen den Becken
der zwei entgegengesetzten Seiten des Wachsstreifens zu liegen.
Stellenweise waren kleine Anfänge, an anderen Stellen grössere
Theile rhombischer Tafeln zwischen den einander entgegenstehen-
den Becken übrig geblieben; aber die Arbeit wurde in Folge
der unnatürlichen Lage der Dinge nicht zierlich ausgeführt. Die
Bienen müssen in ungefähr gleichem Verhältniss auf beiden Seiten
des rothen Wachsstreifens gearbeitet haben, als sie die kreisrunden Vertiefungen von beiden Seiten her ausnagten, um bei
Einstellung der Arbeit die ebenen Bodenplättchen auf der Zwischenwand übrig lassen zu können.

Berücksichtigt man, wie biegsam dünnes Wachs ist, so sehe
ich keine Schwierigkeit für die Bienen ein, es von beiden Seiten
her wahrzunehmen, wenn sie das Wachs bis zur angemessenen
Dünne weggenagt haben, um dann ihre Arbeit einzustellen. In
gewöhnlichen Bienenwaben schien mir, dass es den Bienen nicht
immer gelinge, genau gleichen Schrittes von beiden Seiten her
zu arbeiten. Denn ich habe halbvollendete Rauten am Grunde
einer eben begonnenen Zelle bemerkt, die an einer Seite etwas
concav waren, wo nach meiner Vermuthung die Bienen ein wenig
zu rasch vorgedrungen waren, und auf der anderen Seite convex
erschienen, wo sie träger in der Arbeit gewesen. In einem
sehr ausgezeichneten Falle der Art brachte ich die Wabe in den
Korb zurück, liess die Bienen kurze Zeit daran arbeiten, und
nahm sie darauf wieder heraus, um die Zellen auf's Neue zu
untersuchen. Ich fand dann die rautenförmigen Platten ergänzt
und von beiden Seiten vollkommen eben. Es war aber bei der
ausserordentlichen Dünne der rhombischen Plättchen unmöglich

gewesen, dies durch ein weiteres Benagen von der convexen
Seite her zu bewirken, und ich vermutbe, dass die Bienen in
solchen Fällen von den entgegengesetzten Zellen aus das bieg-
same und warme Wachs (was nacb einem Versuche leicht geschehen kann) in die zukömmliche mittlere Ebene gedrückt und
gebogen haben, bis es flacb wurde.

Aus dem Versuche mit dem rothgefärbten Streifen ist klar
zu ersehen, dass, wenn die Bienen eine dünne Wachswand zur
Bearbeitung vor sich baben, sie ibre Zellen von angemessener
Form machen können, indem sie sicb ln richtigen Entfernungen
von einander balten, gleichen Schritts mit der Austiefung vor-
rücken, und gleiche runde Höhlen machen, ohne jedoch deren
Zwischenwände zu durchbrechen. Nun machen die Bienen, wie
man bei Untersuchung des Randes einer in umfänglicher Zunahme
begriffenen Honigwabe deutlich erkennt, eine rauhe Einfassung
oder Wand rund um die Wabe, und nagen darin von den entgegengesetzten Seiten ibre Zellen aus, indem sie mit deren
Vertiefung auch den kreisrunden Umfang erneuern. Sie machen
nie die ganze dreiseitige Pyramide des Bodens einer Zelle auf
einmal, sondern nur die eine der drei rhombischen Platten,
welche dem äussersten in Zunahme begriffenen Rande entspricht,
oder auch die zwei Platten, wie es die Lage mit sich bringt.
Aucb ergänzen sie nie die oberen Ränder der rhombischen Platten,
als bis die sechsseitige Zellenwand angefangen wird. Einige
dieser Angaben weichen von denen des mit Recht berühmten
älteren Huber ab, aber ich bin überzeugt, dass sie richtig sind;
und wenn es der Raum gestattete, so würde ich zeigen, dass
sie mit meiner Theorie in Einklang stehen.

Huber's Behauptung, dass die allererste Zelle aus einer
kleinen parallelseitigen Wachswand ausgehöblt wird, ist, so
viel ich gesehen, nicht ganz richtig: der erste Anfang war immer
eine kleine Haube von Wachs; doch will ich in diese Einzelnheiten hier nicht eingehen. Wir seben, was für einen wichtigen
Antheil die Ausböhlung an der Zellenbildung hat; doch wäre
es ein grosser Fehler anzunehmen, die Bienen könnten nicht
eine rauhe Wacbswand in geeigneter Lage, d. h. längs der

Durchschnittsebene zwischen zwei aneinandergrenzenden Kreisen, aufbauen. Ich habe verschiedene Präparate, welche beweisen, dass sie dies können. Selbst in dem rohen umfänglichen Wachsrande rund um eine in Zunahme begriffene Wabe beobachtet man zuweilen Krümmungen, welche ihrer Lage nach den Ebenen der rautenförmigen Grundplatten künftiger Zellen entsprechen. Aber in allen Fällen muss die rauhe Wachswand durch Wegnagung ansehnlicher Theile derselben von beiden Seiten her ausgearbeitet werden. Die Art, wie die Bienen bauen, ist sonderbar. Sie machen immer die erste rohe Wand zehn bis zwanzig mal dicker, als die äusserst feine Zellwand, welche zuletzt übrig bleiben soll. Wir werden besser verstehen, wie sie zu Werke gehen, wenn wir uns denken, Maurer häuften zuerst einen breiten Cementwall auf, begännen dann am Boden denselben von zwei Seiten her gleichen Schrittes, bis noch eine dünne Wand in der Mitte übrig bliebe, wegzuhauen und häuften das Weggehauene mit neuem Cement immer wieder auf der Kante des Walles an. Wir haben dann eine dünne stetig in die Höhe wachsende Wand, die aber stets noch überragt ist von einem dicken rohen Wall. Da alle Zellen, die erst angefangenen sowohl als die schon fertigen, auf diese Weise von einer starken Wachsmasse gekrönt sind, so können sich die Bienen auf der Wabe zusammenhäufen und herumtummeln, ohne die zarten sechseckigen Zellenwände zu beschädigen, welche nach Professor Millers Mittheilung im Durchmesser sehr variiren. Sie sind im Mittel von zwölf am Rande der Wabe gemachten Messungen $1/353''$ dick, während die Platten der Grundpyramide nahezu im Verhältniss von drei zu zwei dicker sind, nach einundzwanzig Messungen batten sie eine mittlere Dicke von $1/229$ Zoll. Durch diese eigenthümliche Weise zu bauen erhält die Wabe fortwährend die erforderliche Stärke mit der grösstmöglichen Ersparung von Wachs.

Anfangs scheint die Schwierigkeit, die Anfertigungsweise der Zellen zu begreifen, noch dadurch vermehrt zu werden, dass eine Menge von Bienen gemeinsam arbeiten, indem jede, wenn sie eine Zeit lang an einer Zelle gearbeitet hat, an eine andre geht, so dass, wie Huber bemerkt, ein oder zwei Dutzend Individuen

sogar am Anfang der ersten Zelle sich betheiligen. Es ist mir
möglich geworden, diese Thatsacbe zu bestätigen, indem ich
die Ränder der sechsseitigen Wand einer einzelnen Zelle oder
den äussersten Rand der Umfassungswand einer im Wacbsthum
begriffenen Wabe mit einer äusserst dünnen Schicbt flüssigen
rothgefärbten Wachses überzog und dann jedesmal fand, dass die
Bienen diese Farbe auf die zarteste Weise, wie es kein Maler
zarter mit seinem Pinsel vermocht hätte, vertheilten, indem sie
Atome des gefärbten Wachses von ihrer Stelle entnahmen
und ringsum in die zunehmenden Zellenränder verarbeiteten.
Diese Art zu bauen kömmt mir vor, wie eine Art Gleichgewicht,
in das die Bienen gezwängt sind, indem alle instinctiv in glei-
cben Entfernungen von einander stehen, und alle gleiche Kreise
um sich zu beschreiben suchen, dann aber die Durchschnittsebenen
zwiscben diesen Kreisen entweder aufbauen oder unbenagt lassen·
Es war in der That eigenthümlich anzusehen, wie manchmal in
schwierigen Fällen, wenn z. B. zwei Stücke einer Wabe unter
irgend einem Winkel aneinanderstiessen, die Bienen dieselbe Zelle
wieder niederrissen und in andrer Art herstellten, mitunter auch
zu einer Form zurückkehrten, die sie einmal schon verworfen
hatten.

Wenn Bienen einen Platz haben, wo sie in zur Arbeit angemessener Haltung stehen können, — z. B. auf einem Holzstück-
chen gerade unter der Mitte einer abwärts wachsenden Wabe,
so dass die Wabe über eine Seite des Holzes gebaut werden
muss, — so können sie den Grund zu einer Wand eines neuen
Sechsecks legen; so dass es genau am gehörigen Platze unter
den andern fertigen Zellen vorragt. Es genügt, dass die Bienen
im Stande sind in geeigneter relativer Entfernung von einander
und von den Wänden der zuletzt vollendeten Zellen zu stehen,
und dann können sie, nach Maassgabe der imaginären Kreise, eine
Zwischenwand zwischen zwei benachbarten Zellen aufführen; aber,
so viel icb geseben habe, arbeiten sie niemals die Ecken einer
Zelle scharf aus, als bis ein grosser Theil sowohl dieser als der
anstossenden Zellen fertig ist. Dieses Vermögen der Bienen unter
gewissen Verhältnissen an angemessener Stelle zwischen zwei

soeben angefangenen Zellen eine rauhe Wand zu bilden ist wichtig, weil es eine Thatsache erklärt, welche anfänglich die vorangehende Theorie mit gänzlichem Umsturze bedrohte, nämlich dass die Zellen auf der äussersten Kante einer Wespenwabe zuweilen genau sechseckig sind; inzwischen habe ich hier nicht Raum auf diesen Gegenstand einzugehen. Dann scheint es mir auch keine grosse Schwierigkeit mehr darzubieten, dass ein einzelnes Insect (wie es bei der Wespenkönigin z. B. der Fall ist) sechskantige Zellen baut, wenn es nämlich abwechselnd an der Aussen- und der Innenseite von zwei oder drei gleichzeitig angefangenen Zellen arbeitet und dabei immer in der angemessenen Entfernung von den Theilen der eben begonnenen Zellen steht, Kreise oder Cylinder um sich beschreibt und in den Schneidungsebenen Zwischenwände aufführt.

Da natürliche Zuchtwahl nur durch Häufung geringer Abweichungen des Baues oder Instinctes wirkt, welche alle dem Individuum in seinen Lebensverhältnissen nützlich sind, so kann man vernünftiger Weise fragen, welchen Nutzen eine lange und stufenweise Reihenfolge von Abänderungen des Bautriebes, in der zu seiner jetzigen Vollkommenheit führenden Richtung, der Stammform unserer Honigbienen habe bringen können? Ich glaube, die Antwort ist nicht schwer: Zellen, welche wie die der Bienen und Wespen construirt sind, gewinnen an Stärke und ersparen viel Arbeit und Raum, besonders aber viel Material zum Bauen. In Bezug auf die Bildung des Wachses so ist es bekannt, dass Bienen oft in grosser Noth sind, genügenden Nectar aufzutreiben; und ich habe von TEGETMEIER erfahren, dass man durch Versuche ermittelt hat, dass nicht weniger als 12—15 Pfund trockenen Zuckers zur Secretion von einem Pfund Wachs in einem Bienenkorbe verbraucht werden, daher eine überschwängliche Menge flüssigen Honigs eingesammelt und von den Bienen eines Stockes verzehrt werden muss, um das zur Erbauung ihrer Waben nöthige Wachs zu erhalten. Überdies muss eine grosse Anzahl Bienen während des Secretionsprocesses viele Tage lang unbeschäftigt bleiben. Ein grosser Honigvorrath ist ferner nöthig für den Unterhalt eines starken Stockes über Winter, und es ist bekannt, dass die Sicherheit desselben hauptsächlich gerade von der Grösse der Bienenzahl abhängt. Da muss eine Ersparniss von Wachs, da sie eine grosse Ersparniss von Honig bedingt, eine wesentliche Bedingniss des Gedeihens einer Bienenfamilie sein. Natürlich kann der Erfolg einer Bienenart von der Zahl ihrer Parasiten und andrer Feinde oder von ganz andern Ursachen abhängen und insofern von der Menge des Honigs unabhängig sein, welche die Bienen einsammeln können. Nehmen wir aber an, die Letztere bedinge wirklich, wie es wahrscheinlich oft der Fall ist, die Menge von, unsern Hummeln verwandten Bienen in einer Gegend; und nehmen wir ferner an die Colonie durchlebe den Winter und verlange mithin einen Honigvorrath, so wäre es in diesem Falle für unsre Hummeln ohne Zweifel ein Vortheil, wenn eine geringe Veränderung ihres Instinctes sie veranlasste, ihre Wachszellen etwas näher an einander zu machen, so dass sich deren kreisrunde Wände etwas schnitten; denn eine jede auch nur zwei aneinanderstossenden Zellen gemeinsam dienende Zwischenwand müsste etwas Wachs und Arbeit ersparen. Es würde daher ein zunehmender Vortheil für unsre Hummeln sein, wenn sie ihre Zellen immer regelmässiger machten, immer näher zusammenrückten und immer mehr zu einer Masse vereinigten, wie Melipona, weil alsdann ein grosser Theil der eine jede Zelle begrenzenden Wand auch andern Zellen zur Begrenzung dienen und viel Wachs und Arbeit erspart werden würde. Aus gleichem Grunde würde es ferner für die Melipona vortheilhaft sein, wenn sie ihre Zellen näher zusammenrückte und regelmässiger als jetzt machte, weil dann, wie wir gesehen haben, die sphärischen Oberflächen gänzlich verschwinden und durch ebene Zwischenwände ersetzt werden würden, wo dann die Melipona eine so vollkommene Wabe als die Honigbiene liefern würde. Aber über diese Stufe hinaus kann natürliche Zuchtwahl den Bautrieb nicht mehr vervollkommnen, weil die Wabe der Honigbiene, so viel wir einsehen können, hinsichtlich der Ersparniss von Wachs und Arbeit unbedingt vollkommen ist.

So kann nach meiner Meinung der wunderbarste aller bekannten Instincte, der der Honigbiene, durch die Annahme er-

klärt werden, natürliche Zuchtwahl babe allmählich eine Menge
aufeinanderfolgender kleiner Abänderungen einfacherer Instincte
benützt; sie habe auf langsamen Stufen die Bienen geleitet, in
einer doppelten Schicht gleiche Sphären in gegebenen Entfernungen von einander zu ziehen und das Wachs längs ihrer
Durchschnittsebenen aufzuschicbten und auszuböhlen, wenn auch
die Bienen selbst von den hestimmten. Abständen ihrer Kugel-
räume von einander ebensowenig als von den Winkeln ihrer
Sechsecke und den Rautenflächen am Boden ein Bewusstsein
haben. Die treibende Ursache des Processes der natürlichen
Zuchtwahl war die Construction der Zellen von gehöriger Stärke
und passender Grösse und Form für die Larven bei der grösstmöglichen Ersparniss an Wachs und Arbeit; der individuelle
Schwarm, welcher die besten Zellen mit der geringsten Arbeit
machte und am wenigsten Honig zur Secretion von Wachs be-
durfte, gedieh am besten und vererbte seinen neuerworbenen
Ersparnisstrieb auf spätere Schwärme, welche dann ihrerseits
wieder die meiste Wahrscheinlichkeit des Erfolges in dem Kampfe
um's Dasein hatten.

**Einwände gegen die Theorie der natürlichen Zuchtwahl in ihrer
Anwendung auf Instincte: geschlechtslose und unfruchtbare
Insecten.**

Man bat auf die vorangehende Anschauungsweise über die Entstehung des Instinctes erwiedert, dass Abänderung von Körperbau
und Instinct gleichzeitig und in genauem Verhältnisse zu einander erfolgt sein müsse, weil eine Abänderung des einen ohne
entsprechenden Wechsel des andern den Thieren hätte verderblich werden müssen. Die Stärke dieses Einwandes scheint jedoch gänzlich auf der Annabme zu beruhen, dass die beiderlei
Veränderungen, in Structur und Instinct, plötzlich erfolgten:
Kommen wir zur Erläuterung des Falles auf die Kohlmeise (Parus
major) zurück, von welcher im letzten Capitel die Rede gewesen.
Dieser Vogel hält oft auf einem Zweige sitzend Eibensamen zwischen seinen Füssen und hämmert darauf los bis er zum Kerne
gelangt. Welche besondere Schwierigkeit könnte nun für die na-

türliche Zuchtwahl in der Erhaltung aller geringeren Abänderungen des Schnabels liegen, welche ihn zum Aufhacken der Samen immer besser geeignet machten, bis er endlich für diesen Zweck so wohl gebildet wäre, wie der des Nusspickers (Sitta), während zugleich die erbliche Gewohnheit, oder Mangel an andrem Futter, oder zufällige Veränderungen des Geschmacks aus dem Vogel mehr und mehr einen ausschliesslichen Körnerfresser werden liessen? Es ist hier angenommen, dass durch natürliche Zuchtwahl der Schnabel nach, aber in Zusammenhang mit, dem langsamen Wechsel der Gewohnheit verändert worden sei. Man lasse aber nun auch noch die Füsse der Kohlmeise sich verändern und in Correlation mit dem Schnabel oder aus irgend einer andern Ursache sich vergrössern, bleibt es dann noch sehr unwahrscheinlich, dass diese grösseren Füsse den Vogel auch mehr und mehr zum Klettern verleiten, bis er auch die merkwürdige Neigung und Fähigkeit des Kletterns wie der Nusspicker erlangt? In diesem Falle würde denn ein stufenweiser Wechsel des Körperbaues zu einer Veränderung von Instinct und Lebensweise führen. — Nehmen wir einen andern Fall an. Wenige Instincte sind merkwürdiger als derjenige, welcher die Schwalbe der Ostindischen Inseln veranlasst ihr Nest ganz aus verdicktem Speichel zu machen. Einige Vögel bauen ihr Nest aus wie man glaubt durchspeicheltem Schlamm, und eine Nordamerikanische Schwalbenart sah ich ihr Nest aus Reisern mit Speichel und selbst mit Flocken von dieser Substanz zusammenkitten. Ist es dann nun so unwahrscheinlich, dass natürliche Zuchtwahl mittelst einzelner Schwalbenindividuen, welche mehr und mehr Speichel absondern, endlich zu einer Art geführt habe, welche mit Vernachlässigung aller andern Baustoffe ihr Nest allein aus verdichtetem Speichel bildete? Und so in andern Fällen. Man muss zugehen, dass wir in vielen Fällen gar keine Vermuthung darüber haben können, ob Instinct oder Körperbau zuerst sich zu ändern begonnen habe; — noch vermögen wir zu errathen, durch welche Abstufungen hindurch viele Instincte sich haben entwickeln müssen, wenn sie sich auf Organe beziehen, über deren ersten Anfänge (wie z. B. der Brustdrüse) wir gar nichts wissen.

Ohne Zweifel liessen sich noch viele schwer erklärbaren Instincte meiner Theorie natürlicher Zuchtwahl entgegenhalten: Fälle, wo sich die Veranlassung zur Entstehung eines Instinctes nicht einsehen lässt; Fälle, wo keine Zwischenstufen bekannt sind; Fälle von anscheinend so unwichtigen Instincten, dass kaum abzusehen ist, wie sich die natürliche Zuchtwahl an ihnen betheiligt haben könne; Fälle von fast identischen Instincten bei Thieren, welche auf der Stufenleiter der Natur so weit auseinander stehen, dass sich deren Übereinstimmung nicht durch Ererbung von einer gemeinsamen Stammform erklären lässt, sondern von einander unabhängigen Züchtungsthätigkeiten zugeschrieben werden muss. Ich will hier nicht auf diese mancherlei Fälle eingehen, sondern nur bei einer besondern Schwierigkeit stehen bleiben, welche mir anfangs unübersteiglich und meiner ganzen Theorie verderblich zu sein schien. Ich will von den geschlechtslosen Individuen oder unfruchtbaren Weibchen der Insectencolonien sprechen; denn diese Geschlechtslosen weichen sowohl von den Männchen als den fruchtbaren Weibchen in Bau und Instinct oft sehr weit ab und können doch, weil sie steril sind, ihre eigenthümliche Beschaffenheit nicht selbst durch Fortpflanzung weiter übertragen.

Dieser Gegenstand verdiente wohl eine weitläufige Erörterung; doch will ich hier nur einen einzelnen Fall herausheben die Arbeiterameisen. Anzugehen wie diese Arbeiter steril geworden sind, ist eine grosse Schwierigkeit, doch nicht grösser als bei anderen auffälligen Abänderungen in der Organisation. Denn es lässt sich nachweisen, dass einige Insecten und andere Gliederthiere im Naturzustande zuweilen unfruchtbar werden; und falls dies nun bei gesellig lebenden Insecten vorgekommen und es der Gemeinde vortheilhaft gewesen ist, dass jährlich eine Anzahl zur Arbeit geschickter aber zur Fortpflanzung untauglicher Individuen unter ihnen geboren werde, so dürfte keine grosse Schwierigkeit für die natürliche Zuchtwahl mehr stattgefunden haben, jenen Zufall zur weitern Entwickelung dieser Anlage zu benützen. Doch muss ich über dieses vorläufige Bedenken hinweggehen. Die Grösse der Schwierigkeit liegt darin, dass diese Arbeiter sowohl von den männlichen wie von den weiblichen Ameisen auch in ihrem übrigen Bau, in der Form des Bruststückes, in dem Mangel der Flügel und zuweilen der Augen, so wie in ihren Instincten weit abweichen. Was den Instinct allein betrifft, so hätte sich die wunderbare Verschiedenheit, welche in dieser Hinsicht zwischen den Arbeitern und den fruchtbaren Weibchen ergibt, noch weit besser bei den Honigbienen nachweisen lassen. Wäre eine Arbeitsameise oder ein anderes geschlechtsloses Insect ein Thier in seinem gewöhnlichen Zustande, so würde ich unbedenklich angenommen haben, dass alle seine Charactere durch natürliche Zuchtwahl entwickelt worden seien, und dass namentlich, wenn ein Individuum mit irgend einer kleinen nutzbringenden Abweichung des Baues geboren worden wäre, sich diese Abweichung auf dessen Nachkommen vererbt habe, welche dann ebenfalls variirten und bei weitrer Züchtung wieder gewählt wurden. In der Arbeiterameise aber haben wir ein von seinen Eltern weit abweichendes Insect, doch absolut unfruchtbar, welches daher successiv erworbene Abänderungen des Baues nie auf eine Nachkommenschaft weiter vererben kann. Man muss daher fragen, wie es möglich sei, diesen · Fall mit der Theorie natürlicher Zuchtwahl in Einklang zu bringen?

Erstens können wir mit unzähligen Beispielen sowohl unter unseren cultivirten als unter den natürlichen Erzeugnissen belegen, dass Structurverschiedenheiten aller Arten mit gewissen Altern oder mit nur einem der zwei Geschlechter in Correlation getreten sind. Wir haben Abänderungen, die in solcher Correlation nicht nur allein mit dem einen Geschlechte, sondern sogar bloss mit der kurzen Jahreszeit stehen, wo das Reproductivsystem thätig ist, wie das hochzeitliche Kleid vieler Vögel und der hakenförmige Unterkiefer des Salmen. Wir haben selbst geringe Unterschiede in den Hörnern einiger Rinderrassen, welche mit einem künstlich unvollkommenen Zustande des männlichen Geschlechtes in Bezug stehen; denn die Ochsen haben in manchen Rassen längere Hörner als in andern, im Vergleich zu denen ihrer Bullen

oder Kühe. Ich finde daher keine wesentliche Schwierigkeit darin,
dass ein Character mit dem unfruchtbaren Zustande gewisser
Mitglieder von Insectengemeinden in Correlation steht; die Schwierigkeit liegt nur darin zu begreifen, wie solche in Wechselbeziehung stehende Abänderungen des Baues durch natürliche
Zuchtwahl langsam gehäuft werden konnten.

Diese anscheinend unüberwindliche Schwierigkeit wird aber
bedeutend geringer oder verschwindet, wie ich glaube, gänzlich,
wenn wir bedenken, dass Züchtung ebensowohl bei der Familie
als bei den Individuen anwendbar ist und daher zum erwünschten
Ziele führen kann. Rindviehzüchter wünschen das Fleisch vom
Fett gut durchwachsen. Das Thier ist geschlachtet worden, aber
der Züchter wendet sich mit Vertrauen und mit Erfolg wieder
zur nämlichen Familie. Man darf der Macht der Züchtung so
vertrauen, dass ich nicht bezweifle, dass eine Rinderrasse, welche
stets Ochsen mit ausserordentlich langen Hörnern liefert, langsam gezüchtet werden könne durch sorgfältige Anwendung von
solchen Bullen und Kühen, die, miteinander gepaart Ochsen mit
den längsten Hörnern gehen, obwohl nie ein Ochse selbst diese
Eigenschaft auf Nachkommen zu übertragen im Stande ist. Das
folgende ist ein noch besseres und wirklich erläuterndes Beispiel.
Nach VERLOT erzeugen einige Varietäten einer Menge gefüllter
jähriger Blumen verschiedener Farben, in Folge der lang fortgesetzten sorgfältigen Auswahl in der passenden Richtung, immer
aus Samen im Verhältniss sehr viele gefüllte und unfruchtbar
blühende Pflanzen, so dass wenn die Varietät keine andern hervorbrächte, sie sofort aussterben würde. Sie bringt aber gleicherweise immer einige einfach und fruchtbar blühende Pflanzen, welche
nur in dem Vermögen zweierlei Formen hervorzubringen von den
gewöhnlichen einfachen Varietäten abweichen. Diese einfachen
und fruchtbaren Pflanzen können nur mit den Männchen und Weibchen einer Ameisencolonie, die unfruchtbaren gefülltblühenden,
welche regelmässig in grosser Anzahl erzeugt werden, mit den
vielen sterilen Geschlechtslosen der Colonie verglichen werden.
So glaube ich auch mag es wohl mit geselligen Insecten gewesen
sein; eine kleine Abänderung im Bau oder Instinct, welche mit

der unfruchtbaren Beschaffenheit gewisser Mitglieder der Gemeinde in Zusammenhang steht, hat sich für die Gemeinde nützlich erwiesen; in Folge dessen gediehen die fruchtbaren Männchen und Weibchen derselben besser und übertrugen auf ihre fruchtbaren Nachkommen eine Neigung unfruchtbare Glieder mit gleicher Abänderung hervorzubringen. Und ich glaube, dass dieser Vorgang oft genug wiederholt worden ist, bis diese Verschiedenheit zwischen den fruchtbaren und unfruchtbaren Weibchen einer Species zu der wunderbaren Höhe gedieh, wie wir sie jetzt bei vielen gesellig lebenden Insecten wahrnehmen.

Aber wir haben bis jetzt die grösste Schwierigkeit noch nicht berührt, die Thatsache nämlich, dass die Geschlechtlosen bei mehreren Ameisenarten nicht allein von den fruchtbaren Männchen und Weibchen, sondern auch noch untereinander selbst in oft unglaublichem Grade abweichen und danach in 2—3 Kasten getheilt werden. Diese Kasten gehen in der Regel nicht in einander über, sondern sind vollkommen getrennt, so verschieden von einander, wie es sonst zwei Arten einer Gattung oder vielmehr zwei Gattungen einer Familie zu sein pflegen. So kommen bei Eciton arbeitende und kämpfende Individuen mit ausserordentlich verschiedenen Kinnladen und Instincten vor; bei Cryptocerus tragen die Arbeiter der einen Kaste allein eine wunderbare Art von Schild an ihrem Kopfe, dessen Zweck ganz unbekannt ist. Bei den Mexicanischen Myrmecocystus verlassen die Arbeiter der einen Kaste niemals das Nest; sie werden durch die Arbeiter einer andern Kaste gefüttert und haben ein ungeheuer entwickeltes Abdomen, das eine Art Honig absondert, als Ersatz für denjenigen, welchen die Aphiden, oder wie man sie nennen kann, die Hauskühe, welche unsre Europäischen Ameisen bewachen oder einsperren, absondern.

Man wird in der That denken, dass ich ein übermässiges Vertrauen in das Princip der natürlichen Zuchtwahl setze, wenn ich nicht zugebe, dass so wunderbare und wohlbegründete Thatsachen meine Theorie auf einmal gänzlich vernichten. In dem einfacheren Falle, wo geschlechtslose Ameisen nur von einer Kaste vorkommen, die nach meiner Meinung durch natürliche Zuchtwahl ganz leicht von den fruchtbaren Männchen und Weibchen verschieden geworden sein können, — in einem solchen Falle dürfen wir aus der Analogie mit gewöhnlichen Abänderungen zuversichtlich schliessen, dass jede successive geringe nützliche Abweichung nicht alshald an allen geschlechtslosen Individuen eines Nestes zugleich, sondern nur an einigen wenigen zum Vorschein kam, und dass erst in Folge langfortgesetzter Züchtung solcher fruchtbaren Eltern, welche die meisten Geschlechtslosen mit der nutzbaren Abänderung erzeugten, die Geschlechtslosen endlich alle diesen gewünschten Character erlangten. Nach dieser Ansicht müsste man auch im nämlichen Neste zuweilen noch geschlechtslose Individuen derselhen Insectenart finden, welche Zwischenstufen der Körperhildung darstellen; und diese findet man in der That und zwar, wenn man herücksichtigt, wie selten ausserhalh Europa's diese Geschlechtslosen näher untersucht werden, oft genug. F. Smith hat gezeigt, wie erstaunlich dieselhen hei den verschiedenen Englischen Ameisenarten in der Grösse und mitunter in der Form variiren, und dass selhst die äussersten Formen zuweilen vollständig durch aus demselhen Neste entnommene Individuen untereinander verhunden werden können. Ich selhst hahe vollkommene Stufenreihen dieser Art mit einander vergleichen können. Oft geschieht es, dass die grösseren oder die kleineren Arheiter die zahlreicheren sind, oft auch sind heide gleich zahlreich mit einer mittleren weniger zahlreichen Zwischenform. Formica flava hat grössere und kleinere Arheiter mit einigen von mittlerer Grösse; und hei dieser Art hahen nach Smith's Beobachtung die grösseren Arheiter einfache Augen (Ocelli), welche, wenn auch klein, doch deutlich zu heohachten sind, während die Ocellen der kleineren nur rudimentär erscheinen. Nachdem ich verschiedene Individuen dieser Arheiter sorgfältig zerlegt hahe, kann ich versichern, dass die Ocellen der kleineren weit rudimentärer sind, als nach ihrer verhältnissmässig geringeren Grösse allein zu erwarten gewesen wäre, und ich glaube fest, wenn ich es auch nicht gewiss hehaupten darf, dass die Arheiter von mittlerer Grösse auch Ocellen von mittlerem Vollkommenheitsgrade hesitzen. Es giht daher zwei Gruppen steriler Arheiter in einem Neste, welche nicht allein in der Grösse, sondern auch in den

Gesichtsorganen von einander abweichen und durch einige wenige Glieder von mittlerer Beschaffenheit miteinander verbunden werden. Ich könnte nun noch weiter gehen und sagen, dass wenn die kleineren die nützlicheren für den Haushalt der Gemeinde gewesen wären und demzufolge immer diejenigen Männchen und Weibchen, welche die kleineren Arbeiter liefern, bei der Züchtung das Übergewicht gewonnen hätten, bis alle Arbeiter einerlei Beschaffenheit erlangten, wir eine Ameisenart haben müssten, deren Geschlechtslose fast wie bei Myrmica beschaffen wären. Denn die Arbeiter von Myrmica haben nicht einmal Augenrudimente, obwohl deren Männchen und Weibchen wohl entwickelte Ocellen besitzen.

Ich will noch ein anderes Beispiel anführen. Ich erwartete so zuversichtlich, Abstufungen in wesentlichen Theilen des Körperbaues zwischen den verschiedenen Kasten der Geschlechtslosen in einer nämlichen Art zu finden, dass ich mir gern Hrn. F. Smith's Anerbieten zahlreicher Exemplare von demselben Neste der Treiberameise (Anomma) aus Westafrika zu nutze machte. Der Leser wird vielleicht die Grösse des Unterschiedes zwischen diesen Arbeitern am besten bemessen, wenn ich ihm nicht die wirklichen Ausmessungen, sondern ein genau passendes Beispiel mittheile. Die Verschiedenheit war eben so gross, als ob wir eine Reihe von Arbeitsleuten ein Haus bauen sähen, von welchen viele nur fünf Fuss vier Zoll und viele andere bis sechzehn Fuss gross wären (1 : 3); dann müssten wir aber noch annehmen, dass die grösseren vier- statt dreimal so grosse Köpfe als die kleineren und fast fünfmal so grosse Kinnladen hätten. Überdies ändern die Kinnladen dieser Arbeiter wunderbar in Form, in Grösse und in der Zahl der Zähne ab. Aber die für uns wichtigste Thatsache ist, dass, obwohl man diese Arbeiter in Kasten von verschiedener Grösse unterscheiden kann, sie doch unmerklich in einander übergehen, wie es auch mit der so weit auseinander weichenden Bildung ihrer Kinnladen der Fall ist. Ich kann mit Zuversicht über diesen letzten Punkt sprechen, da Sir John Lubbock Zeichnungen dieser Kinnlade mit der Camera lucida für mich angefertigt hat, welche ich von den Arbeitern verschiedener

Grössen abgelöst hatte. Bates hat in seiner äusserst interessanten Schrift »*Naturalist on the Amazons*« einige analoge Fälle beschrieben.

Mit diesen Thatsachen vor mir glaube ich, dass natürliche Zuchtwahl, auf die fruchtbaren Eltern wirkend, Arten zu bilden im Stande ist, welche regelmässig auch ungeschlechtliche Individuen hervorbringen, die entweder alle eine ansehnliche Grösse und gleichbeschaffene Kinnladen haben, oder welche alle klein und mit Kinnladen von sehr veränderlicher Bildung versehen sind, oder welche endlich (und dies ist die Hauptschwierigkeit) zwei Gruppen von verschiedener Beschaffenheit darstellen, wovon die eine von einer gewissen Grösse und Bildung und die andere in beiderlei Hinsicht verschieden ist; beide sind aus einer anfänglichen Stufenreihe wie bei *Anomma* hervorgegangen, wovon aber die zwei äussersten Formen, sofern sie für die Gemeinde die nützlichsten sind, durch natürliche Zuchtwahl der sie erzeugenden Eltern immer zahlreicher überwiegend werden, bis kein Individuum der mittleren Form mehr erzeugt wurde.

Eine analoge Erklärung des gleich complexen Falles, dass gewisse Malayische Schmetterlinge regelmässig zu derselben Zeit in zwei oder selbst drei verschiedenen weiblichen Formen erscheinen, hat Wallace gegeben, ebenso Fritz Müller von gewissen Brasilischen Krustern, die gleichfalls unter zwei weit verschiedenen männlichen Formen auftraten. Der Gegenstand braucht aber hier nicht erörtert zu werden.

So ist nach meiner Meinung die wunderbare Erscheinung von zwei streng begrenzten Kasten unfruchtbarer Arbeiter in einerlei Nest zu erklären, welche beide weit von einander und von ihren Eltern verschieden sind. Es lässt sich annehmen, dass ihr Auftreten für eine sociale Insectengemeinde nach gleichem Principe, wie die Theilung der Arbeit für die civilisirten Menschen, von Nutzen gewesen sei. Die Ameisen arbeiten jedoch mit ererbten Instincten und mit ererbten Organen und Werkzeugen und nicht mit erworbenen Kenntnissen und fabricirtem Geräthe wie der Mensch. Aber ich muss bekennen, dass ich bei allem Vertrauen in die natürliche Zuchtwahl doch, ohne die vorliegenden

Thatsachen zu kennen, nie geahnt haben würde, dass dieses Princip sich in so hohem Grade wirksam erweisen könne, hätte mich nicht der Fall von diesen geschlechtslosen Insecten von der Thatsache überzeugt. Ich habe deshalb auch diesen Gegenstand mit etwas grösserer, obwohl noch ganz ungenügender Ausführlichkeit abgehandelt, um daran die Macht natürlicher Zuchtwahl zu zeigen und weil er in der That die ernsteste specielle Schwierigkeit für meine Theorie darbietet. Auch ist der Fall darum sehr interessant, weil er zeigt, dass sowohl bei Thieren als bei Pflanzen jeder Betrag von Abänderung in der Structur durch Häufung vieler kleinen und anscheinend zufälligen Abweichungen von irgend welcher Nützlichkeit, ohne alle Unterstützung durch Übung und Gewohnheit, bewirkt werden kann. Denn keinerlei Grad von Übung, Gewohnheit und Willen in den gänzlich unfruchtbaren Gliedern einer Gemeinde vermöchte die Bildung oder Instincte der fruchtbaren Glieder, welche allein die Nachkommenschaft liefern, zu beeinflussen. Ich bin erstaunt, dass noch Niemand den lehrreichen Fall der geschlechtslosen Insecten der wohlbekannten Lehre Lamarck's von den ererbten Gewohnheiten entgegengesetzt hat.

### Zusammenfassung.

Ich habe in diesem Capitel kurz zu zeigen versucht, dass die Geistesfähigkeiten unserer Hausthiere abändern, und dass diese Abänderungen vererblich sind. Und in noch kürzerer Weise habe darzuthun gestrebt, dass Instincte im Naturzustande etwas abändern. Niemand wird bestreiten, dass Instincte von der höchsten Wichtigkeit für jedes Thier sind. Ich sehe daher keine Schwierigkeit, warum unter veränderten Lebensbedingungen natürliche Zuchtwahl nicht auch im Stande gewesen sein sollte, kleine Abänderungen des Instinctes in einer nützlichen Richtung bis zu jedem Betrag zu häufen. In einigen Fällen haben Gewohnheit oder Gebrauch und Nichtgebrauch wahrscheinlich mitgewirkt. Ich behaupte nicht, dass die in diesem Abschnitte mitgetheilten Thatsachen meine Theorie in irgend einer Weise stützen; doch ist nach meiner besten Überzeugung auch keine dieser Schwierigkeiten im Stande sie umzustossen. Auf der andern Seite aber eignen sich die Thatsachen, dass Instincte nicht immer vollkommen und selbst Irrungen unterworfen sind, — dass kein Instinct zum ausschliesslichen Vortheil eines andern Thieres vorhanden ist, sondern dass jedes Thier von Instincten anderer Nutzen zieht, — dass der naturhistorische Glaubenssatz „*Natura non facit saltum*" ebensowohl auf Instincte als auf körperliche Bildung anwendbar und aus den vorgetragenen Ansichten eben so erklärlich als auf andere Weise unerklärbar ist: alle diese Thatsachen führen dahin, die Theorie der natürlichen Zuchtwahl zu befestigen.

Diese Theorie wird noch durch einige andere Erscheinungen hinsichtlich der Instincte bestärkt; so durch die alltägliche Beobachtung, dass einander nahe verwandte aber sicherlich verschiedene Species, wenn sie entfernte Welttheile bewohnen und unter beträchtlich verschiedenen Existenzbedingungen leben, doch oft fast dieselben Instincte beibehalten. So z. B. lässt sich aus dem Erblichkeitsprincip erklären, warum die Südamerikanische Drossel ihr Nest mit Schlamm auskleidet ganz so wie es unsere Europäische Drossel thut; warum die Männchen des Ostindischen und des Afrikanischen Nashornvogels beide denselben eigenthümlichen Instinct besitzen, ihre in Baumhöhlen brütenden Weibchen so einzumauern, dass nur noch ein kleines Loch in der Kerkerwand offen bleibt, durch welches sie das Weibchen und später auch die Jungen mit Nahrung versehen; warum das Männchen des Amerikanischen Zaunkönigs (Troglodytes) ein besonderes Nest für sich baut, ganz wie das Männchen unserer einheimischen Art: Alles Sitten, die bei andern Vögeln gar nicht vorkommen. Endlich mag es wohl keine logisch richtige Folgerung sein, es entspricht aber meiner Vorstellungsart weit besser, solche Instincte wie die des jungen Kuckucks, der seine Nährbrüder aus dem Neste stösst, wie die der Ameisen, welche Sclaven machen, oder die der Ichneumoniden, welche ihre Eier in lebende Raupen legen: nicht als eigenthümlich anerschaffene Instincte, sondern nur als geringe Ausflüsse eines allgemeinen Gesetzes zu betrachten, welches allen organischen Wesen zum Vortheil gereicht, nämlich: Vermehrung und Abänderung, die stärksten siegen und die schwächsten erliegen.

# Achtes Capitel.

## Bastardbildung.

Unterschied zwischen der Unfruchtbarkeit bei der ersten Kreuzung und der
Unfruchtbarkeit der Bastarde. — Unfruchtbarkeit dem Grade nach
veränderlich; nicht allgemein; durch Inzucht vermehrt und durch Zähmung vermindert. — Gesetze für die Unfruchtbarkeit der Bastarde. —
Unfruchtbarkeit keine besondere Eigenthümlichkeit, sondern mit andern
Verschiedenheiten zusammenfallend und nicht durch natürliche Zuchtwahl
gehäuft. — Ursachen der Unfruchtbarkeit der ersten Kreuzung und der
Bastarde. — Parallelismus zwischen den Wirkungen der veränderten
Lebensbedingungen und der Kreuzung. — Dimorphismus und Trimorphismus. — Fruchtbarkeit miteinander gekreuzter Varietäten und ihrer Blend-
linge nicht allgemein. — Bastarde und Blendlinge unabhängig von ihrer
Fruchtbarkeit verglichen. — Zusammenfassung.

Die allgemeine Meinung der Naturforscher geht dahin, dass
Arten im Falle der Kreuzung speciell mit Unfruchtbarkeit begabt
sind, um die Vermengung aller organischen Formen mit einander
zu verhindern. Diese Meinung hat auf den ersten Blick gewiss
grosse Wahrscheinlichkeit für sich; denn in derselben Gegend
beisammenlebende Arten würden sich, wenn freie Kreuzung
möglich wäre, kaum getrennt erhalten können. Die Wichtigkeit
der Thatsache, dass erste Kreuzungen zwischen distincten Arten
und Bastarden sehr allgemein steril sind, ist nach meiner Ansicht von einigen neueren Schriftstellern sehr unterschätzt worden. Nach der Theorie der natürlichen Zuchtwahl ist der Fall
um so mehr von specieller Wichtigkeit, als die Unfruchtbarkeit
kaum durch die fortgesetzte Erhaltung aufeinander folgender
vortheilhafter Grade von Unfruchtbarkeit vermehrt worden sein
kann. Auf diesen Gegenstand werde ich aber noch zurückzukommen haben und hoffe ich zuletzt zeigen zu können, dass
diese Unfruchtbarkeit weder eine speciell erworbene noch für
sich angeborene Eigenschaft ist, sondern mit anderen erworbenen
und wenig bekannten Verschiedenheiten des Reproductivsystems
der Mutterart zusammenhängt.

Bei Behandlung dieses Gegenstandes hat man zwei Classen
von Thatsachen, welche in grosser Ausdehnung von Grund aus

verschieden sind, gewöhnlich mit einander verwechselt, nämlich die Unfruchtbarkeit zweier Arten bei ihrer ersten Kreuzung und die Unfruchtbarkeit der von ihnen erhaltenen Bastarde.

Reine Arten haben natürlich ihre Fortpflanzungsorgane von vollkommener Beschaffenheit, liefern aber, wenn sie mit einander gekreuzt werden, entweder wenige oder gar keine Nachkommen. Bastarde dagegen haben ihre Reproductionsorgane in einem functionsunfähigen Zustand, wie man aus der Beschaffenheit der männlichen Elemente bei Pflanzen und Thieren deutlich erkennt, wenn auch die Organe der Structur nach vollkommen sind, so weit es die mikroskopische Untersuchung ergibt. Im ersten Falle sind die zweierlei geschlechtlichen Elemente, welche den Embryo liefern sollen, vollkommen; im andern sind sie entweder gar nicht oder nur sehr unvollständig entwickelt. Diese Unterscheidung ist von Bedeutung, wenn die Ursache der in beiden Fällen stattfindenden Sterilität in Betracht gezogen werden soll. Der Unterschied ist wahrscheinlich übersehen worden, weil man die Unfruchtbarkeit in beiden Fällen als eine besondere Eigenthümlichkeit betrachtet hat, deren Beurtheilung ausser dem Bereiche unserer Kräfte liege.

Die Fruchtbarkeit der Varietäten, d. h. derjenigen Formen, welche als von gemeinsamen Eltern abstammend bekannt sind oder doch so angesehen werden, bei deren Kreuzung, und eben so die ihrer Blendlinge, ist in Bezug auf meine Theorie von gleicher Wichtigkeit mit der Unfruchtbarkeit der Species unter einander; denn es scheint sich daraus ein klarer und weiter Unterschied zwischen Arten und Varietäten zu ergeben.

### Grade der Unfruchtbarkeit.

Erstens: Die Unfruchtbarkeit miteinander gekreuzter Arten und ihrer Bastarde. Man kann unmöglich die verschiedenen Werke und Abhandlungen der zwei gewissenhaften und bewundernswerthen Beobachter KÖLREUTER und GÄRTNER, welche fast ihr ganzes Leben diesem Gegenstande gewidmet haben, durchlesen, ohne einen tiefen Eindruck von der grossen Allgemeinheit eines gewissen Grades von Unfruchtbarkeit zu erhalten. KÖLREUTER

macht es zur allgemeinen Regel; aber er durchhaut den Knoten,
indem er in zehn Fällen, wo zwei fast allgemein für verschiedene
Arten geltende Formen ganz fruchtbar mit einander sind, dieselben
unbedenklich für blosse Varietäten erklärt. Auch GÄRTNER macht
die Regel zur allgemeinen und bestreitet die zehn Fälle gänzlicher Fruchtbarkeit bei KÖLREUTER. Doch ist GÄRTNER in diesen
wie in vielen andern Fällen genöthigt, die erzielten Samen
sorgfältig zu zählen, um zu beweisen, dass doch einige Verminderung der Fruchtbarkeit stattfindet. Er vergleicht immer die
höchste Anzahl der von zwei gekreuzten Arten oder ihren Bastarden erzielten Samen mit deren Durchschnittszahl bei den
zwei reinen elterlichen Arten in ihrem Naturzustande. Doch
scheint mir dabei noch eine Ursache ernsten Irrthums mit unter-
zulaufen. Eine Pflanze, welche hybridisirt werden soll, muss
castrirt und, was oft noch wichtiger ist, eingeschlossen werden,
damit ihr kein Pollen von andern Pflanzen durch Insecten zugeführt werden kann. Fast alle Pflanzen, die zu GÄRTNER's Versuchen gedient, waren in Töpfe gepflanzt und, wie es scheint,
in einem Zimmer seines Hauses untergebracht. Dass aber solches Verfahren die Fruchtbarkeit der Pflanzen oft beeinträchtigt,
lässt sich nicht in Abrede stellen; denn GÄRTNER selbst führt in
seiner Tabelle etwa zwanzig Fälle an, wo er die Pflanzen castrirte
und dann mit ihrem eigenen Pollen künstlich befruchtete; aber
(die Leguminosen und alle anderen derartigen Fälle, wo die
Manipulation anerkannter Maassen schwierig ist, ganz bei Seite
gesetzt) die Hälfte jener zwanzig Pflanzen zeigte eine mehr und
weniger verminderte Fruchtbarkeit. Da nun überdies GÄRTNER
einige Jahre hintereinander einige Formen, wie Anagallis ar-
vensis und A. coerulea, welche die besten Botaniker nur als
Varietäten betrachten, mit einander kreuzte und sie durchaus
unfruchtbar mit einander fand, so dürfen wir wohl zweifeln, ob
viele andere Species wirklich so steril bei der Kreuzung sind,
als GÄRTNER glaubte.

Es ist gewiss, dass einerseits die Unfruchtbarkeit mancher
Arten bei gegenseitiger Kreuzung dem Grade nach so verschieden ist und sich allmählich unmerklich abschwächt, und dass

andererseits die Fruchtbarkeit echter Species so leicht durch
mancherlei Umstände berührt wird, dass es für die meisten praktischen Zwecke schwer zu sagen ist, wo die vollkommene Fruchtbarkeit aufhöre und wo die Unfruchtbarkeit beginne? Ich glaube,
man kann keinen bessern Beweis dafür verlangen, als der ist,
dass die erfahreusten zwei Beobachter, die es je gegeben, nämlich KÖLREUTER und GÄRTNER, hinsichtlich einerlei Species zu
schnurstracks entgegengesetzten Ergebnissen gelangt sind. Auch
ist es sehr belehrend, die von unseren besten Botanikern vorgebrachten Argumente über die Frage, ob diese oder jene zweifelhafte Form als Art oder als Varietät zu betrachten sei, mit dem
aus der Fruchtbarkeit oder Unfruchtbarkeit nach den Berichten
verschiedener Bastardzüchter oder den mehrjährigen Versuchen
der Verlasser selbst entnommenen Beweise zu vergleichen. Es
lässt sich daraus darthun, dass weder Fruchtbarkeit noch Unfruchtbarkeit einen scharfen Unterschied zwischen Arten und Varietäten liefert, dass vielmehr der darauf gestützte Beweis gradweise verschwindet und mithin so, wie die übrigen von der organischen Bildung und Thätigkeit hergenommenen Beweise, zweifelhaft bleibt.

Was die Unfruchtbarkeit der Bastarde in aufeinanderfolgenden
Generationen betrifft, so ist es zwar GÄRTNER geglückt, einige
Bastarde, vor aller Kreuzung mit einer der zwei Stammarten geschützt, durch 6—7 und in einem Falle sogar 10 Generationen
aufzuziehen; er versichert aber ausdrücklich, dass ihre Fruchtbarkeit nie zugenommen, sondern allgemein bedeutend und plötzlich abgenommen habe. In Bezug auf diese Abnahme ist zunächst zu bemerken, dass, wenn irgend eine Abweichung in Bau
oder Constitution beiden Eltern gemeinsam ist, dieselbe oft in
einem erhöhten Grade auf die Nachkommenschaft übergeht; und
beide sexuellen Elemente sind bei hybriden Pflanzen bereits in
einem gewissen Grade afficirt. Ich glaube aber, dass in fast
allen diesen Fällen die Fruchtbarkeit durch eine unabhängige
Ursache vermindert worden ist, nämlich durch die allzu strenge
Inzucht. Ich habe eine so grosse Menge von Thatsachen gesammelt, welche zeigen, dass einerseits eine gelegentliche Kreuzung

mit einem andern Individuum oder einer andern Varietät die
Kräftigkeit und Fruchtbarkeit der Brut vermehrt, dass andererseits sehr enge Inzucht ihre Stärke und Fruchtbarkeit vermindert,
— so viel Thatsachen, sage ich, dass ich die Richtigkeit dieser
unter den Züchtern fast allgemein verbreiteten Meinung zugeben
muss. Bastarde werden selten in grösserer Anzahl zu Versuchen
erzogen, und da die elterlichen Arten oder andere nahe verwandte
Bastarde gewöhnlich im nämlichen Garten wachsen, so müssen
die Besuche der Insecten während der Blüthezeit sorgfältig ver-
hütet werden, daher Bastarde für jede Generation gewöhnlich
durch ihren eigenen Pollen befruchtet werden müssen; und dies
beeinträchtigt wahrscheinlich ihre Fruchtbarkeit, welche durch
ihre Bastardnatur schon ohnedies geschwächt ist. In dieser Überzeugung bestärkt mich noch eine merkwürdige von Gärtner
mehrmals wiederholte Versicherung, dass nämlich die minder
fruchtbaren Bastarde sogar, wenn sie mit gleichartigem Bastardpollen künstlich befruchtet werden, ungeachtet des oft schlechten
Erfolges wegen der schwierigen Behandlung, doch zuweilen entschieden an Fruchtbarkeit weiter und weiter zunehmen. Nun
wird bei künstlicher Befruchtung der Pollen oft zufällig (wie ich
aus meinen eigenen Versuchen weiss) von Antheren einer andern
als der zu befruchtenden Blume genommen, so dass hierdurch
eine Kreuzung zwischen zwei Blumen, doch wahrscheinlich oft
derselben Pflanze, bewirkt wird. Da nun ferner ein so sorgfältiger Beobachter, wie Gärtner, im Verlaufe seiner zusammengesetzten Versuche seine Bastarde castrirt hätte, so würde dies
bei jeder Generation eine Kreuzung mit dem Pollen einer andern
Blume entweder von derselben oder von einer andern Pflanze
von gleicher Bastardbeschaffenheit nöthig gemacht haben. Und
so kann die befremdende Erscheinung, dass die Fruchtbarkeit in
aufeinander folgenden Generationen von künstlich befruchteten
Bastarden zugenommen hat, wie ich glaube, dadurch erklärt werden, dass allzu enge Inzucht vermieden worden ist.

Wenden wir uns jetzt zu den Ergebnissen, welche sich
durch die Versuche des dritten der erfahrensten Bastardzüchter,
W. Herbert, herausgestellt haben. Er versichert ebenso aus-

drücklich, dass manche Bastarde vollkommen fruchtbar sind, so fruchtbar wie die reinen Stammarten für sich, wie KÖLREUTER und GÄRTNER einen gewissen Grad von Sterilität bei Kreuzung verschiedener Species mit einander für ein allgemeines Naturgesetz erklären. Seine Versuche bezogen sich auf einige derselben Arten, welche auch zu den Experimenten GÄRTNER's gedient hatten. Die Verschiedenheit der Ergebnisse, zu welchen beide gelangt sind, lässt sich, wie ich glaube, zum Theil aus HERBERT's grosser Erfahrung in der Blumenzucht und zum Theil davon ableiten, dass er Warmhäuser zu seiner Verfügung hatte. Von seinen vielen wichtigen Ergebnissen will ich hier nur eines beispielsweise hervorheben, dass nämlich „jedes mit Crinum revolutum befruchtete Eichen eines Stockes von Crinum capense auch eine Pflanze lieferte, was ich (sagt er) bei natürlicher Befruchtung nie wahrgenommen habe." Wir haben mithin hier den Fall vollkommener und selbst mehr als gewöhnlich vollkommener Fruchtbarkeit hei der ersten Kreuzung zweier verschiedener Arten.

Dieser Fall mit Crinum führt mich zu einer ganz eigenthümlichen Thatsache, dass es nämlich hei einigen Arten von Lobelia und mehreren anderen Gattungen einzelne Pflanzen gibt, welche viel leichter mit dem Pollen einer verschiedenen andern Art als ihrer eigenen befruchtet werden können; und gleicherweise scheint es sich auch mit allen Individuen fast aller Hippeastrumarten zu verhalten. Denn man hat gefunden, dass diese Pflanzen, mit dem Pollen einer andern Species befruchtet, Samen ansetzen, aber mit ihrem eigenen Pollen ganz unfruchtbar sind, ohwohl derselbe vollkommen gut und wieder andere Arten zu hefruchten im Stande ist. So können mithin gewisse einzelne Pflanzen und alle Individuen gewisser Species viel leichter verhastardirt, als durch sich selbst befruchtet werden. Eine Zwiebel von Hippeastrum aulicum z. B. hrachte vier Blumen; drei davon wurden von HERBERT mit ihrem eigenen Pollen und die vierte hierauf mit dem Pollen eines aus drei andern verschiedenen Arten gezüchteten Bastards hefruchtet; das Resultat war, dass „die Ovarien der drei ersten Blumen hald zu wachsen aufhörten und nach einigen Tagen gänzlich eingiengen, während das Ovarium der mit dem Bastardpollen versehenen Blume rasch zunahm und reifte und gute Samen lieferte, welche kräftig gediehen". Im Jahre 1839 schrieb mir HERBERT, dass er den Versuch fünf Jahre lang fortgesetzt habe und jedes Jahr mit gleichem Erfolge. Denselben Erfolg hatten auch andere Beobachter bei Hippeastrum und dessen Untergattungen, so wie bei einigen andern Geschlechtern, nämlich Lobelia, Verbascum und besonders Passiflora. Obwohl die Pflanzen bei diesen Versuchen ganz gesund erschienen und sowohl Eichen als Samenstaub einer und der nämlichen Blume sich bei der Befruchtung mit andern Arten vollkommen gut erwiesen, so waren sie doch zur gegenseitigen Selbstbefruchtung functionell ungenügend, und wir müssen daher schliessen, dass sich die Pflanzen in einem unnatürlichen Zustande befanden. Jedenfalls zeigen diese Erscheinungen, von was für geringen und geheimnissvollen Ursachen die grössere oder geringere Fruchtbarkeit der Arten bei der Kreuzung, gegenüber der Selbstbefruchtung, zuweilen abhänge.

Die praktischen Versuche der Blumenzüchter, wenn auch nicht mit wissenschaftlicher Genauigkeit ausgeführt, verdienen gleichfalls einige Beachtung. Es ist bekannt, in welch' verwickelter Weise die Arten von Pelargonium, Fuchsia, Calceolaria, Petunia, Rhododendron u. a. gekreuzt worden sind, und doch setzen viele dieser Bastarde reichlich Samen an. So versichert HERBERT, dass ein Bastard von Calceolaria integrifolia und C. plantaginea, zweier in ihrer allgemeinen Beschaffenheit sehr unähnlicher Arten, „sich selbst so vollkommen aus Samen verjüngte, als ob er einer natürlichen Species aus den Bergen Chile's angehört hätte". Ich habe mir einige Mühe gegeben, den Grad der Fruchtbarkeit bei einigen durch mehrseitige Kreuzung erzielten Rhododendron kennen zu lernen, und die Gewissheit erlangt, dass mehrere derselben vollkommen fruchtbar sind. Herr C. NOBLE z. B. berichtet mir, dass er zur Gewinnung von Pfropfreisern Stöcke eines Bastardes von Rhododendron Ponticum und Rh. Catawbiense erzieht, und dass dieser Bastard „so reichlichen Samen ansetzt, als man sich nur denken kann". Nähme bei richtiger Behandlung die

Fruchtbarkeit der Bastarde in aufeinanderfolgenden Generationen in der Weise ab, wie GÄRTNER versichert, so müsste diese Thatsache unseren Plantagebesitzern bekannt sein. Blumenzüchter erzieben grosse Beete voll der nämlichen Bastarde; und diese allein erfreuen sich einer richtigen Behandlung; denn hier allein können die verschiedenen Individuen einer nämlichen Bastardform durch die Thätigkeit der Insecten sich unter einander kreuzen, und der schädliche Einfluss zu enger Inzucht wird vermieden. Von der Wirkung der Insectenthätigkeit kann jeder sich selbst überzeugen, wenn er die Blumen der sterileren Rhododendronformen, welche keine Pollen bilden, untersucht; denn er wird ihre Narben ganz mit Samenstaub bedeckt finden, der von andern Blumen hergetragen worden ist.

Was die Thiere betrifft, so sind der genauen Versuche viel weniger mit ihnen veranstaltet worden. Wenn unsere systematischen Anordnungen Vertrauen verdienen, d. h. wenn die Gattungen der Thiere eben so verschieden von einander als die der Pflanzen sind, dann können wir behaupten, dass viel weiter auf der Stufenleiter der Natur auseinander stehende Thiere noch gekreuzt werden können, als es bei den Pflanzen der Fall ist; dagegen scheinen die Bastarde unfruchtbar zu sein. Ich bezweifle, ob auch nur eine Angabe von einem ganz fruchtbaren Thierbastard als vollkommen beglaubigt angesehen werden kann. Man muss jedoch nicht vergessen, dass, da sich nur wenige Thiere in der Gefangenschaft reichlich fortpflanzen, nur wenig ordentliche Versuche mit ihnen angestellt worden sind. So hat man z. B. den Canarienvogel mit neun andern Finkenarten gekreuzt, da sich aber keine dieser neun Arten in der Gefangenschaft gut fortpflanzt, so haben wir kein Recht zu erwarten, dass die ersten Bastarde von ihnen und dem Canarienvogel vollkommen fruchtbar sein sollen. Ebenso, was die Fruchtbarkeit der fruchtbareren Bastarde in späteren Generationen betrifft, so kenne ich kaum ein Beispiel, dass zwei Familien gleicher Bastarde gleichzeitig von verschiedenen Eltern erzogen worden wären, so dass die üblen Folgen allzustrenger Inzucht vermieden wurden; im Gegentheil hat man in jeder nachfolgenden Generation, die beständig wiederholten

Mahnungen aller Züchter nicht beachtend, gewöhnlich Brüder und
Schwestern mit einander gepaart. Und so ist es durchaus nicht
überraschend, dass die einmal vorhandene Sterilität der Bastarde
mit jeder Generation zunahm. Wenn wir so verführen und immer
Brüder und Schwestern reiner Species mit einander paarten, in
welchen aus irgend einer Ursache bereits eine noch so geringe
Neigung zur Unfruchtbarkeit vorhanden wäre, so würde die Rasse
gewiss nach wenigen Generationen aussterben.

Obwohl ich keinen irgend wohlbeglaubigten Fall vollkommen
fruchtbarer Thierbastarde kenne, so habe ich doch einige Ursache
anzunehmen, dass die Bastarde von Cervulus vaginalis und C.
Reevesi, und die von Phasianus Colchicus und Ph. torquatus vollkommen fruchtbar sind. Nach den neuerdings in Frankreich in
grossem Maassstabe angestellten Versuchen scheint es, als wenn
zwei so distincte Arten wie Hase und Kaninchen, wenn man sie
dahin bringt, sich zu paaren, beinahe vollständig fruchtbare
Nachkommen erzeugten. Die Bastarde der gemeinen und der
Schwanengans (Anser cygnoides), zweier so verschiedener Arten,
dass man sie in verschiedene Gattungen zu stellen pflegt, haben
hierzulande oft Nachkommen mit einer der reinen Stammarten
und in einem Falle sogar unter sich geliefert. Dies gelang
Herrn Eyton, der zwei Bastarde von gleichen Eltern, aber verschiedenen Bruten erzog und dann von beiden zusammen nicht
weniger als acht Nachkommen (Enkel der reinen Arten) aus
einem Neste erhielt. In Indien dagegen müssen die durch Kreuzung gewonnenen Gänse weit fruchtbarer sein, indem zwei ausgezeichnet befähigte Beurtheiler, nämlich Blyth und Hutton, mir
versichert haben, dass dort in verschiedenen Landesgegenden
ganze Heerden dieser Bastardgans gehalten werden; und da dies
des Nutzens wegen geschieht, wo die reinen Stammarten gar
nicht existiren, so müssen sie nothwendig sehr oder vollkommen
fruchtbar sein.

Neuere Naturforscher haben grossentheils eine von Pallas
ausgegangene Lehre angenommen, dass nämlich die meisten unserer Hausthiere von je zwei oder mehr wilden Arten abstamm-
ten, welche sich seither durch Kreuzung vermischt hätten. Hier-

nach müssten also entweder die Stammarten gleich anfangs ganz
fruchtbare Bastarde geliefert haben oder die Bastarde erst in
späteren Generationen in zahmem Zustande ganz fruchtbar geworden sein. Diese letzte Alternative ist mir die wahrschein-
lichere, und ich zweifle kaum irgendwie an ihrer Richtigkeit,
wenn sie gleich auf keinem directen Beweise beruht. Es ist
z. B. beinahe gewiss, dass unsere Hunde von mehreren wilden
Arten herrühren, und doch sind vielleicht mit Ausnahme gewisser
in Südamerika gehaltener Haushunde alle vollkommen fruchtbar
miteinander; aber die Analogie lässt mich sehr bezweifeln, ob
die verschiedenen Stammarten derselben sich anfangs freiwillig
miteinander gepaart und sogleich ganz fruchtbare Bastarde geliefert
haben sollen. So habe ich ferner kürzlich entscheidende Beweise
dafür erhalten, dass die Bastarde vom Indischen Buckelochsen
[dem Zebu] und dem gemeinen Rind unter sich vollkommen
fruchtbar sind; und nach den Beobachtungen Rütimeyer's über
ihre wichtigen osteologischen Verschiedenheiten, so wie nach den
Angaben Blyth's über die Verschiedenheiten beider in Gewohnheiten, Stimme, Constitution u. s. f. müssen beide Formen als
gute und distincte Arten, so gute wie irgend welche in der Welt,
angesehen werden. Nach dieser Ansicht von der Entstehung
vieler unserer Hausthiere müssen wir entweder den Glauben an
die fast allgemeine Unfruchtbarkeit einer Paarung verschiedener
Thierarten mit einander aufgeben oder aber die Sterilität nicht
als einen unzerstörbaren Character, sondern als einen durch Domestication zu beseitigenden betrachten.

Überblicken wir endlich alle über die Kreuzung von Pflan-
zen- und Thierarten ermittelten Thatsachen, so gelangen wir
zum Schlusse, dass ein gewisser Grad von Unfruchtbarkeit bei
der ersten Kreuzung und bei den daraus entspringenden Bastarden zwar eine äusserst gewöhnliche Erscheinung ist, aber nach
dem gegenwärtigen Stand unserer Kenntnisse nicht als unbedingt
allgemein betrachtet werden darf.

**Gesetze, welche die Unfruchtbarkeit der ersten Kreuzung und der Bastarde regeln.**

Wir wollen nun die Umstände und die Regeln etwas näher betrachten, welche die Unfruchtbarkeit der ersten Kreuzung und der Bastarde bestimmen. Unsere Hauptaufgabe wird sein zu erfahren, ob sich aus diesen Regeln ergibt, dass die Arten besonders mit dieser Eigenschaft begabt sind, um eine Kreuzung der Arten bis zur äussersten Verschmelzung der Formen zu verhüten oder nicht. Die nachstehenden Regeln und Folgerungen sind hauptsächlich aus GÄRTNER's bewundernswerthem Werke „über die Bastarderzeugung im Pflanzenreich" entnommen. Ich habe mir viele Mühe gegeben zu erfahren, in wie fern diese Regeln auch auf Thiere Anwendung finden; und obwohl unsere Erfahrungen über Bastardthiere sehr dürftig sind, so war ich doch erstaunt zu sehen, in wie ausgedehntem Grade die nämlichen Regeln für beide Reiche gelten.

Es ist bereits bemerkt worden, dass sich die Fruchtbarkeit sowohl der ersten Kreuzung als der daraus entspringenden Bastarde von Null bis zur Vollkommenheit abstuft. Es ist erstaunlich, auf wie mancherlei eigenthümliche Weise sich diese Abstufung darthun lässt; doch können hier nur die nacktesten Umrisse der Thatsachen geliefert werden. Wenn Pollen einer Pflanze von der einen Familie auf die Narbe einer Pflanze von anderer Familie gebracht wird, so hat er nicht mehr Wirkung, als eben so viel unorganischer Staub. Wenn man aber Pollen von Arten einer Gattung auf das Stigma irgend einer Species derselben Gattung bringt, so werden sich in der Anzahl der jedesmal erzeugten Samen alle Abstufungen von jenem absoluten Nullpunkt an bis zur vollständigen Fruchtbarkeit und, wie wir gesehen haben, in einigen abnormen Fällen sogar über das bei Befruchtung mit dem eigenen Pollen gewöhnliche Maass hinaus ergeben. So gibt es unter den Bastarden selbst einige, welche sogar mit dem Pollen von einer der zwei reinen Stammarten nie auch nur einen fruchtbaren Samen hervorgebracht haben, noch wahrscheinlich jemals hervorbringen werden. Doch hat sich in einigen dieser Fälle eine erste Spur von der Wirkung eines solchen Pollens insofern gezeigt, als er ein frühzeitigeres Abwelken der Blume der Bastardpflanze veranlasste, worauf er gebracht worden war; und rasches Abwelken einer Blüthe ist bekanntlich ein Zeichen beginnender Befruchtung. An diesen äussersten Grad der Unfruchtbarkeit reihen sich dann Bastarde an, die durch Selbstbefruchtung eine immer grössere Anzahl von Samen bis zur vollständigen Fruchtbarkeit hervorbringen.

Bastarde von zwei Arten erzielt, welche sehr schwer zu kreuzen sind und nur selten einen Nachkommen liefern, pflegen selbst sehr unfruchtbar zu sein. Aber der Parallelismus zwischen der Schwierigkeit eine erste Kreuzung zu Stande zu bringen, und der einen daraus entsprungenen Bastard zu befruchten, — zwei sehr gewöhnlich miteinander verwechselte Classen von Thatsachen — ist keineswegs streng. Denn es gibt viele Fälle, wo zwei reine Arten mit ungewöhnlicher Leichtigkeit mit einander gepaart werden und zahlreiche Bastarde liefern können, welche aber äusserst unfruchtbar sind. Andererseits gibt es Arten, welche nur selten oder äusserst schwierig zu kreuzen sind, aber ihre Bastarde, wenn endlich erzeugt, sind sehr fruchtbar. Und diese zwei so entgegengesetzten Fälle können selbst innerhalb der nämlichen Gattung vorkommen, wie z. B. bei Dianthus.

Die Fruchtbarkeit sowohl der ersten Kreuzungen als der Bastarde wird leichter als die der reinen Arten durch ungünstige Bedingungen afficirt. Aber der Grad der Fruchtbarkeit ist gleicher Weise an sich veränderlich; denn der Erfolg ist nicht immer der nämliche, wenn man dieselben zwei Arten unter denselben äusseren Umständen kreuzt, sondern hängt zum Theile von der Constitution der zwei zufällig für den Versuch ausgewählten Individuen ab. So ist es auch mit den Bastarden, indem sich der Grad der Fruchtbarkeit in verschiedenen aus Samen einer Kapsel erzogenen und den nämlichen Bedingungen ausgesetzten Individuen oft ganz verschieden erweist.

Mit dem Ausdruck systematische Affinität wird die Ähnlichkeit verschiedener Arten in Bau und Constitution, zumal im Bau solcher Theile bezeichnet, welche eine grosse physiologische Bedeutung haben und in verwandten Arten nur wenig von einander

abweichen. Nun ist die Fruchtbarkeit der ersten Kreuzung zweier
Species und der daraus hervorgehenden Bastarde in reichem
Maasse abhängig von ihrer systematischen Verwandtschaft. Dies
geht deutlich daraus schon hervor, dass man noch niemals Bastarde von zwei Arten erzielt hat, welche die Systematiker in
verschiedene Familien stellen, während es dagegen gewöhnlich
leicht ist, nahe verwandte Arten miteinander zu paaren. Doch
ist die Beziehung zwischen systematischer Verwandtschaft und
Leichtigkeit der Kreuzung keineswegs eine strenge. Denn es
liessen sich eine Menge Fälle von sehr nahe verwandten Arten
anführen, die gar nicht oder nur mit grösster Mühe zur Paarung
gebracht werden können, während mitunter auch sehr verschiedene Arten sich mit grösster Leichtigkeit kreuzen lassen. In
einer und derselben Familie können zwei Gattungen beisammen
stehen, wovon die eine, wie Diantbus, viele solche Arten enthält,
die sehr leicht zu kreuzen sind, während die der andern, z. B.
Silene, den beharrlichsten Versuchen, eine Kreuzung zu bewirken,
in dem Grade widersteben, dass man auch noch nicht einen Bastard zwischen den einander am nächsten verwandten Arten derselben zu erzielen vermochte. Ja selbst innerhalb der Grenzen
einer und der nämlichen Gattung zeigt sich ein solcher Unterschied. So sind z. B. die zahlreichen Arten von Nicotiana
mehr unter einander gekreuzt worden, als die Arten fast irgend
einer anderen Gattung; GÄRTNER hat aber gefunden, dass N. acu-
minata, die keineswegs eine besonders abweichende Art ist, beharrlich allen Befruchtungsversuchen widerstand, so dass von acht
andern Nicotianaarten keine weder sie befruchten noch von ihr
befruchtet werden konnte. Und analoge Thatsachen liessen sich
noch sehr viele anführen.

Noch niemand hat auszumitteln vermocht, welche Art oder
welcher Grad von Verschiedenheit in irgend einem erkennbaren
Character genüge, um die Kreuzung zweier Species zu hindern.
Es lässt sich nachweisen, dass Pflanzen, welche in Lebensweise
und allgemeiner Tracht am weitesten auseinandergehen, welche
in allen Theilen ihrer Blüthen sogar bis zum Pollen oder in der
Frucht oder in den Cotyledonen sehr scharfe Unterschiede zeigen,

mit einander gekreuzt werden können. Einjährige und ausdauernde Gewächsarten, winterkahle und immergrüne Bäume, Pflanzen für die abweichendsten Standorte und die entgegengesetztesten Klimate gemacht, können oft leicht mit einander gekreuzt werden.

Unter wechselseitiger Kreuzung zweier Arten verstehe ich den Fall, wo z. B. ein Pferdehengst mit einer Eselin und dann ein Eselhengst mit einer Pferdestute gepaart wird; man kann dann sagen, diese zwei Arten seien wechselseitig gekreuzt worden. In der Leichtigkeit einer wechselseitigen Kreuzung findet oft der möglich grösste Unterschied statt. Solche Fälle sind höchst wichtig, weil sie beweisen, dass die Fähigkeit irgend zweier Arten, sich zu kreuzen, von ihrer systematischen Verwandtschaft oder von irgend welcher Verschiedenheit in ihrer ganzen Organisation, mit Ausnahme ihres Reproductivsystems, oft ganz unabhängig ist. Diese Verschiedenheit der Ergebnisse von wechselseitigen Kreuzungen zwischen denselben Arten ist schon längst von Kölreuter beobachtet worden. So kann, um ein Beispiel anzuführen, Mirabilis Jalapa leicht durch den Samenstaub der M. longiflora befruchtet werden, und die daraus entspringenden Bastarde sind genügend fruchtbar; aber mehr als zweihundert Male versuchte es Kölreuter im Verlaufe von acht Jahren vergebens die M. longiflora nun auch mit Pollen der M. Jalapa zu befruchten. Und so liessen sich noch einige andere gleich auffallende Beispiele geben. Thuret hat dieselbe Bemerkung an einigen Seepflanzen oder Fucoideen gemacht, und Gärtner noch überdies gefunden, dass diese verschiedene Leichtigkeit wechselseitiger Kreuzungen in einem geringeren Grade ausserordentlich gemein ist. Er hat sie selbst zwischen so nahe verwandten Formen wahrgenommen, dass viele Botaniker sie nur als Varietäten einer nämlichen Art betrachten, wie Matthiola annua und M. glabra. Ebenso ist es eine merkwürdige Thatsache, dass die beiderlei aus wechselseitiger Kreuzung hervorgegangenen Bastarde, wenn auch aus denselben zwei Stammarten zusammengesetzt, da die eine Art erst als Vater und dann als Mutter fungirte, zwar nur selten in äusseren Characteren differiren, hinsichtlich ihrer Fruchtbarkeit aber gewöhnlich in einem geringen, zuweilen aber auch in hohem Grade von einander abweichen.

Es lassen sich noch manche andere eigenthümliche Regeln aus GÄRTNER entnehmen, wie z. B. dass manche Arten sich überhaupt sehr leicht zur Kreuzung mit andern verwenden lassen, während anderen Arten derselben Gattung das Vermögen innewohnt, den Bastarden eine grosse Ähnlichkeit mit ihnen aufzuprägen; doch stehen heiderlei Fähigkeiten nicht in nothwendiger Beziehung zu einander. Es gibt Bastarde, welche, statt wie gewöhnlich das Mittel zwischen ihren zwei elterlichen Arten zu halten, stets nur einer derselben sehr ähnlich sind; und gerade diese äusserlich der einen Stammart so ähnlichen Bastarde sind mit seltener Ausnahme äusserst unfruchtbar. So kommen ferner auch unter denjenigen Bastarden, welche zwischen ihren Eltern das Mittel zu halten pflegen, zuweilen abnorme Individuen vor, die einer der reinen Stammarten ausserordentlich gleichen; und diese Bastarde sind dann gewöhnlich auch äusserst steril, selbst wenn die mit ihnen aus gleicher Fruchtkapsel entsprungenen Mittelformen sehr fruchtbar sind. Aus diesen Erscheinungen geht hervor, wie ganz unabhängig die Fruchtbarkeit der Bastarde vom Grade ihrer Ähnlichkeit mit ihren beiden Stammeltern ist.

Aus den bis daher gegebenen Regeln über die Fruchtbarkeit der ersten Kreuzungen und der dadurch erzielten Bastarde ergibt sich, dass, wenn man Formen, die als gute und verschiedene Arten angesehen werden müssen, mit einander paart, ihre Fruchtbarkeit in allen Abstufungen von Null an selbst bis zu einer unter gewissen Bedingungen excessiven Fruchtbarkeit hinaus wechseln kann. Ferner ist ihre Fruchtbarkeit nicht nur äusserst empfindlich für günstige und ungünstige Bedingungen, sondern auch an und für sich veränderlich. Die Fruchtbarkeit verhält sich nicht immer dem Grade nach gleich bei der ersten Kreuzung und den daraus erzielten Bastarden. Die Fruchtbarkeit dieser letzten steht in keinem Verhältniss zu deren äusserer Ähnlichkeit mit ihren beiden Eltern. Die Leichtigkeit einer ersten Kreuzung endlich zwischen zwei Arten ist nicht von deren systematischer Affinität noch von dem Grade ihrer Ähnlichkeit abhängig. Dieses letzte Ergebniss ist hauptsächlich aus der Verschiedenheit des Ergebnisses der wechselseitigen Kreuzungen zweier nämlichen Arten erweisbar, wo die Leichtigkeit, mit der man eine Paarung erzielt, gewöhnlich etwas, mitunter aber auch so weit als möglich differirt, je nachdem man die eine oder die andere der zwei gekreuzten Arten als Vater oder als Mutter nimmt. Endlich sind die zweierlei durch Wechselkreuzung erzielten Bastarde oft in ihrer Fruchtbarkeit verschieden.

Nun fragt es sich, ob aus diesen eigenthümlich verwickelten Regeln hervorgehe, dass die Unfruchtbarkeit der Arten bei deren Kreuzung den Zweck habe, ihre Vermischung im Naturzustande zu verhüten! Ich glaube nicht. Denn warum wäre in diesem Falle der Grad der Unfruchtbarkeit so ausserordentlich verschieden, wenn verschiedene Arten gekreuzt werden, da wir doch annehmen müssen, diese Verhütung sei gleich wichtig bei allen? Warum wäre sogar schon eine angeborene Verschiedenheit zwischen Individuen einer nämlichen Art vorhanden? Zu welchem Ende sollten manche Arten so leicht zu kreuzen sein und doch sehr sterile Bastarde erzeugen, während andere sich nur sehr schwierig paaren lassen und vollkommen fruchtbare Bastarde liefern? Wozu sollte es dienen, dass die zweierlei Producte einer wechselseitigen Kreuzung zwischen den nämlichen Arten sich oft so sehr abweichend verhalten? Wozu, kann man sogar fragen, soll überhaupt die Möglichkeit Bastarde zu liefern dienen? Es scheint doch eine wunderliche Anordnung zu sein, dass die Arten das Vermögen haben Bastarde zu bilden, deren weitere Fortpflanzung aber durch verschiedene Grade von Sterilität gehemmt ist, welche in keiner strengen Beziehung zur Leichtigkeit der ersten Kreuzung ihrer Eltern stehen.

Die voranstehenden Regeln und Thatsachen scheinen mir dagegen deutlich zu beweisen, dass die Unfruchtbarkeit sowohl der ersten Kreuzungen als der Bastarde einfach mit unbekannten Verschiedenheiten hauptsächlich im Fortpflanzungssysteme der gekreuzten Arten zusammen- oder von ihnen abhängt. Die Verschiedenheiten sind von so eigenthümlicher und beschränkter Natur, dass bei wechselseitigen Kreuzungen zwischen zwei Arten oft das männliche Element der einen von ganz ordentlicher Wirkung auf das weibliche der andern ist, während hei der Kreuzung in der andern Richtung das Gegentheil eintritt. Es wird angemessen sein durch ein Beispiel etwas vollständiger auseinander zu setzen, was ich unter der Bemerkung verstehe, dass Sterilität mit andern Verschiedenheiten zusammenfalle und nicht eine specielle Eigenthümlichkeit für sich bilde. Die Fähigkeit einer Pflanze sich auf eine andre propfen oder oculiren zu lassen, ist für deren Gedeihen im Naturzustande so gänzlich gleichgiltig, dass wohl, wie ich glaube, niemand diese Fähigkeit für eine specielle Begabung der beiden Pflanzen halten, sondern jedermann anzunehmen geneigt sein wird, sie falle mit Verschiedenheiten in den Wachsthumsgesetzen derselben zusammen. Den Grund davon, dass eine Art auf der andern etwa nicht anschlagen will, kann man zuweilen in abweichender Wachsthumsweise, Härte des Holzes, Zeit des Flusses oder Natur des Saftes u. dgl. finden; in sehr vielen Fällen aber lässt sich gar keine Ursache dafür angeben. Denn selbst sehr bedeutende Verschiedenheiten in der Grösse der zwei Pflanzen, oder in holziger und krautartiger, immergrüner und sommergrüner Beschaffenheit und selbst ihre Anpassung an ganz verschiedene Klimate bilden nicht immer ein Hinderniss ihrer Aufeinanderpropfung. Wie hei der Bastardbildung so ist auch heim Propfen die Fähigkeit durch systematische Affinität beschränkt; denn es ist noch niemand gelungen Baumarten aus ganz verschiedenen Familien aufeinanderzupropfen, während dagegen nahe verwandte Arten einer Gattung und Varietäten einer Art gewöhnlich, aber nicht immer, leicht aufeinander gepropft werden können. Doch ist auch dieses Vermögen ebensowenig als das der Bastardbildung durch systematische Verwandtschaft in absoluter Weise bedingt. Denn wenn auch viele verschiedene Gattungen einer Familie aufeinander zu propfen gelungen ist, so nehmen doch wieder in andern Fällen sogar Arten einer nämlichen Gattung einander nicht an. Der Birnbaum kann viel leichter auf den Quittenbaum, den man zu einem eigenen Genus erhoben, als auf den Apfelbaum gezweigt werden, der mit ihm zur nämlichen Gattung gehört. Selbst verschiedene Varietäten der Birne schlagen nicht mit gleicher Leichtigkeit auf dem Quittenbaum an, und ebenso verhalten sich verschiedene Aprikosen- und Pfirsichvarietäten dem Pflaumenbaume gegenüber. Wie nach Gärtner zuweilen eine angeborene Verschiedenheit im Verhalten der Individuen zweier zu kreuzenden Arten vorhanden ist, so glaubt Sageret auch an eine angeborene Verschiedenheit im Verhalten der Individuen zweier aufeinander zu propfender Arten. Wie bei Wechselkreuzungen die Leichtigkeit der zweierlei Paarungen oft sehr ungleich ist, so verhält es sich oft auch bei dem wechselseitigen Verpropfen. So kann die gemeine Stachelbeere z. B. auf den Johannisbeerstrauch gezweigt werden, dieser wird aber nur schwer auf dem Stachelbeerstrauch anschlagen.

Wir haben gesehen, dass die Unfruchtbarkeit der Bastarde, deren Reproductionsorgane von unvollkommener Beschaffenheit sind, eine ganz andere Sache ist, als die Schwierigkeit zwei reine Arten mit vollständigen Organen mit einander zu paaren; doch laufen beide Fälle bis zu gewissem Grade mit einander parallel. Etwas Ähnliches kommt auch beim Propfen vor; denn Thouin hat gefunden, dass die drei Robinia-Arten, welche auf eigener Wurzel reichlichen Samen gebildet hatten und sich ohne grosse Schwierigkeit auf einander zweigen liessen, durch die Aufeinanderimpfung unfruchtbar gemacht wurden; während dagegen gewisse Sorbus-Arten, eine auf die andere gesetzt, doppelt so viel Früchte als auf eigener Wurzel lieferten. Dies erinnert uns an die oben erwähnten ausserordentlichen Fälle bei Hippeastrum, Passiflora u. dgl., welche viel reichlicher fructificiren, wenn sie mit Pollen einer andern Art als wenn sie mit ihrem eigenen Pollen befruchtet werden.

Wir sehen daher, dass, wenn auch ein klarer und fundamentaler Unterschied zwischen der blossen Adhäsion auf einander gepropfter Stöcke und der Zusammenwirkung männlicher und weiblicher Elemente zum Zwecke der Fortpflanzung stattfindet, sich doch ein gewisser Parallelismus zwischen den Wirkungen der Impfung und der Befruchtung verschiedener Arten mit einander kundgibt. Und da wir die sonderbaren und verwickelten

Regeln, welche die Leichtigkeit der Aufeinanderpropfung zweier
Bäume bedingen, als mit unbekannten Verschiedenbeiten in den
vegetativen Organen zusammenhängend betrachten müssen, so
glaube ich auch, dass die noch viel zusammengesetzteren Gesetze,
welche die Leichtigkeit erster Kreuzungen beherrschen, mit unbekannten Verschiedenheiten in ihrem Reproductivsysteme im Zusammenhang stehen. Diese Verschiedenheiten folgen in beiden
Fällen, wie sich erwarten lässt, bis zu einem gewissen Grade
der systematischen Affinität, durch welche Bezeichnung jede Art
von Ähnlichkeit und Unähnlichkeit zwischen organischen Wesen
auszudrücken versucht wird. Die Thatsachen scheinen mir in
keiner Weise zu ergeben, dass die grössere oder geringere
Schwierigkeit verschiedene Arten auf und mit einander zu propfen und zu kreuzen eine besondere Eigenthümlichkeit ist, obwohl dieselbe beim Kreuzen für die Dauer und Stetigkeit der
Artformen ebenso wesentlich, als sie beim Propfen unwesentlich
für deren Gedeihen ist.

## Ursprung und Ursachen der Unfruchtbarkeit erster Kreuzungen und der Bastarde.

Es schien mir, wie es auch andern gieng, eine Zeitlang wahrscheinlich, dass diese Unfruchtbarkeit wohl durch natürliche Zuchtwahl erreicht sein könnte, durch langsame Einwirkung auf eine
in geringem Grade auftretende Abnahme der Fruchtbarkeit, die
wie jede andere Abänderung zuerst von selbst bei gewissen Individuen einer mit einer andern gekreuzten Varietät erschienen
sei. Denn es würde offenbar für zwei Varietäten oder beginnende
Arten von Vortheil sein, wenn sie an einer Vermischung gehindert
würden, und zwar nach demselben Princip, dass, wenn Jemand
gleichzeitig zwei Varietäten züchtet, er sie nothwendig getrennt
halten muss. Zuerst muss aber bemerkt werden, dass oft zwei
verschiedene Gegenden von Gruppen von Arten oder von einzelnen Arten bewohnt werden, welche, werden sie zusammengebracht und gekreuzt, mehr oder weniger steril befunden werden.
Für solche getrennt lebende Arten kann es nun aber offenbar
nicht von Vortheil gewesen sein, gegenseitig unfruchtbar gemacht

worden zu sein; und folglich hat hier natürliche Zuchtwahl nichts bewirkt. Dagegen könnte man vielleicht mit Recht einwenden, dass, wenn eine Art mit irgend einem Landesgenossen unfruchtbar geworden ist, Unfruchtbarkeit mit andern Arten wahrscheinlich als eine nothwendige Folge sich ergeben wird. Zweitens widerspricht es ebensosehr meiner Theorie der natürlichen Zuchtwahl als der einer speciellen Erschaffung, dass bei wechselseitigen Kreuzungen das männliche Element der einen Form zuweilen völlig impotent in Bezug auf eine zweite Form geworden ist, während in gleicher Zeit das männliche Element dieser zweiten Form im Stande ist, die erste ordentlich zu befruchten.

Denkt man aber an die Wahrscheinlichkeit, dass natürliche Zuchtwahl in's Spiel gekommen ist, so wird man eine grosse Schwierigkeit in der Existenz vieler gradweis verschiedener Zustände von sehr unbedeutend verminderter Fruchtbarkeit bis zu völliger und absoluter Unfruchtbarkeit finden. Nach dem oben auseinandergesetzten Grundsatz kann man zugeben, dass es für eine beginnende Art von Vortheil ist, dass sie bei der Kreuzung mit ihrer Stammform oder mit irgend einer andern Varietät in einem geringen Grade steril wird; denn danach werden weniger verbastardirte und deteriorirte Nachkommen erzeugt, die ihr Blut mit der sich ausbildenden Varietät mischen würden. Wer sich indessen die Mühe giebt über die Wege nachzudenken, auf welchen dieser erste Grad von Sterilität durch natürliche Zuchtwahl vergrössert und bis zu jenem hohen Grade geführt werden könnte, der so vielen Arten eigen ist, und der ganz allgemein Arten zukömmt, welche bis zu einem generischen oder Familiengrade differenzirt sind, der wird den Gegenstand ausserordentlich verwickelt finden. Nach reifer Überlegung scheint mir, dass dies nicht hat durch natürliche Zuchtwahl bewirkt werden können: denn es konnte für ein individuelles Thier nicht von irgend welchem directen Vortheil sein, mit einem andern Individuum einer verschiedenen Varietät sich nur gering zu paaren und so nur wenig Nachkommen zu hinterlassen; folglich konnten auch solche Individuen nicht erhalten oder zur Zucht gewählt werden. Bei den sterilen geschlechtslosen Insecten haben wir Grund zu glauben, dass Modificationen ihrer Structur durch natürliche Zuchtwahl langsam gehäuft worden sind, da hierdurch der Gemeinschaft, zu der sie gehörten, indirect ein Vortheil über andere Gemeinschaften erwuchs; wird aber ein individuelles Thier beim Kreuzen mit einer andern Varietät um ein weniges steril, so würde daraus kein indirecter Vortheil für seine nächsten Verwandten oder irgend welche andere Individuen derselben Varietät entspringen, der zu deren Erhaltung führte. Aus diesen Betrachtungen schliesse ich, dass, was die Thiere betrifft, die verschiedenen Grade verminderter Fruchtbarkeit gekreuzter Arten nicht mit Hülfe der natürlichen Zuchtwahl langsam haben gehäuft werden können.

Bei Pflanzen kann sich die Sache möglicherweise anders verhalten. Bei sehr vielen Arten bringen Insecten beständig Pollen von benachbarten Pflanzen derselben oder anderen Varietäten auf die Narbe jeder Blüthe; bei andern besorgt dies der Wind. Erhielte nun der Pollen irgend einer Varietät durch spontan eintretende Abänderung ein wenn auch noch so geringes Übergewicht über den Pollen anderer Varietäten, so dass er, auf irgend welche Weise auf die Narben der Blüthen seiner eigenen Varietät gebracht, die Einwirkung vor ihm hingebrachten Pollens aufhöbe, so würde dies sicher ein Vortheil für die Varietät sein; denn sie würde dadurch dem Verbastardiren und Verschlechtern entgehen; und je grösser das Übergewicht durch die natürliche Zuchtwahl würde, desto grösser würde der Vortheil sein. Aus den Untersuchungen Gärtner's wissen wir, dass ein Übergewicht dieser Art stets die auf eine Kreuzung besonderer Arten folgende Unfruchtbarkeit begleitet, wir wissen aber nicht, ob dies Übergewicht eine Folge der Sterilität, oder die Sterilität eine Folge des Übergewichts ist. Wäre das letztere richtig, so könnten wir schliessen, dass in demselben Maasse, wie das einer Species im Processe ihrer Bildung vortheilhafte Übergewicht durch natürliche Zuchtwahl stärker würde, auch die dem Übergewicht folgende Sterilität gleichzeitig zunähme; das endliche Resultat wären verschiedene Grade von Unfruchtbarkeit, wie sie factisch bei den bestehenden Arten nach der Kreuzung vorkommen. Dieselbe Ansicht könnte man auf Thiere ausdehnen, wenn das Weibchen vor jeder Geburt mehrere Männcben annäbme, so dass das zeugende Element des überwiegenden Männchens ibrer eigenen Varietät alle Wirkungen früherer Vermiscbungen mit Männchen anderer Varietäten aufhöbe; wir haben aber, wenigstens bei Landtbieren keinen Grund zu glauben, dass dies der Fall ist, da meiat Männchen und Weibchen sich für jede Brut, einige wenige zeitlebens paaren.

Im Ganzen können wir schliessen, dass bei Thieren die Sterilität gekreuzter Arten nicht durch natürliche Zuchtwahl langsam vergrössert worden ist; und da diese Sterilität im Pflanzen- wie im Thierreich denselben allgemeinen Gesetzen folgt, ao ist es, wenn auch scheinbar möglich, doch unwahrscbeinlich, daas gekreuzte Pflanzen auf anderem Wege als Thierc unfrucbtbar geworden sind. Wenn wir nacb diesen Betrachtungen uns noch daran erinnern, dass Arten, welcbe nie in demselben Lande zuaammen existirt haben, die also dadurch nichts profitirt haben können, wenn sie gegenseitig unfruchtbar wurden, aber doch bei der Kreuzung steril sind, wenn wir ferner im Auge behalten, dass bei wechselseitigen Kreuzungen derselben zwei Arten zuweilen die weiteste Verscbiedenheit in den darauffolgenden Graden der Sterilität eintritt, so müssen wir den Gedanken aufgeben, dass hier natürliche Zuchtwahl in's Spiel kömmt; wir werden vielmehr zu unserer früberen Annabme gedrängt, dass die Sterilität erster Kreuzungen und indirect der Bastarde einfach mit unbekannten Verschiedenheiten des Reproductionssystema der Stammarten zusammenfällt.

Wir wollen nun die wahrscheinlicbe Natur dieser Verschiedenheiten, welche Sterilität aowobl erster Kreuzungen als der Bastarde verursachen, etwaa näber zu betracbten versuchen. Reine Arten und Bastarde sind, wie bereits bemerkt, im Zustande ibrer Reproductionsorgane verschieden; nacb dem, was aogleicb über wecbaelseitig di- und trimorpbe Pflanzen gesagt werden aoll, möchte es scbeinen, als existirte ein unbekanntes Band oder Gesetz, welcbes verursacht, dass ein aua einer nicht völlig fruchtbaren Verbindung entspringendes Junges selbst mehr oder weniger unfrucbtbar werde.

Bei ersten Kreuzungen reiner Arten hängt die grössere oder geringere Schwierigkeit, eine Paarung zu bewirken und Nachkommen zu erzielen, anscheinend von mehreren verschiedenen Ursachen ab. Zuweilen muss eine physische Unmöglichkeit für das männliche Element vorhanden sein bis zum Eichen zu gelangen, wie es bei Pflanzen der Fall ist, deren Pistill zu lang ist, als dass die Pollenschläuche bis ins Ovarium hinabreichen könnten. So ist auch beobachtet worden, dass wenn der Pollen einer Art auf das Stigma einer nur entfernt damit verwandten Art gebracht wird, die Pollenschläuche zwar hervortreten, aber nicht in die Oberfläche des Stigmas eindringen. In andern Fällen kann das männliche Element zwar das weibliche erreichen aber unfähig sein, die Entwickelung des Embryos zu bewirken, wie das aus einigen Versuchen Thurets mit Fucoiden hervorzugehen scheint. Wir können diese Thatsachen eben so wenig erklären, als warum gewisse Baumarten nicht auf andere gepropft werden können. Endlich kann es auch vorkommen, dass ein Embryo sich zwar zu entwickeln beginnt, aber schon in der nächsten Zeit zu Grunde geht. Diese letzte Möglichkeit ist nicht genügend aufgeklärt worden; doch glaube ich nach den von Hrn. Hewitt erhaltenen Mittheilungen, welcher grosse Erfahrung in der Bastardzüchtung von Phasanen und Hühnern besessen hat, dass der frühzeitige Tod des Embryos eine sehr häufige Ursache der Unfruchtbarkeit der ersten Kreuzungen ist. Salter hat neuerdings die Resultate seiner Untersuchungen von 500 Eiern bekannt gemacht, die von drei Arten von Gallus und deren Bastarden erhalten worden waren. Die Mehrzahl dieser Eier war befruchtet, und bei der Majorität der befruchteten Eier waren die Embryonen entweder nur zum Theil entwickelt und waren dann abortirt, oder beinahe reif geworden, die Jungen waren aber nicht im Stande, die Schale zu durchbrechen. Von den geborenen Hühnchen waren über vier Fünftel innerhalb der ersten paar Tage oder höchstens Wochen gestorben, „ohne irgend welche auffallende Ursachen, scheinbar nur aus Mangel an Lebensfähigkeit", so dass von den 500 Eiern nur zwölf Hühnchen aufgezogen wurden. Der frühe Tod der Bastardembryone tritt wahrscheinlich in gleicher Weise bei Pflanzen ein; wenigstens ist es bekannt, dass von sehr verschiedenen Arten erzogene Bastarde zuweilen schwach und zwerghaft sind und jung zu Grunde gehen. Von dieser Thatsache hat neuerdings Max Wicaura einige auffallende Fälle bei Weidenbastarden gegeben. Es verdient vielleicht hier bemerkt zu werden, dass in manchen Fällen von Parthenogenesis die aus nicht befruchteten Eiern kommenden Embryonen, wie die aus einer Kreuzung zweier besonderer Arten entstehenden, die ersten Entwickelungszustände durchliefen und dann untergiengen; dies hat Jourdan bei den unbefruchteten Eiern des Seidenwurms beobachtet. Ehe ich mit diesen Thatsachen bekannt wurde, war ich sehr wenig geneigt, an den frühen Tod hybrider Embryonen zu glauben, weil Bastarde, wenn sie einmal geboren sind, sehr kräftig und langlebend zu sein pflegen, wie es das Maulthier zeigt. Überdies befinden sich Bastarde vor und nach der Geburt unter ganz verschiedenen Verhältnissen. In einer Gegend geboren und lebend, wo auch ihre beiden Eltern leben, befinden sie sich allgemein unter ihnen zusagenden Lebensbedingungen. Aber ein Bastard hat nur halb an der Natur und Constitution seiner Mutter Antheil und mag mithin vor der Geburt, so lange als er sich noch im Mutterleibe oder in den von der Mutter hervorgebrachten Eiern und Samen befindet, einigermassen ungünstigeren Bedingungen ausgesetzt und demzufolge in der ersten Zeit leichter zu Grunde zu gehen geneigt sein, zumal alle sehr jungen Wesen gegen schädliche und unnatürliche Lebensverhältnisse ausserordentlich empfindlich sind. Nach allem aber liegt die Ursache wahrscheinlicher in irgend einer Unvollkommenheit beim ursprünglichen Befruchtungsacte, welcher den Embryo nur unvollkommen entwickeln lässt, als in den Bedingungen, denen er später ausgesetzt ist.

Hinsichtlich der Sterilität der Bastarde, deren Zeugungselemente unvollkommen entwickelt sind, verhält sich die Sache anders. Ich habe schon mehrmals angeführt, dass ich eine grosse Menge von Thatsachen gesammelt habe, welche zeigen, dass, wenn Pflanzen und Thiere aus ihren natürlichen Verhältnissen gerissen werden, es vorzugsweise die Fortpflanzungsorgane sind, welche dabei angegriffen werden. Dies ist in der That die grosse

Schranke für die Domestication der Thiere. Zwischen der dadurch veranlassten Unfruchtbarkeit derselben und der der Bastarde sind manche Ähnlichkeiten. In beiden Fällen ist die Sterilität unabhängig von der Gesundheit im Allgemeinen und oft begleitet von excedirender Grösse und Üppigkeit. In beiden Fällen kommt die Unfruchtbarkeit in vielerlei Abstufungen vor; in beiden ist das männliche Element am meisten zu leiden geneigt, zuweilen aber das weibliche doch noch mehr als das männliche. In beiden geht diese Neigung bis zu gewisser Stufe gleichen Schritts mit der systematischen Verwandtschaft; denn ganze Gruppen von Pflanzen und Thieren werden durch dieselben unnatürlichen Bedingungen impotent, und ganze Gruppen von Arten neigen zur Hervorbringung unfruchtbarer Bastarde. Dagegen widersteht zuweilen eine einzelne Art in einer Gruppe grossen Veränderungen in den äusseren Bedingungen mit ungeschwächter Fruchtbarkeit, und gewisse Arten einer Gruppe liefern ungewöhnlich fruchtbare Bastarde. Niemand kann, ehe er es versucht hat, voraussagen, ob dieses oder jenes Thier in der Gefangenschaft und ob diese oder jene ausländische Pflanze während ihres Anbaues sich gut fortpflanzen wird, noch ob irgend welche zwei Arten einer Gattung mehr oder weniger sterile Bastarde mit einander hervorbringen werden. Endlich, wenn organische Wesen während mehrerer Generationen in für sie unnatürliche Verhältnisse versetzt werden, so sind sie ausserordentlich zu variiren geneigt, was, wie ich glaube, davon herrührt, dass ihre Reproductivsysteme besonders angegriffen sind, obwohl in minderem Grade als wenn gänzliche Unfruchtbarkeit folgt. Ebenso ist es mit Bastarden; denn Bastarde sind in aufeinanderfolgenden Generationen sehr zu variiren geneigt, wie es jeder Züchter erfahren hat.

So sehen wir, dass, wenn organische Wesen in neue und unnatürliche Verhältnisse versetzt, und wenn Bastarde durch unnatürliche Kreuzung zweier Arten erzeugt werden, das Reproductivsystem ganz unabhängig von der allgemeinen Gesundheit in ganz ähnlicher Weise von Unfruchtbarkeit betroffen wird. In dem einen Falle sind die Lebensbedingungen gestört worden,

ohwohl oft nur in einem für uns nicht wahrnehmbaren Grade; in
dem andern, hei den Bastarden nämlich, sind jene Verhältnisse
unverändert gehlieben, aber die Organisation ist dadurch gestört
worden, dass zweierlei Structur und Constitution des Körpers
zu einer verschmolzen ist. Denn es ist kaum möglich, dass zwei
Organisationen in eine verhunden werden, ohne einige Störung
in der Entwickelung oder in der periodischen Thätigkeit oder
in den Wechselheziehnngen der verschiedenen Theile und Organe
zu einander oder zu den Lehensheziehungen zu veranlassen.
Wenn Bastarde fähig sind sich unter sich fortzupflanzen, so
übertragen sie von Generation zu Generation auf ihre Ahkommen
dieselhe Vereinigung zweier Organisationen, und wir dürfen daher nicht erstaunen, dass ihre Unfruchtharkeit, wenn auch einigem Schwanken unterworfen, nicht ahnimmt, sondern zuzunehmen
geneigt ist; diese Zunahme ist, wie erwähnt, vielleicht aus den
Grundsätzen der Vererbung und einer zu engen Inzucht verständlich. Die ohige Ansicht, dass die Sterilität der Bastarde
durch das Vermischen zweier Constitutionen zu einer verursacht
sei, ist vor Kurzem sehr entschieden von MAX WICAURA vertreten worden; es muss jedoch zugegehen werden, dass die in
jeder Beziehung der der Bastarde so ähnliche Sterilität, welche
die illegitimen Nachkommen dimorpher und trimorpher Pflanzen
trifft (wie gleich heschrieben werden soll), diese Ansicht zweifelhaft macht.
Wir müssen auch hekennen, dass wir nach dieser oder
irgend einer andern Ansicht nicht im Stande sind, gewisse Thatsachen in Bezug auf die Unfruchtharkeit der Bastarde zu hegreifen, wie z. B. die ungleiche Fruchtharkeit der zweierlei Bastarde
aus der Wechselkreuzung, oder die zunehmende Unfruchtbarkeit
derjenigen Bastarde, welche zufällig oder ausnahmsweise einem
ihrer heiden Eltern sehr ähnlich sind. Auch hilde ich mir nicht
ein, durch die vorangehenden Bemerkungen der Sache auf den
Grund zu kommen; ich hahe keine Erklärung dafür, warum ein
Organismus unter unnatürlichen Lehenshedingungen unfruchtbar
wird. Alles, was ich habe zeigen wollen, ist, dass in zwei in
mancher Beziehung einander ähnlichen Fällen Unfruchtharkeit das

gleiche Resultat ist, in dem einen Falle, weil die äusseren Lebensbedingungen, und in dem andern weil durch Verschmelzung zweier Bildungen in eine die Organisation oder Constitution gestört worden ist.

Es mag wunderlich scheinen, aber ich vermuthe, dass ein gleicher Parallelismus sich noch auf eine andere zwar verwandte, doch an sich sehr verschiedene Reihe von Thatsachen erstreckt. Es ist ein alter und fast allgemeiner Glaube, welcher meines Wissens auf einer Masse von Erfahrungen beruhet, dass leichte Veränderungen in den äusseren Lebensbedingungen für alles Lebendige wohltbätig sind. Wir seben daher Landwirthe und Gärtner beständig ihre Samen, Knollen u. s. w. austauschen, sie aus einem Boden und Klima ins andere und wieder zurück versetzen. Während der Wiedergenesung von Thieren seben wir sie oft grossen Vortheil aus diesem oder jenem Wechsel in ihrer Lebensweise zichen. So sind auch bei Pflanzen und Thieren reichliche Beweise vorhanden, dass eine Kreuzung zwischen sehr verschiedenen Individuen einer Art, nämlich zwischen solchen von verschiedenen Stämmen oder Unterrassen, der Nachzucht Kraft und Fruchtbarkeit verleibt. Ich glaube in der That, nach den im vierten Capitel angeführten Thatsachen, dass ein gewisses Maass von Kreuzung selbst für Hermaphroditen unentbehrlich ist, und dass enge Inzucht zwischen den nächsten Verwandten einige Generationen lang fortgesetzt, zumal wenn dieselben unter gleichen Lebensbedingungen gehalten werden, immer schwache und unfruchtbare Sprösslinge liefert.

So scheint es mir denn, dass einerseits geringe Wechsel der Lebensbedingungen allen organischen Wesen vortheilbaft sind, und dass andererseits schwache Kreuzungen, nämlich zwischen Männchen und Weibchen derselben Art, welche variirt haben und unbedeutend verschieden geworden sind, der Nachkommenschaft Kraft und Stärke verleiben. Dagegen baben wir aber geseben, dass stärkere Wechsel der Verhältnisse, und zumal solche von besonderer Art die Organismen oft in gewissem Grade unfruchtbar macben können, wie auch stärkere Kreuzungen, nämlich zwischen sehr weit oder specifisch verschieden geworden

Männchen und Weibchen Bastarde hervorbringen, die gewöhnlich
einigermaassen unfruchtbar sind. Ich vermag mich nicht zu über-
reden, dass dieser Parallelismus auf einem blossen Zufalle oder
einer Täuschung beruhen solle. Beide Reihen von Thatsachen
scheinen durch ein gemeinsames aber unbekanntes Band mit einander verkettet, welches mit dem Lebensprincipe wesentlich zusammenhängt; das Princip ist wie es scheint dies, dass das Leben, wie HERBERT SPENCER bemerkt hat, von der beständigen
Wirkung und Gegenwirkung verschiedener Kräfte abhängt oder
hierin besteht, welche wie überall in der Natur nach Gleichgewicht streben; wird dies Streben durch irgend einen Wechsel
leicht gestört, so gewinnen die Lebenskräfte wieder an Stärke.

### Wechselseitiger Dimorphismus und Trimorphismus.

Dieser Gegenstand mag hier kurz erörtert werden; wir werden sehen, dass er ein ziemliches Licht auf die Lehre von der
Bastardirung wirft. Mehrere zu verschiedenen Ordnungen ge-
hörende Pflanzen bieten zwei, in ungefähr gleicher Zahl zusammen vorkommende Formen dar, welche in keiner andern Beziehung, nur in ihren Reproductionsorganen verschieden sind; die
eine Form hat ein langes Pistill und kurze Staubfäden, die andere
ein kurzes Pistill mit langen Staubfäden, beide mit verschieden
grossen Pollenkörnern. Bei trimorphen Pflanzen sind drei Formen vorhanden, die gleicher Weise in der Länge ihrer Pistille
und Staubfäden, in der Grösse und Farbe ihrer Pollenkörner und
in einigen andern Beziehungen verschieden sind; und da es in
jeder dieser drei Formen zwei Sorten Staubfäden gibt, so sind
zusammen sechs Arten von Staubfäden und drei Arten Pistille
vorhanden. Diese Organe sind in ihrer Länge einander so pro-
portionirt, dass in je zwei dieser Formen die Hälfte der Staubfäden einer jeden in gleicher Höhe mit dem Stigma der dritten
Form stehe. Nun habe ich gezeigt, und das Resultat haben andere Beobachter bestätigt, dass es, um vollständige Fruchtbarkeit
bei diesen Pflanzen zu erreichen, nöthig ist, die Narbe der einen
Form mit Pollen aus den Staubfäden der correspondirenden Höhe
in der andern Form zu befruchten. So sind bei dimorphen Arten

zwei Begattungen, die man legitime nennen kann, völlig fruchtbar, und zwei, welche man illegitim nennen kann, mehr oder
weniger unfruchtbar. Bei trimorphen Arten sind sechs Begattungen legitim oder vollständig fruchtbar, zwölf sind illegitim
oder mehr oder weniger unfruchtbar.

Die Unfruchtbarkeit, welche bei verschiedenen dimorphen
und trimorphen Pflanzen nach illegitimer Befruchtung beobachtet
wird, d. h. wenn sie mit Pollen aus Staubfäden befruchtet werden, die in ihrer Höhe nicht dem Pistill entsprechen, ist dem
Grade nach sehr verschieden bis zu absoluter und äusserster
Sterilität, genau in derselben Art, wie sie beim Kreuzen verschiedener Arten vorkömmt. Wie der Grad der Sterilität im
letztern Falle in hervorragender Weise von mehr oder wenig
günstigen Lebensbedingungen abhängt, so habe ich es auch bei
illegitimen Begattungen gefunden. Es ist bekannt, dass, wenn
Pollen einer verschiedenen Art auf die Narbe einer Blüthe, und
später, selbst nach einem beträchtlichen Zwischenraum, ihr eigener Pollen auf dieselbe Narbe gebracht wird, dessen Wirkung
so stark überwiegend ist, dass er den Effect des fremden Pollens gewöhnlich vernichtet; dasselbe ist der Fall mit dem Pollen
der verschiedenen Formen derselben Art: legitimer Pollen ist
stark überwiegend über illegitimen, wenn beide auf dieselbe
Narbe gebracht werden. Ich bestätigte dies dadurch, dass ich
mehrere Blüthen erst illegitim und vier und zwanzig Stunden
darauf legitim mit Pollen einer eigenthümlich gefärbten Varietät
befruchtete; alle Sämlinge waren ähnlich gefärbt. Dies zeigt,
dass der, wenn auch vier und zwanzig Stunden später aufge-
tragene legitime Pollen die Wirksamkeit des vorher aufgetragenen
illegitimen Pollens gänzlich zerstört oder verhindert hatte. Wie
ferner bei den wechselseitigen Kreuzungen zwischen zwei Species
zuweilen eine grosse Verschiedenheit im Resultat auftritt, so
kommt auch etwas Analoges bei dimorphen Pflanzen vor. Denn
eine kurzgriffelige Primula elatior gibt mehr Samen nach Befruchtung mit der langgriffeligen und weniger nach Befruchtung
mit seiner eigenen Form, als eine langgriffelige Primula elatior
nach Befruchtung in den beiden correspondirenden Methoden ergibt.

In all' diesen Beziehungen verhalten sich die verschiedenen
Formen einer und derselben unzweifelbaften Art nach illegitimer
Begattung genau ebenso wie zwei verschiedene Arten nach ihrer
Kreuzung. Dies veranlasste mich, vier Jahre hindurch sorgfältig
viele Sämlinge zu beobachten, die das Resultat mehrerer illegitimer Begattungen waren. Das hauptsächlichste Ergebniss ist,
dass diese illegitimen Pflanzen, wie sie genannt werden können,
nicht vollkommen fruchtbar sind. Es ist möglich, von dimorphen
Arten illegitim sowohl lang- als kurzgriffelige Pflanzen zu erziehen, ebenso von trimorphen illegitim alle drei Formen, so dass
sie in legitimer Weise begattet werden können. Ist dies geschehen, so sieht man keinen rechten Grund, warum sie nach
legitimer Befruchtung nicht ebensoviel Samen liefern sollen, wie
ihre Eltern. Dies ist aber nicht der Fall; sie sind alle, aber in
verschiedenem Grade unfruchtbar; einige sind so völlig und unheilbar steril, dass sie durch vier Sommer nicht einen Samen,
nicht einmal eine Samenkapsel ergaben. Diese illegitimen Pflanzen, welche, wenn sie auch in legitimer Weise mit einander begattet werden, so unfruchtbar sind, können völlig mit unter einander gekreuzten Bastarden verglichen werden; wir wissen alle,
wie unfruchtbar diese letzteren gewöhnlich sind. Wird andererseits ein Bastard mit einer der reinen Stammformen gekreuzt,
so wird gewöhnlich die Sterilität um vieles vermindert; so ist
es auch, wenn eine illegitime Pflanze von einer legitimen befruchtet wird. In derselben Weise, wie die Sterilität der Bastarde nicht immer der Schwierigkeit der ersten Kreuzung ihrer
Mutterarten parallel geht, so war auch die Sterilität gewisser
illegitimer Pflanzen ungewöhnlich gross, während die Unfruchtbarkeit der Begattung, der sie entsprungen, durchaus nicht gross
war. Bei aus einer und derselben Samenkapsel erzogenen Bastarden ist der Grad der Unfruchtbarkeit an sich variabel; so ist
es auch in auffallender Weise bei illegitimen Pflanzen. Endlich
blühen viele Bastarde beständig und ausserordentlich stark, während andere und sterilere Bastarde wenig Blüthen produciren und
schwache elende Zwerge sind; genau ähnliche Fälle kommen bei

den illegitimen Nachkommen verschiedener dimorpher und trimorpher Pflanzen vor.

Es besteht überhaupt die engste Identität in Character und Verhalten zwischen illegitimen Pflanzen und Bastarden. Es ist kaum übertrieben zu behaupten, dass die ersteren Bastarde sind, aber innerhalb der Grenzen einer Species durch unpassende Begattung gewisser Formen erzeugt, während gewöhnliche Bastarde durch unpassende Begattung sogenannter distincter Arten erzeugt sind. Wir haben auch bereits gesehen, dass in allen Beziehungen zwischen ersten illegitimen Begattungen und ersten Kreuzungen distincter Arten die engste Ähnlichkeit besteht. Alles dies wird vielleicht durch ein Beispiel noch deutlicher. Nehmen wir an, ein Botaniker fände zwei auffallende Varietäten (und solche kommen vor) der langgriffeligen Form des trimorphen Lythrum salicaria, und er entschlösse sich, durch eine Kreuzung zu versuchen, ob dieselben specifisch verschieden seien. Er würde finden, dass sie nur ungefähr ein Fünftel der normalen Zahl von Samen liefern und dass sie sich in allen übrigen oben angeführten Beziehungen so verhielten, als wären sie zwei distincte Arten. Um sicher zu gehen, würde er aus seinen für verbastardirt gehaltenen Samen Pflanzen erziehen und würde finden, dass die Sämlinge elende Zwerge und völlig steril sind und sich in allen übrigen Beziehungen wie gewöhnliche Bastarde verhalten. Er würde dann behaupten, dass er im Einklang mit der gewöhnlichen Ansicht bewiesen habe, dass diese zwei Varietäten so gute und distincte Arten seien wie irgend welche in der Welt; er würde sich aber darin vollkommen irren.

Die hier mitgetheilten Thatsachen von dimorphen und trimorphen Pflanzen sind von Bedeutung, weil sie uns erstens zeigen, dass die physiologische Probe verringerter Fruchtbarkeit sowohl bei ersten Kreuzungen als bei Bastarden kein sicheres Criterium specifischer Verschiedenheit ist; zweitens, weil wir dadurch, wie vorher bemerkt, zu dem Schluss veranlasst werden, dass es ein unbekanntes Band oder Gesetz gibt, welches die Unfruchtbarkeit sowohl illegitimer Begattungen als erster Kreuzungen mit der Unfruchtbarkeit ihrer illegitimen und hybriden Nach-

kommenschaft in Verbindung bringt; drittens, weil wir finden
(und das scheint mir von besonderer Bedeutung zu sein), dass
von derselben Art zwei oder drei Formen existiren und in keiner
Beziehung von einander abweichen können, als in gewissen Characteren ihrer Reproductionsorgane, wie die relative Länge der
Staubfäden und Pistille, die Grösse, Form und Farbe der Pollenkörner, der Bau der Narbe und die Zahl und Grösse der Samen.
Bei diesen und keinen andern Verschiedenheiten weder im Bau
noch Constitution der verschiedenen sämmtlich hermaphroditen
Formen finden wir ihre illegitimen Begattungen und ihre illegitimen Nacbkommen mehr oder weniger steril und in einer ganzen Reihe von Beziehungen der ersten Kreuzungen und der hybriden Nachkommenschaft distincter Species auf's nächste ähnlich.
Wir werden hierdurch zu schliessen veranlasst, dass die Sterilität gekreuzter Arten und deren hybrider Nachkommen aller
Wahrscheinlichkeit nach gleicher Weise ausschliesslich von ähnlichen auf ihre Reproductionssysteme beschränkten Verschiedenheiten abhängen. Wir werden in der That zu demselben Schlusse
durch die Betrachtung wechselseitiger Kreuzungen zweier Arten
geführt, bei denen das Männchen der einen mit den Weibchen
der andern Art nicht oder nur mit grosser Schwierigkeit gepaart
werden kann, während die umgekehrte Kreuzung mit vollkommener Leichtigkeit ausgeführt werden kann; denn diese Verschiedenheit in der Leichtigkeit wechselseitiger Kreuzungen und in
der Fruchtbarkeit ihrer Nacbkommen muss dem zugeschrieben
werden, dass entweder das männliche oder das weibliche Element
der einen Art mit Bezug auf das andere sexuelle Element in
einem höheren Grade differenzirt ist als in der zweiten Art. Der
ausgezeichnete Beobachter GÄRTNER kam nach allgemeinen Gründen zu demselben Schluss, dass nämlich gekreuzte Arten in Folge
von Verschiedenheiten, die auf ihre Reproductionsorgane beschränkt sind, steril sind.

Wir werden endlich ganz natürlich darauf geführt zu fragen,
zu welchem nützlichen Zwecke Pflanzen wechselseitig dimorph
und trimorph geworden sind. Eine weit verbreitete Analogie
gibt uns, so weit die unmittelbare Ursache in Betracht kommt,

hierauf Antwort, nämlich: um den Pollen jeder Blüthe zu verhindern, auf die Narbe derselben zu wirken. Wir sehen dies bei einer Masse von Blütben durch die wunderbarsten mechanischen Vorrichtungen erreicbt, wie ich bei Orchideen gezeigt habe, und wie es sich bei vielen Pflanzen vieler andern Ordnungen zeigen lässt. Es gibt auch viele von C. C. SPRENGEL dichogam genannte Pflanzen, bei denen der Pollen und die Narbe nie zu gleicher Zeit reif sind, so dass sie sich nie selbst befruchten können. Es gibt auch viele Pflanzen, welche zwar Narbe und Pollen zu gleicher Zeit reif haben und keine Hindernisse einer Selbstbefruchtung darbieten, doch nichtsdestoweniger immer von umgebenden Varietäten, wenn deren in der Nachbarschaft wachsen, befruchtet werden, wie der Character ihrer Sämlinge zeigt. Dann baben wir viele Pflanzen, bei denen die verschiedenen Geschlechter auf verschiedenen Stämmen oder auch auf denselben stehen, was eine Selbstbefruchtung unvermeidlich verhindert. Endlich, im Einklang mit dem grossen, durch die ganze Natur geltenden Princip, dass derselbe Zweck durch die verschiedenartigsten Mittel erreicht wird, finden wir bei dimorphen und trimorphen Pflanzen, bei denen eine Selbstbefruchtung durch keines der oben angeführten Mittel verhindert wird, dies dadurch erreicht, dass der Pollen jeder Blüthe und folglich aller Blüthen derselben Form mehr oder weniger impotent für deren eigene Narbe geworden ist, so dass seine Wirkung leicht gänzlich durch Pollen, die regelmässig Insecten von anderen Individuen und Formen derselben Art herbeibringen, aufgehoben wird.

Sehen wir uns nach der Ursache des Dimorphismus und Trimorphismus bei Pflanzen um, so können wir meiner Meinung nach ohne Gefahr einen Schritt weiter gehen und scbliessen, dass der Pollen in seiner Wirkung auf die Narbe derselben Blüthe gebindert wird, um durch Veranlassung einer Begattung zweier distincter Individuen der Nachkommenschaft mehr Kraft zu verleihen. Nach dieser Ansicbt ist es aber in hohem Grade merkwürdig, dass dieser Zweck bei dimorphen und trimorphen Pflanzen dadurcb erreicht wird, dass alle Pflanzen derselben Form in ibrer Begattung und auch deren Nachkommen mehr oder weniger

steril geworden sind. Mit Bezug auf die Wege, auf denen die
Pflanzen wahrscheinlich dimorph und trimorph geworden sind,
verbietet mir der Mangel an Raum, auf den Gegenstand näher
einzugehen; ich will nur hinzufügen, dass keine besondere Schwierigkeit vorliegt, dies einer Wirkung der Variabilität, der guten
Einwirkung des Überwiegens einer Sorte von Pollen über eine
andere und der accumulativen Wirkung der natürlichen Zuchtwahl zuzuschreiben.

### Fruchtbarkeit gekreuster Varietäten und ihrer Blendlinge.

Man könnte uns als einen sehr kräftigen Beweisgrund entgegenhalten, es müsse irgend ein wesentlicher Unterschied zwischen
Arten und Varietäten sein und sich irgend ein Irrthum durch alle
vorangehenden Bemerkungen hindurchziehen, da ja Varietäten,
wenn sie in ihrer äusseren Erscheinung auch noch so sehr auseinandergehen, sich doch leicht kreuzen und vollkommen fruchtbare Nachkommen liefern. Ich gebe mit einigen sogleich nach-
zuweisenden Ausnahmen vollkommen zu, dass dies meistens die
Regel ist. Der Gegenstand bietet aber noch grosse Schwierigkeiten dar; denn wenn wir die in der Natur vorkommenden Varietäten betrachten, so werden, sobald zwei bisher als Varietäten
angesehene Formen sich einigermaassen steril mit einander zeigen, dieselben von den meisten Naturforschern sogleich zu Arten
erhoben. So sind z. B. die rothe und die blaue Anagallis, welche
die meisten Botaniker für blosse Varietäten halten, nach GÄRTNER
bei der Kreuzung nicht vollkommen fruchtbar und werden deshalb von ihm als unzweifelhafte Arten bezeichnet. Wenn wir
in solcher Weise im Zirkel schliessen, so muss die Fruchtbarkeit aller natürlich entstandenen Varietäten als erwiesen angesehen
werden.

Wenden wir uns zu den erwiesener oder vermutheter Maassen im Culturzustande erzeugten Varietäten, so werden wir auch
hier in Zweifel verwickelt. Denn wenn es z. B. feststeht, dass
der Deutsche Spitzhund sich leichter als andere Hunderassen mit
dem Fuchse paart, oder dass gewisse in Südamerika einheimische
Haushunde sich nicht leicht mit Europäischen Hunden kreuzen,

so ist die Erklärung, welche jedem einfallen wird und wahrscheinlich auch die richtige ist, die, dass diese Hunde von ursprünglich verschiedenen Arten abstammen. Dem ungeachtet ist
die vollkommene Fruchtbarkeit so vieler gepflegter Varietäten,
die in ihrem äusseren Ansehen so weit von einander verschieden
sind, wie die der Tauben und des Kohles, eine merkwürdige
Thatsache, besonders wenn wir erwägen, wie zahlreiche Arten
es gibt, die einander sehr ähnlich, doch bei der Kreuzung ganz
unfruchtbar mit einander sind. Verschiedene Betrachtungen jedoch lassen die Fruchtbarkeit der gepflegten Varietäten weniger
merkwürdig erscheinen, als es anfänglich der Fall ist. Es kann
erstens deutlich nachgewiesen werden, dass blosse äusserliche
Unähnlichkeit zweier Arten den grösseren oder geringeren Grad
der Unfruchtbarkeit bei der Kreuzung nicht bestimmt; und dieselbe Regel können wir auf die domesticirten Varietäten anwenden. Dann müssen wir uns zweitens daran erinnern, wie wenig
wir über die eigentlichen Ursachen der Unfruchtbarkeit sowohl
der miteinander gekreuzten als der ihren natürlichen Lebensbedingungen entrückten Arten wissen. Hinsichtlich dieses letzten
Punktes hat mir der Raum nicht gestattet, die vielen merkwürdigen Thatsachen aufzuzählen, die sich anführen liessen; was die
Unfruchtbarkeit bei Kreuzung betrifft, so ist es gut, sich der
Verschiedenheit der Resultate bei wechselseitigen Kreuzungen, so
wie der eigenthümlichen Fälle zu erinnern, wo eine Pflanze
leichter durch fremden als durch ihren eigenen Samenstaub befruchtet werden kann. Wenn wir über diese und andere Fälle,
wie über den nachher zu berichtenden von den verschieden gefärbten Varietäten von Verbascum nachdenken, so müssen wir
fühlen, wie gross unsere Unwissenheit und wie klein für uns
die Wahrscheinlichkeit ist zu begreifen, woher es komme, dass
bei der Kreuzung gewisse Formen fruchtbar und andere unfruchtbar sind. Drittens haben wir guten Grund zu glauben, dass ein
langdauernder Culturzustand die Unfruchtbarkeit zu beseitigen
strebt; und wenn dies der Fall ist, so werden wir gewiss nicht
erwarten dürfen, Sterilität unter dem Einflusse von nahezu den
nämlichen Lebensbedingungen erscheinen und verschwinden zu

sehen. Endlich, und dies scheint mir bei weitem die wichtigste
Betrachtung zu sein, bringt der Mensch neue Pflanzen- und Thierrassen im Culturzustande hauptsächlich durch planmässige und
unbewusste Züchtung zu eigenem Nutzen und Vergnügen hervor;
er will nicht und kann nicht die kleinen Verschiedenheiten im
Reproductivsysteme oder andre mit dem Reproductivsysteme in
Correlation stehenden constitutionellen Unterschiede zum Gegenstande seiner Zuchtwahl machen. Die Erzeugnisse der Domestication sind dem Klima und andern physikalischen Lebensbedingungen viel minder eng als die der Natur angepasst; denn gewöhnlich lassen sie sich ohne Nachtheil in andere Gegenden von
verschiedener Beschaffenheit verpflanzen. Der Mensch versieht
seine verschiedenen Varietäten mit der nämlichen Nahrung, behandelt sie fast auf dieselbe Weise und will ihre allgemeine Lebensweise nicht ändern. Die Natur wirkt einförmig und langsam
während unermesslicher Zeiträume auf die gesammte Organisation
auf jede Weise, die nur zu deren eigenem Besten dienen kann;
und so mag sie unmittelbar oder wahrscheinlicher mittelbar, durch
Correlation, auch das Reproductivsystem in den mancherlei Abkömmlingen einer jeden Art abändern. Wenn man diese Verschiedenheit im Züchtungsverfahren von Seiten des Menschen und
der Natur berücksichtigt, wird man sich nicht mehr wundern
können, dass sich einiger Unterschied auch in den Ergebnissen
zeigt.

Ich habe bis jetzt so gesprochen, als seien die Varietäten
einer nämlichen Art bei der Kreuzung meistens unabänderlich
fruchtbar. Es scheint mir aber unmöglich, sich den Zeugnissen
für das Dasein eines gewissen Maasses von Unfruchtbarkeit in
einigen wenigen Fällen zu verschliessen, die ich kurz anführen
will. Der Beweis ist wenigstens eben so gut als derjenige, welcher uns an die Unfruchtbarkeit einer Menge von Arten glauben
macht, und ist von gegnerischen Zeugen entlehnt, die in allen
andern Fällen Fruchtbarkeit und Unfruchtbarkeit als gute Art-
criterien betrachten. Gärtner hielt einige Jahre lang eine Sorte
Zwergmais mit gelbem und eine grosse Varietät mit rothem Samen, welche nahe beisammen in seinem Garten wuchsen; und ob-

wohl diese Pflanzen getrennten Geschlecbtes sind, so kreuzten sie sich docb nie von selbst mit einander. Er befrucbtete dann drei-zebn Blüthen des einen mit dem Pollen des andern; aber nur ein einziger Stock gab einige Samen und zwar nur fünf Körner. Die Behandlungsweise kann in diesem Falle nicht schädlich gewesen sein, indem die Pflanzen getrennte Geschlechter haben. Noch Niemand bat meines Wissens diese zwei Varietäten von Mais für verscbiedene Arten angesehen; und es ist wesentlich zu bemer-ken, dass die ans ihnen erzogenen Blendlinge vollkommen frucht-bar waren, so dass auch GÄRTNER selbst nicht wagte, jene Varie-täten für zwei verschiedene Arten zn erklären.

GIROU DE BUZAREINGUES kreuzte drei Varietäten von Gurken mitelnander, welche wie der Mais getrennten Geschlechtes sind, und versicbert, ihre gegenseitige Befruchtung sei um so schwie-riger, je grösser ihre Verscbiedenheit. In wie weit dieser Ver-such Vertrauen verdient, weiss ich nicht; aber die drei zu den-selben henützten Formen sind von SAGERET, welcher sich bei seiner Unterscheidung der Arten hauptsächlich auf die Unfruchtharkeit stützt, als Varietäten aufgestellt worden, und NAUDIN ist zu dem-selben Schlusse gelangt.

Weit merkwürdiger und anfangs fast unglauhlich erscheint der folgende Fall; jedoch ist er das Resultat einer Menge viele Jahre lang an neun Verhascum-Arten fortgesetzter Versuche, welche hier noch um so höher in Anschlag zu hringen sind, als sie von GÄRTNER berrübren; der ein eben so vortrefflicber Beohachter als entschiedener Gegner ist: dass nämlich die gelhen und die weissen Varietäten der nämlichen Verhascumarten bei der Kreuzung mit einander weniger Samen gehen, als jede derselhen liefert, wenn sie mit Pollen aus Blüthen von ihrer eigenen Farhe befruchtet werden. Er versichert ausserdem, dass wenn gelhe und weisse Varietäten einer Art mit gelben und weissen Varietäten einer andern Art gekreuzt werden, man mehr Samen erhält, wenn man die gleichbfarhigen als wenn man die ungleichfarbigen Varie-täten miteinander paart. Und doch ist zwischen diesen Varie-täten von Verbascum kein anderer Unterschied als in der Farbe ihrer Blüthen; und man kann zuweilen die eine Varietät aus Samen der andersfarbigen Varietät erziehen.

Kölreuter, dessen Genauigkeit durch jeden späteren Beobachter bestätigt worden ist, hat die merkwürdige Thatsache nachgewiesen, dass eine Varietät des gemeinen Tabaks, wenn sie mit einer ganz andern ihr weit entfernt stehenden Art gekreuzt wird, fruchtbarer ist als mit Varietäten der nämlichen Art. Er machte mit fünf Formen Versuche, die allgemein für Varietäten gelten, was er auch durch die strengste Probe, nämlich durch Wechselkreuzungen bewies, und fand, dass die Blendlinge vollkommen fruchtbar waren. Doch gab eine dieser fünf Varietäten, mochte sie nun als Vater oder Mutter mit ins Spiel kommen, bei der Kreuzung mit Nicotiana glutinosa stets minder unfruchtbare Bastarde, als die vier andern Varietäten bei Kreuzung mit Nicotina glutinosa gaben. Es muss daher das Reproductivsystem dieser einen Varietät in irgend einer Weise und in irgend einem Grade modificirt gewesen sein.

Bei der grossen Schwierigkeit die Unfruchtbarkeit der Varietäten im Naturzustande zu bestätigen, weil jede bei der Kreuzung etwas unfruchtbare Varietät alsbald allgemein für eine Species erklärt werden würde, sowie in Folge des Umstandes, dass der Mensch bei seinen künstlichen Züchtungen nur auf die äusseren Charactere sieht und nicht verborgene und functionelle Verschiedenheiten im Reproductivsystem hervorzubringen im Stande ist und beabsichtigt, glaube ich nach all diesen Betrachtungen und Thatsachen nicht, dass die Fruchtbarkeit der Varietäten unter einander als eine allgemeine Erscheinung nachgewiesen werden kann oder einen fundamentalen Unterscheidungsgrund zwischen Varietäten und Arten abgibt. Die allgemeine Fruchtbarkeit der Varietäten unter einander scheint mir, bei unserer gänzlichen Unkenntniss von den Ursachen sowohl der Fruchtbarkeit als der Sterilität, nicht genügend, meine Ansicht über die sehr allgemeine aber nicht beständige Unfruchtbarkeit der ersten Kreuzungen von Arten und ihrer Bastarde umzustossen, dass dieselbe nämlich keine besondere Eigenschaft für sich darstelle, sondern mit andern auf unbekannte Weise langsam entwickelten Modificationen in den Re-

productivsystemen der mit einander gekreuzten Formen zusammenhänge.

### Bastarde und Blendlinge unabhängig von ihrer Fruchtbarkeit verglichen.

Die Nachkommen mit einander gekreuzter Arten und gekreuzter Varietäten lassen sich unabhängig von der Frage der
Fruchtbarkeit noch in mehreren andern Beziehungen mit einander
vergleichen. GÄRTNER, dessen beharrlicher Wunsch es war, eine
scharfe Unterscheidungslinie zwischen Arten und Varietäten zu
ziehen, konnte nur sehr wenige, und wie es scheint nur ganz
unwesentliche Unterschiede zwischen den sogenannten Bastarden der
Arten und den Blendlingen der Varietäten auffinden, wogegen sie
sich in vielen andern wesentlichen Beziehungen vollkommen gleichen.
Ich werde diesen Gegenstand hier nur ganz kurz erörtern. Der wichtigste Unterschied ist der, dass in der ersten
Generation Blendlinge veränderlicher als Bastarde sind; doch giht
GÄRTNER zu, dass Bastarde von bereits lange cultivirten Arten in
der ersten Generation oft variabel sind, und ich selbst habe auffallende Belege für diese Thatsache gesehen. GÄRTNER giht ferner
zu, dass Bastarde zwischen sehr nahe verwandten Arten veränderlicher sind, als die von weit auseinanderstehenden; und daraus
ergibt sich, dass die Verschiedenheit im Grade der Veränderlichkeit stufenweise abnimmt. Werden Blendlinge und die fruchtbareren Bastarde einige Generationen lang fortgepflanzt, so nimmt
bekanntlich die Veränderlichkeit ihrer Nachkommen bis zu einem
ausserordentlichen Maasse zu; dagegen lassen sich einige wenige
Fälle anführen, wo Bastarde sowohl als Blendlinge ihren einförmigen Character lange Zeit behauptet haben. Doch ist die Veränderlichkeit in den aufeinanderfolgenden Generationen der Blendlinge vielleicht grösser als hei den Bastarden.

Diese grössere Veränderlichkeit der Blendlinge den Bastarden gegenüber scheint mir in keiner Weise überraschend. Denn
die Eltern der Blendlinge sind Varietäten und meistens domes-
ticirte Varietäten (da nur sehr wenige Versuche mit wilden Varietäten angestellt worden sind), und dies schliesst ein, dass ihre

Veränderlichkeit noch eine neue ist; daher denn auch zu erwarten steht, dass diese Variabilität oft noch fortdaure und die schon aus der Kreuzung entspringende verstärke. Der geringere Grad von Variabilität bei Bastarden aus erster Kreuzung oder in erster Generation im Gegensatze zu ihrer ausserordentlichen Veränderlichkeit in späteren Generationen ist eine eigenthümliche und Beachtung verdienende Thatsache; denn sie führt zu der Ansicht, die ich mir über die Ursache der gewöhnlichen Variabilität gebildet habe, und unterstützt dieselbe, wonach diese nämlich davon abhängt, dass das Reproductionssystem, für jede Veränderung in den Lebensbedingungen so empfindlich ist, dass es hierdurch oft entweder ganz impotent oder wenigstens für seine eigentliche Function, mit der elterlichen Form übereinstimmende Nachkommen zu erzeugen, unfähig gemacht wird. Nun rühren die in erster Generation gebildeten Bastarde alle von Arten her, deren Reproductivsysteme ausser bei schon lange cultivirten Arten in keiner Weise afficirt waren, und sie sind nicht veränderlich; aber Bastarde selbst haben ein bedeutend afficirtes Reproductivsystem, und ihre Nachkommen sind sehr veränderlich.

Doch kehren wir zur Vergleichung zwischen Blendlingen und Bastarden zurück. GÄRTNER behauptet, dass Blendlinge mehr als Bastarde geneigt seien, wieder in eine der elterlichen Formen zurückzuschlagen; doch ist dieser Unterschied, wenn richtig, gewiss nur ein stufenweiser. GÄRTNER gibt ferner ausdrücklich an, dass Bastarde lang cultivirter Pflanzen mehr zum Rückfall geneigt sind, als Bastarde von Arten im Naturzustande; und dies erklärt wahrscheinlich die eigenthümlichen Verschiedenheiten in den Resultaten verschiedener Beobachter. So bezweifelt MAX WICHURA, ob Bastarde überhaupt je in ihre Stammformen zurückschlagen; er experimentirte mit nicht cultivirten Arten von Weiden; während NAUDIN in der stärksten Weise die fast allgemeine Neigung zum Rückfall bei Bastarden betont, er experimentirte hauptsächlich mit cultivirten Pflanzen. GÄRTNER führt ferner an, dass, wenn zwei obgleich nahe mit einander verwandte Arten mit einer dritten gekreuzt werden, deren Bastarde doch weit von einander verschieden sind, während wenn zwei sehr verschiedene Varietäten einer Art mit einer andern Art gekreuzt werden, deren Bastarde unter sich nicht sehr verschieden sind. Dieser Schluss ist jedoch, so viel ich zu ersehen im Stande bin, nur auf einen einzigen Versuch gegründet und scheint den Erfahrungen geradezu entgegengesetzt zu sein, welche KÖLREUTER bei mehreren Versuchen gemacht hat.

Dies sind allein die an sich unwesentlichen Verschiedenheiten, welche GÄRTNER zwischen Bastarden und Blendlingen der Pflanzen auszumitteln im Stande gewesen ist. Auf der andern Seite folgen aber auch nach GÄRTNER die Grade und Arten der Ähnlichkeit der Bastarde und Blendlinge mit ihren Eltern, und insbesondere die von nahe verwandten Arten entsprungenen Bastarde den nämlichen Gesetzen. Wenn zwei Arten gekreuzt werden, so zeigt zuweilen eine derselben ein überwiegendes Vermögen eine Ähnlichkeit mit ihr dem Bastarde aufzuprägen, und so ist es, wie ich glaube, auch mit Pflanzenvarietäten. Bei Thieren besitzt gewiss oft eine Varietät dieses überwiegende Vermögen über eine andere. Die beiderlei Bastardpflanzen aus einer Wechselkreuzung gleichen einander gewöhnlich sehr, und so ist es auch mit den zweierlei Blendlingen aus Wechselkreuzungen. Bastarde sowohl als Blendlinge können wieder in jede der zwei elterlichen Formen zurückgeführt werden, wenn man sie in aufeinanderfolgenden Generationen wiederholt mit der einen ihrer Stammformen kreuzt.

Diese verschiedenen Bemerkungen lassen sich offenbar auch auf Thiere anwenden; doch wird hier der Gegenstand ausserordentlich verwickelt, theils in Folge vorhandener secundärer Sexualcharactere und theils insbesondere in Folge des gewöhnlich bei einem von beiden Geschlechtern überwiegenden Vermögens sein Bild dem Nachkommen aufzuprägen, sowohl wo Arten, als wo Varietäten gekreuzt werden. So glaube ich z. B., dass diejenigen Schriftsteller Recht haben, welche behaupten, der Esel besitze ein solches Übergewicht über das Pferd, dass sowohl Maulesel als Maulthier mehr dem Esel als dem Pferde gleichen; dass jedoch dieses Übergewicht noch mehr bei dem männlichen als dem weiblichen Esel hervortrete, daher der Maulesel als der Bastard von Eselhengst und Pferdestute dem Esel mehr als das

Maulthier gleiche, welches das Pferd zum Vater und eine Eselin zur Mutter bat.

Einige Schriftsteller haben viel Gewicht auf die vermeintliche Thatsache gelegt, dass es unter den Thieren nur bei Blendlingen vorkomme, dass diese nicht einen mittleren Character haben, sondern einem ihrer Eltern ausserordentlich ähnlich seien; doch kommt dies auch bei Bastarden, wenn gleich seltener als bei Blendlingen vor. Was die von mir gesammelten Fälle gekreuzter Thiere betrifft, die einem der zwei Eltern sehr ähnlich gewesen sind, so scheint sich diese Ähnlichkeit vorzugsweise auf in ihrer Art monströse und plötzlich aufgetretene Charactere zu beschränken, wie Albinismus, Melanismus, Fehlen des Schwanzes oder der Hörner und Überzahl der Finger und Zehen, und steht in keinem Zusammenhang mit den durch Zuchtwahl langsam entwickelten Merkmalen. Demzufolge werden auch Fälle plötzlicher Rückkehr zu einem der zwei elterlichen Typen bei Blendlingen leichter vorkommen, welche von oft plötzlich entstandenen und ihrem Character nach halbmonströsen Varietäten abstammen, als bei Bastarden, die von langsam und auf natürliche Weise gebildeten Arten herrühren. Im Ganzen aber bin ich der Meinung von Prosper Lucas, welcher nach der Musterung einer ungeheuren Menge von Thatsachen bei den Thieren zu dem Schlusse gelangt, dass die Ähnlichkeit zwischen Kindern und Eltern dadurch bestimmt wird, ob beide Eltern mehr oder ob sie weniger von einander abweichen, ob sich also Individuen einer oder verschiedener Varietäten oder ganz verschiedener Arten gepaart haben.

Von der Frage über Fruchtbarkeit oder Unfruchtbarkeit abgesehen, scheint sich in allen andern Beziehungen eine grosse Ähnlichkeit des Verhaltens zwischen Bastarden und Blendlingen zu ergeben. Bei der Annahme, dass die Arten einzeln erschaffen und die Varietäten erst durch secundäre Gesetze entwickelt worden seien, müsste eine solche Ähnlichkeit als eine äusserst befremdende Thatsache erscheinen. Geht man aber von der Ansicht aus, dass ein wesentlicher Unterschied zwischen Arten und Varietäten gar nicht vorhanden ist, so steht sie vollkommen mit derselben im Einklang.

22 *

### Zusammenfassung des Capitels.

Erste Kreuzungen sowohl zwischen Formen, die hinreichend
verschieden sind, um für Arten zu gelten, wie zwischen ihren
Bastarden sind sehr allgemein aber nicht immer unfruchtbar. Diese
Unfruchtbarkeit findet in allen Abstufungen statt und ist oft so
unbedeutend, dass die zwei erfahrensten Experimentalisten, welche
jemals gelebt haben, zu mitunter schnurstracks entgegengesetzten
Folgerungen gelangten, als sie die Formen darnach ordnen wollten. Die Unfruchtbarkeit ist bei Individuen einer nämlichen Art
von Haus aus variabel, und für günstige und ungünstige Einflüsse
ausserordentlich empfänglich. Der Grad der Unfruchtbarkeit richtet
sich nicht genau nach systematischer Affinität, sondern ist von
mehreren merkwürdigen und verwickelten Gesetzen abhängig.
Er ist gewöhnlich ungleich und oft sehr ungleich bei wechselseitiger Kreuzung der nämlichen zwei Arten. Er ist nicht immer
von gleicher Stärke bei einer ersten Kreuzung und den daraus
entspringenden Nachkommen.

In derselben Weise, wie beim Propfen der Bäume die Fähigkeit einer Art oder Varietät bei andern anzuschlagen mit meist
ganz unbekannten Verschiedenheiten in ihren vegetativen Syste-
men zusammenhängt, so fällt bei Kreuzungen die grössere oder
geringere Leichtigkeit einer Art, die andere zu befruchten, mit
unbekannten Verschiedenheiten in ihren Reproductionssystemen
zusammen. Es ist daher nicht mehr Grund anzunehmen, dass
von der Natur einer jeden Art ein verschiedener Grad von Sterilität, in der Absicht ihr gegenseitiges Durchkreuzen und In-
einanderlaufen zu verhüten, besonders verliehen sei als zu glauben, dass jeder Baumart ein verschiedener und etwas analoger
Grad von Schwierigkeit, beim Verpropfen auf andern Arten anzuschlagen, verliehen sei um zu verhüten, dass sie nicht alle in
unsern Wäldern miteinander verwachsen.

Die Unfruchtbarkeit erster Kreuzungen und deren hybrider
Nachkommen ist, so viel wir darüber urtheilen können, durch
natürliche Zuchtwahl nicht bis zu jenem hohen Grade vermehrt
worden, der jetzt bei weit auseinander stehenden Arten allgemein ist. Bei ersten Kreuzungen reiner Arten mit vollkommenen

Reproductivsystemen scheint die Sterilität von verschiedenen Ursachen abzuhängen: in einigen Fällen meist vom frühzeitigen Absterben des Embryos; doch hängt dies wie es scheint von einer Unvollkommenheit des ursprünglichen Befruchtungsactes ab. Die Unfruchtbarkeit der Bastarde, mit unvollkommenem Reproductionssysteme und wo dieses System sowie die ganze Organisation durch Verschmelzung zweier Arten in eine gestört worden ist, scheint derjenigen Sterilität nahe verwandt zu sein, welche so oft reine Species befällt, wenn sie unnatürlichen Lebensbedingungen ausgesetzt werden. Diese Ansicht wird noch durch einen Parallelismus anderer Art unterstützt, indem nämlich die Kreuzung nur wenig von einander abweichender Formen die Kraft und Fruchtbarkeit der Nachkommenschaft befördert, wie geringe Veränderungen in den Lebensbedingungen für Gesundheit und Fruchtbarkeit aller organischen Wesen vortheilhaft sind. Die angeführten Thatsachen von Unfruchtbarkeit illegitimer Begattungen dimorpher und trimorpher Pflanzen und deren illegitimer Nachkommenschaft machen es wahrscheinlich, dass irgend ein unbekanntes Band in allen Fällen den Grad der Fruchtbarkeit der ersten Paarung und der ihrer Abkömmlinge mit einander verknüpft. Die Betrachtung dieser Fälle von Dimorphismus ebenso wie die Resultate wechselseitiger Kreuzungen drängen uns zu dem Schluss, dass in allen Fällen die primäre Ursache der Sterilität sowohl bei den Eltern als bei deren Nachkommen auf Verschiedenheiten ihrer Reproductionssysteme beschränkt ist. Warum aber in zahlreichen, von einer gemeinsamen Stammform herkommenden Arten das Reproductionssystem aller in einer zu gegenseitiger Unfruchtbarkeit führenden Weise modificirt worden sein mag, wissen wir durchaus nicht, ebensowenig ob dies direct oder in Correlation mit andern Modificationen der Structur und Function geschehen ist.

Es ist nicht überraschend, dass der Grad der Schwierigkeit zwei Arten mit einander zu paaren und der Grad der Unfruchtbarkeit ihrer Bastarde einander im Allgemeinen entsprechen, obwohl sie von verschiedenen Ursachen berrühren; denn beide hängen von dem Maasse irgend welcher Verschiedenheit zwischen den gekreuzten Arten ab. Ebenso ist es nicht überraschend, dass die Leichtigkeit eine erste Kreuzung zu bewirken, die Fruchtbarkeit der daraus entsprungenen Bastarde und die Fähigkeit wechselseitiger Aufeinanderpropfung, obwohl diese letzte offenbar von weit verschiedenen Ursachen abhängt, alle bis zu einem gewissen Grade mit der systematischen Verwandtschaft der Formen welche bei den Versuchen in Anwendung gekommen sind, parallel gehen; denn mit dem Ausdruck „systematische Affinität" will man alle Arten von Ähnlichkeit zwischen den Species bezeichnen.

Erste Kreuzungen zwischen Formen, die als Varietäten gelten oder sich hinreichend gleichen um dafür zu gehen, und ihre Blendlinge sind sehr allgemein, aber nicht (wie so oft behauptet wird) ohne Ausnahme fruchtbar. Doch ist diese nahezu allgemeine und vollkommene Fruchtbarkeit nicht befremdend, wenn wir uns erinnern, wie leicht wir hinsichtlich der Varietäten im Naturzustande in einen Zirkelschluss gerathen, und wenn wir uns ins Gedächtniss rufen, dass die grössere Anzahl der Varietäten im domesticirten Zustande durch Zuchtwahl blosser äusserer Verschiedenheiten und nicht solcher im Reproductivsysteme hervorgebracht worden sind. Auch darf man nicht vergessen, dass lang anhaltende Domestication offenbar die Sterilität zu beseitigen strebt und daher diese selbe Eigenschaft kaum herbeizuführen in der Lage ist. Mit Ausnahme der Fruchtbarkeit besteht zwischen Bastarden und Blendlingen in allen übrigen Beziehungen die engste allgemeine Ähnlichkeit. Endlich scheinen mir die in diesem Capitel kurz aufgezählten Thatsachen, trotz unserer völligen Unbekanntschaft mit der wirklichen Ursache der Unfruchtbarkeit erster Kreuzungen und der Bastarde, nicht im Widerspruch zu stehen mit der Ansicht, dass es keinen fundamentalen Unterschied zwischen Arten und Varietäten gibt.

# Neuntes Capitel.

## Unvollständigkeit der geologischen Urkunden.

Mangel mittlerer Varietäten zwischen den heutigen Formen. — Natur der erloschenen Mittelvarietäten und deren Zahl. — Ungeheure Länge der Zeiträume nach Maassgabe der Ablagerung und Denudation. — Armuth unserer paläontologischen Sammlungen. — Denudation granitischer Boden-flächen. — Unterbrechung geologischer Formationen. — Abwesenheit der Mittelvarietäten in allen Formationen. — Plötzliches Erscheinen von Artengruppen. — Ihr plötzliches Auftreten in den ältesten fossilführenden Schichten.

Im sechsten Capitel habe ich die hauptsächlichsten Einwände aufgezählt, welche man gegen die in diesem Bande aufgestellten Ansichten erheben könnte. Die meisten derselben sind jetzt bereits erörtert worden. Darunter ist eine allerdings von handgreiflicher Schwierigkeit: nämlich die Verschiedenheit der specifischen Formen und der Umstand, dass sie nicht durch zahllose Übergangsglieder in einander verschmolzen sind. Ich habe die Ursachen nachgewiesen, warum solche Glieder heutzutage unter den anscheinend für ihr Dasein günstigsten Umständen, namentlich auf ausgedehnten und zusammenhängenden Flächen mit allmählich abgestuften physikalischen Bedingungen, nicht gewöhnlich zu finden sind. Ich versuchte zu zeigen, dass das Leben einer jeden Art noch wesentlicher von der Anwesenheit gewisser anderer organischer Formen abhängt, als vom Klima, und dass daher die wirklich leitenden Lebensbedingungen sich nicht so allmählich abstufen, wie Wärme und Feuchtigkeit. Ich versuchte ferner zu zeigen, dass mittlere Varietäten deswegen, weil sie in geringerer Anzahl als die von ihnen verbundenen Formen vorkommen, im Verlaufe weiterer Veränderung und Vervollkommnung dieser letzten bald verdrängt und zum Aussterben gebracht werden. Die Hauptursache jedoch, warum nicht in der ganzen Natur jetzt noch zahllose solche Zwischenglieder vorkommen, liegt im Processe der natürlichen Zuchtwahl, wodurch neue Varietäten fortwährend die Stelle der Stammformen einnehmen und dieselben vertilgen. Aber gerade in dem Verhältnisse, wie dieser Process der Vertilgung

in ungeheurem Maasse thätig gewesen ist, muss auch die Anzahl der Zwischenvarietäten, welche vordem auf der Erde vorhanden waren, eine wahrhaft ungeheure gewesen sein. Woher
kömmt es dann, dass nicht jede Formation und jede Gesteins-
schicht voll von solchen Zwischenformen ist? Die Geologie enthüllt uns sicherlich keine solche fein abgestufte Organismenreihe;
und dies ist vielleicht die handgreiflichste und gewichtigste Einrede, die man meiner Theorie entgegenhalten kann. Die Erklärung liegt aber, wie ich glaube, in der äussersten Unvollständigkeit der geologischen Urkunden.

Zuerst muss man sich erinnern, was für Zwischenformen
meiner Theorie zufolge vordem bestanden haben müssten. Ich
habe es nur schwer zu vermeiden gefunden, mir, wenn ich irgend
welche zwei Arten betrachtete, unmittelbare Zwischenformen
zwischen denselben in Gedanken auszumalen. Es ist dies aber
eine ganz falsche Ansicht; man hat sich vielmehr nach Formen
umzusehen, welche zwischen jeder der zwei Species und einem
gemeinsamen aber unbekannten Urerzeuger das Mittel halten;
und dieser Erzeuger wird gewöhnlich von allen seinen Nachkommen einigermaassen verschieden gewesen sein. Ich will dies
mit einem einfachen Beispiele erläutern. Die Pfauentaube und
der Kröpfer leiten beide ihren Ursprung von der Felstaube (C.
livia) her; besässen wir alle Zwischenvarietäten, die je existirt
haben, so würden wir eine ausserordentlich dichte Reihe zwischen
beiden und der Felstaube haben; aber unmittelbare Zwischenvarietäten zwischen Pfauentaube und Kropftaube wird es nicht
geben, keine z. B., die einen etwas ausgebreiteteren Schwanz
mit einem nur mässig erweiterten Kropfe verbände, worin doch
eben die bezeichnenden Merkmale jener zwei Rassen liegen.
Diese beiden Rassen sind überdies so sehr modificirt worden,
dass, wenn wir keinen historischen oder indirecten Beweis über
ihren Ursprung hätten, wir unmöglich im Stande gewesen sein
würden, durch blosse Vergleichung ihrer Structur mit der der
Felstaube (Columba livia) zu bestimmen, ob sie aus dieser oder
einer andern ihr verwandten Art, wie z. B. Columba oenas, entstanden seien.

So verhält es sich auch mit den natürlichen Arten. Wenn wir uns nach sehr verschiedenen Formen umsehen, wie z. B. Pferd und Tapir, so finden wir keinen Grund zur Annahme, dass es jemals unmittelbare Zwischenglieder zwischen denselben gegeben habe, wohl aber zwischen jedem von beiden und irgend einem unbekannten Erzeuger. Dieser gemeinsame Urerzeuger wird in seiner ganzen Organisation viele allgemeine Ähnlichkeit mit dem Tapir so wie mit dem Pferde besessen haben, doch in manchen Punkten des Baues auch von beiden beträchtlich verschieden gewesen sein, vielleicht selbst in noch höherem Grade, als beide jetzt unter sich sind. Daher würden wir in allen solchen Fällen nicht im Stande sein, die elterliche Form für irgend welche zwei oder drei sich nahestehende Arten auszumitteln, selbst dann nicht, wenn wir den Bau der Stammform genau mit dem seiner abgeänderten Nachkommen vergleichen, es wäre denn, dass wir eine nahezu vollständige Kette von Zwischengliedern dabei hätten.

Es wäre nach meiner Theorie allerdings möglich, dass von zwei noch lebenden Formen die eine von der andern abstammte, wie z. B. das Pferd vom Tapir, und in diesem Falle müsste es unmittelbare Zwischenglieder zwischen denselben gegeben haben. Ein solcher Fall würde jedoch voraussetzen, dass die eine der zwei Arten sich eine sehr lange Zeit hindurch unverändert erhalten habe, während ihre Nachkommen sehr ansehnliche Veränderungen erfuhren. Aber das Princip der Concurrenz zwischen Organismus und Organismus, zwischen Kind und Erzeuger, wird diesen Fall nur sehr selten eintreten lassen; denn in allen Fällen streben die neuen und verbesserten Lebensformen die alten und unpassenderen zu ersetzen.

Nach der Theorie der natürlichen Zuchtwahl haben alle lebenden Arten mit einer Stammart ihrer Gattung durch Charactere in Verbindung gestanden, deren Unterschiede nicht grösser waren, als wir sie heutzutage zwischen Varietäten einer Art sehen; diese jetzt gewöhnlich erloschenen Stammarten waren ihrerseits wieder in ähnlicher Weise mit älteren Arten verkettet; und so immer weiter rückwärts, bis endlich alle in einem gemeinsamen Vorgänger einer ganzen Ordnung oder Classe zusammentreffen. So muss daber die Anzahl der Zwischen- und Übergangsglieder zwischen allen lebenden und erloschenen Arten ganz unbegreiflich gross gewesen sein. Und, wenn die Theorie richtig ist, haben sie gewiss auf der Erde gelebt.

#### Über die Zeitdauer nach Maassgabe der Ablagerung und Grösse der Denudation.

Unabhängig von dem Mangel einer so endlosen Anzahl von Zwischengliedern könnte man mir ferner entgegenhalten, dass die Zeit nicht bingereicht habe, ein so ungeheures Maass organischer Veränderungen durchzuführen, weil alle Abänderungen nur sebr langsam durcb natürlicbe Zuchtwabl bewirkt worden seien. Es ist mir kaum möglicb, demjenigen meiner Leser, welcher kein praktiscber Geologe ist, alle die Thatsachen vorzuführen, welche uns einigermaassen die unermesslicbe Länge der verflossenen Zeiträume zu erfassen in den Stand setzen. Wer Sir CHARLES LYELL's grosses Werk »*the Principles of Geology*«, welcbem spätere Historiker die Anerkennuug eine grosse Umwälzung in den Naturwissenscbaften bewirkt zu baben nicht versagen werden, lesen kann und nicbt sofort die unfassbare Länge der verflossenen Erdperioden zugesteht, der mag dieses Buch nur schliessen. Damit ist nicbt gesagt, dass es genügte die *Principles of Geology* zu studiren oder die Specialabhandlungen verschiedener Beobachter über einzelne Formationen zu lesen, um zu seben, wie jeder bestrebt ist einen wenn auch nur ungenügenden Begriff von der Bildungsdauer einer jeden Formation oder sogar jeder einzelnen Schicbt zu geben. Man muss vielmebr erst Jabre lang selbst diese ungebeuren Stösse übereinander gelagerter Schichten untersucht und die See bei der Arbeit, wie sie alle Gesteinsschicbten abschleiflt und zertrümmert und neue Ablagerungen daraus bildet, beobachtet haben, ehe man hoffen kann, nur einigermaassen die Länge der Zeit zu begreifen, deren Denkmäler wir um uns ber erblicken.

Es verlobnt sicb den Seeküsten entlang zu wandern, welche aus mässig harten Felsscbicbten aufgebaut sind, und den Zerstörungsprocess zu beobachten. Die Fluth erreicht diese Felswände gewöhnlich nur auf kurze Zeit zweimal des Tags, und die Wogen nagen sie nur aus, wenn sie mit Sand und Geröll beladen sind; denn bewährte Zeugnisse sprechen dafür, dass reines Wasser Gesteine nicht oder nur wenig angreift. Zuletzt wird der Fuss der Felswände unterwaschen sein, mächtige Massen brechen zusammen, und diese, nun fest liegen bleibend, werden Atom um Atom zerrieben, bis sie klein genug geworden, von den Wellen umhergerollt und dann noch schneller in Geröll, Sand und Schlamm verarbeitet werden. Aber wie oft sehen wir längs des Fusses zurücktretender Klippen abgerundete Blöcke liegen, alle dick überzogen mit Meereserzeugnissen, welche beweisen, wie wenig sie durch Abreibung leiden und wie selten sie umhergerollt werden! Überdies, wenn wir einige Meilen weit eine derartige Küstenwand verfolgen, welche der Zerstörung unterliegt, so finden wir nur hier und da, auf kurze Strecken oder etwa um ein Vorgebirge her die Klippen jetzt leiden. Die Beschaffenheit ihrer Oberfläche und der auf ihnen erscheinende Pflanzenwuchs beweisen, dass allenthalben Jahre verflossen sind, seitdem die Wasser deren Fuss gewaschen haben.

Wer die Thätigkeit des Meeres an unseren Küsten näher studirt hat, der muss einen tiefen Eindruck in sich aufgenommen haben von der Langsamkeit ihrer Zerstörung. Die trefflichen Beobachtungen von Hugh Miller und von Smith von Jordanhill sind vorzugsweise geeignet diese Überzeugung zu gewähren. Von ihr durchdrungen mag nur Jemand die viele tausend Fuss mächtigen Conglomeratschichten untersuchen, welche, obschon wahrscheinlich in rascherem Verhältnisse als so viele andere Ablagerungen gebildet, doch an jedem der zahllosen abgeriebenen und gerundeten Rollsteine, woraus sie bestehen, den Stempel einer langen Zeit tragen und vortrefflich zu zeigen geeignet sind, wie langsam diese Massen zusammengebäuft worden sind. In den Cordilleren habe ich ein Lager solcher Conglomeratschichten zu zehntausend Fuss Mächtigkeit geschätzt. Nun mag sich der Beobachter der treffenden Bemerkung Lyell's erinnern, dass die Dicke und Ausdehnung der Sedimentformationen Resultate und

Maassstab der Abtragungen sind, welche die Erdrinde an andern
Stellen erlitten hat. Und was für ungeheure Abtragungen werden
durch die Sedimentablagerungen mancher Gegenden vorausgesetzt!
Professor Ramsay hat mir, meist nach wirklichen Messungen und
geringentheils nach Schätzungen, die Maasse der grössten unserer
Formationen aus verschiedenen Theilen Grossbritanniens in
folgender Weise angegeben:

$$
\left.\begin{array}{l}
\text{Paläozoische Schichten} \quad 57,154' \\
\text{Secundärschichten} \quad . \quad . \quad 13,190' \\
\text{Tertiäre Schichten} \quad . \quad . \quad 2,240'
\end{array}\right\} = 72,584'
$$

d. i. beinahe $13\frac{3}{4}$ Englische Meilen. Einige dieser Formationen,
welche in England nur durch dünne Lagen vertreten sind, haben
auf dem Continente tausende von Fussen Mächtigkeit. Überdies
fallen nach der Meinung der meisten Geologen zwischen je zwei
aufeinanderfolgende Formationen immer unermessliche leere
Perioden. Wenn somit selbst jene ungeheure Höhe von Sedimentschichten in England nur eine unvollkommene Vorstellung von
der während ihrer Ablagerung verflossenen Zeit gewährt, wie
lang muss diese Zeit gewesen sein! Gute Beobachter haben die
Sedimentablagerungen des Mississippi nur auf 600' Mächtigkeit
in 100,000 Jahren berechnet. Diese Berechnung macht keinen
Anspruch auf grosse Genauigkeit. Wenn wir aber berücksichtigen,
wie ausserordentlich weit ganz feine Sedimente von den Seeströmungen fortgetragen werden, so muss der *Process* ihrer Anhäufung über irgend welchem ausgedehnten Flächengebiet äusserst
langsam sein.

Doch scheint das Maass der Entblössung, welche die Schichten mancher Gegenden erlitten, unabhängig von dem Verhältnisse
der Anhäufung der abgelösten Massen, den besten Beweis für
die Länge der Zeiten zu liefern. Ich erinnere mich, von der
Thatsache der Entblössung in hohem Grade betroffen gewesen
zu sein, als ich vulkanische Inseln sah, welche rundum von den
Wellen so abgewaschen waren, dass sie in 1000—2000' hohen
Felswänden senkrecht emporragten, während sich aus dem schwachen Fallwinkel der früher flüssigen Lavaströme auf den ersten

Blick ermessen liess, wie weit einst die harten Felslagen in den
offenen Ocean hinausgereicht haben müssen. Dieselbe Geschichte
ergibt sich oft noch deutlicher durch die Verwerfungen, jene
grossen Gebirgsspalten, längs deren die Schichten bis zu tausenden von Fussen an einer Seite emporgestiegen oder an der andern Seite hinabgesunken sind; denn seit die Erdrinde barst
(gleichviel ob die Hebung plötzlich oder allmählich und stufenweise erfolgt ist) ist die Oberfläche des Bodens durch die Thätigkeit des Meeres wieder so vollkommen ausgeebnet worden,
dass keine Spur von dieser ungeheuren Verwerfung mehr äusserlich zu erkennen ist.

So erstreckt sich die Cravenspaltung z. B. 30 Englische
Meilen weit, und auf dieser ganzen Strecke sind die von beiden
Seiten her zusammenstossenden Schichten um 600'—3000' senk-
rechter Höhe verworfen. Professor RAMSAY hat eine Senkung
von 2300' in Anglesea beschrieben und er sagt mir, dass er sich
überzeugt halte, dass in Merionetshire eine von 12,000' vorhanden sei. Und doch verräth in diesen Fällen die Oberfläche des
Bodens nichts von solchen wunderbaren Bewegungen, indem die
ganze anfangs auf der einen Seite höher emporragende Schichtenreihe bis zur Abebnung der Oberfläche weggespült worden ist.
Die Betrachtung dieser Thatsachen macht auf mich denselben
Eindruck, wie das vergebliche Ringen des Geistes um den Gedanken der Ewigkeit zu erfassen.

Ich habe diese wenigen Bemerkungen gemacht, weil es für
uns von höchster Wichtigkeit ist, eine wenn auch unvollkommene
Vorstellung von der Länge verflossener Erdperioden zu haben.
Und jedes Jahr während der ganzen Dauer dieser Perioden war
die Erdoberfläche, waren Land und Wasser von Schaaren lebender Formen bevölkert. Was für eine endlose, dem Geiste un-
erfassliche Anzahl von Generationen muss, seitdem die Erde bewohnt ist, schon aufeinander gefolgt sein! Und sieht man nun
unsere reichsten geologischen Sammlungen an, — welche armselige Schaustellung davon!

Jedermann gibt die ausserordentliche Unvollständigkeit unserer paläontologischen Sammlungen zu. Überdies sollte man die Bemerkung des vortrefflichen Paläontologen, des verstorbenen EDWARD FORBES, nicht vergessen, dass eine Menge unserer fossilen Arten nur nach einem einzigen, oft zerbrochenen Exemplare oder nur wenigen auf einem kleinen Fleck beisammen gefundenen Individuen bekannt und benannt sind. Nur ein kleiner Theil der Erdoberfläche ist geologisch untersucht und noch keiner mit erschöpfender Genauigkeit erforscht, wie die noch jährlich in Europa aufeinanderfolgenden wichtigen Entdeckungen beweisen. Kein ganz weicher Organismus ist erhaltungsfähig. Selbst Schaalen und Knochen zerfallen und verschwinden auf dem Boden des Meeres, wo sich keine Sedimente anhäufen. Ich glaube, dass wir beständig in einem grossen Irrthum begriffen sind, wenn wir uns stillschweigend der Ansicht überlassen, dass sich Niederschläge fortwährend fast auf der ganzen Ausdehnung des Seegrundes mit hinreichender Schnelligkeit bilden, um die zu Boden sinkenden organischen Stoffe zu umhüllen und zu erhalten. In einer ungeheuren Ausdehnung des Oceans spricht die klar blaue Farbe seines Wassers für dessen Reinheit. Die vielen Berichte von mehreren in gleichförmiger Lagerung nach unendlichen Zeiträumen aufeinanderfolgenden Formationen, ohne dass die tieferen auch nur Spuren einer zerstörenden Thätigkeit an sich trügen, scheinen nur durch die Ansicht erklärbar zu sein, dass der Boden des Meeres oft eine unermessliche Zeit in völlig unveränderter Lage bleibt. Die Reste, welche in Sand und Kies eingebettet wurden, werden gewöhnlich von kohlensäurehaltigen Tagewassern wieder aufgelöst, welche den Boden nach seiner Emporhebung über den Meeresspiegel zu durchsickern beginnen. Einige von den vielen Thierarten, welche zwischen Ebbe- und Fluthstand des Meeres am Strande leben, scheinen sich nur selten fossil zu erhalten. So z. B. überziehen über die ganze Erde zahllose Chthamalinen (eine Familie der sitzenden Cirripeden) die dort gelegenen Felsen. Alle sind im strengen Sinne litoral, mit Ausnahme einer einzigen mittelmeerischen Art, welche dem tiefen Wasser angehört und auch in Sicilien fossil gefunden

worden ist, während man fast noch keine tertiäre Art kennt:
doch weiss man jetzt, dass die Gattung Chthamalus während der
Kreideperiode existirte.

Hinsichtlich der Landbewohner, welche in der paläozoischen
und secundären Zeit gelebt haben, ist es überflüssig darzuthun,
dass unsere Kenntnisse höchst fragmentarisch sind. So ist z. B.
nicht eine Landschnecke aus einer dieser langen Perioden bekannt, mit Ausnahme der von Sir Ch. Lyell und Dr. Dawson in
den Kohlenschichten Nordamerika's entdeckten Art, wovon jetzt
über hundert Exemplare gesammelt sind. Was die Säugethierreste betrifft, so ergibt ein Blick auf die Tabelle in Lyell's Hand-
buch weit besser, wie zufällig und selten ihre Erhaltung sei, als
seitenlange Einzelnheiten; und doch kann ihre Seltenheit keine
Verwunderung erregen, wenn wir uns erinnern, was für ein verhältnissmässig grosser Theil der tertiären Reste derselben aus
Knochenhöhlen und Süsswasserablagerungen herrühren, während
nicht eine Knochenhöhle und echte Süsswasserschicht vom Alter
unserer paläozoischen und secundären Formationen bekannt ist.

Aber die Unvollständigkeit der geologischen Urkunden rührt
hauptsächlich von einer anderen und weit wichtigeren Ursache
her, als irgend eine der vorhin angegebenen ist, dass nämlich
die verschiedenen Formationen durch lange Zeiträume von einander getrennt sind. Auf diese Behauptung ist von manchen
Geologen und Paläontologen, welche mit E. Forbes nicht an eine
Veränderlichkeit der Arten glauben mögen, grosser Nachdruck
gelegt worden. Wenn wir die Formationen in wissenschaftlichen
Werken in Tabellen geordnet finden, oder wenn wir sie in der
Natur verfolgen, so können wir nicht wohl anzunehmen vermeiden, dass sie unmittelbar auf einander gefolgt sind. Wir wissen
aber z. B. aus Sir R. Murchisons grossem Werke über Russland,
dass daselbst weite Lücken zwischen den aufeinanderliegenden
Formationen bestehen; und so ist es auch in Nordamerika und
vielen andern Weltgegenden. Und doch würde der beste Geologe,
wenn er sich nur mit einem dieser weiten Ländergebiete allein
beschäftigt hätte, nimmer vermuthet haben, dass während dieser
langen Perioden, aus welchen in seiner eigenen Gegend kein

Denkmal übrig ist, sich grosse Schichtenlagen voll neuer und
eigenthümlicher Lebensformen anderweitig auf einander gehäuft
haben. Und wenn man sich in jeder einzelnen Gegend kaum
eine Vorstellung von der Länge der Zwischenzeiten zu machen
im Stande ist, so wird man glauben, dass dies nirgends möglich
sei. Die häufigen und grossen Veränderungen in der mineralogi-
schen Zusammensetzung aufeinanderfolgender Formationen, welche
gewöhnlich auch grosse Veränderungen in der geographischen
Beschaffenheit des umgebenden Landes vermuthen lassen, aus
welchem das Material zu diesen Niederschlägen entnommen ist,
stimmt mit der Annahme langer zwischen den einzelnen Formationen verflossener Zeiträume überein.

Doch kann man, wie ich glaube, leicht einsehen, warum die
geologischen Formationen jeder Gegend fast immer unabänderlich
unterbrochen sind, d. h. sich nicht ohne Zwischenpausen abgelagert haben. Kaum hat eine Thatsache bei Untersuchung viele
Hundert Meilen langer Strecken der Südamerikanischen Küsten,
die in der Jetztzeit einige hundert Fuss hoch emporgehoben worden sind, einen lebhafteren Eindruck auf mich gemacht als die
Abwesenheit aller neueren Ablagerungen von hinreichender Entwickelung, um auch nur eine kurze geologische Periode zu überdauern. Längs der ganzen Westküste, die von einer eigenthümlichen Meeresfauna bewohnt wird, sind die Tertiärschichten so
spärlich entwickelt, dass wahrscheinlich kein Denkmal von verschiedenen aufeinanderfolgenden Meeresfaunen für spätere Zeiten
erhalten bleiben wird. Ein wenig Nachdenken erklärt es uns,
warum längs der sich fortwährend hebenden Westküste Südamerikas keine ausgedehnten Formationen mit neuen oder mit
tertiären Resten irgendwo zu finden sind, obwohl nach den ungeheuren Abtragungen der Küstenwände und den schlammreichen
Flüssen zu urtheilen, die sich dort in das Meer ergiessen, die
Zuführung von Sedimenten lange Perioden hindurch eine sehr
grosse gewesen sein muss. Die Erklärung liegt ohne Zweifel
darin, dass die litoralen und sublitoralen Ablagerungen beständig
wieder weggewaschen werden, sobald sie durch die langsame

oder stufenweise Hebung des Landes in den Bereich der zerstörenden Brandung gelangen.

Wir dürfen wohl mit Sicherheit schliessen, dass Sediment
in ungeheuer dicken soliden oder ausgedehnten Massen angehäuft
worden sein müsse, um während der ersten Emporhebung und
der späteren Schwankungen des Niveaus der ununterbrochenen
Thätigkeit der Wogen zu widersteben. Solche dicke und ausgedehnte Sedimentablagerungen können auf zweierlei Weise gebildet werden; entweder in grossen Tiefen des Meeres, in welchem Falle wir nach den Untersuchungen von E. Forbes annebmen müssen, dass der Seegrund nur von sehr wenigen Thieren
bewohnt sei, obwohl er, wie sich aus den Telegraphen- und andern tiefen Sondirungen erwiesen, nicht ganz ohne Leben ist,
daher die Massen nach ihrer Emporhebung nur eine sehr unvollkommene Vorstellung von den zur Zeit ihrer Ablagerung dort
vorhanden gewesenen Lebensformen gewähren können; — oder
die Sedimente werden über einem seichten Grund zu beträchtlicher Dicke und Ausdehnung angehäuft, wenn er in langsamer
Senkung begriffen ist. In diesem letzten Falle bleibt das Meer
so lange seicht und dem Thierleben günstig, als Senkung des
Bodens und Zufuhr der Niederschläge einander nahezu das Gleichgewicht halten; so dass auf diese Weise eine hinreichend dicke
an Fossilien reiche Formation entstehen kann, um bei ihrer
späteren Emporhebung fast jedem Grade von Zerstörung zu widerstehen.

Ich bin demgemäss überzeugt, dass alle unsere alten Formationen, welche im grössern Theil ihrer Mächtigkeit reich an
fossilen Resten sind, bei andauernder Senkung abgelagert
worden sind. Seitdem ich im Jahr 1845 meine Ansichten in
dieser Beziehung bekannt gemacht, habe ich die Fortschritte der
Geologie verfolgt und mit Überraschung wahrgenommen, wie ein
Schriftsteller nach dem andern bei Beschreibung dieser oder jener
grossen Formation zum Schlusse gelangt ist, dass sie sich während der Senkung des Bodens gebildet habe. Ich will hinzufügen, dass die einzige alte Tertiärformation an der Westküste
Südamerikas, die mächtig genug war solcher Abtragung bisher

zu widerstehen, aber wohl schwerlich bis zu fernen geologischen
Zeiten auszudauern im Stande ist, sich gewiss während der Senkung des Bodens gebildet und so eine ansehnliche Mächtigkeit
erlangt hat.

Alle geologischen Thatsachen zeigen uns deutlich, dass jedes
Gebiet der Erdoberfläche viele langsame Niveauschwankungen
durchzumachen hatte, und alle diese Schwankungen sind zweifelsohne von weiter Erstreckung gewesen. Demzufolge müssen an
Fossilien reiche und so mächtige und ausgedehnte Bildungen, dass
sie späteren Abtragungen widerstehen konnten, während der Senkungsperioden über weit ausgedehnte Flächen entstanden sein,
doch nur so lange, als die Zufuhr von Materialien stark genug
war, um die See seicht zu erhalten und die fossilen Reste schnell
genug einzubetten und zu schützen, ehe sie Zeit hatten zu zerfallen. Dagegen konnten sich m ä c h t i g e Schichten auf seichtem und dem Leben günstigem Grunde so lange nicht bilden,
als derselbe stet blieb. Viel weniger konnte dies während wech-
selnder Perioden von Hebung und Senkung geschehen, oder, um
mich genauer auszudrücken, die Schichten, welche während solcher Senkungen abgelagert wurden, müssen bei nachfolgender
Hebung wieder in den Bereich der Brandung versetzt und so
zerstört worden sein.

Diese Bemerkungen beziehen sich hauptsächlich auf litorale
und sublitorale Ablagerungen. In einem weiten und seichten
Meere dagegen, wie im Malayischen Archipel, wo die Tiefe nur
von 30 oder 40 bis zu 60 Faden wechselt, dürfte während der
Zeit der Erhebung eine weit ausgedehnte Formation entstehen,
und auch durch Entblössung nicht sonderlich leiden. Aber diese
Formation dürfte nicht mächtig sein, da sie wegen der aufwärts
gehenden Bewegung der Tiefe des seichten Meeres in dem sie
sich bildete nicht gleichkommen kann; sie könnte ferner nicht
sehr consolidirt noch von späteren Bildungen überlagert sein, so
dass sie bei späteren Bodenschwankungen wahrscheinlich durch
atmosphärische Einflüsse und die Wirkung des Meeres bei späteren Schwankungen bald ganz verschwinden würde. Hopkins
hat indess vermuthet, dass, wenn ein Theil der Bodenfläche nach

seiner Hebung und vor seiner Enthlössung wieder sinke, die während der Hebung entstandene wenn auch wenig mächtige Ablagerung durch spätere Niederschläge geschützt, und so für eine sehr lange Zeitperiode erhalten werden könnte.

Hopkins sagt auch ferner, dass er die gänzliche Zerstörung von Sedimentschichten von grosser wagrechter Ausdehnung für etwas Seltenes halte. Aber alle Geologen, mit Ausnahme der wenigen, welche in den metamorphischen Schiefern und plutonischen Gesteinen noch den glühenden Primordialkern der Erde erblicken, werden auch annehmen, dass von dem Gesteine dieser Beschaffenheit grosse Massen ahgewaschen worden sind. Denn es ist kaum möglich, dass diese Gesteine in unbedecktem Zustande sollten krystallisirt und gehärtet worden sein; hätte aber die metamorphosirende Thätigkeit in grossen Tiefen des Oceans eingewirkt, so brauchte der schützende Mantel nicht dick gewesen zu sein. Nimmt man nun an, dass solche Gesteine wie Gneiss, Glimmerschiefer, Granit, Diorit u. s. w. einmal bedeckt gewosen sind, wie lassen sich dann die weiten nackten Flächen welche diese Gesteine in so vielen Weltgegenden darbieten, anders erklären, als durch die Annahme einer späteren Entblössung von allen überlagernden Schichten? Dass solche ausgedehnte granitische Gebiete bestehen, unterliegt keinem Zweifel. Die granitische Region von Parime ist nach Humboldt wenigstens 19mal so gross als die Schweiz. Im Süden des Amazonenstroms zeigt Boué's Karte eine aus solchen Gesteinen zusammengesetzte Fläche so gross wie Spanien, Frankreich, Italien, Grossbritannien und ein Theil von Deutschland zusammengenommen. Diese Gegend ist noch nicht genau untersucht worden, aber nach dem übereinstimmenden Zeugniss der Reisenden muss dieses granitische Gebiet sehr gross sein. Von Eschwege gibt einen detaillirten Durchschnitt desselben, der sich von Rio de Janeiro an in gerader Linie 260 geographische Meilen weit einwärts erstreckt, und ich selbst habe ihn 150 Meilen weit in einer andern Richtung durchschnitten, ohne ein anderes Gestein als Granit zu sehen. Viele längs der ganzen 1100 englische Meilen langen Küste von Rio de Janeiro bis zur Platamündung gesammelte Handstücke,

die man mir gezeigt, gehörten sämmtlich dieser Classe an. Landeinwärts sah ich längs des ganzen nördlichen Ufers des Plata-
stromes, abgesehen von jung-tertiären Gehilden, nur noch einen
kleinen Fleck mit schwach metamorphischen Gesteinen, der als
Rest der früheren Hülle der granitischen Bildungen hätte gelten
können. Wenden wir uns von da zu den besser bekannten Gegenden der Vereinigten Staaten und Canadas. Indem ich aus H.
D. Roger's schöner Karte die den genannten Formationen entsprechend colorirten Stücke herausschnitt und das Papier wog,
fand ich, dass die metamorphischen (ohne die „halbmetamorphi-
schen") und granitischen Gesteine im Verhältnisse von 190 : 125
die ganzen jüngeren paläozoischen Formationen übertrafen. In
vielen Gegenden würden die metamorphischen und granitischen
Gesteine natürlich sehr viel weiter ausgedehnt sein, wenn man
alle ihnen ungleichförmig aufgelagerten und nicht zum ursprünglichen Mantel, unter dem sie krystallisirten, gehörigen Sedimentschichten von ihnen abhöbe. Somit ist es wahrscheinlich, dass
in manchen Weltgegenden ganze, mindestens den Unterabtheil-
lungen der aufeinanderfolgenden geologischen Perioden entsprechende Formationen spurlos fortgewaschen worden sind.

Eine Bemerkung ist hier noch der Erwähnung werth. Während der Erbebungszeiten wird die Ausdehnung des Landes und
der angrenzenden seichten Meeresstrecken vergrössert, und werden oft neue Wohnorte gebildet: alles für die Bildung neuer
Arten und Varietäten, wie früher bemerkt worden, günstige Umstände; aber gerade während dieser Perioden bleiben Lücken
im geologischen Berichte. Während der Senkung dagegen wird
die bewohnbare Fläche und die Anzahl der Bewohner abnehmen
(die der Küstenbewohner etwa in dem Falle ausgenommen, dass
ein Continent in Inselgruppen zerfällt wird), wenn daher auch
während der Senkung viele Arten erlöschen, werden nur wenige
neue Varietäten und Arten entstehen; und gerade während solcher Senkungszeiten sind unsere grossen an Fossilien reichen
Schichten abgelagert worden.

## Über die Abwesenheit zahlreicher Zwischenvarietäten in allen einzelnen Formationen.

Nach den vorangehenden Betrachtungen ist es nicht zu bezweifeln, dass die geologischen Urkunden im Ganzen genommen ausserordentlich unvollständig sind; wenn wir aber dann unsere Aufmerksamkeit auf irgend eine einzelne Formation beschränken, so ist es noch schwerer zu begreifen, warum wir nicht enge an einandergereihte Abstufungen zwischen denjenigen Arten finden, welche am Anfang und am Ende ihrer Bildung gelebt haben. Es werden zwar mehrere Fälle angeführt, wo dieselbe Art in andern Varietäten in den oberen als in den untern Theilen derselben Formation auftritt; doch mögen sie hier übergangen werden, da ihrer nur wenige sind. Obwohl nun jede Formation ohne allen Zweifel eine lange Reihe von Jahren zu ihrer Ablagerung bedurft hat, so glaube ich doch verschiedene Gründe bezeichnen zu können, warum sich solche Stufenreihen zwischen den zuerst und den zuletzt lebenden Arten nicht darin vorfinden; doch kann ich kaum den folgenden Betrachtungen das nöthige Gewicht beilegen.

Obwohl jede Formation einer sehr langen Reihe von Jahren entspricht, so ist doch jede kurz im Vergleiche mit der zur Umänderung einer Art in die andere erforderlichen Zeit. Nun weiss ich wohl, dass zwei Paläontologen, deren Meinungen wohl der Beachtung werth sind, nämlich BRONN und WOODWARD, zu dem Schlusse gelangt sind, dass die mittlere Dauer einer jeden Formation zwei- bis dreimal so lang, als die mittlere Dauer einer Artform ist. Indessen hindern uns, wie mir scheint, unübersteigliche Schwierigkeiten in dieser Hinsicht zu einem richtigen Schlusse zu gelangen. Wenn wir eine Art in der Mitte einer Formation zum ersten Male auftreten sehen, so würde es äusserst übereilt sein zu schliessen, dass sie nicht irgendwo anders schon länger existirt haben könne. Ebenso, wenn wir eine Art schon vor den letzten Schichten einer Formation verschwinden sehen, würde es ebenso übereilt sein anzunehmen, dass sie schon völlig erloschen sei. Wir vergessen, wie klein die Ausdehnung Europa's im Vergleich zur übrigen Welt ist; auch sind die verschiedenen Etagen der einzelnen Formationen noch nicht durch ganz Europa mit vollkommener Genauigkeit parallelisirt worden.

Bei Seethieren aller Art können wir getrost annehmen, dass in Folge von klimatischen und andern Veränderungen massenhafte und ausgedehnte Wanderungen stattgefunden haben; und wenn wir eine Art zum ersten Male in einer Formation auftreten sehen, so liegt die Wahrscheinlichkeit nahe, dass sie eben da erst von einer andern Gegend her eingewandert war. So ist es z. B. wohl bekannt, dass einige Thierarten in den paläozoischen Bildungen Nordamerika's etwas früher als in den Europäischen auftreten, indem sie zweifelsohne Zeit nöthig hatten, um die Wanderung von Amerika nach Europa zu machen. Bei Untersuchungen der neuesten Ablagerungen in verschiedenen Weltgegenden ist überall die Wahrnehmung gemacht worden, dass einige wenige noch lebende Arten in diesen Ablagerungen häufig, aber in den unmittelbar umgebenden Meeren verschwunden sind, oder dass umgekehrt einige jetzt in den benachbarten Meeren häufige Arten in jenen Ablagerungen nur selten oder gar nicht zu finden sind. Es ist äusserst instructiv, den erwiesenen Umfang der Wanderungen Europäischer Thiere während der Eiszeit, welche doch nur einen kleinen Theil der ganzen geologischen Zeitdauer ausmacht, sowie die grossen Niveauveränderungen, die aussergewöhnlich grossen Klimawechsel, die unermessliche Länge der Zeiträume in Erwägung zu ziehen, welche alle mit dieser Eisperiode zusammen fallen. Und doch dürfte zu bezweifeln sein, dass sich in irgend einem Theile der Welt Sedimentablagerungen, welche fossile Reste enthalten, auf dem gleichen Gebiete während der ganzen Dauer dieser Periode abgelagert haben. So ist es z. B. nicht wahrscheinlich, dass während der ganzen Dauer der Eisperiode Sedimentschichten an der Mündung des Mississippi innerhalb derjenigen Tiefe, worin Thiere noch reichlich leben können, abgelagert worden sind; denn wir wissen, was für ausgedehnte geographische Veränderungen während dieser Zeit in andern Theilen von Amerika erfolgt sind. Würden solche während der Eisperiode in seichtem Wasser an der Mississippimündung abgelagerte Schichten einmal über den Seespiegel gehoben werden, so würden organische Reste wahrscheinlich in verschiedenen Niveaus derselben zuerst erscheinen und wieder verschwinden, je nach den stattgefundenen Wanderungen der Arten und den geographischen Veränderungen des Landes. Und wenn in ferner Zukunft ein Geolog diese Schichten untersuchte, so möchte er zu schliessen versucht sein, dass die mittlere Lebensdauer der dort eingebetteten Organismenarten kürzer als die Eisperiode gewesen sei, obwohl sie in der That viel länger war, indem sie vor dieser begonnen und bis in unsere Tage gewährt hat.

Um nun eine vollständige Stufenreihe zwischen zwei Formen in den untern und obern Theilen einer Formation darbieten zu können, müsste deren Ablagerung sehr lange Zeit fortgedauert haben, um dem langsamen Process der Variation Zeit zu lassen; die Schichtenmasse müsste daher von sehr ansehnlicher Mächtigkeit sein, und die in Abänderung begriffenen Species müssten während der ganzen Zeit in demselben District gelebt haben. Wir haben jedoch gesehen, dass die, organische Reste in ihrer ganzen Dicke enthaltenden Schichten sich nur während einer Periode der Senkung ansammeln können; damit nun die Tiefe sich nahezu gleich bleibe und dieselben Thiere fortdauernd an derselben Stelle wohnen können, wäre ferner nothwendig, dass die Zufuhr von Sedimenten die Senkung fortwährend wieder ausgliche. Aber eben diese senkende Bewegung wird oft auch die Nachbargegend mit berühren, aus welcher jene Zufuhr erfolgt, und eben dadurch die Zufuhr selbst vermindern. Eine solche nahezu genaue Ausgleichung zwischen der Stärke der stattfindenden Senkung und dem Betrag der zugeführten Sedimente mag in der That nur selten vorkommen; denn mehr als ein Paläontolog hat beobachtet, dass sehr dicke Ablagerungen, ausser an ihren oberen und unteren Grenzen gewöhnlich leer an Versteinerungen sind.

Wahrscheinlich ist die Bildung einer jeden einzelnen Formation gewöhnlich eben so, wie die der ganzen Formationenreihe einer Gegend, mit Unterbrechungen vor sich gegangen. Wenn wir, wie es so oft der Fall, eine Formation aus Schichten von verschiedener mineralogischer Beschaffenheit zusammengesetzt

sehen, so können wir mit Grund vermuthen, dass der Ablage-
rungsprocess sehr unterbrochen gewesen sei, indem eine Veränderung in den Seeströmungen und eine Änderung in der Beschaffenheit der zugeführten Sedimente gewöhnlich von geographischen Bewegungen, welche viele Zeit kosten, veranlasst worden sein mag. Nun wird auch die genaueste Untersuchung einer
Formation keinen Maassstab liefern, um die Länge der Zeit zu
messen, welche über ihre Ablagerung vergangen ist. Man könnte
viele Beispiele anführen, wo eine einzelne nur wenige Fuss dicke
Schicht eine ganze Formation vertritt, die in anderen Gegenden
tausende von Fussen mächtig ist und mithin eine ungeheure
Länge der Zeit zu ihrer Bildung bedurft hat; und doch würde
Niemand, der dies nicht weiss, auch nur geahnt haben, welch'
einen unermesslichen Zeitraum jene dünne Schicht repräsentirt.
So liessen sich auch viele Fälle anführen, wo die untern Schichten einer Formation emporgehoben, entblösst, wieder versenkt
und dann von den obern Schichten der nämlichen Formation bedeckt worden sind, Thatsachen, welche beweisen, dass weite,
aber leicht zu übersehende Zwischenräume während der Ablagerung vorhanden gewesen sind. In andern Fällen liefert uns eine
Anzahl grosser fossilisirter und noch auf ihrem natürlichen Boden aufrecht stehender Bäume den klaren Beweis von mehreren
langen Pausen und wiederholten Höhenwechseln während des
Ablagerungsprocesses, wie man sie ausserdem nie hätte vermuthen
können. So fanden Lyell und Dawson in 1400' mächtigen koh-
lenführenden Schichten Neu-Schottlands alte von Baumwurzeln
durchzogene Lager, eines über dem andern, in nicht weniger
als 68 verschiedenen Höhen. Wenn daher die nämliche Art
unten, mitten und oben in der Formation vorkommt, so ist Wahrscheinlichkeit vorhanden, dass sie nicht während der ganzen Ab-
lagerungszeit immer an dieser Stelle gelebt hat, sondern während
derselben, vielleicht mehrmals, dort verschwunden und wieder
erschienen ist. Wenn daher eine solche Species im Verlaufe
einer geologischen Periode beträchtliche Umänderungen erfahren
sollte, so würde ein Durchschnitt durch jene Schichtenreihe
wahrscheinlich nicht alle die feinen Abstufungen zu Tage fördern,

welcbe nach meiner Theorie die Anfangs- mit der Endform
jener Art verkettet haben müssen; man würde vielmehr sprung-
weise, wenn auch vielleicbt nur kleine, Veränderungen zu seben
bekommen.

Es ist nun äusserst wichtig sich zu erinnern, dass die Naturforscher keine feste Bestimmung haben, um Arten von Varietäten zu unterscheiden. Sie gestehen jeder Art einige Veränderlichkeit zu; wenn sie aber etwas grössere Unterschiede zwiscben
zwei Formen wahrnebmen, so machen sie Arten daraus, wofern
sie nicht etwa im Stande sind dieselben durch Zwischenstufen
miteinander zu verbinden. Und diese dürfen wir nach den zuletzt angegebenen Gründen selten hoffen, in einem geologischen
Durchschnitte zu finden. Nehmen wir an, B und C seien zwei
Arten, und eine dritte A werde in einer tieferen und älteren
Schicht gefunden. Hielte nun A genau das Mittel zwischen B
und C, so würde man sie wohl einfach als eine weitere dritte
Art ansehen, wenn nicht ihre Verbindung mit einer von beiden
oder mit beiden andorn durch Zwischenglieder nachgewiesen
werden kann. Auch muss man nicht vergessen, dass, wie vorhin
erläutert worden, wenn A auch der wirkliche Stammvater von
B und C ist, derselbe doch nicht in allen Punkten der Organisation nothwendig das Mittel zwischen beiden halten muss. So
könnten wir denn sowohl die Stammart als auch die von ihr
durch Uinwandlung abgeleiteten Formen aus den untern und
obern Schichten einer Formation erbalten und doch vielleicht in
Ermangelung zahlreicher Übergangsstufen ihre Beziehungen zu
einander nicbt erkennen, sondern alle für eigenthümliche Arten
ansehen.

Es ist eine bekannte Sache, auf was für äusserst kleine
Unterschiede manche Paläontologen ihre Arten gründen, und sie
können dies auch um so leichter thun, wenn ihre wenig verschiedenen Exemplare aus verschiedenen Stöcken einer Formation
herrühren. Einige erfahrene Paläontologen setzen jetzt viele von
den schönen Arten d'Orbigny's u. A. zum Rang blosser Varietäten herunter, und thun wir dies, so erhalten wir die Form von
Beweis für die Abänderung, welche wir nach meiner Theorie

finden müssen. Berücksichtigen wir ferner die jüngst-tertiären
Ablagerungen mit so vielen Weichthierarten, welche die Mehrzahl
der Naturforscher für identisch mit noch lebenden Arten hält;
andere ausgezeichnete Forscher, wie Agassiz und Pictet, halten
sie alle für von diesen letzten verschiedene Species, wenn auch
die Unterschiede nur sehr gering sein mögen. Wenn wir nun
nicht glauben wollen, dass diese vorzüglichen Naturforscher durch
ihre Phantasie verführt worden sind und dass diese jüngst-tertiären Arten wirklich durchaus gar keine Verschiedenheiten von
ihren jetzt lebenden Repräsentanten darbieten, oder annehmen,
dass die grosse Mehrzahl der Forscher Unrecht hat und dass
die tertiären Arten alle von den jetzt lebenden wahrhaft distinct
sind, so erhalten wir hier den Beweis vom häufigen Vorkommen
der geforderten leichten Modificationen. Wenn wir überdies
grössere Zeitunterschiede, den aufeinander folgenden Stöcken
einer nämlichen grossen Formation entsprechend, berücksichtigen,
so finden wir, dass die ihnen angehörigen Fossilen, wenn auch
gewöhnlich allgemein als verschiedene Arten betrachtet, doch
immerhin bei weitem näher mit einander verwandt sind, als die
in weit getrennten Formationen enthaltenen Arten; so dass wir
auch hier einen unzweifelhaften Beleg einer stattgefundenen Veränderung, wenn auch nicht streng genommen einer Variation
nach Maassgabe meiner Theorie erhalten. Doch werde ich auf
diesen Gegenstand im folgenden Abschnitte zurückkommen.

Bei Thieren und Pflanzen, welche sich rasch vervielfältigen
und nicht viel wandern, haben wir, wie früher gezeigt, Grund zu
vermuthen, dass ihre Varietäten anfangs gewöhnlich local sein
werden, und dass solche örtliche Varietäten sich nicht weit verbreiten und ihre Stammformen erst ersetzen, wenn sie sich in
einem etwas grösseren Maasse verändert und vervollkommnet
haben. Nach dieser Annahme ist die Aussicht, die früheren Übergangsstufen zwischen je zwei solchen Arten in einer Formation
irgend einer Gegend in übereinander folgenden Schichten zu
finden nur klein, weil vorauszusetzen ist, dass die einzelnen Übergangsstufen als Localformen auf eine bestimmte Stelle beschränkt
gewesen sind. Die meisten Seethiere besitzen eine weite Ver-

breitung; und da wir geseben, dass die Pflanzen, welche am weitesten verbreitet sind, auch am öftesten Varietäten darbieten, so werden auch unter den Mollusken und andern Seetbieren böchst wahrscheinlich diejenigen, welche sich vordem am weitesten verbreitet baben, weit über die Grenzen der bekannten geologischen Formationen Europas, auch am öftesten die Bildung neuer, anfangs localer Varietäten und später Arten veranlasst haben. Auch dadurch muss die Wahrscheinlichkeit in irgend welcher Formation die Reihenfolge der Übergangsstufen aufzufinden ausserordentlich vermindert werden.

Eine zu demselben Resultat führende, neuerdings von FALCONER betonte Betrachtung ist noch wichtiger, dass nämlich die Zeiträume, während deren die Arten 'einer Modification unterlagen, wenn auch nach Jahren bemessen sehr lang, doch im Verhältniss zu den Zeiträumen, während deren dieselben Arten keine Veränderung erfuhren, wahrscheinlich kurz waren. Dass dies der Fall war, können wir daraus schliessen, dass den organischen Wesen kein Streben innewohnt, modificirt oder im Bau weitergeführt zu werden, und dass alle Modificationen erstens von langandauernder Variabilität und zweitens von Veränderungen in den physikalischen Lebensbedingungen oder in der Lebensweise und Structur concurrirender Arten oder von der Einwanderung neuer Formen abhängt. Derartige Vorkommnisse werden in den meisten Fällen erst nach langen Zeiträumen und sehr langsam eintreten. Übrigens werden auch solche Veränderungen in den organischen und anorganischen Lebensbedingungen nur eine beschränkte Zahl der Bewobner eines Gebiets oder Landes betreffen.

Man muss nicht vergessen, dass man heutigen Tages, selbst wenn man vollständige Exemplare vor sich hat, selten zwei Varietäten durch Zwischenstufen verbinden und so deren Zusammengehörigkeit zu einer Art beweisen kann, wenn man nicht viele Exemplare von vielen Örtlichkeiten zusammengebracht hat; und bei fossilen Arten ist der Paläontolog selten im Stande dies zu thun. Man wird vielleicht am besten begreifen, wie wenig wahrscheinlich wir in der Lage sein können, Arten durch zahlreiche feine fossil gefundene Zwischenglieder zu verketten, wenn wir uns selbst fragen, ob z. B. Paläontologen späterer Zeiten im Stande sein würden zu beweisen, dass unsere verschiedenen Rinds-, Schaf-, Pferde- und Hunderassen von einem oder von mehreren Stämmen herkommen, — oder ob gewisse Seeconchylien der Nordamerikanischen Küsten, welche von einigen Conchyliologen als von ihren Europäischen Vertretern abweichende Arten und von andern Conchyliologen als blosse Varietäten angesehen werden, nur wirkliche Varietäten oder sogenannte eigene Arten sind. Dies könnte künftigen Geologen nur gelingen, wenn sie viele fossile Zwischenstufen entdeckten, was jedoch im höchsten Grade unwahrscheinlich ist.

Es ist von Schriftstellern, welche an die Unveränderlichkeit der Arten glauben, immer und immer wieder behauptet worden, die Geologie liefere keine vermittelnden Formen. Diese Behauptung ist aber ganz falsch. Lubbock sagt: „jede Art ist ein Mittelglied zwischen andern verwandten Formen." Wir erkennen dies deutlich, wenn wir aus einer Gattung, welche reich an fossilen und lebenden Arten ist, vier Fünftel der Arten ausstossen, wo dann niemand bezweifeln wird, dass die Lücken zwischen den noch übrig bleibenden Arten grösser sein werden als vorher. Sind es zufällig die extremen Formen, welche man ausgestossen hat, so wird die Gattung selbst in der Regel von andern Gattungen weiter getrennt erscheinen, als vorher. Kameel und Schwein, Pferd und Tapir sind jetzt offenbar sehr getrennte Formen. Schaltet man aber die verschiedenen fossilen Genera zwischen sie ein, die man aus gleichen, das Kameel und Schwein umfassenden Familien im fossilen Zustande kennen gelernt hat, so werden jene Formen durch nicht so übermässig weit von einander entfernte Zwischenglieder enger verknüpft. Die Reihe der verkettenden Formen läuft jedoch in diesen Fällen nie, oder überhaupt nie, gerade von einer lebenden Form zur andern, sondern berühret auf Umwegen zugleich solche Formen mit, welche in längst verflossenen Zeiten gelebt haben. Was aber die geologischen Forschungen allerdings nicht enthüllt haben, das ist das frühere Dasein der unendlich zahlreichen Abstufungen vom Range wirklicher Varietäten zur Verkettung aller Arten untereinander; und dass die Geologie dies nicht gezeigt hat, ist der gewichtigste Einwand, den man gegen meine Ansichten vorbringen kann.

Es wird daher angemessen sein, die vorangehenden Bemerkungen über die Ursachen der Unvollständigkeit der geologischen Urkunden zusammenzufassen und durch einen ersonnenen Fall zu erläutern. Der Malayische Archipel ist etwa von der Grösse Europa's vom Nordcap bis zum Mittelmeere und von England bis Russland, entspricht mithin der Ausdehnung desjenigen Theiles der Erdoberfläche, auf welchem, Nordamerika ausgenommen, alle geologischen Formationen am sorgfältigsten und zusammenhängendsten untersucht worden sind. Ich stimme mit GODWIN-AUSTEN vollkommen überein, dass der jetzige Zustand des Malayischen Archipels mit seinen zahlreichen durch breite und seichte Meeresarme getrennten Inseln wahrscheinlich dem früheren Zustande Europa's, während noch die meisten unserer Formationen in Ablagerung begriffen waren, entspricht. Der Malayische Archipel ist eine der an Organismen reichsten Gegenden der ganzen Erdoberfläche; aber wenn man auch alle Arten sammelte, welche jemals da gelebt haben, wie unvollständig würden sie die Naturgeschichte der ganzen Erde vertreten!

Indessen haben wir alle Ursache zu glauben, dass die Überreste der Landbewohner dieses Archipels nur äusserst unvollständig in die Formationen übergehen dürften, die unserer Annahme gemäss sich dort ablagern. Ich vermuthe selbst, dass nicht viele der eigentlichen Küstenbewohner und der auf kahlen untermeerischen Felsen wohnenden Thiere in die neuen Schichten eingeschlossen werden würden; und die etwa in Kies und Sand eingeschlossenen dürften keiner späten Nachwelt überliefert werden. Da wo sich aber keine Niederschläge auf dem Meeresboden bildeten oder sich nicht in genügender Masse anhäuften, um organische Einflüsse gegen Zerstörung zu schützen, da würden auch gar keine organischen Überreste erhalten werden können.

An Fossilien reiche und hinreichend mächtige Formationen

um bis zu einer eben so weit in der Zukunft entfernten Zeit zu reichen, als die Secundärformationen bereits hinter uns liegen, würden wohl nur während Perioden der Senkung in dem Archipel entstehen können. Diese Perioden würden dann durch unermessliche Zwischenzeiten der Hebung oder Ruhe von einander getrennt werden; während der Hebung würden alle fossilführenden Formationen an steilen Küsten, und zwar fast so schnell, als sie entstünden, durch die ununterbrochene Thätigkeit der Brandung wieder zerstört werden, wie wir es jetzt an den Küsten Südamerikas gesehen haben; und selbst in ausgedehnten und seichten Meeren innerhalb des Archipels können während der Emporhebung durch Niederschlag gebildete Schichten nicht in grosser Mächtigkeit angehäuft oder von späteren Bildungen so bedeckt und geschützt werden, dass ihnen eine Erhaltung bis in eine ferne Zukunft in wahrscheinlicher Aussicht stünde. Während der Senkungszeit würden viele Lebensformen zu Grunde gehen, während der Hebungsperioden dagegen sich die Formen am meisten durch Abänderung entfalten, aber die geologischen Denkmäler würden der Folgezeit wenig Nachricht davon überliefern.

Es wäre zu bezweifeln, ob die Dauer irgend einer grossen Periode einer über den ganzen Archipel sich erstreckenden Senkung und entsprechender gleichzeitiger Sedimentablagerung die mittlere Dauer der alsdann vorhandenen specifischen Formen über treffen würde; und doch würde diese Bedingung unerlässlich nothwendig sein für die Erhaltung aller Übergangsstufen zwischen irgend welchen zwei oder mehreren Arten. Wo diese Zwischenstufen aber nicht alle vollständig erhalten werden, da werden Übergangsvarietäten einfach als eben so viele verschiedene Species erscheinen. Es ist auch wahrscheinlich, dass lange Senkungsperioden auch durch Höhenschwankungen unterbrochen und dass kleine klimatische Veränderungen erfolgen werden, welche die Bewohner des Archipels zu Wanderungen veranlassen, so dass kein genau zusammenhängender Bericht über deren Abänderungsgang in einer der dortigen Formationen niedergelegt werden kann.

Sehr viele der Meeresbewohner jenes Archipels wohnen

gegenwärtig noch tausende von Englischen Meilen weit über seine Grenzen hinaus, und die Analogie führt offenbar zu der Annahme, dass diese weitverbreiteten Arten, wenn auch nur einige von ihnen, hauptsächlich neue Varietäten darbieten würden. Diese Varietäten dürften anfangs gewöhnlich nur local oder auf eine Örtlichkeit beschränkt sein, jedoch, wenn sie als solche irgend einen Vortheil voraus haben, oder wenn sie noch weiter abgeändert und verbessert werden, sich allmählich ausbreiten und ihre Stammeltern ersetzen. Kehrte dann eine solche Varietät in ihre alte Heimath zurück, so würde sie, weil vielleicht zwar nur wenig, aber doch einförmig von ihrer früheren Beschaffenheit abweichend, und weil in etwas abweichenden Unterabtheilungen der nämlichen Formation eingeschichtet gefunden, nach den Grundsätzen der meisten Paläontologen als eine neue und verschiedene Art aufgeführt werden müssen.

Wenn daher diese Bemerkungen einigermaassen begründet sind, so sind wir nicht berechtigt zu erwarten, in unseren geologischen Formationen eine endlose Anzahl solcher feinen Übergangsformen zu finden, welche nach meiner Theorie alle früheren und jetzigen Arten einer Gruppe zu einer langen und verzweigten Kette von Lebensformen verbunden haben. Wir werden uns nur nach einigen wenigen (und gewiss zu findenden) Zwischengliedern umsehen müssen, von welchen die einen weiter und die anderen näher mit einander vereinigt sind; und diese Glieder, grenzten sie auch noch so nahe an einander, würden von den meisten Paläontologen für verschiedene Arten erklärt werden, sobald sie in verschiedene Stöcke einer Formation vertheilt sind. Jedoch gestehe ich ein, dass ich nie geglaubt haben würde, welch dürftige Nachricht von der Veränderung der einstigen Lebensformen uns auch das beste geologische Profil gewähre, hätte nicht die Schwierigkeit, die zahllosen Mittelglieder zwischen den am Anfang und am Ende einer Formation vorhandenen Arten aufzufinden, meine Theorie so sehr ins Gedränge gebracht.

**Plötzliches Auftreten ganzer Gruppen verwandter Arten.**

Das plötzliche Erscheinen ganzer Gruppen neuer Arten in gewissen Formationen ist von mehreren Paläontologen, wie AGASSIZ, PICTET und SEDGWICK, zur Widerlegung des Glaubens an eine allmähliche Umgestaltung der Arten hervorgehoben worden. Wären wirklich viele Arten von einerlei Gattung oder Familie auf einmal plötzlich ins Leben getreten, so müsste dies freilich meiner Theorie einer langsamen Abänderung durch natürliche Zuchtwahl verderblich werden. Denn die Entwickelung einer Gruppe von Formen, die alle von einem Stammvater herrühren, muss nicht nur selbst ein sehr langsamer Process gewesen sein, sondern auch die Stammform muss schon sehr lange vor ihren abgeänderten Nachkommen gelebt haben. Aber wir überschätzen fortwährend die Vollständigkeit der geologischen Berichte und schliessen fälschlich, dass, weil gewisse Gattungen oder Familien noch nicht unterhalb einer gewissen geologischen Schicht gefunden worden sind, sie auch tiefer noch nicht existirt haben. In allen Fällen verdienen positive paläontologische Beweise ein unbedingtes Vertrauen, während solche von negativer Art, wie die Erfahrung so oft ergibt, werthlos sind. Wir vergessen fortwährend, wie gross die Welt der kleinen Fläche gegenüber ist, über die sich unsere genauere Untersuchung geologischer Formationen erstreckt hat, wir vergessen, dass Artengruppen anderwärts schon lange vertreten gewesen sein und sich langsam vervielfältigt haben können, bevor sie in die alten Archipele Europas und der Vereinigten Staaten eingedrungen sind. Wir bringen die enorme Länge der Zeiträume nicht genug in Anschlag, welche wahrscheinlich zwischen der Ablagerung unserer unmittelbar aufeinander gelagerten Formationen verflossen und vermuthlich meistens länger als diejenigen gewesen sind, die zur Ablagerung einer Formation erforderlich waren. Diese Zwischenräume waren lang genug für die Vervielfältigung der Arten von einer oder von einigen wenigen Stammformen aus, so dass dann solche Arten in der jedesmal nachfolgenden Formation auftreten konnten, als ob sie erst plötzlich und gleichzeitig geschaffen worden seien.

Ich will hier an eine schon früher gemachte Bemerkung
erinnern, dass nämlich wohl ein äusserst langer Zeitraum dazu
gehören dürfte, bis ein Organismus sich einer ganz neuen Lebensweise anpasse, wie z. B. durch die Luft zu fliegen, und dass dem
entsprechend die Übergangsformen oft lange auf einen kleinen
Flächenraum beschränkt bleiben müssen; dass aber, wenn dies
einmal geschehen ist und nur einmal eine geringe Anzahl von
Arten hierdurch einen grossen Vortheil vor andern Organismen
erworben hat, nur noch eine verhältnissmässig kurze Zeit dazu
erforderlich ist, um viele auseinander weichende Formen hervorzubringen, welche dann geeignet sind sich schnell und weit über
die Erdoberfläche zu verbreiten. Professor Pictet sagt in dem
vortrefflichen Berichte, welchen er über dieses Buch gibt, bei
Erwähnung der frühesten Übergangsformen beispielsweise von
den Vögeln, er könne nicht einsehen, welchen Vortheil die allmähliche Abänderung der vorderen Gliedmaassen einer angenommenen Stammform dieser zu gewähren im Stande gewesen sein
sollte? Betrachten wir aber die Pinguine der südlichen Weltmeere;
sind denn nicht bei diesen Vögeln die Vordergliedmaassen gerade
eine Zwischenform von „weder wirklichen Armen noch wirklichen
Flügeln". Und doch behaupten diese Vögel im Kampfe um's Dasein siegreich ihre Stelle, zahllos an Individuen und in mannichfaltigen Arten. Ich bin nicht der Meinung, hier eine der wirklichen Übergangsstufen zu sehen, durch welche der Flügel der
Vögel sich gebildet habe; was könnte man aber im Besondern
gegen die Meinung einwenden, dass es den Nachkommen dieser
Pinguine von Nutzen sein würde, wenn sie allmählich solche Abänderung erführen, dass sie zuerst gleich der Dickkopf-Ente
(Micropterus brachypterus) flach über den Meeresspiegel hinflattern und dann sich erheben und durch die Luft schweben
lernten?

Ich will nun einige wenige Beispiele zur Erläuterung dieser
Bemerkungen und insbesondere zum Nachweis darüber mittheilen,
wie leicht wir uns in der Meinung, dass ganze Artengruppen auf
einmal entstanden seien, irren können. Schon die kurze Zeit,
welche zwischen der ersten und der zweiten Ausgabe von Pictet's

*Paléontologie* verlaufen ist (1844—46 bis 1853—57) hat zur
wesentlichen Umgestaltung der Schlüsse über das erste Auftreten
und das Erlöschen verschiedener Thiergruppen geführt, und eine
dritte Auflage würde schon wieder bedeutende Abänderungen
erheischen. Ich will zuerst an die wohlbekannte Thatsache erinnern, dass nach den noch vor wenigen Jahren erschienenen
Lehrbüchern der Geologie die grosse Classe der Säugethiere
ganz plötzlich am Anfange der Tertiärperiode aufgetreten sein
sollte. Und nun zeigt sich eine der im Verhältniss ihrer Dicke
reichsten Lagerstätten fossiler Säugethierreste mitten in der Se-
cundärreihe, und echte Säugethiere sind in Anfangsschichten der
grossen Reihe des New red Sandstone entdeckt worden. Cuvier
pflegte Nachdruck darauf zu legen, dass noch kein Affe in irgend
einer Tertiärschicht gefunden worden sei; jetzt aber kennt man
fossile Arten von Vierhändern in Ostindien, in Südamerika und
selbst in Europa, sogar schon aus der miocenen Periode. Hätte
uns nicht ein seltener Zufall die zahlreichen Fährten im New
red Sandstone der Vereinigten Staaten aufbewahrt, wie würden
wir anzunehmen gewagt haben, dass ausser Reptilien auch schon
nicht weniger als dreissig Vogelarten von riesiger Grösse in so
früher Zeit existirt hätten, zumal noch nicht ein Stückchen Knochen in jenen Schichten gefunden worden ist. Obwohl nun die
Anzahl der Zehenglieder in jenen fossilen Eindrücken vollkommen
mit denen unserer jetzigen Vögel übereinstimmt, so zweifeln
doch noch einige Schriftsteller daran, ob jene Fährten wirklich
von Vögeln herrühren. So konnten also bis vor ganz kurzer
Zeit dieselben Autoren behaupten und haben einige derselben
wirklich behauptet, dass die ganze Classe der Vögel plötzlich
während der eocenen Periode aufgetreten sei; doch wissen wir
jetzt nach Owen's Autorität, dass ein Vogel gewiss schon zur
Zeit gelebt habe, als der obere Grünsand sich ablagerte; und in
noch neuerer Zeit ist jener merkwürdige Vogel, Archaeopteryx,
in den Solenhofener oolitischen Schiefern entdeckt worden mit
einem langen eidechsenartigen Schwanz, der an jedem Glied ein
paar Federn trägt und mit zwei freien Klauen an seinen Flügeln.
Kaum irgend eine andere Entdeckung zeigt eindringlicher als

diese, wie wenig wir noch von den früheren Bewohnern der Erde wissen.

Ich will noch ein anderes Beispiel anführen, was mich, als unter meinen eigenen Augen vorkommend, sehr frappirte. In der Abhandlung über fossile sitzende Cirripeden schloss ich aus der Menge von lebenden und von erloschenen tertiären Arten, aus dem ausscrordentlichen Reichthume vieler Arten an Individuen, aus ihrer Verbreitung über die ganze Erde von den arktischen Regionen an bis zum Äquator und von der oberen Fluthgrenze an bis zu 50 Faden Tiefe hinab, aus der vollkommenen Erhaltungsweise ihrer Reste in den ältesten Tertiärschichten, aus der Leichtigkeit selbst einzelne Klappen zu erkennen und zu bestimmen: aus allen diesen Umständen schloss ich, dass, wenn es in der secundären Periode sitzende Cirripeden gegeben hätte, solche gewiss erhalten und wieder entdeckt worden sein würden; da jedoch noch keine Schaale einer Species in Schichten dieses Alters damals gefunden worden war, so folgerte ich weiter, dass sich diese grosse Gruppe erst im Beginne der Tertiärzeit plötzlich entwickelt habe. Es war eine grosse Verlegenheit für mich, selbst noch ein weiteres Beispiel vom plötzlichen Auftreten einer grossen Artengruppe bestätigen zu müssen. Kaum war jedoch mein Werk erschienen, als ein bewährter Paläontolog, Hr. Bosquet, mir eine Zeichnung von einem vollständigen Exemplare eines unverkennbaren Balaniden sandte, welchen er selbst aus der Belgischen Kreide entnommen hatte. Und um den Fall so treffend als möglich zu machen, so ist dieser sitzende Cirripede ein Chthamalus, eine sehr gemeine und überall weitverbreitete Gattung, von welcher sogar in tertiären Schichten bis jetzt noch kein einziges Exemplar gefunden worden war. Wir wissen daher jetzt mit Sicherheit, dass es auch in der Secundärzeit schon sitzende Cirripeden gegeben hat, welche möglicherweise die Stammeltern unserer vielen tertiären und noch lebenden Arten gewesen sein können.

Der Fall vom plötzlichen Auftreten einer ganzen Artengruppe, worauf sich die Paläontologen am öftesten berufen, ist die Erscheinung der echten Knochenfische oder Teleostier erst in den

unteren Schichten der Kreideperiode. Diese Gruppe enthält bei
weitem die grösste Anzahl der jetzigen Fische. Inzwischen hat
Professor Pictet neuerlich ihre erste Erscheinung schon wieder
um eine Etage tiefer nachgewiesen und glauben andere Paläontologen, dass viele ältere Fische, deren Verwandtschaften man
bis jetzt noch nicht genau kennt, wirkliche Teleostier sind. Nähme
man mit Agassiz an, dass diese ganze Gruppe wirklich erst zu
Anfang der Kreidezeit erschienen sei, so wäre diese Thatsache
freilich höchst merkwürdig; aber auch in ihr vermöchte ich noch
keine unübersteigliche Schwierigkeit für meine Theorie zu erkennen, bis auch erwiesen wäre, dass in der That die Arten
dieser Gruppe auf der ganzen Erde gleichzeitig in jener Frist
aufgetreten seien. Es ist fast überflüssig zu bemerken, dass ja
noch kaum ein fossiler Fisch von der Südseite des Äquators bekannt ist und nach Pictet's Paläontologie selbst in einigen Gegenden Europas erst sehr wenige Arten gefunden worden sind.
Einige wenige Fischfamilien haben jetzt enge Verbreitungsgrenzen; so könnte es auch mit den Teleostiern der Fall gewesen
sein, dass sie erst dann, nachdem sie sich in diesem oder jenem
Meere sehr entwickelt, sich weit verbreitet hätten. Auch sind
wir nicht anzunehmen berechtigt, dass die Weltmeere von Norden nach Süden allezeit so offen wie jetzt gewesen sind. Selbst
heutigen Tages könnte der tropische Theil des Indischen Oceans
durch eine Hebung des Malayischen Archipels über den Meeresspiegel in ein grosses geschlossenes Becken verwandelt werden,
worin sich irgend welche grosse Seethiergruppe zu entwickeln
und vervielfältigen vermöchte; und da würde sie dann eingeschlossen bleiben, bis einige der Arten für ein kühleres Klima
geeignet und in Stand gesetzt worden wären, die Südcap's von
Afrika und Australien zu umwandern und so in andere ferne
Meere zu gelangen.

Aus diesen und ähnlichen Betrachtungen, aber hauptsächlich
in Berücksichtigung unserer Unkunde über die geologischen Verhältnisse anderer Weltgegenden ausserhalb Europa's und Nordamerika's, endlich nach dem Umschwung, welchen unsere paläontologischen Vorstellungen durch die Entdeckungen während der

letzten Jahrzehnte erlitten haben, glaube icb folgern zu dürfen, dass wir eben so übereilt bandeln würden, die bei uns bekannt gewordene Art der Aufeinanderfolge der Organismen auf die ganze Erdoberfläcbe zu übertragen, als ein Naturforscher thäte, welcher nacb einer Landung von fünf Minuten an irgend einem öden Küstenpunkte Australiens auf die Zahl und Verbreitung seiner Organismen schliessen wollte.

### Plötzliches Erscheinen ganzer Gruppen verwandter Arten in den untersten fossilführenden Schichten.

Grösser ist eine andere Schwierigkeit; ich meine das plötzliche Auftreten vieler Arten einer Gruppe in den untersten fossilführenden Gebirgen. Die meisten der Gründe, welche mich zur Überzeugung führen, dass alle lebenden Arten einer Gruppe von einem gemeinsamen Urerzeuger herrühren, sind mit fast gleicher Stärke auch auf die ältesten fossilen Arten anwendbar. So kann ich z. B. nicht daran zweifeln, dass alle silurischen Trilobiten von irgend einem Kruster herkommen, welcher von allen jetzt lebenden Krustern sehr verscbieden war. Einige der ältesten silurischen Thiere sind zwar nicht sehr von noch jetzt lebenden Arten verschieden, wie Lingula, Nautilus u. a., und man kann nach meiner Theorie nicht annehmen, dass diese alten Arten die Erzeuger aller Arten der Ordnungen gewesen sind, wozu sie gehören, indem sie in keiner Weise Mittelformen zwischen denselben darbieten.

Wenn also meine Theorie richtig ist, so müssten unbestreitbar schon vor Ablagerung der ältesten silurischen Schichten eben so lange oder noch längere Zeiträume wie nachher verflossen und müsste die Erdoberfläcbe während dieser unendlichen aber ganz unbekannten Zeiträume von lebenden Geschöpfen bewohnt gewesen sein.

Was nun die Frage betrifft, warum wir aus diesen weiten Primordialperioden keine an Fossilien reichen Denkmäler mehr finden, so kann ich darauf keine genügende Antwort geben. Mehrere der ausgezeicbnetsten Geologen mit Sir R. Murcaison an der Spitze waren bis vor Kurzem überzeugt, in diesen untersten Silurschicbten die Wiege des Lebens auf unserem Planeten zu erblicken. Andere hochbewährte Richter, wie Ch. Lyell und der verstorbene Edw. Forbes bestreiten diese Behauptung. Wir dürfen nicht vergesaen, dass nur ein geringer Theil unserer Erdoberfläche mit einiger Genauigkeit erforscht ist. Erst unlängst hat Barrande dem silurischen Systeme noch einen anderen älteren Stock angefügt, der reich ist an neuen und eigenthümlichen Arten. Spuren einstigen Lebens sind auch noch in den Longmyndschichten entdeckt worden unterhalb Barrande's sogenannter Primordialzone. Die Anwesenheit phosphatehaltiger Nieren und bituminöser Materien in einigen der untersten azoischen Schichten deutet wahrscheinlich auf ein ehemaliges noch früheres Leben in denselben hin. Nun ist aber in den letzten Jahren die grosse Entdeckung des Eozoon in der Laurentischen Formation Canadas gemacht worden; hat man Carpenter's Beschreibung dieses merkwürdigen Fosails gelesen, so kann man unmöglich an seiner organischen Natur zweifeln. Es finden sich in Canada drei groase Schichten unter dem Silursystem, in deren unteater das Eozoon gefunden wurde. Sir W. Logan führt an, dass „ihre gemeinsame Mächtigkeit möglicherweise die aller folgenden Gesteine von der Basis der paläozoischen Reihe bis zur Jetztzeit übertrifft. Wir werden in eine so entfernte Periode zurückversetzt, dass daa Auftreten der sogenannten Primordialfauna (Barrande's) als vergleichaweise neues Ereigniss betrachtet werden kann." Das Eozoon gehört zu den niedrigst organisirten Classen des Thierreichs, seiner Classenstellung nach ist es aber hoch organisirt; es existirte in zahllosen Schaaren und lebte, wie Dawson bemerkt, sicher vor andern organischen Wesen, die wieder in grosser Zahl vorhanden gewesen sein müssen. Wir haben auch Grund zu glauben, dass in diesem enorm entfernten Zeitraum Pflanzen existirten. Die obigen, 1859 geschriebenen Worte, fast dieselben, die Sir W. Logan braucht, sind wahr geworden. Trotz dieser mannichfachen Thatsachen bleibt doch die Schwierigkeit, irgend einen guten Grund für den Mangel ungeheurer, an Fossilien reicher Schichtenlager unter dem Silursystem anzugeben, aebr gross. Wären diese ältesten Schichten durch Entblössungen ganz und gar weggewaachen oder ihre Fossile durch Metamorphismus ganz

und gar unkenntlich gemacht worden, so müssten wir wohl auch
nur noch ganz kleine Überreste der nächst-jüngeren Formationen
entdecken, und diese müssten sich fast immer in einem metamorphischen Zustande befinden. Aber die Beschreibungen, welche
wir jetzt von den silurischen Ablagerungen in den unermesslichen
Ländergebieten in Russland und Nordamerika besitzen, sprechen
nicht zu Gunsten der Meinung dass, je älter eine Formation ist,
sie desto mehr durch Entblössung und Metaphorismus gelitten haben müsse.

Diese Thatsache muss fürerst unerklärt bleiben und wird
mit Recht als eine wesentliche Einrede gegen die hier entwickelten Ansichten hervorgehoben werden. Ich will jedoch folgende
Hypothese aufstellen, um zu zeigen, dass doch vielleicht später
eine Erklärung möglich ist. Aus der Natur der in den verschiedenen Formationen Europa's und der Vereinigten Staaten vertre-
tenen organischen Wesen, welche keine grossen Tiefen bewohnt
zu haben scheinen, und aus der ungeheuren Masse der meilen-
dicken Niederschläge, woraus diese Formationen bestehen, können
wir zwar schliessen, dass von Anfang bis zu Ende grosse Inseln
oder Landstriche, aus welchen die Sedimente herbeigeführt worden, in der Nähe der jetzigen Continente von Europa und Nordamerika existirt haben müssen. Aber vom Zustande der Dinge
in den langen Perioden, welche zwischen der Bildung dieser Formationen verflossen sind, wissen wir nichts; wir vermögen nicht
zu sagen, ob während derselben Europa und die Vereinigten
Staaten als trockene Länderstrecken oder als untermeerische
Küstenflächen, auf welchen inzwischen keine Ablagerungen erfolgten, oder als Meeresboden eines offenen und unergründlichen
Oceans vorhanden waren.

Betrachten wir die jetzigen Weltmeere, welche dreimal so
viel Fläche als das trockene Land einnehmen, so finden wir sie
mit zahlreichen Inseln besäet; aber keine echt oceanische Insel
(mit Ausnahme von Neu-Seeland, wenn man dies eine echte
oceanische Insel nennen kann) hat bis jetzt einen Überrest von
paläozoischen und secundären Formationen geliefert. Man kann
daraus vielleicht schliessen, dass während der paläozoischen und

Secundärzeit weder Continente noch continentale Inseln da existirt
haben, wo sich jetzt der Ocean ausdehnt; denn wären solche vor-
banden gewesen, so würden sich nach aller Wahrscheinlichkeit
aus dem von ihnen herbeigeführten Schutte auch paläozoische
und secundäre Schichten gebildet haben, und es würden dann in
Folge der Niveauschwankungen, welche während dieser ungeheuer
langen Zeiträume jedenfalls stattgefunden haben müssen, wenigstens theilweise Emporbebungen trockenen Landes haben erfolgen können. Wenn wir also aus diesen Thatsachen irgend einen
Schluss ziehen wollen, so können wir sagen, dass da, wo sich
jetzt unsere Weltmeere ausdehnen, solche schon seit den ältesten
Zeiten, von denen wir Kunde besitzen, bestanden haben, und dass
da, wo jetzt Continente sind, grosse Landstrecken existirt haben,
welche von der frühesten Silurzeit an zweifelsohne grossem Ni-
veauwechsel unterworfen gewesen sind. Die colorirte Karte,
welche meinem Werke über die Corallenriffe beigegeben ist,
führte mich zum Schluss, dass die grossen Weltmeere noch jetzt
hauptsächlich Senkungsfelder, die grossen Archipele noch jetzt
schwankende Gebiete und die Continente noch jetzt in Hebung
begriffen sind. Aber wir haben kein Recht anzunehmen, dass
diese Dinge sich seit dem Beginne dieser Welt gleich geblieben
sind. Unsere Continente scheinen hauptsächlich durch vorherrschende Hebung während vielfacher Höhenschwankungen entstanden zu sein. Aber können nicht die Felder vorwaltender He-
bungen und Senkungen ihre Rollen vor noch längerer Zeit um-
getauscht haben? In einer unermesslich früheren Zeit vor der
silurischen Periode können Continente da existirt haben, wo sich
jetzt die Weltmeere ausbreiten, und können offene Weltmeere
da gewesen sein, wo jetzt die Continente emporragen. Und doch
würde man noch nicht anzunehmen berechtigt sein, dass z. B. das
Bett des Stillen Oceans, wenn es jetzt in einen Continent verwandelt würde, uns in erkennbarer Weise ältere als silurische
Schichten darbieten müsse, vorausgesetzt selbst, dass sich solche
einst dort gebildet haben; denn es wäre wohl möglich, dass
Schichten, welche dem Mittelpunct der Erde um einige Meilen
näher rückten und von dem ungeheuren Gewichte darüber stehender

Wasser zusammengedrückt wurden, stärkere metamorphische Einwirkungen erfahren haben als jene, welche näher an der Oberfläche verweilten. Die in einigen Weltgegenden wie z. B. in
Südamerika vorhandenen unermesslichen Strecken unbedeckten
metamorphischen Gebirges, welche der Hitze unter hohen Graden
von Druck ausgesetzt gewesen sein müssen, haben mir einer besonderen Erklärung zu bedürfen geschienen; und vielleicht darf
man annehmen, dass sie die zahlreichen schon lange vor der
silurischen Zeit abgesetzten Formationen in einem völlig metamorphischen, aber gleichfalls entblössten Zustande sind.

Die mancherlei hier erörterten Schwierigkeiten, welche namentlich daraus entspringen, dass wir in der Reihe der aufeinanderfolgenden Formationen zwar manche Mittelformen zwischen
früher dagewesenen und jetzt vorhandenen Arten, nicht aber die
unzähligen nur leicht abgestuften Zwischenglieder zwischen allen
successiven Arten finden, — dass ganze Gruppen verwandter Arten in unsern Europäischen Formationen oft plötzlich zum Vorschein kommen, — dass, so viel bis jetzt bekannt, ältere fossilführende Formationen noch unter den silurischen Schichten fast
gänzlich fehlen, — alle diese Schwierigkeiten sind zweifelsohne
von grösstem Gewichte. Wir ersehen dies am deutlichsten aus
der Thatsache, dass die ausgezeichnetsten Paläontologen, wie
Cuvier, Agassiz, Barrande, Falconer, Edw. Forbes und andere,
sowie unsere grössten Geologen, Lyell, Murchison, Sedgwick etc.
die Unveränderlichkeit der Arten einstimmig und oft mit grosser
Heftigkeit vertheidigt haben. Es geht indess aus den neueren
Werken Lyell's hervor, dass er diese Ansicht beinahe aufgibt;
und mehrere andere grosse Geologen und Paläontologen sind in
ihrem Vertrauen sehr wankend geworden. Ich fühle wohl, wie
bedenklich es ist, von diesen Gewährsmännern, denen wir mit
Andern alle unsere Kenntnisse verdanken, abzuweichen. Alle,
die die geologischen Urkunden für einigermaassen vollständig halten, werden zweifelsohne meine ganze Theorie auf einmal verwerfen. Ich für meinen Theil betrachte (um Lyell's bildlichen
Ausdruck durchzuführen) die natürlichen geologischen Urkunden
als eine Geschichte der Erde, unvollständig geführt und in wech-

selnden Dialekten geschrieben, — wovon aber nur der letzte, bloss auf einige Theile der Erdoberfläche sich beziehende Band bis auf uns gekommen ist. Doch auch von diesem Bande ist nur hie und da ein kurzes Capitel erhalten, und von jeder Seite sind nur da und dort einige Zeilen übrig. Jedes Wort der langsam wechselnden Sprache dieser Beschreibung, mehr und weniger verschieden in den aufeinanderfolgenden Abschnitten, wird den anscheinend plötzlich umgewandelten Lebensformen entsprechen, welche in den unmittelbar aufeinander liegenden, aber weit von einander getrennten Formationen begraben liegen. Nach dieser Ansicht werden die oben erörterten Schwierigkeiten zum grossen Theile vermindert, oder sie verschwinden selbst.

# Zehntes Capitel.
## Geologische Aufeinanderfolge organischer Wesen.

Langsame und allmähliche Erscheinung neuer Arten. — Verschiedenes Maass ihrer Veränderung. — Einmal untergegangene Arten kommen nicht wieder zum Vorschein. — Artengruppen folgen denselben allgemeinen Regeln des Auftretens und Verschwindens, wie die einzelnen Arten. — Erlöschen der Arten. — Gleichzeitige Veränderungen der Lebensformen auf der ganzen Erdoberfläche. — Verwandtschaft erloschener Arten mit andern fossilen und mit lebenden Arten. — Entwickelungsstufe alter Formen. — Aufeinanderfolge derselben Typen im nämlichen Ländergebiete. — Zusammenfassung dieses und des vorhergehenden Capitels.

Sehen wir nun zu, ob die verschiedenen Thatsachen und Regeln hinsichtlich der geologischen Aufeinanderfolge der organischen Wesen besser mit der gewöhnlichen Ansicht von der Unabänderlichkeit der Arten, oder mit der Theorie einer langsamen und stufenweisen Abänderung der Nachkommenschaft durch natürliche Zuchtwahl übereinstimmen.

Neue Arten sind im Wasser wie auf dem Lande nur sehr langsam, eine nach der andern zum Vorschein gekommen. LYELL hat gezeigt, dass es kaum möglich ist, sich den in den verschie-

denen Tertiärschichten niedergelegten Beweisen in dieser Hinsicht
zu verschliessen und jedes Jahr strebt die noch vorhandenen
Lücken mehr auszufüllen und das Procentverhältniss der noch
lebend vorhandenen zu den ganz ausgestorbenen Arten mehr und
mehr abzustufen. In einigen der neuesten, wenn auch in Jahren
ausgedrückt gewiss sehr alten Schichten kommen nur noch 1—2
ausgestorbene, und nur je eine oder zwei überhaupt oder für
die Örtlichkeit neue Formen vor. Wenn wir den Beobachtungen
Pailippi's in Sicilien trauen dürfen, so sind die aufeinander folgenden Veränderungen der Meeresbewohner dieser Insel zahlreich und sehr allmählich gewesen. Die Secundärformationen
sind mehr unterbrochen; aber in jeder einzelnen Formation
hat, wie Bronn bemerkt hat, weder das Auftreten noch das Verschwinden ihrer vielen jetzt erloschenen Arten gleichzeitig stattgefunden.

Arten verschiedener Gattungen und Classen haben weder
gleichen Schrittes noch in gleichem Verhältnisse gewechselt. In
den ältesten Tertiärschichten liegen die wenigen lebenden Arten
mitten zwischen einer Menge erloschener Formen. Falconer hat
ein schlagendes Beispiel der Art berichtet, nämlich von einem
Crocodile noch lebender Art, welches mit einer Menge fremder
und untergegangener Säugethiere und Reptilien in Schichten des
Subhimalaya beisammen lagert. Die silurischen Lingula-Arten
weichen nur sehr wenig von den lebenden Species dieser Gattung ab, während die meisten der übrigen silurischen Mollusken
und alle Kruster grossen Veränderungen unterlegen sind. Die
Landbewohner scheinen schnelleren Schrittes als die Meeresbewohner zu wechseln, wovon ein treffender Beleg kürzlich aus der
Schweiz berichtet worden ist. Es ist Grund zur Annahme vorhanden, dass solche Organismen, welche auf höherer Organisationsstufe stehen, rascher als die unvollkommen entwickelten
wechseln; doch gibt es Ausnahmen von dieser Regel. Das Maass
organischer Veränderung entspricht nach Pictet's Bemerkung nicht
genau der Aufeinanderfolge unserer geologischen Formationen,
so dass zwischen je zwei aufeinander folgenden Formationen die
Lebensformen nur selten genau in gleichem Grade sich änderten.

Wenn wir aber irgend welche, ausgenommen zwei einander aufs engste verwandte Formationen mit einander vergleichen, so finden wir, dass alle Arten einige Veränderungen erfahren haben. Ist eine Art einmal von der Erdoberfläche verschwunden, so haben wir keinen Grund zur Annahme, dass dieselbe Art je wieder zum Vorschein kommen werde. Die anscheinend auffallendsten Ausnahmen von dieser Regel bilden BARRANDE's sogenannte „Colonien" von Arten, welche sich eine Zeit lang mitten in ältere Formationen einschieben und dann später die vorher existirende Fauna wieder erscheinen lassen; doch halte ich LYELL's Erklärung, sie seien durch Wanderungen aus einer geographischen Provinz in die andere bedingt, für vollkommen genügend.

Diese verschiedenen Thatsachen vertragen sich wohl mit meiner Theorie. Ich glaube an kein festes Entwickelungsgesetz, welches alle Bewohner einer Gegend veranlasste, sich plötzlich oder gleichzeitig oder gleichmässig zu ändern. Der Abänderungsprocess muss ein sehr langsamer sein. Die Veränderlichkeit jeder Art ist ganz unabhängig von der der andern Arten. Ob sich die natürliche Zuchtwahl solche Veränderlichkeit zu Nutzen macht, und ob die in grösserem oder geringerem Maasse gehäuften Abänderungen stärkere oder schwächere Modificationen in den sich ändernden Arten veranlassen, dies hängt von vielen verwickelten Bedingungen ab; von der Nützlichkeit der Veränderung, von der Wirkung der Kreuzung, von der Schnelligkeit der Züchtung, vom allmählichen Wechsel in der natürlichen Beschaffenheit der Gegend, und zumal von der Beschaffenheit der übrigen Organismen, welche mit den sich ändernden Arten in Concurrenz kommen. Es ist daher keineswegs überraschend, wenn eine Art ihre Form viel länger unverändert bewahrt, während andere sie wechseln, oder wenn sie in geringerem Grade abändert als diese. Wir beobachten dasselbe in der geographischen Verbreitung, z. B. auf Madeira, wo die Landschnecken und Käfer in beträchtlichem Maasse von ihren nächsten Verwandten in Europa abgewichen, während Vögel und Seemollusken die nämlichen geblieben sind. Man kann vielleicht die anscheinend raschere Veränderung in den Landbewohnern und den höher organisirten

Formen gegenüber derjenigen der marinen und der tieferstehenden Arten aus den zusammengesetzteren Beziehungen der vollkommeneren Wesen zu ihren organischen und unorganischen Lebensbedingungen, wie sie in einem früheren Abschnitte auseinandergesetzt worden sind, herleiten. Wenn viele von den Bewohnern einer Gegend abgeändert und vervollkommnet worden sind, so begreift man aus dem Princip der Concurrenz und aus den vielen so höchst wichtigen Beziehungen von Organismus zu Organismus, dass eine Form, welche gar keine Änderung und Vervollkommnung erfährt, der Austilgung preisgegeben ist. Daraus ergibt sich dann, dass alle Arten einer Gegend zuletzt, wenn wir nämlich hinreichend lange Zeiträume dafür zugestehen, entweder abändern oder zu Grunde gehen müssen.

Bei Gliedern einer Classe mag der mittlere Betrag der Änderung während langer und gleicher Zeiträume vielleicht nahezu gleich sein. Da jedoch die Anhäufung lange dauernder Fossilreste führender Formationen davon bedingt ist, dass grosse Sedimentmassen während einer Senkungsperiode abgesetzt werden, so müssen sich unsere Formationen nothwendig meist mit langen und unregelmässigen Zwischenpausen gebildet haben; daher denn auch der Grad organischer Veränderung, welchen die in aufeinander folgenden Formationen abgelagerten organischen Reste an sich tragen, nicht gleich ist. Jede Formation bezeichnet nach dieser Anschauungsweise nicht einen neuen und vollständigen Act der Schöpfung, sondern nur eine meist beinahe nach Zufall herausgerissene Scene aus einem langsam vor sich gehenden Drama.

Man begreift leicht, dass eine einmal zu Grunde gegangene Art nicht wieder zum Vorschein kommen kann, selbst wenn die nämlichen unorganischen und organischen Lebensbedingungen nochmals eintreten. Denn obwohl die Nachkommenschaft einer Art so angepasst werden kann (was gewiss in unzähligen Fällen vorgekommen ist), dass sie den Platz einer andern Art im Haushalte der Natur genau ausfüllt und sie ersetzt, so können doch beide Formen, die alte und die neue, nicht identisch die nämlichen sein, weil beide gewiss von ihren verschiedenen Stammformen auch verschiedene Charactere mitgeerbt haben. So könnten z. B., wenn unsere Pfauentauben ausstürben, Taubenliebhaber durch lange Zeit fortgesetzte und auf denselben Punkt gerichtete Bemühungen wohl eine neue von unserer jetzigen Pfauentaube kaum unterscheidbare Rasse zu Stande bringen. Wäre aber auch deren Urform, unsere Felstaube im Naturzustande, wo die Stammform gewöhnlich durch ihre vervollkommnete Nachkommenschaft ersetzt und vertilgt wird, zerstört worden, so müsste es doch ganz unglaubhaft erscheinen, dass ein Pfauenschwanz, mit unserer jetzigen Rasse identisch, von irgend einer andern Taubenart oder einer andern guten Varietät unserer Haustauben gezogen werden könne, weil die neugebildete Pfauentaube von ihrem neuen Stammvater fast gewiss einige wenn auch nur leichte Unterscheidungsmerkmale beibehalten würde.

Artengruppen, das heisst Gattungen und Familien, folgen in ihrem Auftreten und Verschwinden denselben allgemeinen Regeln, wie die einzelnen Arten selbst, indem sie mehr oder weniger schnell, in grösserem oder geringerem Grade wechseln. Eine Gruppe erscheint nicht wieder, wenn sie einmal untergegangen ist; ihr Dasein ist, so lange es besteht, continuirlich. Ich weiss wohl, dass es einige anscheinende Ausnahmen von dieser Regel gibt; allein es sind deren so erstaunlich wenig, dass EDW. FORBES, PICTET und WOODWARD (obwohl dieselben alle diese von mir vertheidigten Ansichten sonst bestreiten) deren Richtigkeit zugestehen, und diese Regel entspricht vollkommen meiner Theorie. Denn, wenn alle Arten einer Gruppe von nur einer Stammart herkommen, dann ist es klar, dass, so lange als noch irgend eine Art der Gruppe in der langen Reihenfolge der geologischen Perioden zum Vorschein kommt, so lange auch noch Glieder derselben Gruppe existirt haben müssen, um allmählich veränderte und neue oder noch die alten und unveränderten Formen hervorbringen zu können. So müssen also z. B. Arten der Gattung Lingula seit deren Erscheinen in den untersten Schichten bis zum heutigen Tage ununterbrochen vorhanden gewesen sein.

Wir haben im letzten Capitel gesehen, dass es zuweilen aussieht, als seien die Arten einer Gruppe ganz plötzlich in

Masse aufgetreten, und ich habe versucht diese Thatsache zu
erklären, welche, wenn sie sich richtig verhielte, meiner Theorie
verderblich sein würde. Aber derartige Fälle sind gewiss nur
als Ausnahmen zu betrachten; nach der allgemeinen Regel wächst
die Artenzahl jeder Gruppe allmählich bis zu ihrem Maximum
an und nimmt dann früher oder später wieder langsam ab. Wenn
man die Artenzahl einer Gattung oder die Gattungszahl einer
Familie durch eine Verticallinie ausdrückt, welche die übereinander folgenden Formationen mit einer nach Maassgabe der in
jeder derselben enthaltenen Artenzahl veränderlichen Dicke durchsetzt, so kann es manchmal scheinen, als beginne dieselbe unten
breit, statt mit scharfer Spitze; sie nimmt dann aufwärts an Breite
zu, hält darauf oft eine Zeit lang gleiche Stärke ein und läuft
dann in den oberen Schichten, der Abnahme und dem Erlöschen
der Arten entsprechend, allmählich spitz aus. Diese allmähliche
Zunahme einer Gruppe steht mit meiner Theorie vollkommen in
Einklang, da die Arten einer Gattung und die Gattungen einer
Familie nur langsam und allmählich an Zahl wachsen können;
der Vorgang der Umwandlung und der Entwickelung einer Anzahl verwandter Formen ist nothwendig nur ein langsamer: eine
Art liefert anfänglich nur eine oder zwei Varietäten, welche sich
allmählich in Arten verwandeln, die ihrerseits mit gleicher Langsamkeit wieder andere Varietäten und Arten hervorbringen und
so weiter (wie ein grosser Baum sich allmählich verzweigt), bis
die Gruppe gross wird.

### Erlöschen.

Wir haben bis jetzt nur gelegentlich von dem Verschwinden
der Arten und der Artengruppen gesprochen. Nach der Theorie
der natürlichen Zuchtwahl sind jedoch das Erlöschen alter und
die Bildung neuer verbesserter Formen aufs Innigste mit einander
verbunden. Die alte Meinung, dass von Zeit zu Zeit sämmtliche
Bewohner der Erde durch grosse Umwälzungen von der Oberfläche weggefegt worden seien, ist jetzt ziemlich allgemein und
selbst von solchen Geologen, wie ELIE DE BEAUMONT, MURCHISON,
BARRANDE u. A. aufgegeben, deren allgemeinere Anschauungsweise

sie auf dieselbe hinlenken müsste. Wir haben vielmehr nach den über die Tertiärformationen angestellten Studien allen Grund zur Annahme, dass Arten und Artengruppen ganz allmählich eine nach der andern zuerst von einer Stelle, dann von einer andern und endlich überall verschwinden. In einigen wenigen Fällen jedoch, wie beim Durchbruch einer Landenge und der nachfolgenden Einwanderung einer Menge von neuen Bewohnern, oder bei dem Untertauchen einer Insel mag das Erlöschen verhältnissmässig rasch vor sich gegangen sein. Einzelne Arten sowohl als Artengruppen dauern sehr ungleich lange Zeiten; einige Gruppen haben, wie wir gesehen, von der ersten Wiegezeit des Lebens an bis zum heutigen Tage bestanden, während andere nicht einmal den Schluss der paläozoischen Zeit erreicht haben. Es scheint kein bestimmtes Gesetz zu geben, welches die Länge der Dauer einer Art oder Gattung bestimmte. Doch scheint Grund zur Annahme vorhanden, dass das gänzliche Erlöschen der Arten einer Gruppe gewöhnlich ein langsamerer Vorgang als selbst ihre Entstehung ist. Wenn man das Erscheinen und Verschwinden der Arten einer Gruppe ebenso wie im vorigen Falle durch eine Verticallinie von veränderlicher Dicke ausdrückt, so pflegt sich dieselbe weit allmählicher an ihrem oberen dem Erlöschen entsprechenden, als am untern die Entwickelung und Zunahme an Zahl darstellenden Ende zuzuspitzen. Doch ist in einigen Fällen das Erlöschen ganzer Gruppen von Wesen, wie das der Ammoniten am Ende der Secundärzeit, den meisten andern Gruppen gegenüber, wunderbar rasch erfolgt.

Die ganze Frage vom Erlöschen der Arten ist in das geheimnissvollste Dunkel gehüllt. Einige Schriftsteller haben sogar angenommen, dass Arten gerade so wie Individuen eine regelmässige Lebensdauer haben. Durch das Verschwinden der Arten ist wohl Niemand mehr in Verwunderung gesetzt worden, als ich. Als ich im La-Plata-Staate einen Pferdezahn in einerlei Schicht mit Resten von Mastodon, Megatherium, Toxodon und andern Ungeheuern zusammenliegend fand, welche sämmtlich noch in später geologischer Zeit mit noch jetzt lebenden Conchylien-Arten zusammengelebt haben, war ich mit Erstaunen erfüllt. Denn da

die von den Spaniern in Südamerika eingeführten Pferde sich
wild über das ganze Land verbreitet und zu unermesslicher Anzahl vermehrt haben, so musste ich mich bei jener Entdeckung
selber fragen, was in verhältnissmässig noch so neuer Zeit das
frühere Pferd zu vertilgen vermocht habe, unter Lebensbedingungen, welche sich der Vervielfältigung des Spanischen Pferdes so
ausserordentlich günstig erwiesen haben? Aber wie ganz unge-
gründet war mein Erstaunen! Professor OWEN erkannte bald, dass
der Zahn, wenn auch denen der lebenden Arten sehr ähnlich,
doch von einer ganz anderen nun erloschenen Art herrühre.
Wäre diese Art noch jetzt, wenn auch schon etwas selten, vorhanden, so würde sich kein Naturforscher im mindesten über
deren Seltenheit wundern, da es viele seltene Arten aller Classen
in allen Gegenden gibt. Fragen wir uns, warum diese oder jene
Art selten ist, so antworten wir, es müsse irgend etwas in den
vorhandenen Lebensbedingungen ungünstig sein, obwohl wir dieses
Etwas kaum je zu bezeichnen wissen. Existirte das fossile
Pferd noch jetzt als eine seltene Art, so würden wir in Berücksichtigung der Analogie mit allen andern Säugethierarten und
selbst mit dem sich nur langsam fortpflanzenden Elephanten und
der Vermehrungsgeschichte des in Südamerika verwilderten Hauspferdes fühlen, dass jene fossile Art unter günstigeren Verhältnissen binnen wenigen Jahren im Stande sein müsse den ganzen
Continent zu bevölkern. Aber wir können nicht sagen, welche
ungünstigen Bedingungen es seien, die dessen Vermehrung hindern, ob deren nur eine oder ob ihrer mehrere seien, und in
welcher Lebensperiode und in welchem Grade jede derselben
ungünstig wirke. Verschlimmerten sich aber jene Bedingungen
allmählich, so würden wir die Thatsache sicher nicht bemerken,
obschon jene (fossile) Pferdeart gewiss immer seltener und seltener werden und zuletzt erlöschen würde; denn ihr Platz ist
bereits von einem andern siegreichen Concurrenten eingenommen.
Es ist äusserst schwer sich immer zu erinnern, dass die
Zunahme eines jeden lebenden Wesens durch unbemerkbare schädliche Agentien fortwährend aufgehalten wird, und dass dieselben
unbemerkbaren Agentien vollkommen genügen können, um eine

fortdauernde Verminderung und endliche Vertilgung zu bewirken. Dieser Satz bleibt aber so unbegriffen, dass ich wiederholt habe eine Verwunderung darüber äussern hören, dass so grosse Thiere wie das Mastodon und die älteren Dinosaurier haben untergehen können, als ob die grosse Körpermasse schon genüge um den Sieg im Kampfe um's Dasein zu sichern. Im Gegentheile könnte gerade eine beträchtliche Grösse in manchen Fällen, des grösseren Nahrungsbedarfes wegen, das Erlöschen beschleunigen. Schon ehe der Mensch Ostindien und Afrika bewohnte, muss irgend eine Ursache die fortdauernde Vervielfältigung der dort lebenden Elephantenarten gehemmt haben. Ein sehr fähiger Beurtheiler, FALCONER, glaubt, dass es gegenwärtig hauptsächlich Insecten sind, die durch beständiges Beunruhigen und Schwächen die raschere Vermehrung der Elephanten hauptsächlich hemmen; dies war auch BRUCE's Schluss in Bezug auf den afrikanischen Elephanten in Abyssinien. Es ist gewiss, dass sowohl Insecten bestimmter Art als auch blutsaugende Fledermäuse auf die Ausbreitung der in verschiedenen Theilen Südamerikas eingeführten Haussäugethiere bestimmend einwirken.

Wir sehen in den neueren Tertiärbildungen viele Beispiele, dass Seltenwerden dem gänzlichen Verschwinden vorangeht, und wir wissen, dass dies der Fall bei denjenigen Thierarten gewesen ist, welche durch den Einfluss des Menschen örtlich oder überall von der Erde verschwunden sind. Ich will hier wiederholen, was ich im Jahr 1845 drucken liess: Zugeben, dass Arten gewöhnlich selten werden, ehe sie erlöschen, und sich über das Seltenerwerden einer Art nicht wundern, aber dann doch hoch erstaunen, wenn sie endlich zu Grunde geht, — heisst dasselbe, wie: Zugeben, dass bei Individuen Krankheit dem Tode vorangeht, und sich über das Erkranken eines Individuums nicht befremdet fühlen, aber sich wundern, wenn der kranke Mensch stirbt, und seinen Tod irgend einer unbekannten Gewalt zuschreiben.

Die Theorie der natürlichen Zuchtwahl beruht auf der Annahme, dass jede neue Varietät und zuletzt jede neue Art dadurch gebildet und erhalten worden ist, dass sie irgend einen

Vorzug vor den concurrirenden Arten an sich habe, in Folge dessen die nicht bevortheilten Arten fast unvermeidlich erlöschen. Es verhält sich ebenso mit unseren Culturerzeugnissen. Ist eine neue etwas vervollkommnete Varietät gebildet worden, so ersetzt sie anfangs die minder vollkommenen Varietäten in ihrer Umgebung; ist sie mehr verbessert, so breitet sie sich in Nähe und Ferne aus, wie unsere kurzhörnigen Rinder gethan, und nimmt die Stelle der andern Rassen in andern Gegenden ein. So sind die Erscheinungen neuer und das Verschwinden alter Formen, natürlicher wie künstlicher, enge miteinander verknüpft. In manchen wohl gedeihenden Gruppen ist die Anzahl der in einer gegebenen Zeit gebildeten neuen Artformen wahrscheinlich grösser gewesen als die der alten erloschenen; da wir aber wissen, dass gleichwohl die Artenzahl wenigstens in den letzten geologischen Perioden nicht unbeschränkt zugenommen hat, so dürfen wir annehmen, dass eben die Hervorbringung neuer Formen das Erlöschen einer ungefähr gleichen Anzahl alter veranlasst habe.

Die Concurrenz wird gewöhnlich, wie schon früher erklärt und durch Beispiele erläutert worden ist, zwischen denjenigen Formen am ernstesten sein, welche sich in allen Beziehungen am ähnlichsten sind. Daher die abgeänderten und verbesserten Nachkommen gewöhnlich die Austilgung ihrer Stammart veranlassen werden; und wenn viele neue Formen von irgend einer einzelnen Art entstanden sind, so werden die nächsten Verwandten dieser Art, das heisst die mit ihr zu einer Gattung gehörenden, der Vertilgung am meisten ausgesetzt sein. So muss, wie ich mir vorstelle, eine Anzahl neuer von einer Stammart entsprossener Species, d. h. eine Gattung, eine alte Gattung der nämlichen Familie ersetzen. Aber es muss sich auch oft ereignet haben, dass eine neue Art aus dieser oder jener Gruppe den Platz einer Art aus einer andern Gruppe einnahm und somit deren Erlöschen veranlasste; wenn sich dann von dem siegreichen Eindringlinge viele verwandte Formen entwickeln, so werden auch viele diesen ihre Plätze überlassen müssen, und es werden gewöhnlich verwandte Arten sein, die in Folge eines gemeinschaftlich ererbten Nachtheils den andern gegenüber unterliegen. Mögen jedoch die

unterliegenden Arten zu einer oder zu verschiedenen Classen gehören, so kann doch öfter eine oder die andere von ihnen in
Folge einer Befähigung zu irgend einer besonderen Lebensweise,
oder ihres abgelegenen und isolirten Wohnortes, eine minder
strenge Concurrenz erfahren und sich so noch längere Zeit erhalten haben. So überleben z. B. einige Arten Trigonia in dem
Australischen Meere die in der Secundärzeit zahlreich gewesenen
Arten dieser Gattung, und eine geringe Zahl von Arten der
einst reichen Gruppe der Ganoidfische kommt noch in unseren
Süsswassern vor. Und so ist denn das gänzliche Erlöschen einer
Gruppe gewöhnlich ein langsamerer Vorgang als ihre Entwicklung.

Was das anscheinend plötzliche Aussterben ganzer Familien
und Ordnungen betrifft, wie das der Trilobiten am Ende der paläozoischen und der Ammoniten am Ende der secundären Periode,
so müssen wir uns zunächst dessen erinnern, was schon oben
über die sehr langen Zwischenräume zwischen unseren verschiedenen aufeinander folgenden Formationen gesagt worden ist, während welcher viele Formen langsam erloschen sein können. Wenn
ferner durch plötzliche Einwanderung oder ungewöhnlich rasche
Entwickelung viele Arten einer neuen Gruppe von einem neuen
Gebiete Besitz genommen haben, so werden sie auch in entsprechend rascher Weise viele der alten Bewohner verdrängt haben;
und die Formen, welche ihnen ihre Stellen überlassen, werden
gewöhnlich mit einander verwandt sein und an irgend einem ihnen
gemeinsamen Nachtheile der Organisation Theil haben.

So scheint mir die Weise, wie einzelne Arten und ganze
Artengruppen erlöschen, gut mit der Theorie der natürlichen
Zuchtwahl übereinzustimmen. Das Erlöschen kann uns nicht Wunder nehmen; was uns eher wundern müsste, ist vielmehr unsere
einen Augenblick lang genährte Anmaassung, die vielen verwickelten Bedingungen zu begreifen, von welchen das Dasein jeder
Species abhängig ist. Wenn wir einen Augenblick vergessen,
dass jede Art ausserordentlich zuzunehmen strebt und irgend
eine wenn auch ganz selten wahrgenommene Gegenwirkung immer
in Thätigkeit ist, so muss uns der ganze Haushalt der Natur
allerdings sehr dunkel erscheinen. Nur wenn wir genau anzu-

gehen wüssten, warum diese Art reicher an Individuen als jene
ist, warum diese und nicht eine andere in einer gegebenen Gegend naturalisirt werden kann, dann und nur dann hätten wir
Ursache uns zu wundern, warum wir uns von dem Erlöschen
dieser oder jener einzelnen Species oder Artengruppe keine Rechenschaft zu geben im Stande sind.

## Über das fast gleichzeitige Wechseln der Lebensformen auf der ganzen Erdoberfläche.

Kaum ist irgend eine andere paläontologische Entdeckung
so überraschend als die Thatsache, dass die Lebensformen einem
auf fast der ganzen Erdoberfläche gleichzeitigen Wechsel unterliegen. So kann unsere Europäische Kreideformation in vielen
entfernten Weltgegenden und in den verschiedensten Klimaten wieder erkannt werden, wo nicht ein Stückchen Kreide selbst zu
entdecken ist. So namentlich in Nord- und im tropischen Südamerika, im Feuerlande, am Kap der guten Hoffnung und auf der
Ostindischen Halbinsel; denn an all diesen entfernten Punkten
der Erdoberfläche besitzen die organischen Reste gewisser Schichten eine unverkennbare Ähnlichkeit mit denen unserer Kreide.
Nicht als ob es überall die nämlichen Arten wären; denn manche
dieser Örtlichkeiten haben nicht eine Art mit einander gemein; —
aber sie gehören zu einerlei Familie, Gattung, Untergattung und
ähneln sich oft bis auf die gleichgiltigen Sculpturen der Oberfläche. Ferner finden sich andere Formen, welche in Europa
nicht in, sondern über oder unter der Kreideformation vorkommen, auch in jenen fernen Gegenden in ähnlicher Lagerung.
In den aufeinander folgenden paläozoischen Formationen Russ-
lands, Westeuropas und Nordamerikas ist ein ähnlicher Parallelismus im Auftreten der Lebensformen von mehreren Autoren wahrgenommen worden, und ebenso in dem Europäischen und Nordamerikanischen Tertiärgebirge nach Lyell. Selbst wenn wir die
wenigen Arten ganz aus dem Auge lassen, welche die Alte und
die Neue Welt mit einander gemein haben, so steht der allgemeine Parallelismus der aufeinander folgenden Lebensformen in
den verschiedenen Stöcken der paläozoischen und tertiären Ge-

hilde so fest, dass sich diese Formationen leicht Glied um Glied miteinander vergleichen lassen.

Diese Beobachtungen jedoch beziehen sich nur auf die Meeresbewohner der verschiedenen Weltgegenden; wir haben nicht genügende Nachweise um zu beurtheilen, ob die Erzeugnisse des Landes und des Süsswassers an so entfernten Punkten sich einander gleichfalls in paralleler Weise ändern. Man möchte es bezweifeln, denn wenn das Megatherium, das Mylodon, Toxodon und die Macrauchenia aus dem La-Platagebiete nach Europa gebracht worden wären ohne alle Nachweisung über ihre geologische Lagerstätte, so würde wohl niemand vermuthet haben, dass sie mit noch jetzt lebend vorkommenden Seemollusken gleichzeitig existirten; da jedoch diese monströsen Wesen mit Mastodon und Pferd zusammengelagert sind, so lässt sich daraus wenigstens schliessen, dass sie in einem der letzten Stadien der Tertiärperiode gelebt haben müssen.

Wenn vorhin von dem gleichzeitigen Wechsel der Meeresbewohner auf der ganzen Erdoberfläche gesprochen wurde, so handelt es sich dabei nicht um die nämlichen tausend oder hunderttausend Jahre oder auch nur um eine strenge Gleichzeitigkeit im geologischen Sinne des Wortes. Denn, wenn alle Meeresthiere, welche jetzt in Europa leben, und alle, welche in der pleistocenen Periode (eine in Jahren ausgedrückt ungeheuer entfernt liegende Periode, indem sie die Eiszeit mit in sich begreift) da gelebt haben, mit den jetzt in Südamerika oder in Australien lebenden verglichen würden, so dürfte der erfahrenste Naturforscher schwerlich zu sagen im Stande sein, ob die jetzt lebenden oder die pleistocenen Bewohner Europas mit denen der südlichen Halbkugel näher übereinstimmen. Ebenso glauben mehrere der sachkundigsten Beobachter, dass die jetzige Lebenswelt in den Vereinigten Staaten mit derjenigen Bevölkerung näher verwandt sei, welche während einiger der letzten Stadien der Tertiärzeit in Europa existirt hat, als mit der noch jetzt da wohnenden; und wenn dies so ist, so würde man offenbar die fossilführenden Schichten, welche jetzt an den Nordamerikanischen Küsten abgelagert werden, in einer späteren Zeit eher mit etwas älteren Europäischen Schichten zusammenstellen. Demungeachtet kann, wie ich glaube, kaum ein Zweifel sein, dass man in einer sehr fernen Zukunft doch alle neueren marinen Bildungen, namentlich die obern pliocenen, die pleistocenen und die jetztzeitigen Schichten Europas, Nord- und Südamerikas und Australiens, weil sie Reste in gewissem Grade mit einander verwandter Organismen und nicht auch diejenigen Arten, welche allein den tiefer liegenden älteren Ablagerungen angehören, in sich einschliessen, ganz richtig als gleich-alt in geologischem Sinne bezeichnen würde.

Die Thatsache, dass die Lebensformen gleichzeitig in dem obigen weiten Sinne des Wortes miteinander selbst in entfernten Theilen der Welt wechseln, hat die vortrefflichen Beobachter DE VERNEUIL und D'ARCAIAC sehr frappirt. Nachdem sie auf den Parallelismus der paläozoischen Lebensformen in verschiedenen Theilen von Europa Bezug genommen haben, sagen sie weiter: „Wenden wir, überrascht durch diese merkwürdige Folgerung, unsere Aufmerksamkeit nun nach Nordamerika, und entdecken wir dort eine Reihe analoger Thatsachen, so scheint es gewiss zu sein, dass alle diese Abänderungen der Arten, ihr Erlöschen und das Auftreten neuer, nicht blossen Veränderungen in den Meeresströmungen oder anderen mehr und weniger örtlichen und vorübergehenden Ursachen zugeschrieben werden können, sondern von allgemeinen Gesetzen abhängen, welche das ganze Thierreich betreffen." Auch BARRANDE hat ähnliche Wahrnehmungen gemacht und nachdrücklich hervorgehoben. Es ist in der That ganz zwecklos, die Ursache dieser grossen Veränderungen der Lebensformen auf der ganzen Erdoberfläche und unter den verschiedensten Klimaten im Wechsel der Seeströmungen, des Klimas oder anderer natürlicher Lebensbedingungen aufsuchen zu wollen; wir müssen uns, wie schon BARRANDE bemerkt, nach einem besonderen Gesetze dafür umsehen. Wir werden dies deutlicher erkennen, wenn von der gegenwärtigen Verbreitung der organischen Wesen die Rede sein wird; wir werden dann finden, wie gering die Beziehungen zwischen den natürlichen Lebensbedingungen verschiedener Länder und der Natur ihrer Bewohner ist.

Diese grosse Thatsache von der parallelen Aufeinanderfolge der Lebensformen auf der ganzen Erde ist aus der Theorie der natürlichen Zuchtwahl erklärbar. Neue Arten entstehen aus neuen Varietäten, welche einige Vorzüge vor älteren Formen voraus haben, und diejenigen Formen, welche bereits der Zahl nach vorherrschen oder irgend einen Vortheil vor andern Formen derselben Heimath voraus haben, werden natürlich am öftesten die Entstehung neuer Varietäten oder beginnender Arten veranlassen. Wir finden einen bestimmten Beweis dafür darin, dass die herrschenden, d. h. in ihrer Heimath gemeinsten und am weitesten verbreiteten Pflanzenarten im Vergleiche zu anderen Arten in ihrer eigenen Heimath die grösste Anzahl neuer Varietäten gebildet haben. Ebenso ist es natürlich, dass die herrschenden veränderlichen und weit verbreiteten Arten, die bis zu einem gewissen Grade bereits in die Gebiete anderer Arten eingedrungen sind, auch bessere Aussicht als andere zu noch weiterer Ausbreitung und zur Bildung fernerer Varietäten und Arten in den neuen Gegenden haben. Dieser Vorgang der Ausbreitung mag oft ein sehr langsamer sein, indem er von klimatischen und geographischen Veränderungen, zufälligen Ereignissen oder von der allmählichen Acclimatisirung neuer Arten in den verschiedenen von ihnen zu durchwandernden Klimaten abhängt; doch mit der Zeit wird die Verbreitung der herrschenden Formen gewöhnlich durchgreifen. Sie wird bei Landbewohnern geschiedener Continente wahrscheinlich langsamer vor sich gehen als bei den Organismen zusammenhängender Meere. Wir werden daher einen minder genauen Grad paralleler Aufeinanderfolge in den Land- als in den Meereserzeugnissen zu finden erwarten dürfen, wie es auch in der That der Fall ist.

Wenn herrschende Arten sich von einer Gegend aus verbreiten, so werden sie mitunter auf noch herrschendere Arten stossen, und dann wird ihr Siegeslauf und selbst ihre Existenz aufhören. Wir wissen durchaus nicht genau, welches alle die günstigsten Bedingungen für die Vermehrung neuer und herrschender Arten sind; doch Das können wir, glaube ich, klar erkennen, dass eine grosse Anzahl von Individuen, insofern sie

Charles Darwin

mehr Aussicht auf die Hervorbringung vortheilhafter Abänderungen
hat, und dass eine heftige Concurrenz mit vielen schon bestehenden Formen im höchsten Grade vortheilhaft sein muss, ebenso
dss Vermögen sich in neue Gebiete zu verbreiten. Ein gewisser
Grad von Isolirung, nach langen Zwischenzeiten zuweilen wie-
derkehrend, dürfte, wie früher erläutert worden, wohl gleichfalls
förderlich sein. Ein Theil der Erdoberfläche wird für die Hervorbringung neuer und herrschender Arten des Landes und ein
anderer für solche des Meeres günstiger sein. Wenn zwei grosse
Gegenden sehr lange Zeiten hindurch zur Hervorbringung herrschender Arten in gleichem Grade geeignet gewesen sind, so
wird der Kampf ihrer Einwohner miteinander, wann immer sie
zusammentreffen mögen, ein langer und harter werden, und werden einige von der einen und einige von der andern Geburtsstätte aus siegreich vordringen. Aber im Laufe der Zeit werden die im höchsten Grade herrschenden Formen, auf welcher
von beiden Seiten sie auch entstanden sein mögen, überall das
Übergewicht erlangen.

So, scheint mir, stimmt die parallele und, in einem weiten
Sinne genommen, gleichzeitige Aufeinanderfolge der nämlichen
Lebensformen auf der ganzen Erde wohl mit dem Princip überein, dass neue Arten von sich weit verbreitenden und sehr veränderlichen herrschenden Species aus gebildet werden; die so
erzeugten neuen Arten werden in Folge von Vererbung und,
weil sie bereits einige Vortheile über ihre Eltern und über
andere Arten besitzen, selbst herrschend, und breiten sich wieder aus, variiren und bilden wieder neue Species. Diejenigen
Formen, welche verdrängt werden und ihre Stellen den neuen
siegreichen Formen überlassen, werden gewöhnlich gruppenweise
verwandt sein, weil sie irgend eine Unvollkommenheit gemeinsam
ererbt haben; daher in dem Maasse als sich die neuen und vollkommeneren Gruppen über die Erde verbreiten, alte Gruppen
vor ihnen verschwinden müssen. Diese Aufeinanderfolge der
Formen wird sich sowohl in Bezug auf ihr erstes Auftreten als
endliches Erlöschen überall zu entsprechen geneigt sein.

Noch bleibt eine Bemerkung über diesen Gegenstand zu

machen übrig. Ich habe die Gründe angeführt, wesshalb ich glaube, dass jede unserer grossen fossilreichen Formationen in Perioden fortdauernder Senkung abgesetzt worden sind, dass aber diese Ablagerungen durch lange Zwischenräume getrennt gewesen, wo der Meeresboden stät oder in Hebung begriffen war, oder wo die Anschüttungen nicht rasch genug erfolgten, um die organischen Reste einzuhüllen und gegen Zerstörung zu bewahren. Während dieser langen leeren Zwischenzeiten nun haben nach meiner Annahme die Bewohner jeder Gegend viele Abänderungen erfahren und viel durch Erlöschen gelitten, und haben grosse Wanderungen von einem Theile der Erde zum andern stattgefunden. Da nun Grund zur Annahme vorhanden ist, dass weite Strecken die gleichen Bewegungen durchgemacht haben, so haben gewiss auch oft genau gleichzeitige Formationen über sehr weiten Räumen einer Weltgegend abgesetzt werden können; doch sind wir hieraus nicht zu schliessen berechtigt, dass dies unabänderlich der Fall gewesen, oder dass weite Strecken unabänderlich von gleichen Bewegungen betroffen worden seien. Sind zwei Formationen in zwei Gegenden zu beinahe, aber nicht genau, gleicher Zeit entstanden, so werden wir in beiden aus schon oben auseinandergesetzten Gründen im Allgemeinen die nämliche Aufeinanderfolge der Lebensformen erkennen; aber die Arten werden sich nicht genau entsprechen, weil sie in der einen Gegend etwas mehr und in der andern etwas weniger Zeit gehabt haben abzuändern, zu wandern und zu erlöschen.

Ich vermuthe, dass Fälle dieser Art in Europa selbst vorkommen. PRESTWICH ist in seiner vortrefflichen Abhandlung über die Eocenschichten in England und Frankreich im Stande einen im Allgemeinen genauen Parallelismus zwischen den aufeinander folgenden Stöcken beider Gegenden nachzuweisen. Obwohl sich nun bei Vergleichung gewisser Etagen in England mit denen in Frankreich eine merkwürdige Übereinstimmung beider in den zu einerlei Gattungen gehörigen Arten ergibt, so weichen doch diese Arten selbst in einer bei der geringen Entfernung beider Gebiete schwer zu erklärenden Weise von einander ab, wenn man nicht annehmen will, dass eine Landenge zwei benachbarte Meere getrennt habe, welche von gleichzeitig verschiedenen Faunen bewohnt gewesen seien. LYELL hat ähnliche Beobachtungen über einige der späteren Tertiärformationen gemacht, und ebenso hat BARRANDE gezeigt, dass zwischen den aufeinanderfolgenden Silurschichten Böhmens und Skandinaviens im Allgemeinen ein genauer Parallelismus herrscht, demungeachtet aber eine erstaunliche Verschiedenheit zwischen den Arten besteht. Wären nun aber die verschiedenen Formationen dieser Gegenden nicht genau während der gleichen Periode abgesetzt worden, indem etwa die Ablagerung in der einen Gegend mit einer Pause in der andern zusammenfiele, — und hätten in beiden Gegenden die Arten sowohl während der Anhäufung der Schichten als während der langen Pausen dazwischen langsame Veränderungen erfahren: so würden sich die verschiedenen Formationen beider Gegenden auf gleiche Weise und in Übereinstimmung mit der allgemeinen Aufeinanderfolge der Lebensformen anordnen lassen, und ihre Anordnung sogar genau parallel scheinen (ohne es zu sein); demungeachtet würden in den einzelnen einander anscheinend entsprechenden Lagern beider Gegenden nicht alle Arten übereinstimmen.

**Verwandtschaft erloschener Arten unter sich und mit den lebenden Formen.**

Werfen wir nun einen Blick auf die gegenseitigen Verwandtschaften erloschener und lebender Formen. Alle fallen in ein grosses Natursystem, was sich aus dem Princip gemeinsamer Abstammung erklärt. Je älter eine Form, desto mehr weicht sie der allgemeinen Regel zufolge von den lebenden Formen ab. Doch können, wie BUCKLAND schon längst bemerkt, alle fossile Formen in noch lebende Gruppen eingetheilt oder zwischen sie eingeschoben werden. Es ist nicht zu bestreiten, dass die erloschenen Formen weite Lücken zwischen den jetzt noch bestehenden Gattungen, Familien und Ordnungen ausfüllen helfen. Denn wenn wir unsere Aufmerksamkeit entweder auf die lebenden oder auf die erloschenen Formen allein richten, so ist die Reihe viel minder vollkommen, als wenn wir beide in ein gemeinsames

System zusammenfassen. Hinsichtlich der Wirbelthiere liessen sich viele Seiten mit den trefflichen Erläuterungen unseres grossen Paläontologen Owen über die Verbindung lebender Thiergruppen durch fossile Formen anfüllen. Nachdem Cuvier die Wiederkäuer und die Pachydermen als zwei der allerverschiedensten Säugethier-ordnungen betrachtet, hat Owen so viele fossile Zwischenglieder entdeckt, dass er die ganze Classification dieser zwei Ordnungen zu ändern genöthigt war und gewisse Pachydermen in gleiche Unterordnung mit Ruminanten versetzte. So z. B. füllt er die weite Lücke zwischen Kameel und Schwein mit kleinen Zwischen-stufen aus. Was die Wirbellosen betrifft, so versichert Barrande, gewiss die erste Autorität in dieser Beziehung, wie er jeden Tag deutlicher erkenne, dass, wenn auch die paläozoischen Thiere in noch jetzt lebende Gruppen eingereiht werden können, diese Gruppen doch nicht so bestimmt von einander verschieden waren, wie in der Jetztzeit.

Einige Schriftsteller haben sich dagegen erklärt, dass man eine erloschene Art oder Artengruppen als zwischen lebenden Arten oder Gruppen in der Mitte stehend ansehe. Wenn damit gesagt werden sollte, dass die erloschene Form in allen ihren Characteren genau das Mittel zwischen zwei lebenden Formen halte, so wäre die Einwendung begründet. Meine Meinung ist aber, dass in einer vollkommen natürlichen Classification viele fossile Arten zwischen lebenden Arten, und manche erloschene Gattungen zwischen lebenden Gattungen oder sogar zwischen Gat-tungen verschiedener Familien ihre Stelle einzunehmen haben. Der gewöhnlichste Fall zumal bei sehr ausgezeichneten Gruppen, wie Fische und Reptilien sind, scheint mir der zu sein, dass da, wo dieselben heutigen Tages z. B. durch ein Dutzend Charactere von einander abweichen, die alten Glieder der nämlichen zwei Gruppen in einer etwas geringeren Anzahl von Merkmalen unterschieden waren, so dass beide Gruppen vordem, wenn auch schon völlig verschieden, doch einander etwas näher standen als jetzt.

Es ist eine gewöhnliche Meinung, dass eine Form je älter um so mehr geeignet sei, mittelst einiger ihrer Charactere jetzt weit getrennte Gruppen zu verknüpfen. Diese Bemerkung muss ohne Zweifel auf solche Gruppen beschränkt werden, die im Verlaufe geologischer Zeiten grosse Veränderungen erfahren haben, und es möchte schwer sein, sie zu beweisen; denn hier und da wird auch noch ein lebendes Thier wie der Lepidosiren entdeckt, das mit sehr verschiedenen Gruppen zugleich verwandt ist. Wenn wir jedoch die älteren Reptilien und Batrachier, die alten Fische, die alten Cephalopoden und die eocenen Säugethiere mit den neueren Gliedern derselben Classen vergleichen, so müssen wir einige Wahrheit in der Bemerkung zugestehen.

Wir wollen nun zusehen, in wie fern diese verschiedenen Thatsachen und Schlüsse mit der Theorie abändernder Nachkommenschaft übereinstimmen. Da der Gegenstand etwas verwickelt ist, so muss ich den Leser bitten, sich nochmals nach dem im vierten Capitel gegebenen Schema umzusehen. Nehmen wir an, die numerirten Buchstaben stellen Gattungen und die von ihnen ausstrahlenden punktirten Linien die dazu gehörigen Arten vor. Das Schema ist insofern zu einfach, als zu wenige Gattungen und Arten darauf angenommen sind; doch ist das unwesentlich für uns. Die wagrechten Linien mögen die aufeinander folgenden geologischen Formationen vorstellen und alle Formen unter der obersten dieser Linien als erloschene gelten. Die drei lebenden Gattungen $a^{14}$, $q^{14}$, $p^{14}$ mögen eine kleine Familie bilden; $b^{14}$ und $f^{14}$ eine nahe verwandte oder eine Unterfamilie, und $o^{14}$, $e^{14}$, $m^{14}$ eine dritte Familie. Diese drei Familien mit den vielen erloschenen Gattungen auf den verschiedenen von der Stammform A auslaufenden Descendenzreihen bilden eine Ordnung; denn alle werden von ihrem alten und gemeinschaftlichen Urerzeuger auch etwas Gemeinsames ererbt haben. Nach dem Princip fortdauernder Divergenz des Characters, zu dessen Erläuterung jenes Bild bestimmt war, muss jede Form je neuer um so stärker von ihrem ersten Erzeuger abweichen. Daraus erklärt sich eben auch die Regel, dass die ältesten fossilen am meisten von den jetzt lebenden Formen verschieden sind. Doch dürfen wir nicht glauben, dass Divergenz des Characters eine nothwendige Eigenschaft ist; sie hängt allein davon ab, ob die Nachkommen einer Art befähigt sind, viele und verschiedenartige Plätze im Haushalt der Natur einzunehmen. Daher ist es auch ganz wohl möglich, wie wir bei einigen silurischen Fossilien gesehen, dass eine Art bei nur geringer, nur wenig veränderten Lebensbedingungen entsprechender Modification fortbestehen und während langer Perioden stets dieselben allgemeinen Charactere beibehalten kann. Dies wird in dem Schema durch den Buchstaben $F^{14}$ ausgedrückt.

All' die vielerlei von A abstammenden Formen, erloschene wie noch lebende, bilden nach unserer Annahme zusammen eine Ordnung, und diese Ordnung ist in Folge fortwährenden Erlöschens der Formen und Divergenz der Charactere allmählich in Familien und Unterfamilien getheilt worden, von welchen einige in früheren Perioden zu Grunde gegangen sind und andere bis auf den heutigen Tag währen.

Das Bild zeigt uns ferner, dass, wenn eine Anzahl der schon früher erloschenen und in die aufeinander folgenden Formationen eingeschlossenen Formen an verschiedenen Stellen tief unten in der Reihe wieder entdeckt würden, die drei noch lebenden Familien auf der obersten Linie weniger scharf von einander getrennt scheinen müssten. Wären z. B. die Sippen $a^1$, $a^5$, $a^{10}$, $f^8$, $m^3$, $m^6$, $m^9$ wieder ausgegraben worden, so würden die drei Familien so eng mit einander verkettet erscheinen, dass man sie wahrscheinlich in eine grosse Familie vereinigen würde, etwa so wie es mit den Wiederkäuern und gewissen Dickhäutern geschehen ist. Wer nun gegen die Bezeichnung jener die drei lebenden Familien verbindenden Gattungen als „intermediäre dem Character nach" Verwahrung einlegen wollte, würde in der That insofern Recht haben, als sie nicht direct, sondern nur auf einem durch viele sehr abweichende Formen hergestellten Umwege sich zwischen jene andern einschieben. Wären viele erloschene Formen oberhalb einer der mittleren Horizontallinien oder Formationen, wie z. B. Nr. VI—, aber keine unterhalb dieser Linie gefunden worden, so würde man nur die zwei auf der linken Seite stehenden Familien — nämlich $a^{14}$ etc. und $b^{14}$ etc. — in eine Familie zu vereinigen haben, und es würden zwei Familien übrig bleiben, die weniger weit von einander getrennt sein würden, als sie es vor der Entdeckung der Fossilen waren. Wenn wir ferner annehmen, die aus acht Gattungen (a$^{14}$ bis m$^{14}$) bestehenden Familien wichen in einem halben Dutzend wichtiger Merkmale von einander ab, so müssen die in der früheren mit VI bezeichneten Periode lebenden Familien weniger Unterschiede gezeigt haben, weil sie auf jener Fortbildungsstufe von dem gemeinsamen Erzeuger der Ordnung im Character noch nicht so stark wie späterhin divergirten. So geschieht es dann, dass alte und erloschene Gattungen oft einigermaassen zwischen ihren abgeänderten Nachkommen oder zwischen ihren Seitenverwandten das Mittel halten.

In der Natur wird der Fall weit zusammengesetzter sein, als ihn unser Bild darstellt; denn die Gruppen sind viel zahlreicher, ihre Dauer ist von ausserordentlich ungleicher Länge und die Abänderungen haben mannichfaltige Abstufungen erreicht. Da wir nur den letzten Band der geologischen Urkunden und diesen in einem vielfach unterbrochenen Zustande besitzen, so haben wir, einige sehr seltene Fälle ausgenommen, kein Recht, die Ausfüllung grosser Lücken im Natursysteme und die Verbindung getrennter Familien und Ordnungen zu erwarten. Alles, was wir hoffen dürfen, ist, diejenigen Gruppen, welche erst in der bekannten geologischen Zeit grosse Veränderungen erfahren haben, in den frühesten Formationen etwas näher an einander gerückt zu finden, so dass die älteren Glieder in einigen ihrer Charactere etwas weniger weit auseinander gehen, als die jetzigen Glieder derselben Gruppen; und dies scheint nach dem einstimmigen Zeugnisse unserer besten Paläontologen oft der Fall zu sein.

So scheinen sich mir nach der Theorie gemeinsamer Abstammung mit fortschreitender Modification die wichtigsten Thatsachen hinsichtlich der wechselseitigen Verwandtschaft der erloschenen Lebensformen unter einander und mit den noch bestehenden in genügender Weise zu erklären. Nach jeder andern Betrachtungsweise sind sie völlig unerklärbar.

Aus der nämlichen Theorie erhellt, dass die Fauna einer grossen Periode in der Erdgeschichte in ihrem allgemeinen Charscter das Mittel halten müsse zwischen der zunächst vorangehenden und nachfolgenden. So sind die Arten, welche auf der sechsten grossen Descendenzstufe unseres Schemas vorkommen, die abgeänderten Nachkommen derjenigen, welche schon auf der fünften vorhanden gewesen, und sind die Eltern der noch weiter abgeänderten in der siehenten; sie können daher nicht wohl anders als nahezu das Mittel zwischen heiden halten. Wir müssen jedoch hiehei das gänzliche Erlöschen einiger früheren Formen, die Einwanderung neuer Formen aus andern Gegenden und die heträchtliche Umänderung der Formen während der langen Lücke zwischen zwei aufeinander folgenden Formationen mit in Betracht ziehen. Diese Zugeständnisse herücksichtigt, muss die Fauna jeder grossen geologischen Periode zweifelsohne genau das Mittel einnehmen zwischen der vorhergehenden und der folgenden. Ich brauche nur als Beispiel anzuführen, wie die Fossilreste des devonischen Systems sofort nach Entdeckung desselhen von den Paläontologen als intermediär zwischen denen des darunterliegenden Silur- und des darsuffolgenden Steinkohlensystemes erkannt wurden. Aher nicht jede Fauns muss dieses Mittel gensu einhalten, weil die zwischen aufeinsnder folgenden Formstionen verflossenen Zeiträume ungleich lang sein können.

Es ist kein wesentlicher Einwsnd gegen die Wahrheit der Behauptung, dass die Fauna jeder Periode im Gsnzen genommen ungefähr dss Mittel zwischen der vorigen und der folgenden Fauna halten müsse, darin zu finden, dsss manche Gsttungen Ausnahmen von dieser Regel hilden. So stimmen z. B., wenn man Mastodonten und Elephanten nach Dr. FALCONER zuerst nsch ihrer gegenseitigen Verwandtschaft und dann nach ihrer geologischen Aufeinanderfolge in zwei Reihen ordnet, heide Reihen nicht mit einander üherein. Die in ihren Charscteren sm weitesten ahweichenden Arten sind weder die ältesten noch die jüngsten, noch sind die von mittlerem Ch aracter auch von mittlerem Alter. Nehmen wir sher für einen Augenhlick an, unsere Kenntniss von den Zeitpunkten des Erscheinens und Verschwindens der Arten sei in diesem und ähnlichen Fällen vollständig, so haben wir doch noch kein Recht zu glauben, dass die nacheinander auftretenden Formen nothwendig auch gleich lang bestehen müssen; eine sehr alte Form kann zufällig eine längere Dauer als eine irgendwo später entwickelte Form haben, was insbesondere von solchen Landbewohnern gilt, welche in ganz getrennten Bezirken zu Hause sind. Kleines mit Grossem vergleichend wollen wir die Tauben als Beispiel wählen. Wenn man die lebenden und erloschenen Hauptrassen unserer Haustauben so gut als möglich nach ihren Verwandtschaften in Reihen ordnete, so würde diese Anordnungsweise nicht genau übereinstimmen weder mit der Zeitfolge ihrer Entstehung noch, und zwar noch weniger, mit der ihres Untergangs. Denn die stammelterliche Felstaube lebt noch, und viele Zwischenvarietäten zwischen ihr und der Botentaube sind erloschen, und Botentauben, welche in der Länge des Schnabels das Äusserste bieten, sind früher entstanden, als die kurzschnäbeligen Purzler, welche das entgegengesetzte Ende der auf die Schnabellänge gegründeten Reihenfolge bilden.

Mit der Behauptung, dass die organischen Reste einer mittleren Formation auch einen nahezu mittleren Character besitzen, steht die Thatsache, worauf alle Paläontologen bestehen, in nahem Zusammenhang, dass die Fossilen aus zwei aufeinander folgenden Formationen viel näher als die aus zwei entfernten mit einander verwandt sind. Pictet führt als ein bekanntes Beispiel die allgemeine Ähnlichkeit der organischen Reste aus den verschiedenen Etagen der Kreideformation an, obwohl die Arten in allen Etagen verschieden sind. Diese Thatsache allein scheint ihrer Allgemeinheit wegen Professor Pictet in seinem festen Glauben an die Unveränderlichkeit der Arten wankend gemacht zu haben. Wohl bekannt mit der Vertheilungsweise der jetzt lebenden Arten über die Erdoberfläche wagt er doch nicht die grosse Ähnlichkeit verschiedener Species in nahe aufeinander folgenden Formationen damit zu erklären, dass die physikalischen Bedingungen der alten Ländergebiete sich fast gleich geblieben seien. Erinnern wir uns, dass die Lebensformen wenigstens des Meeres auf der ganzen Erde und mithin unter den allerverschiedensten Klimaten und andern Bedingungen fast gleichzeitig gewechselt haben; — und bedenken wir, welchen unbedeutenden Einfluss die wunderbarsten klimatischen Veränderungen während der die ganze Eiszeit umschliessenden Pleistocenperiode auf die specifischen Formen der Meeresbewohner ausgeübt haben!

Nach der Theorie der gemeinsamen Abstammung ist die volle Bedeutung der Thatsache klar, dass fossile Reste aus unmittelbar aufeinander folgenden Formationen, wenn auch als Arten verschieden, nahe mit einander verwandt sind. Da die Ablagerung jeder Formation oft unterbrochen worden ist und lange Pausen zwischen der Absetzung verschiedener Formationen stattgefunden haben, so dürfen wir, wie ich im letzten Capitel zu zeigen versucht, nicht erwarten in irgend einer oder zwei Formationen alle Zwischenvarietäten zwischen den Arten zu finden, welche am Anfang und am Ende dieser Formationen gelebt haben; wohl aber müssten wir nach mehr oder weniger grossen Zwischenräumen (sehr lang in Jahren ausgedrückt, aber mässig lang in geologischem Sinne) nahe verwandte Formen oder, wie manche Schriftsteller sie genannt haben, „stellvertretende Arten" finden, und diese finden wir in der That. Kurz wir entdecken diejenigen Beweise einer langsamen und fast unmerkbaren Umänderung specifischer Formen, wie wir sie zu erwarten berechtigt sind.

### Über die Entwickelungsstufe alter Formen im Vergleich zu den noch lebenden.

Wir haben im vierten Capitel gesehen, dass der Grad der Differenzirung und Specialisirung der Theile aller organischen Wesen in ihrem reifen Alter den besten bis jetzt versuchten Maasstab zur Bemessung der Vollkommenheits- oder Höhenstufe derselben abgibt. Wir haben auch gesehen, dass, da die Specialisirung der Theile und Organe ein Vortheil für jedes Wesen ist, die natürliche Zuchtwahl beständig streben wird, die Organisation eines jeden Wesens immer mehr zu specialisiren und somit, in diesem Sinne genommen, vollkommener und höher zu machen; was jedoch nicht ausschliesst, dass noch immer viele Geschöpfe, für einfachere Lebensbedingungen bestimmt, auch ihre

Organisation einfach und unverbessert behalten und in manchen
Fällen selbst in ihrer Organisation zurückschreiten oder verein-
fachen, wobei aber immer derartig zurückgeschrittene Wesen
ihren neuen Lebenswegen entsprechender sind. Auch in einem
anderen und allgemeineren Sinne ergibt sich, dass nach der
Theorie der natürlichen Zuchtwahl die neuen Formen höher als
ihre Vorfahren streben; denn sie haben im Kampfe um's Dasein
alle älteren Formen, mit denen sie in Concurrenz kommen, aus
dem Felde zu schlagen. Wir können daher schliessen, dass,
wenn in einem nahezu ähnlichen Klima die eocenen Bewohner
der Welt in Concurrenz mit den jetzigen Bewohnern gebracht
werden könnten, die ersteren unterliegen und vertilgt werden,
ebenso wie eine secundäre Fauna von der eocenen und eine
paläozoische von der secundären überwunden werden würde. —
Der Theorie der natürlichen Zuchtwahl gemäss müssten demnach
die neuen Formen ihre höhere Stellung den alten gegenüber
nicht nur durch diesen fundamentalen Beweis ihres Siegs im
Kampfe um's Dasein, sondern auch durch eine weiter gediehene
Specialisirung der Organe bewähren. Ist dies aber wirklich der
Fall? Eine grosse Mehrzahl der Geologen würde dies zweifelsohne bejahen. Nach meinem Urtheil vermag ich aber, nachdem
ich die Erörterungen von Lyell, Bronn und Hooker über diesen
Punkt gelesen habe, den Schluss, wenn auch für sehr wahrscheinlich, doch nicht für bewiesen zu halten.

Es ist kein gültiger Einwand gegen diesen Schluss oder
gegen den Glauben im Allgemeinen, dass Species im Laufe der
Zeiten sich verändern, wenn gewisse Brachiopoden von einer
äusserst weit zurückliegenden geologischen Periode an nur wenig
modificirt worden sind, wenn auch keine Erklärung dieser Thatsache gegeben werden kann. Auch ist es keine unüberwindliche
Schwierigkeit, dass Foraminiferen, wie Carpenter betont hat, von
jener ältesten aller Epochen, der Laurenti'schen Formation in
Canada an in ihrer Organisation keinen Fortschritt gemacht haben;
denn einige Organismen müssen eben einfachen Lebensbedingungen
angepasst sein, und welche passten hierfür besser, als jene niedrig
organisirten Protozoen? Es bietet keine grosse Schwierigkeit

26*

dar, dass, wie Phillips bemerkt hat, Süsswassermuscheln von der
Zeit, wo sie zuerst auftraten, bis jetzt fast ganz unverändert geblieben sind; in diesem Falle sehen wir, dass diese Muscheln
einer weniger heftigen Concurrenz ausgesetzt gewesen sind, als
die die viel ausgedehnteren marinen Bezirke mit deren unzähligen
Bewohnern belebenden Mollusken. Derartige Einwände wie die
obigen würden jeder Ansicht verderblich sein, die einen Fortschritt in der Organisation als wesentliches Moment enthielte.
Es würde auch meiner Theorie verderblich sein, wenn z. B.
nachgewiesen werden könnte, dass Foraminiferen zuerst während
der Laurenti'schen Epoche, Brachiopoden zuerst in der Silur-
formation aufgetreten wären; denn wenn dies bewiesen würde,
so wäre die Zeit nicht hinreichend gewesen, um die Organismen
bis zu dem dann erreichten Grade entwickeln zu lassen. Einmal
bis zu einem gewissen Punkt fortgeschritten, ist nach der Theorie
der natürlichen Zuchtwahl keine Nöthigung vorhanden, den Process noch fortdauern zu lassen; dagegen werden sie während
jedes folgenden Zeitraumes leicht modificirt, um ihre Stellung
im Verhältniss zu den ändernden Lebensbedingungen behaupten
zu können. Alle diese Einwände drehen sich um die Frage, ob
wir hinreichend genau wissen, wie alt die Welt und die Perioden sind, wo die verschiedenen Lebensformen zuerst erschienen;
und dies können wir dreist bestreiten.

Das Problem, ob die Organisation im Ganzen fortgeschritten
ist, ist in vieler Hinsicht ausserordentlich verwickelt. Der geologische Schöpfungsbericht, schon zu allen Zeiten unvollständig,
reicht nach meiner Meinung nicht weit genug zurück, um mit
unverkennbarer Klarheit zu zeigen, dass innerhalb der bekannten
Geschichte der Erde die Organisation grosse Fortschritte gemacht hat. Sind doch selbst heutzutage noch die Naturforscher
oft nicht einstimmig, welche Thiere einer Classe die höchsten
sind. So sehen Einige die Haie wegen einiger wichtigen Beziehungen ihrer Organisation zu der der Reptilien als die höchsten
Fische an, während Andere die Knochenfische als solche betrachten. Die Ganoiden stehen in der Mitte zwischen den Haien und
Knochenfischen. Heutzutage sind diese letzten an Zahl weit vor-

waltend, während es vordem nur Haie und Ganoiden gegeben
hat; und in diesem Falle wird man sagen, die Fische seien in
ihrer Organisation vorwärts geschritten oder zurückgegangen, je
nachdem man sie mit einem andern Maasstabe misst. Aber es
ist ein hoffnungsloser Versuch die Höhe von Gliedern ganz verschiedener Typen gegen einander abzumessen. Wer vermöchte
zu sagen, ob ein Tintenfisch höher als die Biene stehe: als dieses
Insect, von dem der grosse Naturforscher v. Baer sagt, dass es
in der That höher als ein Fisch organisirt sei, wenn auch nach
einem andern Typus. In dem verwickelten Kampfe um's Dasein
ist es ganz glaublich, dass solche Kruster z. B., welche in ihrer
eigenen Classe nicht sehr hoch stehen, die Cephalopoden, diese
vollkommensten Weichthiere, überwinden würden; und diese
Kruster, obwohl nicht hoch entwickelt, müssen doch sehr hoch
auf der Stufenleiter der wirbellosen Thiere stehen, wenn man
nach dem entscheidendsten aller Kriterien, dem Gesetze des Kampfes um's Dasein urtheilt. Abgesehen von den Schwierigkeiten,
die es an und für sich hat zu entscheiden, welche Formen der
Organisation nach die höchsten sind, haben wir nicht allein die
höchsten Glieder einer Classe in zwei verschiedenen Perioden
(obwohl dies gewiss eines der wichtigsten oder vielleicht das
wichtigste Element bei der Abwägung ist), sondern wir haben
alle Glieder, hoch und nieder, mit einander zu vergleichen. In
alter Zeit wimmelte es von vollkommensten sowohl als unvollkommensten Weichthieren, von Cephalopoden und Brachiopoden;
während heutzutage diese beiden Ordnungen sehr zurückgegangen
und die zwischen ihnen in der Mitte stehenden Classen mächtig
angewachsen sind. Demgemäss haben einige Naturforscher geschlossen, dass die Mollusken vordem höher entwickelt gewesen
sind als jetzt; während andere sich auf die gegenwärtige beträchtliche Verminderung der unvollkommensten Mollusken mit
um so mehr Gewicht beriefen, als auch die noch vorhandenen
Cephalopoden, obgleich weniger an Zahl, doch höher als ihre
alten Stellvertreter organisirt sind. Wir müssen auch die Pro-
portionalzahlen der oberen und der unteren Classen der Bevölkerung der Erde in zwei verschiedenen Perioden mit einander

vergleichen. Wenn es z. B. jetzt 50,000 Arten Wirbelthiere gäbe und wir dürften deren Anzahl in irgend einer früheren Periode nur auf 10,000 schätzen, so müssten wir diese Zunahme der obersten Classen, welche zugleich eine grosse Verdrängung tieferer Formen aus ihrer Stelle bedingte, als einen entschiedenen Fortschritt in der organischen Bildung betrachten, gleichviel ob es die höheren oder die tieferen Wirbelthiere wären, welche dabei sehr zugenommen hätten. Man ersieht hieraus, wie gering allem Anscheine nach die Hoffnung ist, unter so äusserst verwickelten Beziehungen jemals in vollkommen richtiger Weise die relative Organisationsstufe unvollkommen bekannter Faunen nach einander folgender Perioden in der Erdgeschichte zu beurtheilen.

Von einem andern wichtigen Gesichtspunkte aus werden wir diese Schwierigkeit noch richtiger würdigen, wenn wir gewisse jetzt vorhandene Faunen und Floren ins Auge fassen. Nach der aussergewöhnlichen Art zu schliessen, wie sich in neuerer Zeit aus Europa eingeführte Erzeugnisse über Neuseeland verbreitet und Plätze eingenommen haben, welche doch schon vorher besetzt gewesen, würde sich wohl, wenn man alle Pflanzen und Thiere Grossbritanniens dort frei aussetzte, eine Menge Britischer Formen mit der Zeit vollständig daselbst naturalisiren und viele der eingeborenen vertilgen. Dagegen dürfte das, was wir jetzt in Neuseeland sich zutragen sehen, und die Thatsache, dass noch kaum ein Bewohner der südlichen Hemisphäre in irgend einem Theile Europa's verwildert ist, uns zu zweifeln veranlassen, ob, wenn alle Naturerzeugnisse Neuseelands in Grossbritannien frei ausgesetzt würden, eine etwas grössere Anzahl derselben vermögend wäre, sich jetzt von eingeborenen Pflanzen und Thieren schon besetzte Stellen zu erobern. Von diesem Gesichtspunkte aus kann man sagen, dass die Producte Grossbritanniens höher als die Neuseeländischen stehen. Und doch hätte der tüchtigste Naturforscher nach der sorgfältigsten Untersuchung der Arten beider Gegenden dieses Resultat nicht voraussehen können.

Agassiz hebt hervor, dass die alten Thiere in gewissen Beziehungen den Embryonen jüngerer Thierformen derselben Classe gleichen, oder dass die geologische Aufeinanderfolge erloschener Formen gewissermassen der embryonischen Entwickelung neuer Formen parallel läuft. Ich muss jedoch PICTET's und HUXLEY's Meinung beipflichten, dass diese Lehre von fern nicht erwiesen ist. Doch bin ich ganz der Erwartung sie später wenigstens hinsichtlich solcher untergeordneter Gruppen bestätigt zu sehen, die sich erst in neuerer Zeit von einander abgezweigt haben. Denn diese Lehre von AGASSIZ stimmt mit der Theorie der natürlichen Zuchtwahl wundervoll überein. In einem spätern Capitel werde ich zu zeigen versuchen, dass die Erwachsenen von ihren Embryonen in Folge von Abänderungen abweichen, welche nicht in der frühesten Jugend erfolgen und auch erst auf ein entsprechendes späteres Alter vererbt werden. Während dieser Process den Embryo fast unverändert lässt, häuft er im Laufe aufeinander folgender Generationen immer mehr Verschiedenheit in den Erwachsenen zusammen.

So erscheint der Embryo gleichsam wie ein von der Natur aufbewahrtes Portrait des früheren und noch nicht sehr modificirten Zustandes eines jeden Thieres. Diese Ansicht mag richtig sein, ist jedoch nie eines vollkommenen Beweises fähig. Denn fänden wir auch, dass z. B. die ältesten bekannten Formen der Säugethiere, der Reptilien und der Fische zwar genau diesen Classen angehörten, aber doch einander etwas näher stünden als die jetzigen typischen Vertreter dieser Classen, so würden wir uns doch so lange vergebens nach Thieren umsehen, welche noch den gemeinsamen Embryonalcharacter der Vertebraten an sich trügen, als wir nicht fossilienreiche Schichten noch tief unter den untersten silurischen entdeckten, wozu in der That sehr wenig Aussicht vorhanden ist.

**Aufeinanderfolge derselben Typen innerhalb gleicher Gebiete während der späteren Tertiärperioden.**

CLIFT hat vor vielen Jahren gezeigt, dass die fossilen Säugethiere aus den Knochenhöhlen Neubollands sehr nahe mit den noch jetzt dort lebenden Beutelthieren verwandt gewesen sind. In Südamerika hat sich eine ähnliche Beziehung selbst für das ungeübte Auge ergeben in den Armadill-ähnlichen Panzerstücken von riesiger Grösse, welche in verschiedenen Theilen von la Plata gefunden worden sind; und Professor Owen hat aufs Schlagendste nachgewiesen, dass die meisten der dort so zahlreich fossil gefundenen Thiere Südamerikanischen Typen angehören. Diese Beziehung ist noch deutlicher in den wundervollen Sammlungen fossiler Knochen zu erkennen, welche Lund und Clausen aus den Brasilischen Höhlen mitgebracht haben. Diese Thatsachen machten einen solchen Eindruck auf mich, dass ich in den Jahren 1839 und 1845 dieses „Gesetz der Succession gleicher Typen", diese „wunderbare Beziehung zwischen den Todten und Lebenden in einerlei Continent" sehr nachdrücklich hervorhob. Professor Owen hat später dieselbe Verallgemeinerung auch auf die Säugethiere der alten Welt ausgedehnt. Wir finden dasselbe Gesetz wieder in den von ihm restaurirten Riesenvögeln Neuseelands. Wir sehen es auch in den Vögeln der Brasilischen Höhlen. Woodward hat gezeigt, dass dasselbe Gesetz auch auf die Seeconchylien anwendbar ist, obwohl es der weiten Verbreitung der meisten Molluskengattungen wegen nicht leicht nachzuweisen ist. Es liessen sich noch andere Beispiele anführen, wie die Beziehungen zwischen den erloschenen und lebenden Landschnecken auf Madeira und zwischen den alten und jetzigen Brackwasser-Conchylien des Aral-Kaspischen Meeres.

Was bedeutet nun dieses merkwürdige Gesetz der Aufeinanderfolge gleicher Typen in gleichen Ländergebieten? Vergleicht man das jetzige Klima Neuhollands und der unter gleicher Breite damit gelegenen Theile Südamerika's mit einander, so würde es als ein kühnes Unternehmen erscheinen, einerseits aus der Unähnlichkeit der natürlichen Bedingungen die Unähnlichkeit der Bewohner dieser zwei Continente und andrerseits aus der Ähnlichkeit der Verhältnisse das Gleichbleiben der Typen in jedem derselben während der späteren Tertiärperiodeu erklären zu wollen. Auch lässt sich nicht behaupten, dass einem unveränderlichen Gesetze zufolge Beutelthiere hauptsächlich oder allein nur in Neuholland, oder Edentaten und andere der jetzigen Amerikanischen Typen nur in Amerika hervorgebracht worden seien. Denn es

ist bekannt, dass Europa in alten Zeiten von zahlreichen Beutel-
thieren bevölkert war, und ich habe in den oben angedeuteten
Schriften gezeigt, dass in Amerika das Verbreitungsgesetz für die
Landsäugethiere früher ein anderes gewesen, als es jetzt ist.
Nordamerika betheiligte sich früher sehr an dem jetzigen Cha-
racter der südlichen Hälfte des Continentes, und die südliche
Hälfte war früher mehr als jetzt mit der nördlichen verwandt.
Durch Falconer und Cautley's Entdeckungen wissen wir, dass
Nordindien hinsichtlich seiner Säugethiere früher in näherer Be-
ziehung als jetzt mit Afrika stund. Analoge Thatsachen liessen
sich auch von der Verbreitung der Seethiere mittheilen.

Nach der Theorie gemeinsamer Abstammung mit fortschreitender Abänderung erklärt sich das grosse Gesetz langwährender
aber nicht unveränderlicher Aufeinanderfolge gleicher Typen auf
einem und demselben Felde unmittelbar. Denn die Bewohner
eines jeden Theiles der Welt werden offenbar streben in diesem
Theile während der nächsten Zeitperiode nahe verwandte, doch
etwas abgeänderte Nacbkommen zu hinterlassen. Sind die Bewohner eines Continents früber von denen eines andern Festlandes sehr verschieden gewesen, so werden ihre abgeänderten
Nachkommen auch jetzt noch in fast gleicher Art und Stufe von
einander abweichen. Aber nach sehr langen Zeiträumen und
sehr grosse Wechselwanderungen gestattenden geographischen
Veränderungen werden die schwächeren den herrschenden Formen weichen und so ist nichts unveränderlich in Verbreitungs-
gesetzen früherer und jetziger Zeit.

Vielleicht fragt man mich im Spott, ob ich glaube, dass das
Megatherium und die andern ihm verwandten Ungethüme in Süd-
Amerika das Faulthier, das Armadill und die Ameisenfresser als
abgeänderte Nachkommen hinterlassen haben. Dies kann man
keinen Augenblick zugeben. Jene grossen Thiere sind völlig erloschen, ohne eine Nachkommenschaft zu hinterlassen. Aber in
den Höhlen Brasiliens sind viele ausgestorbene Arten, in Grösse
und andern Merkmalen nahe verwandt mit den noch jetzt in Süd-
Amerika lebenden Species, und einige der fossilen mögen wirklich die Erzeuger noch jetzt dort lebender Arten gewesen sein.

Man darf nicht vergessen, dass nach meiner Theorie alle Arten einer Gattung von einer und der nämlichen Species abstammen, so dass, wenn von sechs Gattungen jede acht Arten in einerlei geologischer Formation enthält und in der nächstfolgenden Formation wieder sechs andere verwandte oder stellvertretende Gattungen mit gleicher Artenzahl vorkommen, wir dann schliessen dürfen, dass nur eine Art von jeder der sechs älteren Gattungen modificirte Nachkommen hinterlassen habe, welche die sechs neueren Gattungen bildeten. Die anderen sieben Arten der alten Genera sind alle ausgestorben, ohne Erben zu hinterlassen. Doch möchte es wahrscheinlich weit öfter vorkommen, dass zwei oder drei Arten von nur zwei oder drei der alten Gattungen die Eltern der sechs neuen Genera gewesen und die andern alten Arten und sämmtliche übrigen alten Gattungen gänzlich erloschen sind. In untergehenden Ordnungen mit abnehmender Gattungs- und Artenzahl, wie es offenbar die Edentaten Südamerika's sind, werden noch weniger Genera und Species abgeänderte Nachkommen in gerader Linie hinterlassen.

**Zusammenfassung des vorigen und jetzigen Capitels.**

Ich habe zu zeigen gesucht, dass die geologische Schöpfungsurkunde äusserst unvollständig ist; dass erst nur ein kleiner Theil der Erdoberfläche sorgfältig untersucht worden ist; dass nnr gewisse Classen organischer Wesen zahlreich in fossilem Zustande erhalten sind; dass die Anzahl der in unseren Museen aufbewahrten Individuen und Arten gar nichts bedeutet im Vergleiche mit der unberechenbaren Zahl von Generationen, die nur während einer Formationszeit aufeinander gefolgt sein müssen; dass in der Regel ungeheure Zeiträume zwischen je zwei aufeinander folgenden Formationen verflossen sein müssen, weil fossilienreiche Bildungen, mächtig genug um künftiger Zerstörung zu widerstehen, sich gewöhnlich nur während Senkungsperioden ablagern können; dass mithin wahrscheinlich während der Senkungszeiten mehr Aussterben und während der Hebungszeiten mehr Abändern organischer Formen stattgefunden hat; dass der Schöpfungsbericht aus diesen letzten Perioden am unvollständigsten erhalten ist; dass jede einzelne Formation nicht in ununterbrochenem Zusammenhang abgelagert worden ist; dass die Dauer jeder Formation vielleicht kurz ist im Vergleich zur mittleren Dauer der Artenformen; dass Einwanderungen einen grossen Antheil am ersten Auftreten neuer Formen in der Formation einer Gegend gehabt haben, dass die weit verbreiteten Arten am meisten variirt und am öftesten Veranlassung zur Entstehung neuer Arten gegeben haben; dass Varietäten anfangs nur local gewesen sind; endlich ist es, obschon jede Art zahlreiche Übergangsstufen durchlaufen baben muss, wahrscheinlich, dass die Zeiträume, während deren eine jede der Modification unterlag, zwar zahlreich und nach Jahren gemessen lang, aber mit den Perioden verglichen, in denen sie unverändert geblieben sind, kurz gewesen sind. Alle diese Ursachen zusammengenommen werden es grossentheils erklären, warum wir zwar viele Mittelformen zwischen den Arten einer Gruppe finden, aber nicht endlose Varietätenreihen die erloschenen und lebenden Formen in den feinsten Abstufungen mit einander verketten sehen. Man sollte auch beständig im Sinn haben, dass zwei oder mehrere Formen mit einander verbindende Varietäten, die gefunden würden, wenn man nicht die ganze Kette vollständig herstellen kann, als neue und bestimmte Arten betrachtet werden würden; denn wir können nicht behaupten, irgend ein sicheres Criterium zu besitzen, nach dem sich Art von Varietät unterscheiden lässt.

Wer diese Ansichten von der Beschaffenheit der geologischen Urkunden verwerfen will, muss auch folgerichtig meine ganze Theorie verwerfen. Denn vergebens wird er dann fragen, wo die zahlreichen Übergangsglieder geblieben sind, welche die nächst verwandten oder stellvertretenden Arten einst mit einander verkettet haben müssen, die man in den verschiedenen Lagern einer grossen Formation übereinander findet. Er wird nicht an die unermesslichen Zwischenzeiten glauben, welche zwischen unseren aufeinander folgenden Formationen verflossen sind; er wird übersehen, welchen wesentlichen Antheil die Wanderungen seit dem ersten Erscheinen der Organismen in den Formationen einer grossen Weltgegend wie Europa für sich allein betrachtet gehabt haben;

er wird sich auf das offenbare, aber oft nur anscheinend plötzliche Auftreten ganzer Artengruppen berufen. Er wird fragen, wo denn die Reste jener unendlich zahlreichen Organismen geblieben sind, welche lange vor der Bildung der ältesten Silurschichten abgelagert worden sein müssen? Wir wissen jetzt, dass Thiere und wahrscheinlich auch Pflanzen zu einer ganz unermesslich entfernten Zeit, lange vor der Primordialzone des Silursystems gelebt haben; die obige Frage kann ich aber nur hypothetisch beantworten mit der Annahme, dass unsere Oceane sich schon seit unermesslichen Zeiträumen an ihren jetzigen Stellen befunden haben, und dass da, wo unsere auf und ab schwankenden Continente jetzt stehen, sie sicher seit dem Beginn der Silurzeit gestanden sind; dass aber die Erdoberfläche lange vor dieser Periode ein ganz anderes Aussehen gehabt haben dürfte, und dass die älteren Continente, aus Formationen noch viel älter als irgend eine uns bekannte bestehend, sich jetzt nur in metamorphischem Zustande befinden oder tief unter den Ocean versenkt liegen.

Doch sehen wir von diesen Schwierigkeiten ab, so scheinen mir alle andern grossen und leitenden Thatsachen in der Paläontologie einfach aus der Theorie der Abstammung von gemeinsamen Ureltern mit fortschreitender Abänderung durch natürliche Zuchtwahl zu folgen. Es erklärt sich daraus, warum neue Arten nur langsam nach einander auftreten; warum Arten verschiedener Classen nicht nothwendig in gleichem Verhältnisse oder gleichem Grade zusammen sich verändern, dass aber alle im Verlauf langer Perioden Veränderungen unterliegen. Das Erlöschen alter Formen ist die fast unvermeidliche Folge vom Entstehen neuer. Es erklärt sich warum eine Species, wenn einmal verschwunden, nie wieder erscheint. Artengruppen wachsen nur langsam an Zahl und dauern ungleich lange Perioden; denn der Process der Abänderung ist nothwendig ein langsamer und von vielerlei verwickelten Momenten abhängig. Die herrschenden Arten der grösseren herrschenden Gruppen streben viele abgeänderte Nachkommen zu hinterlassen, und so werden wieder neue Untergruppen und Gruppen gebildet. Im Verhältnisse als diese entstehen, neigen sich die Arten minder kräftiger Gruppen in Folge ihrer gemeinsam ererbten Unvollkommenheit dem gemeinsamen Erlöschen zu, ohne irgendwo auf der Erdoberfläche eine abgeänderte Nachkommenschaft zu hinterlassen. Aber das gänzliche Erlöschen einer ganzen Artengruppe ist oft ein sehr langsamer Process gewesen, wenn einzelne Arten in geschützten oder abgeschlossenen Standorten kümmernd noch eine Zeit lang fortleben konnten. Ist eine Gruppe einmal untergegangen, so erscheint sie nie wieder, denn die Reihe der Generationen ist unterbrochen.

So ist es begreiflich, dass die Ausbreitung herrschender Lebensformen, welche eben am öftesten variiren, mit der Länge der Zeit die Erde mit nahe verwandten jedoch modificirten Formen bevölkern, denen es sodann gewöhnlich gelingt, die Plätze jener Artengruppen einzunehmen, welche ihnen im Kampfe um's Dasein unterliegen. Daher wird es denn nach langen Zwischenzeiten aussehen, als hätten die Bewohner der Erdoberfläche überall gleichzeitig gewechselt.

So ist es ferner begreiflich, woher es kommt, dass die alten und neuen Lebensformen ein grosses System mit einander bilden, da sie alle durch Zeugung mit einander verbunden sind. Es ist aus der fortgesetzten Neigung zur Divergenz des Characters begreiflich, warum die fossilen Formen um so mehr von den jetzt lebenden abweichen, je älter sie sind; warum alte und erloschene Formen oft Lücken zwischen lebenden auszufüllen geeignet sind und zuweilen zwei Gruppen mit einander vereinigen, welche zuvor getrennt aufgestellt worden, obwohl sie solche in der Regel nur etwas näher einander rücken. Je älter eine Form ist, um so öfter scheint sie Charactere zu entwickeln, welche zwischen jetzt getrennten Gruppen mehr und weniger das Mittel halten; denn je älter eine Form ist, desto näher verwandt und mithin ähnlicher wird sie dem gemeinsamen Stammvater solcher Gruppen sein, welche seither weit auseinander gegangen sind. Erloschene Formen halten selten genau das Mittel zwischen lebenden, sondern stehen in deren Mitte nur in Folge einer weitläufigen Verkettung durch viele erloschene und abweichende Formen. Wir ersehen deutlich, warum die organischen Reste dicht aufeinander folgender Formationen einander ähnlicher als die weit von einander entfernter sein müssen; denn jene Formen stehen in näherer Blutsverwandtschaft mit einander als diese. Wir vermögen endlich einzusehen, warum die organischen Reste mittlerer Formationen auch das Mittel in ihren Characteren halten. Die Bewohner einer jeden folgenden Periode der Erdgeschichte müssen die früheren im Kampfe um's Dasein besiegt haben und stehen insofern auf einer höheren Vollkommenheitsstufe als diese und ihr Körperbau ist seitdem im Allgemeinen mehr specialisirt worden; dies kann das unbestimmte aber verbreitete Gefühl vieler Paläontologen erklären, dass die Organisation im Ganzen fortgeschritten sei. Sollte sich später ergeben, dass alte Thierformen in gewissem Grade den Embryonen neuerer aus der nämlichen Classe gleichen, so würde auch dies zu begreifen sein. Die Aufeinanderfolge gleicher Organisationstypen auf gleichem Gebiete während der letzten geologischen Perioden hört auf geheimnissvoll zu sein und ist eine einfache Folge der Vererbung.

Wenn daher die geologische Schöpfungsurkunde so unvollständig ist, als ich es glaube (und es lässt sich wenigstens behaupten, dass das Gegentheil nicht erweisbar ist), so werden die Haupteinwände gegen die Theorie der natürlichen Zuchtwahl in hohem Grade geschwächt oder werden gänzlich verschwinden. Dagegen scheinen mir alle Hauptgesetze der Paläontologie deutlich zu beweisen, dass die Arten durch gewöhnliche Zeugung entstanden sind. Frühere Lebensformen sind durch neue vollkommenere Formen ersetzt worden, welche nach den noch fortwährend um uns her thätigen Variationsgesetzen entstanden und durch natürliche Zuchtwahl erhalten sind.

# Eilftes Capitel.

## Geographische Verbreitung.

Die gegenwärtige Verbreitung der Organismen lässt sich nicht aus den natürlichen Lebensbedingungen erklären. — Wichtigkeit der Verbreitungsschranken. — Verwandtschaft der Erzeugnisse eines nämlichen Continentes. — Schöpfungsmittelpunkte. — Ursachen der Verbreitung sind Wechsel des Klimas, Schwankungen der Bodenhöhe und mit unter zufällige. — Die Zerstreuung während der Eisperiode über die ganze Erdoberfläche erstreckt.

Bei Betrachtung der Verbreitungsweise der organischen Wesen über die Erdoberfläche ist die erste wichtige Thatsache, welche uns in die Augen fällt, die, dass weder die Ähnlichkeit noch die Unähnlichkeit der Bewohner verschiedener Gegenden aus klimatischen und andern physikalischen Bedingungen erklärbar ist. Alle, welche diesen Gegenstand studirt haben, sind endlich zu dem nämlichen Ergebniss gelangt. Das Beispiel Amerikas allein würde schon genügen, dies zu beweisen. Denn alle Autoren stimmen darin überein, dass mit Ausschluss des nördlichsten um den Pol her ziemlich zusammenhängenden Theiles, die Trennung der alten und der neuen Welt eine der ersten Grundlagen der geographischen Vertheilung der Organismen bildet. Wenn wir aber den weiten Amerikanischen Continent von den mittleren Theilen der Vereinigten Staaten an bis zu seinem südlichsten Punkte durchwandern, so begegnen wir den allerverschiedenartigsten Lebensbedingungen, den feuchtesten Strichen und den trockensten Wüsten, hohen Gebirgen und grasigen Ebenen, Wäldern und Marschen, Seen und Strömen mit fast jeder Temperatur. Es gibt kaum ein Klima oder eine Bedingung in der alten Welt, wozu sich nicht eine Parallele in der neuen fände, so ähnlich wenigstens, als dies zum Fortkommen der nämlichen Arten erforderlich wäre; denn es ist ein äusserst seltener Fall, irgend eine Organismengruppe auf einen kleinen Fleck mit etwas eigenthümlichen Lebensbedingungen beschränkt zu finden. So z. B. gibt es in der alten Welt wohl einige Stellen, heisser als irgend welche in der neuen; und doch haben diese keine eigenthümliche Fauna oder Flora. Aber ungeachtet dieses Parallelismus in den Lebensbedingungen der alten und der neuen Welt, wie weit sind ihre lebenden Bewohner verschieden! Wenn wir in der südlichen Halbkugel grosse Landstriche in Australien, Südafrika und Westsüdamerika zwischen $25^0$—$35^0$ S. B. mit einander vergleichen, so werden wir manche in allen ihren natürlichen Verhältnissen einander äusserst ähnliche Theile finden, und doch würde es nicht möglich sein, drei einander völlig unähnlichere Faunen und Floren ausfindig zu machen. Oder wenn wir die Naturproducte Südamerikas im Süden vom $35^0$ Br. und im Norden vom $25^0$ Br. mit einander vergleichen, die also durch einen Zwischenraum von zehn Breitegraden von einander getrennt sind und ein sehr verschiedenes Klima bewohnen, so zeigen sich dieselben einander unvergleichlich näher verwandt, als die in Australien und Afrika in fast einerlei Klima lebenden. Und analoge Thatsachen lassen sich auch in Bezug auf die Meeresthiere nachweisen.

Eine zweite wichtige, uns bei einer allgemeinen Übersicht auffallende Thatsache ist die, dass Schranken verschiedener Art oder Hindernisse freier Wanderung mit den Verschiedenheiten zwischen Bevölkerungen verschiedener Gegenden in engem und wesentlichem Zusammenhange stehen. Wir sehen dies in der grossen Verschiedenheit fast aller Landbewohner der alten und der neuen Welt mit Ausnahme der nördlichen Theile, wo sich beide nahezu berühren und wo vordem bei einem nur wenig abweichenden Klima die Wanderungen der Bewohner der nördlichen gemässigten Zone in ähnlicher Weise möglich gewesen sein dürften, wie sie noch jetzt von Seiten der arktischen Bevölkerung stattfinden. Wir erkennen dieselbe Thatsache in der grossen Verschiedenheit zwischen den Bewohnern von Australien, Afrika und Südamerika unter denselben Breiten wieder; denn diese Gegenden sind fast so vollständig von einander geschieden, als es nur immer möglich ist. Auch auf jedem Festlande sehen wir die nämliche Erscheinung; denn auf den entgegengesetzten Seiten hoher und zusammenhängender Gebirgsketten, grosser Wüsten und mitunter sogar nur grosser Ströme finden wir verschiedene

Erzeugnisse. Da jedoch Gehirgsketten, Wüsten u. a. w. nicht so
unüberschreitbar sind oder es nicht so lange gewesen sind als die
zwischen den Festländern gelegenen Weltmeere, so sind diese
Verschiedenheiten dem Grade nach viel kleiner als die in verschiedenen Continenten.

Wenden wir uns zu dem Meere, so finden wir das nämliche
Gesetz. Die Meeresfaunen der Ost- und Westküsten von Süd-
und Central-Amerika sind sehr verschieden; sie haben kaum ein
einziges Molluak, Krustenthier oder anderes Thier gemeinsam,
mit Ausnahme einiger Fische, wie GÜNTHER kürzlich gezeigt hat.
Und doch sind diese grossen Faunen nur durch die schmale aber
unpassirbare Landenge von Panama von einander getrennt. West-
wärts von den Amerikanischen Gestaden erstreckt sich ein weiter
und offener Ocean mit nicht einer Insel zum Ruheplatz für Aus-
wanderer; hier haben wir eine Schranke anderer Art, und sobald
diese überschritten ist, treffen wir auf den östlichen Inseln des
stillen Meeres auf eine neue und ganz verschiedene Fauna. Es
erstrecken sich also drei Meeresfaunen nicht weit von einander
in parallelen Linien weit nach Norden und Süden in sich entsprechenden Klimaten. Da sie aber durch unübersteigliche Schranken von Land oder offenem Meer von einander getrennt sind, so
bleiben sie völlig von einander verschieden. Gehen wir aber von
den östlichen Inseln im tropischen Theile des stillen Meeres noch
weiter nach Westen, so finden wir keine unüberschreitbaren
Schranken mehr; unzählige Inseln oder zusammenhängende Küsten
bieten sich als Ruheplätze dar, bis wir nach Umwanderung einer
Hemisphäre zu den Küsten Afrika's gelangen; und in diesen weiten Flächen finden wir keine wohl-characterisirten verschiedenen
Meeresfaunen. Obwohl kaum eine Schnecke, eine Krabbe oder
ein Fisch jenen drei Faunen an der Ost- und Wesküste Amerikas
und im östlichen Theile des stillen Oceans gemeinsam ist, so
reichen doch viele Fischarten vom stillen bis zum Indischen Ocean
und sind viele Weichthiere den östlichen Inseln der Südsee und
den östlichen Küsten Afrikas unter sich fast genau entgegen-
stehenden Meridianen gemein.

Eine dritte grosse Thatsache, schon zum Theil in den vorigen mitbegriffen, ist die Verwandtschaft zwischen den Bewohnern eines nämlichen Festlandes oder Weltmeeres, obwohl die Arten verschiedener Theile und Standorte desselben verschieden sind. Es ist dies ein Gesetz von der grössten Allgemeinheit, und jeder Continent bietet unzählige Belege dafür. Demungeachtet fühlt sich der Naturforscher auf seinem Wege von Norden nach Süden unfehlbar betroffen von der Art und Weise wie Gruppen von Organismen der Reihe nach einander ersetzen, die in den Arten verschieden aber offenbar verwandt sind. Er hört von nahe verwandten aber doch verschiedenen Vögeln ähnliche Gesänge, sieht ihre ähnlich gebauten aber nicht völlig gleichen Nester mit ähnlich gefärbten Eiern. Die Ebenen der Magellansstrasse sind von einem Nandu (Rhea Americana) bewohnt, und im Norden der Laplataebene wohnt eine andere Art derselben Gattung, doch kein echter Strauss (Struthio) oder Emu (Dromaius), welche in Afrika und beziehungsweise in Neuholland unter gleichen Breiten vorkommen. In denselben Laplataebenen finden wir das Aguti (Dasyprocta) und die Viscache (Lagostomus), zwei Nagethiere von der Lebensweise unserer Hasen und Kaninchen und mit ihnen in gleiche Ordnung gehörig, aber einen rein Amerikanischen Organisationstypus bildend. Steigen wir zu dem Hochgebirge der Cordilleren hinan, so treffen wir die Berg-Viscache (Lagidium); sehen wir uns am Wasser um, so finden wir zwei andere Südamerikanische Typen, den Coypu (Myopotamus) und Capybara (Hydrochoerus) statt des Bibers und der Bisamratte. So liessen sich zahllose andere Beispiele anführen. Wie sehr auch die Inseln an den Amerikanischen Küsten in ihrem geologischen Bau abweichen mögen, ihre Bewohner sind wesentlich Amerikanisch, wenn auch von eigenthümlichen Arten. Schauen wir zurück nach nächstfrüheren Zeitperioden, wie sie im letzten Capitel erörtert worden, so finden wir auch da noch Amerikanische Typen vorherrschend auf dem Amerikanischen Festlande wie in Amerikanischen Meeren. Wir erkennen in diesen Thatsachen ein tiefliegendes organisches Band, über Zeit und Raum dieselben Gebiete von Land und Meer, unabhängig von ihrer natürlichen Beschaffenheit, beherrschend. Der Naturforscher müsste wenig Forschungstrieb besitzen, der

sicb nicht versucht fühlte, näher nach diesem Bande zu for-
schen.

Dies Band hestebt nach meiner Theorie lediglich in der Vererhung, derjenigen Ursache, welche allein, soweit wir Sicheres
wissen, gleicbe oder ähnlicbe Organismen, wie die Varietäten
sind, hervorhringt. Die Unähnlichkeit der Bewohner verschiedener
Gegenden wird der Umgestaltung durch natürliche Zuchtwahl, und,
in einem ganz untergeordneten Grade, dem unmittelbaren Einflusse äusserer Lebensbedingungen zuzuschreiben sein. Der Grad
der Unähnlicbkeit bängt davon ab, ob die Wanderung der herrschenderen Lebensformen aus der einen Gegend in die andere
rascber oder langsamer in späterer oder früherer Zeit vor sich
gegangen ist; er hängt von der Natur und Zahl der früheren
Einwanderer, von deren Wirkung und Rückwirkung im gegen-
seltigen Kampfe um's Dasein ab, indem, wie ich schon oft he-
merkt habe, die Beziehung von Organismus zu Organismus die
wichtigste aller Beziehungen ist. Bei den Wanderungen kommen
daher die oben erwähnten Schranken wesentlich in Betracht, wie
die Zeit hei dem langsamen Process der natürlichen Zuchtwahl.
Weitverbreitete und an Individuen reiche Arten, welche schon
über viele Concurrenten in ihrer eigenen ausgedehnten Heimath
gesiegt haben, werden beim Vordringen in neuen Gegenden die
beste Aussicht haben neue Plätze zu gewinnen. Unter den neuen
Lebensbedingungen ihrer späteren Heimath werden sie häufig
neue Abänderungen und Verhesserungen erfahren, und so den
andern nocb überlegener werden und Gruppen ahändernder Nachkommen erzeugen. Aus dieaem Princip fortschreitender Vererbung mit Abänderung ergibt sicb, weshalb Untergattungen, Gattungen und selbst ganze Familien, wie es so gewohnter und anerkannter Maassen der Fall ist, auf gewisse Fläcben hescbränkt
erscheinen.

Wie schon im letzten Capitel bemerkt wurde, glaube ich an
kein Gesetz nothwendiger Vervollkommnung; sowie die Veränderlichkeit der Arten eine unabhängige Eigenscbaft ist und von der
natürlichen Zuchtwahl nur so weit ausgebeutet wird, als es den
Individuen in ihrem vielseitigen Kampfe um's Dasein zum Vor-

theile gereicht, so besteht auch für die Modification der verschiedenen Species kein gleiches Maass. Wenn eine Anzahl von Arten, die in ihrer alten Heimath miteinander lange in Concurrenz gestanden haben, in Masse nach einer neuen und nachher isolirten Gegend auswandern, so werden sie wenig Modification erfahren, indem weder die Wanderung noch die Isolirung an sich etwas dabei thun. Diese Principien kommen hauptsächlich nur in Betracht, wenn man Organismen in neue Beziehungen unter einander, weniger wenn man sie in Berührung mit neuen Lebensbedingungen bringt. Wie wir im letzten Capitel gesehen haben, dass einige Formen ihren Character seit ungeheuer weit zurückgelegenen geologischen Perioden fast unverändert behauptet haben, so sind auch manche Arten über weite Räume gewandert, ohne grosse Veränderungen zu erleiden.

Nach diesen Ansichten liegt es auf der Hand, dass die verschiedenen Arten einer Gattung, wenn sie auch die entferntesten Theile der Welt bewohnen, doch ursprünglich aus gleicher Quelle entsprungen sein müssen, da sie vom nämlichen Erzeuger herrühren. Was die Arten betrifft, welche im Verlaufe ganzer geologischer Perioden sich nur wenig verändert haben, so hat es keine Schwierigkeit anzunehmen, dass sie aus einerlei Gegend hergewandert sind; denn während der grossen geographischen und klimatischen Veränderungen, welche seit alten Zeiten vor sich gegangen, sind Wanderungen beinahe jeder Ausdehnung möglich gewesen. In vielen andern Fällen aber, wo wir Grund haben zu glauben, dass die Arten einer Gattung erst in vergleichsweise neuer Zeit entstanden sind, ist die Schwierigkeit weit grösser. Ebenso ist es einleuchtend, dass Individuen einer Art, wenn sie jetzt auch weit auseinander und abgesondert gelegene Gegenden bewohnen, von einer Stelle ausgegangen sein müssen, wo ihre Eltern zuerst erstanden sind; denn, so wie es im letzten Abschnitte erläutert wurde, ist es unglaublich, dass specifisch gleiche Individuen durch natürliche Zuchtwahl von specifisch verschiedenen Stammformen abstammen können.

Einzelne sogenannte Schöpfungscentren.

So wären wir denn hei der neuerlich oft von Naturforschern erörterten Frage angelangt, oh Arten je an einer oder an mehren Stellen der Erdoherfläche erschaffen worden seien. Zweifelsohne gibt es viele Fälle, wo es äusserst schwer zu hegreifen ist, wie die gleiche Art von einem Punkte aus nach den verschiedenen entfernten und isolirten Punkten gewandert sein solle, wo sie nun gefunden wird. Demungeachtet drängt sich die Vorstellung, dass jede Art nur von einem ursprünglichen Geburtsorte ausgegangen sein muss, durch ihre Einfachheit dem Geiste auf. Und wer sie verwirft, verwirft die vera causa der gewöhnlichen Zeugung mit nachfolgender Wanderung, um zu einem Wunder seine Zuflucht zu nehmen. Es wird allgemein zugestanden, dass die von einer Art hewohnte Gegend in den meisten Fällen zusammenhängend ist; und wenn eiue Pflanzen- oder Thierart zwei von einander so weit entfernte oder durch solche Schranken getrennte Punkte hewohnt, dass sie nicht leicht von einem zum andern gewandert sein kann, so hetrachtet man dies als etwas Merkwürdiges und Ausnahmsweises. Die Fähigkeit üher Meer zu wandern, ist bei Landsäugethieren vielleicht mehr als hei irgend einem andern organischen Wesen heschränkt; und wir finden damit ühereinstimmend auch keinen unerklärharen Fall, wo dieselhe Säugethierart sehr entfernte Punkte der Erde hewohnte. Kein Geolog findet darin eiue Schwierigkeit, dass Grossbritannien ehedem mit dem Europäischen Continente zusammengehangen hahe und mithin die nämlichen Säugethiere besitze. Wenn aher dieselhe Art an zwei entfernten Punkten der Welt erzeugt werden kann, warum finden wir nicht eine einzige Europa und Australien oder Südamerika gemeinsam angehörige Säugethierart? Die Lehenshedingungen sind nahezu die nämlichen, so dass eine Menge Europäischer Pflanzen und Thiere in Amerika und Australien naturalisirt worden sind; sogar einige der ureinheimischen Pflanzenarten sind genau dieselhen an diesen zwei so entfernten Puncten der nördlichen und der südlichen Hemisphäre! Die Antwort liegt, wie ich glaube, darin, dass Säugethiere nicht fähig gewesen sind zu wandern, während ei-

nige Pflanzen mit ibren mannicbfaltigen Verbreitungsmitteln diesen weiten und unterbrocbenen Zwiscbenraum zu überschreiten
vermochten. Der mächtige Einfluss, welchen geograpbische Schranken aller Art auf die Verbreitungsweise geübt haben, wird nur
unter der Voraussetzung begreiflich, dass weitaus der grösste
Theil der Species nur auf einer Seite derselben erzeugt worden
ist und Mittel zur Wanderung nach der andern Seite nicht besessen hat. Einige wenige Familien, viele Unterfamilien, sehr
viele Gattungen und eine noch grössere Anzahl von Untergattungen sind nur auf je eine einzelne Gegend beschränkt, und
mehrere Naturforscher haben die Bemerkung gemacht, dass die
meisten natürlichen Gattungen, oder diejenigen, deren Arten am
näcbsten mit einander verwandt sind, auf dieselbe Gegend beschränkt sind oder dass, wenn sie eine weite Verbreitung haben, ihr
Verbreitungsgebiet zusammenbängend ist. Was für eine wunderliche Anomalie würde es sein, wenn die entgegengesetzte Regel
herrschte, wenn eine Stufe tiefer unten in der Reihe die Individuen einer Art nicht wenigstens zuerst auf eine Gegend be-
scbränkt gewesen wären!

Daher scheint mir, wie so vielen andern Naturforschern, die
Ansicht die wahrscheinlichste zu sein, dass jede Art nur in einer
einzigen Gegend entstanden, aber nachher von da aus so weit
gewandert sei, als das Vermögen zu wandern und sicb unter
frübern und gegenwärtigen Bedingungen zu erhalten gestatteten.
Es kommen unzweifelhaft auch jetzt nocb viele Fälle vor, wo
sich nicht erklären lässt, auf welche Weise diese oder jene Art
von einer Stelle zur andern gelangt ist. Aber geographische
und klimatische Veränderungen, welche sich in den neuen geologischen Zeiten zuverlässig sicher ereignet haben, müssen den
früher hestandenen Zusammenbang der Verbreitungsflächen vieler
Arten unterbrochen haben. So gelangen wir zur Erwägung, ob
diese Ausnahmen von dem Ununterbrochensein der Verbreitungsbezirke so zahlreicb und so gewicbtiger Natur sind, dass wir die
durch die vorangehenden Betrachtungen wahrscheinlich gemachte
Meinung, dass jede Art nur auf einem Gebiete entstanden und
von da so weit als möglich gewandert sei, aufzugeben genöthigt

werden? Es würde zum Verzweifeln langweilig sein, alle Aus-
nahmsfälle aufzuzäblen und zn erörtern, wo eine und dieselbe
Art jetzt an verschiedenen weit von einander enifernten Orten
lebt; aucb will ich keinen Augenblick behaupten, für viele dieser
Fälle eine genügende Erklärung wirklich geben zu können. Doch
möchte ich nacb einigen vorläufigen Bemerkungen die wichtigsten
Classen solcher Thatsachen erörtern, wie insbesondere das Vorkommen von einerlei Art auf den Spitzen weit von einander ge-
legener Bergketten, oder im arktiscben und antarktiscben Kreise
zugleich; dann, zweitens (im folgenden Capitel) die weite Verbreitung der Süsswasserbewohner, und drittens, das Vorkommen
von einerlei Landthierarten auf Festland und Inseln, welche durch
Hunderte von Meilen offenen Meeres von einander getrennt sind.

Wenn das Vorkommen von einer und der nämlichen Art an entfernten und vereinzelten Fundstätten der Erdoberfläche sich in
vielen Fällen durch die Voraussetzung erklären lässt, dass diese
Art von ihrer Geburtsstätte aus dahin gewandert sel, dann scheint
mir in Anbetracht unserer gänzlicben Unbekanntschaft mit den
früheren geographischen und klimatiscben Veränderungen sowie
mit manchen zufälligen Transportmitteln die Annahme, dass dies das
allgemeine Gesetz gewesen ist, bei Weitem die richtigste zu sein.

Bei Erörterung dieses Gegenstandes werden wir Gelegenheit
hsben noch einen andern für uns gleichwichtigen Punkt in Betracht zu ziehen, ob nämlich die msncberlei verschiedenen Arten
einer Gattung, welche meiner Theorie zufolge einen gemeinsamen
Urerzeuger batten, von der Wohnstätte desselben ausgegangen
sein (und unterwegs sich etwa noch weiter angemessen entwickelt haben) können. Kann es als fast unabänderlicbe Thatsache nachgewiesen werden, dass eine Gegend, deren meiste
Bewohner enge verwandt mit den Arten einer zweiten Gegend
sind oder denselben Gattungen angehören, in früberer Zeit wahr-
scbeinlich einmal Einwanderer aus dieser letzten erbalten hat, so
wird dies zur Bestätigung meiner Theorie beitragen; denn wir
begreifen dann aus dem Modificationsprincipe dentlicb, warum die
Bewohner der einen Gegend denen der andern verwandt sind,
aus welcher sie stammen. Eine vulcaniscbe lnsel z. B., welche

einige Hundert Meilen von einem Continente entfernt emporstiege,
würde wahrscheinlich im Laufe der Zeit einige Colonisten erhalten, deren Nachkommen, wenn auch etwas abändernd, doch
ihre Verwandtschaft mit den Bewohnern des Continents auf ihre
Nachkommen vererben würden. Fälle dieser Art sind gewöhnlich und, wie wir nachher ersehen werden, nach der Theorie
unabhängiger Schöpfung unerklärlich. Diese Ansicht über die
Verwandtschaft der Arten einer Gegend mit denen einer andern
ist (wenn wir nun das Wort Varietät statt Art anwenden) nicht
sehr von der von WALLACE aufgestellten verschieden, wonach „die
Entstehung jeder Art in Zeit und Raum mit einer früher vorhandenen nahe verwandten Art zusammentrifft." Ich weiss nun
durch Correspondenz mit ihm, dass er dieses „Zusammentreffen"
der Generation mit Abänderung zuschreibt.

Die vorangehenden Bemerkungen über ein- oder mehrfache
Schöpfungsmittelpunkte haben keine unmittelbare Beziehung zu
einer andern verwandten Frage, ob nämlich alle Individuen einer
Art von einem einzigen Paare oder einem Hermaphroditen abstammen, oder ob, wie einige Autoren annehmen, von vielen gleichzeitig entstandenen Individuen einer Art? Bei solchen Organismen, welche sich niemals kreuzen (wenn dergleichen überhaupt
existiren), muss nach meiner Theorie die Art von einer Reihenfolge vervollkommneter Varietäten herrühren, die sich nie mit
andern Individuen oder Varietäten gekreuzt, sondern einfach einander ersetzt haben, so dass auf jeder der aufeinanderfolgenden
Umänderungs- oder Verbesserungsstufen alle Individuen von einerlei
Varietät auch von einerlei Stammvater herrühren müssen. In der
grossen Mehrzahl der Fälle jedoch, nämlich bei allen Organismen, welche sich zu jeder einzelnen Fortpflanzung paaren oder
sich oft mit andern kreuzen, glaube ich, dass während des langsamen Modificationsprocesses die Individuen der Species durch
die Kreuzung sich nahezu gleichförmig erhalten haben, so dass
viele derselben sich gleichzeitig abänderten und der ganze Betrag der Abänderung auf jeder Stufe nicht von der Abstammung
von einem gemeinsamen Stammvater herrührt. Um zu erläutern,
was ich meine, will ich anführen, dass unsere Englischen Renn-

pferde von den Pferden jeder andern Züchtung abweichen, aber ihre Verschiedenheit und Vollkommenheit verdanken sie nicht der Abstammung von irgend einem einzigen Paare, sondern der fortgesetzt angewendeten Sorgfalt bei Auswahl und Erziehung vieler Individuen in jeder Generation.

Ehe ich auf nähere Erörterung der drei Classen von Thatsachen eingebe, welche nach der Theorie von den „einzelnen Schöpfungsmittelpunkten" die meisten Schwierigkeiten darbieten, muss ich den Verbreitungsmitteln noch einige Worte widmen.

### Verbreitungsmittel.

Sir CH. LYELL und andere Autoren haben diesen Gegenstand sehr gut behandelt. Ich kann hier nur einen kurzen Auszug der wichtigsten Thatsachen liefern. Klimawechsel mag auf Wanderung der Organismen vom grössten Einflusse gewesen sein. Eine Gegend mit früher verschiedenem Klima kann eine Heerstrasse der Auswanderung gewesen und jetzt ungangbar sein; diesen Gegenstand werde ich indess sofort mit einigem Detail zu behandeln haben. Höhenwechsel des Landes kommt dabei auch wesentlich in Betracht. Eine schmale Landenge trennt jetzt zwei Meeresfaunen; taucht sie unter oder ist sie früher untergetaucht, so werden beide Faunen zusammenfliessen oder vordem zusammengeflossen sein. Wo dagegen sich jetzt die See ausbreitet, da mag vormals trockenes Land Inseln oder selbst Continente miteinander verbunden und so Landbewohner in den Stand gesetzt haben von einer Seite zur andern zu wandern. Kein Geolog bestreitet, dass grosse Veränderungen der Bodenhöhen während der Periode der jetzt lebenden Organismen stattgefunden haben, und EDW. FORBES behauptet, alle Inseln des Atlantischen Meeres müssten noch unlängst mit Afrika oder Europa, wie gleicherweise Europa mit Amerika zusammengehangen haben. Andre Schriftsteller haben hypothetisch der Reihe nach jeden Ocean überbrückt und fast jede Insel mit irgend einem Festlande verbunden. Und wenn sich die Argumente von FORBES bestätigen liessen, so müsste man gestehen, dass es kaum irgend eine Insel gebe, welche nicht noch neuerlich mit einem Continente zusammengehangen hätte.

Diese Ansicht zerhaut den gordischen Knoten der Verbreitung
einer Art bis zu den entlegensten Puncten und beseitigt eine
Menge von Schwierigkeiten. Aber nach meinem besten Wissen
und Gewissen glaube ich nicht, dass wir berechtigt sind, so ungeheure Veränderungen innerhalb der Periode der noch jetzt lebenden Arten anzunehmen. Es scheint mir, dass wir sehr zahlreiche Beweise von grossen Schwankungen des Bodens in unseren
Continenten besitzen, doch nicht von so ungeheurer Ausdehnung
in Lage und Richtung, dass sich mittelst derselben eine Verbindung derselben mit einander und mit den verschiedenen dazwischen gelegenen Inseln noch in der jetzigen Erdperiode ergäbe.
Dagegen gebe ich gern die vormalige Existenz mancher jetzt
im Meere begrabener Inseln zu, welche vielen Pflanzen- und
Thierarten bei ihren Wanderungen als Ruhepunkte gedient haben
werden. In den Corallenmeeren erkennt man, nach meiner Meinung, solche versunkene Inseln noch jetzt mittelst der auf ihnen
stehenden Corallenringe oder Atolls. Wenn es einmal vollständig
eingeräumt sein wird, wie es eines Tages vermuthlich noch geschehen wird, dass jede Art nur eine Geburtsstätte gehabt hat,
und wenn wir im Laufe der Zeit etwas Bestimmteres über die
Verbreitungsmittel erfahren haben werden, so werden wir im
Stande sein über die frühere Ausdehnung des Landes mit einiger
Sicherheit zu raisonniren. Dagegen glaube ich nicht, dass es je
zu beweisen sein wird, dass jetzt vollständig getrennte Continente
noch in neuerer Zeit wirklich oder nahezu miteinander und mit
den vielen noch vorhandenen oceanischen Inseln zusammenhiengen.
Mehrere Thatsachen in der Vertheilung, wie die grosse Verschiedenheit der Meeresfaunen an den entgegengesetzten Seiten fast
jedes grossen Continentes, die nahe Verwandtschaft tertiärer Bewohner mehrerer Länder und selbst Meere mit ihren jetzigen
Bewohnern, der Grad der Verwandtschaft zwischen Inseln bewohnenden Säugethieren und denen des nächsten Continents, der (wie
wir später sehen werden) zum Theil durch die Tiefe des da-
zwischenliegenden Oceans bestimmt wird: diese und andere derartige Thatsachen scheinen mir sich der Annahme solcher ungeheuren geographischen Umwälzungen in der neuesten Periode zu

widersetzen, wie sie durch die von E. Forbes aufgestellten und von vielen Nachfolgern angenommenen Ansichten nöthig werden. Die Natur und Zahlenverhältnisse der Bewohner oceanischer Inseln scheinen mir gleicherweise der Annahme eines früheren Zusammenhangs mit den Festländern zu widerstreben. Ebensowenig ist ihre meist vulkanische Zusammensetzung der Annahme günstig, dass sie blosse Trümmer versunkener Continente seien; denn wären es ursprüngliche Spitzen von Bergketten des Festlandes gewesen, so würden doch wenigstens einige derselben gleich andern Gebirgshöhen aus Graniten, metamorphischen Schiefern, alten organische Reste führenden Schichten u. dgl. statt immer nur aus Anhäufungen vulkanischer Massen bestehen.

Ich habe nun noch einige Worte von den sogenannten „zufälligen" Verbreitungsmitteln zu sprechen, die man besser „gelegentliche" nennen würde. Doch will ich mich hier auf die Pflanzen beschränken. In botanischen Werken findet man bemerkt, dass diese oder jene Pflanze für weite Aussaat nicht gut geeignet ist. Aber was den Transport derselben durch das Meer betrifft, so lässt sich behaupten, dass die grössere oder geringere Leichtigkeit desselben beinahe völlig unbekannt ist. Bis zur Zeit, wo ich mit Berkeley's Hilfe einige wenige Versuche darüber angestellt habe, war nicht einmal bekannt, in wie weit Samen dem schädlichen Einflusse des Meerwassers zu widerstehen vermögen. Zu meiner Verwunderung fand ich, dass von 87 Arten 64 noch keimten, nachdem sie 28 Tage lang im Meerwasser gelegen; und einige wenige thaten es sogar nach 137 Tagen noch. Es ist beachtenswerth, dass gewisse Ordnungen viel stärker als andere angegriffen wurden. So giengen von neun Leguminosen acht zu Grunde, und sieben Arten der verwandten Ordnungen der Hydrophyllaceae und Polemoniaceae waren nach einem Monate alle todt. Der Bequemlichkeit wegen wählte ich meistens nur kleine Samen ohne Fruchthülle, und da alle schon nach wenigen Tagen untersanken, so können sie natürlich keine weiten Räume des Meeres durchschiffen, mögen sie nun ihre Keimkraft im Salzwasser bewahren oder nicht. Nachher wählte ich grössere Früchte mit Kapseln u. s. w., und von diesen blieben einige eine lange

Zeit schwimmen. Es ist wohl bekannt, wie verschieden die Schwimmfähigkeit einer Holzart im grünen und im trockenen Zustande ist. Ich dachte mir daher, dass Hochwasser wohl Pflanzen oder deren Zweige forttragen und dann an's Ufer werfen könnten, wo der Strom, wenn sie erst ausgetrocknet wären, sie aufs Neue ergreifen und dem Meere zuführen könnte; daher nahm ich von 94 Pflanzenarten trockene Stengel und Zweige mit reifen Früchten daran und legte sie auf Meereswasser. Die Mehrzahl versank sogleich; doch einige, welche grün nur sehr kurze Zeit an der Oberfläche geblieben waren, hielten sich nun länger. So sanken z. B. reife Haselnüsse unmittelbar unter, schwammen aber, wenn sie vorher ausgetrocknet waren, 90 Tage lang und keimten dann noch, wenn sie gepflanzt wurden. Eine Spargelpflanze mit reifen Beeren schwamm 23 Tage, nach vorherigem Austrocknen aber 85 Tage, und ihre Samen keimten noch. Die reifen Früchte von Helosciadium sanken in zwei Tagen, schwammen aber nach vorgängigem Trocknen 90 Tage und keimten hierauf. Im Ganzen schwammen von den 94 getrockneten Pflanzen 18 Arten über 28 Tage lang und einige davon sogar noch viel länger. Es keimten also $^{64}/_{87} = 0,74$ der Samenarten nach einer Eintauchung von 28 Tagen, und schwammen $^{18}/_{94} = 0,19$ der getrockneten Pflanzenarten mit reifen Samen (doch zum Theil andere Arten als die vorigen) noch über 28 Tage; es würden daher, so viel man aus diesen dürftigen Thatsachen schliessen darf, die Samen von 0,14 der Pflanzenarten einer Gegend ohne Nachtheil für ihre Keimkraft 28 Tage lang von Meeresströmungen fortgetragen werden können. In Johnston's physikalischem Atlas ist die mittlere Geschwindigkeit der Atlantischen Ströme auf 33 Seemeilen pro Tag (manche laufen 60 Meilen weit) angegeben; nach diesem Durchschnitt könnten die Samen von 0,14 Pflanzen eines Gebiets 924 Seemeilen weit nach einem andern Lande fortgeführt werden und, wenn sie dann strandeten und vom Winde sofort auf eine passende Stelle weiter landeinwärts getrieben würden, noch keimen.

Nach mir stellte Martens ähnliche Versuche, doch in bessrer Weise an, indem er Kistchen mit Samen in's wirkliche Meer versenkte, so dass sie abwechselnd feucht und wieder der Luft ausgesetzt wurden, wie wirklich schwimmende Pflanzen. Er versuchte es mit 98 Samenarten, meistens verschieden von den meinigen, und darunter manche grosse Früchte und auch Samen von solchen Pflanzen, welche in der Nähe des Meeres wachsen; dies würde ein günstiger Umstand sein die mittlere Länge der Zeit, während welcher sie sich schwimmend zu halten und der schädlichen Wirkung des Salzwassers zu widerstehen vermochten, etwas zu vermehren. Andrerseits aber trocknete er nicht vorher die Früchte mit den Zweigen oder Stengeln, was einige derselben, wie wir gesehen haben, befähigt haben würde, länger zu schwimmen. Das Ergebniss war, dass $^{18}/_{98} = 0{,}185$ seiner Samenarten 42 Tage lang schwammen und dann noch keimten. Ich bezweifle jedoch nicht, dass Pflanzen, die mit den Wogen treiben, sich länger schwimmend erhalten als jene, welche so wie in unseren Versuchen gegen jede Bewegung geschützt sind. Daher wäre es vielleicht sicherer anzunehmen, dass die Samen von etwa 0,10 Arten einer Flora nach dem Austrocknen noch eine 900 Meilen weite Strecke des Meeres durchschwimmen und dann keimen können. Die Thatsache, dass die grösseren Früchte länger als die kleinen schwimmen, ist interessant, weil grosse Samen oder Früchte nicht wohl anders als schwimmend aus einer Gegend in die andre versetzt werden können; daher, wie ALPH. DECANDOLLE gezeigt hat, solche Pflanzen beschränkte Verbreitungsbezirke besitzen.

Doch können Samen gelegentlich auch auf andre Weise fortgeführt werden. So wird Treibholz an den meisten Inseln ausgeworfen, selbst an die in der Mitte der weitesten Oceane; und die Eingehornen der Coralleninseln des Stillen Meeres verschaffen sich härtere Steine für ihr Geräthe fast nur von den Wurzeln der Treibholzstämme; diese Steine bilden ein erhebliches Einkommen ihrer Könige. Wenn nun unregelmässig geformte Steine zwischen die Wurzeln der Bäume fest eingewachsen sind, so sind auch, wie ich mich durch Untersuchungen überzeugt habe, zuweilen noch kleine Partien Erde dahinter eingeschlossen, mitunter so genau, dass nicht das Geringste davon während des längsten Transportes weggewaschen werden könnte. Und nun kenne ich einen Fall genau, wo aus einer solchen vollständig eingeschlossenen Partie Erde zwischen den Wurzeln einer 50jährigen Eiche drei Dicotyledonensamen gekeimt haben. So kann ich ferner nachweisen, dass zuweilen todte Vögel lange auf dem Meere treiben, ohne verschlungen zu werden, und dass in ihrem Kropfe enthaltene Samen lange ihre Keimkraft behalten; Erbsen und Wicken z. B., welche sonst schon zu Grunde gehen, wenn sie nur wenige Tage im Meerwasser liegen, zeigten sich zu meinem grossen Erstaunen noch keimfähig, als ich sie aus dem Kropfe einer Taube nahm, welche schon 30 Tage lang auf künstlich bereitetem Salzwasser geschwommen.

Lebende Vögel bahen unfehlbar einen grossen Antheil am Transport lebender Samen. Ich könnte viele Fälle anführen um zu beweisen, wie oft Vögel von mancherlei Art durch Stürme weit über den Ocean verschlagen werden. Wir dürfen wohl als gewiss annehmen, dass unter solchen Umständen ihre Fluggeschwindigkeit oft 35 Engl. Meilen in der Stunde betragen mag, und manche Schriftsteller haben sie viel höher angeschlagen. Ich habe nie eine nahrhafte Samenart durch die Eingeweide eines Vogels passiren sehen, wogegen harte Samen und Früchte unangegriffen selbst durch die Gedärme des Truthuhns gehen. Im Laufe von zwei Monaten sammelte ich in meinem Garten aus den Excrementen kleiner Vögel zwölf Arten Samen, welche alle noch gut zu sein schienen, und einige von ihnen, die ich probirte, haben wirklich gekeimt. Wichtiger ist jedoch folgende Thatsache. Der Kropf der Vögel sondert keinen Magensaft aus und henachtheiligt nach meinen Versuchen die Keimkraft der Samen nicht im mindesten. Nun sagt man, dass, wenn ein Vogel eine grosse Menge Samen gefunden und gefressen hat, die Körner nicht vor 12—18 Stunden in den Magen gelangen. In dieser Zeit aber kann ein Vogel leicht 500 Meilen weit fortgetrieben werden; und wenn Falken, wie sie gern thun, auf den ermüdeten Vogel Jagd machen, so kann dann der Inhalt seines Kropfes bald umhergestreut sein. Nun verschlingen einige Falken und Eulen ihre Beute ganz und hrechen nach 12—20 Stunden unverdaute

Ballen wieder aus, die, wie ich aus Versuchen in den Zoologischen Gärten weiss, oft noch keimfähige Samen enthalten. Einige Samen von Hafer, Weizen, Hirse, Canariengras, Hanf, Klee und Mangold keimten noch, nachdem sie 12—20 Stunden in den Magen verschiedener Raubvögel verweilt hatten, und zwei Mangoldsamen wuchsen sogar, nachdem sie zwei Tage und vierzehn Stunden dort gewesen waren. Süsswasserfische verschlingen, wie ich weiss, Samen verschiedener Land- und Wasserpflanzen; Fische werden oft von Vögeln verzehrt, und so können jene Samen von Ort zu Ort gebracht werden. Ich brachte viele Samenarten in den Magen todter Fische und gab diese sodann Pelikanen, Störchen und Fischadlern zu fressen; diese Vögel brachen entweder nach einer Pause von vielen Stunden die Samen in Ballen aus oder die Samen giengen mit den Excrementen fort. Mehrere dieser Samen besassen alsdann noch ihre Keimkraft; andre dagegen verloren sie jederzeit durch diesen Process.

Obwohl Schnäbel und Füsse der Vögel gewöhnlich ganz rein sind, so hängen doch oft auch Erdtheile daran. In einem Falle entfernte ich 61 und in einem andern 22 Gran thoniger Erde von dem Fusse eines Feldhuhns, und in dieser Erde befand sich ein Steinchen so gross wie ein Wickensamen. Daher mögen auf dieselbe Art auch Samen zuweilen auf grosse Entfernungen fortgeführt werden, indem sich durch viele Thatsachen nachweisen lässt, dass der Boden überall voll von Sämereien steckt. Ich will ein Beispiel anführen: Newton schickte mir das Bein eines rothfüssigen Rebhuhns (Caccabis rufa), was verwundet war und nicht fliegen konnte; rings um das verwundete Bein mit dem Fusse hatte sich ein Ballen harter Erde angesammelt, der abgenommen sechs und eine halbe Unze wog. Diese Erde war drei Jahre aufgehoben worden; nachdem sie aber zerkleinert, bewässert und unter eine Glasglocke gebracht war, wuchsen nicht weniger als 82 Pflanzen aus ihr hervor. Diese bestanden aus 12 Monocotyledonen, darunter der gemeine Hafer und wenigstens eine Grasart, und aus 70 Dicotyledonen, unter denen sich nach den jungen Blättern zu urtheilen mindestens drei verschiedene Arten befanden. Können wir solchen Thatsachen gegenüber zweifeln, dasa die vielen Vögel, welche jährlich durch Stürme über grosse Strecken des Oceans verschlagen werden, und welche jährlich wandern, wie z. B. die Millionen Wachteln über das Mittelmeer, gelegentlich ein paar Samen, von Schmutz an ihren Füssen eingehüllt, transportiren müssen? Doch werde ich gleich auf diesen Gegenstand noch zurückzukommen haben.

Bekanntlich sind Eisberge oft mit Steinen und Erde beladen; selbst Buschholz, Knochen und auch ein Nest eines Landvogels hat man darauf gefunden; daher ist wohl nicht zu zweifeln, dass sie mitunter auch, wie Lyell bereits angenommen hat, Samen von einem Theile der arktischen oder antarktischen Zone zum andern, und in der Glacialzeit von einem Theile der jetzigen gemässigten Zonen zum andern geführt haben. Da den Azoren eine im Verhältniss zu den übrigen dem Festlande näher gelegenen Inseln des Atlantischen Meeres grosse Anzahl von Pflanzen mit Europa gemeinsam ist und (wie H. C. Waston bemerkt) insbesondere solche Arten, die einen etwas nördlicheren Character haben, als der Breite entspricht, so vermuthete ich, dass ein Theil derselben mit Eisbergen in der Glacialzeit dahin gelangt sei. Auf meine Bitte fragte Sir Ch. Lyell Hrn. Hartung, ob er erratische Blöcke auf diesen Inseln bemerkt habe, und erhielt zur Antwort, dass er grosse Blöcke von Granit und andern im Archipel nicht vorkommenden Felsarten dort gefunden habe. Wir dürfen daher getrost folgern, dass Eisberge vordem ihre Bürden an der Küste dieser mittel-oceanischen Inseln abgesetzt haben, und so ist es wenigstens möglich, dass auch einige Samen nordischer Pflanzen mit dahin gelangt sind.

In Berücksichtigung, dass diese verschiedenen eben erwähnten und andre noch ohne Zweifel zu entdeckenden Transportmittel Jahr für Jahr und Zehntausende von Jahren in Thätigkeit gewesen sind, würde es nach meiner Ansicht eine wunderbare Thatsache sein, wenn nicht auf diesen Wegen viele Pflanzen mitunter in weite Fernen versetzt worden wären. Diese Transportmittel werden zuweilen zufällige genannt; doch ist dies nicht ganz richtig, indem weder die Seeströmungen noch die vorwaltende Richtung der Stürme zufällig sind. Es ist zu bemerken, dass von diesen Mitteln wohl keines im Stande ist, Samen in sehr grosse Fernen zu versetzen, indem die Samen weder ihre Keimfähigkeit im Seewasser lange behalten, noch in Kropf und Eingeweiden der Vögel weit transportirt werden können. Wohl aber genügen sie, um dieselben gelegentlich über einige Hundert Meilen breite Seestriche hinwegzuführen und so von einem Continent zu einer nahe liegenden Insel, oder von Insel zu Insel, aber nicht von einem Continente zum andern zu fördern. Die Floren entfernter Continente werden auf diese Weise mithin nicht in hohem Grade gemengt werden, sondern so weit verschieden bleiben, als wir sie jetzt finden. Die Ströme würden ihrer Richtung nach niemals Samen von Nordamerika nach Britannien bringen können, wie sie deren von Westindien aus an unsre Küsten spülen, wo sie aber, selbst wenn sie auf diesem langen Wege noch ihre Lebenskraft bewahrt hätten, nicht das Klima zu ertragen vermöchten. Fast jedes Jahr werden 1—2 Landvögel durch Stürme von Nordamerika über den ganzen Atlantischen Ocean bis an die Irischen und Englischen Küsten getrieben; Samen aber könnten diese Wanderer nur auf eine Weise mit sich bringen, nämlich in dem zufällig an ihren Füssen hängenden Schmutz, was doch immer an sich schon ein seltener Zufall ist. Und wie gering wäre selbst in diesem Falle die Wahrscheinlichkeit, dass ein solcher Same in einen günstigen Boden gelange, keime und zur Reife komme. Doch wäre es ein grosser Irrthum zu folgern, weil eine schon dicht bevölkerte Insel, wie Grossbritannien ist, in den paar letzten Jahrhunderten, so viel bekannt ist, (was übrigens schwer zu beweisen ist,) durch gelegenheitliche Transportmittel keine Einwanderer aus Europa oder einem andern Continente aufgenommen hat, so könnten auch wenig bevölkerte Inseln selbst in noch grösseren Entfernungen vom Festlande keine Colonisten auf solchen Wegen erhalten. Ich zweifle nicht, dass aus 20 auf eine Insel verschlagenen Samen oder Thierarten, auch wenn sie viel weniger bevölkert wäre als England, kaum mehr als eine so für diese neue Heimath geeignet sein würde, dass sie dort naturalisirt würde. Doch ist dies, wie mir scheint, kein triftiger Einwand gegen das, was durch solche gelegentliche Transportmittel im langen Verlaufe der geologischen Zeiten geschehen konnte, während der Hebung und Bildung einer Insel und bevor sie mit Ansiedlern vollständig besetzt war. Auf einem fast noch öden Lande, wo noch keine oder nur wenige Insecten und Vögel jedem neu ankommenden Samenkorne nachstellen, wird dasselbe leicht zum Keimen und Fortleben gelangen, wenn es anders für dieses Klima passt.

### Zerstreuung während der Eiszeit.

Die Übereinstimmung so vieler Pflanzen- und Thierarten auf Bergeshöhen, welche Hunderte von Meilen weit durch Tiefländer von einander getrennt sind, wo die Alpenbewohner nicht fortkommen können, ist eines der schlagendsten Beispiele des Vorkommens gleicher Arten auf von einander entlegenen Punkten, wobei die Möglichkeit einer Wanderung von einem derselben zum andern ausgeschlossen scheint. Es ist allerdings eine merkwürdige Thatsache, so viele Pflanzenarten in den Schneegegenden der Alpen oder Pyrenäen und wieder in den nördlichsten Theilen Europa's zu sehen; aber noch merkwürdiger ist es, dass die Pflanzenarten der Weissen Berge in den Vereinigten Staaten Amerika's alle die nämlichen wie in Labrador und ferner nach Asa Gray's Versicherung beinahe alle die nämlichen wie auf den höchsten Bergen Europa's sind. Schon vor langer Zeit, im Jahre 1747, veranlassten ähnliche Thatsachen Gmelin zu schliessen, dass einerlei Species an verschiedenen Orten unabhängig von einander geschaffen worden sein müssen, und wir würden dieser Meinung vielleicht noch zugethan geblieben sein, hätten nicht Agassiz u. A. unsre Aufmerksamkeit auf die Eiszeit gelenkt, die, wie wir sofort sehen werden, diese Thatsachen sehr einfach erklärt. Wir haben Beweise fast jeder möglichen Art, organischer und unorganischer, dass in einer sehr neuen geologischen Periode Centraleuropa und Nordamerika unter einem arktischen Klima litten. Die Ruinen eines niedergebrannten Hauses erzählen ihre Geschichte nicht so verständlich, wie die Schottischen und Waleser Gebirge mit ihren geschrammten Seiten, polirten Flächen, schwebenden Blöcken von den Eisströmen berichten, womit ihre

Thäler noch in später Zeit ausgefüllt gewesen sind. So sehr hat sich das Klima in Europa verändert, dass in Norditalien riesige von einstigen Gletschern herrührende Moränen jetzt mit Mais und Wein bepflanzt sind. Durch einen grossen Theil der Vereinigten Staaten bezeugen erratische Blöcke und von treibenden Eisbergen und Küsteneis geschrammte Felsen mit Bestimmtheit eine frühere Periode grosser Kälte.

Der frühere Einfluss des Eisklima's auf die Vertheilung der Bewohner Europa's, wie ihn Edw. Forbes so klar dargestellt, ist im Wesentlichen folgender. Doch werden wir die Veränderungen rascher verfolgen können, wenn wir annehmen, eine neue Eiszeit rücke langsam an und verlaufe dann und verschwinde so, wie es früher geschehen ist. In dem Grade wie bei zunehmender Kälte jede weiter südlich gelegene Zone der Reihe nach für arktische Wesen geeigneter wird und ihren bisherigen Bewohnern nicht mehr zusagen kann, werden arktische Ansiedler die Stelle der bisherigen einnehmen. Zur gleichen Zeit werden auch ihrerseits die Bewohner der gemässigten Gegenden südwärts wandern, wenn ihnen der Weg nicht versperrt ist, in welchem Falle sie zu Grunde gehen müssten. Die Berge werden sich mit Schnee und Eis bedecken, und die früheren Alpenbewohner werden in die Ebene herabsteigen. Erreicht mit der Zeit die Kälte ihr Maximum, so bedeckt eine einförmige arktische Flora und Fauna den mittleren Theil Europa's bis in den Süden der Alpen und Pyrenäen und bis nach Spanien hinein. Auch die gegenwärtig gemässigten Gegenden der Vereinigten Staaten bevölkern sich mit arktischen Pflanzen und Thieren und zwar nahezu mit den nämlichen Arten wie Europa; denn die jetzigen Bewohner der Polarländer, von welchen so eben angenommen worden, dass sie überall nach Süden wanderten, sind rund um den Pol merkwürdig einförmig. Nimmt man an, dass die Eiszeit in Nordamerika etwas früher oder später als in Europa angefangen, so wird auch die Auswanderung nach Süden etwas früher oder später beginnen, was jedoch im Endergebnisse keinen Unterschied macht.

Wenn nun die Wärme zurückkehrt, so ziehen sich die arktischen Formen wieder nach Norden zurück und die Bewohner der gemässigteren Gegenden rücken ihnen unmittelbar nach. Wenn der Schnee am Fusse der Gebirge schmilzt, werden die arktischen Formen von dem enthlössten und aufgethauten Boden Besitz nehmen; sie werden immer höher und höher hinansteigen, wie die Wärme zunimmt, während ihre Brüder in der Ebene den Rückzug nach Norden hin fortsetzen. Ist daher die Wärme vollständig wieder hergestellt, so werden die nämlichen arktischen Arten, welche bisher in Masse beisammen in den Tiefländern der alten und der neuen Welt lebten, in niedrigen Höhen aber vernichtet wurden, nur noch auf weit von einander entfernten Berghöhen und in der arktischen Zone beider Hemisphären übrig sein.

Auf diese Weise begreift sich die Übereinstimmung so vieler Pflanzenarten an so unermesslich weit von einander entlegenen Stellen, wie die Gebirge der Vereinigten Staaten und Europa's sind. So begreift sich ferner die Thatsache, dass die Alpenpflanzen jeder Gebirgskette mit den gerade oder fast gerade nördlich von ihnen lebenden Arten in nächster Beziehung stehen; denn die erste Wanderung bei Eintritt der Kälte und die Rückwanderung bei Wiederkehr der Wärme wird im Allgemeinen eine gerade südliche und nördliche gewesen sein. Die Alpenpflanzen Schottland's z. B. sind nach H. C. Watson's Bemerkung und die der Pyrenäen nach Ramond specieller mit denen Skandinaviens verwandt, die der Vereinigten Staaten mit denen Lahradors, die Sibirischen mehr mit den im Norden dieses Landes lebenden. Diese Ansicht, auf den vollkommen sicher bestätigten Verlauf einer früheren Eiszeit gegründet, scheint mir in so genügender Weise die gegenwärtige Vertheilung der alpinen und arktischen Arten in Europa und Nordamerika zu erklären, dass, wenn wir in noch andern Regionen gleiche Species auf entfernten Gebirgshöhen zerstreut finden, wir auch ohne einen weiteren Beweis schliessen dürfen, dass ein kälteres Klima ihnen vordem durch zwischen-gelegene Tiefländer zu wandern gestattet habe, welche seitdem zu warm für dieselben geworden sind.

Da die arktischen Formen je nach der Änderung des Klimas erst südlich, dann zurück nach Norden wanderten, so wer-

den sie auf ihren langen Wanderungen keiner grossen Verschiedenheit des Klima's ausgesetzt gewesen und, da sie auf ihren
Wanderungen in Masse beisammen blieben, auch in ihren gegenseitigen Beziehungen nicht sonderlich gestört worden sein. Es
werden daher diese Formen, nach den in diesem Bande vertheidigten Principien, nicht allzugrosser Umänderung unterlegen haben. Etwas anders würde es sich jedoch mit unsern Alpen-
bewohnern verhalten, welche bei rückkehrender Wärme sich vom
Fusse der Gebirge immer höher an deren Seiten bis zu den
Gipfeln hinan geflüchtet haben. Denn es ist nicht wahrscheinlich, dass alle dieselben arktischen Arten auf weit getrennten
Gebirgsketten zurückgeblieben sind und dort seither fortgelebt
haben. Auch werden die zurückgebliebenen aller Wahrscheinlichkeit nach sich mit alten Alpenarten gemengt haben, welche
schon vor der Eiszeit die Gebirge bewohnten und für die Dauer
der kältesten Periode in die Ebene herabgetrieben wurden; sie
werden ferner einem etwas abweichenden klimatischen Einflusse
ausgesetzt gewesen sein. Ihre gegenseitigen Beziehungen können
hierdurch etwas gestört und sie selbst mithin zur Abänderung
geneigt geworden sein; und dies ist auch, wie wir sehen, wirklich der Fall gewesen. Denn, wenn wir die gegenwärtigen Alpenpflanzen und -Thiere der verschiedenen grossen Europäischen
Gebirgsketten vergleichen, so finden wir zwar im Ganzen viele
identische Arten, aber manche treten als Varietäten auf, andre
als zweifelhafte Formen oder Subspecies, und einige wenige als
sicher verschiedene aber nahe verwandte oder stellvertretende
Arten.

Bei Erläuterung dessen, was nach meiner Meinung während
der Eisperiode sich wirklich zugetragen hat, nahm ich an, dass
bei deren Beginn die arktischen Organismen rund um den Pol
so einförmig wie heutigen Tages gewesen seien. Aber die vorangehenden Bemerkungen beziehen sich nicht allein auf die streng
arktischen Formen, sondern auch auf viele subarktische und auf
einige Formen der nördlich-gemässigten Zone; denn manche von
diesen Arten sind ebenfalls übereinstimmend auf den niedrigeren
Bergabhängen und in den Ebenen Nordamerika's und Europa's,

und man kann fragen, wie ich denn die Übereinstimmung der Formen, welche in der subarktischen und der nördlich-gemässigten Zone rund um die Erde am Anfange der Eisperiode stattgefunden haben muss, erkläre? Heutzutage sind die Formen der subarktischen und nördlich-gemässigten Gegenden der alten und der neuen Welt von einander getrennt durch den atlantischen und den nördlichsten Theil des stillen Oceans. Als während der Eiszeit die Bewohner der alten und der neuen Welt weiter südwärts als jetzt lebten, müssen sie auch durch weitere Strecken des Oceans noch vollständiger von einander geschieden gewesen sein; so dass man wohl fragen kann, wie dieselbe Art in zwei so weit getrennte Gebiete hat gelangen können. Die Erklärung liegt, glaube ich, in der Natur des Klimas vor dem Beginn der Eiszeit. Wir haben nämlich guten Grund zu glauben, dass damals, während der neueren Pliocenperiode, wo schon die Mehrzahl der Erdbewohner mit den jetzigen von gleichen Arten war, das Klima wärmer war als jetzt. Wir dürfen daher annehmen, dass Organismen, welche jetzt unter dem 60. Breitegrad leben, in der Pliocenperiode weiter nördlich am Polarkreise unter dem 66°—70° Br. wohnten, und dass die eigentlich arktischen Wesen auf die unterbrochenen Landstriche noch näher an den Polen beschränkt waren. Wenn wir nun einen Erdglobus ansehen, so werden wir finden, dass unter dem Polarkreise meist zusammenhängendes Land von Westeuropa an durch Sibirien bis Ostamerika vorhanden ist. Und diesem Zusammenhange des Circumpolarlandes und der ihm entsprechenden freien Wanderung in einem schon günstigeren Klima schreibe ich einen beträchtlichen Grad der Einförmigkeit in den Bewohnern der subarktischen und nördlich-gemässigten Zone der alten und neuen Welt vor der Eiszeit zu.

Da die schon angedeuteten Gründe uns glauben lassen, dass unsre Continente langezeit in fast nahezu der nämlichen Lage gegen einander geblieben sind, wenn sie auch theilweise beträchtlichen Höhenschwankungen unterworfen waren, so bin ich sehr geneigt die erwähnte Ansicht noch weiter auszudehnen und anzunehmen, dass in einer noch früheren und noch wärmeren Zeit,

in der älteren Pliocenzcit nämlich, eine grosse Anzahl der nämlichen Pflanzen- und Thierarten das fast zusammenhängende Cir-
cumpolarland bewohnt habe, und dass diese Pflanzen und Thiere
sowohl in der alten als in der neuen Welt langsam südwärts zu
wandern anfiengen, als das Klima kühler wurde, lange vor Anfang der Eisperiode. Wir sehen nun ihre Nachkommen, wie ich
glaube, meist in einem abgeänderten Zustande die Centraltheile
von Europa und den Vereinigten Staaten bewohnen. Von dieser
Annahme ausgehend begreift man dann die Verwandtschaft, bei
sehr geringer Gleichheit, der Arten von Nordamerika und Europa,
eine Verwandtschaft, welche bei der grossen Entfernung beider
Gegenden und ihrer Trennung durch das ganze Atlantische Meer
äusserst merkwürdig ist. Man begreift ferner die von einigen
Beobachtern hervorgehobene sonderbare Thatsache, dass die Naturerzeugnisse Europa's und Nordamerika's während der letzten
Abschnitte der Tertiärzeit näher mit einander verwandt waren,
als sie es in der gegenwärtigen Zeit sind; denn in dieser wärmeren Zeit werden die nördlichen Theile der alten und der neuen
Welt beinahe vollständig durch Land mit einander verbunden gewesen sein, welches vordem der wechselseitigen Ein- und Auswanderung der Bewohner als Brücke diente, aber seitber durch
Kälte unpassirbar geworden ist.

Sobald während der langsamen Temperaturabnahme in der
Pliocenperiode die gemeinsam ausgewanderten Bewohner der alten und neuen Welt südwärts vom Polarkreise angelangt waren,
wurden sie vollständig von einander abgeschnitten. Diese Trennung trug sich, was die Bewohner der gemässigteren Gegenden
betrifft, vor langen langen Zeiten zu. Und als damals die Pflan-
zen- und Thierarten südwärts wanderten, werden sie in dem
einen grossen Gebiete sich mit den Eingeborenen Amerikas gemengt und mit ihnen zu concurriren gehabt haben, in dem andern grossen Gebiete mit Europäischen Arten. Hier ist demnach Alles zu reichlicher Abänderung der Arten angethan, weit
mehr als es bei den in einer viel jüngeren Zeit auf verschiedenen Gebirgshöhen und in den arktischen Gegenden Europa's
und Amerika's isolirt zurückgelassenen alpinen Formen der Fall

gewesen ist. Davon rührt es her, dass, wenn wir die jetzt lebenden Formen gemässigterer Gegenden der alten und der neuen Welt mit einander vergleichen, wir nur sehr wenige identische Arten finden (obwohl Asa Grav kürzlich gezeigt, dass die Anzahl identischer Pflanzen grösser ist, als man bisher angenommen hatte); aber wir finden in jeder grossen Classe viele Formen, welche ein Theil der Naturforscher als geographische Rassen und ein anderer als unterschiedene Arten betrachtet, zusammen mit einem Heere nahe verwandter oder stellvertretender Formen, die bei allen Naturforschern für eigene Arten gelten.

Wie auf dem Lande, so kann auch in der See eine langsame südliche Wanderung der Fauna, welche während oder etwas vor der Pliocenperiode längs der zusammenhängenden Küsten des Polarkreises sehr einförmig war, nach der Abänderungstheorie zur Erklärung der vielen nahe verwandten, jetzt in ganz gesonderten marinen Gebieten lebenden Formen dienen. Mit ihrer Hilfe lässt sich, wie ich glaube, das Dasein einiger noch lebender und tertiärer nahe verwandter Arten an den östlichen und westlichen Küsten des gemässigteren Theiles von Nordamerika begreifen, sowie die bei weitem auffallendere Erscheinung des Vorkommens vieler nahe verwandter Kruster (in Dana's ausgezeichnetem Werke beschrieben), einiger Fische und anderer Seethiere im Japanischen und im Mittelmeer, in Gegenden mithin, welche jetzt durch einen ganzen Continent und eine weite Strecke des Oceans von einander getrennt sind.

Diese Fälle von naher Verwandtschaft vieler Arten, die früher oder jetzt die Meere an der Ost- und Westküste Nordamerika's, das Mittelländische und Japanesische Meer, und die gemässigten Länder Nordamerika's und Europa's bewohnten oder bewohnen, sind nach der Schöpfungstheorie unerklärbar. Wir können nicht sagen, sie seien ähnlich erschaffen in Übereinstimmung mit den ähnlichen Naturbedingungen der beiderlei Gegenden; denn wenn wir z. B. gewisse Theile Südamerika's mit Theilen von Südafrika oder Australien vergleichen, so finden wir Länderstriche, die sich hinsichtlich ihrer Naturbeschaffenheit einander genau entsprechen, aber in ihren Bewohnern sich ganz unähnlich sind.

Mundane Eiszeit.

Wir müssen jedoch zu unsrem Gegenstande zurückkehren.
Ich bin überzeugt, dass Edw. Forbes' Theorie einer grossen Erweiterung fähig ist. In Europa haben wir die deutlichsten Be-
weise der Eiszeit von den Westküsten Grossbritanniens bis zur
Uralkette und südwärts bis zu den Pyrenäen. Aus den im Eise
eingefrorenen Säugethieren und der Beschaffenheit der Gebirgs-
vegetation können wir schliessen, dass Sibirien auf ähnliche Weise
betroffen wurde. Im Libanon bedeckte früher, nach Dr. Hooker,
Schnee die centrale Axe und speiste Gletscher, welche in seine
Thäler 4000′ sich hinabsanken. Längs des Himalaya's haben
Gletscher an 900 Engl. Meilen von einander entlegenen Punkten
Spuren ihrer ehemaligen weiten Erstreckung nach der Tiefe hinterlassen und in Sikkim sah Dr. Hooker Mais auf alten Riesen-
moränen wachsen. Südlich vom grossen asiatischen Continent
auf der entgegengesetzten Seite des Äquators erstreckten sich,
wie wir jetzt aus den ausgezeichneten Untersuchungen der Herrn
J. Haast und Hector wissen, enorme Gletscher in Neuseeland
tief herab; und dieselben von Dr. Hooker auf weit von einander
getrennten Bergen gefundenen Pflanzenarten dieser Insel sprechen
für die gleiche Geschichte. Nach den von W. B. Clarke mir
gewordenen Mittheilungen scheinen deutliche Spuren von einer
früheren Gletscherthätigkeit auch in der süd-östlichen Spitze
Neuhollands vorzukommen.

Sehen wir uns in Amerika um. In der nördlichen Hälfte
sind von Eis transportirte Felstrümmer beobachtet worden an der
Ostseite abwärts bis zum 36⁰—37⁰ und an der Küste des stillen
Meeres, wo das Klima jetzt so verschieden ist, bis zum 46⁰ nörd-
licher Breite; auch in den Rocky Mountains sind erratische Blöcke
gesehen worden. In den Cordilleren des äquatorialen Südamerika
haben sich Gletscher ehedem weit über ihre jetzige Grenze herab-
bewegt. In Central-Chile habe ich einen ungeheuren Haufen von
Detritus mit grossen erratischen Blöcken untersucht, welcher das
Portillothal quer durchsetzt, und, wie ich jetzt überzeugt bin, der
Wirkung des Eises zuzuschreiben ist. Hierüber werden wir später
werthvolle Aufklärungen von Dr. Forbes erhalten, der mir mit-

theilt: dass er in den Cordilleren von 13° bis 30° SBr. in der ungefähren Höhe von 12000' starkgefurchte Felsen gefunden hat, ganz wie jene, die er in Norwegen gesehen, sowie grosse Detritusmassen mit gefurchten Geschieben; längs dieser ganzen Cordillerenstrecke gibt es selbst in viel beträchtlicheren Höhen gar keine wirklichen Gletscher. Weiter südwärts an beiden Seiten des Continents, von 41° Br. bis zur südlichsten Spitze, finden wir die klarsten Beweise früherer Gletscherthätigkeit in mächtigen von ihrer Geburtsstätte weit entführten Blöcken.

Wir wissen nicht, ob die Eiszeit an allen diesen Punkten auf ganz entgegengesetzten Seiten der Erde genau gleichzeitig gewesen ist; doch fiel sie, in fast allen Fällen wohl erweislich, in die letzte geologische Periode. Ebenso haben wir vortreffliche Beweise, dass sie an jedem Punkte, in Jahren ausgedrückt, von ungeheurer Dauer gewesen ist. Sie kann an einer Stelle der Erde früher begonnen oder früher aufgehört haben, als an der andern; da sie aber überall lange gewährt hat und in geologischem Sinne überall gleichzeitig war, so ist es mir wahrscheinlich, dass sie wenigstens für einen Theil ihrer Dauer über die ganze Erde hin der Zeit nach genau zusammenfiel. So lange wir nicht irgend einen bestimmten Beweis für das Gegentheil haben, dürfen wir wenigstens als wahrscheinlich annehmen, dass die Glacialthätigkeit eine gleichzeitige gewesen ist an der Ost- und Westseite Nordamerika's, in den Cordilleren der äquatorialen tropischen wie der wärmer-gemässigten Zone, und zu beiden Seiten des südlichen Endes dieses Welttheiles. Wird dies angenommen, so wird es schwierig, die Ansicht zu umgehen, dass die Temperatur der ganzen Erde in dieser Periode gleichzeitig kühler gewesen ist; doch wird es für meinen Zweck genügen, wenn die Temperatur nur auf gewissen breiten von Norden nach Süden ziehenden Strecken der Erde gleichzeitig niedriger war.

Von dieser Voraussetzung ausgehend, dass die Erde oder wenigstens breite Meridianalstreifen derselben von einem Pol zum andern gleichzeitig kälter geworden sind, lässt sich viel Licht über die jetzige Vertheilung identischer und verwandter Arten

verbreiten. Dr. Hooker hat gezeigt, dass in Amerika 40—50
Blüthenpflanzen des Feuerlandes, welche keinen unbeträchtlichen
Theil der dortigen kleinen Flora bilden, trotz der ungeheuren
Entfernung beider Punkte, mit Europäischen Arten übereinstimmen; ausserdem gibt es viele nahe verwandte Arten. Auf den
hochragenden Gebirgen des tropischen Amerika's kommt eine
Menge besonderer Arten aus Europäischen Gattungen vor. Auf
den Organ-Bergen Brasiliens hat Gardener einige wenige Europäische temperirte, einige antarktische und einige Andengattungen
gefunden, welche in den weitgedehnten warmen Zwischenländern
nicht vorkommen; und ich habe erfahren, dass Agassiz kürzlich
deutliche Beweise einer Glacialthätigkeit an diesen selben Gebirgen entdeckt hat. An der Silla von Caraccas fand Al. von Humboldt schon vor langer Zeit Gattungen, welche für die Cordilleren
bezeichnend sind.

In Afrika kommen auf den Abyssinischen Gebirgen verschiedene characteristische Europäische Formen und einige wenige
stellvertretende Arten der eigenthümlichen Flora des Caps der
guten Hoffnung vor. Am Cap sind einige wenige Europäische
Arten, die man nicht für eingeführt hält, und auf den Bergen verschiedene stellvertretende Formen Europäischer Arten gefunden
worden, die man in den tropischen Ländern Afrika's noch nicht
entdeckt hat. Dr. Hooker hat unlängst gezeigt, dass mehrere
der auf den höheren Theilen der hohen Insel Fernando Po und
auf den benachbarten Cameroon-Bergen im Golfe von Guinea
wachsenden Pflanzen mit denen der Abyssinischen Gebirge an der
andern Seite des Afrikanischen Continents und mit solchen des
gemässigten Europa's nahe verwandt sind. Wie es scheint hat
auch, nach einer Mittheilung Dr. Hooker's, R. T. Lowe einige
dieser selben gemässigten Pflanzen auf den Bergen der Cap-verdischen Inseln entdeckt. Diese Verbreitung derselben temperirten
Formen, fast unter dem Äquator, quer über den ganzen Continent
von Afrika bis zu den Bergen der Cap-verdischen Inseln ist eine
der staunenerregendsten Thatsachen, die je in Bezug auf die
Pflanzengeographie bekannt geworden sind.

Auf dem Himalaya und auf den vereinzelten Bergketten der

Indischen Halbinsel, auf den Höhen von Ceylon und den vulkanischen Kegeln Javas treten viele Pflanzen auf, welche entweder der Art nach identisch sind, oder sich wechselseitig vertreten und zugleich für Europäische Formen vicariiren, die in den dazwischen gelegenen warmen Tiefländern nicht gefunden werden. Ein Verzeichniss der auf den luftigen Bergspitzen Javas gesammelten Gattungen liefert ein Bild wie von einer auf einem Berge Europa's gemachten Sammlung. Noch viel schlagender ist die Thatsache, dass eigenthümlich Südaustralische Formen durch Pflanzen repräsentirt werden, welche auf den Berghöhen von Borneo wachsen. Einige dieser Australischen Formen erstrecken sich nach Dr. HOOKER längs der Höhen der Halbinsel Malacca und kommen dünn zerstreut einerseits über Indien und andrerseits nordwärts bis Japan vor.

Auf den südlichen Gebirgen Neuhollands hat Dr. F. MÜLLER mehrere Europäische Arten entdeckt; andere nicht von Menschen eingeführte Species kommen in den Niederungen vor, und, wie mir Dr. HOOKER sagt, könnte noch eine lange Liste von Europäischen Gattungen aufgestellt werden, die sich in Neuholland, aber nicht in den heissen Zwischenländern finden. In der vortrefflichen Einleitung zur Flora Neuseelands liefert Dr. HOOKER noch andere analoge und schlagende Beispiele hinsichtlich der Pflanzen dieser grossen Insel. Wir sehen daher, dass über der ganzen Erdoberfläche einestheils die auf den höheren Bergen wachsenden Pflanzen, wie anderntheils die in gemässigten Tiefländern der nördlichen und der südlichen Hemisphäre verbreiteten zuweilen von gleicher Art sind; noch öfter aber erscheinen sie specifisch verschieden, obwohl in merkwürdiger Weise mit einander verwandt.

Dieser kurze Umriss bezieht sich nur auf Pflanzen allein, aber genau analoge Thatsachen lassen sich auch über die Vertheilung der Landthiere anführen. Auch bei den Seethieren kommen ähnliche Fälle vor. Ich will als Beleg die Bemerkung eines der besten Gewährsmänner, des Professor DANA anführen, „dass es gewiss eine wunderbare Thatsache ist, dass Neuseeland hinsichtlich seiner Kruster eine grössere Verwandtschaft mit seinem An-

tipoden Grossbritannien als mit irgend einem andern Theile der
Welt zeigt". Ebenso spricht Sir. J. Ricaardson von dem Wiedererscheinen nordischer Fischformen an den Küsten von Neuseeland, Tasmania u. s. w. Dr. Hooker sagt mir, dass Neuseeland 25 Algenarten mit Europa gemein hat, die in den tropischen
Zwischenmeeren noch nicht gefunden worden sind.

Es ist zu bemerken, dass die in den südlichen Theilen der
südlichen Halbkugel und auf den tropischen Hochgebirgen gefundenen nördlichen Formen keine arktischen sind, sondern den gemässigten Zonen angehören. H. C. Watson hat vor kurzem bemerkt, „je weiter man von den polaren gegen die tropischen
Breiten vorschreitet, desto weniger arktisch werden die alpinen
oder Gebirgsfloren. Von diesen Formen sind einige wenige mit
nördlichen temperirten Arten identisch oder sind Varietäten solcher, während andere von allen Naturforschern für ihre nördlichen Repräsentanten zwar nahe verwandt aber specifisch von
ihnen verschieden gehalten werden.

Wir wollen nun zusehen, welche Aufschlüsse über die vor-
angebenden Thatsachen die durch eine Menge geologischer Beweise unterstützte Annahme gewähren kann, dass die ganze Erdoberfläche oder wenigstens ein grosser Theil derselben während
der Eisperiode gleichzeitig viel kälter als jetzt gewesen sei. Die
Eisperiode muss, in Jahren ausgedrückt, sehr lang gewesen sein;
und wenn wir berücksichtigen, über welch' ungeheure Flächen-
räume einige naturalisirte Pflanzen und Thiere in wenigen Jahrhunderten sich ausgebreitet haben; so wird diese Periode für
jede noch so weite Wanderung haben ausreichen können. Da
die Kälte nur langsam zunahm, so werden alle tropischen Pflanzen und Thiere sich von beiden Seiten her gegen den Äquator
zurückgezogen haben; ihnen zogen die Bewohner gemässigter
Gegenden nach, diesen die arktischen; doch haben wir es mit
den letzten in diesem Augenblicke nicht zu thun. Die Aufgabe,
anzugeben, was sich nun zugetragen haben wird, ist äusserst
verwickelt. Die wahrscheinlich vor der Eiszeit vorhanden ge-
wesene pleistocene Äquatorial-Flora und -Fauna, die einem heissern
Klima als irgend eines jetzt vorhanden ist entsprochen hätte, darf

nicht ganz ausser Acht gelassen werden. Diese alte Äquatorial-
flora wird fast ganz vernichtet worden sein, und die zwei pleistocenen subtropischen Floren mit einander vermengt und an Zahl
zusammengeschmolzen, wird damals die Äquatorialflora gebildet
haben. Auch werden wahrscheinlich während der Eiszeit grosse
Veränderungen in der ganzen Art des Klimas, im Feuchtigkeits-
grade u. s. w. eingetreten sein, und verschiedene Thiere und
Pflanzen werden in verschiedener Menge und Schnelligkeit ausgewandert sein. Es müssen überhaupt alle Bewohner der Tropen
während der Eiszeit grosse Störungen in allen ihren Lebensbeziehungen erfahren haben. Viele der tropischen Organismen
erloschen daher ohne Zweifel; wie viele, kann niemand sagen.
Vielleicht waren vordem die Tropengegenden ebenso reich an
Arten, wie jetzt das Cap der guten Hoffnung und einige ge-
mässigte Theile Neuhollands.

Da wir wissen, dass viele tropische Pflanzen und Thiere
einen ziemlichen Grad von Kälte aushalten können, so mögen
manche derselben der Zerstörung während einer mässigen Temperaturabnahme entgangen sein, zumal wenn sie in die tiefsten
geschütztesten und wärmsten Bezirke zu entkommen vermochten.
Man darf auch nicht übersehen, dass, da die Kälte sehr langsam
eingetreten sein wird, gewiss viele Bewohner der Tropen in
einem gewissen Grade acclimatisirt worden sein werden, in derselben Weise, wie dieselbe Pflanze, wenn sie auf Gebirgen und
in Tieflanden lebt, ihren Abkömmlingen ein verschiedenes Vermögen, mit ihrer Constitution der Kälte zu widerstehen, sicher
vererben wird. Nichtsdestoweniger wird nicht geläugnet werden
können, dass alle Tropenerzeugnisse bedeutend gelitten haben;
am schwierigsten ist es zu sagen, auf welche Weise sie gänzlicher Vertilgung entgangen sind. Andrerseits wurden auch die
Bewohner gemässigter Gegenden, welche näher an den Äquator
heranziehen konnten, in einigermaassen neue Verhältnisse versetzt, litten aber weniger. Auch ist es gewiss, dass viele Pflanzen gemässigter Gegenden, wenn sie gegen das Eindringen von
Concurrenten geschützt sind, ein viel wärmeres als ihr eigent-
liches Klima ertragen können. Daher erscheint es mir wahr-

scheinlich dass, da die Tropenerzeugnisse in leidendem Zustande
waren und den Eindringlingen keinen ernsten Widerstand zu
leisten vermochten, eine gewisse Anzahl der kräftigsten und herr-
schendsten temperirten Formen die Reihen der Eingebornen durchbrochen und den Äequator erreicht oder selbst noch überschritten haben. Der Einfall würde natürlich durch Hochländer und
vielleicht ein trockenes Klima sehr begünstigt worden sein; denn
Dr. Falconer sagt mir, dass es die mit der Hitze der Tropen-
länder verbundene Feuchtigkeit ist, welche den perennirenden
Gewächsen aus gemässigteren Gegenden so verderblich wird.
Dagegen werden die feuchtesten und wärmsten Bezirke den Eingebornen der Tropen als Zufluchtsstätte gedient haben. Die Gebirgsketten im Nordwesten des Himalaya und die lange Cordil-
lerenreihe scheinen zwei grosse Invasionslinien gebildet zu haben; und es ist eine schlagende Thatsache, dass nach Dr. Hooker's
Mittheilung alle die 46 Blüthenpflanzen, welche das Feuerland mit
Europa gemein hat, alle auch in Nordamerika vorkommen, das
auf ihrer Marschroute gelegen haben muss. Wir könnten uns
natürlich nun vorstellen, dass das Land in manchen Tropengegenden damals, als die aus gemässigten Gegenden kommenden Organismen es durchwanderten, höher als jetzt gewesen sei; da
aber die Wanderungswege so zahlreich waren, würden derartige
Speculationen voreilig sein. Daher werde ich zur Annahme genöthigt, dass in gewissen Gegenden, wie in Indien, einige temperirte Formen sogar in die Tiefländer der Tropen eingedrungen sind und diese überschritten haben; zur Zeit wo die
Kälte am intensivsten war und wo arktische Formen in Europa
mindestens 25 Breitengrade südwärts wanderten und das Land
am Fusse der Pyrenäen bedeckten. In dieser Zeit der grössten
Kälte war, wie ich annehme, das Klima unter dem Äquator im
Niveau des Meeresspiegels ungefähr das nämliche, wie es jetzt
dort in 5000'—6000' Seehöhe herrscht. In dieser Zeit der
grössten Kälte waren wahrscheinlich weite Strecken der tropischen Tiefländer mit einer Vegetation bedeckt, die aus Formen
tropischer und gemässigter Gegenden gemischt und derjenigen
vergleichbar war, welche sich nach Hooker's lebendiger Beschrei-

bung jetzt in wunderbarer Üppigkeit am Fusse des Himalaya in 4000′—5000′ Höhe entfaltet. So sah auch MANN auf der Insel Fernando-Po einzelne Pflanzenformen aus dem gemässigten Europa zuerst in 5000′ Höhe auftreten, und Dr. SEEMANN fand in den Bergen von Panama bei nur 2000′ Höhe eine Vegetation wie in Mexico „mit Formen der heissesten Zone und solche der gemässigten einträchtig durchmengt"; woraus sich mithin die Möglichkeit ergibt, dass unter gewissen klimatischen Bedingungen wirkliche Tropengewächse eine unbegränzte Zeit lang mit Formen gemässigter Klimate zusammengelebt haben mögen.

Ich hatte ein Zeit lang gehofft Beweise dafür zu finden, dass irgendwo auf der Erde die Tropengegenden von den Frostwirkungen der Eiszeit verschont geblieben seien und den bedrängten Tropenbewohnern einen sicheren Zufluchtsort dargeboten hätten. Wir können diesen Zufluchtsort nicht auf der Ostindischen Halbinsel oder auf Ceylon suchen, da Formen gemässigter Klimate fast alle ihre einzeln gelegenen Bergböhen erreicht haben; wir vermögen sie nicht im Malayischen Archipel zu finden, denn auf den Vulkanenkegeln Javas sehen wir Europäische Formen und auf den Höhen von Borneo Erzeugnisse des gemässigten Theiles von Neuholland. In Afrika haben nicht nur einige gemässigt-Europäische Formen Abyssinien der Ostseite des Continents entlang bis zu dessen südlichem Ende durchwandert, sondern wir wissen auch, dass Formen gemässigter Klimate quer von den Gebirgen Abyssiniens bis nach Fernando-Po gewandert sind, mit Hilfe vielleicht von Gebirgsketten, welche, wie wir anzunehmen Gründe haben, den Continent quer durchsetzen. Wenn man aber auch annähme, dass irgend eine ausgedehnte Tropengegend während der Eiszeit ihre volle Wärme bewahrt hätte, so würde uns diese Vermuthung nicht viel helfen; denn die darin erhalten gebliebenen tropischen Formen würden in einer so kurzen Zeit, als seit der Eiszeit vergangen ist, nicht wohl in die andern grossen Tropengegenden haben einwandern können. Auch haben die tropischen Formen der ganzen Erdoberfläche keineswegs ein so einförmiges Aussehen, als ob sie von einem gemeinsamen Sicherheitshafen ausgelaufen wären.

Die östlichen Ebenen des tropischen Südamerika haben offenbar am wenigsten von der Eiszeit gelitten; und doch finden sich selbst auf den Gebirgen Brasiliens einige wenige südliche und nördliche temperirte Formen, ebenso wie einige Andes-Formen, welche den Continent von den Cordilleren aus gekreuzt haben müssen; dasselbe gilt von einigen Formen auf der Silla von Caraccas, welche von derselben Gebirgskette ausgewandert sein müssen. Nun aber hat BATES, welcher mit so grosser Sorgfalt die Insectenfauna des Guiana-Amazonas-Gebietes studirt hat, gewichtige Gründe gegen jede Annahme einer in neuerer Zeit stattgefundenen Abkühlung dieses grossen Gebietes vorgebracht, indem er zeigte, dass es reich ist an ganz eigenthümlichen endemischen Schmetterlingsformen, welche offenbar der Annahme eines neuerlich in Menge stattgefundenen Aussterbens in der Nähe des Äquators widersprechen. Ich will mich nicht vermessen zu sagen, in wie fern etwa diese Thatsachen durch die Annahme der fast gänzlichen Austilgung einer für eine grössere als jetzt irgendwo bestehende Wärme bestimmten pleistocenen Fauna in der Eiszeit und der Bildung der jetzigen Äquatorialfauna durch die Vereinigung der zwei früheren subtropischen Faunen erklärt werden können.

Ungeachtet dieser verschiedenen Schwierigkeiten werden wir doch anzunehmen veranlasst, dass während der Eiszeit beträchtlich viele Pflanzen, einige Landthiere und verschiedene Meeresbewohner von der nördlichen und südlichen gemässigten Zone aus in die Tropengegenden eingedrungen sind und manche sogar den Äquator überschritten haben. Als die Wärme zurückkehrte, stiegen die gemässigten Formen natürlich an den höheren Bergen hinan und verschwanden aus den Tieflanden; und die Mehrzahl wird nord- und südwärts in ihre frühere Heimath zurückgewandert sein. Alle temperirten Formen aber, welche den Äquator erreicht und überschritten hatten, wanderten noch weiter von ihrer Heimath in die gemässigteren Breiten der entgegengesetzten Hemisphäre. Obwohl sich aus geologischen Zeugnissen die Annahme ergibt, dass die arktischen Conchylien auf ihrer langen Wanderung nach Süden und ihrer Rückwanderung nach Norden kaum irgend eine Modification erfahren habe, so mag doch das Verhältniss bei den eingedrungenen nördlichen Formen, welche sich auf den tropischen Gebirgen und in der südlichen Hemisphäre festsetzten, ein ganz anderes gewesen sein. Von Fremdlingen umgeben geriethen sie mit vielen neuen Lebensformen in Concurrenz; und es ist wahrscheinlich, dass Abänderungen in Structur, organischer Thätigkeit und Lebensweise ihnen von Nutzen geworden sind. So leben nun viele von diesen Wanderern, wenn auch offenbar noch durch Vererbung mit ihren Brüdern in der nördlichen Hemisphäre verwandt, in ihrer neuen Heimath als ausgezeichnete Varietäten oder eigene Species fort. Dasselbe wird mit Eindringlingen vom Süden her der Fall gewesen sein.

Es ist eine merkwürdige Thatsache, welche HOOKER hinsichtlich Amerika's und ALPHONS DeCANDOLLE hinsichtlich Australiens stark betonen, dass viel mehr identische und verwandte Pflanzen von Norden nach Süden als in umgekehrter Richtung gewandert sind. Wir sehen indessen einige wenige südlichen Pflanzenformen auf den Bergen von Borneo und Abyssinien. Ich vermuthe, dass diese überwiegende Wanderung von Norden nach Süden der grösseren Ausdehnung des Landes im Norden und dem Umstande, dass die nordischen Formen in ihrer Heimath in grösserer Anzahl existirten, zuzuschreiben ist, in deren Folge sie durch natürliche Zuchtwahl und Concurrenz bereits zu höherer Vollkommenheit und Herrschaftsfähigkeit als die südlicheren Formen gelangt waren. Und als nun beide während der Eiszeit sich durcheinander mengten, waren die nördlichen Formen besser geeignet die weniger kräftigen südlichen zu besiegen, — so wie wir heutzutage sehen, dass sehr viele Europäische Formen den Boden von La-Plata und seit 30—40 Jahren auch von Neuholland bedecken und in gewissem Grade die eingebornen besiegt haben. Dagegen sind äusserst wenig südliche Formen an irgend einem Theile der nördlichen Hemisphäre naturalisirt worden, obgleich Häute, Wolle und andere Gegenstände, welche Samen leicht verschleppen, während der letzten zwei oder drei Jahrhunderte aus den Platastaaten, während der letzten dreissig oder vierzig Jahre aus Australien in Menge eingeführt worden sind. Die Neil-

gberrieberge in Ostindien bieten jedoch eine theilweise Ausnahme dar, indem, wie mir Dr. Hooker sagt, Australische Formen
sich dort rasch naturalisiren und durch Samen verbreiten. Vor
der Eiszeit waren diese tropischen Gebirge ohne Zweifel mit
einheimischen Alpenpflanzen bevölkert; diese sind aber fast überall
den in den grösseren Gebieten und wirksameren Arbeitsstätten
des Nordens erzeugten herrschenden Formen gewichen. Auf
vielen Inseln sind die eingeborenen Erzeugnisse durch die naturalisirten bereits an Menge erreicht oder überboten; und wenn
jene ersten jetzt auch noch nicht wirklich vertilgt sind, so hat
ihre Anzahl doch schon sehr abgenommen, und dies ist der erste
Schritt zum Untergang. Ein Gebirge ist eine Insel auf dem Lande,
und die tropischen Gebirge vor der Eiszeit müssen vollständig
isolirt gewesen sein. Ich glaube, dass die Erzeugnisse dieser
Inseln auf dem Lande vor denen der grösseren nordischen Länderstrecken ganz in derselben Weise zurückgewichen sind, wie
die Erzeugnisse der Inseln im Meer überall von den durch den
Menschen daselbst naturalisirten verdrängt werden.

Ich bin weit entfernt zu glauben, dass alle Schwierigkeiten
in Bezug auf die Ausbreitung und die Beziehungen der verwandten
Arten, welche in der nördlichen und der südlichen gemässigten
Zone und auf den Gebirgen der Tropengegenden wohnen, durch
die oben entwickelten Ansichten beseitigt sind. Es ist äusserst
schwer zu begreifen, wie eine so ungeheure Anzahl eigenthümlicher auf die Tropen beschränkter Formen den kältesten Theil
der Eiszeit zu überdauern im Stande war. Die Anzahl der Formen in Australien, welche mit Formen des gemässigten Europa's
verwandt aber dennoch so abweichend von ihnen sind, dass man
unmöglich an eine Abänderung derselben erst seit der Glacialzeit glauben kann, zeigt vielleicht eine noch viel ältere Kälte-
periode an, selbst bis zur Miocenperiode zurückweichend, welche
mit den Speculationen gewisser Geologen übereinstimmt. Ferner
weist, wie mir Bates mitgetheilt hat, der stark ausgeprägte Character mehrerer die südlichen Theile Amerika's bewohnenden
Arten Carabus darauf hin, dass ihr gemeinsamer Erzeuger zu
einer sehr frühen Zeit eingewandert sein muss, und noch andere

analoge Fälle könnten gegeben werden. Die genauen Richtungen
und die Mittel der Wanderungen während der jüngern Eiszeit
oder die Ursachen, warum die einen und nicht die andern Arten
gewandert sind, oder warum gewisse Species Abänderung erfahren haben und zur Bildung neuer Formengruppen Anlass gegeben haben, während andere unverändert geblieben sind, lassen
sich nicht nachweisen. Wir können nicht hoffen, solche Verhältnisse zu erklären, so lange wir nicht zu sagen vermögen,
warum eine Art und nicht die andere durch menschliche Thätigkeit in fremden Landen naturalisirt werden kann, oder warum
die eine zwei- oder dreimal so weit verbreitet, zwei- oder dreimal
so gemein als die andere Art in der eignen Heimath ist.

Ich habe gesagt, dass viele Schwierigkeiten noch zu überwinden bleiben. Einige der merkwürdigsten hat Dr. Hooker in
seinen botanischen Werken über die antarktischen Regionen mit
bewundernswerther Klarheit auseinandergesetzt. Diese können
hier nicht erörtert werden. Nur will ich bemerken, dass, wenn
es sich um das Vorkommen einer identischen Species an so ungeheuer von einander entfernten Punkten handelt, wie Kerguelenland, Neuseeland und Feuerland sind, ich der Ansicht bin, dass
nach Lyell's Vermuthung Eisberge gegen das Ende der Eiszeit
hin sich reichlich an deren Verbreitung betheiligt haben. Aber,
das Vorkommen mehrerer ganz verschiedener Arten aus ausschliesslich südlichen Gattungen an diesen und andern entlegenen
Punkten der südlichen Hemisphäre ist nach meiner Theorie der
Fortpflanzung mit Abänderung ein weit merkwürdigerer und
schwieriger Fall. Denn einige dieser Arten sind so abweichend,
dass sich nicht annehmen lässt, die Zeit von Anbeginn der Eiszeit bis jetzt könne zu ihrer Wanderung und nachherigen Abänderung bis zur erforderlichen Stufe hingereicht haben. Diese
Thatsachen scheinen mir anzuzeigen, dass sehr verschiedene eigenthümliche Arten in strahlenförmiger Richtung von irgend einem
gemeinsamen Centrum ausgegangen sind, und ich bin geneigt
mich auch in der südlichen sowie in der nördlichen Halbkugel
nach einer wärmeren Periode vor der Eiszeit umzusehen, wo die
jetzt mit Eis bedeckten antarktischen Länder eine ganz eigen-

thümliche und abgesonderte Flora besessen haben. Ich vermutbe, dass schon vor der Vertilgung dieser Flora durch die Eiszeit sich einige wenige Formen derselben durch gelegentliche Transportmittel bis zu verschiedenen weit entlegenen Punkten der südlichen Halbkugel verbreitet hatten. Dabei mögen ihnen jetzt versunkene Inseln als Ruheplätze gedient haben. Durch diese Mittel glaube ich, haben die südlichen Küsten von Amerika, Neuholland und Neuseeland eine ähnliche Färbung durch gleiche eigenthümliche Formen des Pflanzenlebens erhalten.

Sir Ch. Lyell hat an einer merkwürdigen Stelle mit einer der meinen fast identischen Redeweise Betrachtungen über die Einflüsse grosser Schwankungen des Klimas auf die geographische Verbreitung der Lebensformen angestellt. Ich glaube, dass die Erdoberfläche noch unlängst einen dieser grossen Kreisläufe des Wechsels erfahren hat, und dass nach dieser Ansicht in Verbindung mit der Annabme der Abänderung durch natürliche Zuchtwahl eine Menge von Thatsacben in der gegenwärtigen Vertbeilung von identiscben sowohl als verwandten Lebensformen sich erklären lässt. Man könnte sagen, die Ströme des Lebens seien eine kurze Zeit von Norden und von Süden ber geflossen und hätten den Äquator gekreuzt; aber die von Norden her seien so viel stärker gewesen, dass sie den Süden überschwemmt hätten. Wie die Fluth ihren Antrieb in wagrechten Linien abgesetzt am Strande zurücklässt, jedoch an verschiedenen Küsten zu verschiedenen Höhen ansteigt, so haben auch verschiedene Lebensströme ihren lebendigen Antrieb auf unsern Bergeshöhen hinterlassen in einer von den arktischen Tiefländern bis zu grossen Äquatorialhöhen langsam ansteigenden Linie. Die verschiedenen so gestrandeten Wesen kann man mit wilden Menschenrassen vergleichen, die fast allerwärts zurückgedrängt sich noch in Bergfesten erbalten als interessante Überreste der ebemaligen Bevölkerung umgebender Flachländer.

# Zwölftes Capitel.

## Geographische Verbreitung.

### (Fortsetzung.)

Verbreitung der Süsswasserbewohner. — Die Bewohner der oceanischen
Inseln. — Abwesenheit von Batrachiern und Landsäugethieren. — Be-
ziehungen der Bewohner von Inseln zu den des nächsten Festlandes. —
Über Ansiedelung ans den nächsten Quellen und nachherige Abänderung.
— Zusammenfassung dieses und des vorigen Capitels.

#### Süsswasserformen.

Da Seen und Flusssysteme durch Schranken von Trocken-
land von einander getrennt werden, so möchte man glauben,
dass Süsswasserbewohner nicht im Stande gewesen seien sich
innerhalb eines Landes weit zu verbreiten, und da das Meer
offenbar eine noch weniger passirbare Schranke ist, dass sie sich
nicht in entfernte Länder hätten verbreiten können. Und doch
verhält sich die Sache gerade entgegengesetzt. Nicht allein haben
viele Süsswasserspecies aus ganz verschiedenen Classen eine ungeheure Verbreitung, sondern einander nahe verwandte Formen
herrschen auch in auffallender Weise über die ganze Erdoberfläche vor. Ich erinnere mich noch wohl der Überraschung, die
ich fühlte, als ich zum ersten Male in Brasilien Süsswasserformen
sammelte und die Süsswasserinsecten und Muscheln den Englischen so ähnlich und die umgebenden Landformen jenen so unähnlich fand.

Doch kann dieses Vermögen weiter Verbreitung bei den
Süsswasserbewohnern, wie unerwartet es auch sein mag, in den
meisten Fällen, wie ich glaube, daraus erklärt werden, dass sie
in einer für sie sehr nützlichen Weise von Sumpf zu Sumpf und
von Strom zu Strom kurze und häufige Wanderungen anzustellen
fähig sind; woraus sich dann die Neigung zu weiter Verbreitung
als eine fast notbwendige Folge ergeben dürfte. Doch können
wir hier nur wenige Fälle in Betracht ziehen. Was die Fische
betrifft, so glaube ich, dass eine und dieselbe Species niemals in

den Süsswassern weit von einander entfernter Continente vorkommt; wohl aber verbreitet sie sich in dem nämlichen Festlande
oft weit und in beinahe launischer Weise, so dass zwei Flusssysteme einen Theil ihrer Fische miteinander gemein, einen andern verschieden haben. Einige wenige Thatsachen scbeinen
ihre gelegentlicbe Versetzung aus einem Fluss in den andern
zu erläutern: wie deren in Ostindien schon öfters von Wirbel-
winden bewirkte Entführung durch die Luft, wonach sie als Fisch-
regen wieder zur Erde gelangten, und wie die Lebensfähigkeit
ihrer Eier ausserbalb des Wassers. Doch bin ich geneigt, die
Verbreitung der Süsswasserfische vorzugsweise geringen Höhenwechseln des Landes während der gegenwärtigen Periode zuzuschreiben, wodurch manche Flüsse veranlasst wurden ineinander
zu fliessen. Auch lassen sich Beispiele anführen, dass dies ohne
Veränderungen in den wechselseitigen Höhen durch Fluthen bewirkt worden ist. Der Löss des Rheines bietet uns Belege für
ansehnliche Veränderungen der Bodenhöhe in einer ganz neuen
geologischen Zeit dar, wo die Oberfläche schon mit ihren jetzigen Arten von Binnenmollusken bevölkert war. Die grosse Verschiedenheit zwischen den Fischen auf den entgegengesetzten
Seiten von Gebirgsketten, die schon seit früher Zeit die Wasser-
scheide der Gegend gebildet und die Ineinandermündung der
beiderseitigen Flusssysteme gehindert haben müssen, scheint mir
zum nämlichen Schlusse zu führen. Was das Vorkommen verwandter Arten von Süsswasserfischen an sehr entfernten Punkten
der Erdoberfläche betrifft, so gibt es zweifelsohne viele Fälle,
welche zur Zeit nicht erklärt werden können. Inzwischen stammen einige Süsswasserfische von sehr alten Formen ab, welche
mithin während grosser geographischer Veränderungen Zeit und
Mittel gefunden haben sich durch weite Wanderungen zu verbreiten. Zweitens können Salzwasserfische bei sorgfältigem Verfahren langsam ans Leben im Süsswasser gewöhnt werden, und
nach VALENCIENNES gibt es kaum eine gänzlich auf Süsswasser
beschränkte Fischgruppe, so dass wir uns vorstellen können, eine
marine Form einer übrigens dem Süsswasser angehörigen Gruppe
wandere der Seeküste entlang und werde damzufolge abgeändert

und endlich in Süsswassern eines entlegenen Landes zu leben befähigt.

Einige Arten von Süsswasser-Conchylien haben eine sehr weite Verbreitung, und verwandte Arten, die nach meiner Theorie von gemeinsamen Eltern abstammen und mithin aus einer einzigen Quelle hervorgegangen sind, walten über die ganze Erdoberfläche vor. Ihre Verbreitung setzte mich anfangs in Verlegenheit, da ihre Eier nicht zur Fortführung durch Vögel geeignet sind und wie die Thiere selbst durch Süsswasser sofort getödtet werden. Ich konnte selbst nicht begreifen, wie es komme, dass einige naturalisirte Arten sich rasch durch eine ganze Gegend verbreitet haben. Doch haben zwei von mir beobachtete Thatsachen — und viele andere bleiben zweifelsohne noch fernerer Beobachtung anheimgegeben — einiges Licht über diesen Gegenstand verbreitet. Wenn eine Ente sich plötzlich aus einem mit Wasserlinsen bedeckten Teiche erhebt, so bleiben oft, wie ich zweimal gesehen habe, einige dieser kleinen Pflanzen an ihrem Rücken hängen, und es ist mir vorgekommen, dass, wenn ich einige Wasserlinsen aus einem Aquarium ins andere versetzte, ich ganz absichtslos das letzte mit Süsswassermollusken des ersten bevölkerte. Doch ist ein anderer Umstand vielleicht noch wirksamer. Ich hängte einen Entenfuss in einem Aquarium auf, wo viele Eier von Süsswasserschnecken auszukriechen im Begriffe waren, und fand, dass bald eine grosse Menge der äusserst kleinen ausgeschlüpften Schnecken an dem Fuss umherkrochen und sich so fest anklebten, dass sie von dem herausgenommenen Fusse nicht abgeschabt werden konnten, obwohl sie in einem etwas mehr vorgeschrittenen Alter freiwillig davon abfallen würden. Diese frisch ausgeschlüpften Mollusken, obschon zum Wohnen im Wasser bestimmt, lebten an dem Entenfusse in feuchter Luft wohl 12—20 Stunden lang, und während dieser Zeit kann eine Ente oder ein Reiher wenigstens 600—700 Englische Meilen weit fliegen und sich dann sicher wieder in einem Sumpfe oder Bache niederlassen, wenn sie von einem Sturm über's Meer hin auf eine oceanische Insel oder einen andern entfernten Punkt verschlagen worden wären. Auch erzählt mir

Sir Ch. Lyell, dass man einen Wasserkäfer (Dyticus) mit einer ihm fest ansitzenden Süsswasser-Napfschnecke (Ancylus) gefangen hat; und ein anderer Wasserkäfer aus der Gattung Colymbetes kam einmal an Bord des Beagle geflogen, als dieser 45 Englische Meilen vom nächsten Lande entfernt war; wie viel weiter er aber mit einem günstigen Winde noch gekommen sein würde, das vermag Niemand zu sagen.

Was die Pflanzen betrifft, so ist es längst bekannt, was für eine ungeheure Ausbreitung manche Süsswasser- und selbst Sumpfgewächse auf den Festländern und bis zu den entferntesten oceanischen Inseln besitzen. Dies ist nach Alph. DeCandolle's Bemerkung am deutlichsten in solchen grossen Gruppen von Landpflanzen zu ersehen, aus welchen nur einige Glieder aquatisch sind; denn diese letzten pflegen, als wäre es in Folge dessen, sofort eine viel grössere Verbreitung als die übrigen zu erlangen. Ich glaube, günstige Verbreitungsmittel erklären diese Erscheinung. Ich habe vorhin die Erdtheilchen erwähnt, welche, wenn auch nur selten und zufällig einmal, an Schnäbeln und Füssen der Vögel hängen bleiben. Sumpfvögel, welche die schlammigen Ränder der Sümpfe aufsuchen, werden meistens schmutzige Füsse haben, wenn sie plötzlich aufgescheucht werden. Nun kann ich nachweisen, dass gerade Vögel dieser Ordnung die grössten Wanderer sind und zuweilen auf den entferntesten und ödesten Inseln des offenen Weltmeeres angetroffen werden. Sie werden sich nicht leicht auf der Oberfläche des Meeres niederlassen, wo der noch an ihren Füssen hängende Schlamm abgewaschen werden könnte; und wenn sie ans Land kommen, werden sie gewiss alsbald ihre gewöhnlichen Aufenthaltsorte an den Süsswassern aufsuchen. Ich glaube kaum, dass die Botaniker wissen, wie beladen der Schlamm der Teiche mit Pflanzensamen ist; ich habe jedoch einige kleine Versuche darüber gemacht, will aber hier nur den auffallendsten Fall mittheilen. Ich nahm im Februar drei Esslöffel voll Schlamm von drei verschiedenen Stellen unter Wasser, am Rande eines kleinen Teiches. Dieser Schlamm wog getrocknet 6³/₄ Unzen. Ich bewahrte ihn sodann in meinem Arbeitszimmer bedeckt sechs Monate lang auf und zählte und riss jedes aufkeimende Pflänzchen aus. Diesa Pflänzchen waren von mancherlei Art und 537 im Ganzen; und doch war all' diaser zähe Schlamm in einer einzigen Obertasse entbalten. Diasen Thatsachen gegenüber würde es nun geradezu unerklärbar sein, wenn es nicbt mitunter vorkäme, dass Wasservögel die Saman von Süsswasserpflanzen in weite Fernen verschleppten und so zur immer weitern Ausbreitung derselben beitrügen. Und dasselbe Mittel mag hinsichtlich der Eier einiger kleiner Süsswasserthiere in Betracht kommen.

Auch nocb andere und mitunter unbekannte Kräfta mögen dabei ihren Theil haben. Ich habe oben gesagt, dass Süsswasserfiscba manche Arten Sämereien fressen, obwohl sie andere Arten, nachdem sie sie verscblungen haben, wieder auswerfen; selbst kleine Fische verschlingen Samen von mässiger Grösse, wia die dar gelben Wasserlilia und des Potamogaton. Reiher und andere Vögel sind Jahrhundert nach Jahrhundert täglicb auf den Fischfang ausgegangen; wenn sia sich erheben, suchen sie oft andere Wasser auf und werden auch zufällig über's Meer getrieben; und wir haben gesehen, dass Samen oft ihra Keimkraft noch besitzen, wenn sie in Gewölle, in Excrementen u. dgl. einiga Stunden später wieder ausgeworfen werden. Als ich die grossen Samen dar herrlichen Wasserlilie, Nelumbium, sah und mich dessen erinnerte, was ALPHONS DeCANDOLLE übar diese Pflanze gesagt, so meinte ich ihre Verbreitung müssa ganz unerklärbar sein. Doch AUDUAON versichert, Samen der grossen südlichen Wasserlilie (nacb Dr. HOOKER wahrscheinlich das Nelumbium luteum) im Magen eines Reihers gefunden zu haben, und, obwohl es mir als Thatsache nicht bekannt ist, so schliesse ich docb aus der Analogie, dass, wenn ein Reiher in einem solchen Falle nach einem andern Teicba flöga und dort eine berzhafte Fischmahlzeit zu sich nähme, er wahrscbeinlicb aus seinem Magen wieder einen Ballen mit noch unverdautem Nelumbiumsamen auswerfen würde; oder der Vogel kann diese Samen verlieren, wenn er seine Jungen füttert, wie er bekanntlich zuweilen einen Fisch fallen lässt.

Bei Betrachtung dieser verscbiedenen Verbraitungsmittel

muss man sich noch erinnern, dass, wenn ein Teich oder Fluss
z. B. auf einer sich hebenden Insel zuerst entsteht, er noch nicht
bevölkert ist und ein einzelnes Sämchen oder Eichen gute Aussicht auf Fortkommen hat. Obschon ein Kampf um's Dasein zwischen den Individuen der auch noch so wenigen Arten, die bereits in einem Teiche beisammen leben, immer schon begonnen
haben wird, so wird in Betracht, dass die Zahl der Arten gegen
die auf dem Lande doch geringer ist, die Concurrenz auch wahrscheinlich minder heftig als zwischen den Landbewohnern sein;
ein neuer Eindringling, aus den Wassern eines fremden Landes,
würde folglich auch mehr Aussicht haben eine Stelle zu erobern,
als ein neuer Colonist auf dem trockenen Lande. Auch dürfen
wir nicht vergessen, dass einige und vielleicht viele Süsswasserbewohner tief auf der Stufenleiter der Natur stehen und wir mit
Grund annehmen können, dass solche tief organisirte Wesen
langsamer als die höher ausgebildeten abändern oder modificirt
werden, demzufolge dann ein und die nämliche Art wasserbewoh-
nender Organismen über die mittlere Zeit lang wandern kann.
Endlich müssen wir der Möglichkeit gedenken, dass viele süss-
wasserbewohnende Species, nachdem sie früher über ungeheure
Flächen in so zusammenhängender Weise, als es Wasserformen
nur sein können, verbreitet waren, in den mittleren Gegenden
derselben wieder erloschen sein können. Aber die weite Verbreitung der Pflanzen und niederen Thiere des Süsswassers,
mögen sie nun ihre ursprünglichen Formen unverändert bewahren oder in gewissem Grade modificirt worden sein, hängt nach
meiner Meinung hauptsächlich von der Leichtigkeit ab, womit
ihre Samen und Eier durch andere Thiere und zumal höchst
flugfertige, von einem Gewässer zum andern oft sehr entfernt
gelegenen wandernde Süsswasservögel verschleppt werden können.
So nimmt die Natur wie ein sorgfältiger Gärtner ihre Samen
von einem Beete von besonderer Beschaffenheit und bringt sie
in ein anderes gleichfalls angemessen zubereitetes.

Wir kommen nun zur letzten der drei Classen von That-sachen, welche ich als diejenigen bezeichnet habe, welche die grössten Schwierigkeiten darbieten nach der Ansicht, dass alle Individuen sowohl der nämlichen Art als auch nahe verwandter Arten von einer einzelnen Stammform herkommen, dass daher auch alle von gemeinsamer Geburtsstätte ausgehen, trotzdem dass sie sich über die entferntesten Theile der Erdoberfläche, deren Bewohner sie jetzt sind, verbreitet haben. Ich habe bereits er-klärt, dass ich nicht wohl mit der FORBES'schen Ansicht von der Ausdehnung der Continente übereinstimmen kann, wonach, con-sequent verfolgt, alle existirenden Inseln noch in der gegenwär-tigen neuesten Periode mit einem Continente ganz oder fast ganz zusammengehangen haben würden. Diese Ansicht würde zwar allerdings viele Schwierigkeiten beseitigen, aber keineswegs alle Erscheinungen hinsichtlich der Inselbevölkerung erklären. In den nachfolgenden Bemerkungen werde ich mich nicht auf die blosse Frage von der Vertheilung der Arten beschränken, sondern auch einige andere Thatsachen betrachten, welche sich auf die zwei Theorien, die der selbstständigen Schöpfung der Arten und die ihrer Abstammung von einander mit fortwährender Abände-rung beziehen.

Der Arten aller Classen, welche oceanische Inseln bewohnen, sind nur wenig im Vergleich zu denen gleich grosser Flächen festen Landes, wie ALPHONS DECANDOLLE in Bezug auf die Pflan-zen und WOLLASTON hinsichtlich der Insecten zugehen. Neusee-land z. B., mit seinen hohen Gebirgen und mannichfaltigen Stand-orten und einer Breite von über 780 Meilen, und die davor-liegenden Aucklands-, Campbell- und Chatham-Inseln enthalten zusammen nur 960 Arten von Blüthenpflanzen; vergleichen wir diese geringe Zahl mit denen einer gleich grossen Fläche am Cap der guten Hoffnung oder in Neuholland, so müssen wir zu-gestehen, dass etwas von irgend einer Verschiedenheit in den physikalischen Bedingungen ganz Unabhängiges die grosse Ver-schiedenheit der Artenzahlen veranlasst hat. Selbst die einför-mige Grafschaft von Cambridge zählt 847 und das kleine Eiland

Anglesea 764 Pflanzenarten; doch sind auch einige Farne und
einige eingeführte Arten in diesen Zahlen mithegriffen und ist
die Vergleichung auch in einigen andern Beziehungen nicht ganz
richtig. Wir hahen Beweise, dass das kahle Eiland Ascension
ursprünglich nicht ein halbes Dutzend Blüthenpflanzen hesass;
jetzt sind viele dort naturalisirt, wie es eben auch auf Neuseeland und auf allen andern oceanischen Inseln der Fall ist. Auf
St. Helena nimmt man mit Grund an, dass die naturalisirten Pflanzen und Thiere schon viele einheimische Naturerzeugnisse gänzlich oder fast gänzlich vertilgt haben. Wer also der Lehre von
der selbstständigen Erschaffung aller einzelnen Arten heipflichtet,
der wird zugestehen müssen, dass auf den oceanischen Inseln
keine hinreichende Anzahl bestens angepasster Pflanzen und
Thiere geschaffen worden sei; denn der Mensch hat diese Inseln
ganz ahsichtslos aus verschiedenen Quellen viel besser und vollständiger als die Natur hevölkert.

Obwohl auf oceanischen Inseln die Zahl der Bewohner der
Art nach dürftig ist, so ist doch das Verhältniss der endemischen,
d. h. sonst nirgends vorkommenden Arten oft ausserordentlich
gross. Dies ergiht sich, wenn man z. B. die Anzahl der endemischen Landschnecken auf Madeira, oder der endemischen Vögel
im Galapagos-Archipel mit der auf irgend einem Continente gefundenen Zahl und dann auch die heiderseitige Flächenausdeh-
nung miteinander vergleicht. Dies war nach meiner Theorie zu
erwarten; denn, wie hereits erklärt worden, sind Arten, welche
nach langen Zwischenzeiten gelegentlich in einen neuen und
isolirten Bezirk kommen und dort mit neuen Genossen zu concurriren hahen, in ausgezeichnetem Grade ahzuändern geneigt
und hringen oft Gruppen modificirter Nachkommen hervor. Daraus folgt aher keineswegs, dass, weil auf einer Insel fast alle
Arten einer Classe eigenthümlich sind, auch die der übrigen
Classen oder auch nur einer hesonderen Section derselben Classe
eigenthümlich sind; und dieser Unterschied scheint theils davon
herzurühren, dass diejenigen Arten, welche nicht ahänderten,
leicht und in Menge eingewandert sind, so dass ihre gegenseitigen Beziehungen nicht viel gestört wurden, theils ist er von der

hänfigen Ankunft unveränderter Einwanderer aus dem Mutterlande und der nachherigen Kreuzung mit jenen bedingt. Hinsichtlich der Wirkung einer solchen Kreuzung ist zu bemerken,
dass die aus derselben entspringenden Nachkommen gewiss sehr
kräftig werden müssen, so dass selbst eine gelegentliche Kreuzung wirksamer sein würde, als man voraus erwarten möchte.
Ich will einige Beispiele anführen. Auf den Galapagos-Inseln
gibt ea 26 Landvögel, wovon 21 (oder vielleicht 23) endemisch
aind, während von den 11 Seevögeln ihnen nur zwei eigenthümlich angehören, und ea liegt auf der Hand, dass Seevögel leichter
ala Landvögel nach diesen Eilanden gelangen können. Bermuda
dagegen, welchea ungefähr eben so weit von Nordamerika, wie
die Galapagos von Südamerika, entfernt liegt und einen ganz
eigenthümlichen Boden besitzt, hat nicht eine endemische Art
von Landvögeln, und wir wissen aus J. M. JONES' trefflichem
Berichte über Bermuda, dass sehr viele Nordamerikanische Vögel
gelegentlich diese Insel besuchen. Nach der Insel Madeira werden faat alljährlich, wie mir E. V. HARCOURT gesagt, viele Europäische und Afrikanische Vögel verschlagen. Die Insel wird von
99 Vögelarten bewohnt, von welchen nur eine der Insel eigenthümlich, aber mit einer Europäischen Form aehr nahe verwandt
iat; und 3—4 andere sind auf dieae und die Canarischen Inseln
beschränkt. So sind diese beiden Inseln Bermnda und Madeira
mit Vögelarten hesetzt worden, welche schon seit langen Zeiten
in ihrer früheren Heimath mit einander gekämpft haben und einander angepasst worden sind; und nachdem sie sich nun in ihrer
neuen Heimath angesiedelt haben, wird jede Art durch die andern in ihrer alten Stelle und Lebensweise erhalten worden sein
und mithin wenig leichte Modificationen erfahren haben. Auch
wird jede Neigung zur Abänderung durch die Kreuznng mit den
aus dem Mutterlande unverändert nachkommenden Einwanderern
gehemmt worden sein. Madeira wird ferner von einer wunderbaren Anzahl eigentbümlicher Landschnecken bewohnt, während
nicht eine einzige Art von Seemuacheln auf seine Küsten be-
achränkt ist. Obwohl wir nun nicht wissen, auf welche Weise
die marinen Schaalthiere sich verbreiten, so lässt sich doch ein-

sehen, dass ihre Eier oder Larven vielleicht an Seetang und Treibholz sitzend oder an den Füssen der Wadvögel hängend weit
leichter als Landmollusken 300—400 Meilen weit über die offene
See fortgeführt werden können. Die verschiedenen Insectenord-
nungen auf Madeira scheinen analoge Thatsachen darzubieten.

Oceanischen Inseln fehlen zuweilen Thiere gewisser ganzen Classen, deren Stellen anscheinend durch Thiere anderer
Classen eingenommen werden. So vertreten auf den Galapagos
Reptilien und auf Neuseeland flügellose Riesenvögel die Stelle
der Säugethiere. Obwohl aber Neuseeland hier als oceanische
Insel besprochen wird, so ist es doch zweifelhaft ob es mit Recht
dazu gezählt wird; es ist von ansehnlicher Grösse und durch
kein tiefes Meer von Australien getrennt. Nach seinem geolo-
gischen Character und der Richtung seiner Gebirgsketten hat W.
B. CLARKE neuerdings behauptet, diese Insel sollte nebst Neu-
Caledonien nur als Anhängsel von Australien betrachtet werden.
Was die Pflanzen der Galapagos betrifft, so hat Dr. HOOKER gezeigt, dass das Zahlenverhältniss zwischen den verschiedenen
Ordnungen ein ganz anderes als sonst allerwärts ist. Alle solche
Erscheinungen setzt man gewöhnlich auf Rechnung der physikalischen Bedingungen der Inseln; aber diese Erklärung ist ziemlich zweifelhaft. Leichtigkeit der Einwanderung ist, wie mir scheint,
wenigstens eben so wichtig als die Natur der Lebensbedingungen
gewesen.

Rücksichtlich der Bewohner abgelegener Inseln lassen sich
viele merkwürdige kleine Thatsachen anführen. So haben z. B.
auf gewissen nicht mit Säugethieren besetzten Inseln einige endemische Pflanzen prächtig mit Häkchen versehene Samen; und
doch gibt es nicht viele Beziehungen, die augenfälliger wären,
als die Eignung mit Haken besetzter Samen für den Transport
durch die Haare und Wolle der Säugethiere. Dieser Fall bietet
nach meiner Theorie keine Schwierigkeit dar; denn hakentragende
Samen können leicht noch durch andere Mittel von Insel zu Insel
geführt werden, wo dann die Pflanze etwas verändert, aber ihre
widerhakigen Samen behaltend eine endemische Form bildet,
für welche diese Haken einen nun ebenso unnützen Anhang bil-

den, wie es rudimentäre Organe, z. B. die runzeligen Flügel unter
den zusammengewachsenen Flügeldecken mancher insulären Käfer
sind. Ferner besitzen Inseln oft Bäume oder Büsche aus Ordnungen, welche anderwärts nur Kräuter enthalten; nun aber haben Bäume, wie Alph. DeCandolle gezeigt hat, gewöhnlich nur
beschränkte Verbreitungsgebiete, was immer die Ursache dieser
Erscheinung sein mag. Daher ergibt sich dann, dass Baumarten
wenig geeignet sind, entlegene oceanische Inseln zu erreichen;
und eine krautartige Pflanze, wenn sie auch auf einem Continente keine Aussicht auf Erfolg bei der Concurrenz mit vielen
vollständig entwickelten Bäumen hat, kann, wenn sie bei ihrer
ersten Ansiedelung auf einer Insel nur mit andern krautartigen
Pflanzen in Concurrenz tritt, leicht durch immer höher strebenden
und jene überragenden Wuchs ein Übergewicht über dieselben erlangen. Ist dies der Fall, so wird natürliche Zuchtwahl die Höhe
krautartiger Pflanzen, die auf einer oceanischen Insel wachsen,
aus welcher Ordnung sie immer sein mögen, oft etwas zu vergrössern und dieselben erst in Büsche und endlich in Bäume zu
verwandeln geneigt sein.

**Abwesenheit von Batrachiern und Landsäugethieren auf oceani-
schen Inseln.**

Was die Abwesenheit ganzer Ordnungen auf oceanischen
Inseln betrifft, so hat Bory de St.-Vincent schon längst bemerkt,
dass Batrachier (Frösche, Kröten und Molche) nie auf einer der
vielen Inseln gefunden worden sind, womit der grosse Ocean besäet ist. Ich habe mich bemühet diese Behauptung zu prüfen
und habe sie genau richtig befunden, mit Ausnahme von Neuseeland, den Andaman-Inseln und vielleicht den Salomon-Inseln.
Ich habe aber bereits erwähnt, dass es zweifelhaft ist, ob man
Neuseeland zu den Inseln rechnen soll; und in Bezug auf die
Andaman- und Salomon-Gruppen ist es noch zweifelhafter. Dieser
allgemeine Mangel an Fröschen, Kröten und Molchen auf so vielen oceanischen Inseln lässt sich nicht aus ihrer natürlichen Beschaffenheit erklären; es scheint vielmehr, dass dieselben eigenthümlich gut für diese Thiere geeignet wären; denn Frösche sind

auf Madeira, den Azoren und auf Mauritius eingeführt worden, und haben sich so vervielfältigt, dass sie jetzt fast eine Plage sind. Da aber bekanntlich diese Thiere sowie ihr Laich durch Seewasser unmittelbar getödtet werden, so ist leicht zu ersehen, dass deren Transport über Meer sehr schwierig wäre und sie aus diesem Grunde auf keiner oceanischen Insel existiren. Dagegen würde es nach der Schöpfungstheorie sehr schwer zu erklären sein, warum sie auf diesen Inseln nicht erschaffen worden wären.

Säugethiere bieten einen andern Fall ähnlicher Art dar. Ich habe die ältesten Reisewerke sorgfältig durchgegangen und zwar meine Arbeit noch nicht beendigt, aber bis jetzt noch kein unzweifelhaftes Beispiel gefunden, dass ein Landsäugethier (von den gezähmten Hausthieren der Eingebornen abgesehen) irgend eine über 300 Engl. Meilen weit von einem Festlande oder einer grossen Continentalinsel entlegene Insel bewohnt habe; und viele Inseln in viel geringeren Abständen entbehren derselben ebenfalls gänzlich. Die Falklandsinseln, welche von einem wolfartigen Fuchse bewohnt sind, scheinen einer Ausnahme am nächsten zu kommen, können aber nicht als oceanisch gelten, da sie auf einer mit dem Festlande zusammenhängenden Bank 280 Engl. Meilen von diesem entfernt liegen; und da schwimmende Eisberge erratische Blöcke an ihren westlichen Küsten abgesetzt haben, so könnten dieselben auch wohl einmal Füchse mitgebracht haben, wie das jetzt in den arktischen Gegenden oft vorkommt. Doch kann man nicht behaupten, dass kleine Inseln nicht auch kleine Säugethiere ernähren können; denn es ist dies in der That in vielen Theilen der Erde mit sehr kleinen Inseln der Fall, wenn sie dicht an einem Continente liegen; und schwerlich lässt sich eine Insel anführen, auf der unsre kleinen Säugethiere sich nicht naturalisirt und vermehrt hätten. Nach der gewöhnlichen Ansicht von der Schöpfung könnte man nicht sagen, dass nicht Zeit zur Schöpfung von Säugethieren gewesen wäre; viele vulkanische Inseln sind auch alt genug, wie sich theils aus der ungeheuren Zerstörung, die sie bereits erfahren haben, und theils aus dem Vorkommen tertiärer Schichten auf ihnen ergibt; auch ist Zeit gewesen zur Hervorbringung endemischer Arten aus andern Clas-

sen; und auf Continenten erscheinen und verschwinden Säugethiere bekanntlich in rascherer Folge als andere tieferstehende
Thiere. Aber wenn auch Landsäugethiere auf oceanischen Inseln
nicht vorhanden sind, so finden sich doch fliegende Säugethiere
fast auf jeder Insel ein. Neuseeland besitzt zwei Fledermäuse,
die sonst nirgends in der Welt vorkommen; die Norfolkinsel,
der Vitiarchipel, die Boninsinseln, die Marianen- und Carolinen-
gruppen und Mauritius: alle besitzen ihre eigenthümlichen Fledermausarten. Warum, kann man nun fragen, hat die angebliche
Schöpfungskraft auf diesen entlegenen Inseln nur Fledermäuse
und keine anderen Säugethiere hervorgebracht? Nach meiner
Anschauungsweise lässt sich diese Frage leicht beantworten, da
kein Landsäugethier über so weite Meeresstrecken hinwegkommen
kann, welche Fledermäuse noch zu überfliegen im Stande sind.
Man hat Fledermäuse bei Tage weit über den Atlantischen Ocean
ziehen sehen und zwei Nordamerikanische Arten derselben besuchen die Bermudainsel, 600 Engl. Meilen vom Festlande, regelmässig oder zufällig. Ich höre von Mr. Tomes, welcher diese
Familie näher studirt hat, dass viele Arten derselben einzeln genommen eine ungeheure Verbreitung besitzen und sowohl auf
Continenten als weit entlegenen Inseln zugleich vorkommen. Wir
brauchen daher nur anzunehmen, dass solche wandernde Arten
durch natürliche Zuchtwahl den Bedingungen ihrer neuen Heimath angemessen modificirt worden sind, und wir werden das
Vorkommen von Fledermäusen auf solchen Inseln begreifen, bei
Abwesenheit aller Landsäugethiere.

Neben der Abwesenheit der Landsäugethiere in Beziehung
zu der Entfernung der Inseln von Continenten, ist noch eine andere Beziehung in einer bis zu gewissem Grade von diesem Ab-
stande unabhängigen Weise zu berücksichtigen, die Beziehung
nämlich zwischen der Tiefe des eine Insel vom Festlande trennenden Meeres und dem Vorkommen einer gleichen mehr oder weniger modificirten verwandten Säugethierart auf beiden. Windsor
Earl hat einige treffende, seitdem durch Wallace's vorzügliche
Untersuchungen vollständig bestätigte Beobachtungen in dieser
Hinsicht über den grossen Malayischen Archipel gemacht, welcher

in der Nähe von Celebes von einem Streifen sehr tiefen Meeres
durchschnitten wird, der zwei ganz verschiedene Säugethierfaunen
trennt. Auf beiden Seiten desselben liegen die Inseln auf mässig
tiefen untermeerischen Bänken und werden von einander nahe
verwandten oder ganz identischen Säugethierarten bewohnt. Ich
habe bisher nicht Zeit gefunden, diesem Gegenstand auch in andern Weltgegenden nachzuforschen; so weit ich aber damit gekommen bin, bleiben die Beziehungen sich gleich. Wir sehen
Grossbritannien durch einen seichten Canal vom Europäischen
Festlande getrennt, und die Säugethierarten sind auf beiden Seiten die nämlichen. Ähnlich verhält es sich mit vielen nur durch
schmale Meerengen von Neuholland geschiedenen Inseln. Die
Westindischen Inseln stehen auf einer fast 1000 Faden tief un-
tergetauchten Bank; und hier finden wir zwar Amerikanische
Formen, aber von denen des Festlandes verschiedene Arten und
Gattungen. Da das Maass der Abänderung überall in gewissem
Grade von der Zeitdauer abhängt und es eher anzunehmen ist,
dass durch seichte Meerengen abgesonderte Inseln in noch jüngerer
Zeit als die durch tiefe Canäle geschiedenen mit dem Festlande
in Zusammenhang gewesen sind, so vermag man den Grund einer
häufigen Beziehung zwischen der Tiefe des Meeres und dem Ver-
wandtschaftsgrad einzusehen, der zwischen der Säugethierbevöl-
kerung einer Insel und derjenigen des benachbarten Festlandes
besteht, einer Beziehung, welche bei Annahme unabhängiger Schöpfungsacte ganz unerklärbar bleibt.

Alle vorangehenden Bemerkungen über die Bewohner oceanischer Inseln, insbesondere die Spärlichkeit der Arten, die Menge
endemischer Formen in einzelnen Classen oder deren Unterabtheilungen, das Fehlen ganzer Gruppen wie der Batrachier und der
Landsäugethiere trotz der Anwesenheit fliegender Fledermäuse,
die eigenthümlichen Zahlenverhältnisse in manchen Pflanzenordnungen, die Verwandlung krautartiger Pflanzenformen in Bäume
u. s. w., alle scheinen sich mit der Ansicht, dass im Verlaufe
langer Zeiträume gelegentliche Transportmittel viel zur Verbreitung der Organismen mitgewirkt haben, besser zu vertragen als
mit der Meinung, dass alle unsere oceanischen Inseln vordem in

30 *

unmittelbarem Zusammenhang mit dem nächsten Festlande gestanden sind; denn in diesem letzten Falle würde die Einwanderung wohl vollständiger gewesen sein und müssten, wenn man Abänderung zulassen will, alle Lebensformen in gleichmässigerer Weise, der äussersten Wichtigkeit der Beziehung von Organismus zu Organismus entsprechend, modificirt worden sein.

Ich läugne nicht, dass noch viele und grosse Schwierigkeiten vorliegen, zu erklären, auf welche Weise manche Bewohner der entfernteren Inseln, mögen sie nun ihre anfängliche Form beibehalten oder seit ihrer Ankunft abgeändert haben, bis zu ihrer gegenwärtigen Heimath gelangt sind. Doch ist die Wahrscheinlichkeit nicht zu übersehen, dass viele Inseln, von denen keine Spur mehr vorhanden ist, als Ruheplätze existirt haben können. Ich will nur ein Beispiel dieser Art anführen. Fast alle und selbst die abgelegensten und kleinsten oceanischen Inseln werden von Landschnecken bewohnt, und zwar meist von endemischen, doch zuweilen auch von anderwärts vorkommenden Arten. Dr. Aug. A. Gould hat einige interessante Fälle von Landschnecken auf den Inseln des stillen Meeres mitgetheilt. Nun ist es eine anerkannte Thatsache, dass Landschnecken durch Salz sehr leicht zu tödten sind, und ihre Eier (wenigstens diejenigen, womit ich Versuche angestellt) sinken im Seewasser unter und verderben. Und doch muss es meiner Meinung nach irgend ein unbekanntes aber höchst wirksames Verbreitungsmittel für dieselben geben. Sollten vielleicht die jungen eben dem Eie entschlüpften Schneckchen an den Füssen irgend eines am Boden ausruhenden Vogels emporkriechen und dann von ihm weiter getragen werden? Es kam mir der Gedanke, dass Landschnecken, im Zustande des Winterschlafs und mit einem Deckel auf ihrer Schaalenmündung, in Spalten von Treibholz über ziemlich breite Seearme müssten geführt werden können. Ich fand sodann, dass verschiedene Arten in diesem Zustande ohne Nachtheil sieben Tage lang im Seewasser liegen bleiben können. Eine dieser Arten war Helix pomatia; nachdem sie sich wieder zur Winterruhe eingerichtet hatte, legte ich sie noch zwanzig Tage lang in Seewasser, worauf sie sich wieder vollständig erholte. Während dieser Zeit hätte sie von einer Meeresströmung von mittlerer Geschwindigkeit in eine Entfernung von 660 Meilen fortgeführt werden können. Da diese Art einen dicken kalkigen Deckel besitzt, so nahm ich ihn ab, und als sich hierauf wieder ein neuer häutiger Deckel gebildet hatte, tauchte ich sie noch vierzehn Tage in Seewasser, worauf sie wieder vollkommen zu sich kam und davon kroch. Baron AUCAPITAINE hat neuerdings ähnliche Versuche gemacht: er brachte 100, zu 10 Arten gehörige Landschnecken in einen mit Löchern versehenen Kasten und tauchte sie vierzehn Tage lang in Seewasser. Von den 100 Schnecken erhielten sich sieben und zwanzig. Die Anwesenheit eines Deckels scheint von Bedeutung gewesen zu sein, denn von zwölf Exemplaren von Cyclostoma elegans, welches einen Deckel hat, erhielten sich elf. Wenn ich bedenke, wie gut bei mir Helix pomatia dem Seewasser widerstand, so ist es merkwürdig, dass von vier und fünfzig zu vier Arten von Helix gehörigen Exemplaren, mit denen AUCAPITAINE experimentirte, kein einziges sich erholte.

**Beziehungen der Bewohner von Inseln zu denen des nächsten Festlandes.**

Die triftigste und für uns wichtigste Thatsache hinsichtlich der Inselbewohner ist ihre Verwandtschaft mit den Bewohnern des nächsten Festlandes, ohne mit denselben von gleichen Arten zu sein. Davon liessen sich zahlreiche Beispiele anführen. Ich will mich jedoch auf ein einziges beschränken, auf das der Galapagosinseln, welche 500—600 Engl. Meilen von der Küste Südamerika's unter dem Äquator liegen. Hier trägt fast jedes Land- wie Wasserproduct ein unverkennbar continental-amerikanisches Gepräge. Darunter befinden sich 26 Arten Landvögel, von welchen 21 oder vielleicht 23 für besondre Arten gehalten und als hier geschaffen angesehen werden; und doch war die nahe Verwandtschaft der meisten dieser Vögel mit Amerikanischen Arten in jedem ihrer Charactere, in Lebensweise, Betragen und Ton der Stimme offenbar. So ist es auch mit andern Thieren und, wie Dr. HOOKER in seinem ausgezeichneten Werke über die Flora dieser Inselgruppe gezeigt, mit einem grossen Theile der Pflanzen.

Der Naturforscher, welcher die Bewobner dieser vulkanischen
Inseln des stillen Meeres betrachtet, fühlt, dass er auf Amerika-
nischem Boden steht, obwohl er noch einige hundert Meilen von
dem Festlande entfernt ist. Wie mag dies kommen? Woher sollten die, angeblich nur im Galapagos-Archipel und sonst nirgends
erschaffenen Arten diesen so deutlichen Stempel der Verwandtschaft mit den in Amerika geschaffenen haben? Es ist nichts in
den Lebensbedingungen, nichts in der geologischen Beschaffenheit, nichts in der Höbe oder dem Klima dieser Inseln noch in
dem Zahlenverhältnisse der verschiedenen hier zusammenwohnen-
den Classen, was den Lebensbedingungen auf den Südamerikanischen Küsten sehr ähnlich wäre; ja es ist sogar ein grosser
Unterschied in allen diesen Beziehungen vorhanden. Andrerseits
aber besteht eine grosse Ähnlichkeit zwischen der vulkanischen
Natur des Bodens, dem Klima und der Grösse und Höhe der
Inseln der Galapagos einer- und der Capverdischen Gruppe andererseits. Aber welche unbedingte und gänzliche Verschiedenheit in ihren Bewohnern! Die der Inseln des grünen Vorgebirges
sind mit denen Afrika's verwandt, wie die der Galapagos mit
denen Amerika's. Ich glaube, diese bedeutende Thatsache hat
von der gewöhnlichen Annahme einer unabhängigen Schöpfung
der Arten keine Erklärung zu erwarten, während nach der hier
aufgestellten Ansicht es offenbar ist, dass die Galapagos entweder
durch gelegentliche Transportmittel oder in Folge eines früheren
unmittelbaren Zusammenhangs mit Amerika von diesem Welttheile,
wie die Capverdischen Inseln von Afrika aus, bevölkert worden
sind, und dass, obwohl diese Colonisten Modificationen ausgesetzt
gewesen sein werden, doch das Erblichkeitsprincip ihre erste
Geburtsstätte verräth.

Es liessen sich noch viele analoge Fälle anführen; denn es
ist in der That eine fast allgemeine Regel, dass die endemischen
Erzeugnisse von Inseln mit denen der nächsten Festländer oder
anderer benachbarter Inseln in Beziehung stehen. Ausnahmen
sind selten und die meisten leicht erklärbar. So sind die Pflanzen von Kerguelenland, obwohl dieses näher bei Afrika als bei
Amerika liegt, nach Dr. HOOKER's Bericht sehr eng mit denen der

Amerikanischen Flora verwandt; doch erklärt sich diese Abweichung durch die Annahme, dass die genannte Insel hauptsächlich durch strandende Eisberge bevölkert worden sei, welche, den vorherrschenden Seeströmungen folgend, Steine und Erde voll Samen mit sich geführt haben. Neuseeland ist hinsichtlich seiner endemischen Pflanzen mit Neuholland als dem nächsten Continente näher als mit irgend einer andern Gegend verwandt, wie es auch zu erwarten war; es hat aber auch offenbare Verwandtschaft mit Südamerika, das, wenn auch das zweitnächste Festland, so ungeheuer entfernt ist, dass die Thatsache als eine Anomalie erscheint. Doch auch diese Schwierigkeit verschwindet grösstentheils unter der Voraussetzung, dass Neuseeland, Südamerika und andere südliche Länder vor langen Zeiten theilweise von einem entfernt gelegenen Mittelpunkte, nämlich von den antarktischen Inseln aus bevölkert worden sind, als diese vor dem Anfange der Eiszeit mit Pflanzenwuchs bekleidet waren. Die, wenn auch nur schwache, aber nach Dr. HOOKER doch thatsächliche Verwandtschaft zwischen den Floren der südwestlichen Spitzen Australiens und des Caps der guten Hoffnung ist ein viel merkwürdigerer Fall und für jetzt unerklärlich; doch ist dieselbe auf die Pflanzen beschränkt und wird auch ihrerseits sich gewiss eines Tages noch aufklären lassen.

Das Gesetz, vermöge dessen die Bewohner eines Archipels, wenn auch in den Arten verschieden, mit denen des nächsten Festlandes nahe übereinstimmen, wiederholt sich zuweilen in kleinerem Maassstabe aber in sehr interessanter Weise innerhalb einer und der nämlichen Inselgruppe. So haben ganz wunderbarer Weise die verschiedenen Inseln des nur kleinen Galapagos-Archipels, wie schon anderwärts gezeigt worden, ihre sehr nahe verwandten Arten, so dass die Bewohner jeder einzelnen Insel, wenn auch meist distinct, in unvergleichbar näherer Verwandtschaft zu einander stehen, als zu den Bewohnern irgend eines andern Theiles der Welt. Und dies ist nach meiner Anschauungsweise zu erwarten gewesen, da die Inseln so nahe beisammen liegen, dass alle zuverlässig ihre Einwanderer entweder aus gleicher Urquelle oder eine von der andern erhalten haben müssen.

Aber man könnte gerade die Verschiedenheit zwischen den endemischen Bewohnern der einzelnen Inseln als Argument gegen meine Ansicht gebrauchen; denn man könnte fragen, wie es komme, dass auf diesen verschiedenen Inseln, welche einander in Sicht liegen und die nämliche geologische Beschaffenheit, dieselbe Höhe und das gleiche Klima besitzen, so viele Einwanderer auf jeder in einer anderen und doch nur wenig verschiedenen Weise modificirt worden seien? Dies ist auch mir lange Zeit als eine grosse Schwierigkeit erschienen, was aber hauptsächlich von dem tief eingewurzelten Irrthum berrührt, die physischen Bedingungen einer Gegend als das Wichtigste für deren Bewohner zu betrachten, während doch nicht in Abrede gestellt werden kann, dass die Natur der übrigen Organismen, mit welchen jede zu concurriren hat, wenigstens eben so hoch anzuschlagen und gewöhnlich eine noch wichtigere Bedingung ihres Gedeihens ist. Wenn wir nun diejenigen Bewohner der Galapagos, welche als nämliche Species auch in andern Gegenden der Erde noch vorkommen (wobei für einen Augenblick die endemischen Arten ausser Betracht bleiben müssen, weil wir die seit der Ankunft dieser Organismen auf den genannten Inseln erfolgten Umänderungen untersuchen wollen), so finden wir einen grossen Unterschied zwischen den einzelnen Inseln selbst. Diese Verschiedenheit wäre aus der Annahme erklärlich, dass die Inseln durch gelegentliche Transportmittel bestockt worden seien, so dass z. B. der Same einer Pflanzenart zu einer und der einer andern zu einer andern Insel gelangt wäre. Wenn daher in früherer Zeit ein Einwanderer sich auf einer oder mehreren der Inseln angesiedelt oder sich später von einer zu der andern Insel verbreitet hätte, so würde er zweifelsohne auf den verschiedenen Inseln verschiedenen Lebensbedingungen ausgesetzt gewesen sein; denn er hätte auf jeder Insel mit einem andern Kreis von Organismen zu concurriren gehabt. Eine Pflanze z. B. hätte den für sie am meisten geeigneten Boden auf der einen Insel schon vollständiger von andern Pflanzen eingenommen gefunden, als auf der andern, und wäre den Angriffen etwas verschiedener Feinde ausgesetzt gewesen. Wenn sie nun abänderte, so wird die natürliche Zucht-

wahl wahrscheinlich auf verscbiedenen Inseln verschiedene Varietäten begünstigt haben. Einzelne Arten jedoch werden sich
über die ganze Gruppe verbreitet und überall den nämlichen
Character beibehalten baben, wie wir aucb auf Festländern mancbe
weit verbreitete Species überall unverändert bleiben sehen.
Doch die wabrhaft überraschende Tbatsache auf den Galapagos, wie in minderem Grade in einigen anderen Fällen, bestebt
darin, dass sich die neugebildeten Arten nicht über die ganze
Inselgruppe ausgebreitet haben. Aber die einzelnen Inseln, wenn
auch in Sicht von einander gelegen, sind durch tiefe Meeresarme, meistens breiter als der britische Canal von einander geschieden, und es liegt kein Grund zur Annahme vor, dass sie
früher unmittelbar mit einander vereinigt gewesen wären. Die
Seeströmungen sind beftig und gehen quer durcb den Archipel
hindurch, und heftige Windstösse sind ausserordentlich selten,
so dass die Inseln tbatsäcblich stärker von einander geschieden
sind, als dies auf der Karte erscbeinen mag. Demungeachtet
sind doch einige der Arten, sowobl anderwärts vorkommende
wie dem Archipel eigenthümlich angebörende, mehreren Inseln
gemeinsam, und einige Verbältnisse führen zur Vermuthung, dass
diese sich wabrscheinlich von einer der Inseln aus zu den andern verbreitet haben. Aber wir bilden uns, wie icb glaube, oft
eine irrige Meinung über die Wahrscheinlichkeit, dass von nahe
verwandten Arten bei freiem Verkehre die eine ins Gebiet der
andern vordringen werde. Es unterliegt zwar keinem Zweifel,
dass, wenn eine Art irgend einen Vortheil über eine andere hat,
sie dieselbe in kurzer Zeit mehr oder weniger ersetzen wird;
wenn aber beide gleich gut für ihre Stellen in der Natur gemacht
sind, so werden sie wahrscheinlich beide ihre eigenen Plätze behaupten und für alle Zeit behalten. Da es eine uns geläufige
Thatsache ist, dass viele von Menschen einmal naturalisirte Arten
sich mit erstaunlicher Scbnelligkeit über neue Gegenden verbreitet haben, so sind wir wohl zu glauben geneigt, dass die
meisten Arten es ebenso machen würden; aber wir müssen bedenken, dass die in neuen Gegenden naturalisirten Formen gewöhnlich keine naben Verwandten der Ureinwohner, sondern

eigenthümliche Arten siud, welche nach ALPH. DeCandolle verhältnissmässig sehr oft auch besondern Gattungen angehören.
Auf den Galapagos sind sogar viele Vögel, welche ganz wohl
im Stande wären von Insel zu Insel zu fliegen, von einander
verschieden, wie z. B. drei einander nahe stehende Arten von
Spottdrosseln jede auf eine besondere Insel beschränkt sind.
Nehmen wir nun an, die Spottdrossel von Chatham-Island werde
durch einen Sturm nach Charles-Island verschlagen, das schon
seine eigene Spottdrossel hat, wie sollte sie dazu gelangen sich
hier festzusetzen? Wir dürfen mit Gewissheit annehmen, dass
Charles-Island mit ihrer eigenen Art wohl besetzt ist, denn jährlich werden mehr Eier dort gelegt als auskommen können; und
wir dürfen ferner annehmen, dass die Art von Charles-Island für
diese ihre Heimath wenigstens eben so gut geeignet ist als der
neue Ankömmling. Sir Ca. LYELL und WOLLASTON haben mir
eine merkwürdige zur Erläuterung dieser Verhältnisse dienende
Thatsache mitgetheilt, dass nämlich Madeira und das dicht dabei
gelegene Porto Santo viele besondere, aber einander vertretende
Landschnecken besitzen, von welchen einige in Felsspalten leben;
und obwohl grosse Steinmassen jährlich von Porto Santo nach
Madeira gebracht werden, so ist doch diese letzte Insel noch
nicht mit den Arten von Porto Santo bevölkert worden; trotzdem haben sich auf beiden Inseln Europäische Arten angesiedelt,
weil sie zweifelsohne irgend einen Vortheil vor den eingeborenen
voraus hatten. Nach diesen Betrachtungen werden wir uns nicht
mehr sehr darüber wundern dürfen, dass die endemischen und
die stellvertretenden Arten, welche die verschiedenen Galapagos-
Inseln bewohnen, sich noch nicht allgemein von Insel zu Insel
verbreitet haben. In vielen andern Fällen, wie in den verschiedenen Bezirken eines Continentes, hat wahrscheinlich die
frühere Besitzergreifung durch eine Art wesentlich dazu beige-
tragen, die Vermischung von Arten unter gleichen Lebensbedingungen zu hindern. So haben die südöstliche und südwestliche
Ecke Australiens eine nahezu gleiche physikalische Beschaffenheit
und sind durch zusammenhängendes Land miteinander verkettet,

aber gleichwohl durch eine grosse Anzahl verschiedener Säuge-
thier-, Vögel- und Pflanzenarten bewohnt.

Das Princip, welches den allgemeinen Character der Fauna
und Flora der oceaniscben Inseln bestimmt, dass nämlich deren
Bewohner, wenn nicht genau die nämlichen Arten, doch offenbar
mit den Bewohnern derjenigen Gegenden am nächsten verwandt
sind, von welchen aus die Colonisirung am leichtesten stattfinden
konnte, und dass die Colonisten nachher abgeändert und für ihre
neue Heimath geschickter gemacht worden sind: dieses Princip
ist von der weitesten Anwendbarkeit in der ganzen Natur. Wir
sehen dies an jedem Berg, in jedem See, in jedem Marschlande.
Denn die alpinen Arten, mit Ausnahme der durch die Glacial-
ereignisse weithin verbreiteten Formen hauptsächlich von Pflanzen, sind mit denen der umgebenden Tiefländer verwandt; und
so haben wir in Südamerika alpine Colibris, alpine Nager, alpine
Pflanzen u. s. f., aber alle von streng Amerikanischen Formen;
und es liegt auf der Hand, dass ein Gebirge während seiner
allmählichen Emporhebung von den benachbarten Tiefländern aus
colonisirt werden würde. So ist es auch mit den Bewohnern
der Seen und Marschen, so weit nicht die grosse Leichtigkeit
der Überführung denselben Süsswasserformen über die ganze
Erdoberfläche vorzuherrschen gestattet hat. Wir sehen dasselbe
Princip in den Charcteren der meisten blinden Höhlenthiere Europas und Amerikas, sowie in manchen andern Fällen. Es wird
sich nach meiner Meinung überall bestätigen, dass, wo immer
in zwei sehr von einander entfernten Gegenden viele naheverwandte
oder stellvertretende Arten vorkommen, auch einige identische Arten vorhanden sind, welche in Übereinstimmung mit der
vorangehenden Ansicht zeigen, dass in irgend einer früheren
Periode ein Verkehr oder eine Wanderung zwischen beiden Gegenden stattgefunden hat. Und wo immer nahe verwandte Arten
vorkommen, da werden auch viele Formen sein, welche einige
Naturforscher als besondere Arten und andere nur als Varietäten
betrachten. Diese zweifelhaften Formen drücken uns die Stufen
in der fortschreitenden Abänderung aus.

Diese Beziehung zwischen dem Vermögen und der Ausdeh-

nung der Wanderung einer Art, (sei es in jetziger Zeit oder in
einer früheren Periode unter verschiedenen natürlichen Bedingungen,) und dem Vorkommen anderer verwandter Arten in entfernten Theilen der Erde ergibt sich in einer andern, noch all-
gemeinern Weise. Gould sagte mir vor langer Zeit, dass von
denjenigen Vogelgattungen, welche sich über die ganze Erde
erstrecken, auch viele Arten eine weite Verbreitung besitzen.
Ich vermag kaum zu bezweifeln, dass diese Regel allgemein
richtig ist, obwohl dies schwer zu beweisen sein dürfte. Unter
den Säugethieren finden wir sie scharf bei den Fledermäusen
und in schwächerem Grade bei den hunde- und katzenartigen
Thieren ausgesprochen. Wir sehen sie in der Verbreitung der
Schmetterlinge und Käfer. Und so ist es auch bei den meisten
Süsswasserformen, unter welchen so viele Gattungen über die
ganze Erde reichen und viele einzelne Arten eine ungeheure
Verbreitung besitzen. Es soll nicht behauptet werden, dass in
den über die ganze Erde verbreiteten Gattungen alle Arten in
weiter Ausdehnung vorkommen. Auch soll nicht gesagt werden,
dass die Arten im Mittel eine sehr weite Verbreitung haben;
denn dies wird grossentheils davon abhängen, wie weit der Modificationsprocess gegangen ist. So können z. B. zwei Varietäten
einer Art die eine Europa und die andere Amerika bewohnen,
und die Art hat dann eine unermessliche Verbreitung; ist aber
die Abänderung etwas weiter gediehen, so werden die zwei Varietäten als zwei verschiedene Arten gelten und die Verbreitung
einer jeden wird sehr beschränkt erscheinen. Noch weniger soll
gesagt werden, dass eine Art, welche allem Anschein nach das
Vermögen besitzt, Schranken zu überschreiten und sich weit auszubreiten, wie mancher mit kräftigen Flügeln versehene Vogel,
sich auch weit ausbreiten muss; denn wir dürfen nicht vergessen,
dass zur weiten Verbreitung nicht allein das Vermögen Schranken zu überschreiten, sondern auch noch das bei weitem wichtigere Vermögen gehört, in fernen Landen den Kampf um's Dasein mit den neuen Genossen siegreich zu bestehen. Aber nach
der Annahme, dass alle Arten einer Gattung, wenn gleich jetzt
über die entferntesten Theile der Erde zerstreut, von einem ein-

zelnen Urerzeuger abstammen, müssten wir finden und finden es
auch, wie ich glaube, als allgemeine Regel, dass wenigstens
einige Arten eine sehr weite Verbreitung besitzen; denn es muss
nothwendig der noch unveränderte Ahne sich während seiner
Verbreitung unter fortwährender Abänderung über weite Gebiete
erstreckt und unter verschiedenartigen Lebensbedingungen eine
günstige Stellung für die Umgestaltung seiner Nachkommen zuerst in neue Varietäten und endlich in neue Arten gewonnen
haben.

Bei Betrachtung der weiten Verbreitung mancher Gattungen
dürfen wir nicht vergessen, dass viele derselben ausserordentlich
alt sind und von einem gemeinsamen Urerzeuger in einer sehr
frühen Periode abstammen werden; daher in solchen Fällen genügende Zeit war sowohl für grosse klimatische und geographische Veränderungen als für gelegentlichen Transport, folglich
auch für die Wanderung einiger Arten nach allen Theilen der
Welt, wo sie dann in einer den neuen Verhältnissen angemessenen Weise abgeändert worden sind. Ebenso haben wir nach
geologischen Zeugnissen Grund zur Annahme, dass in jeder
Hauptclasse die tiefstehenden Organismen gewöhnlich langsamer
als die höheren Formen abändern; daher die tieferen Formen
mehr Aussicht gehabt haben, sich weit zu verbreiten, und doch
dieselben specifischen Merkmale zu behaupten. Diese Thatsache
in Verbindung mit dem Umstande, dass die Samen und Eier vieler
tiefstehenden Formen ausserordentlich klein sind und sich zur
weiten Fortführung besser eignen, erklärt wahrscheinlich ein
Gesetz, welches schon längst bekannt und erst unlängst von
Alph. DeCandolle in Bezug auf die Pflanzen vortrefflich erläutert
worden ist: dass nämlich jede Gruppe von Organismen sich zu
einer um so weiteren Verbreitung eigne, je tiefer sie steht.

Die soeben erörterten Beziehungen, dass nämlich unvollkommene und sich langsam abändernde Organismen sich weiter als
die vollkommenen verbreiten, — dass einige Arten weit ausge-
breiteter Gattungen selbst eine grosse Verbreitung besitzen, und
derartige Thatsachen, dass Alpen-, Süsswasser- und Marsch-Be-
wohner (mit den angedeuteten Ausnahmen) ungeachtet der Ver-

schiedenheit der Standorte mit denen der umgebenden Tief- und
Trockenländer verwandt sind, — die sehr nahe Verwandtschaft
der verschiedenen Arten, welche die einzelnen Inseln eines und
desselben Archipels hewohnen, — und inahesondere die suffal-
lende Verwandtschaft der Bewohner einer ganzen Inselgruppe
mit denen des nächsten Festlandea: alle diese Verhältnisse sind
nach meiner Meinung nach der gewöhnlichen Annahme einer unabhängigen Schöpfung der einzelnen Arten völlig unverständlich,
dagegen leicht zu erklären durch die Annahme stattgefundener
Colonisation von der nächsten oder gelegensten Quelle aus mit
nachfolgender Abänderung und hesserer Anpassung der Ansiedler an ihre neue Heimath.

### Zusammenfassung dieses und des vorigen Capitels.

In diesen zwei Capiteln babe ich nachzuweisen gestrebt,
dass, wenn wir unsere Unwissenheit über alle Folgen der klimatischen und Niveauveränderungen der Länder, welche in der
Jetztzeit gewiss vorgekommen sind, und noch anderer Veränd-
rungen, die in derselhen Zeit stattgefunden haben mögen, gebüh-
rend eingestehen und unsere tiefe Unkenntniss der mannichfaltigen gelegentlichen Transportmittel (worüher kaum jemals angemessene Versuche veranstaltet worden sind) anerkennen, und
wenn wir erwägen, wie oft eine oder die andere Art sich über
ein zusammenhängendes weites Gebiet ausgebreitet hahen mag,
um später in den mittleren Theilen desselben zu erlöschen, so
scheinen mir die Schwierigkeiten der Annahme, daas alle Individuen einer Species, wo sie auch immer vorkommen mögen,
von gemeinsamen Eltern ahstammen, nicht unüberwindlich zu
aein; und so leiten uns schliesslich Betrachtungen allgemeiner
Art inshesondere über die Wichtigkeit der natürlichen Schranken
und die analoge Vertheilung von Untergattungen, Gattungen und
Familien zur Annahme dessen, waa viele Naturforscher als einzelne Schöpfungsmittelpunkte bezeichnet bahen.

Was die verschiedenen Arten einer nämlichen Gattung betrifft, die nach meiner Theorie von einer Gehurtastätte auagegangen
sein müssen, so halte ich, wenn wir unsere Unwissenheit wie

vorhin eingesehen und bedenken, dass mancha Lebensformen
nur sehr langsam abändern und mithin ungeheuer langer Zeiträume für ihre Wanderungen bedurften, die Scbwierigkeit nicbt
für unüberwindlich, obgleich sie in diesem Falle so wie binsicbt-
lich der Individuen einer nämlichen Art oft ausserordentlicb
gross sind.

Um die Wirkung des Klimawechsels auf die Vertbeilung
der Organismen durch Beispiele zu erläutern, habe ich die Wichtigkeit des Einflusses der jüngeren Eiszeit nachzuweisen gesucht,
welche nach meiner vollen Überzeugung sich gleicbzeitig über
die ganze Erdobarfläcbe oder wenigstens über grosse Längen-
stricbe derselben erstreckt hat. Um nun zu zeigen, wie mannichfaltig dia gelegentlichen Transportmittel sind, habe ich dia Aus-
breitungsweisa der Süsswasserbewohner etwas ausführlicher erörtert.

Wenn sich die Schwierigkeiten der Annahme, dass im Verlaufe langer Zeiten die Einzelwesen einer Art eben so wie die
verwandter Arten von einer gemeinsamen Quelle ausgegangen
sind, sich nicht unübersteiglich erweisen, dann glauba ich, dass
alle leitenden Erscbeinungen der geographischen Verbreitung
mittelst der Theoria der Wanderung (hauptsächlicb der herrschenderen Lebensformen) und darauffolgender Abänderung und Vermehrung der neuen Formen erklärbar sind. Man vermag alsdann
die grossa Bedeutung der natürlichen Schranken — Wasser odar
Land — zwiscben den verschiedenen botanischen wie zoologischen Provinzen zu erkennen. Man vermag dann die örtliche
Bascbränkung von Untergattungen, Gattungen und Familien zu
begreifen, und wober es komme, dass in verschiedenen geographischen Breiten, wie z. B. in Südamerika, die Bewohner der
Ebenen und Berge, der Wälder, Marscben und Wüsten, in so
geheimnissvoller Weisa durch Verwandtschaft miteinander wie
mit den erloschenen Wesen verkettet sind, welche ehedem denselben Welttheil bewobnt baben. Wann wir erwägen, dass die
gegenseitigen Beziebungen von Organismus zu Organismus von
böchster Wichtigkeit sind, vermögen wir einzusehen, warum zwei
Gebieta mit beinahe den gleichen physikalischen Bedingungen oft

von sehr verschiedenen Lebensformen bewohnt sind. Denn je nach der Länge der seit der Ankunft der neuen Bewohner in einer der beiden oder in beiden Gegenden verflossenen Zeit, — je nach der Natur des Verkehrs, welcher gewissen Formen gestattete und andern wehrte sich in grösserer oder geringerer Anzahl einzudrängen, — je nachdem diese Eindringlinge in mehr oder weniger unmittelbare Concurrenz miteinander und mit den Urbewohnern geriethen oder nicht, — und je nachdem dieselben mehr oder weniger rasch zu variiren fähig waren: müssen in verschiedenen Gegenden, ganz unabhängig von ihren physikalischen Verhältnissen, unendlich vermannichfachte Lebensbedingungen entstanden sein, — muss ein fast endloser Betrag von organischer Wirkung und Gegenwirkung sich entwickelt haben, — und müssen, wie es wirklich der Fall ist, einige Gruppen von Wesen in hohem und andere nur in geringem Grade abgeändert, müssen einige zu grossem Übergewicht entwickelt und andere nur in geringer Anzahl in den verschiedenen grossen geographischen Provinzen der Erde vorhanden sein.

Nach diesen nämlichen Principien ist es, wie ich nachzuweisen versucht habe, auch zu begreifen, warum oceanische Inseln nur wenige, aber der Mehrzahl nach endemische oder eigenthümliche Bewohner haben, und warum daselbst in Übereinstimmung mit den Wanderungsmitteln die eine Gruppe von Wesen lauter endemische und die andere Gruppe, sogar in der nämlichen Classe, lauter Arten darbietet, die sie mit andern Gebieten der Erde gemein hat. Es lässt sich einsehen, warum ganze Gruppen von Organismen, wie Batrachier und Landsäugethiere, auf den oceanischen Inseln fehlen, während die meisten vereinzelt liegenden Inseln ihre eigenthümlichen Arten von Luftsäugethieren oder Fledermäusen besitzen. Es lässt sich die Ursache einer gewissen Beziehung erkennen zwischen der Anwesenheit von Säugethieren von mehr oder weniger abgeänderter Beschaffenheit auf Inseln und der Tiefe der diese vom Festlande trennenden Canäle. Es ergibt sich deutlich, warum alle Bewohner einer Inselgruppe, wenn auch auf jedem der Eilande von anderer Art, doch innig miteinander und, in minderem Grade, mit denen des nächsten

Fastlandes oder des sonst wahrscheinlichen Stammlandes verwandt sind. Wir sehen deutlich ein, warum in zwei, wenn auch weit von einander entfernten Ländergebieten eine gewisse Wechselbeziehung in der Anwesenheit von identischen Arten, von Varietäten, von zweifelhaften Arten und von verschiedenen aber stellvertretenden Species zu erkennen ist.

Wie der verstorbene EDWARD FORBES oft behauptet hat: as besteht ein strenger Parallelismus in den Gesetzen des Lebens durch Zeit und Raum. Die Gesetze, welche die Aufeinanderfolga der Formen in vergangenen Zeiten geleitet haben, sind fast die nämlichen, von denen in der Jetztzeit deren Verschiedenheiten in verschiedenen Ländergebieten abhängen. Wir erkennen dies aus vielen Thatsachen. Die Erscheinung jeder Art und Artengruppe ist der Zeit nach continuirlich; denn der Ausnahmen von dieser Regel sind so wenige, dass sie wohl am richtigsten daraus erklärt werden, dass wir deren in den mittleren Schichten vorkommende Reste, wo sie fehlen, aber darüber und darunter vorkommen, nur noch nicht entdeckt haben; — so ist es auch in Bezug auf den Raum sicherlich allgemeine Regel, dass das von einer einzelnen Art oder einer Artengruppe bewohnte Gebiet continuirlich ist, indem die allerdings nicht seltenen Ausnahmen sich, wie ich zu zeigen versucht habe, dadurch erklären, dass jene Arten in einer früheren Zeit unter abweichenden Verhältnissen oder mittelst gelegentlichen Transportes gewandert sind, oder in den mittleren Gegenden ausgedehnter Gebiete erloschen sind. Arten und Artengruppen haben ein Maximum der Entwickelung in der Zeit wie im Raum. Artengruppen, welche in einem gewissen Zeitabschnitt oder in einem gewissen Raumbezirk zusammenleben, sind oft durch besondere auffallende aber unbedeutende Merkmale, wie Sculptur oder Farbe, characterisirt. Wenn wir die lange Reihe verflossener Zeitabschnitte mit den mehr und weniger weit über die Erdoberfläche vertheilten zoologischen und botanischen Provinzen vergleichen, so finden wir hier wie dort, dass einige Organismen nur wenig von einander differiran, während andere aus andern Classen, Ordnungen oder auch nur andern Familien derselben Ordnung weit abweichen. In Zeit und

Raum ändern die tieferen Glieder jeder Classe gewöhnlich minder als die höhern ab; doch kommen in beiden Fällen auffallende Ausnahmen von dieser Regel vor. Nach meiner Theorie sind diese verschiedenen Beziehungen durch Zeit und Raum ganz begreiflich; denn mögen wir die Lebensformen ansehen, welche in aufeinander folgenden Zeitaltern innerhalb derselben Theile der Erdoberfläche gewechselt, oder jene, welche erst nach ihren Wanderungen in andere Weltgegenden sich abgeändert, in beiden Fällen sind die Formen innerhalb jeder Classe durch das nämliche Band der gewöhnlichen Zeugung miteinander verkettet; und in beiden Fällen sind die Gesetze der Abänderung die nämlichen gewesen und sind Modificationen durch die nämliche Kraft der natürlichen Zuchtwahl gehäuft worden.

---

## Dreizehntes Capitel.

## Gegenseitige Verwandtschaft organischer Wesen; Morphologie; Embryologie; Rudimentäre Organe.

Classification: Unterordnung der Gruppen. — Natürliches System. — Regeln und Schwierigkeiten der Classification erklärt aus der Theorie der Fortpflanzung mit Abänderung. — Classification der Varietäten. — Abstammung stets bei der Classification benutzt. — Analoge oder Anpassungscharactere. — Verwandtschaften: allgemeine, verwickelte und strahlenförmige. — Erlöschung trennt und begrenzt die Gruppen. — Morphologie: zwischen Gliedern derselben Classe und zwischen Theilen desselben Individuum. — Embryologie: deren Gesetze daraus erklärt, dass Abänderung nicht im frühen Lebensalter eintritt, aber in correspondirendem Alter vererbt wird. — Rudimentäre Organe: ihre Entstehung erklärt. — Zusammenfassung.

### Classification.

Von der ersten Stufe des Lebens an gleichen alle organischen Wesen einander in immer weiter abnehmendem Grade, so dass man sie in Gruppen und Untergruppen classificiren kann. Diese Gruppirung ist offenbar nicht willkürlich, wie die der

Sterne zu Gestirnen. Das Dasein von Gruppen würde eine einfache Bedeutung baben, wenn eine Gruppe ausschliesslicb für die Land- und eine andere für die Wasserbewohner, eine für die Fleiscb-, eine andere für die Pflanzenfresser u. s. w. bestimmt wäre; in der Natur aber verhält sich die Sache sebr abweicbend, denn es ist bekannt, wie oft sogar Glieder einer nämlichen Untergruppe verachiedene Lebensweise besilzen. Im zweiten und vierten Capitel, über Abänderung und natürliche Zuchtwahl, habe icb zu zeigen versucht, dass es in jedem Lande die weit verbreiteten, die überall gemeinen und die herrschenden Arten der grossen Gattungen in jeder Classe sind, die am meisten variiren. Die so gebildeten Varietäten oder beginnenden Arten gehen, wie ich glaube, endlich in neue und verschiedene Arten über, welche nach dem Vererbungsprincip geneigt aind andere neue und herrschende Arten zu erzeugen. Demzufolge streben die Gruppen, welche jetzt gross sind und gewöhnlich viele herrschende Arten in sich einschliessen, danach, beständig an Umfang zuzunehmen. Ich habe weiter nachzuweisen gesucbt, dass aus dem Streben der abändernden Nachkommen einer Art so viele und verscbiedene Stellen als möglich im Haushalte der Natur einzunehmen, eine beständige Neigung zur Divergenz der Charactere entspringt. Diese Folgerung wurde unterstützt durch die Betracbtung der grossen Mannichfaltigkeit der Formen, die, auf irgend einem kleinen Gebiete, in Concurrenz zu einander geralben, und durcb die Wahrnehmung gewisser Thatsachen bei der Naturalisirung.

Ich habe weiter darzuthun versucbt, dass bei den in Zahl und in Divergenz des Characters zunehmenden Formen ein fortwäbrendes Streben vorhanden ist, die früheren minder divergenten und minder verbesserten Formen zu unterdrücken und zu ersetzen. Ich ersuche den Leser, nocbmals das Schema anzusehen, welches bestimmt war, diese verschiedenen Principien zu erläutern, und er wird finden, dass die einem gemeinsamen Urerzeuger entsprossenen abgeänderten Nachkommen unvermeidlicb immer weiter in Gruppen und Untergruppen auseinanderfallen müssen. In dem Schema mag jeder Buchstabe der obersten Linie eine Gattung bezeichnen, welche mebrere Arten entbält,

31 *

und alle Gattungen dieser obern Linie bilden miteinander eine Classe, denn alle sind von einem gemeinsamen alten Erzeuger entsprossen und haben mithin irgend etwas Gemeinsames ererht. Aber die drei Gattungen auf der linken Seite baben diesem nämlichen Princip zufolge mehr miteinander gemein und bilden eine Unterfamilie verschieden von derjenigen, welche die zwei rechts zunächstfolgenden einschliesst, die auf der fünften Abstammungsstufe einem ihnen und jenem gemeinsamen Erzeuger entsprungen sind. Diese fünf Genera haben auch noch Manches, doch weniger als vorhin miteinander gemein und bilden miteinander eine Familie, verschieden von der die nächsten drei Gattungen weiter rechts umfassenden, welche sich in einer noch früheren Periode von den vorigen abgezweigt baben. Und alle diese von A entsprungenen Gattungen bilden eine von der aus I entsprossenen verschiedene Ordnung. So haben wir hier viele Arten von gemeinsamer Abstammung in mehrere Genera vertheilt, und diese Genera bilden, indem sie zu immer grösseren Gruppen zusammentreten, erst Unterfamilien, dann Familien, dann Ordnungen, welche zu einer Classe gehören. So erklärt sich nach meiner Ansicht die grosse Erscheinung der Suhordination aller organischen Wesen in Gruppen unter Gruppen, die uns freilich in Folge unserer Gewöhnung daran nicht mehr sebr aufzufallen pflegt. Die organischen Wesen lassen sich ohne Zweifel, wie alle anderen Gegenstände, in vielfacher Weise in Gruppen ordnen, entweder künstlich nach einzelnen Characteren, oder natürlicher nach einer Anzahl von Merkmalen. Wir wissen z. B., dass man auch Mineralien und selhst Elementarstoffe so anordnen kann. In diesem Falle gibt es natürlich keine Beziehung der Classification zu der genealogischen Aufeinanderfolge, und es lässt sich kein Grund angehen, warum sie in Gruppen zerfallen. Bei organischen Wesen steht aber die Sache anders und die ohen entwickelte Ansicht erklärt ihre natürliche Anordnung in Gruppen unter Gruppen, und eine andere Erklärung ist nie versucht worden.

Die Naturforscher hemühen sich, wie wir gesehen hahen, die Arten, Gattungen und Familien jeder Classe in ein sogenanntes natürliches System zu ordnen. Aber was versteht man unter einem solchen System? Einige Schriftsteller betrachten es nur als ein Fachwerk, worin die einander ähnlichsten Lebenwesen zusammengeordnet und die unähnlichsten auseinander gehalten werden, — oder als ein künstliches Mittel, um allgemeine Sätze so kurz wie möglich auszudrücken, so dass, wenn man z. B. in einem Satz (Diagnose) die allen Säugethieren, in einem andern die allen Raubsäugethieren und in einem dritten die allen hundeartigen Raubsäugethieren gemeinsamen Merkmale zusammengefasst hat, man endlich im Stande ist, schon durch Beifügung eines einzigen ferneren Satzes eine vollständige Beschreibung jeder beliebigen Hundeart zu liefern. Das Sinnreiche und Nützliche dieses Systems ist unbestreitbar; doch glauben einige Naturforscher, dass das natürliche System noch eine weitere Bedeutung habe, nämlich die, den Plan des Schöpfers zu enthüllen; so lange als es aber keine Ordnung im Raume oder in der Zeit oder in beiden nachweist, und als nicht näher bezeichnet wird, was mit dem „Plane des Schöpfers" gemeint ist, scheint mir damit für unsere Kenntniss nichts gewonnen zu sein. Solche Ausdrücke, wie die berühmten Linné'schen, die wir oft in mancherlei Einkleidungen versteckt wieder finden, dass nämlich die Charactere nicht die Gattung machen, sondern die Gattung die Charactere gebe, scheinen mir zugleich andeuten zu sollen, dass unsere Classification noch etwas mehr als blosse Ähnlichkeit zu berücksichtigen habe. Und ich glaube in der That, dass dies der Fall ist, und dass die Nähe der Blutsverwandtschaft (die einzige bekannte Ursache der Ähnlichkeit organischer Wesen) das durch mancherlei Modificationsstufen verborgene Band ist, welches durch unsere natürliche Classification theilweise enthüllt werden kann.

Betrachten wir nun die bei der Classification befolgten Regeln und die dabei vorkommenden Schwierigkeiten von der Ansicht aus, dass die Classification entweder einen unbekannten Schöpfungsplan darstellt oder auch nur ein Mittel bietet, die einander ähnlichsten Formen zusammenzustellen und dadurch die allgemeinen Beschreibungen abzukürzen. Man könnte annehmen und es ist in älteren Zeiten angenommen worden, dass diejenigen

Theile der Organisation, welche die Lebensweise und im Allgemeinen die Stellung eines jeden Wesens im Haushalta der Natur bestimmen, von erster Wichtigkeit wären. Und doch kann nichts unrichtiger sein. Niemand legt mehr der äussern Ähnlichkeit dar Maus mit der Spitzmaus, des Dugongs mit dem Wale, und des Wales mit dem Fisch einige Wichtigkeit bei. Diese Ähnlichkeiten, wenn auch in innigstem Zusammenhange mit dem ganzen Leben des Thieres stehend, werden als blosse „analoge oder Anpassungscharactere" bezeichnet; doch werden wir auf die Betrachtung dieser Ähnlichkeiten später zurückkommen. Man kann es sogar als eine allgemeine Regel ansehen, dass, je weniger ein Theil der Organisation für Specialzwecke bestimmt ist, desto wichtiger er für die Classification wird. So z. B. sagt R. Owen, indem er vom Dugong spricht: „Ich habe die Generationsorgane, insofern sie mit Lebens- und Ernährungsweisa der Thiere in wenigst naher Beziehung stehen, immer als solche betrachtet, welche die klarsten Andeutungen über die wahren Verwandtschaften derselben zu liefern vermögen. Wir sind am wenigsten der Gefahr ausgesetzt, in Modificationen dieser Organe einen bloss adaptiven für einen wesentlichen Character zu nehmen." So ist es auch mit den Pflanzen. Wie merkwürdig ist es nicht, dass die Vegetationsorgane, von welchen ihr Leben überhaupt abhängig ist, ausser für die ersten Hauptabtheilungen, so wenig zu bedeuten haben, während die Reproductionswerkzeuge und deren Erzeugniss, der Same, von oberster Bedeutung sind.

Wir dürfen uns daher bei der Classification nicht auf Ähnlichkeiten zwischen Theilen der Organisation verlassen, wie bedautend sie auch für das Gedeihen des Wesens in seinen Beziehungen zur äusseren Welt sein mögen. Dieser Ursache ist es vielleicht auch zum Theile zuzuschreiben, dass fast alle Naturforscher die grösste Wichtigkeit auf die Ähnlichkeit solcher Organe legen, welche in vitaler oder physiologischer Hinsicht von boher Bedeutung sind. Diese Ansicht von der classificatorischan Bedeutung an sich bedeutungsvoller Organe ist ohne Zweifal wobl im Allgemeinen, aber nicht in allen Fällen richtig.

Jedoch hängt die Wichtigkeit der Organe für die Classification nach meiner Meinung hauptsächlich von ihrer grösseren Beständigkeit in grossen Artengruppen ab, und diese Beständigkeit hängt davon ab, dass solche Organe bei der Anpassung der Arten an äussere Lebensbedingungen allgemein weniger abgeändert worden sind. Dass aber die physiologische Wichtigkeit eines Organes seine Bedeutung für die Classification nicht allein bestimme, ergibt sich fast schon aus der Thatsache allein, dass der classificatorische Werth eines Organes in verwandten Gruppen, wo man ihm doch eine gleiche physiologische Bedeutung zuschreiben darf, oft weit verschieden ist. Kein Naturforscher kann sich mit einer Gruppe näher beschäftigt haben, ohne dass ihm dies aufgefallen wäre, was auch in den Schriften fast aller Autoren vollkommen anerkannt wird. Es wird genügen, wenn ich Robert Brown als den höchsten Gewährsmann citire, welcher bei Erwähnung gewisser Organe bei den Proteaceen sagt: ihre generische Wichtigkeit „ist so wie die aller ihrer Theile nicht allein in dieser, sondern nach meiner Erfahrung in allen natürlichen Familien sehr ungleich und scheint mir in einigen Fällen ganz verloren zu geben." Eben so sagt er in einem andern Werke: die Genera der Connaraceae „unterscheiden sich durch die Ein- oder Mehrzahl ihrer Ovarien, durch Anwesenheit oder Mangel des Eiweisses und durch die schuppige oder klappenartige Ästivation. Ein jedes einzelne dieser Merkmale ist oft von mehr als generischer Wichtigkeit; hier aber erscheinen alle zusammen genommen unzureichend, um nur die Gattung Cnestis von Connarus zu unterscheiden." Ich will noch ein Beispiel von den Insecten entlehnen, wo in der Classe der Hymenopteren nach Westwood's Beobachtung die Fühler in einer Hauptabtheilung von sehr beständiger Bildung sind, während sie in einer andern Abtheilung sehr abändern und die Abweichungen von ganz untergeordnetem Werthe für die Classification sind; und doch wird niemand behaupten wollen, dass die Fühler in diesen zwei Gruppen von ungleichem physiologischem Werthe seien. So liessen sich noch viele Beispiele von der veränderlichen Wichtigkeit desselben wesentlichen Organes für die Classification innerhalb derselben Gruppe von Organismen anführen.

Es wird ferner niemand behaupten, rudimentäre oder verkümmerte Organe wären von hoher physiologischer Wichtigkeit, und doch gibt es ohne Zweifel Organe, welche in diesem Zustande für die Classification einen grossen Werth haben. So bestreitet niemand, dass die Zahnrudimente im Oberkiefer junger Wiederkäuer so wie gewisse Knochenrudimente in den Füssen sehr nützlich sind, um die nahe Verwandtschaft der Wiederkäuer mit den Dickhäutern zu beweisen. Und so bestand auch ROBERT BROWN streng auf der hohen Bedeutung, welche die Stellung der verkümmerten Blumen der Gräser für ihre Classification haben.

Dagegen lässt sich eine Menge von Fällen nachweisen, wo Charactere an Organen von sehr unbedeutender physiologischer Wichtigkeit allgemein für sehr nützlich zur Bestimmung ganzer Gruppen gelten. So ist z. B. der Umstand, ob eine offene Communication zwischen der Nasenhöhle und der Mundhöhle vorhanden ist, nach R. OWEN der einzige unbedingte Unterschied zwischen Reptilien und Fischen; und eben so wichtig ist die Einbiegung des Unterkieferwinkels bei den Beutelthieren, die verschiedene Zusammenfaltungsweise der Flügel bei den Insecten, die blosse Farbe bei gewissen Algen, die Behaarung gewisser Blüthentheile bei den Gräsern, die Art der Hautbedeckung, wie Haar- oder Federkleid bei den Wirbelthierclassen. Hätte der Ornithorhynchus ein Feder- statt ein Haargewand, so würde dieser äussere unwesentlich scheinende Character vielleicht von manchen Naturforschern als ein ebenso wichtiges Hilfsmittel zur Bestimmung des Verwandtschaftsgrades dieses sonderbaren Geschöpfes den Vögeln und den Reptilien gegenüber, wie die Annäherung in der Structur einiger wesentlicheren inneren Organe angesehen werden.

Die Wichtigkeit an sich gleichgiltiger Charactere für die Classification hängt hauptsächlich von ihrer Correlation zu manchen anderen mehr und weniger wichtigen Merkmalen ab. In der That ist der Werth untereinander zusammenhängender Charactere in der Naturgeschichte sebr augenscheinlich. Daher kann sich, wie oft bemerkt worden ist, eine Art in mehreren einzelnen Characteren von hoher physiologischer Wichtigkeit und fast allgemeinem Übergewicht weit von ihren Verwandten entfernen und uns doch nicht in Zweifel darüber lassen, wohin sie gehört. Daher hat sich auch oft genug eine bloss auf ein einziges Merkmal, wenn gleich von höchster Bedeutung, gegründete Classification als mangelhaft erwiesen; denn kein Theil der Organisation ist allgemein beständig. Die Wichtigkeit einer Verkettung von Characteren, wenn auch keiner davon wesentlich ist, erklärt nach meiner Meinung allein den Ausspruch Linné's, dass die Charactere nicht das Genus machen, sondern dieses die Charactere gibt; denn dieser Ausspruch scheint auf eine Würdigung vieler untergeordneter ähnlicher Punkte gegründet zu sein, welche für die Definition zu gering sind. Gewisse zu den Malpighiaceen gehörige Pflanzen bringen vollkommene und verkümmerte Blüthen zugleich hervor; die letzten verlieren nach A. DE JUSSIEU's Bemerkung „die Mehrzahl der Art-, Gattungs-, Familien- und selbst Classencharactere und spotten mithin unserer Classification." Als aber Aspicarpa mehrere Jahre lang in Frankreich nur verkümmerte Blüthen lieferte, welche in einer Anzahl der wichtigsten Punkte der Organisation so wunderbar von dem eigentlichen Typus der Ordnung abwichen, da erkannte RICARO scharfsichtig genug, wie JUSSIEU bemerkt, dass diese Gattung unter den Malpighiaceen zurückbehalten werden müsse. Dieser Fall scheint mir den Geist wohl zu bezeichnen, in welchem unsere Classificationen zuweilen nothwendig gegründet sind.

In der Praxis bekümmern sich aber die Naturforscher nicht viel um den pbysiologischen Werth des Characters, deren sie sich zur Definition einer Gruppe oder bei Einordnung einer Species bedienen. Wenn sie einen nahezu einförmigen und einer grossen Anzahl von Formen gemeinsamen Character finden, der bei andern nicht vorkommt, so benutzen sie ihn als sehr werthvoll; kömmt er bei einer geringern Anzahl vor, so ist er von geringerem Werthe. Zu diesem Grundsatze haben sich einige Naturforscher offen als zu dem einzig richtigen bekannt, und späterer Entdeckung vieler verwandter Arten mit nur schwach abgestuften Unterschieden.

Alle voranstehenden Regeln, Behelfe und Schwierigkeiten der Classification erklären sich, wenn ich mich nicht sehr täusche, durch die Annahme, dass das natürliche System auf Fortpflanzung unter fortwährender Abänderung sich gründe, dass diejenigen Charactere, welche nach der Ansicht der Naturforscher eine echte Verwandtschaft zwischen zwei oder mehr Arten darthun, von einem gemeinsamen Ahnen ererbt sind: und insofern ist alle echte Classification eine genealogische; — dass gemeinsame Abstammung das unsichtbare Band ist, wonach alle Naturforscher unbewusster Weise gesucht haben, nicht aber ein unbekannter Schöpfungsplan, oder der Ausdruck für allgemeine Beziehungen, oder eine angemessene Methode die Naturgegenstände nach den Graden ihrer Ähnlichkeit oder Unähnlichkeit zu sortiren.

Doch ich muss meine Ansicht ausführlicher auseinandersetzen. Ich glaube, dass die Anordnung der Gruppen in jeder Classe, ihre gegenseitige Nebenordnung und Unterordnung streng genealogisch sein muss, wenn sie natürlich sein soll; dass aber das Maass der Verschiedenheit zwischen den verschiedenen Gruppen oder Verzweigungen, obschon sie alle in gleicher Blutsverwandtschaft mit ihrem gemeinsamen Erzeuger stehen, sehr ungleich sein kann, indem dieselbe von den verschiedenen Graden erlittener Abänderung abhängig ist; und dies findet seinen Ausdruck darin, dass die Formen in verschiedene Gattungen, Familien, Sectionen und Ordnungen gruppirt werden. Der Leser wird meine Meinung am besten verstehen, wenn er sich nochmals nach dem Schema im vierten Capitel umsehen will. Nehmen wir an, die Buchstaben A bis L stellen verwandte Genera vor, welche in der silurischen Zeit gelebt und selbst von einer Art abstammen, die in einer unbekannten früheren Periode existirt hat. Arten von dreien dieser Genera (A, F und I) haben sich in abgeänderten Nachkommen bis auf den heutigen Tag fortgepflanzt, welche durch die fünfzehn Genera $a^{14}$ bis $z^{14}$ der obersten Horizontallinie ausgedrückt sind. Nun sind aber alle diese abgeänderten Nachkommen einer einzelnen Art als in gleichem

Grade blutsverwandt dargestellt; man könnte sie bildlich als Vettern im gleichen millionsten Grade bezeichnen; und doch sind sie weit und in ungleichem Grade von einander verschieden. Die von A berstammenden Formen, welche nun in 2—3 Familien geschieden sind, bilden eine andere Ordnung als die von I entsprossenen, die auch in zwei Familien getrennt sind. Auch können die von A abgeleiteten jetzt lebenden Formen eben so wenig in eine Gattung mit ihrem Ahnen A, als die von I herkommenden in eine mit ihrem Erzeuger I zusammengestellt werden. Die noch jetzt lebende Gattung $F^{14}$ dagegen mag man als nur wenig modificirt betrachten und demnach mit deren Stammgattung F vereinigen, wie es ja in der That noch jetzt einige organische Formen gibt, welche zu silurischen Gattungen gehören. So kommt es, dass das Maass oder der Werth der Verschiedenheiten zwischen organischen Wesen, die alle in gleichem Grade miteinander blutsverwandt sind, doch so ausserordentlich ungleich geworden ist. Demungeachtet aber bleibt ihre genealogische A n o r d n u n g vollkommen richtig nicht allein in der jetzigen, sondern auch in allen künftigen Perioden der Fortstammung. Alle abgeänderten Nachkommen von A haben etwas Gemeinsames von ihrem gemeinsamen Ahnen geerbt, wie die des I von dem ihrigen, und so wird es sich auch mit jedem untergeordneten Zweige der Nachkommenschaft in jeder späteren Periode verhalten. Sollten wir indessen vorziehen anzunehmen, irgend welche Nachkommen von A oder I seien so sehr modificirt worden, dass sie die Spuren ihrer Abkunft von demselben mehr oder weniger eingebüsst haben, so werden sie in einer natürlichen Classification ihre Stellen mehr und weniger vollständig verloren haben, wie dies bei einigen noch lebenden Formen wirklich der Fall zu sein scheint. Von allen Nachkommen der Gattung F ist der ganzen Descendenz entlang angenommen worden, dass sie nur wenig modificirt worden sind und daher gegenwärtig nur ein einzelnes Genus bilden. Aber dieses Genus wird, obschon sehr vereinzelt, doch seine eigene Zwischenstelle einnehmen; denn F hielt ursprünglich seinem Character nach das Mittel zwischen A und I, und die verschiedenen von diesen zwei Genera berstammenden Gattungen werden jede etwas Gemeinsames geerbt haben. Diese natürliche Anordnung ist, so viel es auf dem Papiere möglich, nur in viel zu einfacher Weise, im Schema dargestellt worden. Hätte ich, statt der verzweigten Darstellung, nur die Namen der Gruppen in eine lineare Reihe schreiben wollen, so würde es noch viel weniger möglich geworden sein, ein Bild von der natürlichen Anordnung zu geben, da es anerkannter Maassen unmöglich ist, in einer Linie oder auf einer Fläche die Verwandtschaften zwischen den verschiedenen Wesen einer Gruppe darzustellen. So ist nach meiner Ansicht das Natursystem genealogisch in seiner Anordnung, wie ein Stammbaum, aber die Abstufungen der Modificationen, welche die verschiedenen Gruppen durchlaufen haben, müssen durch Eintheilung derselben in verschiedene sogenannte Gattungen, Unterfamilien, Familien, Sectionen, Ordnungen und Classen ausgedrückt werden. Es wird die Mühe lohnen, diese Ansicht von der Classification durch einen Vergleich mit den Sprachen zu erläutern. Wenn wir einen vollständigen Stammbaum des Menschen besässen, so würde eine genealogische Anordnung der Menschenrassen die beste Classification aller jetzt auf der ganzen Erde gesprochenen Sprachen abgeben; und sollte man alle erloschenen Sprachen und alle mittleren und langsam abändernden Dialecte mit aufnehmen, so würde diese Anordnung, glaube ich, die einzig mögliche sein. Da könnte nun der Fall eintreten, dass irgend eine sehr alte Sprache nur wenig abgeändert und zur Bildung nur weniger neuen Sprachen geführt hätte, während andere (in Folge der Ausbreitung und späteren Isolirung und der Civilisationsstufen einiger von gemeinsamem Stamm entsprossener Rassen) sich sehr veränderten und die Entstehung vieler neuen Sprachen und Dialecte veranlassten. Die Ungleichheit der Abstufungen in der Verschiedenheit der Sprachen eines Sprachstammes müsste durch Unterordnung von Gruppen unter andere ausgedrückt werden; aber die eigentliche oder selbst allein mögliche Anordnung würde nur genealogisch sein; und dies wäre streng naturgemäss, indem auf diese Weise alle lebenden wie erloschenen Sprachen je nach ihren Verwandtschaftsstufen mit einander verkettet und der Ur-

sprung und der Entwickelungsgang einer jeden einzelnen nachgewiesen werden würde.

Wir wollen nun, zur Bestätigung dieser Ansicht, einen Blick
auf die Classification der Varietäten werfen, von welchen man
annimmt oder weiss, dass sie von einer Art abstammen. Diese
werden unter die Arten eingereiht und selbst in Untervarietäten
weiter geschieden; und bei unseren Culturerzeugnissen werden
noch manche andere Unterscheidungsstufen angenommen, wie wir
bei den Tauben gesehen haben. Der Ursprung der, andern sub-
ordinirten Gruppen ist bei Varietäten derselbe, wie bei Arten,
es ist Nähe der Blutsverwandtschaft mit verschiedenen Abänderungsstufen. Bei Classification der Varietäten werden fast die
nämlichen Regeln, wie bei den Arten befolgt. Manche Schriftsteller sind auf der Nothwendigkeit bestanden, die Varietäten
nach einem natürlichen statt künstlichen Systeme zu classificiren;
wir werden z. B. gewarnt, nicht zwei Ananasvarietäten zusammen-
zuordnen, bloss weil ihre Frucht, obgleich der wesentlichste
Theil, zufällig nahezu übereinstimmt. Niemand stellt die Schwedischen mit den gemeinen Rüben zusammen, obwohl deren ver-
dickter essbarer Stiel so ähnlich ist. Der beständigste Theil,
welcher es immer sein mag, wird zur Classification der Varietäten benützt; so sagt der grosse Landwirth MARSHALL, die Hörner
des Rindviehs seien für diesen Zweck sehr nützlich, weil sie
weniger als die Form oder Farbe des Körpers veränderlich sind,
während sie bei den Schafen ihrer Veränderlichkeit wegen viel
weniger brauchbar sind. Ich stelle mir vor, dass, wenn man
einen wirklichen Stammbaum hätte, eine genealogische Classification der Varietäten allgemein vorgezogen werden würde, und
einige Autoren haben in der That eine solche versucht. Denn,
mag ihre Abänderung gross oder klein sein, so werden wir uns
doch überzeugt halten, dass das Vererbungsprincip diejenigen
Formen zusammenhalte, welche in den meisten Beziehungen mit
einander verwandt sind. So werden alle Purzeltauben, obschon
einige Untervarietäten in der Länge des Schnabels weit von einander abweichen, doch durch die gemeinsame Sitte zu purzeln
unter sich zusammengehalten, aber die kurzschnäbelige Zucht

hat diese Gewohnheit beinahe abgelegt. Demungeachtet hält man diese Purzler, ohne über die Sache nachzudenken oder zu urtheilen, in einer Gruppe beisammen, weil sie einander durch Abstammung verwandt und in manchen andern Beziehungen ähnlich sind. Liesse sich nachweisen, dass der Hottentot vom Neger abstammte, so würde man ihn, wie ich glaube, in die Gruppe der Neger einreihen, wie weit er auch in Farbe und andern wichtigen Bedingungen davon verschieden sein mag.

Was dann die Arten in ihrem Naturzustande betrifft, so hat jeder Naturforscher die Abstammung bei der Classification mit in Betracht gezogen, indem er in seine unterste Gruppe, die Species nämlich, beide Geschlechter aufnahm, und wie ungeheuer diese zuweilen sogar in den wesentlichsten Characteren von einander abweichen, ist jedem Naturforscher bekannt; so haben erwachsene Männchen und Hermaphroditen gewisser Cirripeden kaum ein Merkmal mit einander gemein, und doch denkt niemand daran sie zu trennen. Sobald man wahrnahm, dass drei ehedem als eben so viele Gattungen aufgeführte Orchideenformen, Monachanthus, Myantbus und Catasetum, zuweilen auf der nämlichen Pflanze entstehen, wurden sie sofort als Varietäten betrachtet; es ist mir nun aber möglich geworden zu zeigen, dass sie die männliche, weibliche und Zwitterform der nämlichen Art bilden. Der Naturforscher schliesst in eine Species die verschiedenen Larvenzustände des nämlichen Individuums ein, wie weit dieselben auch unter sich und von dem erwachsenen Thiere verschieden sein mögen, wie er auch den von STEENSTRUP sogenannten Generationswechsel mit einbegreift, den man nur in einem technischen Sinne noch als an einem Individuum verlaufend betrachten kann. Er schliesst Missgeburten und Varietäten mit ein, nicht sowohl weil sie der elterlichen Form nahezu gleichen, sondern weil sie von derselben abstammen.

Da die Abstammung bei Classification der Individuen einer Art trotz der oft ausserordentlichen Verschiedenheit zwischen Männchen, Weibchen und Larven, allgemein benutzt worden ist, und da dieselbe bei Classification von Varietäten, welche ein gewisses und mitunter ansehnliches Maass von Abänderung erfahren haben, in Betracht gezogen wird: sollte es nicht der Fall gewesen sein, dass man das nämliche Element ganz unbewusst bei Zusammenstellung der Arten in Gattungen und der Gattungen in höhere Gruppen angewendet hat, obwohl hier die Unterschiede beträchtlicher sind und eine längere Zeit zu ihrer Entwickelung bedurft haben? Ich glaube, dass es allerdings so geschehen ist; und nur so vermag ich die verschiedenen Regeln und Vorschriften zu verstehen, welche von unsern besten Systematikern befolgt worden sind. Wir haben keine geschriebenen Stammbäume, sondern ermitteln die gemeinschaftliche Abstammung nur vermittelst der Ähnlichkeit irgend welcher Art.    Daher wählen wir Charactere aus, die, so viel wir beurtheilen können, am wenigsten in Beziehung zu den äusseren Lebensbedingungen, welchen jede Art neuerdings ausgesetzt gewesen ist, modificirt worden sind.    Rudimentäre Gebilde sind in dieser Hinsicht eben so gut und zuweilen noch besser, als andere Theile der Organisation. Mag ein Character noch so unwesentlich erscheinen, sei es ein eingebogener Unterkieferwinkel, oder die Faltungsweise eines Insectenflügels, sei es das Haar- oder Federgewand des Körpers: wenn sich derselbe durch viele und verschiedene Species erhält, durch solche zumal, welche sehr ungleiche Lebensweisen haben, so erhält er einen hohen Werth; denn wir können seine Anwesenheit in so vielerlei Formen und mit so mannichfaltigen Lebensweisen nur durch seine Ererbung von einem gemeinsamen Stamm erklären.    Wir können uns dabei hinsichtlich einzelner Punkte der Organisation irren; wenn aber mehrere noch so unwesentliche Charactere durch eine ganze grosse Gruppe von Wesen mit verschiedener Lebensweise gemeinschaftlich hindurchziehen, so werden wir nach der Theorie der Abstammung fest überzeugt sein können, dass diese Gemeinschaft von Characteren von einem gemeinsamen Vorfahren ererbt ist.    Und wir wissen, dass solche in Correlation zu einander stehende oder aggregirte Charactere bei der Classification von grossem Werthe sind.

Es wird begreiflich, warum eine Art oder eine ganze Gruppe von Arten in einigen ihrer wesentlichsten Charactere von ihren Verwandten abweichen und doch ganz wohl mit ihnen zusammen classificirt werden kann. Man kann dies getrost thun und hat es oft gethan, so lange als noch eine genügende Anzahl von wenn auch unbedeutenden Characteren das verhüllte Band gemeinsamer Abstammung verräth. Es mögen zwei Formen nicht einen einzigen Character gemeinsam besitzen, wenn aber diese extremen Formen noch durch eine Reihe vermittelnder Gruppen miteinander verkettet sind, so dürfen wir noch auf eine gemeinsame Abstammung schliessen und sie alle zusammen in eine Classe stellen. Da wir Charactere von hoher physiologischer Wichtigkeit, solche die zur Erhaltung des Lebens unter den verschiedensten Existenzbedingungen dienen, gewöhnlich am beständigsten finden, so legen wir ihnen grossen Werth bei; wenn aber diese Organe in einer andern Gruppe oder Gruppenabtheilung sehr abweichen, so schätzen wir sie hier auch bei der Classification geringer. Wir werden später, wie ich glaube, klar einsehen, warum embryologische Merkmale eine so hohe classificatorische Wichtigkeit besitzen. Die geographische Verbreitung mag bei der Classification grosser und weitverbreiteter Gattungen zuweilen mit Nutzen angewendet werden, weil alle Arten einer solchen Gattung, welche eine eigenthümliche und abgesonderte Gegend bewohnen, höchst wahrscheinlich von gleichen Eltern abstammen.

### Analoge Ähnlichkeiten.

Aus diesem Gesichtspunkte wird es begreiflich, wie wesentlich es ist, zwischen wirklicher Verwandtschaft und analoger oder Anpassungsähnlichkeit zu unterscheiden. Lamarck hat zuerst die Aufmerksamkeit auf diesen Unterschied gelenkt, und Macleay u. A. sind ihm darin glücklich gefolgt. Die Ähnlichkeit, welche zwischen dem Dugong, einem den Pachydermen verwandten Thiere, und den Walen in der Form des Körpers und der Bildung der vordern ruderförmigen Gliedmaassen, und jene, welche zwischen diesen beiden Säugethieren und den Fischen besteht, ist Analogie. Bei den Insecten finden sich unzählige Beispiele dieser Art; daher Linné, durch äusseren Anschein verleitet, wirklich ein Homopter unter die Motten gestellt hat. Wir sehen etwas Ähnliches auch bei unseren cultivirten Pflanzen in den verdickten Stämmen der gemeinen und der Schwedischen Rübe. Die Ähnlichkeit zwischen dem Windhund und dem Englischen Wettrenner ist schwerlich eine mehr eingebildete, als andere von einigen Autoren zwischen einander sehr entfernt stehenden Thieren aufgesuchte Analogien. Nach meiner Ansicht, dass Charactere nur insofern von wesentlicher Bedeutung für die Classification sind, als sie die gemeinsame Abstammung ausdrücken, lernen wir deutlich einsehen, warum analoge oder Anpassungscharactere, wenn auch vom höchsten Werthe für das Gedeihen der Wesen, doch für den Systematiker fast werthlos sind. Denn zwei Thiere von ganz verschiedener Abstammung können wohl ganz ähnlichen Lebensbedingungen angepasst und sich daher äusserlich sehr ähnlich geworden sein: aber solche Ähnlichkeiten verrathen keine Blutsverwandtschaft, sondern sind vielmehr geeignet, die wahre Blutsverwandtschaft der Formen mit ihren eigentlichen Descendenzreihen zu verbergen. Wir begreifen ferner das anscheinende Paradoxon, dass die nämlichen Charactere analoge sind, wenn eine Classe oder Ordnung mit der andern verglichen wird, aber für ächte Verwandtschaften zeugen, woferne es sich um die Vergleichung von Gliedern der nämlichen Classe oder Ordnung unter einander handelt. So beweisen Körperform und Ruderfüsse der Wale nur eine Analogie mit den Fischen, indem solche in beiden Classen nur eine Anpassung des Thieres zum Schwimmen im Wasser bezwecken; aber beiderlei Charactere beweisen auch die nahe Verwandtschaft zwischen den Gliedern der Walfamilie selbst; denn diese Wale stimmen in so vielen grossen und kleinen Characteren miteinander überein, dass wir nicht an der Ererbung ihrer allgemeinen Körperform und ihrer Ruderfüsse von einem gemeinsamen Vorfahren zweifeln können. Und eben so ist es mit den Fischen.

Der merkwürdigste Fall analoger Ähnlichkeit, der je bekannt geworden ist, obschon er nicht von Adaption an ähnliche Lebensbedingungen abhängt, ist der von BATES mitgetheilte, dass gewisse Schmetterlinge des Amazonengebiets andere Arten täuschend nachäffen. Dieser ausgezeichnete Beobachter fand, dass in einem

District, wo z. B. eine Ithomia in prächtigen Schwärmen vorkommt, ein anderer Schmetterling, eine Leptalis, oft dem Schwarm zugemischt gefunden wird, welcher in jedem Tone und Streifen der Farbe und selbst in der Form der Flügel der Ithomis so ähnlich ist, dass BATES trotz seiner durch elfjährige Sammlerthätigkeit geschärften Augen und trotzdem er immer auf seiner Hut war, beständig getäuscht wurde. Werden die Spottformen und die nachgeahmten gefangen und verglichen, so sieht man, dass sie in ihrer wesentlichen Structur völlig verschieden sind und nicht bloss zu andern Gattungen, sondern oft sogar zu andern Familien gehören. Wäre dies Nachäffen nur in einem oder zwei Fällen vorgekommen, so hätte man sie als merkwürdige Coincidenz übergehen können. Wenn man aber auch hundert Meilen ab und zu von einem District sich entfernt, wo eine Leptalis eine Ithomia nachäfft, so wird man eine andere Spottform und nachgeahmte, gleich sehr ähnlich, wiederfinden. Im Ganzen werden nicht weniger als zehn Gattungen aufgezählt mit Arten, welche andere Schmetterlinge nachahmen. Die nachgeahmte und spottende Form bewohnen immer dieselbe Gegend; wir finden keinen Nachahmer, der entfernt von der Form lebte, die er nachbildet. Die Spötter sind fast ausnahmslos seltene Insecten; die verspotteten kommen fast in jedem Falle in grossen Schwärmen vor. In demselben District, in dem eine Leptalis eine Ithomia nachbahmt, kommen zuweilen noch andere Lepidopteren vor, die dieselbe Ithomis imitiren; so dass man an derselben Stelle Arten von drei Schmetterlingsgattungen und selbst Motten finden kann, die alle einer Art einer vierten Gattung ausserordentlich ähnlich sind. Es verdient besonders bemerkt zu werden, dass viele sowohl der imitirenden Formen der Leptalis als der nachgeahmten Formen durch eine Stufenreihe als blosse Varietäten einer und derselben Species nachgewiesen werden können, während andere unzweifelhaft distincte Arten sind. Warum werden nun aber, kann man fragen, gewisse Formen als nachgeahmte, andere als die Nachahmer angesehen? BATES beantwortet diese Frage befriedigend damit, dass er zeigt, wie die Form, welche imitirt wird, den gewöhnlichen Habitus der

Gruppa, zu der sie gehört, bewahrt, während die Nachahmer
ihren Habitus verändert haban und nicht mehr ihren nächsten
Verwandten ähnlich sind.

Wir kommen nun zu der Frage, welcher Ursache man es
möglicherweise zuschreiben kann, dass gewisse Schmetterlinge
und Motten so oft die Tracht anderer und ganz distincter Formen
annehmen, warum zur Verwirrung der Naturforscher hat sich die
Natur zu Bühnenmanoeuvres herabgelassen! BATES hat ohne
Zweifel die rechte Erklärung getroffen. Die nachgeahmten Formen, welche immer äusserst zahlreich vorkommen, müssen gewöhnlich der Zerstörung in hohem Maasse entgehen, sonst könnten sie nicht in solchen Schwärmen auftreten; BATES sah nie,
dass Vögel und gewisse grössere Insecten, die andere Schmatter-
linge angreifen, Jagd auf sie machten. Er vermuthet daher,
dass sie diese Immunität einem eigenthümlichen widrigen Geruch
verdanken, den sie von sich gehen. Die imitirenden Formen,
welche denselben District bewohnen, sind dagegen vergleichsweise
selten und gehören zu seltenen Gruppen. Sie müssen daher gewöhnlich einiger Gefahr ausgesetzt sein, dann sonst würden sie,
ohne verfolgt zu werden, nach der Zahl der von allen Schmetterlingen gelegten Eier, in drei oder vier Generationen die ganze
Gegend in Schwärmen überziehen. Wenn nun ein Glied einer
dieser verfolgten und seltenen Gruppen eine Tracht annähme, die
der einer gut geschützten Art so gliche, dass sie das Auge eines
erfahrenen Entomologen beständig täuschte, so würde sie auch
oft Raubvögel und Insecten täuschen, die Form daher der gänzlichen Vernichtung entgehen. Man kann beinahe sagen, dass BATES
den Process belauscht hat, durch welchen die Spottform der
nachgeäfften so äusserst ähnlich wird; denn er weist nach, dass
einige der, gleichgültig ob für Species oder Variatäten angesehenen
Formen von Laptalis, welche so viele andere Schmetterlinge
nachahmen, sehr variiren. In einem District kommen mehrere
Varietäten vor und von diesen gleicht in gewisser Ausdehnung
nur eine der gemeinen Ithomia desselben Districts. In einem
andern District finden sich zwei oder drei Variettäten, von denen
eine viel gemeiner als die andere ist, und diese ahmt die Ithomia

ausserordentlich nach. Aus vielen Thatsachen der Art schliesst
BATES, dass in allen Fällen die Leptalis ursprünglich variirte,
und dass eine Varietät, welche zufällig in gewissem Grade irgend
einem gemeinen, denselben District bewohnenden Schmetterling
glich, durch diese Ähnlichkeit mit einer gut gedeihenden und
wenig verfolgten Art mehr Aussicht hatte, der Zerstörung durch
Raubvögel und Insecten zu entgehen, und folglich öfter erhalten
wurde; — „die weniger vollständigen Ähnlichkeitsgrade werden
Generation nach Generation eliminirt und nur die andern zur
Erhaltung ihrer Art bewahrt." Wir haben daher hier ein ausgezeichnetes Beispiel des Princips der natürlichen Zuchtwahl.

WALLACE hat kürzlich mehrere gleich auffallende Fälle von
Nachahmung bei den Lepidopteren des Malayischen Archipels
beschrieben; und noch andere Fälle liessen sich aus andern In-
sectenordnungen anführen. WALLACE hat auch ein Beispiel von
Nachahmung bei den Vögeln gegeben; bei grösseren Thieren
baben wir nichts Derartiges. Die viel bedeutendere Häufigkeit
von Nachahmung bei Insecten als bei andern Thieren ist wahrscheinlich die Folge ihrer geringen Grösse; Insecten können sich
nicht selbst vertheidigen mit Ausnahme der Arten, welche stechen,
und ich babe nie von einem Fall gehört, dass ein solches andere
Insecten nachahme, obschon sie selbst imitirt werden; Insecten
können grösseren Thieren nicht durch Flug entgehen; sie sind
daher wie die meisten schwachen Geschöpfe auf Kunstgriffe und
Heuchelei angewiesen.

Um aber zu den gewöhnlicheren Fällen analoger Ähnlichkeit
zurückzukehren: da Glieder verschiedener Classen oft durch zahlreich auf einander folgende geringe Abänderungen einer Lebensweise unter nahezu ähnlichen Verhältnissen angepasst werden,
um z. B. auf dem Lande, in der Luft oder im Wasser zu leben,
so werden wir vielleicht verstehen, woher es kommt, dass man
zuweilen einen Zahlenparallelismus zwischen Untergruppen verschiedener Classen bemerkt hat. Ein Naturforscher kann unter
dem Eindrucke, den dieser Parallelismus in einer Classe auf ihn
macht, demselben dadurch, dass er den Werth der Gruppen in
andern Classen etwas böher oder tiefer setzt (und alle unsere

Erfahrung zeigt, dass Schätzungen dieser Art bisher willkürlich
gewesen sind), leicht eine grosse Ausdehnung geben; und so
sind wohl unsere sieben-, fünf-, vier- und dreigliedrigen Systeme
entstanden.

### Natur der Verwandtschaften, die die organischen Wesen verbinden.

Da die abgeänderten Nachkommen herrschender Arten grosser
Gattungen diejenigen Vorzüge, welche die Gruppen, wozu sie
gehören, gross und ihre Eltern herrschend gemacht haben, zu
erben streben, so sind sie beinahe sicher sich weit auszubreiten
und mehr oder weniger Stellen im Haushalte der Natur einzunehmen. So streben die grösseren und herrschenderen Gruppen
in jeder Classe nach immer weiterer Vergrösserung und ersetzen
demnach viele kleinere und schwächere Gruppen. So erklärt sich
auch die Thatsache, dass alle erloschenen wie noch lebenden Organismen einige wenige grosse Ordnungen in noch wenigeren
Classen bilden, die alle in einem grossen Natursysteme enthalten
sind. Als Beleg dafür, wie wenige an Zahl die oberen Gruppen
und wie weit sie in der Welt verbreitet sind, ist die Thatsache
auffallend, dass die Entdeckung Neuhollands nicht ein Insect aus
einer neuen Classe geliefert hat, und dass im Pflanzenreiche, wie
ich von Dr. Hooker vernehme, nur eine oder zwei kleine Ordnungen hinzugekommen sind.

Im Capitel über die geologische Aufeinanderfolge habe ich
nach dem Princip, dass im Allgemeinen jede Gruppe während
des langdauernden Modificationsprocesses in ihrem Character sehr
divergirt hat, zu zeigen mich bemühet, woher es kommt, dass
die älteren Lebensformen oft einigermaassen mittlere Charactere
zwischen jetzt existirenden Gruppen darbieten. Einige wenige
solcher alten und mittleren Stammformen, welche sich zuweilen
in nur wenig abgeänderten Nachkommen bis zum heutigen Tage
erhalten haben, geben zur Bildung unserer sogenannten schwankenden oder aberranten Gruppen Veranlassung. Je abirrender
eine Form ist, desto grösser muss die Zahl verkettender Glieder
sein, welche gänzlich vertilgt worden und verloren gegangen sind.

Auch dafür, dass die aberranten Formen sehr durch Erlöschen gelitten, haben wir einige Belege; denn sie sind gewöhnlich nur durch äusserst wenige Arten vertreten, und die wirklich vorkommenden Arten sind gewöhnlich sehr verschieden von einander, was gleichfalls auf Erlöschung hinweist. Die Gattungen Ornithorhynchus und Lepidosiren z. B. würden nicht weniger aberrant sein, wenn sie jede durch ein Dutzend statt nur eine oder zwei Arten vertreten wären; aber solcher Artenreichthum ist, wie ich nach mancherlei Nachforschungen finde, den aberranten Gattungen gewöhnlich nicht zu Theil geworden. Wir können, glaube ich, diese Erscheinung nur erklären, indem wir die aberranten Formen als Gruppen betrachten, welche, im Kampfe mit siegreichen Concurrenten unterliegend, nur noch wenige Glieder in Folge eines ungewöhnlichen Zusammentreffens günstiger Umstände bis heute erhalten haben.

WATERHOUSE hat die Bemerkung gemacht, dass, wenn ein Glied aus einer Thiergruppe Verwandtschaft mit einer ganz andern Gruppe zeigt, diese Verwandtschaft in den meisten Fällen eine Gattungs- und nicht eine Artverwandtschaft ist. So ist nach WATERHOUSE von allen Nagern die Viscache (Lagostomus) am nächsten mit den Beutelthieren verwandt; aber die Charactere, worin sie sich den Marsupialien am meisten nähert, haben eine allgemeine Beziehung zu den Beutelthieren und nicht zu dieser oder jener Art im Besondern. Da diese Verwandtschaftsbeziehungen der Viscache zu den Beutelthieren für wirkliche gelten und nicht Folge blosser Anpassung sind, so rühren sie nach meiner Theorie von gemeinschaftlicher Ererbung her. Daher wir dann auch annehmen müssen, entweder dass alle Nager einschliesslich der Viscache von einem sehr alten Beutelthier abgezweigt sind, das natürlich einen mehr oder weniger mittleren Character in Bezug zu allen jetzt existirenden Beutelthieren besessen hat, oder dass sowohl Nager wie Beutelthiere von einem gemeinsamen Stammvater herrühren und beide Gruppen durch starke Abänderung seitdem in verschiedenen Richtungen auseinander gegangen sind. Nach beiderlei Ansicht müssen wir annehmen, dass die Viscache mehr von den erblichen Characteren

des alten Stsmmvaters sn sich hehalteu hat, sls sämmtliche anderen Nsger; und deshslb zeigt sie keine hesonderen Beziehungen
zu diesem oder jenem noch vorhandenen Beutler, sondern nur
indirect zu sllen oder fast allen Msrsupislien überhsupt, indem
sie sich einen Theil des Characters des gemeinsamen Urvaters
oder eines früheren Gliedes dieser Gruppe erhalten hst. Andererseits hesitzt nsch WATERAOUSE's Bemerkung nnter allen Beutelthieren die Phsscolomys am meisten Ähnlichkeit, nicht zu einer
einzelnen Art, sondern zur ganzen Ordnung der Nager überhaupt.
In diesem Fslle ist indess sehr zu vermuthen, dsss die Áhnlich-
keit nur eine Analogie sei, indem die Phascolomys sich einer
Lehensweise snpsssste, wie sie Nsger hesitzen. Der ältere DE
CANOOLLE hat ziemlich ähnliche Bemerkungen hinsichtlich der sll-
gemeinen Natur der Verwsndtschsft zwischen den verschiedenen
Pflanzenordnungen gemscht.

Nach dem Princip der Vermehrung und der stufenweisen
Divergenz des Chsrscters der von einem gemeinsamen Ahnen
shstammenden Arten in Verhindung mit der erhlichen Erhaltung
eines Theiles des gemeinsamen Charscters erklären sich die ausserordentlich verwickelten und strahlenförmig suseinsnder gehenden Verwandtschaften, wodurch slle Glieder einer Fsmilie oder
höheren Gruppe miteinander verkettet werden. Denn der gemeinsame Stammvster einer gsnzen Fsmilie von Arten, welche
jetzt durch Erlöschung in verschiedene Gruppen und Untergruppen gespslten ist, wird einige seiner Chsractere in verschiedener
Art und Ahstufung modificirt allen gemeinsam mitgetheilt hahen,
und die verschiedenen Arten werden demnsch nur durch Ver-
wsndtschsftslinien von verschiedener Länge miteinsnder verhunden
sein, welche in weit älteren Vorgängern ihren Vereinigungspunkt
finden, wie es das frühere Schema dsrstellt. Wie es schwer ist,
die Blutsverwandtschsft zwischen den zahlreichen Angehörigen
einer slten sdeligen Familie sogar mit Hilfe eines Stammhaums
zu zeigen, und fsst unmöglich es ohne dieses Hilfsmittel zu thun,
so hegreift man such die susserordentliche Schwierigkeit, auf
welche Naturforscher, ohne die Hilfe einer hildlichen Skizze,
stossen, wenn sie die verschiedenen Verwsndtschsftsheziehungen

zwischen den vielen lebenden und erloschenen Gliedern einer grossen natürlichen Classe nachweisen wollen.

Erlöschen hat, wie wir im vierten Capitel gesehen, einen grossen Antheil an der Bildung und Erweiterung der Lücken zwischen den verschiedenen Gruppen in jeder Classe. Wir können selbst die Trennung ganzer Classen von einander, wie z. B. die der Vögel von allen andern Wirbelthieren, durch die Annahme erklären, dass viele alte Lebensformen ganz ausgegangen sind, durch welche die ersten Stammeltern der Vögel vordem mit den ersten Stammeltern der übrigen damals weniger differenzirten Wirbelthierclassen verkettet gewesen sind. Dagegen sind nur wenige solche Lebensformen erloschen, welche einst die Fische mit den Batrachiern verbanden. In noch geringerem Grade ist dies in einigen andern Classen, wie z. B. bei den Krustern der Fall gewesen, wo die wundersamst verschiedenen Formen noch durch eine lange und nur theilweise unterbrochene Verwandtschaftskette zusammengehalten werden. Erlöschung hat die Gruppen nur getrennt, durchaus nicht gemacht. Denn wenn alle Formen, welche jemals auf dieser Erde gelebt haben, plötzlich wieder erscheinen könnten, so würde es zwar ganz unmöglich sein, die Gruppen durch Definitionen von einander zu unterscheiden, weil alle durch eben so feine Abstufungen, wie die zwischen den lebenden Varietäten sind, in einander übergehen würden: demungeachtet würde eine natürliche Classification oder wenigstens eine natürliche Anordnung möglich sein. Wir können dies ersehen, indem wir unser Schema betrachten. Nehmen wir an, die Buchstaben A bis L stellen 11 silurische Sippen dar, wovon einige grosse Gruppen abgeänderter Nachkommen hinterlassen haben. Jedes Mittelglied zwischen diesen 11 Sippen und deren Urerzeuger, so wie jedes Mittelglied in allen Ästen und Zweigen ihrer Nachkommenschaft sei noch am Leben, und diese Glieder seien so fein, wie die zwischen den feinsten Varietäten abgestuft. In diesem Falle würde es ganz unmöglich sein, die vielfachen Glieder der verschiedenen Gruppen von ihren unmittelbaren Eltern oder diese Eltern von ihren alten unbekannten Stammeltern durch Definitionen zu unterscheiden. Und doch würde die in dem Bilde gegebene natürliche Anordnung ganz gut passen und würden nach dem Vererbungsprincip alle von A so wie alle von I herkommenden Formen unter sich etwas gemein haben. An einem Baume kann man diesen oder jenen Zweig unterscheiden, obwohl sich beide in einer Gabel vereinigen und in einander fliessen. Wir könnten, wie gesagt, die verschiedenen Gruppen nicht definiren; aber wir könnten Typen oder solche Formen hervorheben, welche die meisten Charactere jeder Gruppe, gross oder klein, in sich vereinigten, und so eine allgemeine Vorstellung vom Werthe der Verschiedenheiten zwischen denselben geben. Dies wäre, was wir thun müssten, wenn wir je dahin gelangten, alle Formen einer Classe, die in Zeit und Raum vorhanden gewesen sind, zusammen zu bringen. Wir werden zwar gewiss nie im Stande sein, eine solche Sammlung zu machen, demungeachtet aber bei gewissen Classen in die Lage kommen, jene Methode zu versuchen; und MILNE EDWARDS ist noch unlängst in einer vortrefflichen Abhandlung auf der grossen Wichtigkeit bestanden, sich an Typen zu halten, gleichviel ob wir im Stande sind oder nicht, die Gruppen zu trennen und zu umschreiben, zu welchen diese Typen gehören.

Endlich haben wir gesehen, dass natürliche Zuchtwahl, welche aus dem Kampfe um's Dasein hervorgeht und mit Erlöschung und mit Divergenz des Characters in den vielen Nachkommen einer herrschenden Stammart fast untrennbar verbunden ist, jene grossen und allgemeinen Züge in der Verwandtschaft aller organischen Wesen und namentlich ihre Sonderung in Gruppen und Untergruppen erklärt. Wir benutzen das Element der Abstammung bei Classification der Individuen beider Geschlechter und aller Altersabstufungen in einer Art, wenn sie auch nur wenige Charactere miteinander gemein haben; wir benutzen die Abstammung bei der Einordnung anerkannter Varietäten, wie sehr sie auch von ihrer Stammart abweichen mögen; und ich glaube, dass dieses Element der Abstammung das geheime Band ist, welches alle Naturforscher unter dem Namen des natürlichen Systems gesucht haben. Da nach dieser Vorstellung das natürliche System, so weit es ausgeführt werden kann, genealogisch geordnet ist und man die Grade der Verschiedenheit zwischen den Nachkommen gemeinsamer Eltern durch die Ausdrücke Gattungen, Familien, Ordnungen u. s. w. bezeichnet, so begreifen wir die Regeln, welche wir bei unserer Classification zu befolgen veranlasst sind. Wir begreifen, warum wir manche Ähnlichkeit weit höher als andere abzuschätzen haben; warum wir mitunter rudimentäre oder nutzlose oder andere physiologisch unbedeutende Organe anwenden dürfen; warum wir bei Vergleichung der einen mit der andern Gruppe analoge oder Anpassungscharactere kurz verwerfen, obwohl wir dieselben innerhalb der nämlichen Gruppe gebrauchen. Es wird uns klar, warum wir alle lebenden und erloschenen Formen in ein grosses System zusammen ordnen können, und warum die verschiedenen Glieder jeder Classe in der verwickeltesten und nach allen Richtungen verzweigten Weise miteinander verkettet sind. Wir werden wahrscheinlich niemals das verwickelte Verwandtschaftsgewebe zwischen den Gliedern einer Classe entwirren; wenn wir jedoch einen einzelnen Gegenstand in's Auge fassen und nicht nach irgend einem unbekannten Schöpfungsplane ausschauen, so dürfen wir hoffen, sichere aber langsame Fortschritte zu machen.

### Morphologie.

Wir haben gesehen, dass die Glieder einer Classe, unabhängig von ihrer Lebensweise, einander im allgemeinen Plane ihrer Organisation gleichen. Diese Übereinstimmung wird oft mit dem Ausdrucke „Einheit des Typus" bezeichnet; oder man sagt, die verschiedenen Theile und Organe der verschiedenen Species einer Classe seien einander homolog. Der ganze Gegenstand wird unter dem Namen Morphologie begriffen. Dies ist der interessanteste Theil der Naturgeschichte und kann deren wahre Seele genannt werden. Was kann es Sonderbareres geben, als dass die Greifhand des Menschen, der Grabfuss des Maulwurfs, das Rennbein des Pferdes, die Ruderflosse der Seeschildkröte und der Flügel der Fledermaus nach demselben Model gebaut sind und gleiche Knochen in der nämlichen gegenseitigen Lage enthalten! Geoffroy Saint-Hilaire hat beharrlich an der grossen

Wichtigkeit der wechselseitigen Verbindung der Theile in homo-logen Organen festgehalten; die Theile mögen in fast allen Ab-stufungen der Form und Grösse abändern, aber sie bleiben fest in derselben Weise miteinander verbunden. So finden wir z. B. die Knochen des Ober- und des Vorderarms oder des Ober- und Unterschenkels nie umgestellt. Daher kann man dem homologen Knochen in weit verschiedenen Thieren denselben Namen geben. Dasselbe grosse Gesetz tritt in der Mundbildung der Insecten hervor. Was kann verschiedener sein, als der ungeheuer lange spirale Saugrüssel eines Abendschmetterlings, der sonderbar zu-rückgebrochene Rüssel einer Biene oder Wanze und die grossen Kiefer eines Käfers? Und doch werden alle diese zu so unglei-chen Zwecken dienenden Organe durch unendlich zahlreiche Modificationen einer Oberlippe, Oberkiefer und zweier Paar Unter-kiefer gebildet. Analoge Gesetze herrschen in der Zusammen-setzung des Mundes und der Glieder der Kruster. Und eben so ist es mit den Blüthen der Pflanzen.

Nichts hat weniger Aussicht auf Erfolg, als ein Versuch diese Ähnlichkeit des Bauplanes in den Gliedern einer Classe mit Hilfe der Nützlichkeitstheorie oder der Lehre von den end-lichen Ursachen zu erklären. Die Hoffnungslosigkeit eines sol-chen Versuches ist von Owen in seinem äusserst interessanten Werke »Nature of limbs« ausdrücklich anerkannt worden. Nach der gewöhnlichen Ansicht von der selbstständigen Schöpfung einer jeden Species lässt sich nur sagen, dass es so ist, und dass es dem Schöpfer gefallen hat die Thiere und Pflanzen in jeder grossen Classe nach einem einförmig geordneten Plane zu bauen; das ist aber keine wissenschaftliche Erklärung.

Dagegen ist die Erklärung handgreiflich nach der Theorie der natürlichen Zuchtwahl aufeinander folgender geringer Ab-änderungen, deren jede der abgeänderten Form einigermaassen nützlich ist, welche aber in Folge der Correlation des Wachs-thums oft auch andere Theile der Organisation mit berühren. Bei Abänderungen dieser Art wird sich nur wenig oder gar keine Neigung zu Änderung des ursprünglichen Bauplans oder zu Versetzung der Theile zeigen. Die Knochen eines Beines können in jeder Grösse verlängert oder verkürzt, sie können stufenweise in dicke Häute eingehüllt werden, um als Flosse zu dienen; oder ein mit einer Bindehaut zwischen den Zehen versehener Fuss kann alle seine Knochen oder gewisse Knochen bis zu irgend einem Maasse verlängern und die Bindehaut in gleichem Verhältniss vergrössern, so dass er als Flügel zu dienen im Stande ist: und doch ist ungeachtet aller so bedeutender Abänderungen keine Neigung zu einer Änderung der Knochenbestandtheile an sich oder zu einer andern Zusammenfügung derselben vorhanden. Wenn wir annehmen, dass die alte Stammform oder der Urtypus, wie man ihn nennen kann, aller Säugethiere seine Beine, zu welchem Zwecke sie auch bestimmt gewesen sein mögen, nach dem vorhandenen allgemeinen Plane gebildet hatte, so werden wir sofort die klare Bedeutung der homologen Bildung der Beine in der ganzen Classe begreifen. Wenn wir ferner hinsichtlich des Mundes der Insecten nur annehmen, dass ihr gemeinsamer Urahne eine Oberlippe, Oberkiefer und zwei Paar Unterkiefer vielleicht von sehr einfacher Form besessen hat, so wird natürliche Zuchtwahl vollkommen zur Erklärung der unendlichen Verschiedenheit in den Bildungen und Verrichtungen des Mundes der Insecten genügen. Demungeachtet ist es begreiflich, dass das ursprünglich gemeinsame Muster eines Organes allmählich ganz verloren gehen kann, sei es durch Atrophie und endliche vollständige Reabsorption gewisser Bestandtheile, oder durch Verwachsung einiger Theile, oder durch Verdoppelung oder Vervielfältigung anderer: Abänderungen, die nach unserer Erfahrung alle in den Grenzen der Möglichkeit liegen. In den Ruderfüssen gewisser ausgestorbener Seeeidechsen (Ichthyosaurus) und in den Theilen des Saugmundes gewisser Kruster scheint der gemeinsame Grundplan bis zu einem gewissen Grade verwischt zu sein.

Ein anderer und gleich merkwürdiger Zweig der Morphologie beschäftigt sich mit der Vergleichung, nicht des nämlichen Theiles in verschiedenen Gliedern einer Classe, sondern der verschiedenen Theile oder Organe eines nämlichen Individuums. Die meisten Physiologen glauben, die Knochen des Schädels seien

homolog — d. h. in Zahl und relativer Verbindung übereinstimmend — mit den Elementartheilen einer gewissen Anzahl Wirbel.
Die vorderen und die hinteren Gliedmaassen eines jeden Thieres
in dem Kreise der Wirbeltiere sind offenbar homolog zu einander. Dasselbe Gesetz gilt auch für die wunderbar zusammengesetzten Kinnladen und Beine der Kruster. Fast Jedermann
weiss, dass in einer Blume die gegenseitige Stellung der Kelch-
und der Kronenblätter und der Staubfänden und Staubwege zu
einander eben so wie deren innere Structur aus der Annahme
erklärbar werden, dass es metamorphosirte spiralständige Blätter
sind. Bei monströsen Pflanzen erhalten wir oft den directen Beweis von der Möglichkeit der Umbildung eines dieser Organe
in's andere; und bei Blüthen während ihrer frühen Entwickelung,
sowie bei den Embryozuständen von Crustaceen und vielen andern Thieren erkennen wir, dass Organe, die im reifen Zustande
äusserst verschieden von einander sind, auf ihren ersten Entwickelungsstufen einander ausserordentlich gleichen.

Wie unerklärbar sind diese Erscheinungen nach der gewöhnlichen Ansicht von der Schöpfung! Warum sollte doch das
Gehirn in einen aus so vielen und so aussergewöhnlich geordneten Knochenstücken zusammengesetzten Kasten eingeschlossen
sein! Wie Owen bemerkt, kann der Vortheil, welcher aus einer
der Trennung der Theile entsprechenden Nachgiebigkeit des
Schädels für den Geburtsact bei den Säugethieren entspringt,
keinenfalls die nämliche Bildungsweise desselben bei den Vögeln
und Reptilien erklären. Oder warum sind den Fledermäusen dieselben Knochen wie den übrigen Säugethieren zu Bildung ihrer
Flügel und Beine anerschaffen worden, da sie dieselben doch zu
gänzlich verschiedenen Zwecken gebrauchen? Und warum haben
Kruster mit einem aus zahlreicheren Organenpaaren zusammengesetzten Munde in gleichem Verhältnisse weniger Beine, oder
umgekehrt die mit mehr Beinen versehenen weniger Mundtheile?
Endlich, warum sind die Kelch- und Kronenblätter, die Staubgefässe und Staubwege einer Blüthe, trotz ihrer Bestimmung zu
so gänzlich verschiedenen Zwecken, alle nach demselben Muster
gebildet?

Nach der Theorie der natürlichen Zuchtwahl können wir alle
diese Fragen genügend baantworten. Bei den Wirbelthieren
sahen wir eine Reihe innerer Wirbel gewisse Fortsätze und An-
bänge entwickeln; bei den Gliederthieren ist der Körper in eine
Reihe Segmente mit äusseren Anbängen geschieden; und bei den
Pflanzen sehen wir die Blätter auf eine Anzahl über einander
folgender Umgänge einer Spirale regelmässig vertheilt. Eine
unbegrenzte Wiederholung desselben Theiles oder Organes ist,
wie OWEN bemerkt hat, das gemeinsame Attribut aller niedrig
oder wenig modificirten Formen; daher wir leicht annehmen
können, die unbekannte Stammform aller Wirbelthiere babe viele
Wirbel besessen, die aller Gliederthiere viele Körpersegmente
und die der Blüthenpflanzen viele Blattspiralen. Wir haben früher
gesehen, dass Theile, die sich oft wiederholen, sehr geneigt sind,
in Zahl und Structur zu variiren; folglich ist es ganz wahrscheinlich, dass natürliche Zuchtwahl mittelst lange fortgesetzter Abänderung eine gewisse Anzahl der sich oft wiederholenden ähnlichen Bestandtheile des Skelettes ganz verschiedenen Bestimmungen angepasst habe. Und da das ganze Maass der Abänderung nur in unmerklichen Abstufungen bewirkt worden sein
wird, so dürfen wir uns nicht wundern, in solchen Theilen oder
Organen noch einen gewissen Grad fundamentaler Ähnlichkeit
nach dem strengen Erblichkeitsprincip zurückbehalten zu finden.

In der grossen Classe der Mollusken lassen sich zwar Homologien zwischen Theilen verschiedener Species, aber nur wenige Reihenbomologien nachweisen, d. h. wir sind selten im
Stande zu sagen, dass ein Theil oder Organ mit einem andern
im nämlichen Individuum homolog sei. Dies läst sich wohl erklären, weil wir nicht einmal bei den untersten Gliedern des
Waichthierkreises solche unbegrenzte Wiederholung einzelner
Theile wie in den übrigen grossen Classen des Thier- und Pflan-
zenreiches finden.

Die Naturforscher stellen die Schädel oft als eine Reihe me-
tamorphosirter Wirbel, die Kinnladen der Krabben als metamorphosirte Beine, die Staubgefässe und Staubwege der Blumen als
metamorphosirte Blätter dar; doch würde es, wie HUXLEY bemerkt

hat, wahrscheinlich richtiger sein zu sagen, Schädel wie Wirbel, Kinnladen wie Beine u. s. w. seien nicht eines aus dem andern, sondern beide aus einem gemeinsamen Elemente entstanden. Inzwischen gebrauchen die meisten Naturforscher jenen Ausdruck nur in bildlicher Weise, indem sie weit von der Meinung entfernt sind, dass Primordialorgane irgend welcher Art — Wirbel im einen und Beine im andern Falle — während einer langen Reihe von Generationen wirklich in Schädel und Kinnladen umgebildet worden seien. Und doch ist der Anschein, dass eine derartige Modification stattgefunden habe, so vollkommen, dass die Naturforscher schwer vermeiden können, eine diesem letzten Sinne entsprechende Ausdrucksweise zu gebrauchen. Nach meiner Ansicht sind jene Ausdrücke wörtlich zu nehmen; und die wunderbare Erscheinung, dass die Kinnladen z. B. einer Krabbe zahlreiche Merkmale an sich tragen, welche dieselben wahrscheinlich ererbt haben würden, wenn sie wirklich während einer langen Generationenreihe durch allmähliche Metamorphose aus wenn auch einfachen Beinen entstanden wären, wird erklärt.

### Embryologie und Entwickelung.

Dies ist einer der wichtigsten Theile der Naturgeschichte. Er umfasst die gewöhnlichen Metamorphosen der Insecten, mit denen Jedermann vertraut ist. Allgemein werden sie etwas abrupt in ein paar Stufen und in einer verdeckten Weise ausgeführt; die Umformungen sind aber in Wirklichkeit zahlreich und stufenweise. So hat z. B. Sir J. Lubbock neuerdings gezeigt, dass ein gewisses ephemerides Insect (Chloëon) sich während seiner Entwickelung über zwanzig Mal häutet und jedesmal einen gewissen Betrag von Veränderung erfährt; in solchen Fällen haben wir wahrscheinlich den Act der Metamorphose in seinem natürlichen oder primären Gange vor uns. Was für grosse Structurveränderungen während der Entwickelung mancher Thiere ausgeführt werden, sehen wir in der Classe der Insecten, noch deutlicher aber bei vielen Crustaceen. Wenn wir von den in neuerer Zeit entdeckten wunderbaren Fällen des sogenannten Generationswechsels lesen, so kommen wir zum Höhenpunkte entwickelungsgeschichtlicher Umformungen. Was kann grösseres Staunen erregen, als dass ein zartes verzweigtes, mit Polypen besetztes und an einen submarinen Felsen geheftetes Korallenstöckchen erst durch Knospung, dann durch Theilung eine Menge grosser schwimmender Quallen erzeugt, und dass diese Eier produciren, aus denen zunächst freischwimmende Thierchen hervorgehen, welche sich an Steine heften und sich zu verzweigten Polypenstöckchen entwickeln; und so fort in endlosen Kreisen? Man wird hieraus sehen, dass ich jenen Naturforschern folge, welche alle Fälle von Generationswechsel als wesentliche Modificationen des Knospungsprocesses auffassen, der auf jeder Stufe der Entwickelung auftreten kann. Diese Ansicht von dem engen Zusammenhange des Generationswechsels mit gewöhnlicher Metamorphose hat neuardings durch WAGNER's Entdeckung eine kräftige Stütze erhalten, wonach die Larve einer Cecidomyia, d. i. die Made einer Fliege, ungeschlechtlich innerhalb ihres Körpers andere ähnliche Larven erzeugt und diese den Process wiederholen.

Es ist schon bemerkt worden, dass verschiedene Theile und Organe desselben Individuums, welche im reifen Alter der Thiere sehr verschieden gebildet und zu ganz abweichenden Diensten bestimmt sind, sich in einer frühen embryonalen Zeit einander völlig gleich sind. Eben so wurde erwähnt, dass die Embryonen verschiedener Arten und Gattungen darselben Classe einander allgemein sehr ähnlich, wenn aber vollständig antwickelt, sehr unähnlich sind. Ein besserer Beweis dieser letzten Thatsache lässt sich nicht anführen als der, welchen VON BAER erwähnt, dass die Embryonen von Säugethieren, Vögeln, Eidechsen, Schlangen und wahrscheinlich auch Schildkröten sich in der ersten Zeit im Ganzen sowohl als in der Bildungswaise ihrer einzelnen Theile so ausserordentlich ähnlieh sind, dass man sie nur an ihrer Grösse unterscheiden könne. Ich besitze zwei Embryonen im Weingeist aufbewahrt, deren Namen ich beizuschreiben vergessen habe, und nun bin ich ganz ausser Stand zu sagen, zu welcher Classe sia gehören. Es können Eidechsen oder kleine Vögel oder sehr junge Säugetiere sein, so vollständig ist die Ähnlichkeit in der Bildungsweise von Kopf und Rumpf dieser

Thiere, und die Extremitäten fehlen noch. Aber auch wann sie
vorhanden wären, so würden sie auf ihrer ersten Entwickelungsstufe nichts beweisen; denn die Beine der Eidechsen und Säugethiere, die Flügel und Beine der Vögel nicht weniger als die
Hände und Füsse des Menschen: alle entspringen aus der nämlichen Grundform. — Die wurmförmigen Larven der Motten,
Fliegen, Käfer u. s. w. gleichen einander viel mehr, als die reifen
Insecten; was aber die Larven betrifft, so sind hier die Embryonen activ und da sie speciellen Lebansweisen angepasst sind,
differiren sie zuweilen sehr von einander. Zuweilen geht eine
Spur des Gesetzes der embryonalen Ähnlichkeit noch in ein
späteres Alter über; so gleichen Vögel derselben Gattung oder
nahe verwandter Genera einander oft in ihrem ersten und zweiten Jugendkleide: alle Drosseln z. B. in ihrem gefleckten Gefieder. In der Katzenfamilie sind die meisten Arten gestreift
oder streifenweise gefleckt; und solche Streifen oder Flecken
sind auch noch am neugeborenen Jungen des Löwen und des
Puma vorhanden. Wir sehen zuweilen, aber selten, auch atwas
der Art bei den Pflanzen. So sind die Embryonalblätter des
Ulex und die ersten Blätter der neuholländischen Acacien, welche
später nur noch Phyllodien hervorbringen, zusammengesetzt oder
gefiedert, wie die gewöhnlichen Leguminosenblätter.

Diejenigen Punkte der Organisation, worin die Embryonen
ganz verschiedener Thiere einer und derselhan Classe sich gegenseitig gleichen, haben oft keine unmittelbare Beziehung zu ihran
Existenzbedingungen. Wir können z. B. nicht annebmen, dass
in den Embryonen der Wirbelthiere der eigenthümliche schleifen-
artige Verlauf der Arterien nächst den Kiemenspalten des Halses
mit der Ähnlichkeit der Lebansbedingungen in Zusammenhang
stehe: im jungen Säugethiera, das im Mutterleiba ernährt wird,
wia im Vogel, welcher dem Eie entschlüpft, und im Frosche, der
sich im Laiche unter Wasser entwickelt. Wir haben nicht mahr
Grund, an einen solchen Zusammenhang zu glauben, als anzunehmen, dass die Übereinstimmung der Knochen in der Hand des
Menschen, im Flügel einer Fledermaus und im Ruderfusse einer
Schildkröte mit einer Übereinstimmung der äussern Lebens-

hedingungen in Verbindung stehe. Kein guter Beobachter wird annehmen, dass die Streifen an dem jungen Löwen oder die Flecken an der jungen Amsel diesen Thieren nützen oder mit den Lebensbedingungen in Zusammenhang stehen, welchen sie ausgesetzt sind.

Anders verhält sich jedoch die Sache, wenn ein Thier während eines Theiles seiner Embryonalzeit activ ist und für sich selbst zu sorgen hat. Die Periode dieser Thätigkeit kann früher oder kann später im Leben kommen; doch, wann immer sie kommen mag, die Anpassung der Larve an ihre Lebensbedingungen ist ehen so vollkommen und schön, wie die des reifen Thieres an die seinige. In welch wichtiger Weise dies zur Erscheinung kommt, hat Sir J. Lubbock vor kurzem in seinen Bemerkungen über die grosse Ähnlichkeit der Larven mancher zu weit getrennten Ordnungen gehörender Insecten und die Unähnlichkeit der Larven anderer zu derselben Ordnung gehörender Insecten, je nach der Lebensweise, gezeigt. Durch derartige Anpassungen, hesonders wenn sie eine Arbeitstheilung auf die verschiedenen Entwickelungsstufen einschliessen, wenn z. B. eine Larve auf dem einen Zustand Nahrung zu suchen, auf dem andern einen Ort zum Anheften auszuwählen hat, wird dann zuweilen auch die Ähnlichkeit der Larven einander verwandter Thiere sehr verdunkelt; und es liessen sich Beispiele anführen, wo die Larven zweier Arten und sogar Artengruppen noch mehr von einander verschieden sind, als ihre reifen Eltern. In den meisten Fällen jedoch gehorchen auch die thätigen Larven noch mehr oder weniger dem Gesetze der embryonalen Ähnlichkeit. Die Cirripeden liefern einen guten Beleg dafür: selbst der berühmte Cuvier erkannte nicht, dass ein Lepas ein Kruster ist; aber schon ein Blick auf ihre Larven verräth dies in unverkennbarer Weise. Und eben so haben die zwei Hauptabtheilungen der Cirripeden, die gestielten und die sitzenden, welche in ihrem äusseren Ansehen so sehr von einander abweichen, Larven, die in allen ihren Entwickelungsstufen kaum unterscheidbar sind.

Während des Verlaufes seiner Entwickelung steigt der Embryo gewöhnlich in der Organisation: ich gebrauche diesen Ausdruck, ohwohl ich weiss, dass es kaum möglich ist, genau anzugeben, was unter höherer oder tieferer Organisation zu verstehen sei. Doch wird wahrscheinlich niemand hestreiten, dass der Schmetterling höher organisirt sei als die Raupe. In einigen Fällen jedoch, wie hei parasitischen Krustern, sieht man allgemein das reife Thier für tieferstehend als die Larve an. Ich heziehe mich wieder auf die Cirripeden. Auf ihrer ersten Stufe hat die Larve drei Paar Füsse, ein sehr einfaches Auge und einen rüsselförmigen Mund, womit sie reichliche Nahrung aufnimmt, denn sie nimmt schnell an Grösse zu. Auf der zweiten Stufe, dem Puppenstande des Schmetterlings entsprechend, hat sie aechs Paar schön gehauter Schwimmfüsse, ein Paar herrlich zusammengesetzter Augen und äusserst zusammengesetzte Fühler, aber einen geschlossenen Mund, der keine Nahrung aufnehmen kann; ihre Verrichtung auf dieser Stufe ist, einen zur Befestigung und zur letzten Metamorphose geeigneten Platz mittelst ihres wohl entwickelten Sinnesorganea zu suchen und mit ihren mächtigen Schwimmwerkzeugen zu erreichen. Wenn diese Aufgabe erfüllt ist, so hleiht das Thier lebenslänglich an seiner Stelle hefestigt; seine Beine verwandeln sich in Greiforgane; es hildet sich wieder ein wohl zusammengesetzter Mund aus; aber ea hat keine Fühler, und seine heiden Augen hahen sich jetzt wieder in einen kleinen und ganz einfachen Augenfleck verwandelt. In diesem letzten und vollständigen Zustande kann man die Cirripeden als höher oder als tiefer organisirt hetrachten, als aie im Larvenstande gewesen sind. In einigen ihrer Gattungen jedoch entwickeln sich die Larven entweder zu Hermaphroditen von der gewöhnlichen Bildung oder zu (von mir so genannten) complementären Männchen; und in diesen letzten ist die Entwickelung gewiss zurückgeschritten, denn sie hestehen in einem hlossen Sack mit kurzer Lehensfrist, ohne Mund, Magen oder anderes wichtiges Organ, das der Reproduction ausgenommen.

Wir sind so sehr gewöhnt, Structurverschiedenheiten zwischen Embryonen und erwachsenen Organismen zu sehen und ehen so eine grosse Ähnlichkeit zwischen den Embryonen weit verschiedener Thiere derselben Classe zu finden, dass man sich

veranlasst fühlt, diese Erscheinung als nothwendig in gewisser
Weise mit der Entwickelung zusammentreffend zu betrachten.
Inzwischen ist doch kein Grund einzusehen, warum der Plan
z. B. zum Flügel der Fledermaus oder zum Ruder des Tümmlers
nach allen ihren Theilen in angemessener Proportion nicht schon im
Embryo entworfen worden sein soll, sobald nur irgend eine Structur in demselben sichtbar wurde. Und in einigen ganzen Thiergruppen sowohl als in gewissen Gliedern anderer Gruppen weicht
der Embryo zu keiner Zeit seines Lebens weit vom Erwachsenen
ab; — so hat Owen in Bezug auf die Tintenfische bemerkt: „da
ist keine Metamorphose; der Cephalopodencharacter ist deutlich
da, schon weit früher als die Theile des Embryos vollständig
sind.“ Land-Mollusken und Süsswasser-Crustaceen werden in
der ihnen eigenen Form geboren, während die marinen Formen
dieser beiden grossen Classen beträchtliche und oft sehr grosse
Entwickelungsveränderungen durchlaufen. Bei fast allen Insecten
durchlaufen die Larven, mögen sie nun verschiedengestaltigsten
thätigen Lebensarten angepasst sein oder unthätig bleiben, dabei
von ihren Eltern gefüttert oder mitten in die ihnen angemessene
Nahrung hineingesetzt werden, eine ähnliche wurmförmige Entwickelungsstufe; nur in einigen wenigen Fällen ist, wie bei Aphis,
nach den herrlichen Zeichnungen Huxley's über die Entwickelung dieses Insects, kaum eine Spur dieses wurmförmigen Zustandes zu finden.

In manchen Fällen fehlen nur die früheren Entwickelungsstufen, die allem Anschein nach unterdrückt worden sind. So
hat Fritz Müller neuerdings die merkwürdige Entdeckung gemacht, dass gewisse garneelenartige Crustaceen (mit Penaeus
verwandt) zuerst in der einfachen Naupliusform erscheinen, dann
zwei oder drei Zoeastufen, dann die Mysisform durchlaufen und
endlich die reife Form erlangen. Nun kennt man in der ganzen
enormen Classe der Malakostreken, zu denen diese Kruster gehören, bis jetzt keine Form, die zuerst eine Naupliusform entwickelte, obschon sehr viele als Zoea erscheinen. Demungeachtet
belegt Müller seine Ansicht mit Gründen, dass alle Crustaceen
als Nauplii erschienen sein würden, wenn keine Unterdrückung

der Entwickelung eingetreten sei, oder dass sie ursprünglich
unter dieser Form entwickelt worden seien.

Wie sind aber dann diese verschiedenen Erscheinungen der
Embryologie zu erklären? — nämlich: die sehr gewöhnliche,
wenn auch nicht allgemeine Verschiedenheit der Organisation des
Embryos und des Erwachsenen? — die ausserordentlich weit
auseinanderlaufende Bildung und Verrichtung von anfangs ganz
ähnlichen Theilen eines und desselben Embryos? — die fast allgemeine obschon nicht ausnahmslose Ähnlichkeit zwischen Embryonen verschiedener Species einer Classe? — das Fehlen einer
Anpassung der Structur des Embryos an seine Existenzbedingungen, mit Ausnahme des Falles, dass er zu irgend einer Zeit
thätig wird und für sich selbst zu sorgen hat? — die zuweilen
anscheinend höhere Organisation des Embryos, als des reifen
Thieres, in welches er übergeht? Ich glaube, dass sich alle diese
Erscheinungen auf folgende Weise aus der Annahme einer Abstammung mit Abänderung erklären lassen.

Gewöhnlich nimmt man an, vielleicht weil Monstrositäten
sich oft sehr früh am Embryo zu zeigen beginnen, dass geringe
Abänderungen nothwendig in einer gleichmässig frühen Periode
des Embryos zum Vorschein kommen. Doch haben wir dafür
wenig Beweise, und diese weisen sogar eher auf das Gegentheil;
denn es ist bekannt, dass die Züchter von Rindern, Pferden und
verschiedenen Thieren der Liebhaberei erst eine gewisse Zeit
nach der Geburt des jungen Thieres zu sagen im Stande sind,
welche Form oder Vorzüge es schliesslich zeigen wird. Wir
sehen dies deutlich bei unsern eigenen Kindern; wir können nicht
immer sagen, ob die Kinder von schlanker oder gedrungener
Figur sein oder wie sie sonst genau aussehen werden. Die Frage
ist nicht: in welcher Lebensperiode eine Abänderung verursacht
worden, sondern in welcher sie vollkommen entwickelt sein wird.
Die Ursache kann schon gewirkt haben und hat nach meiner Meinung gewöhnlich gewirkt, ehe sich der Embryo gebildet hat; und
die Abänderung kann davon herkommen, dass das männliche oder
das weibliche Element durch die Lebensbedingungen berührt
worden ist, welchen die Eltern oder deren Vorgänger ausgesetzt

gewesen sind. Demungeachtet kann die so in sehr früher Zeit und selbst vor der Bildung des Embryos thätige Ursache erst spät im Leben ihre Wirkung äussern, wie z. B. auch eine erbliche Krankheit, die dem hohen Alter angehört, von dem reproductiven Elemente eines der Eltern auf die Nachkommen übertragen, oder die Hörnerform eines Blendlings aus einer lang- und einer kurzhörnigen Rasse von den Hörnern der beiden Eltern bedingt wird. Für das Wohl eines sehr jungen Thieres muss es, so lange es noch im Mutterleibe oder im Ei eingeschlossen ist oder von seinen Eltern genährt und geschützt wird, hinsichtlich der meisten Charactere ganz unwesentlich sein, ob es dieselben etwas früher oder später im Leben erlangt. Es würde z. B. für einen Vogel, der sich sein Futter am besten mit einem langen Schnabel verschaffte, gleichgültig sein, ob er die entsprechende Schnabellänge schon bekömmt, so lange er noch von seinen Eltern gefüttert wird, oder nicht. Daher, schliesse ich, ist es ganz möglich, dass jede der vielen nacheinander folgenden Modificationen, wodurch eine Art ihre gegenwärtige Bildung erlangt hat, in einer nicht sehr frühen Lebenszeit eingetreten sein kann, und einige directe Belege von unseren Hausthieren unterstützen diese Ansicht. In anderen Fällen aber ist es eben so möglich, dass alle oder die meisten dieser successiven Umbildungen in einer sehr frühen Zeit hervorgetreten sind.

Ich habe im ersten Capitel angeführt, dass es eine grosse Zahl von Thatsachen wahrscheinlich macht, dass eine Abänderung, die in irgend welcher Lebenszeit der Eltern zum Vorschein gekommen, sich auch in gleichem Alter wieder beim Jungen zeige. Gewisse Abänderungen können nur in sich entsprechenden Altern wieder erscheinen, wie z. B. die Eigenthümlichkeiten der Raupe oder des Coccons oder des Imago des Seidenschmetterlings, oder der Hörner des fast erwachsenen Rindes. Aber auch ausserdem möchten Abänderungen, welche nach Allem, was wir wissen, einmal früher oder später im Leben eingetreten sind, zum Wiedererscheinen im entsprechenden Alter des Nachkommen geneigt sein. Ich bin weit entfernt zu glauben, dass dies unabänderlich der Fall ist, und könnte selbst eine gute Anzahl von Beispielen anführen, wo Abänderungen (im weitesten Sinne des Wortes genommen) im Kinde früher als in den Eltern eingetreten sind.

Diese zwei Principien, ihre Richtigkeit zugestanden, werden alle oben aufgezählten Haupterscheinungen in der Emhryologie erklären. Doch, sehen wir uns zuerst nach einigen analogen Fällen bei unseren Hausthiervarietäten um. Einige Autoren, die über den Hund geschrieben, behaupten, der Windhund und der Bullenbeisser seien, wenn auch noch so verschieden von Aussehen, in der That sehr nahe verwandte Varietäten, wahrscheinlich vom nämlichen wilden Stamme entsprossen. Ich war daher begierig zu erfahren, wie weit ihre neugeworfenen Jungen von einander abweichen. Züchter sagten mir, dass sie beinahe eben so verschieden seien, wie ihre Eltern; und nach dem Augenschein war dies auch ziemlich der Fall. Aber bei wirklicher Ausmessung der alten Hunde und der 6 Tage alten Jungen fand ich, dass diese letzten noch nicht ganz die abweichenden Maassverhältnisse angenommen hatten. Eben so vernahm ich, dass die Füllen des Karren- und des Rennpferdes eben so sehr wie die erwachsenen Thiere von einander abweichen, was mich höchlich wunderte, da es mir wahrscheinlich schien, dass die Verschiedenheit zwischen diesen zwei Rassen lediglich eine Folge der Züchtung im Zähmungszustande sei. Als ich aber sorgfältige Ausmessungen an der Mutter und dem drei Tage alten Füllen eines Renners und eines Karrengauls vornahm, so fand ich, dass die Füllen noch keineswegs das ganze Maass ihrer proportionalen Verschiedenheit besassen.

Da mir die Thatsachen es zu beweisen scheinen, dass die verschiedenen Haustaubenrassen von nur einer wilden Art herstammen, so verglich ich junge Tauben verschiedener Rassen 12 Stunden nach dem Ausschlüpfen miteinander; ich mass die Verhältnisse (wovon ich die Einzelnheiten hier nicht mittheilen will) zwischen dem Schnabel, der Weite des Mundes, der Länge der Nasenlöcher und des Augenlides, der Läufe und Zehen sowohl beim wilden Stamme, als bei Kröpfern, Pfauentauben, Runt- und Barttauben, Drachen- und Botentauben und Purzlern. Einige von diesen Vögeln weichen nun im reifen Zustande so ausserordentlich in der Länge und Form des Schnabels von einander ab, dass man sie, wären sie natürliche Erzeugnisse, zweifelsohne in ganz verschiedene Genera bringen würde. Wenn man aber die Nestlinge dieser verschiedenen Rassen in eine Reihe ordnet, so erscheinen die Verschiedenheiten ihrer Proportionen in den genannten Beziehungen, obwohl man die meisten derselben noch von einander unterscheiden kann, unvergleichbar geringer, als in den erwachsenen Vögeln. Einige characteristische Differenzpunkte der Alten, wie z. B. die Weite des Mundspaltes, sind an den Jungen noch kaum zu entdecken. Ich fand nur eine merkwürdige Ausnahme von dieser Regel, indem die Jungen des kurzstirnigen Purzlers von den Jungen der wilden Felstaube und der andern Rassen in allen Maassverhältnissen fast genau ebenso verschieden waren, wie im erwachsenen Zustande.

Die zwei oben aufgestellten Principien, dass nämlich Variationen nicht allgemein in einem sehr frühen Alter eintreten, und dass sie in einem correspondirenden Alter, welches dies auch gewesen sein mag, vererbt werden, scheinen mir diese Thatsachen in Bezug auf die letzten Embryozustände unserer zahmen Varietäten zu erklären. Liebhaber wählen ihre Pferde, Hunde und Tauben zur Nachzucht aus, wenn sie nahezu erwachsen sind. Es ist ihnen gleichgültig, ob die verlangten Bildungen und Eigenschaften früher oder später im Leben zum Vorschein kommen, wenn nur das erwachsene Thier sie besitzt. Und die eben mitgetheilten Beispiele insbesondere von den Tauben scheinen zu zeigen, dass die characteristischen Verschiedenheiten, welche den Werth einer jeden Rasse bedingen und durch künstliche Zuchtwahl gehäuft worden sind, nicht allgemein in einer frühen Lebensperiode zum Vorschein gekommen und auch erst in einem entsprechenden späteren Lebensalter auf den Nachkommen vererbt sind. Aber der Fall mit dem kurzstirnigen Purzler, welcher schon in einem Alter von zwölf Stunden seine eigenthümlichen Maassverhältnisse besitzt, beweist, dass dies keine allgemeine Regel ist; denn hier müssen die characteristischen Unterschiede entweder in einer früheren Periode als gewöhnlich erschienen, oder wenn nicht, statt in dem entsprechenden in einem früheren Alter vererbt worden sein.

Wenden wir nun diese Thatsachen und die zwei obigen Principien auf die Arten im Naturzustande an. Nehmen wir eine Vogelgattung an, die nach meiner Theorie von irgend einer Stammart herkommt, und deren verschiedene neue Arten durch natürliche Zuchtwahl in Übereinstimmung mit ihren verschiedenen Lebensweisen modificirt worden sind. Dann werden in Folge der vielen successiven kleinen Abänderungsstufen, welche in späterem Alter eingetreten sind und sich in entsprechendem Alter weiter vererbt haben, die Jungen aller neuen Arten unserer angenommenen Gattung sich einander offenbar mehr zu gleichen geneigt sein, als es bei den Alten der Fall, gerade so wie wir es bei den Tauben gesehen haben. Wir können diese Ansicht auf ganze Familien oder selbst Classen ausdehnen. Die vordern Gliedmaassen z. B., welche der Stammart als Beine gedient haben, mögen in Folge langwährender Modification bei einem Nachkommen zu den Diensten der Hand, bei einem andern zu denen des Ruders und bei einem Dritten zu solchen des Flügels angepasst worden sein: so werden nach den zwei obigen Principien, dass nämlich jede der successiven Modificationen in einem etwas späteren Alter entstand und sich auch erst in einem entsprechenden späteren Alter vererbte, die vordern Gliedmaassen in den Embryonen der verschiedenen Nachkommen der Stammart einander noch sehr ähnlich sein; denn sie sind von den Modificationen nicht betroffen worden. Nun werden aber in jeder unserer neuen Arten die embryonalen Vordergliedmaassen sehr von denen des reifen Thieres verschieden sein, weil diese letzten erst in späterer Lebensperiode grosse Abänderung erfahren haben und in Hände, Ruder und Flügel umgewandelt worden sind. Was immer für einen Einfluss lange fortgesetzter Gebrauch oder Nichtgebrauch auf die Abänderung eines Organes gehabt haben mag, so wird ein solcher Einfluss hauptsächlich das reife Thier betreffen, welches bereits zu seiner ganzen Thatkraft gelangt ist und sein Leben selbst fristen muss; und die so entstandenen Wirkungen werden sich im entsprechenden reifen Alter vererben, während das Junge durch die Folgen des Gebrauchs und Nichtgebrauchs nicht oder nur wenig modificirt wird.

In gewissen Fällen mögen die aufeinander folgenden Abänderungsstufen, aus uns ganz unbekannten Gründen, schon in sehr früher Lebenszeit erfolgen, oder jede solche Stufe wird in einer früheren Lebensperiode vererbt werden, als worin sie zuerst entstanden ist. In beiden Fällen wird das Junge oder der Embryo (wie die Beobachtung am kurzstirnigen Purzler zeigt) der reifen elterlichen Form vollkommen gleichen. Wir haben gesehen, dass dies in einigen ganzen Thiergruppen die Regel ist, bei den Tintenfischen, Landmollusken, Süsswassercrustaceen, Spinnen, und in einigen wenigen Fällen der grossen Classe der Insecten. Was nun die Endursache betrifft, warum das Junge in diesen Fällen keine Metamorphose durchläuft, so lässt sich erkennen, dass dies von den folgenden zwei Bedingungen herrührt: erstens davon, dass das Junge im Verlaufe seiner durch viele Generationen fortgesetzten Modification schon von sehr früher Entwickelungsstufe an für seine eigenen Bedürfnisse zu sorgen hatte, und zweitens davon, dass es genau dieselbe Lebensweise wie seine Eltern befolgte; denn in diesem Falle würde es für die Existenz der Art unabweislich sein, dass das Kind auf einer sehr frühen Stufe in derselben Weise und in Übereinstimmung mit deren ähnlicher Lebensweise, wie seine Eltern modificirt würde. In Bezug ferner auf die merkwürdige Thatsache, dass so viele Land- und Süsswasserformen keine Metamorphose durchlaufen, während die marinen Glieder derselben Classen verschiedene Umgestaltungen erfahren, so hat Fritz Müller die Vermuthung ausgesprochen, dass es für die Nachkommen eines Thieres, welches während einer langen Reihe von Generationen sein Leben im Meer gegen ein Leben auf dem Lande oder im Süsswasser umzutauschen gehabt hätte, von grossem Vortheil sein würde, wenn sie ihre Metamorphosen verlören; denn es ist nicht wahrscheinlich, dass Plätze in der Natur, die sowohl für Larven- als reife Zustände unter so neuen und bedeutend abgeänderten Lebensweisen geeignet wären, von andern Organismen gar nicht oder schlecht besetzt sein sollten. Es würde daher die Umwandlung eines Seethiers in ein Land- oder Süsswasserthier viel leichter bewirkt werden, wenn die Metamorphosen durch allmähliche Annahme des erwachsenen Baues auf einer immer früheren und früheren Stufe unterdrückt würden.

Wenn es auf der andern Seite dem Jungen vortheilhaft ist, eine von der elterlichen etwas verschiedene Lebensweise einzuhalten und demgemäss einen etwas abweichenden Bau zu haben, oder wenn es Larven, die bereits eine von der ihrer Eltern abweichende Lebensweise haben, vortheilhaft ist, darin noch weiter abzuweichen, so kann nach dem Princip der Vererbung in übereinstimmenden Lebenszeiten das Junge oder die Larve durch natürliche Zuchtwahl immer mehr und mehr eine in merklichem Grade von der seiner Eltern abweicbende Bildung erlangen. Solche Verschiedenheiten in den Larven können auch mit den aufeinander folgenden Entwickelungsstufen in Correlation treten, so dass die Larve auf ihrer ersten Stufe weit von der Larve auf der zweiten Stufe abweicht, wie es bei so vielen Thieren der Fall ist. Das Erwachsene kann sich Lagen und Gewohnbeiten anpassen, wo ibm Bewegungs-, Sinnes- oder andere Organe nutzlos werden, und in diesem Falle kann man dessen letzte Metamorphose als eine rückschreitende bezeichnen.

Nach den obigen Bemerkungen lässt sich erkennen, wie die Metamorphosen gewisser Thiere durcb, den veränderten Lebensweisen der Jungen entsprechende Abänderungen in ihrem Bau und Vererbung derselben in correspondirenden Altersstufen zuerst erlangt und später zahlreichen modificirten Nachkommen überliefert sein werden. Fritz Müller, der den ganzen Gegenstand vor kurzem mit viel Geschick erörtert hat, geht bis zu der Annahme, dass der Urerzeuger aller Insecten wahrscheinlich einem erwachsenen Insecte geglichen haben werde, und dass die Zustände als Raupe oder Made und Coccon oder Puppe später erst erlangt worden sind. Von dieser Ansicht werden aber wahrscheinlich viele Naturforscher, wie Sir J. Lubbock, der den Gegenstand gleichfalls neuerdings behandelt hat, abweicben. Dass gewisse ungewöhnliche Metamorphosenstände bei Insecten in Folge von Adaptionen an eigenthümliche Lebensgewohnheiten

entstanden sind, kann kaum bezweifelt werden. So stellt die
erste Larvenform eines Käfers, Sitaris, wie es FABRE beschreibt,
ein kleines, lebendiges, mit sechs Füssen, zwei langen Antennen
und vier Augen versehenes Insect dar. Diese Larven kriechen
in einem Bienenstocke aus; und wenn die Drohnen im Frühjahr
aus ihren Verstecken hervorkommen, was sie vor den Weibchen
thun, so springen jene Larven auf sie und benutzen die nächste
natürliche Gelegenheit auf die weiblichen Bienen zu kriechen.
Wenn die letzteren ihre Eier, eines in jede Zelle auf den dort
befindlichen Honig legen, so hüpft die Larve auf das Ei und verzehrt es. Dann erfährt sie eine complete Veränderung; die
Augen verschwinden, die Füsse und Antennen werden rudimentär
und sie ernährt sich von Honig. Sie gleicht daher mehr den
gewöhnlichen Insectenlarven. Endlich unterliegt sie noch weitern Verwandlungen und erscheint zuletzt als vollkommener Käfer.
Wenn nun ein Insect mit ähnlichen Umgestaltungen wie diese
Sitaris, der Urerzeuger der ganzen grossen Insectenclasse gewesen wäre, so würde wahrscheinlich der allgemeine Verlauf der
Entwickelung und besonders der der ersten Larvenstände sehr
verschieden von dem jetzigen Verlauf gewesen sein. Und besonders ist zu bemerken, dass die ersten Larvenstände nicht den
erwachsenen Zustand irgend eines Insectes repräsentirt haben
würden.

Auf der andern Seite ist es wahrscheinlich, dass bei vielen
Thiergruppen uns die früheren Larvenzustände mehr oder weniger vollständig die Form des früheren erwachsenen Urerzeugers
der ganzen Gruppe zeigen. In der ungeheuren Classe der Crustaceen erscheinen wunderbar von einander verschiedene Formen,
wie die saugenden Parasiten, Cirripeden, Entomostraken und selbst
der Malacostraken in ihrem ersten Larvenzustand unter einer
ähnlichen Naupliusform; und da diese Larven im offenen Meere
sich ernähren und leben und nicht irgend eigenthümlichen Lebensweisen angepasst sind, so ist es, wie auch noch nach andern
von FRITZ MÜLLER angeführten Gründen, wahrscheinlich, dass ein
unabhängiges erwachsenes Thier ähnlich einem Nauplius in einer
sehr frühen Zeit existirt und später durch lang fortgesetzte

Modification längs mehrerer divergirender Descendenzreihen die verschiedenen obengenannten grossen Crustaceengruppen erzeugt hat. So ist es nach dem, was wir von den Embryonen der Säugethiere, Vögel, Fische und Reptilien wissen, ferner wahrscheinlich, dass alle Glieder dieser vier grossen Classen die modificirten Nachkommen irgend eines alten Urerzeugers sind, welcher im erwachsenen Zustande mit Kiemen, einer Schwimmblase, vier einfachen Gliedmaassen und einem für das Leben im Wasser passenden langen Schwanze versehen war.

Da alle organischen Wesen, welche noch leben oder jemals auf dieser Erde gelebt haben, zusammen classificirt werden sollten, und da alle durch die feinsten Abstufungen mit einander verkettet sind, so würde die beste, oder in der That, wenn unsere Sammlungen einigermaassen vollständig wären, die einzig mögliche Anordnung derselben die genealogische sein. Gemeinsame Abstammung ist nach meiner Ansicht das geheime Band, welches die Naturforscher unter dem Namen natürliches System gesucht haben. Von dieser Annahme aus begreifen wir, woher es kommt, dass in den Augen der meisten Naturforscher die Bildung des Embryos für die Classification selbst noch wichtiger als die des Erwachsenen ist. Denn der Embryo ist das Thier in seinem weniger modificirten Zustande und enthüllet uns insofern die Structur einer Stammform. Zwei Thiergruppen mögen jetzt in Bau und Lebensweise noch so verschieden von einander sein; wenn sie gleiche oder ähnliche Embryostände durchlaufen, so dürfen wir uns beinahe überzeugt halten, dass beide von denselben Eltern abstammen und desshalb nahe verwandt sind. So verräth Übereinstimmung in der Embryobildung gemeinsame Abstammung; aber Unähnlichkeit in der Embryonalentwickelung beweist noch nicht eine verschiedene Abstammung, denn in einer von zwei Gruppen können alle freien Entwickelungsstufen unterdrückt oder so stark modificirt worden sein, dass man sie nicht wieder erkennen kann, und zwar in Folge von Anpassungen an neue Lebensweisen während der frühesten Wachsthumsperioden. Diese gemeinsame Abstammung verräth sich indess auch oft, wie sehr auch die Organisation der Erwachsenen abgeändert und verhüllt worden sein mag; denn wir haben gesehen, dass die Cirripeden z. B., ohschon sie äusserlich den Muscheln so ähnlich sind, an ihren Larven sogleich als zur grossen Classe der Kruster gehörig erkannt werden können. Da der Embryozustand einer jeden Art und jeden Artengruppe uns theilweise den Bau ihrer alten noch wenig modificirten Stammformen überliefert, so ergibt sich auch deutlich, warum alte und erloschene Lebensformen den Embryonen ihrer Nachkommen, unseren heutigen Arten nämlich, gleichen. AGASSIZ hält dies für ein Naturgesetz; ich muss aber bekennen, dass ich erst später das Gesetz noch bestätigt zu sehen hoffe. Denn es lässt sich nur in den Fällen beweisen, wo der alte, angeblich in den jetzigen Embryonen vertretene Zustand in dem langen Verlaufe andauernder Modification weder durch successive in einem frühen Lebensalter erfolgte Abänderungen noch durch Vererbung der Abweichungen auf ein früheres Lebensalter, als worin sie ursprünglich aufgetreten sind, verwischt worden ist. Auch ist zu erwägen, dass das angebliche Gesetz der Ähnlichkeit alter Lebensformen mit den Embryoständen der neuen ganz wahr sein und doch, weil sich die geologische Urkunde nicht weit genug rückwärts erstreckt, noch auf lange hinaus oder für immer unbeweisbar bleiben kann.

So scheinen sich mir die leitenden Thatsachen in der Embryologie, welche an naturgeschichtlicher Wichtigkeit keinen andern nachstehen, aus dem Princip zu erklären: dass geringe Modificationen in der langen Reihe von Nachkommen eines frühen Urerzeugers, nicht in einem sehr frühen Lebensalter eines jeden derselben erschienen, wenn sie auch vielleicht im frühesten Alter verursacht und in einem entsprechenden nicht frühen Alter vererbt worden sind. Die Embryologie gewinnt sehr an Interesse, wenn wir uns so den Embryo als ein mehr oder weniger verbliches Bild der gemeinsamen Stammform, entweder in seiner erwachsenen oder Larvenform, aller Glieder derselben grossen Thierclasse vorstellen.

Organe oder Theile in diesem eigenthümlichen Zustande, die den Stempel der Nutzlosigkeit tragen, sind in der Natur äusserst gewöhnlich. So sind rudimentäre Zitzen sehr gewöhnlich bei männlichen Säugethieren, und ich glaube, dass man den Afterflügel der Vögel getrost als einen verkümmerten Finger ansehen darf. In vielen Schlangen ist der eine Lungenflügel verkümmert, und in andern Schlangen kommen Rudimente des Beckens und der Hinterbeine vor. Einige Beispiele von solchen Organenrudimenten sind sehr eigenthümlich, wie die Anwesenheit von Zähnen bei Walembryonen, die in erwachsenem Zustande nicht einen Zahn im ganzen Kopfe haben, und das Dasein von Schneidezähnen im Oberkiefer unserer Kälber vor der Geburt, welche aber niemals das Zahnfleisch durchbrechen. Auch ist nach guter Autorität behauptet worden, dass sich Zahnrudimente in den Schnäbeln der Embryonen gewisser Vögel entdecken lassen. Nichts kann klarer sein, als dass die Flügel zum Fluge gemacht sind; und doch, in wie vielen Insecten sehen wir die Flügel so verkleinert, dass sie zum Fluge ganz unbrauchbar sind und überdies noch unter fest miteinander verwachsenen Flügeldecken verborgen liegen.

Die Bedeutung rudimentärer Organe ist oft unverkennbar. So gibt es z. B. in einer Gattung (und zuweilen in einer Species) beisammen Käfer, die sich in allen Beziehungen auf's Genaueste gleichen, nur dass die einen vollständig ausgebildete Flügel und die andern an deren Stelle nur membranöse Rudimente haben; und hier ist es unmöglich zu zweifeln, dass diese Rudimente die Flügel vertreten. Rudimentäre Organe behalten zuweilen noch die Möglichkeit ihrer Functionirung und sind bloss nicht ausgebildet; dies scheint bei den Brüsten männlicher Säugethiere der Fall zu sein, wo viele Beispiele aufgezählt werden, wo diese Organe in erwachsenen Männchen sich wohl entwickelt und Milch abgesondert haben. So haben die Weibchen der Gattung Bos gewöhnlich vier entwickelte und zwei rudimentäre Zitzen am Euter; aber bei unserer zahmen Kuh entwickeln sich gewöhnlich auch die zwei letzten und geben Milch. Bei Pflanzen sind in

einer und der nämlichen Species die Kronenblätter bald nur als
Rudimente und bald in ganz ansgebildetem Zustande vorhanden.
Bei Pflanzen mit getrennten Geschlechtern haben dia männlichen
Blüthan oft ein Rudiment von Pistill, und bei Kreuzung einer
solchen männlichen Pflanze mit einer hermaphroditischen Art sah
KÖLREUTER in dem Baatard das Pistillrudiment an Grösse zu-
nehmen, woraus sich deutlich ergibt, dass das Rudiment und das
vollkommene Piatill sich in ihrer Natur wesentlich gleichen.

Ein zweierlei Verrichtungen dienendes Organ kann für die
eine und sogar die wichtigere derselben rudimentär werden oder
ganz fehlschlagen und in voller Wirksamkeit für die andere
bleiben. So ist die Bestimmung des Pistilla, den Pollenschläuchen
zu gestatten, die in dem Ovarium an seiner Baais enthaltenen
Eicben zu erreichan. Das Pistill besteht aua der vom Griffel
gatragenen Narba; bei ainigen Compositen jedoch haben die
männlichen Blüthchen, welcha mithin nicht befruchtet werden
können, ein Pistill in rudimentärem Zuatanda, indam es keine
Narba hesitzt; und doch bleibt es sonst wohl entwickelt und wie
in andern Compositen mit Haaren überzogen, um den Pollan von
den umgebenden und vereinigten Antheren abzustraifan. So kann
auch ein Organ für seine eigene Bestimmung rudimentär werden
und für einen andern Zwack dianen; so schaint in gewiaen
Fiacben die Scbwimmblase für ihre eigene Verrichtung, den Fisch
im Wasser flottirend zu erhalten, beinahe rudimantär zu werden,
indem sie in ein Athmungsorgan oder Lunge überzugehen beginnt.
Es könnten noch andera ähnliche Beispiele angeführt werden.

Noch ao wenig entwickalta aber doch branchbare Organe
sollten nicht rudimentär genannt warden; sie mögen für „wer
dende" Organe gelten und später durcb natürliche Zuchtwahl in
irgend walchem Maasaa waiter entwickelt werden. Dagegen sind
rndimentäre Organa oft wesentlich nutzlos: wie Zähne, welche
niemals das Zahnfleisch durchbrechen. Da aie in einem noch
weniger entwickelten Zustnde auch von noch geringerem Nutzen
wären, können sia bei ihrer jetzigen Beschaffenheit nicbt von
natürlicher Zuchtwahl harrühren, welcha bloss durch Erhaltung
nützlicher Abänderungen wirkt; sie waisen nur auf einen früheren

Zustand ihrer Besitzers hin und sind, wie wir sehen werden, nur durch Vererbung erhalten worden. Es ist schwer zu erkennen, welche Organe „werdende" sind; in Bezug auf die Zukunft kann man nicht sagen, in welcher Weise sich ein Theil entwickeln wird, und ob es jetzt ein „werdender" ist; in Bezug auf die Vergangenheit, so werden Geschöpfe mit werdenden Organen gewöhnlich durch ihre Nachfolger mit denselben Organen in vollkommenerem und entwickelterem Zustande ersetzt worden sein und folglich jetzt nicht existiren. Der Flügelstummel des Pinguins ist als Ruder von grossem Nutzen und mag daher den beginnenden Vogelflügel vorstellen; nicht als ob ich glaubte, dass er es wirklich sei, denn wahrscheinlich ist er ein reducirtes und für eine neue Bestimmung hergerichtetes Organ. Der Flügel des Apteryx andererseits ist nutzlos und wirklich rudimentär. Die einfachen fadenförmigen Gliedmaassen des Lepidosiren sind offenbar in einem werdenden Zustande; sie sind, wie Owen neuerdings bemerkt hat, „die Anfänge von Organen, welche bei höheren Wirbelthieren eine vollständige functionelle Entwickelung erreichen." Die Milchdrüsen des Ornithorhynchus können vielleicht, mit denen der Kuh verglichen, als werdende bezeichnet werden. Die Eierzügel gewisser Cirripeden, welche nur wenig entwickelt sind und nicht mehr zur Befestigung der Eier dienen, sind werdende Kiemen.

Rudimentäre Organe in Individuen einer nämlichen Art variiren sehr gern in ihrer Entwickelungsstufe sowohl als in andern Beziehungen. Ausserdem ist der Grad, bis zu welchem das Organ rudimentär geworden, in nahe verwandten Arten zuweilen sehr verschieden. Für diesen letzten Fall liefert der Zustand der Flügel bei einigen weiblichen Nachtschmetterlingen ein gutes Beispiel. Rudimentäre Organe können gänzlich fehlschlagen oder abortiren, und daher rührt es dann, dass wir in einem Thiere oder einer Pflanze nicht einmal eine Spur mehr von einem Organe finden, welches wir dort zu erwarten berechtigt sind und nur zuweilen noch in monströsen Individuen der Species hervortreten sehen. So finden wir bei einigen Scrophularinen selten auch nur ein Rudiment eines fünften Staubgefässes; doch kommt dies zuweilen deutlich oder vollständig entwickelt zum Vorschein. Wenn msn die Homologien eines Theiles in den verschiedenen Gliedern einer Classe verfolgt, so ist nichts gewöhnlicber oder nothwendiger, sls die Entdeckung von Rudimenten. R. Owen hst dies ganz gut in Zeichnungen der Beinknochen des Pferdes, des Ochsen und des Nsshorns dsrgestellt.

Es ist eine wichtige Thstssche, dsss rudimentäre Orgsne, wie die Zäbne im Oberkiefer der Wsle und Wiederkäuer, oft im Embryo zu entdecken sind und nschher völlig verschwinden. Auch ist es, glaube icb, eine sllgemeine Regel, dsss ein rudimentäres Orgsn den sngrenzenden Tbeilen gegenüber im Embryo grösser als im Erwachsenen erscheint, so dsss das Orgsn im Embryo minder rudimentär ist und oft ksum sls irgendwie rudimentär bezeicbnet werden kann. Daher ssgt msn oft von eïnem rudimentären Orgsn, es sei suf seiner embryonalen Entwickelungsstnfe such im Erwschsenen steben geblieben.

Icb hsbe jetzt die leitenden Thatsschen in Bezug suf rudimentäre Orgsne aufgeführt. Bei weiterem Nschdenken dsrüber mnss jeder von Erstaunen hetroffen werden; denn dieselbe Urtbeilskraft, welche uns so deutlicb erkennen lässt, wie vortrefflich die meisten Theile und Organe ibren verschiedenen Bestimmungen sngepasst sind, lehrt uns such mit gleicher Deutlichkeit, dsss diese rudimentären oder strophirten Organe unvollkommen und nutzlos sind. In den nsturgeschicbtlichen Werken liest msn gewöhnlich, dsss die rudimentären Organe nur der „Symmetrie wegen" oder „um dss Schems der Natnr zu ergänzen" vorhsnden sind; dies scheint mir aber keine Erklärung, sondern nur eine wichtigthuende Umschreibung der Thstssche zu sein. Würde es denn genügen zn ssgen, weil Planeten in elliptischen Babnen um die Sonne lsufen, so nebmen Satelliten denselben Lsuf um die Plsneten nur der Symmetrie wegen und um das Schema der Nstur zu vervollständigen? Ein susgezeichneter Physiolog sucht dss Vorkommen rudimentärer Orgsne durch die Annsbme zu erklären, dsss sie dazu dienen, überschüssige oder dem Systeme schädliche Msterie susznscheiden. Aber kann msn denn snnehmen, dsss das kleine nur sus Zellgewebe bestehende Wärzchen, welches in männlichen Blütben oft die Stelle des Pistills vertritt, dies zu bewirken vermöge? Kann man annehmen, dass die Bildung rudimentärer Zähne, die später wieder resorbirt werden, dem in raschem Wacbsen begriffenen Kalbsembryo durch Ausscheidung der ihm so werthvollen phosphorsauren Kalkerde von irgend welchem Nutzen sein könne? Wenn ein Mensch durch Amputation seine Finger verliert, so kommt an den Stummeln zuweilen ein unvollkommener Nagel wieder zum Vorschein. Man könnte nun gerade so gut glauben, dass dieses Rudiment eines Nagels nicht in Folge unbekannter Wachsthumsgesetze, sondern nur um Hornmaterie auszuscheiden wieder erscheine, wie dass die Nagelstummel an den Ruderhänden des Manati dazu bestimmt wären.

Nach meiner Annahme von Fortpflanzung mit Abänderung erklärt sich die Entstehung rudimentärer Organe sehr einfach. Wir kennen eine Menge Beispiele von rudimentären Organen bei unseren Culturerzeugnissen, wie der Schwanzstummel in ungeschwänzten Rassen, der Ohrstummel in ohrlosen Rassen, das Wiedererscheinen kleiner nur in der Haut hängender Hörner bei ungehörnten Rinderrassen und besonders, nach Youatt, bei jungen Thieren derselben, und wie der Zustand der ganzen Blüthe im Blumenkohl. Oft seben wir auch Stummel verschiedener Art bei Missgeburten. Aber ich bezweifle, dass einer von diesen Fällen geeignet ist, die Bildung rudimentärer Organe in der Natur weiter zu beleuchten, als dass er uns zeigt, dass Stummel entstehen können; denn ich bezweifle, dass Arten im Naturzustande jemals plötzlichen Veränderungen unterliegen. Ich glaube, dass Nichtgebrauch dabei hauptsächlich in Betracht kommt, der während einer langen Generationenreihe die allmähliche Abschwächung der Organe veranlassen kann, bis sie endlich nur noch als Stummel erscheinen: so bei den Augen in dunklen Höhlen lebender Thiere, welche nie etwas sehen, und bei den Flügeln oceanische Inseln bewobnender Vögel, welche selten zu fliegen nöthig haben und daber dieses Vermögen zuletzt gänzlich einbüssen. Ebenso kann ein unter Umständen nützlicbes Organ unter andern Umständen sogar nachtheilig werden, wie die Flügel der auf kleinen und exponirten Inseln lebenden Insecten. In diesem Falle wird natürliche Zuchtwahl fortwährend bestrebt sein, das Organ langsam zu reduciren, bis es unschädlich und rudimentär wird.

Eine Änderung in den Verrichtungen, welche in unmerkbaren Abstufungen eintreten kann, liegt im Bereiche der natürlichen Zuchtwahl, daher ein Organ, welches in Folge geänderter Lebensweise nutzlos oder nachtheilig für seine Bestimmung wird, abgeändert und für andere Verrichtungen verwendet werden kann. Oder ein Organ wird nur noch für eine von seinen früheren Verrichtungen beibehalten. Ein nutzlos gewordenes Körperglied mag veränderlich sein, weil seine Abänderungen nicht durch natürliche Zuchtwahl aufgehalten werden können. In welchem Lebensabschnitte nun auch ein Organ durch Nichtbenützung oder Züchtung reducirt werden mag (und dies wird gewöhnlich erst der Fall sein, wenn das Thier zu seiner vollen Reife und Thatkraft gelangt ist): so wird nach dem Princip der Vererbung in sich entsprechenden Altern dieses Organ in reducirtem Zustande stets im nämlichen Alter wieder erscheinen und sich mithin nur selten im Embryo ändern oder verkleinern. So erklärt sich mithin die verhältnissmässig beträchtlichere Grösse rudimentärer Organe im Embryo und deren vergleichungsweise geringere Grösse im Erwachsenen. Wenn aber jede Abstufung im Reductionsprocesse nicht in einem entsprechenden Alter, sondern in einer sehr frühen Lebensperiode vererbt werden sollte (was wir guten Grund haben für möglich zu halten), so würde das rudimentäre Organ endlich ganz zu verschwinden streben und den Fall eines vollständigen Fehlschlagens darbieten. Auch das in einem früheren Capitel erläuterte Princip der Ökonomie, wornach die zur Bildung eines dem Besitzer nicht mehr nützlichen Theiles verwendeten Bildungsstoffe erspart werden, mag wohl oft mit ins Spiel kommen; und dies wird dann dazu beitragen, das gänzliche Verschwinden eines schon verkümmerten Organes zu bewirken.

Da hiernach die Anwesenheit rudimentärer Organe von dem Streben eines jeden Theiles der Organisation sich nach langer

Existenz erblich zu übertragen bedingt ist, so wird aus dem Gesichtspunkte einer genealogischen Classification begreiflich, wie es komme, dass Systematiker die rudimentären Organe für ihren Zweck zuweilen eben so nützlich befunden haben, als die Theile von hoher physiologischer Wichtigkeit. Rudimentäre Organe kann man mit den Buchstaben eines Wortes vergleichen, welche beim Buchstabiren desselben noch beibehalten, aber nicht mit ausgesprochen werden und bei Nachforschungen über dessen Ursprung als vortreffliche Führer dienen. Nach der Annahme einer Fortpflanzung mit Abänderung können wir schliessen, dass das Vorkommen von Organen in einem verkümmerten, unvollkommenen und nutzlosen Zustande und deren gänzliches Fehlschlagen, statt wie bei der gewöhnlichen Theorie der Schöpfung grosse Schwierigkeiten zu bereiten, vielmehr vorauszusehen war und aus den Erblichkeitsgesetzen zu erklären ist.

### Zusammenfassung.

Ich habe in diesem Capitel zu zeigen gesucht, dass die Unterordnung der Organismengruppen aller Zeiten untereinander, — dass die Natur der Beziehungen, nach welchen alle lebenden und erloschenen Wesen durch zusammengesetzte, strahlenförmige und oft sehr mittelbar zusammenhängende Verwandtschaftslinien zu einem grossen Systeme vereinigt werden, — dass die von den Naturforschern bei ihren Classificationen befolgten Regeln und sich darbietenden Schwierigkeiten, dass der auf die beständigen und andauernden Charactere gelegte Werth, gleichviel ob sie für die Lebensverrichtungen von grosser oder, wie die der rudimentären Organe von gar keiner Wichtigkeit sind, — dass der weite Unterschied im Werthe zwischen analogen oder Anpassungs- und wahren Verwandtschaftscharacteren: — dass alle diese und noch viele andere solcher regelmässigen Erscheinungen sich naturgemäss aus der Annahme einer gemeinsamen Abstammung der bei den Naturforschern als verwandt geltenden Formen und deren Modification durch natürliche Zuchtwahl in Begleitung von Erlöschung und von Divergenz des Characters herleiten lassen. Von diesem Standpunkte aus die Classification beurtheilend wird

man sich erinnern, dass das Element der Abstammung insofern
schon längst allgemein berücksichtigt wird, als man beide Geschlechter, die mannichfaltigsten Entwicklungsformen und die anerkannten Varietäten, wie verschieden von einander sie auch in
ihrem Baue sein mögen, alle in eine Art zusammenordnet. Wenn
wir nun die Anwendung dieses Elementes als die einzige mit
Sicherheit erkannte Ursache von der Ähnlichkeit organischer Wesen unter einander etwas weiter ausdehnen, so wird uns die Bedeutung des natürlichen Systems klarer werden: es ist ein Versuch genealogischer Anordnung, worin die Grade der Verschiedenheiten, in welche die einzelnen Verzweigungen auseinander
gelaufen sind, mit den Kunstausdrücken Varietäten, Arten, Gattungen, Familien, Ordnungen und Classen bezeichnet werden.

Indem wir von derselben Annahme einer Fortpflanzung mit
Abänderung ausgehen, werden uns manche Haupterscheinungen
in der Morphologie erklärlich: sowohl das gemeinsame Modell,
wornach die homologen Organe, zu welchem Zwecke sie auch
immer bestimmt sein mögen, bei allen Arten einer Classe gebildet sind, als die Bildung aller homologen Theile eines jeden
Pflanzen- oder Thierindividuums nach einem solchen gemeinsamen
Vorbilde.

Die grossen leitenden Thatsachen in der Embryologie erklären sich aus dem Princip, dass successive geringe Abänderungen nicht nothwendig oder allgemein schon in einer sehr frühen
Lebenszeit eintreten, und sich in entsprechendem Alter weiter
vererben. So die Ähnlichkeit der homologen Theile in einem
Embryo, welche im reifen Alter in Form und Verrichtungen weit
auseinander gehen, — und die Ähnlichkeit der homologen Theile
oder Organe in verschiedenen Arten einer Classe, wenn sie auch
in den erwachsenen Thieren den möglichst verschiedenen Zwecken
dienen. Larven sind active Embryonen, welche daher auch schon
für ihre verschiedene Lebensweise nach dem Princip der Vererbung in gleichen Altern modificirt worden sind. Nach diesem
nämlichen Princip und in Betracht, dass, wenn Organe in Folge
von Nichtgebrauch oder von Züchtung in Grösse reducirt werden,
dies gewöhnlich in derjenigen Lebensperiode geschieht, wo das

Wesen für seine Bedürfnisse selbst zu sorgen hat, und in ferne-
rem Betracht, wie streng das Walten des Erblichkeitsprincips ist:
bietet uns das Vorkommen rudimentärer Organe und ihr endlich
vollständiges Verschwinden keine unerklärbare Schwierigkeit dar;
im Gegentheil haben wir deren Vorkommen voraus sehen können.
Die Wichtigkeit embryonaler Charactere und rudimentärer Organe für die Classification wird aus der Annahme begreiflich, dass
nur eine genealogische Anordnung natürlich sein kann.

Endlich scheinen mir die verschiedenen Classen von Thatsachen, welche in diesem Capitel in Betracht gezogen worden
sind, so deutlich auszusprechen, dass die zahllosen Arten, Gattungen und Familien organischer Wesen, womit diese Welt bevölkert ist, allesammt und jedes wieder in seiner eigenen Classe
oder Gruppe insbesondere, von gemeinsamen Eltern abstammen
und im Laufe der Fortpflanzung wesentlich modificirt worden sind,
dass ich dieser Anschauungsweise ohne Zögern folgen würde,
selbst wenn ihr keine sonstigen Thatsachen und Argumente mehr
zu Hilfe kämen.

---

## Vierzehntes Capitel.

## Allgemeine Wiederholung und Schluss.

Wiederholung der Schwierigkeiten der Theorie natürlicher Zuchtwahl. —
Wiederholung der allgemeinen und besondern Umstände zu deren Gunsten.
— Ursachen des allgemeinen Glaubens an die Unveränderlichkeit der
Arten. — Wie weit die Theorie natürlicher Zuchtwahl auszudehnen ist.
— Folgen ihrer Annahme für das Studium der Naturgeschichte. —
Schlussbemerkungen.

Da dieser ganze Band eine lange Beweisführung ist, so wird
es dem Leser angenehm sein, die leitenden Thatsachen und
Schlussfolgerungen kurz recapitulirt zu sehen.

Ich läugne nicht, dass man viele und ernste Einwände gegen
die Theorie der Abstammung mit fortwährender Abänderung durch

natürliche Zuchtwahl vorbringen kann. Ich habe versucht, sie in ihrer ganzen Stärke zu entwickeln. Nichts kann im ersten Augenblick weniger glaubhaft scheinen, als dass die zusammengesetztesten Organe und Instincte ihre Vollkommenheit erlangt haben sollen nicht durch höhere, wenn auch der menschlichen Vernunft analoge Kräfte, sondern durch die blosse Häufung zahlloser kleiner aber jedem individuellen Besitzer vortheilhafter Abänderungen. Diese Schwierigkeit, wie unübersteiglich gross sie auch unsrer Einbildungskraft erscheinen mag, kann gleichwohl nicht für wesentlich gelten, wenn wir folgende Sätze gelten lassen: dass alle Organe und Instincte in wenn auch noch so geringem Grade veränderlich sind; — dass ein Kampf ums Dasein besteht, welcher zur Erhaltung einer jeden für den Besitzer nützlichen Abweichung von den bisherigen Bildungen oder Instincten führt, — und endlich dass Abstufungen in der Vollkommenheit eines jeden Organes bestanden haben, die alle in ihrer Weise gut waren. Die Wahrheit dieser Sätze kann nach meiner Meinung nicht bestritten werden.

Es ist ohne Zweifel äusserst schwierig auch nur eine Vermuthung darüber auszusprechen, durch welche Abstufungen, zumal in durchbrochnen und erlöschenden Gruppen organischer Wesen, manche Bildungen vervollkommnet worden sind; aber wir sehen so viele befremdende Abstufungen in der Natur, dass wir äusserst vorsichtig sein müssen zu sagen, dass ein Organ oder Instinct oder ein ganzes Wesen nicht durch stufenweise Fortschritte zu seiner gegenwärtigen Vollkommenheit gelangt sein könne. Man muss zugeben, dass besonders schwierige Fälle der Theorie der natürlichen Zuchtwahl entgegentreten, und einer der merkwürdigsten Fälle dieser Art zeigt sich in dem Vorkommen von zwei oder drei bestimmten Kasten von Arbeitern oder unfruchtbaren Weibchen in einer und derselben Ameisengemeinde; doch habe ich zu zeigen versucht, dass auch diese Schwierigkeit zu überwinden ist.

Was die fast allgemeine Unfruchtbarkeit der Arten bei ihrer Kreuzung anbelangt, die einen so merkwürdigen Gegensatz zur fast allgemeinen Fruchtbarkeit gekreuzter Varietäten bildet, so muss ich den Leser auf die am Ende des achten Capitels gegebene Zussmmenfassung der Thstsacben verweisen, welche mir entscheidend genug zu sein scbeinen um darzuthun, dass diese Unfrucbtbsrkeit in nicht höherem Grade eine angeborne Eigenthümlicbkeit bildet, als die Schwierigkeit zwei Bsumarten aufeinander zu propfen; sondern dass sie zusammenfalle mit Verschiedenheiten, die auf das Reproductivsystem der gekreuzten Arten beschränkt sind. Wir finden die Bestätigung dieser Annahme in der weiten Verscbiedenheit der Ergebnisse, wenn die nämlicben zwei Arten wechselseitig mit einander gekreuzt werden, d. h. wenn eine Species zuerst als Vater und dsnn als Mutter erscheint: die Betrachtung dimorpher und trimorpher Pflanzen führt uns durch Analogie zu demselben Schluss; denn wenn die Formen illegitim befruchtet werden, so geben sie keine oder nur wenig Samen und ibre Nachkommen sind mebr oder weniger steril; und diese Formen derselben unzweifelhsften Species weichen in keiner Weisa von einsnder ab, ausgenomman in ihren Reproductionsorganen und -functionen.

Obwohl die Fruchtbarkeit gekreuzter Varietäten und ihrar Blendlinge von so vielen Autoren als ausnshmslos bezeichnet worden ist, so kann dies docb nach den von GÄRTNER und KÖLREUTER mitgetheilten Thatsachen nicht als ricbtig gelten. Auch kann uns ihre sehr allgemeine Fruchtbsrkeit bei einer Kreuzung nicht überraschen, wenn wir bedenken, dass es nicht wahrscheinlich ist, dsss ihre Reproductivsysteme sehr tief modificirt worden sind. Überdies sind die meisten zu Versuchen benützten Varietäten unter Domestication entstanden, und da dia Cultur (ich meine nicht bloss Gefangenschaft) die Unfrucbthsrkeit offenbar zu aliminiren strebt, so dürfen wir nicht erwarten, dass sie Unfrucbtbarkeit irgendwo veranlasse.

Die Unfruchtbarkeit der Bastsrde ist eine von der der ersten Kreuzung sehr verscbiedene Erscbeinung, da ihre Raproductiv-Organe mebr odar weniger functionsunfähig sind, während sich bei den ersten Kreuzungen die beiderseitigen Organe in vollkommenem Zustande befinden. Da wir Organismen allar Art durch Störung ibrer Constitution unter nur wenig abweichenden und

neuen Lebensbedingungen fortwährend mehr und weniger steril
werden sehen, so dürfen wir uns nicht wundern, dass Bastarde
weniger fruchtbar sind; denn ihre Constitution kann als durch
Verschmelzung zweier verschiedenen Organisationen entstanden,
kaum anders als gelitten haben. Dieser Parallelismus wird noch
durch eine andere parallele aber gerade entgegengesetzte Classe
von Erscheinungen unterstützt: dass nämlich die Kraft und Fruchtbarkeit aller Organismen durch geringen Wechsel in ihren Lebensbedingungen zunimmt und dass die Nachkommen wenig modificirter Formen oder Varietäten durch die Kreuzung an Kraft
und Fruchtbarkeit gewinnen. Es vermindern also einerseits beträchtliche Veränderungen in den Lebensbedingungen und Kreuzungen zwischen sehr verschiedenen Formen die Fruchtbarkeit, wie
andererseits geringere Veränderungen der Lebensbedingungen und
Kreuzungen zwischen nur wenig abgeänderten Formen dieselbe
vermehren.

Wenden wir uns zur geographischen Verbreitung, so erscheinen auch da die Schwierigkeiten für die Theorie der Fortpflanzung mit fortwährender Abänderung erheblich genug. Alle
Individuen einer Art und alle Arten einer Gattung oder selbst
noch höherer Gruppen müssen von gemeinsamen Eltern herkommen; weshalb sie, wenn auch noch so weit zerstreut und isolirt
in der Welt, im Laufe aufeinander-folgender Generationen aus
einer Gegend in die andere gewandert sein müssen. Wir sind
oft ganz ausser Stand auch nur zu vermuthen, auf welche Weise
dies geschehen sein möge. Da wir jedoch anzunehmen berechtigt sind, dass einige Arten die nämliche specifische Form während ungeheuer langer Perioden, in Jahren gemessen, beibehalten
haben, so darf man kein allzu grosses Gewicht auf die gelegentliche weite Verbreitung einer Species legen; denn während solcher ausserordentlich langer Zeiträume wird sie auch zu weiter
Verbreitung irgend welche Mittel gefunden haben. Eine durch-
brochene oder gespaltene Gruppe lässt sich oft durch Erlöschen
der Arten in mitten inneliegenden Gebieten erklären. Es ist nicht
zu läugnen, dass wir mit den mannichfaltigen klimatischen und
geographischen Veränderungen, welche die Erde erst in neueren

Perioden erfahren hat, noch ganz unbekannt sind; und solche
Veränderungen müssen die Wanderungen offenbar in hohem Grade
befördert haben. Beispielsweise habe ich zu zeigen versucht, wie
mächtig die Eiszeit die Verbreitung sowohl der identischen als
der stellvertretenden Formen über die Erdoberfläche beeinflusst
habe. Ebenso sind wir auch fast ganz unbekannt mit den vielen
gelegentlichen Transportmitteln. Was die Erscheinung betrifft,
dass verschiedene Arten einer Gattung sehr entfernt von einander abgesonderte Gegenden bewohnen, so werden, da der Abänderungsprocess nothwendig sehr langsam vor sich geht, während eines sehr langen Zeitraums alle die Wanderungen begünstigenden Mittel möglich gewesen sein, wodurch sich einigermaassen die Schwierigkeit vermindert, die weite Verbreitung der
Arten einer Gattung zu erklären.

Da nach der Theorie der natürlichen Zuchtwahl eine endlose Anzahl Mittelformen alle Arten jeder Gruppe durch ebenso
feine Abstufungen, als unsre jetzigen Varietäten darstellen, miteinander verkettet haben muss, so wird man die Frage aufwerfen, warum wir nicht diese vermittelnden Formen rund um uns
her erblicken? Warum fliessen nicht alle organischen Formen zu
einem unentwirrbaren Chaos zusammen? Aber was die noch lebenden Formen betrifft, so sind wir (mit Ausnahme einiger seltenen Fälle) wohl nicht zur Erwartung berechtigt, direct vermittelnde Glieder zwischen ihnen selbst, sondern nur etwa zwischen ihnen und einigen erloschenen und ersetzten Formen zu
entdecken. Selbst auf einem weiten Gebiete, das während einer
langen Periode seinen Zusammenhang bewahrt hat und dessen
Klima und übrigen Lebensbedingungen nur allmählich von einem
Bezirke zu andern von nahe verwandten Arten bewohnten Bezirken abändern, selbst da sind wir nicht berechtigt oft die Erscheinungen vermittelnder Formen in den Grenzdistricten zu erwarten. Denn wir haben Grund zur Annahme, dass nur wenige
Arten einer Gattung fortgesetzte Abänderungen erleiden, da die
andern gänzlich erlöschen, ohne eine abgeänderte Nachkommenschaft zu hinterlassen. Von den veränderlichen Arten ändern
immer nur wenige in der nämlichen Gegend gleichzeitig ab, und

alle Abänderungen gehen nur langsam vor sich. Ich habe auch
gezeigt, dass die vermittelnden Formen, welche anfangs wahrscheinlich in den Zwischenzonen vorhanden gewesen sein werden,
einer Ersetzung durch die verwandten Formen von heiden Seiten
her ausgesetzt gewesen sind; und die letzteren werden gewöhnlich vermöge ihrer grossen Anzahl schnellere Fortschritte in ihren
Abänderungen und Verbesserungen als die minder zahlreich ver-
tretenen Mittelvarietäten machen, so dass diese vermittelnden Varietäten mit der Länge der Zeit ersetzt und vertilgt werden.

Nach dieser Lehre von der Unterdrückung einer unendlichen
Menge vermittelnder Glieder zwischen den erloschenen und lehenden Bewohnern der Erde und ebenso zwischen den Arten
einer jeden der aufeinandergefolgten Perioden und den ihnen zunächst vorangegangenen fragt es sich, warum nicht jede geologische Formation mit Resten solcher Glieder erfüllt ist? und warum
nicht jede Sammlung fossiler Reste einen klaren Beweis von solcher Ahstufung und Umänderung der Lehensformen darbietet.
Ohwohl geologische Untersuchung uns unzweifelhaft die frühere
Existenz vieler Mittelglieder zur näheren Verkettung zahlreicher
Lebensformen miteinander dargethan hat, so liefert sie uns doch
nicht die unendlich zahlreichen feineren Ahstufungen zwischen
den früheren und jetzigen Arten, welche meine Theorie erfordert,
und dies ist einer der handgreiflichsten und stärksten von den
vielen gegen meine Theorie vorgebrachten Einwänden. Und wie
kommt es, dass ganze Gruppen verwandter Arten in dem einen
oder dem andern geologischen Schichtensysteme oft so plötzlich
aufzutreten scheinen (gewiss oft n u r scheinen!) Obgleich wir
jetzt wissen, dass organisches Leben auf dieser Erde in einer
unberechenbar weit entfernten Zeit, lange vor Absetzung der
tiefsten Schichten des Silursystems, erschienen ist, warum finden
wir nicht grosse Schichtenlager unter diesem Systeme erfüllt mit
den Überbleibseln der Vorfahren der silurischen Fossilien? Denn
nach meiner Theorie müssen solche Schichtensysteme in diesen
frühen und gänzlich unbekannten Epochen der Erdgeschichte irgendwo abgesetzt worden sein.

Ich kann auf diese Fragen und Einwände nur mit der Annahme antworten, dass die geologische Urkunde bei weitem unvollständiger ist, als die meisten Geologen glauben. Es lässt sich nicht einwenden, dass für irgend welches Maass organischer Abänderung nicht genügende Zeit dagewesen sei; denn die Länge der abgelaufenen Zeit ist für menschliche Begriffe unfassbar. Die Menge der Exemplare in allen unsern Museen zusammengenommen ist absolut nichts im Vergleich mit den zahllosen Generationen zahlloser Arten, welche sicherlich schon existirt haben. Die gemeinsame Stammform von je 2—3 Arten wird nicht in allen ihren Characteren genau das Mittel zwischen denen ihrer modificirten Nachkommen halten, wie die Felstaube nicht genau in Kopf und Schwanz das Mittel hält zwischen ihren Nachkommen, dem Kröpfer und der Pfauentaube. Wir würden ausser Stand sein eine Art als die Stammart einer oder mehrer andren Arten zu erkennen, untersuchten wir beide auch noch so genau, wenn wir nicht auch viele der vermittelnden Glieder zwischen ihrer früheren und jetzigen Beschaffenheit besässen; und diese vermittelnden Glieder dürfen wir bei der Unvollständigkeit der geologischen Urkunden kaum jemals zu entdecken erwarten. Wenn man zwei oder drei oder noch mehr Mittelglieder entdeckte, so würde man sie einfach als eben so viele neue Arten einreihen, zumal wenn man sie in eben so vielen verschiedenen Schichtenabtheilungen fände, wären in diesem Falle ihre Unterschiede auch noch so klein. Es könnten viele jetzige zweifelhafte Formen angeführt werden, welche wahrscheinlich Varietäten sind; aber wer könnte behaupten, dass in künftigen Zeiten noch so viele fossile Mittelglieder werden entdeckt werden, dass Naturforscher nach der gewöhnlichen Anschauungsweise zu entscheiden im Stande wären, ob diese zweifelhaften Formen Varietäten sind oder nicht? Nur ein kleiner Theil der Erdoberfläche ist geologisch untersucht worden, und nur von gewissen Organismen-Classen können fossile Reste, wenigstens in grösserer Anzahl, erhalten werden. Viele Arten erfahren, wenn sie gebildet sind, niemals weitere Veränderungen, sondern erlöschen ohne modificirte Nachkommen zu hinterlassen; und die Zeiträume, während welcher die Arten der Modification unterlegen sind, waren zwar nach Jahren gemessen zugeführt werden. In den damit abwechselnden Perioden von Hebung oder Ruhe wird das Blatt der Geschichte in der Regel unbeschrieben bleiben. Während dieser letzten Perioden wird wahrscheinlich mehr Veränderung in den Lebensformen, während der Senkungszeiten mehr Erlöschen derselben stattfinden.

Was die Abwesenheit fossilreicher Schichten unterhalb der untersten Silurgebilde betrifft, so kann ich nur auf die im neunten Capitel aufgestellte Hypothese zurückkommen. Dass die geologische Urkunde lückenhaft ist, gibt jedermann zu; dass sie es aber in dem von mir verlangten Grade ist, werden nur wenige zugestehen wollen. Hinreichend lange Zeiträume zugegeben, erklärt uns die Geologie offenbar genug, dass alle Arten sich verändert haben, und sie haben in der Weise abgeändert, wie es meine Theorie erheischt, nämlich langsam und stufenweise. Wir erkennen dies deutlich daraus, dass die organischen Reste zunächst aufeinanderfolgender Formationen einander allezeit näher verwandt sind, als die fossilen Arten aus Formationen, die durch weite Zeiträume von einander getrennt sind.

lang, aber im Verhältniss zu denen, in welchen sie unverändert
geblieben sind, doch nur kurz. Weit verbreitete und herrscbende
Arten varüren am meisten, und die Varietäten sind anfänglich
oft nur local; beide Ursacben macben die Entdeckung von Zwischengliedern in jeder einzelnen Formation wenig wabrscbeinlich.
Örtlicbe Varietäten verbreiten sich nicbt in andere und entfernte
Gegenden, bis sie betrācbtlicb abgeändert und verbessert sind;
und wenn sie sich verbreiten und nun in einer geologischen Formation entdeckt werden, so wird es scheinen, als seien sie erst
jetzt plötzlicb erschaffen worden, und man wird sie einfach als
neue Arten betrachten. Die meisten Formationen sind mit Un-
terbrecbungen abgelagert worden; und ibre Dauer ist, wie ich
glaube, kürzer als die mittlere Dauer der Artenformen gewesen.
Zunächst aufeinanderfolgende Formationen werden gewöhnlich
durcb ungebeure leere Zeiträume von einander getrennt; denn
fossilführende Formationen, mächtig genug, um spätrer Zerstörung zu widersteben, können meistens nur da gebildet werden,

Dies ist die Summe der hauptsächlichsten Einwürfe und Schwierigkeiten, die man mit Recht gegen meine Theorie vorbringen kann, und ich habe die darauf zu gebenden Antworten und Erläuterungen in Kürze wiederholt. Ich habe diese Schwierigkeiten viele Jahre lang selbst zu sehr empfunden, als dass ich an ihrem Gewichte zweifeln sollte. Aber es verdient noch insbesondere hervorgehoben zu werden, dass die wichtigeren Einwände sich auf Fragen beziehen, über die wir eingestandener Maassen in Unwissenheit sind; und wir wissen nicht einmal, wie unwissend wir sind. Wir kennen nicht alle die möglichen Übergangsabstufungen zwischen den einfachsten und den vollkommensten Organen; wir können nicht behaupten, alle die mannichfaltigen Verbreitungsmittel der Organismen während des Verlaufes so zahlloser Jahrtausende zu kennen, oder angeben zu können, wie unvollständig die geologische Urkunde ist. Wie bedeutend aber auch diese mancherlei Schwierigkeiten sein mögen, so genügen sie meiner Ansicht nach doch nicht, um meine Theorie einer Abstammung von einigen wenigen primordialen Formen mit nachheriger Modification umzustossen.

Wenden wir uns nun nach der andern Seite unsres Gegenstandes. Im Culturzustande sehen wir eine grosse Variabilität. Dies scheint zum Theil daran zu liegen, dass das Reproductivsystem ausserordentlich empfindlich gegen Veränderungen in den äusseren Lebensbedingungen ist, so dass dieses System, wenn es nicht ganz functionsunfähig wird, doch keine der elterlichen Form genau ähnliche Nachkommenschaft mehr liefert. Die Variabilität wird durch viele verwickelte Gesetze geleitet, durch Correlation des Wachsthums, durch Gebrauch und Nichtgebrauch und durch die unmittelbaren Einwirkungen der physikalischen Lebensbedingungen. Es ist sehr schwierig zu bestimmen, wie viel Abänderung unsre Culturerzeugnisse erfahren haben; doch können wir getrost annehmen, dass deren Maass gross gewesen ist, und dass Modificationen auf lange Perioden hinaus vererblich sind. So lange als die Lebensbedingungen die nämlichen bleiben, haben wir Grund anzunehmen, dass eine Abweichung, welche sich schon

seit vielen Generationen vererbt hat, sich auch noch ferner auf
eine fast unbegrenzte Zahl von Generationen hinaus vererben
kann. Andererseits haben wir Zeugnisse dafür, dass Veränderlichkeit, wenn sie einmal in's Spiel gekommen ist, nicht mehr
gänzlich aufhört; denn unsre ältesten Culturerzeugnisse bringen
gelegentlich noch immer neue Abarten hervor.

Der Mensch ruft Variabilität in Wirklichkeit nicht hervor,
sondern er setzt nur unabsichtlich organische Wesen neuen Lebensbedingungen aus, und dann wirkt die Natur auf deren Organisation und verursacht Veränderlichkeit. Der Mensch kann
aber die ihm von der Natur dargebotenen Abänderungen zur
Nachzucht auswählen und dieselben hierdurch in einer beliebigen
Richtung häufen, und thut dies auch wirklich. Er passt auf diese
Weise Thiere und Pflanzen seinem eigenen Nutzen und Vergnügen
an. Er mag dies planmässig oder mag es unbewusst thun, indem
er die ihm zur Zeit nützlichsten Individuen, ohne einen Gedanken
an die Änderung der Rasse, erhält. Er kann sicher einen grossen
Einfluss auf den Character einer Rasse dadurch ausüben, dass er
von Generation zu Generation individuelle Abänderungen zur Nachzucht auswählt, so geringe, dass sie für das ungeübte Auge kaum
wahrnehmbar sind. Dieser Process der Zuchtwahl ist das grosse
Agens in der Erzeugung der ausgezeichnetsten und nützlichsten
unsrer veredelten Thier- und Pflanzenrassen gewesen. Dass nun
viele der vom Menschen gebildeten Abänderungen den Character
natürlicher Arten schon grossentheils besitzen, geht aus den unausgesetzten Zweifeln in Bezug auf viele derselben hervor, ob
es Varietäten oder ursprünglich distincte Arten sind.

Es ist kein Grund nachzuweisen, weshalb diese Principien,
welche in Bezug auf die cultivirten Organismen so erfolgreich
gewirkt haben, nicht auch in der Natur wirksam gewesen sein
sollten. In der Erhaltung begünstigter Individuen und Rassen
während des beständig wiederkehrenden Kampfes ums Dasein sehen
wir das wirksamste und nie ruhende Mittel der natürlichen Zuchtwahl. Der Kampf ums Dasein ist die unvermeidliche Folge der
hochpotenzirten geometrischen Zunahme, welche allen organischen
Wesen gemein ist. Dieses rasche Zunahmeverhältniss ist durch

Rechnung nachzuweisen und wird thatsächlich erwiesen aus der schnellen Vermehrung vieler Pflanzen und Thiere während einer Reihe eigenthümlich günstiger Jahre und bei ihrer Naturalisirung in einer neuen Gegend. Es werden mehr Individuen geboren, als fortzuleben im Stande sind. Ein Gran in der Wage kann den Ausschlag geben, welches Individuum fortleben und welches zu Grunde gehen soll, welche Varietät oder Art sich vermehren und welche abnehmen und endlich erlöschen soll. Da die Individuen einer nämlichen Art in allen Beziehungen in die nächste Concurrenz miteinander gerathen, so wird gewöhnlich auch der Kampf zwischen ihnen am heftigsten sein; er wird fast eben so heftig zwischen den Varietäten einer Art, und dann zunächst am heftigsten zwischen den Arten einer Gattung sein. Aber der Kampf kann oft auch sehr heftig zwischen Wesen sein, welche auf der Stufenleiter der Natur am weitesten auseinander stehen. Der geringste Vortheil, den ein Wesen in irgend einem Lebensalter oder zu irgend einer Jahreszeit über seine Concurrenten voraus hat, oder eine wenn auch noch so wenig bessere Anpassung an die umgebenden Naturverhältnisse kann den Ausschlag geben.

Bei Thieren getrennten Geschlechts wird meistens ein Kampf der Männchen um den Besitz der Weibchen stattfinden. Die kräftigsten oder diejenigen Männchen, welche am erfolgreichsten mit ihren Lebensbedingungen gekämpft haben, werden gewöhnlich am meisten Nachkommenschaft hinterlassen. Aber der Erfolg wird oft davon abhängen, dass die Männchen besondere Waffen oder Vertheidigungsmittel oder Reize besitzen; und der geringste Vortheil kann zum Siege führen.

Da die Geologie uns deutlich nachweist, dass ein jedes Land grosse physikalische Veränderungen erfahren hat, so ist zu erwarten, dass die organischen Wesen im Naturzustande ebenso wie die cultivirten unter den veränderten Lebensbedingungen abgeändert haben. Und wenn nun eine Veränderlichkeit im Naturzustande vorhanden ist, so würde es eine unerklärliche Erscheinung sein, wenn die natürliche Zuchtwahl nicht in's Spiel käme. Es ist oft versichert worden, ist aber nicht zu beweisen, dass das Maass der Abänderung in der Natur eine streng bestimmte Quantität sei. Obwohl der Mensch nur auf äussere Charactere allein und oft bloss nach seiner Laune wirkt, so vermag er in kurzer Zeit dadurch grossen Erfolg zu erzielen, dass er allmählich alle in einer Ricbtung hervortretenden individuellen Verschiedenheiten bei seinen Culturformen häuft; und jedermann gibt zu, dass wenigstens individuelle Verschiedenheiten bei den Arten im Naturzustande vorkommen. Aber von diesen abgesehen, haben alle Naturforscher das Dasein von Varietäten eingestanden, welche verschieden genug sind, um in den systematischen Werken als solche mit aufgeführt zu werden. Doch kann niemand einen bestimmten Unterschied zwischen individuellen Abänderungen und leichten Varietäten oder zwischen verschiedenen Abarten, Unterarten und Arten angeben. Auf verschiedenen Continenten, in verschiedenen Theilen desselben Continents, wenn sie durch Schranken irgend welcher Art von einander getrennt sind, und auf den verschiedenen Inseln desselben Archipels, was für eine Masse von Formen existiren da, welche die einen erfahrenen Naturforscher als blosse Varietäten, die andern als geographische Rassen oder Unterarten, noch andre als distincte, wenn auch nahe verwandte Arten betrachten!

Wenn daher Pflanzen und Thiere factisch, sei es auch noch so langsam oder gering, variiren, warum sollten wir denn zweifeln, dass Abänderungen, welche ihnen unter den so ausserordentlich verwickelten Lebensverhältnissen in irgend einer Weise nützlich sind, gelegentlich vorkommen und dann durch natürliche Zuchtwahl gehäuft und bewahrt werden? Wenn der Mensch die ihm selbst nützlichen Abänderungen durch Geduld züchten kann: warum sollte es der Natur nicht gelingen, die unter veränderten Lebensbedingungen für ihre Producte nützlichsten Abänderungen zu bewahren und zu züchten? Welche Schranken kann man einer Kraft setzen, welche durch lange Zeiten hindurch thätig ist und die ganze Constitution, Structur und Lebensweise eines jeden Geschöpfes unausgesetzt prüft, das Gute fördert und das Schlechte verwirft? Ich vermag keine Grenze zu sehen für eine Kraft, welche jede Form den verwickeltesten Lebensverhältnissen langsam anpasst. Die Theorie der natürlichen Zuchtwahl scheint mir, auch wenn wir uns nur darauf allein beschränken, in sich selbst wahrscheinlich zu sein. Ich habe bereits, so ehrlich als möglich, die dagegen erhobenen Schwierigkeiten und Einwände recapitulirt; jetzt wollen wir uns zu den speciellen Erscheinungen und Folgerungen zu Gunsten unsrer Theorie wenden.

Aus der Ansicht, dass Arten nur stark ausgebildete und bleibende Varietäten sind und jede Art zuerst als eine Varietät existirt hat, ergibt sich, weshalb keine Grenzlinie gezogen werden kann zwischen Arten, welche man gewöhnlich als Producte eben so vieler besondrer Schöpfungsacte betrachtet, und zwischen Varietäten, die man als Bildungen eines secundären Gesetzes gelten lässt. Nach dieser nämlichen Ansicht ist es ferner zu begreifen, dass in jeder Gegend, wo viele Arten einer Gattung entstanden sind und nun gedeihen, diese Arten noch viele Varietäten darbieten; denn, wo die Artenfabrication thätig betrieben worden ist, da möchten wir als Regel erwarten, sie noch in Thätigkeit zu finden; und dies ist der Fall, wofern Varietäten beginnende Arten sind. Überdies behalten auch die Arten grosser Gattungen, welche die Mehrzahl der Varietäten oder beginnenden Arten liefern, in gewissem Grade den Character von Varietäten bei; denn sie unterscheiden sich in geringerem Maasse, als die Arten kleinerer Gattungen von einander. Auch haben die naheverwandten Arten grosser Gattungen, wie es scheint, eine beschränktere Verbreitung und bilden vermöge ihrer Verwandtschaft zu einander kleine um andre Arten geschaarte Gruppen, in welchen beiden Hinsichten sie ebenfalls Varietäten gleichen. Dies sind, von dem Gesichtspunkte aus beurtheilt, dass jede Art unabhängig erschaffen worden sei, befremdende Erscheinungen, welche dagegen der Annahme ganz wohl entsprechen, dass alle Arten sich aus Varietäten entwickelt haben.

Da jede Art bestrebt ist sich in geometrischem Verhältnisse unendlich zu vermehren, und da die modificirten Nachkommen einer jeden Species sich um so rascher zu vervielfältigen vermögen, je mehr dieselben in Lebensweise und Organisation auseinander laufen, je mehr und je verschiedenartigere Stellen sie demnach im Haushalte der Natur einzunehmen im Stande sind,

so wird in der natürlichen Zuchtwahl ein beständiges Strehen
vorhanden sein, die am weitesten verschiedenen Nachkommen
einer jeden Art zu erhalten. Daher werden im langen Verlaufe
solcher allmählichen Abänderungen die geringen und blosse Varietäten einer Art bezeichnenden Verschiedenheiten sich zu grösseren die Species einer nämlichen Gattung characterisirenden Verschiedenheiten steigern. Neue und verbesserte Varietäten werden die älteren weniger vervollkommneten und intermediären Abarten unvermeidlich ersetzen und vertilgen, und so entstehen
grossentheils scharf umschriehene und wohl unterschiedene Species. Herrschende Arten aus den grösseren Gruppen einer jeden Classe streben wieder neue und herrschende Formen zu erzeugen, so dass jede grosse Gruppe geneigt ist noch grösser
und gleichzeitig divergenter im Character zu werden. Da jedoch
nicht alle Gruppen beständig zunehmen können, indem zuletzt
die Welt sie nicht mehr zu fassen vermöchte, so verdrängen die
herrschenderen die minder herrschenden. Dieses Streben der
grossen Gruppen an Umfang zu wachsen und im Character auseinander zu laufen, in Verbindung mit der meist unvermeidlichen
Folge starken Erlöschens andrer, erklärt die Anordnung aller Lebensformen in Gruppen, die innerhalb einiger wenigen grossen
Classen andern subordinirt sind; eine Anordnung, die zu allen
Zeiten gegolten hat. Diese grosse Thatsache der Gruppirung aller
organischen Wesen scheint mir nach der gewöhnlichen Schöpfungstheorie ganz unerklärlich.

Da natürliche Zuchtwahl nur durch Häufung kleiner aufeinander-folgender günstiger Abänderungen wirkt, so kann sie keine
grosse und plötzliche Umgestaltungen bewirken; sie kann nur
mit sehr langsamen und kurzen Schritten vorangehen. Daher
denn auch der Canon »Natura non facit saltum«, welcher sich
mit jeder neuen Erweiterung unsrer Kenntnisse mehr bestätigt,
aus dieser Theorie einfach begreiflich wird. Wir können ferner
begreifen, warum in der ganzen Natur derselbe allgemeine Zweck
durch eine fast endlose Verschiedenheit der Mittel erreicht wird;
denn jede einmal erlangte Eigenthümlichkeit wird lange Zeit hindurch vererbt, und bereits in mancher Weise verschieden gewor-

deue Bildungen müssen demselben allgemeinen Zwecke angepasst werden. Kurz wir sehen, warum die Natur so verschwenderisch mit Abänderungen und doch so geizig mit Neuerungen ist. Wie dies aber ein Naturgesctz sein könnte, wenn jede Art unabhängig erschaffen worden wäre, vermag niemand zu erläutern.

Aus dieser Theorie scheinen mir noch andere Thatsachen erklärbar. Wie befremdend wäre es, dass ein Vogel in Gestalt eines Spechtes geschaffen worden wäre, um Insecten am Boden aufzusuchen; dass eine Gans, welche niemals oder selten schwimmt, mit Schwimmfüssen, dass eine Drossel zum Tauchen und zum Leben von unter dem Wasser lebenden Insecten, und dass ein Sturmvogel geschaffen worden wäre mit einer Organisation, welche der Lebensweise eines Alks oder Lappentauchers entspricht, und so in zahllosen andern Fällen. Aber nacb der Ansicht, dass die Arten sich beständig zu vermehren streben, während die natürliche Zuchtwahl immer bereit ist, die langsam abändernden Nachkommen jeder Art einem jeden in der Natur noch nicht oder nur unvollkommen besetzten Platze anzupassen, bören diese Thatsachen auf befremdend zu sein und hätten sich sogar vielleicht voraussehen lassen.

Wir können verstehen, woher es kömmt, dass ganz allgemein in der Natur eine solche harmonische Schönheit herrscht. Dass nach unsern Ideen von Schönheit Ausnahmen vorkommen, wird Niemand bezweifeln, der einen Blick auf manche Giftschlangen, auf manche Fische, auf gewisse hässliche Fledermäuse mit einer verzerrten Ähnlichkeit mit einem menschlichen Antlitz wirft. Sexuelle Zuchtwahl hat gewöhnlich allein den Männchen, zuweilen beiden Geschlechtern, bei unsern Vögeln, Schmetterlingen und einigen wenigen andern Thieren die brillantesten und schönsten Farben gegeben. Sie hat die Stimme vieler männlicher Vögel für ihre Weibchen sowohl als für unsre Ohren musikalisch wohlklingend gemacht. Blüthen und Früchte sind durch prächtige Farben im Gegensatz zum grünen Laube abstechend gemacbt worden, damit die Blüthen von Insecten leicht gesehen, besucht und befruchtet, damit die Samen der Früchte von Vögeln ausgestreut würden. Und endlich, manche lebende Wesen sind einfach durch Symmetrie des Wachsthums schön geworden.

Da die natürliche Zuchtwahl durch Concurrenz wirkt, so passt sie die Bewohner einer jeden Gegend nur im Verhältniss zur Vollkommenheitsstufe der andern Bewohner an; daher darf es uns nicht überraschen, wenn die Bewohner eines Bezirkes, welche nach der gewöhnlichen Ansicht doch speciell für diesen Bezirk geschaffen und angepasst sein sollen, durch die naturalisirten Erzeugnisse aus andern Ländern besiegt und ersetzt werden. Noch dürfen wir uns wundern, wenn nicht alle Einrichtungen in der Natur, so weit wir ermessen können, ganz vollkommen sind und manche derselben sogar hinter unsren Begriffen von Angemessenheit weit zurückbleiben. Es darf uns nicht befremden, wenn der Stich der Biene ihren eigenen Tod verursacht; wenn die Drohnen in so ungeheurer Anzahl nur für einen einzelnen Act erzeugt und dann grösstentheils von ihren unfruchtbaren Schwestern getödtet werden; wenn unsre Nadelhölzer eine so unermessliche Menge von Pollen verschwenden, wenn die Bienenkönigin einen instinctiven Hass gegen ihre eigenen fruchtbaren Töchter empfindet; oder wenn die Ichneumoniden sich im lebenden Körper von Raupen nähren u. s. w. Weit mehr hätte man sich nach der Theorie der natürlichen Zuchtwahl darüber zu wundern, dass nicht noch mehr Fälle von Mangel an unbedingter Vollkommenheit beobachtet werden.

Die verwickelten und wenig bekannten Gesetze, welche die Variation in der Natur beherrschen, sind, so weit unsre Einsicht reicht, die nämlichen, welche auch die Erzeugung sogenannter specifischer Formen geleitet haben. In beiden Fällen scheinen die physikalischen Bedingungen nur wenig Einfluss gehabt zu haben; wenn aber Varietäten in eine neue Zone eindringen, so nehmen sie gelegentlich etwas von den Characteren der dieser Zone eigenthümlichen Species an. In Varietäten sowohl als Arten scheinen Gebrauch und Nichtgebrauch einige Wirkung gehabt zu haben; denn es ist schwer, sich diesem Schluss zu entziehen, wenn man z. B. die Dickkopfente (Micropterus) mit Flügeln sieht, welche zum Fluge fast eben so wenig brauchbar als die der Hausente

sind, oder wenn man den grabenden Tukutuku (Ctenomys), welcher mitunter blind ist, und dann die Maulwurfarten betrachtet,
die immer blind sind und ihre Augenrudimente unter der Haut
liegen haben, oder endlich wenn man die blinden Thiere in den
dunkeln Höhlen Europa's und Amerika's ansieht. In Arten und
Varietäten scheint die Correlation des Wachsthums eine sehr
wichtige Rolle gespielt zu haben, so dass, wenn ein Theil abgeändert worden ist, auch andre Theile nothwendig modificirt werden mussten. In Arten wie in Varietäten kommt Rückfall zu
längst verlorenen Characteren vor. Wie unerklärlich ist nach der
Schöpfungstheorie die gelegentliche Erscheinung von Streifen an
Schultern und Beinen der verschiedenen Arten der Pferdegattung
und ihrer Bastarde; und wie einfach erklärt sich diese Thatsache,
wenn wir annehmen, dass alle diese Arten von einer gestreiften
gemeinsamen Stammform herrühren in derselben Weise, wie unsre
zahmen Taubenrassen von der blau-grauen Felstaube mit schwarzen Flügelbinden.

Wie lässt es sich nach der gewöhnlichen Ansicht, dass jede
Art unabhängig erschaffen worden sei, erklären, dass die Artencharactere, die, wodurch sich die verschiedenen Species einer
Gattung von einander unterscheiden, veränderlicher als die Gattungscharactere sind, in welchen alle übereinstimmen? Warum
wäre z. B. die Farbe einer Blume in einer Art einer Gattung,
wo alle übrigen Arten, ihre unabhängige Erschaffung vorausgesetzt, mit andern Farben versehen sind, eher zu variiren geneigt,
als wenn alle Arten derselben Gattung von gleicher Farbe sind?
Wenn aber Arten nur stark ausgezeichnete Varietäten derselben,
deren Charactere schon in hohem Grade beständig geworden sind,
so begreift sich dies; denn sie haben bereits seit ihrer Abzweigung von einer gemeinsamen Stammform in gewissen Merkmalen
variirt, durch welche sie eben specifisch von einander verschieden geworden sind; und desshalb werden auch die nämlichen
Charactere noch fortdauernd unbeständiger sein, als die Gattungscharactere, die sich schon seit einer unermesslichen Zeit unverändert vererbt haben. Nach der Theorie der Schöpfung ist es
unerklärlich, warum ein bei der einen Art einer Gattung in ganz

ungewöhnlicher Weise entwickelter und daher vermuthlich für
dieselben sehr wichtiger Character vorzugsweise zu variiren geneigt sein soll; während dagegen nach meiner Ansicht dieser
Theil seit der Abzweigung der verschiedenen Arten von einer
gemeinsamen Stammform in ungewöhnlichem Grade Abänderungen
erfahren hat und gerade deshalb seine noch fortwährende Veränderlichkeit voraus zu erwarten stand. Dagegen kann es auch
vorkommen, dass ein in der ungewöhnlichsten Weise entwickelter
Theil, wie der Flügel der Fledermäuse, sich doch eben so wenig
veränderlich als irgend ein andrer Theil zeigt, wenn derselbe
vielen untergeordneten Formen gemein, d. h. schon seit sehr langer
Zeit vererbt worden ist; denn in diesem Falle wird er durch
lang-fortgesetzte natürliche Zuchtwahl beständig geworden sein.

Werfen wir auf die Instincte einen Blick, so wunderbar
manche auch sind, so bieten sie der Theorie der natürlichen
Zuchtwahl mittelst leichter und allmählicher nützlicher Abänderungen keine grössere Schwierigkeit als die körperlichen Bildungen dar. Man kann daraus begreifen, warum die Natur bloss
in kleinen Abstufungen die Thiere einer nämlichen Classe mit
ihren verschiedenen Instincten versieht. Ich habe zu zeigen versucht, wie viel Licht das Princip der stufenweisen Entwickelung
auf den Bauinstinct der Honigbiene wirft. Auch Gewohnheit kommt
bei Modificirung der Instincte zweifelsohne oft in Betracht; aber
dies ist sicher nicht unerlässlich der Fall, wie wir bei den geschlechtslosen Insecten sehen, die keine Nachkommen hinterlassen,
auf welche sie die Erfolge langwährender Gewohnheit übertragen
könnten. Nach der Ansicht, dass alle Arten einer Gattung von
einer gemeinsamen Stammart herrühren und von dieser Vieles
gemeinsam geerbt haben, vermögen wir die Ursache zu erkennen,
wesshalb verwandte Arten, wenn sie wesentlich verschiedenen
Lebensbedingungen ausgesetzt sind, doch beinahe denselben Instincten folgen: wie z. B. die Drosseln des temperirten und südlichen Südamerika's ihre Nester inwendig eben so mit Schlamm
überziehen, wie es unsre Europäische Arten thun. In Folge der
Ansicht, dass Instincte nur ein langsamer Erwerb unter der Lei-
tung natürlicher Zuchtwahl sind, dürfen wir uns nicht darüber

wundern, wenn manche derselben noch unvollkommen oder nicht verständlich sind, und wenn manche unter ihnen andern Thieren zum Nachtheil gereichen.

Wenn Arten nur ausgezeichnete und bleibende Varietäten sind, so erkennen wir sogleich, warum ihre durch Kreuzung entstandenen Nachkommen den nämlichen verwickelten Gesetzen unterliegen: in Art und Grad der Ähnlichkeit mit den Eltern, in der Verschmelzung durch wiederholte Kreuzung und in andern ähnlichen Punkten, wie es bei den gekreuzten Nachkommen anerkannter Varietäten der Fall ist; während dies wunderbare Erscheinungen bleiben würden, wenn die Arten unabhängig von einander erschaffen und die Varietäten nur durch secundäre Kräfte entstanden wären.

Wenn wir zugeben, dass die geologische Urkunde im äussersten Grade unvollständig ist, dann unterstützen solche Thatsachen, welche die Urkunde liefert, die Theorie der Abstammung mit fortwährender Abänderung. Neue Arten sind von Zeit zu Zeit langsam und in aufeinanderfolgenden Intervallen auf den Schauplatz getreten und das Maass der Umänderung, welche sie nach gleichen Zeiträumen erfuhren, ist in den verschiedenen Gruppen sehr verschieden. Das Erlöschen von Arten oder ganzen Artengruppen, welches an der Geschichte der organischen Welt einen so wesentlichen Theil hat, folgt fast unvermeidlich aus dem Princip der natürlichen Zuchtwahl, denn alte Formen werden durch neue und verbesserte Formen ersetzt. Weder einzelne Arten noch Artengruppen erscheinen wieder, wenn die Kette der gewöhnlichen Fortpflanzung einmal unterbrochen worden ist. Die stufenweise Ausbreitung herrschender Formen mit langsamer Abänderung ihrer Nachkommen hat zur Folge, dass die Lebensformen nach langen Zeitintervallen gleichzeitig über die ganze Erdoberfläche zu wechseln scheinen. Die Thatsache, dass die Fossilreste jeder Formation im Character einigermaassen das Mittel halten zwischen den darunter und den darüber liegenden Resten, erklärt sich einfach aus ihrer mittleren Stelle in der Abstammungskette. Die grosse Thatsache, dass alle erloschenen Organismen in ein gleiches grosses System mit den lebenden Wesen gehören und mit ihnen entweder in gleiche oder in vermittelnde Gruppen gehören, ist eine Folge davon, dass die lehenden und die erloschenen Wesen die Nachkommen gemeinsamer Stammeltern sind. Da die von einem alten Urerzeuger herrührenden Gruppen gewöhnlich im Character auseinandergegangen sind, so werden der Urerzeuger und seine nächsten Nachkommen in ihren Characteren oft das Mittel halten zwischen seinen späteren Nachkommen, und so ergibt sich warum, je älter ein Fossil ist, desto öfter es einigermaassen in der Mitte steht zwischen verwandten lebenden Gruppen. Man hält die neueren Formen im Ganzen für vollkommener als die alten und erloschenen; und sie stehen auch insofern höher als diese, da sie in Folge fortwährender Verbesserung die älteren und noch weniger verbesserten Formen im Kampfe um's Dasein besiegt haben. Auch sind im Allgemeinen ihre Organe mehr specialisirt für verschiedene Verrichtungen. Diese Thatsache ist vollkommen verträglich mit der andern, dass viele Wesen jetzt noch eine einfache und nur wenig verbesserte Organisation für einfachere Lebensbedingungen besitzen, sie ist auch damit verträglich, dass manche Formen in ihrer Organisation zurückgeschritten sind, trotzdem sie sich auf jeder Descendenzstufe einer veränderten und verkümmerten Lebensweise besser anpassten. Endlich wird das Gesetz langer Dauer verwandter Formen in diesem oder jenem Continente — wie die der Marsupialien in Neuholland, der Edentaten in Südamerika u. a. solche Fälle — verständlich, da in einer begrenzten Gegend die neuen und erloschenen Formen durch Abstammung miteinander verwandt sind.

Wenn man, was die geographische Verbreitung betrifft, zugibt, dass im Verlaufe langer Erdperioden je nach den klimatischen und geographischen Veränderungen und der Wirkung so vieler gelegentlicher und unbekannter Veranlassungen starke Wanderungen von einem Weltheile zum andern stattgefunden haben, so erklären sich die meisten leitenden Thatsachen der Verbreitung aus der Theorie der Abstammung mit fortdauernder Abänderung. Man kann einsehen, warum ein so auffallender Parallelismus in der räumlichen Vertheilung der organischen Wesen und ihrer geologischen Aufeinanderfolge in der Zeit besteht;

denn in beiden Fällen sind diese Wesen durch das Band gewöhnlicher Fortpflanzung miteinander verkettet, und die Abänderungs-
mittel sind die nämlichen. Wir begreifen die volle Bedeutung
der wunderbaren Erscheinung, welche jedem Reisenden aufgefallen sein muss, dass im nämlichen Continente unter den verschiedenartigsten Lebensbedingungen, in Hitze und Kälte, im Gebirge und Tiefland, in Marsch- und Sandstrecken die meisten der
Bewohner aus jeder grossen Classe offenbar verwandt sind; denn
es sind gewöhnlich Nachkommen von den nämlichen Stammeltern
und ersten Colonisten. Nach diesem nämlichen Princip früherer
Wanderungen in den meisten Fällen in Verbindung mit entsprechender Abänderung begreift sich mit Hilfe der Eiszeit die Identität einiger wenigen Pflanzen und die nahe Verwandtschaft vieler
andern auf den entferntesten Gebirgen, und ebenso die nahe
Verwandtschaft einiger Meeresbewohner in der nördlichen und
in der südlichen gemässigten Zone, obwohl sie durch das ganze
Tropenmeer getrennt sind. Und wenn auch anderntheils zwei
Gebiete so übereinstimmende natürliche Bedingungen darbieten,
wie es zur Ernährung gleicher Arten nöthig ist, so dürfen wir
uns darüber nicht wundern, dass ihre Bewohner weit von einander verschieden sind, falls dieselben während langer Perioden
vollständig von einander getrennt waren; denn da die Beziehung
von einem Organismus zum andern die wichtigste aller Beziehungen ist und die zwei Gebiete Ansiedler in verschiedenen Perioden und Verhältnissen von einem dritten Gebiete oder wechselseitig von einander erhalten haben werden, so wird der Verlauf
der Abänderung in beiden Gebieten unvermeidlich ein verschiedener gewesen sein.

Nach der Annahme stattgefundener Wanderungen mit nachfolgender Abänderung erklärt es sich, warum oceanische Inseln
nur von wenigen Arten bewohnt werden, warum aber viele von
diesen eigenthümlich sind. Wir sehen deutlich, warum diejenigen Thiere, welche weite Strecken des Oceans nicht zu überschreiten im Stande sind, wie Frösche und Landsäugethiere, keine
oceanischen Eilande bewohnen, und wesshalb dagegen neue und
eigenthümliche Fledermausarten, Thiere, welche den Ocean über-

schreiten können, oft auf weit vom Festlande entlegenen Inseln vorkommen. Solche Thatsachen, wie die Anwesenheit besondrer Fledermausarten und der Mangel aller andern Säugethiere auf oceanischen Inseln sind nach der Theorie unabhängiger Schöpfungsacte gänzlich unerklärbar.

Das Vorkommen nahe verwandter oder stellvertretender Arten in zweierlei Gebieten setzt nach der Theorie gemeinsamer Abstammung mit allmählicher Abänderung voraus, dass die gleichen Eltern vordem beide Gebiete bewohnt haben; und wir finden fast ohne Ausnahme, dass, wo immer viele einander nahe verwandte Arten zwei Gebiete bewohnen, auch einige identische in beiden zugleich existiren. Und wo immer viele verwandte aber verschiedene Arten erscheinen, da kommen auch viele zweifelhafte Formen und Varietäten der nämlichen Species vor. Es ist eine sehr allgemeine Regel, dass die Bewohner eines jeden Gebietes mit den Bewohnern desjenigen nächsten Gebiets verwandt sind, aus welchem sich die Einwanderung der ersten mit Wahrscheinlichkeit ableiten lässt. Wir sehen dies in fast allen Pflanzen und Thieren des Galapagos-Archipels, auf Juan Fernandez und den andern amerikanischen Inseln, welche in auffallendster Weise mit denen des benachbarten Amerikanischen Festlandes verwandt sind; und ebenso verhalten sich die des Capverdischen Archipels und andrer Afrikanischen Inseln zum Afrikanischen Festland. Man muss zugeben, dass diese Thatsachen aus der gewöhnlichen Schöpfungstheorie nicht erklärbar sind.

Wie wir gesehen haben, ist die Thatsache, dass alle früheren und jetzigen organischen Wesen nur ein grosses, natürliches System bilden, worin die Gruppen andern Gruppen subordinirt sind und die erloschenen Gruppen oft zwischen die noch lebenden fallen, aus der Theorie der natürlichen Zuchtwahl mit den aus ihr abzuleitenden Erscheinungen des Erlöschens und der Divergenz des Characters erklärbar. Aus denselben Principien ergibt sich auch, warum die wechselseitige Verwandtschaft von Arten und Gattungen in jeder Classe so verwickelt und weitläufig ist. Es ergibt sich, warum gewisse Charactere viel besser als andre zur Classification brauchbar sind; warum Anpassungscharactere, obschon von oberster Bedeutung für das Wesen selbst, kaum von einiger Wichtigkeit bei der Classification sind; warum von rudimentären Organen abgeleitete Charactere, obwohl diese Organe dem Organismus zu nichts dienen, oft einen hohen Werth für die Classification besitzen; und warum embryonale Charactere den höchsten Werth von allen haben. Die wesentlichen Verwandtschaften aller Organismen rühren von gemeinschaftlicher Ererbung oder Abstammung her. Das natürliche System ist eine genealogische Anordnung, worin uns die Abstammungslinien durch die beständigsten Charactere verrathen werden, wie gering auch deren Wichtigkeit für das Leben sein mag.

Die Erscheinungen, dass das Knochengerüste das nämliche in der Hand des Menschen, wie im Flügel der Fledermaus, im Ruder des Delphins und im Bein des Pferdes ist, — dass die gleiche Anzahl von Wirbeln den Hals aller Säugethiere, den der Giraffe wie den des Elephanten bildet, und noch eine Menge ähnlicher, erklären sich sogleich aus der Theorie der Abstammung mit geringer und langsam aufeinander-folgender Abänderung. Die Ähnlichkeit des Bauplans im Flügel und Beine der Fledermaus, obwohl sie zu ganz verschiedenen Diensten bestimmt sind, in den Kinnladen und den Beinen einer Krabbe, in den Kelch- und Kronenblättern, in den Staubgefassen und Staubwegen der Blüthen wird gleicherweise aus der Annahme allmählich divergirender Abänderung von Theilen oder Organen erklärbar, welche in der gemeinsamen Stammform jeder Classe unter sich ähnlich gewesen sind. Nach dem Princip, dass allmähliche Abänderungen nicht immer schon in frühem Alter erfolgen und sich demnach auf ein gleiches und nicht früheres Alter vererben, ergibt sich deutlich, warum die Embryonen von Säugethieren, Vögeln, Reptilien und Fischen einander so ähnlich und ihrer erwachsenen Form so unähnlich sind. Man wird sich nicht mehr darüber wundern, dass der Embryo eines luftathmenden Säugethieres oder Vogels Kiemenspalten und in Bogen verlaufende Arterien, wie der Fisch besitzt, welcher die im Wasser aufgelöste Luft mit Hilfe wohlentwickelter Kiemen zu athmen bestimmt ist.

Nichtgebrauch, zuweilen mit natürlicher Zuchtwahl verbunden, führt oft zur Verkümmerung eines Organes, wenn es bei veränderter Lebensweise oder unter wechselnden Lebensbedingungen nutzlos geworden ist, und man bekommt auf diese Weise eine richtige Vorstellung von der Bedeutung rudimentärer Organe. Aber Nichtgebrauch und natürliche Zuchtwahl werden auf jedes Geschöpf gewöhnlich erst wirken, wenn es zur Reife gelangt ist und selbstständigen Antheil am Kampfe ums Dasein zu nehmen hat. Sie werden nur wenig über ein Organ in den ersten Lebensaltern vermögen; daher wird ein Organ in solchen frühen Altern nicht sehr verringert oder verkümmert werden. Das Kalb z. B. hat Schneidezähne, welche aber im Oberkiefer das Zahnfleisch nie durchbrechen, von einem frühen Urerzeuger mit wohlentwickelten Zähnen geerbt, und wir können annehmen, dass diese Zähne im reifen Thiere während vieler aufeinanderfolgender Generationen reducirt worden sind, entweder weil sie nicht gebraucht oder weil Zunge und Gaumen zum Abweiden des Futters ohne ihre Hilfe durch natürliche Zuchtwahl besser hergerichtet worden sind, wesshalb dann im Kalb diese Zähne weder durch Nichtgebrauch noch durch Zuchtwahl beeinflusst und nach dem Princip der Erblichkeit in gleichem Alter von früher Zeit an bis auf den heutigen Tag so vererbt worden sind. Wie ganz unerklärbar sind nach der Annahme, dass jedes organische Wesen und jedes besondre Organ für seinen Zweck besonders erschaffen worden sei, solche Erscheinungen, die, wie diese nie zum Durchbruch gelangenden Schneidezähne des Kalbs oder die verschrumpften Flügel unter den verwachsenen Flügeldecken mancher Käfer, so auffallend das Gepräge der Nutzlosigkeit an sich tragen! Man könnte sagen, die Natur habe Sorge getragen, durch rudimentäre Organe und homologe Gebilde uns ihren Abänderungsplan zu verrathen, welchen wir ausserdem nicht verstehen würden.

Ich habe jetzt die hauptsächlichsten Thatsachen und Betrachtungen wiederholt, welche mich zur festen Überzeugung geführt haben, dass die Arten während einer langen Descendenzreihe durch Erhaltung oder natürliche Zuchtwahl zahlreich aufeinander folgender kleiner aber nützlicher Abweichungen modificirt worden sind. Ich kann nicht glauben, dass eine falsche Theorie die mancherlei grossen Gruppen der oben aufgezählten Thatsachen erklären würde, wie meine Theorie der natürlichen Zuchtwahl es zu thun scheint. Es ist keine triftige Einrede, dass die Wissenschaft bis jetzt noch kein Licht über das Wesen oder den Ursprung des Lebens verbreite. Wer vermöchte zu erklären, was das Wesen der Attraction oder Gravitation sei? Obwohl LEIBNITZ einst NEWTON anklagte, dass er „verborgene Qualitäten und Wunder in die Philosophie" eingeführt habe, so werden doch die aus diesem unbekannten Elemente der Attraction abgeleiteten Resultate ohne Einrede angenommen.

Ich sehe keinen Grund, warum die in diesem Bande aufgestellten Ansichten gegen irgend jemandes religiöse Gefühle verstossen sollten. Es dürfte wohl beruhigen, (da es zeigt, wie vorübergehend derartige Eindrücke sind,) daran zu erinnern, dass die grösste Entdeckung, welche der Mensch jemals gemacht, nämlich das Gesetz der Attraction oder Gravitation, von LEIBNITZ auch angegriffen worden ist, weil es die natürliche Religion untergrabe und die offenbarte verläugne. Ein berühmter Schriftsteller und Geistlicher hat mir geschrieben, „er habe allmählich einsehen gelernt, dass es eine ebenso erhabene Vorstellung von der Gottheit sei, zu glauben, dass sie nur einige wenige der Selbstentwickelung in andre und nothwendige Formen fähige Urtypen geschaffen, als dass sie immer wieder neue Schöpfungsacte nöthig gehabt habe, um die Lücken auszufüllen, welche durch die Wirkung ihrer eigenen Gesetze entstanden seien."

Aber warum, wird man fragen, haben denn fast alle ausgezeichneten lebenden Naturforscher und Geologen diese Ansicht von der Veränderlichkeit der Species verworfen? Es kann ja doch nicht behauptet werden, dass organische Wesen im Naturzustande keiner Abänderung unterliegen; es kann nicht bewiesen werden, dass das Maass der Abänderung im Verlaufe ganzer Erdperioden eine beschränkte Grösse sei; ein bestimmter Unterschied zwischen Arten und ausgeprägten Varietäten ist noch nicht angegeben worden und kann nicht angegeben werden. Es lässt sich nicht behaupten, dass Arten bei der Kreuzung ohne Ausnahme unfruchtbar seien, noch dass Unfruchtbarkeit eine besondre Gabe und ein Merkmal der Schöpfung sei. Der Glaube, dass Arten unveränderliche Erzeugnisse seien, war fast unvermeidlich so lange man der Geschichte der Erde nur eine kurze Dauer zuschrieb; und nun, da wir einen Begriff von der Länge der Zeit erlangt haben, sind wir nur zu geneigt, ohne Beweis anzunehmen, die geologische Urkunde sei so vollständig, dass sie uns einen klaren Nachweis über die Abänderung der Arten geliefert haben würde, wenn sie solche Abänderung erfahren hätten.

Aber die Hauptursache, wesshalb wir von Natur nicht geneigt sind zuzugestehen, dass eine Art eine andere verschiedene Art erzeugt haben könne, liegt darin, dass wir stets behutsam in der Zulassung einer grossen Veränderung sind, deren Mittelstufen wir nicht kennen. Die Schwierigkeit ist dieselbe wie die, welche so viele Geologen fühlten, als LYELL zuerst behauptete, dass binnenländische Felsrücken gebildet und grosse Thäler ausgehöhlt worden seien durch die langsame Thätigkeit der Küstenwogen. Der Geist kann die volle Bedeutung des Ausdruckes Hundert Millionen Jahre unmöglich fassen; er kann nicht die ganze Grösse der Wirkung zusammenrechnen und begreifen, welche durch Häufung einer Menge kleiner Abänderungen während einer fast unendlichen Anzahl von Generationen entstanden ist.

Obwohl ich von der Wahrheit der in diesem Bande auszugsweise mitgetheilten Ansichten vollkommen durchdrungen bin, so hege ich doch keinesweges die Erwartung erfahrene Naturforscher davon zu überzeugen, deren Geist von einer Menge von Thatsachen erfüllt ist, welche sie seit einer langen Reihe von Jahren gewöhnt sind von einem dem meinigen ganz entgegengesetzten Gesichtspunkte aus zu betrachten. Es ist so leicht unsre Unwissenheit unter Ausdrücken, wie „Schöpfungsplan", „Einheit des Zweckes" u. s. w. zu verbergen und zu glauben, dass wir eine Erklärung geben, wenn wir bloss eine Thatsache wiederholen. Wer von Natur geneigt ist, unerklärten Schwierigkeiten mehr Werth als der Erklärung einer Summe von Thatsachen beizu-

legen, der wird gewiss meine Theorie verwerfen. Auf einige
wenige Naturforscher von biegsamerem Geiste und solche, die
schon an der Unveränderlichkeit der Arten zu zweifeln begonnen
haben, mag dies Buch einigen Eindruck machen; aber ich blicke
mit Vertrauen auf die Zukunft, auf junge und strebende Naturforscher, welche beide Seiten der Frage mit Unpartheilichkeit zu
beurtheilen fähig sein werden. Wer immer sich zur Ansicht
neigt, dass Arten veränderlich sind, wird durch gewissenhaftes
Geständniss seiner Überzeugung der Wissenschaft einen guten
Dienst leisten; denn nur so kann dieser Berg von Vorurtheilen,
unter welchen dieser Gegenstand vergraben ist, allmählich beseitigt werden.

Einige hervorragende Naturforscher haben noch neuerlich
ihre Ansicht veröffentlicht, dass eine Menge angeblicher Arten
in jeder Gattung keine wirklichen Arten vorstellen, wogegen
andre Arten wirkliche, d. h. selbständig erschaffene Species
seien. Dies scheint mir ein sonderbarer Schluss zu sein. Sie
geben zu, dass eine Menge von Formen, die sie selbst bis vor
Kurzem für specielle Schöpfungen gehalten und welche noch jetzt
von der Mehrzahl der Naturforscher als solche angesehen werden, welche mithin das ganze äussere characteristische Gepräge
von Arten besitzen, — sie geben zu, dass diese durch Abänderung hervorgebracht worden seien, weigern sich aber dieselbe
Ansicht auf andre davon nur sehr unbedeutend verschiedene Formen auszudehnen. Demungeachtet behaupten sie nicht eine Definition oder auch nur eine Vermuthung darüber geben zu können,
welches die erschaffenen und welches die durch secundäre Gesetze entstandenen Lebensformen seien. Sie geben Abänderung
als eine vera causa in einem Falle zu und verwerfen solche willkürlich im andern, ohne den Grund der Verschiedenheit in beiden Fällen nachzuweisen. Der Tag wird kommen, wo man dies
als einen eigenthümlichen Beleg von der Blindheit vorgefasster
Meinung anführen wird. Diese Schriftsteller scheinen mir nicht
mehr vor der Annahme eines wunderbaren Schöpfungsactes als
vor der einer gewöhnlichen Geburt zurückzuschrecken. Aber
glauben sie wirklich, dass in unzähligen Momenten unsrer Erd-

geschickte jedesmal gewisse elementare Atome commandirt worden seien zu lebendigen Geweben in einander zu fahren? Sind sie der Meinung, dass durch jeden angenommenen Schöpfungsact bloss ein einziger, oder dass viele Individuen entstanden sind? Wurden all diese zahllosen Arten von Pflanzen und Thieren in Form von Samen und Eiern, oder sind sie als erwachsene Individuen erschaffen? und die Säugethiere insbesondere, sind sie erschaffen worden mit den unwahren Merkmalen der Ernährung im Mutterleibe? Zweifelsohne können diese Fragen beim jetzigen Stande unseres Wissens von denjenigen nicht beantwortet werden, welche an die Schöpfung von nur wenigen Urformen oder von irgend einer Form von Organismen glauben. Verschiedene Schriftsteller haben versichert, dass es ebenso leicht sei an die Schöpfung von hundert Millionen Wesen als von einem zu glauben; aber MAUPERTUIS' philosophischer Grundsatz von „der kleinsten Thätigkeit" leitet uns lieber die kleinere Zahl anzunehmen; und gewiss dürfen wir nicht glauben, dass zahllose Wesen in jeder grossen Classe, mit offenbaren und doch trügerischen Merkmalen der Abstammung von einem einzelnen Erzeuger, erschaffen worden seien.

Man kann noch die Frage aufwerfen, wie weit ich die Lehre von der Abänderung der Species ausdehne? Die Frage ist schwer zu beantworten, weil, je verschiedener die Formen sind, welche wir betrachten, desto mehr die Argumente an Stärke verlieren. Doch sind einige schwerwiegende Beweisgründe sehr weitreichend. Alle Glieder einer ganzen Classe können durch Verwandtschaftsbeziehungen mit einander verkettet und alle nach dem nämlichen Princip in Gruppen classificirt werden, die andern subordinirt sind. Fossile Reste sind oft geeignet grosse Lücken zwischen den lebenden Ordnungen des Systemes auszufüllen. Verkümmerte Organe beweisen oft, dass ein früherer Urerzeuger dieselben Organe in vollkommen entwickeltem Zustande besessen habe; daher setzt ihr Vorkommen in manchen Fällen ein ungeheures Maass von Abänderung in dessen Nachkommen voraus. Durch ganze Classen hindurch sind mancherlei Gebilde nach einem gemeinsamen Bauplane geformt, und im Embryonalzustande gleichen alle Arten einander genau. Daher hege ich keinen Zweifel, dass die Theorie der Abstammung mit allmählicher Abänderung alle Glieder einer nämlichen Classe umfasst. Ich glaube, dass die Thiere von höchstens vier oder fünf und die Pflanzen von eben so vielen oder noch weniger Stammformen herrühren. Die Analogie würde mich noch einen Schritt weiter führen, nämlich zu glauben, dass alle Pflanzen und Thiere nur von einer einzigen Urform herrühren; doch könnte die Analogie eine trügerische Führerin sein. Demungeachtet haben alle lebenden Wesen Vieles miteinander gemein in ihrer chemischen Zusammensetzung, ihrer zelligen Structur, ihren Wachsthumsgesetzen, ihrer Empfindlichkeit gegen schädliche Einflüsse. Wir sehen dies oft selbst in einem so geringfügigen Umstande, dass dasselbe Gift Pflanzen und Thiere in ähnlicher Art berührt, oder dass das von der Gallwespe abgesonderte Gift monströse Auswüchse an der wilden Rose wie an der Eiche verursacht. In allen organischen Wesen scheint die gelegentliche Vereinigung männlicher und weiblicher Elementarzellen zur Erzeugung eines neuen solchen Wesens nothwendig zu sein. In allen ist, so viel bis jetzt bekannt, das Keimbläschen dasselbe. Daher geht jedes individuelle organische Wesen von einem gemeinsamen Ursprung aus. Und selbst was ihre Trennung in zwei Hauptabtheilungen, in ein Pflanzen- und ein Thierreich betrifft, so gibt es gewisse niedrige Formen, welche in ihren Characteren so sehr das Mittel zwischen heiden halten, dass sich die Naturforscher noch darüber streiten, zu welchem Reiche sie gehören und Professor Asa Gray hat bemerkt, dass Sporen und andre reproductive Körper von manchen der unvollkommenen Algen zuerst ein characteristisch thierisches und dann erst ein unzweifelhaft pflanzliches Dasein führen. Nach dem Principe der natürlichen Zuchtwahl mit Divergenz des Characters erscheint es auch nicht unglaublich, dass sich einige solche Zwischenformen zwischen Pflanzen und Thieren entwickelt haben könnten. Und wenn wir dies zugeben, so müssen wir auch zugeben, dass alle organischen Wesen, die jemals auf dieser Erde gelebt haben, von irgend einer Urform abstammen. Doch beruhet dieser Schluss hauptsächlich auf Analogie, und es ist unwesentlich, ob man ihn anerkennt oder nicht. Aber anders verhält sich die Sache mit den Gliedern einer jeden grossen Classe, wie der Wirbelthiere, der Gliederthiere u. s. w.; denn hier haben wir, wie schon bemerkt wurde, in den Gesetzen der Homologie und Embryologie bestimmte Beweise dafür, dass alle von einem einzigen Urerzeuger abstammen.

Wenn die von mir in diesem Bande und die von WALLACE im Linnean Journal aufgestellten oder sonstige analoge Ansichten über die Entstehung der Arten zugelassen werden, so lässt sich bereits dunkel voraussehen, dass der Naturgeschichte eine grosse Umwälzung bevorsteht. Die Systematiker werden ihre Arbeiten so wie bisher verfolgen können, aber nicht mehr unablässig durch den gespenstischen Zweifel beängstigt werden, ob diese oder jene Form eine wirkliche Art sei. Dies wird sicher, und ich spreche aus Erfahrung, keine kleine Erleichterung gewähren. Der endlose Streit, ob die fünfzig Britischen Rubussorten wirkliche Arten sind oder nicht, wird aufhören. Die Systematiker haben nur zu entscheiden (was keineswegs immer leicht ist), ob eine Form beständig oder verschieden genug von andern Formen ist, um eine Definition zuzulassen und, wenn dies der Fall, ob die Verschiedenheiten wichtig genug sind, um einen specifischen Namen zn verdienen. Dieser letzte Punkt wird eine weit wesentlichere Betrachtung als bisher erheischen, wo auch die geringfügigsten Unterschiede zwischen zwei Formen, wenn sie nicht durch Zwischenstufen miteinander verschmolzen waren, bei den meisten Naturforschern für genügend galten, um heide zum Range von Arten zu erheben. Hiernach werden wir anzuerkennen genöthigt, dass der einzige Unterschied zwischen Arten und ausgeprägten Varietäten nur darin besteht, dass diese letzten durch Zwischenstufen noch heutzutage miteinander verbunden sind oder für verbunden gehalten werden, während die Arten es früher gewesen sind. Ohne daher die Berücksichtigung noch jetzt vorhandener Zwischenglieder zwischen zwei Formen verwerfen zu wollen, werden wir veranlasst, den wirklichen Betrag der Verschiedenheit zwischen denselben sorgfältiger abzuwägen und höher zu schätzen. Es ist ganz möglich, dass jetzt allgemein als blosse

Varietäten anerkannte Formen künftig in specifischer Benennungen werth geachtet werden, in welchem Falle dann die wissenschaftliche und die gemeine Sprache mit einander in Übereinstimmung kämen. Kurz wir werden die Arten auf dieselbe Weise zu behandeln haben, wie die Naturforscher jetzt die Gattungen behandeln, welche annehmen, dass die Gattungen nichts weiter als willkürliche der Bequemlichkeit halber eingeführte Gruppirungen seien. Das mag nun keine eben sehr heitere Aussicht sein; aber wir werden hierdurch endlich das vergebliche Suchen nach dem unbekannten und unentdeckbaren Wesen der „Species" los werden.

Die andern und allgemeineren Zweige der Naturgeschichte werden sehr an Interesse gewinnen. Die von Naturforschern gebrauchten Ausdrücke Affinität, Verwandtschaft, gemeinsamer Typus, elterliches Verhältniss, Morphologie, Anpassungscharactere, verkümmerte und fehlgeschlagene Organe u. s. w. werden statt der bisherigen bildlichen eine sachliche Bedeutung gewinnen. Wenn wir ein organisches Wesen nicht länger wie die Wilden ein Linienschiff als etwas ganz jenseits ihres Fassungsvermögens liegendes betrachten, wenn wir jedem organischen Naturerzeugnisse eine Geschichte zugestehen; wenn wir jedes zusammengesetzte Gebilde und jeden Instinct als die Summe vieler einzelner dem Besitzer nützlicher Einrichtungen betrachten, wie wir etwa eine grosse mechanische Erfindung als das Product der vereinten Arbeit, Erfahrung, Beurtheilung und selbst Fehler zahlreicher Arbeiter ansehen, wenn wir jedes organische Wesen auf diese Weise betrachten: wie viel ansprechender (ich rede aus Erfahrung) wird dann das Studium der Naturgeschichte werden!

Ein grosses und fast noch unbetretenes Feld wird sich öffnen für Untersuchungen über die Ursachen und Gesetze der Variation, über die Correlation des Wachsthums, über die Folgen von Gebrauch und Nichtgebrauch, über den unmittelbaren Einfluss äussrer Lebensbedingungen u. s. w. Das Studium der Cultur-Erzeugnisse wird unermesslich an Werth steigen. Eine vom Menschen neu erzogene Varietät wird ein für das Studium wichtigerer und anziehenderer Gegenstand sein, als die Vermehrung der bereits unzähligen Arten unsrer Systeme mit einer neuen.

Unsre Classificationen werden, so weit es möglich, zu Genealogien werden und dann erst den wirklichen sogenannten Schöpfungsplan darlegen. Die Regeln der Classification werden ohne Zweifel einfacher werden, wenn wir ein bestimmtes Ziel im Auge haben. Wir besitzen keine Stammbäume und Wappenbücher und werden daher die vielfältig auseinanderlaufenden Abstammungslinien in unsren natürlichen Genealogien mit Hilfe von mehr oder weniger lang vererbten Characteren zu entdecken und zu verfolgen haben. Rudimentäre Organe werden mit untrüglicher Sicherheit von längst verloren gegangenen Gebilden sprechen. Arten und Artengruppen, welche man abirrende genannt und bildlich lebende Fossile nennen könnte, werden uns ein vollständigeres Bild von den früheren Lebensformen zu entwerfen helfen. Die Embryologie wird uns die mehr und weniger verdunkelte Bildung der Prototypen einer jeden der Hauptclassen des Systemes enthüllen.

Wenn wir uns davon überzeugt halten, dass alle Individuen einer Art und alle nahe verwandten Arten der meisten Gattungen in einer nicht sehr fernen Vorzeit von einem gemeinsamen Erzeuger entsprungen und von ihrer Geburtsstätte ausgewandert sind, und wenn wir erst besser die mancherlei Mittel kennen werden, welche ihnen bei ihren Wanderungen zu gut gekommen sind, dann wird das Licht, welches die Geologie über die früheren Veränderungen des Klima's und der Formen der Erdoberfläche schon verbreitet hat und noch ferner verbreiten wird, uns sicher in den Stand setzen, ein vollkommenes Bild von den früheren Wanderungen der Erdbewohner zu entwerfen. Sogar jetzt schon kann die Vergleichung der Meeresbewohner an den zwei entgegengesetzten Küsten eines Continents und die Natur der mannichfaltigen Bewohner dieses Continentes in Bezug auf ihre Einwanderungsmittel dazu dienen, die alte Geographie einigermaassen zu beleuchten.

Die erhabene Wissenschaft der Geologie verliert von ihrem Glanze durch die Unvollständigkeit ihrer Urkunden. Man kann die Erdrinde mit den in ihr enthaltenen organischen Resten nicht als ein wohlgefülltes Museum, sondern nur als eine zufällige und nur dann und wann einmal bedachte arme Sammlung ansehen.

Die Ablagerung jeder grossen fossilreichen Formation ergibt
sich als die Folge eines ungewöhnlichen Zusammentreffens von
Umständen, und die leeren Pausen zwischen den aufeinanderfolgenden Ablagerungszeiten entsprechen Perioden von unermesslicher Dauer. Doch werden wir im Stande sein, die Länge dieser
Perioden einigermaassen durch die Vergleichung der ihnen vorhergehenden und nachfolgenden organischen Formen zu bemessen.
Wir dürfen nach den Successionsgesetzen der organischen Wesen nur mit grosser Vorsicht versuchen, zwei in verschiedenen
Gegenden abgelagerte Bildungen, welche einige identische Arten
enthalten, als genau gleichzeitig zu betrachten. Da die Arten in
Folge langsam wirkender und noch fortdauernder Ursachen und
nicht durch wundervolle Schöpfungsacte und gewaltige Katastrophen
entstehen und vergehen, und da die wichtigste aller Ursachen
organischer Veränderung die Wechselbeziehung zwischen Organismus zu Organismus, in deren Folge eine Verbesserung des
einen die Verbesserung oder die Vertilgung des andern bedingt,
— fast unabhängig von der Veränderung und vielleicht plötzlichen Veränderung der physikalischen Bedingungen ist: so folgt,
dass der Grad der von einer Formation zur andern stattgefundenen Abänderung der fossilen Wesen wahrscheinlich als ein
guter Maassstab für die Länge der inzwischen abgelaufenen Zeit
dienen kann. Eine Anzahl in Masse zusammenhaltender Arten
jedoch dürfte lange Zeit unverändert fortleben können, während
in der gleichen Zeit mehrere dieser Species, die in neue Gegenden auswandern und in Kampf mit neuen Concurrenten gerathen,
Abänderung erfahren würden; daher dürfen wir die Genauigkeit
dieses von den organischen Veränderungen entlehnten Zeitmaasses
nicht überschätzen. In frühen Zeiten der Erdgeschichte, als die
Lebensformen wahrscheinlich noch einfacher und minder zahlreich
waren, mag deren Wechsel auch langsamer vor sich gegangen
sein; und zur Zeit des ersten Dämmerns des organischen Lebens, wo es wahrscheinlich nur sehr wenige Organismen von
dieser einfachsten Bildung gab, mag deren Änderung im äussersten Grade langsam gewesen sein. Die ganze Geschichte dieser
organischen Welt, so weit sie bekannt ist, wird hiernach, wenn

auch von einer uns ganz unfasslichen Länge, aber doch, mit der
Zeit verglichen, welche seit der Erschaffung des ersten Geschöpfes, des Urerzeugers aller der unzähligen schon erloschenen
und noch lebenden Wesen verflossen ist, nur als ein kleines Zeit-
fragment erkannt werden.

In einer fernen Zukunft sehe ich Felder für noch weit wichtigere Untersuchungen sich öffnen. Die Psychologie wird sich
auf eine neue Grundlage stützen, sie wird anerkennen müssen,
dass jedes Vermögen und jede Fähigkeit des Geistes nur stufenweise erworben werden kann. Neues Licht wird auf den Ursprung der Menschheit und ihre Geschichte fallen.

Schriftsteller ersten Rangs scheinen vollkommen von der Ansicht befriedigt zu sein, dass jede Art unabhängig erschaffen worden ist. Nach meiner Meinung stimmt es besser mit den der
Materie vom Schöpfer eingeprägten Gesetzen überein, dass Entstehen und Vergehen früherer und jetziger Bewohner der Erde.
sowie der Tod des Einzelwesens, durch secundäre Ursachen veranlasst werde denjenigen gleich, welche die Geburt und den Tod
des Individuums bestimmen. Wenn ich alle Wesen nicht als besondre Schöpfungen. sondern als lineare Nachkommen einiger wenigen schon lange vor der Ablagerung der silurischen Schichten
vorhanden gewesener Vorfahren betrachte, so scheinen sie mir
dadurch veredelt zu werden. Und nach der Vergangenheit zu
urtheilen, dürfen wir getrost annehmen, dass nicht eine der jetzt
lebenden Arten ihr unverändertes Abbild auf eine ferne Zukunft
übertragen wird. Überhaupt werden von den jetzt lebenden Arten nur sehr wenige durch irgend welche Nachkommenschaft sich
bis in eine sehr ferne Zukunft fortpflanzen; denn die Art und
Weise, wie alle organischen Wesen im Systeme gruppirt sind,
zeigt, dass die Mehrzahl der Arten einer jeden Gattung und alle
Arten vieler Gattungen keine Nachkommenschaft hinterlassen haben, sondern gänzlich erloschen sind. Man kann insofern einen
prophetischen Blick in die Zukunft werfen und voraussagen, dass
es die gemeinsten und weit-verbreitetsten Arten in den grossen
und herrschenden Gruppen einer jeden Classe sind, welche schliesslich die andern überdauern und neue herrschende Arten liefern

werden. Da alle jetzigen Lebensformen lineare Abkommen derjenigen sind, welche lange vor der silurischen Periode gelebt
haben, so können wir überzeugt sein, dass die regelmässige Aufeinanderfolge der Generationen niemals unterbrochen worden ist
und eine allgemeine Fluth niemals die ganze Welt zerstört hat.
Daher können wir mit Vertrauen auf eine Zukunft von gleichfalls unberechenbarer Länge blicken. Und da die natürliche Zuchtwahl nur durch und für das Gute eines jeden Wesens wirkt, so
wird jede fernere körperliche und geistige Ausstattung desselben
seine Vervollkommnung fördern.

Es ist anziehend beim Anblick einer dicht bewachsenen Ufer-
strecke, bedeckt mit blühenden Pflanzen aller Art, mit singenden
Vögeln in den Büschen, mit schwärmenden Insecten in der Luft,
mit kriechenden Würmern im feuchten Boden, sich zu denken,
dass alle diese künstlich gebauten Lebensformen so abweichend
unter sich und in einer so complicirten Weise von einander abhängig, durch Gesetze hervorgebracht sind, welche noch fort und
fort um uns wirken. Diese Gesetze, im weitesten Sinne genommen,
heissen: Wachsthum mit Fortpflanzung; Vererbung, fast in der
Fortpflanzung mit einbegriffen, Variabilität in Folge der indirecten
und directen Wirkungen äusserer Lebensbedingungen und des
Gebrauchs oder Nichtgebrauchs; rasche Vermehrung in einem zum
Kampfe um's Dasein und als Folge zu natürlicher Zuchtwahl führenden Grade, welche letztere wiederum Divergenz des Characters und Erlöschen minder vervollkommneter Formen bedingt.
So geht aus dem Kampfe der Natur, aus Hunger und Tod unmittelbar die Lösung des höchsten Problems hervor, das wir zu
fassen vermögen, die Erzeugung immer höherer und vollkommenerer Thiere. Es ist wahrlich eine grossartige Ansicht, dass
der Schöpfer den Keim alles Lebens, das uns umgibt, nur wenigen oder nur einer einzigen Form eingehaucht hat, und dass,
während unser Planet den strengen Gesetzen der Schwerkraft
folgend sich im Kreise schwingt, aus so einfachem Anfang sich
eine endlose Reihe immer schönerer und vollkommenerer Wesen
entwickelt hat und noch fort entwickelt.

www.ingramcontent.com/pod-product-compliance
Lightning Source LLC
Chambersburg PA
CBHW020854210326
41598CB00018B/1658